인공지능기반
철근콘크리트 구조 설계

Artificial intelligence-based design of reinforced concrete structures

홍원기 저

도서출판대가

| 머리말 |

도처에서 AI라는 말이 들려온다. 자주 나오는 AI 관련 내용들, 하지만 어디에서도 속 시원하게 배울 수 없는 내용들, 배우고 싶어도 배울 마땅한 저서가 없는 독자들의 심정은 매우 착잡하다. AI 전공학과에서는 활발한 강의가 제공되고 있지만, 비전공 학생들에게 AI 강의는 멀게 느껴진다. AI 관련 구조공학 분야 논문이 최근 10년간 활발하게 발표되고 있으나, 현실 설계 분야에 도입되기에는 아직 시간이 필요해 보인다. 우리가 종사하고 있는 분야와 AI는 아직 거리가 있는 것 같다. AI와 구조설계라는 주제와 관련된 확신 있는 믿음이 부재하는 것인지도 모른다. 구조설계에 AI를 어떻게 활용할 수 있을까?

AI를 구조공학 또는 협의의 의미로 구조해석 및 설계에 활용하는 방법은 다양하게 존재할 수 있으나, 의미 있는 접근 방법은 구조 계산서를 인공신경망artificial neural networks, ANNs에 학습시키고, 학습된 대로 설계를 수행하도록 명령하는 일일 것이다. 인간에 의해 이루어지고 있는 구조설계는 서로 간에 크게 다를 바 없다. 동일한 구조 원리, 동일한 가정에 근거한 수학식에 의해서 인간은 계산한다. 편리하게 계산하기 위해서 우리는 동일하거나 유사한 프로그램을 만들어 일률적으로 프로그램을 돌린다. 구조설계의 근간이 되는 부재 레벨에서의 설계(RC 보, RC 기둥, SRC 보, SRC 기둥, 프리스트레싱된 보 등)는 어느 누가 작성하여도 유사하거나 동일해질 수밖에 없다. 따라서 세계 어디서 누가 계산하든 결과는 서로 유사하고 이해될 것이다. 수억 번 이상 반복되는 부재 설계들은 사용하는 프로그램과 엔지니어는 달라도 결과는 동일해야만 하고 또 동일하다. 따라서 차별화된 인간의 경험과 통찰력이 양질의 구조설계를 결정할 수 있을지도 모른다. 그러나 인간의 경험과 통찰력은 증명될 방법이 없어 보인다. 설계에 재설계를 거치고 특별한 엔지니어의 경험과 통찰력을 더해서 VEValue Engineering라는 명목으로 한 번 완료된 설계를 뒤집고 또 뒤집는다. 그러나 그렇게 뒤집어진 설계도 가장 우수한 설계라는 보장이 어디에도 없다. 아마 아닐 확률이 더 높다. 왜 그럴까? 여기에서 몇 가지 생각해볼 만한 문제가 있다.

첫째, 인간의 설계는 최적의 설계 조건을 설계에 반영할 수 없기 때문이다. 예를 들어 설계강도가 하중보다 항상 크도록 설계해야 하는 사실을 모르는 엔지니어는 없다. 그러나 설계 시 설계강도와 하중의 차이는 천편일률적으로 다 다르다. 어떤 이는 설계강도가 하중의 1.1배, 어떤 이는 1.2배, 그 차이를 줄이는 것이 훌륭한 엔지니어의 능력이지만 설계강도와 하중을 동일하게, 즉 안전율을 1.0으로 도출해내는 일은 쉽지 않아 보인다. 설계 변위도 마찬가지일 것이다. 주어진 규준 변위 한계와 정확하게 일치하는 구조물을 설계하는 일은 어려운 일이다. 그런데도 설계강도와 하중, 설계 변위와 규준 변위, 즉 성능과 요구조건 두 가지를 정확하게 일치시키는 설계가 인간에게 가능할까?

둘째, 저자가 설계 업무에 종사한 시절, 설계 시 미리 지정하고 싶었던 설계 파라미터가 있었다. 그 중에서 철근의 변형률, 구조 부재의 가격(코스트) 등이 지금도 기억난다. 그러나 이들은 설계가 끝나고 나서야 알 수 있는 파라미터이기 때문에 이들 파라미터가 마음에 들지 않으면 VE라는 명목으로 몇 번이고 설계를 반복했던 기억이 난다. 이런 파라미터를 설계 시작 전에 미리 설정해 놓고 구조설계를 할 수 있을까 하는 생각을 몇 십 년 전부터 했었다. 무작위 수를 대입하여 핸드폰 비밀번호를 푸는 데 몇 백 년이

걸릴지도 모른다는 얘기를 들어 본적이 있다. 아마 위에 설명한 조건을 만족하는 RC 보를 설계하는 데도 비슷한 세월이 필요하지 않을까? 아니 어쩌면 불가능할 수 있겠다는 생각이 든다.

그러나 설계강도와 하중, 설계 변위와 규준 변위 등 상반되는 개념의 파라미터들을 정확하게 일치시키면서 동시에 원하는 철근의 변형률, 구조 부재의 가격(코스트)을 지정하는 설계가 AI를 통해 구현될 수 있음을 독자들은 본 서적을 통해 알 수 있을 것이고, 이러한 문제에 도전하여 감히 답을 내고자 하였다. AI는 이와 같은 경우에 탁월한 기능과 능력을 보유하고 있고, 우리는 그것들을 이용할 가치를 발견한다. AI에 수십 만, 수백 만 개의 구조설계서 또는 설계도를 학습시킬수 있도록 했다. 우리는 더 이상 동일한 일을 반복하지 않아도 될지 모른다. 다만 원하는 설계 파라미터를 AI에게 알려주기만 하면 AI는 학습된 지식을 바탕으로 엔지니어의 의도가 최대한 포함된 설계를 우리에게 돌려준다.

AI와 관련하여 사전 지식이 없었던 저자가 AI 학습을 시작할 때 경험했던 황당함, 무능함을 기억한다. 이는 유사한 입장에 처해있는 대다수의 독자들을 위해 충실한 AI 길라잡이 저서 집필을 결심한 이유이기도 하다. AI 기반 구조설계 및 해석을 시작하는 독자들을 위한 저서로써 구조설계 및 해석을 수행하는 데 필요한 AI 이론을 압축해서 설명하여 AI를 구조설계에 접목시키는 데 도움이 되도록 하였다. 범위가 넓은 AI의 모든 내용을 한 권의 책으로 설명하기는 어려울 것이다. 다만 AI 기반 구조설계 및 해석 입문서로, 독자들의 이해를 돕고 각자의 필요성에 따라 스스로 학습할 수 있도록 구성하였으며, 원하는 설계 및 해석 시나리오를 수립하여 AI 네트워크를 작성하고 알맞은 설계 결과를 구현하는 것을 도울 수 있는 정도의 수준으로 집필하였다. 저자는 공학 분야에 적용되는 AI 기반의 해법을 몇 권의 책에 담아 출간할 계획이다. 순차적으로 출간될 첫 번째 저서로 영어와 베트남어로 동시에 출간될 예정이며, 한국은 물론 전 세계적으로 실무자 및 학생들에게 큰 도움을 주는 최초의 서적이 될 것이다.

인공신경망의 학습으로부터 설계에 이르기까지, 개발된 인공신경망을 부록에 제공하여 제시된 모든 예제들을 독자들 스스로 검증할 수 있도록 하였다. 또한 제공된 네트워크는 독자들이 이론 부분 학습 후 실제로 네트워크를 독립적으로 작성하는 데 도움을 줄 것이다. 다만 제공되는 네트워크는 교육용으로 제작되었다.

각 장은 AI 기반 구조설계에 필요한 이론과 실습으로 구성되었다.

1장부터 4장까지는 AI에 기반한 구조해석 및 설계의 이해를 위해 필요한 기본이론을 소개하였고, 5장, 6장에서는 각각 단철근보와 복철근을 갖는 철근 콘크리트보의 AI에 기반한 해석 및 설계를 기술하였다. 7장에서는 인공신경망의 유도를 통해 철근 콘크리트 기둥의 거동과 설계를 학습하도록 하였다.

저자는 엘스비어 출판사에서 출간한 〈Hybrid Composite Precast Systems, Numerical Investigation to Construction〉의 10장 “Artificial-intelligence-based design of the ductile precast concrete beams”에서 AI 기반 콘크리트 구조설계를 이미 소개한 바 있다. 이 도서를 참고하여 준비 지식을 습득한다면 본 저서의 내용을 이해하는 데 많은 도움이 될 수 있으리라 기대한다.

예제 작성에 도움을 준 대학원생들, Dinh Han Nguyen, Dat Pham Tien, Cuong Nguyen Manh, Tien Nguyen Van, Anh Le Thuc에게 감사드리며, 이책의 출간을 흔쾌히 동의해 주시고 출판해주신 도서출판 대가의 김호석 사장님과 박은주 팀장님께 감사드린다. 이들의 도움으로 향후 AI 기반 구조해석 및 구조설계가 접목된 프리스트레싱된 보, 철골 보 및 기둥, 철골 철근 콘크리트 합성SRC 보 및 기둥, 고층건물의 동적 설계 등에 대해서도 순차적으로 출간할 예정이다.

마지막으로 긴 집필 과정에 가족은 그 무엇보다도 큰 힘이 되어 주었다. 사랑하는 부모님과 아내, 아들 석원에게 감사를 표한다.

“우리 속에 착한 일을 시작하신 이가 그리스도 예수의 날까지 이루실 줄을 우리가 확신합니다(빌 1:6).”

저자 홍원기

Contents

Chapter 03 가중변수와 편향변수의 이해

Chapter 04 기울기 하강을 이용한 오차함수의 최소화

Contents

Chapter 07 인공신경망 기반 철근 콘크리트 기둥의 설계

Appendix A 인공신경망 기반 철근 콘크리트 기둥의 설계

Appendix B ADORS 매뉴얼

Appendix C 5, 6, 7장 설계표를 실행한 ADORS 윈도 화면

01

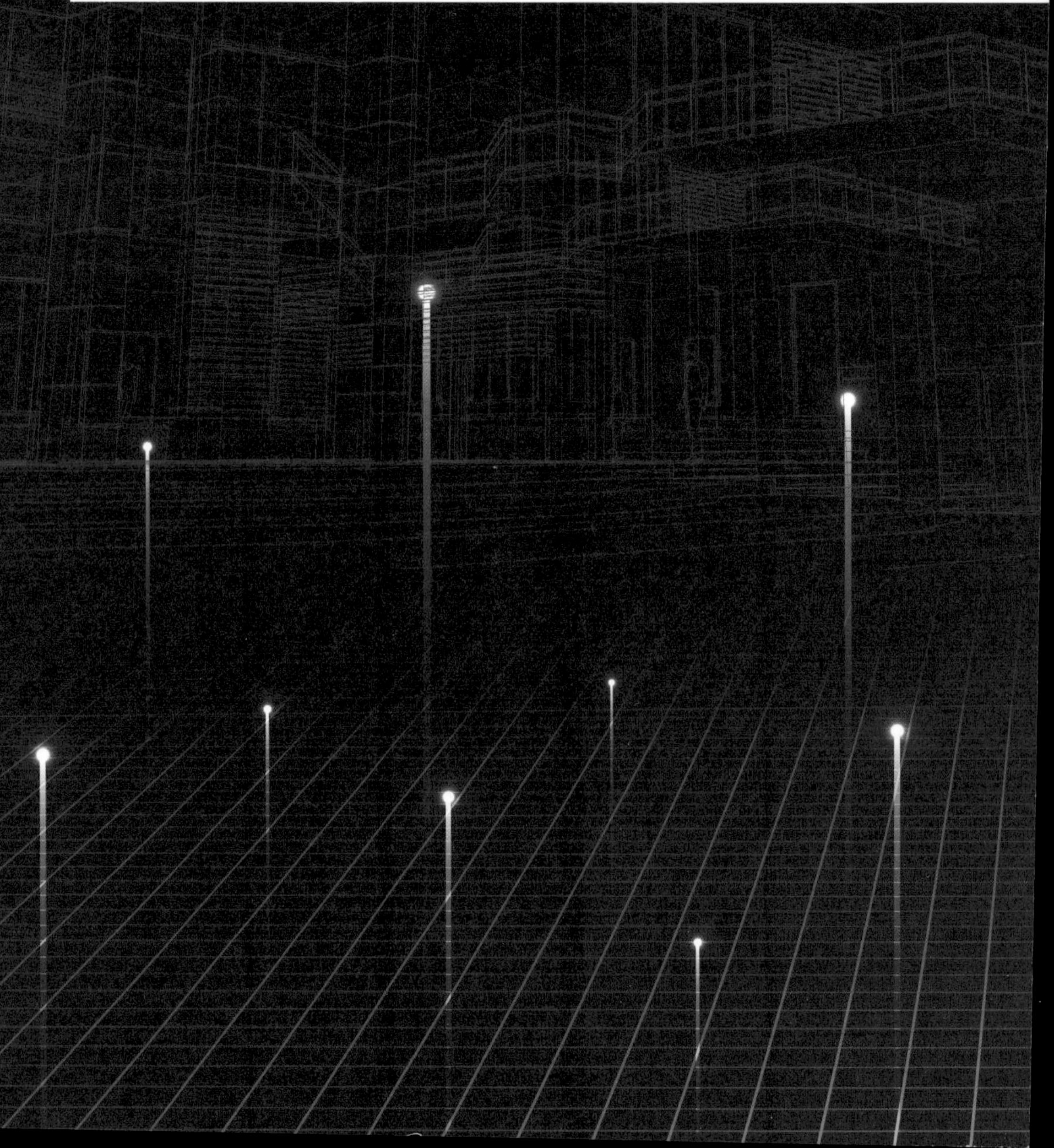

AI와
구조공학

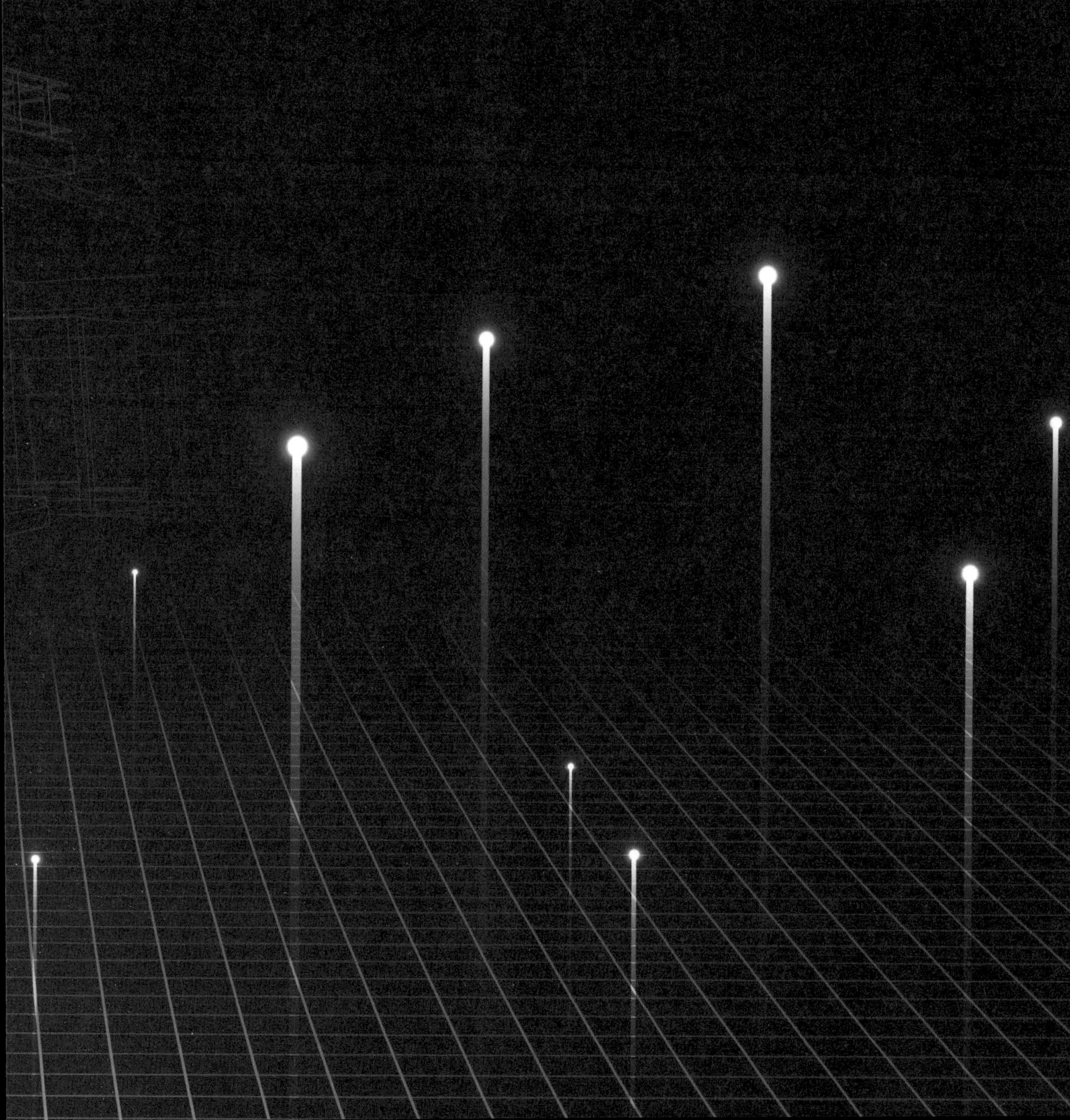

Chapter 01

AI와 구조공학

1.1 머신러닝(Machine Learning)의 정의

AI는 기계 학습머신러닝, Machine Learning, ML의 개념을 포함하고 있으며, 기계 학습은 광의의 의미에서 딥러닝deep learning을 포함하고 있다. 본 절에서는 협의의 의미로서 기계 학습의 정의와 내용을 살펴보고자 한다. 협의의 의미에서의 기계 학습은 리그레션 함수를 기반으로 인공신경망 학습을 수행하는 머신러닝을 지칭한다. 매트랩은 19개의 리그레션 함수를 제공하고 있으며[표 1.2.1(a)], 인공신경망 학습은 그 중 가장 우수한 함수를 선택하여 수행된다. 표 1.2.1(b)에는 은닉층hidden layer과 뉴런neuron 기반의 딥러닝에 대해 인공신경망 학습 이해도interpretability와 학습 정확도가 제시되어 있다. 그림 1.2.1은 리그레션 기반의 기계 학습 및 은닉층과 뉴런 기반의 딥러닝에 대한 학습 이해도interpretability와 학습 정확도를 비교하고 있다. 선형 리그레션linear regression 또는 디시전 트리decision tree와 같은 기계 학습 알고리즘은 학습 정확도가 딥러닝에 비해서는 낮지만, 학습 방법에 대한 이해도interpretability는 딥러닝에 비해 높다. 학습 방법에 대한 이해도가 높다는 뜻은 학습 결과를 도출하는 과정을 수월하게 이해할 수 있다는 뜻으로, 많은 기계 학습 리그레션 모델들이 여기에 해당된다. Random Forest 또는 Support Vector Machines 같은 진보된 기계 학습은 중간 정도의 학습 방법에 대한 이해도를 제공하며, 학습 정확도는 인공신경망에는 미치지 못하지만 간단한 정도의 기계 학습 알고리즘보다는 우수한 결과를 제공하고 있다. 딥러닝은 높은 학습 정확도를 제공하는 반면, 학습 방법을

[표 1.2.1(a)] 매트랩이 제공하는 19개의 머신러닝을 위한 리그레션 함수들[1.1]

머신러닝				
매트랩에서 제공하는 리그레션 모델		**해석 과정의 이해도**	**해석 유연성**	**No.**
선형 리그레션 모델 (Linear Regression Models) - 해석 과정의 이해도 - 예측 속도 - 예측 정확도	선형(Linear)	쉬움	매우 낮음	1
	반응적 (Interactions Linear)	쉬움	중간	2
	적극적 선형 (Robust Linear)	쉬움	매우 낮음 초보자에게 쉬울 수 있으나 학습이 느릴 수 있음	3
	단계별 선형 (Stepwise Linear)	쉬움	중간	4
분류 방식 리그레션 (Regression Trees) - 해석 과정의 이해도 - 데이터 맵핑과 예측 속도 - 메모리 사용	미세 분류(Fine Tree)	쉬움	높음	5
	중간 분류 (Medium Tree)	쉬움	중간	6
	거친 분류 (Coarse Tree)	쉬움	낮음	7
Support Vector Machines - 선형 SVM; 해석 과정을 이해하기는 쉬우나 예측 정확도는 낮음 - 비선형 SVM; 해석 과정을 이해하기는 어려우나 예측 정확도는 높을 수 있음	Linear SVM	쉬움	낮음	8
	Quadratic SVM	어려움	중간	9
	Cubic SVM	어려움	중간	10
	Fine Gaussian SVM	어려움	높음	11
	Medium Gaussian SVM	어려움	중간	12
	Coarse Gaussian SVM	어려움	낮음	13
Gaussian Process Regression Models - 해석 과정을 이해하기는 어려우나 예측 정확도는 높음	Rational Quadratic	어려움	작은 학습 오차와 overfitting을 방지하기 위해 해석 유연성이 자동 결정됨	14
	Squared Exponential	어려움		15
	Matern 5/2	어려움		16
	Exponential	어려움		17
Ensembles of Trees	Boosted Trees	어려움	중간 ~ 높음	18
	Bagged Trees	어려움	높음	19

이해하기는 매우 어렵다. 이와 같은 이유가 딥러닝의 학습 과정을 블랙박스처럼 생각하도록 하는 것이다. 복잡한 데이터에 대한 학습은 학습 능력이 우수한 인공신경망을 사용할 수 있을 것이며, 전통적인 기계 학습 알고리즘의 대안이 될 수 있을 것이다.

[표 1.2.1(b)] ANN 모델[1.2]

인공신경망				
인공신경망		해석 과정의 이해도	해석 유연성	No.
- 해석 과정 이해는 불가능 - 예측 정확도는 높음	1개 layer를 갖는 인공신경망 (적은 뉴런)	어려움	중간	1
	1개 layer를 갖는 인공신경망 (중간정도의 뉴런)	어려움	중간	2
	1개 layer를 갖는 인공신경망 (다수 개의 뉴런)	어려움	중간	3
	2개 layer를 갖는 인공신경망	어려움	높음	4
	3개 layer를 갖는 인공신경망	어려움	높음	5

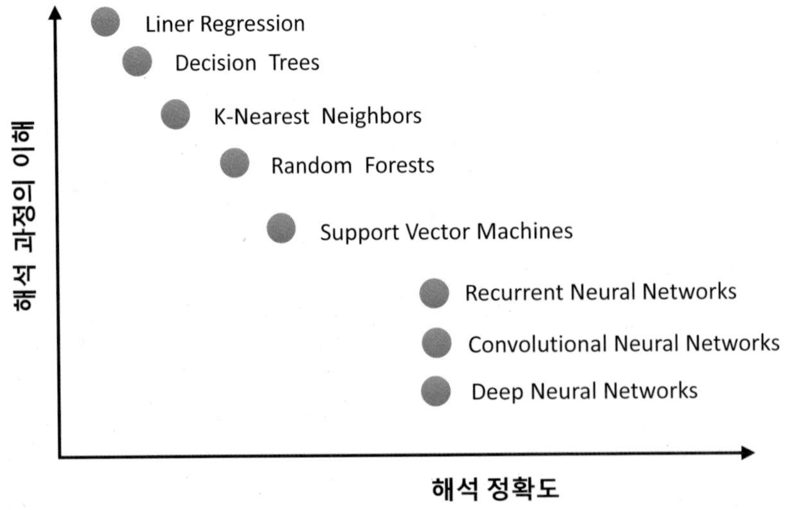

[그림 1.2.1] 전형적인 AI 모델의 네트워크 학습 방법에 대한 이해도(interpretability)와 학습 결과 정확도(Accuracy)와의 관계[1.3]

1.2 구조공학 분야를 위한 인공신경망의 적용

인간의 뇌에서 얻은 영감을 기반으로 개발 및 발전된 AI(Artificial Intelligence)는 공학 분야에서 다양한 구조해석 및 설계에 활용되었다. 본 저서에는 인공신경망(Artificial Neural Networks, ANNs)을 기반으로 한 콘크리트 부재(보 및 기둥)의 구조해석 및 설계가 소개되었다. 인공신경망 기반 구조설계를 위해서는 다음 분야의 이해가 선행되어야 한다.

(1) 빅데이터 생성
(2) 엔지니어의 의도에 따른 설계 시나리오 수립; 순방향 및 역방향 설계의 정의
(3) 빅데이터에 대한 인공신경망의 학습 및 검증
(4) 저학습(under-fitting) 및 과학습(over-fitting) 방지
(5) 설계 입력 벡터의 설정
(6) 설계 결과 검증

본 저서에서는 기존의 입력 파라미터로부터 출력 파라미터를 구하는 과정을 순방향 설계라고 정의하였다. 이와 같은 순방향 설계는 기존의 설계 프로그램을 이용하여도 도출할 수 있다. 하지만 순방향 설계에서 구해지는 결과 값들을 미리 예고하고, 이를 만족하는 설계 조건을 구하는 역방향 설계는 기존의 설계프로그램을 이용하여서는 구할 수 없다. 본 저서에서는 이와 같은 역방향 설계를 가능하게 하는 인공신경망에 대하여 자세하게 기술하였다. 수학과 구조공학을 접목 하여 AI의 근간이 되는 인공신경망을 유도하였다. 매트랩 플랫폼을 활용하여 유도된 인공신경망의 학습을 수행하였고, 매트랩 플랫폼으로도 어려운 고난이도의 인공신경망 학습(training)은 저자가 개발한 학습방법을 통하여 해결하였다. 최종으로 윈도형 AI 기반 소프트웨어를 개발하여 본 저서에서 제공된 전체 설계 예제들을 검증하였고, 독자들의 향후 학습 및 연구에 적용될 수 있도록 본 저서의 부록 부분에 포함시켰다. 본 저서에서 제공되는 인공신경망은 구조공학 분야 외에도 빅데이터의 생성이 가능한 다양한 분야에서 적용될 수 있을 것이다.

1.3 인공신경망 학습의 정의

인공신경망의 구성을 설명하는 x_j, w_{ij}, b, z_j와 y_j의 의미와 역할에 대해 구체적인 예를 들어 설명하고자 한다. 이번 절에서는 본격적으로 AI 기반 구조설계를 수행하기에 앞서 그 근간이 되는 인공신경망에 대해서 알아보도록 한다.

기계 학습의 정의는 그림 1.3.1(a)에서 보이듯이 관찰된 데이터를 피팅fitting 또는 매핑mapping하거나 분류classification하는 방법을 총칭한다. 본 절에서는 데이터의 예측과 관련된 부분을 학습하기로 한다. 그림 1.3.1(b)에는 관찰된 학습training 데이터(빅데이터의 일부로써 붉은색 점으로 표시)를 보여주고 있다. 구조설계 및 해석에서 생성된 구조데이터(구조변수; 보 길이(L), 철근량(ρ_s), 철근응력(σ_s), 철근변형률(ε_s), 공칭모멘트(M_n) 등)들도 빅데이터로 불리는 학습training 데이터가 된다.

인공신경망 학습에는 회기분석 함수(매트랩에는 19개 리그레션 함수 제공) 기반으로 데이터를 학습시키는 기계 학습과 다수 개의 은닉층과 뉴런을 갖는 딥러닝으로 구성되어 있다. 이 두 방법을 총칭하여 기계 학습이라 부르기도 한다. 커브 피팅curve fitting 과정은 기계 학습과 딥러닝에서 공통적으로 사용되는 데이터 학습이지만, 본 절에서는 커브 피팅curve fitting 또는 데이터 매핑data mapping을 통해 데이터의 경향trend을 파악하는 과정을 딥러닝의 인공신경망을 중심으로 살펴보도록 하겠다. 그림 1.3.2는 학업 성적과 학습 시간 관계를 관찰한 그래프로, 그림 1.3.2(a)에서는 간단하게 학업 성적과 학습 시간의 관계를 직선으로 피팅또는 매핑하였다. 그림 1.3.2(b)에서는 피팅 또는 매핑된 직선식에 기반해서 학습 시간에 따른 학업 성적을 예측한 결과를 보여주고 있다.

오차 제곱의 합으로 표시되는 오차함수와 리그레션 계수(R)를 통해 인공신경망의 학습 정확도를 판단할 수 있다[1,4]. 그림 1.3.3에서는 고차 곡선 예측식에 의해 학업 성적과 학습 시간 관계를 피팅하는 과정을 보여주고 있다. 고차 피팅식이 직선 예측식보다는 학업 성적과 학습 시간 관계를 정확하게 매핑시키는 것으로 보이지만, 학습의 궁극적인 목적은 피팅이 아니고 예측이라는 점을 인지하여야 한다. 따라서 직선 피팅식과 고차 곡선 피팅식 중에서 어떤 식이 데이터의 입출력 관계를 더 정확하게 예측하는지를 동시에 살펴보고 비교하여야 한다. 이를 위해서는 데이터의 입출력 피팅 시 사용되지 않았던 새로운 테스팅 데이터를 사용하여 직선 예측식에 의한 오차의 총합과 고차 곡선 예측식에 의한 오차의 총합total error을 비교하였다. 그림 1.3.4와 그림 1.3.5의 점으로 표시된 데이터를 관찰 또는 테스팅 데이터라고 한다. 그림 1.3.4 및 그림 1.3.5는 실제 측정된 데이터(학업 성적)를 직선식에 의해 예측된 값과 고차 곡선식에 의해서 예측된 값을 비교하여 예측 값의 정확도를 서로 비교하였다. 그림 1.3.4에는 테스팅 데이터(학업 성적)와 직선 예측식에 의한 예측 오차를 합한 총 오차값을 보여주고 있다. 그림 1.3.5는 테스팅 데이터(학업 성적)와 고차 곡선 예측식에 의한 총 오차값을 보여주고 있다. 그림 1.3.6에서 보이는 바와 같이 직선 예측식에 의한 오차의 총합이 고차 곡선 예측식에 의한 오차의 총합보다 작은 것을 알 수 있다.

이는 데이터 학습 시 정확했던 예측식이 테스트 단계에서는 큰 오차를 낼 수 있다는 사실을 보여준다. 이는 과학습 또는 과피팅over-fitting 현상으로, 데이터 학습(피팅) 단계에서 과피팅이 되면 학습 데이터 이외의 테스팅 데이터에서는 큰 오차가 발생할 수 있다는 의미이다.

과피팅over-fitting 현상은 데이터 피팅 후 반드시 테스팅 데이터를 사용하여 확인해야 한다. 즉 기계 학습 또는 딥러닝의 주된 목표는 주어진 데이터에 대한 피팅식을 찾아내고, 추가로 인공신경망이 알지 못하는 테스팅 데이터에 대하여 최소의 오차가 발생하는 것을 확인하는 것이다. 즉 빅데이터를 훌륭하게 피팅하는 피팅 공식을 찾아내는 것만이 기계 학습 또는 딥러닝의 목표가 아님을 알아야 한다. 매트랩 학습 툴박스에서는 총 데이터 중에서 피팅에 사용되는 데이터와 테스팅에 사용되는 테스팅 데이터의 개수 비율을 설정할 수 있도록 되어 있다.

Default로는 70%:30%로 피팅에 사용되는 데이터와 테스팅에 사용되는 데이터로 나누어진다. 물론 인공신경망은 테스팅 데이터를 볼 수 없도록 구성되어 있다. 수많은 AI 기법들이 매년 발표되고 있다. 어떤 기계 학습 기법을 사용하여야 하는가? 또는 은닉층과 뉴런으로 이루어져 있는 딥러닝을 사용하여야 하는가? 이 질문들에 대한 대답은 빅데이터를 잘 피팅하는 것에 머무르지 않고 인공신경망이 보지 못하는 테스팅 데이터에 대한 오차가 최소화되는 인공신경망을 개발하는 일일 것이다. 구조설계나 해석에 있어서는 회기식에 기반한 기계 학습보다는 빅데이터에 기반한 딥러닝이 좀더 효과적으로 데이터를 피팅하고, 테스팅 데이터를 우수하게 예측하는 결과를 주는 것으로 알려져 있다[1.1], [1.2].

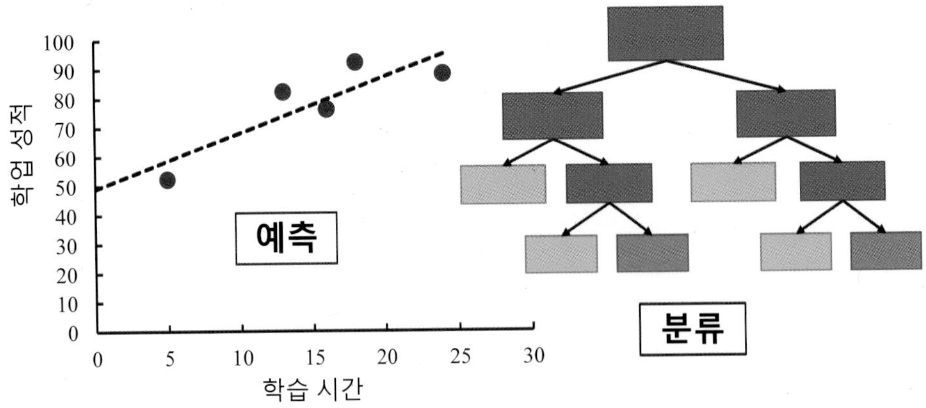

(a) 데이터 피팅 및 분류

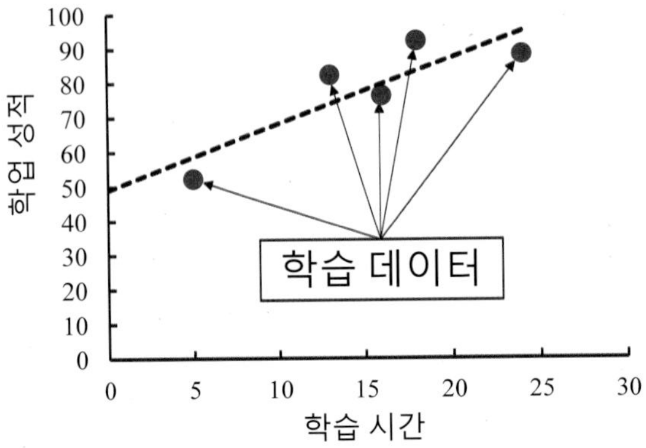

(b) 학습(Training) 데이터의 정의

[그림 1.3.1] 데이터 피팅의 원리

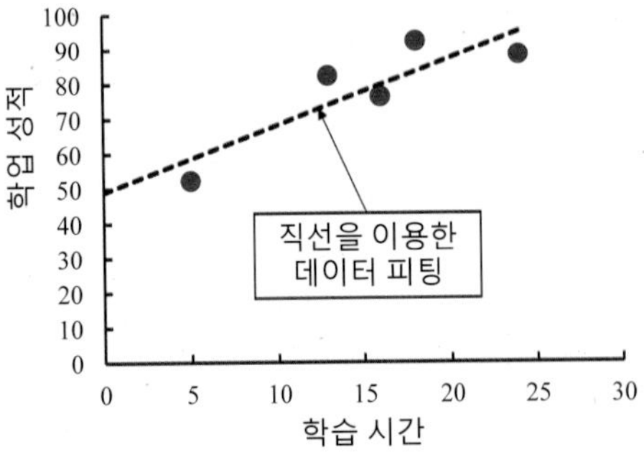

(a) 데이터 피팅

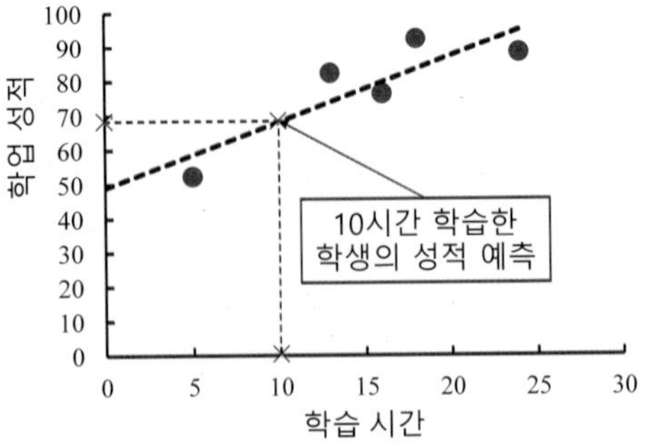

(b) 데이터 피팅에 기반한 학업 성적 예측

[그림 1.3.2] 직선 예측식에 의한 학업 성적과 학습 시간 관계 피팅

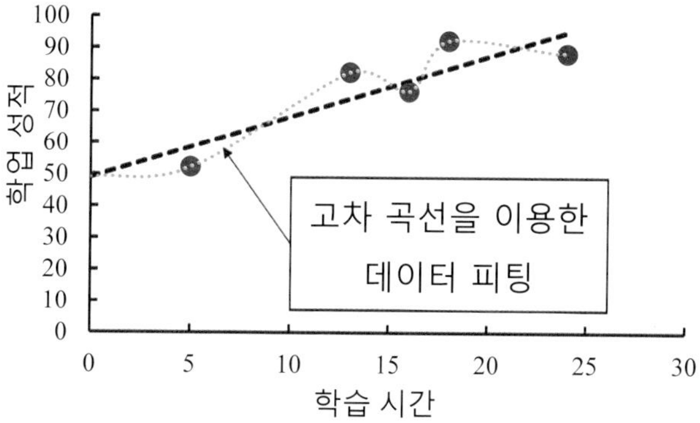

[그림 1.3.3] 고차 곡선 예측식에 의한 학업 성적과 학습 시간 피팅

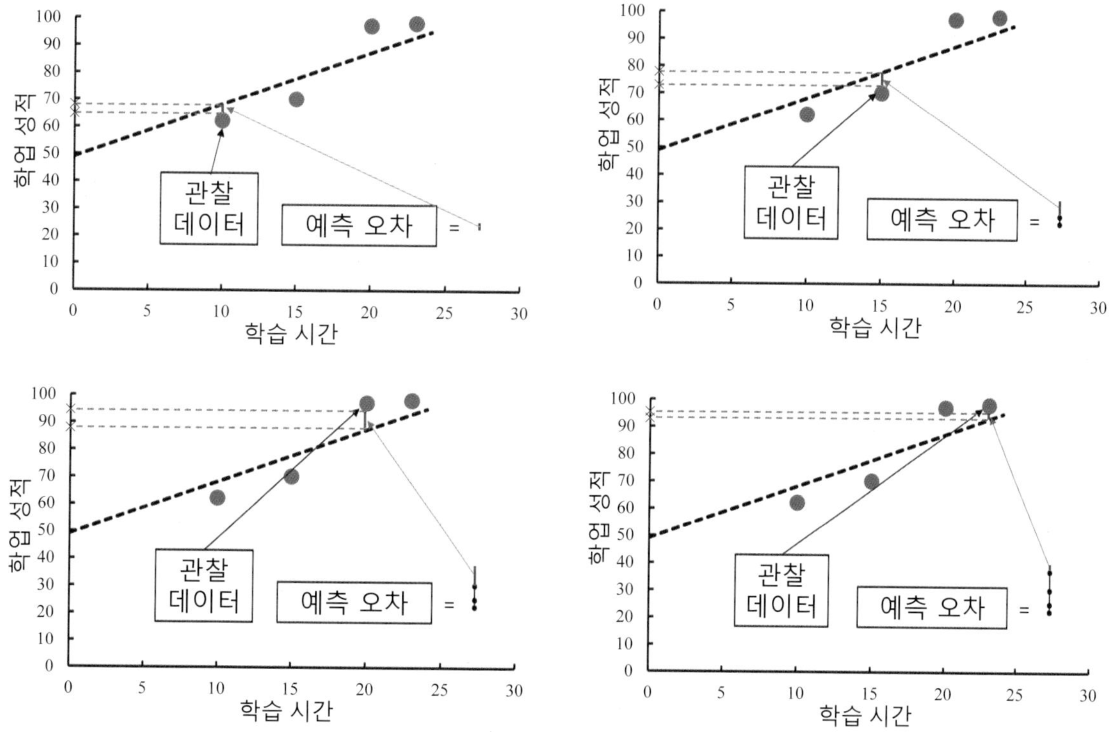

[그림 1.3.4] 테스팅 데이터와 직선 예측식에 의한 예측 오차

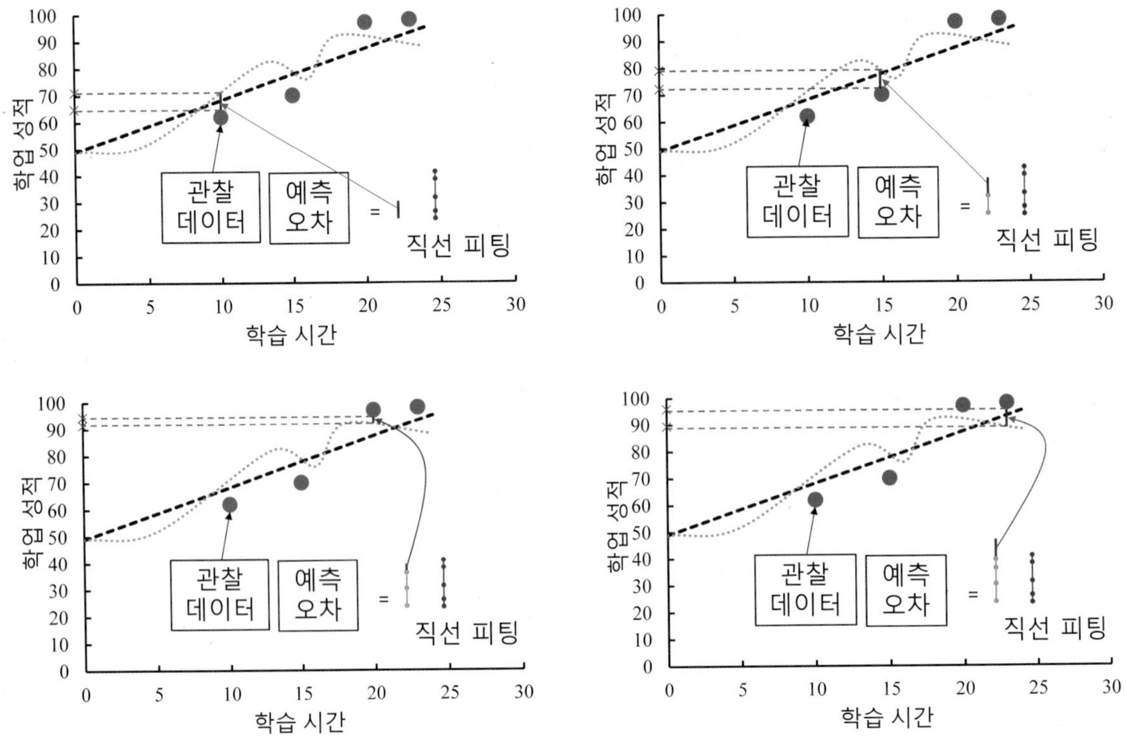

[그림 1.3.5] 테스팅 데이터와 고차 곡선 예측식에 의한 예측 오차

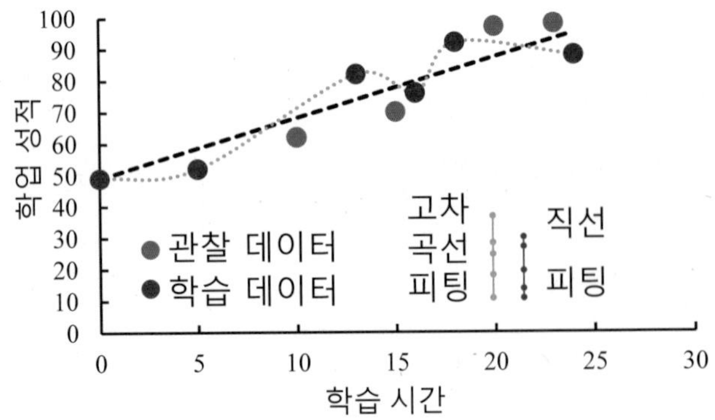

[그림 1.3.6] 테스팅 데이터를 이용한 직선과 고차 곡선 예측식의 오차 비교

1.4 딥러닝(Deep Learning, DL)

1.4.1 딥러닝 인공신경망의 수학적 구성

이 절에서는 다수 개의 은닉층과 뉴런neuron을 갖는 딥러닝에 대해 저술되었다. 인간의 뇌는 전기 시그널electrical input을 통해 생체학적 뉴런biological neurons을 자극하여 일종의 전기파pulses(펄스)를 액손axons으로 보내어 각종 명령을 수행한다. 인공신경망은 인간의 뇌에서 작동하는 학습 및 기억 능력learning and memory capability을 응용하여 유사한 명령을 수행하도록 하는 장치이다[1.5].

식 (1.4.1)과 식 (1.4.2)는 인간의 뇌에서 작동하는 신경망과 유사하도록 인공신경망을 구성하는 핵심 수식이다.

$$z_j = \sum(w_{(j-1)(j)}y_{j-1} + b_k) \quad \cdots\cdots (1.4.1)$$

$$y_j = f(z_j) \quad \cdots\cdots (1.4.2)$$

k = 뉴런의 개수

그림 1.4.1에서 보이듯이 인간의 뇌는 신경세포dendrites를 통해 전기 시그널electromechanical signals 형태로 몸 각 부분에 전달될 정보를 수집하고, 그 정보는 전기파voltage spikes의 형태로 액손axons을 통해서 몸의 각 부분으로 전달되는biologically transmitted to a part of the body 체제로 이루어졌다[1.5]. 이때 몸의 각 부분에 전달될 정보는 인공신경망의 입력값(x_i)에 해당하는 부분이고, 액손axons을 통해서 몸의 각 부분으로 전달되는 명령은 인공신경망의 출력값(y_i)에 해당한다고 볼 수 있다.

신경세포의 미엘린초myelin sheath는 인공신경망의 은닉층에 해당될 것이다. 그림 1.4.2는 9개의 입력 및 9개의 출력 파라미터를 갖는 인공신경망의 개념을 보여준다.

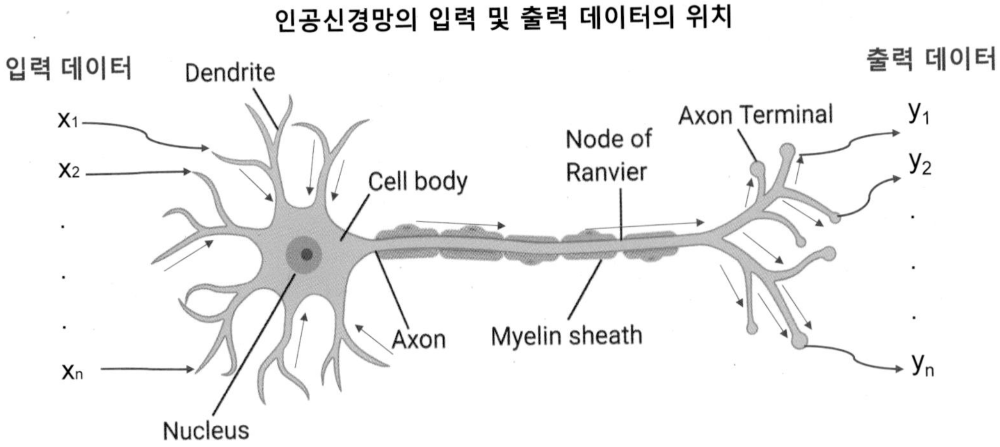

[그림 1.4.1] 생물학적 뉴런 신경망 모델과 인공신경망의 비교[1.6]

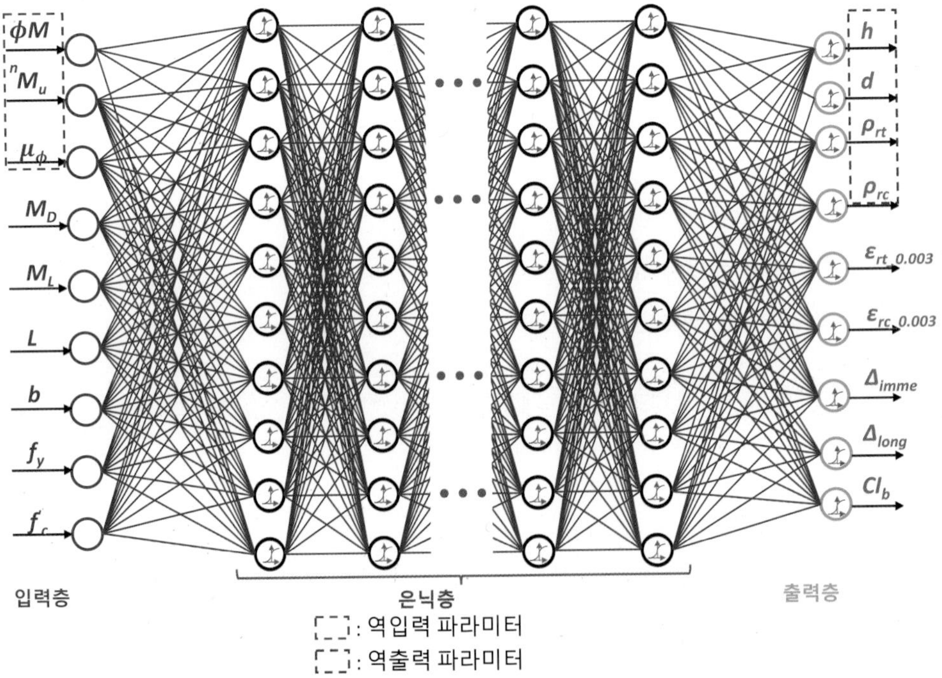

[그림 1.4.2] 각각 9개의 입력 및 출력 파라미터를 갖는 인공신경망의 개념

1.4.2 가중변수(weight, slope)와 편향변수(bias, intercept)의 역할

1.4.2.1 가중변수의 역할

그림 1.4.2에서처럼 인공신경망은 입력층, 다수 은닉층, 그리고 출력층으로 구성되어 있으며[1.7], [1.8], 은닉층이 다수 개의 뉴런으로 구성되어 있는 경우에는 다양한 비선형 문제를 해결할 수 있다. 인공신경망의 각 은닉층에서는 다음과 같은 계산이 수행된다. 가중변수는 인간 두뇌에 작용하는 자극에서 영감을 받은 것이다.

인간 두뇌의 뉴런은 외부의 반응(자극)에 대해 각각 독립적으로 작동한다. 그림 1.4.1에서 보이듯이 최종적으로 액손axons에서 각각의 뉴런의 영향이 통합되어 몸의 각 부분으로 전달되는 명령이 결정되는 것이다. 이와 같이 외부의 자극이 신경세포dendrites를 통해 접수되면 인체는 적절하게 반응하여 신체의 각 부분에 명령을 전달한다. 이처럼 인공신경망에서는 입력층을 인체의 신경세포dendrites라고 본다면, 인체 외부의 자극에 해당하는 입력값이 입력층을 통하여 접수되고 인체 반응에 해당하는 인공신경망의 가중변수(w_{ij})에 의해 반응한다고 볼 수 있다.

그림 4.7.3(a)와 (b)에서 보이듯이, 인공신경망의 은닉층 및 출력층의 뉴런은 가중변수와 편향변수를 통해 이전 층의 뉴런값과 연결되어 있으며, 식 (1.4.1)과 식 (1.4.2)가 인공신경망 구성의 위대한 시작점이고 핵심적인 역할을 한다[1.5]. 첫 번째 은닉층의 뉴런값은 입력값과 첫 번째 가중변수를 곱해서 구해진다. 두 번째 은닉층에서의 뉴런값은 첫 번째 은닉층의 뉴런값과 두 번째 가중변수와 곱해서 구해진다. j 번째 은닉층에서의 뉴런 출력값(뉴런값, z_j)은 $j-1$층과 j층 사이의 가중변수($w_{(j-1)(j)}$)를 $(j-1)$ 번째의 은닉층 뉴런값(z_{j-1})에 곱하여 구한다. 즉 식 (1.4.1)과 식 (1.4.2)의 $w_{(j-1)(j)}$는 무작위random인 가중변수로써, $(j-1)$와 j 번째 은닉층을 연결해주는 역할을 한다. 즉 $(j-1)$ 번째의 은닉층 뉴런 출력값(z_{j-1})과 j 번째 은닉층에서의 뉴런 출력값(z_j)은 가중변수를 기울기로 갖는 일차함수로 연결된다[1.7].

식 (1.4.1), 식 (1.4.2), 그림 4.2.1, 그림 4.5.5, 그림 4.7.3에서 볼 수 있듯이, 가중변수는 각 은닉층의 뉴런에 무작위로 적용되는 기울기이면서 -1과 1 사이의 값을 갖고, 직전 은닉층의 뉴런값에 곱해져 인공신경망의 학습을 주도한다[1.5]. 그러나 z_j는 j 번째 은닉층에서 계산되는 임시 출력값이다. 임시 출력값이라고 불리는 이유는 활성함수activation function를 적용하기 전 단계이기 때문이다. 이와 같이 활성함수는 각 은닉층에서 임시 뉴런값 z_j과 최종 뉴런값 y_j의 비선형 관계의 계산에 활용된다(그림 2.2.2 참조). 즉 임시 출력값 z_j에 활성함수를 적용하면 식 (1.4.2)에서 최종 뉴런값 y_j로 계산되는 것이다.

1.4.2.2 활성함수의 역할

앞 절에서 설명한 대로 j 은닉층에서 계산된 임시 출력값 z_j에 활성함수를 적용하면 식 (1.4.2)에서 j 은닉층에서의 최종 뉴런값 y_j를 계산할 수 있게 된다[1.4], [1.5]. j 은닉층으로부터 구해진 최종 뉴런값 y_j에 가중변수($w_{(j)(j+1)}$)를 적용하면 다음 $(j+1)$ 은닉층에서 임시 뉴런값(z_{j+1})을 구하게 되고, z_{j+1}의 비선형성을 고려하기 위해 활성함수를 적용하여 최종 뉴런값(y_{j+1})을 구하게 된다[1.4]. 즉 활성함수가 적용된 결과값(y)을 다음 은닉층에 전달하는 것이다[1.5]. 활성함수는 인공신경망으로 해결하려고 하는 문제의 특성에 따라 선택되어야 한다. 활성함수의 종류와 특징은 2.2절에 자세히 기술되어 있다. 이와 같은 과정을 거쳐 은닉층 차원의 비선형성이 합리적으로 고려된 출력값(y_j)을 얻을 수 있게 된다. 이 과정은 모든 은닉층에 의해 반복되다가 마지막 층에서 최종적인 출력값으로 출력된다. 단 마지막 출력층에서는 비선형성을 고려하여 출력값을 제한하지 않고, 선형 활성함수를 적용한 값을 최종 출력값으로 결정한다.

1.4.2.3 편향변수의 역할

편향변수라고 불리는 b는 식 (1.4.1)에서 제시되었듯이 각 은닉층의 모든 뉴런값에 적용되어 전체 뉴런 출력값을 동일하게 조정해 주는 중요한 파라미터이다.

그림 4.7.3에서 보는 바와 같이 편향변수(b)는 모든 뉴런값을 글로벌 조정하는 파라미터라 생각하면 된다. 인공신경망의 편향변수의 개념은 가중변수와 함께 인간의 두뇌로부터 영감을 받은 개념이라 할 수 있다. 예를 들어 기온이 변화하게 되면 인간 두뇌의 모든 신경 뉴런은 동시에 동일한 영향을 받게 된다. 즉 인공신경망의 편향변수의 개념은 외부의 조건에 의해 글로벌하게 반응하는 인간 뉴런의 영향에 영감을 받은 것이다.

같은 원리로 인공신경망의 편향변수는 은닉층에 속한 모든 인공 뉴런(노드)에 동시에 동일한 값으로 적용된다. 즉 인공신경망의 편향변수는 각 은닉층당 한 개의 값만 존재하는 것이다. 식 (1.4.2)의 j 은닉층 최종 뉴런값 y_j는 $\left(w_{(j-1)(j)}\right)(y_{j-1})$ 값에 편향변수 b_j를 더하여 구한 임시 뉴런값 z_j에, 활성함수를 통과시켜서 도출한 결과이다. 표 3.3.1(c)에서 편향변수의 활용 예가 설명되었다.

1.5 구조공학 분야에 적용하기 위해서 인공신경망을 어떻게 활용할 수 있을까?

인공신경망의 최종 목적은 데이터를 피팅하고 인공신경망이 보지 못한 테스팅 데이터에 대해서 검증하는 것임은 앞에서 설명하였다. 그러나 왜 데이터를 정확하게 피팅 또는 매핑하고자 하는가? 설사 정확하게 피팅 또는 매핑했다 할지라도 우리가 얻으려고 하는 목적이 성취되었는가? 그러나 입출력 파라미터 간 피팅 또는 매핑 과정을 훌륭하게 높은 정확도로 수행했다는 부분만 강조하고 중요하게 수행되어야 할 최종 설계에 대해서는 언급이 없다면 AI의 참 목적을 왜곡하는 일이 될 것이다. 우리가 최종적으로 인공신경망에 대해서 성취하려고 하는 목표는 데이터를 피팅 또는 매핑하는 차원을 넘어서서 인공신경망이 전혀 알지 못하는 미지의 입력 데이터에 매핑되는 출력 데이터를 구하려고 하는 것이다.

우리는 이와 같은 업무를 설계라고 지칭한다. 피팅 또는 매핑을 통해 구한 데이터 트렌드를 활용하여 주어진 미지의 입력 데이터에 매핑되는 출력 데이터를 찾아내어 설계를 완료하도록 도와주기 위함이 본 서적의 주된 저술 목표이다. 구조공학 분야에의 적용 예를 들어 보자. 구조설계 및 해석에서 생성된 구조데이터[구조변수; 보 길이(L), 철근량(ρ_s), 철근응력(σ_s), 철근변형률(ε_s), 공칭모멘트(M_n) 등] 또한 학습 데이터로 불릴 수 있다. 생성된 데이터가 데이터의 경향을 설명할 수 있을 만큼 충분히 많을 경우를 빅데이터라고 한다.

예를 들어 보 길이(L), 철근량(ρ_s)은 입력 파라미터로, 철근응력(σ_s), 철근변형률(ε_s), 공칭모멘트(M_n) 등은 출력 파라미터로 설정한 후 입출력 파라미터 간에 피팅 또는 매핑 과정을 수행하여 정확한 빅데이터의 입력 및 출력 데이터 간 트렌드를 찾는다. 그러나 생성된 빅데이터의 입력과 출력 데이터를 피팅하여 그 경향을 파악하였더라도 아직 최종 목적은 달성되지 않았다. 최종 목적은 엔지니어의 설계가 달성되었을 때 종료된다. 즉 구해진 빅데이터의 트렌드에 기반하여 보 길이(L), 철근량(ρ_s) 등의 입력 파라미터의 특정 값에 상응하는 출력값들을 구하는 것이 AI 기반 설계의 최종 목적이고 본 서적에서 기술하려고 하는 핵심 내용인 것이다.

참고문헌

[1.1] MathWorks. "Choose Regression Model Options".
Website: https://uk.mathworks.com/help/stats/choose-regression-model-options.html

[1.2] MathWorks. "Linear Regression Models".
https://uk.mathworks.com/help/stats/choose-regression-model-options.html#bvmnwhd-1

[1.3] Kowsari K, Jafari Meimandi K, Heidarysafa M, Mendu S, Barnes L, Brown D. Text classification algorithms: A survey. Information; 2019, 10(4): 150. https://doi.org/10.3390/info10040150.

[1.4] Hong, W. K. 2019. "Hybrid Composite Precast Systems: Numerical Investigation to Construction". *Woodhead publishing, Elsevier.*

[1.5] Hajela, P., and L. Berke. 1992. "Neural networks in structural analysis and design: an overview". *Computing Systems in Engineering*, 3(1-4): 525-538.
DOI: 10.2514/6.1992-4805

[1.6] Wikipedia. Artificial neural network.
Website: https://en.wikipedia.org/wiki/Artificial_neural_network

[1.7] Basheer, I. A., and M. Hajmeer. 2000. "Artificial neural networks: fundamentals, computing, design, and application". *Journal of microbiological methods*, 43(1): 3-31.
DOI: 10.1016/s0167-7012(00)00201-3

[1.8] Wu, R. T., and M. R. Jahanshahi. 2019. "Deep convolutional neural network for structural dynamic response estimation and system identification". *Journal of Engineering Mechanics*, 145(1): 04018125.
DOI: 10.1061/(ASCE)EM.1943-7889.0001556

Chapter 02

빅데이터의 생성 및 학습

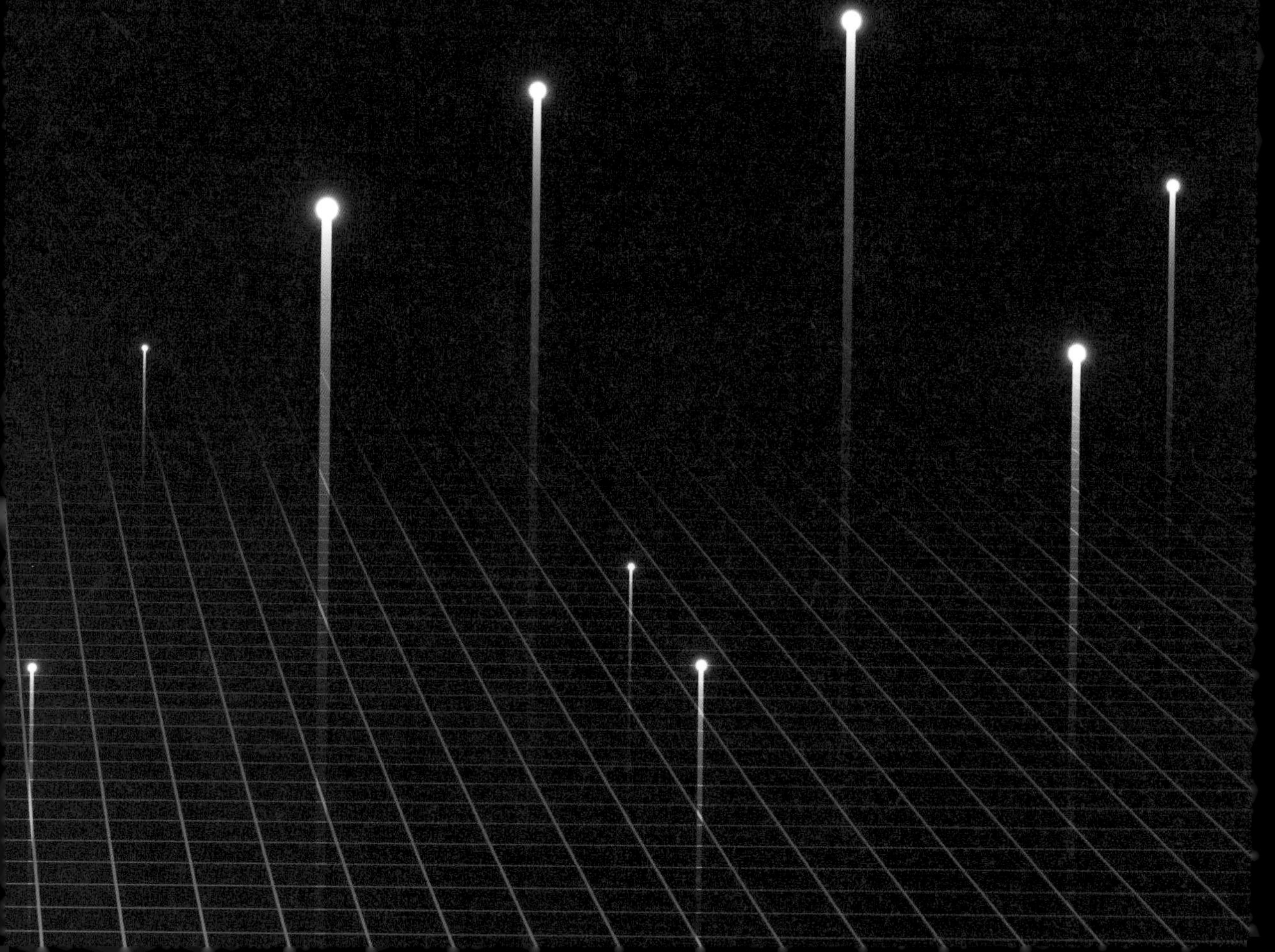

Chapter 02

빅데이터의 생성 및 학습

2.1 빅데이터의 생성 및 학습

빅데이터의 생성은 모든 데이터가 한쪽으로 치우치지 않도록 균일하게 생성uniformly distributed inputs되어야 하며, 인공신경망을 효율적으로 정확하게 학습할 수 있어야 한다[2.1]. 인공신경망은 데이터 피팅과 설계의 과정으로 양분되는데[2.2], 데이터 피팅 과정은 다시 학습, 검증과 테스트 단계로 구성된다[2.3].

인공신경망은 기계 학습 혹은 딥러닝을 기반으로 하는 네트워크로써, 구조 프로그램에서 생성된 빅데이터의 규칙을 학습하는 능력이 있다. 인공신경망을 활용한 설계는 기존의 구조역학 법칙에 기반하는 것이 아니고 학습한 빅데이터의 규칙을 기반으로 수행된다[2.4], [2.5]. 따라서 AI 기반의 구조설계는 빅데이터가 생성되고 나면 구조역학의 법칙에 얽매이지 않고 다양한 구조설계를 수행할 수 있게 되는 것이다. 또한 활성함수를 활용하면 구조역학의 법칙에 기반하지 않는 효과적인 인공신경망을 구축하여, 빅데이터의 입력, 출력 데이터 간 존재하는 복잡한 비선형 관계를 파악할 수 있다[2.6], [2.7]. 구조설계 빅데이터의 생성과 관련된 내용은 5.2절을 참조하기 바란다.

2.2 활성함수

많이 사용 되고 있는 활성함수로는 step, linear, sigmoid/logistic, tanh(hyperbolic tangent), ReLU(Rectified Linear Unit)/Leaky ReLU/parametric ReLU, softmax, swish 등이 있으며, 그림 2.2.1[2.8]에 소개되었다.

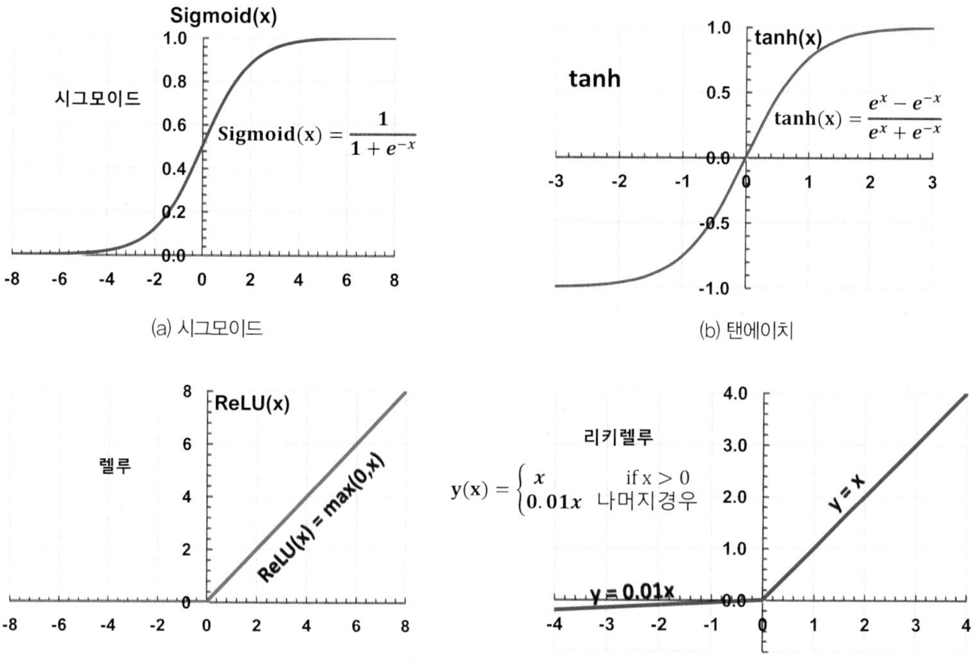

(a) 시그모이드 (b) 탠에이치 (c) 렐루 (d) 리키렐루

[그림 2.2.1] 적용되는 활성함수[2.8], [2.9]

특히 sigmoid와 tanh는 미분성이 좋아서 역전파back-propagation에 유용하게 사용되는 활성함수이다[2.9]. 그러나 그림 2.2.2에서 보이듯이 x축상의 입력값이 큰 양positive의 값 또는 음negative의 값인 경우에는 sigmoid와 tanh 활성함수의 기울기gradient가 0으로 소멸되고 있다. 이와 같은 소멸 현상vanishing은 역전파 시 단점으로 작용되어 사용에 제약이 따른다(4.8절 참조). 인공신경망은 역전파를 이용하여 가중변수와 편향변수를 점진적으로 수정하여 학습 정확도를 높이도록 구성되어 있다. 그러나 작은 기울기는 인공신경

망의 역전파 루프가 일정한 구간에 갇히도록 하여 인공신경망의 가중변수와 편향변수를 수정하는 데 큰 장애요소가 될 뿐만 아니라 연산 경비를 급속하게 증가시킨다. 이와 같은 현상을 소멸 현상이라고 부르는데, 소멸 현상은 빅데이터를 적절하게 초기화initial-ization하여 해결해야 한다(자세한 설명은 2.3.2장 참조).

최근 ReLu 활성함수가 소멸 현상 문제점을 해결할 수 있는 대안으로 개발되었다[2.10, 2.11, 2.12, 2.13]. 이 활성함수는 형태가 간단하고, x축상 큰 양positive의 입력값에 대해서도 sigmoid와 tanh 활성함수의 기울기와는 달리 0으로 소멸되지 않고 기울기 값이 계산된다. 그러나 음negative의 입력값에서는 sigmoid와 tanh 활성함수의 기울기와 유사한 문제가 야기될 수 있으므로 빅데이터를 적절하게 초기화initialization하여 소멸 현상vanishing을 해결하여야 한다. 이에 음negative의 입력값에서도 기울기 값이 존재하도록 Leaky ReLu 활성함수가 제안되었다[2.12]. 그림 2.2.3의 Krizhevsky et al.[2.14]에 따르면 ReLu 활성함수를 사용한 인공신경망은 sigmoid와 tanh 활성함수를 사용한 인공신경망보다 학습 속도가 빠른 것으로 알려져 있다(그림 4.9.5, 그림 4.9.7 참조). 그러나 입력값이 0이 되는 점에서는 ReLu 활성함수의 기울기는 정의되지 않으나 실제 적용에서는 입력값이 0이 되는 점에서 ReLu 활성함수의 기울기는 0으로 정의한다.

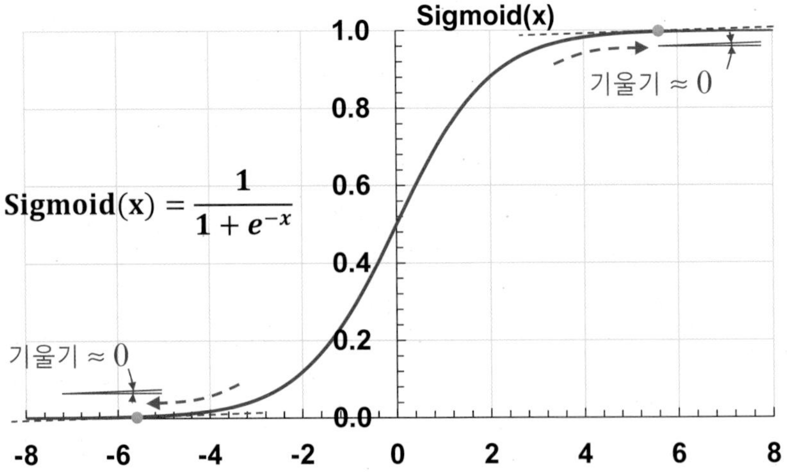

[그림 2.2.2] Sigmoid 활성함수의 기울기(Gradient)

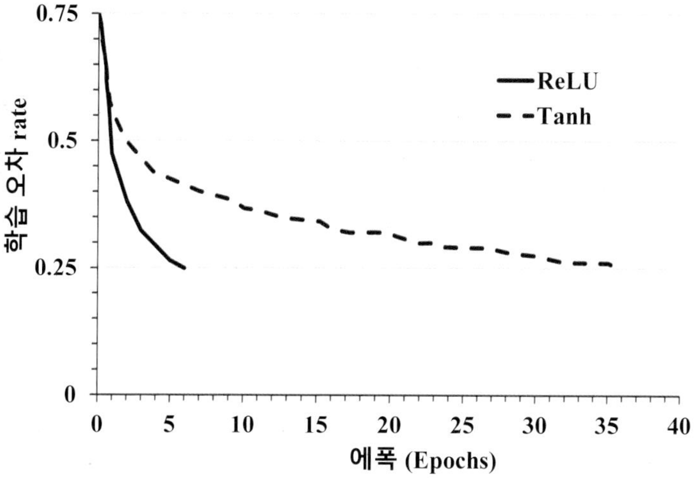

[그림 2.2.3] tanh 활성함수보다 빨리 수렴하는 ReLu 활성함수

(빠른 학습 속도, learning rate)[2.14]

2.3 정규화(normalization) 및 초기화(initialization)

2.3.1 정규화

입출력 데이터의 정규화는 -1과 1 사이에서 평균값mean은 0, 그리고 표준편차standard deviation는 1이 되도록 식 (2.3.1)에 의해서 수행된다.

$$y = (y_{max} - y_{min}) \times \frac{x - x_{min}}{x_{max} - x_{min}} + y_{min} \quad \cdots\cdots \quad (2.3.1)$$

y_{max}와 y_{min}는 정규화하려는 파라미터에 대한 최대, 최솟값으로 1과 -1을 지정한다. y는 정규화된 파라미터 값이고 x는 정규화되지 않은 파라미터 값이다. 계산 예로, 정규화하려는 데이터 값이 $50 (x = 50)$, 빅데이터 값(x)의 범위가 $[0\sim100]$이라고 할 때 $x_{max} = 100, x_{min} = 0$이 된다. 최종적으로 $[-1\sim1]$ 범위에서의 정규화된 데이터(y)는 다음과 같이 계산된다.

$$y = (1+1) \times \frac{50-0}{100-0} - 1 = 0$$

$$(y_{max} = 1.0;\ y_{min} = -1.0;\ x_{max} = 100;\ x_{min} = 0)$$

정규화되지 않은 입력 데이터와 빅데이터의 출력 데이터(관찰된 타킷 데이터) 간 매칭이 매우 좋지 않았고, 반면에 정규화된 빅데이터의 경우 우수한 매칭을 도출하였다[1.3]. 비균등성이 심한 빅데이터의 경우에는 인공신경망의 학습 이전에 로그 함수 등을 포함한 비선형 함수를 사용하여 정규화를 반드시 수행해야 한다[2.15]. 학습과 설계 종료 이후에는 반드시 설계 결과를 원래의 단위로 돌려 놓는 역정규화 과정도 반드시 수행해야 한다.

2.3.2 초기화(initialization)

본 절은 참고문헌 [2.16], [2.17, [2.18]의 유튜브 내용을 근간으로 작성되었다. 그림 2.3.1에서 이전 단계 은닉층의 출력값이 모두 1일 때 활성함수를 적용하기 위한 z값의 분산variance은 z 노드에 연결되어 있는 모든 가중변수 분산의 합으로 구해진다. 이때 가중변수의 평균mean 값은 0이고 표준편차standard deviation는 1로 생성된다. 그림 2.3.2(a)는 가중변수의 초기 분포를 보여주고 있다.

sigmoid 함수의 예를 들어 보자. sigmoid 함수의 x축은 인공신경망에서 계산된 임시 출력값인 z값이 되고, z값은 가중변수와 이전 단계 은닉층의 출력값이 곱해져서 형성된다[식 (1.4.1), 식 (1.4.2)]. 이전 단계 은닉층의 모든 뉴런 출력값이 모두 1일 때 큰 가중변수가 곱해지면 인공신경망에서 z값이 커지게 되고, sigmoid 함수값에 의해 눌려서 positive 쪽으로는 1, negative 쪽으로는 0으로 접근하게 된다[2.9]. 즉 z값의 분포가 넓어지면 활성함수를 적용할 때 함수값은 1에 접근하거나 0으로 접근하게 된다.

인공신경망이 negative 쪽으로 0이 되는 부분에서 역전파 과정이 진행되는 경우에 가중변수를 수정[2.10, 2.19, 2.20, 2.21, 2.22]해야 한다면, 활성함수의 값이 소멸되어 수정 과정이 매우 느리거나 정체되는 결과를 초래할 수 있다. 이와 같은 현상을 소멸 현상이라 하며, 경우에 따라서는 수정 과정의 증폭exploding 현상도 발생할 수 있다. 이 두 가지 현상은 인공신경망의 학습에 방해되므로 sigmoid 함수값을 적용할 때 활성함수 값이 positive 방향에서 1 또는 negative 방향에서 0값의 중간 값으로 유도하여 활성함수 적용 시 함수값이 소멸되지 않고 잘 계산되도록 하여 주는 것이 필요하다는 결론에 이르게 되며[그림 2.3.2(b)], 이 과정을 초기화[initialization]라고 한다. 이는 그림 2.3.2(a)에서 보이는 것과 같이 가중변수의 초기 분포를 작게 줄여 주면[2.17] 가능해진다. 그림 2.3.2(b)에는 소멸 및 증폭 현상 방지를 위한 활성함수 범위의 예를 보여주고 있다.

초기화에는 여러 방법이 제안되었으나, 대표적으로 He et al.(2015)[2.23]는 ReLU[leaky ReLU를 포함] 함수를 적용하는 경우에 가중변수의 분산을 $2/n$으로 축소하여 가중변수 분포 폭을 줄일 것을 제안했으며, 이는 가중변수를 $\sqrt{\frac{2}{n_{in}}}$로 축소하는 결과를 낳게 된다. 반면에 Xavier Glorot[2.24]는 tanh 활성함수를 적용할 때, 가중변수의 분산을 $1/n$으로 줄여서 가중변수 분포 폭을 축소할 것을 제안했으며 이는 가중변수를 $\sqrt{\frac{1}{n_{in}}}$로 줄이게 되는 것이다. 두 경우 모두 결과적으로 가중변수의 평균값은 0을 유지하면서 가중변수의 분포 폭의 분산을 $2/n$과 $1/n$으로 각각 축소하여 평균값을 중심으로 좌우 변동폭은 그리 크지 않도록 조정하는 것이다. 이와 같이 빅데이터의 초기화는 역전파 과정을 통해서 가중변수를 수정할 때 수정 속도를 매우 느리게 하거나 정체되는 원인을 제거하는 과정으로, 이를 초기화(initialization) 과정이라고 한다.

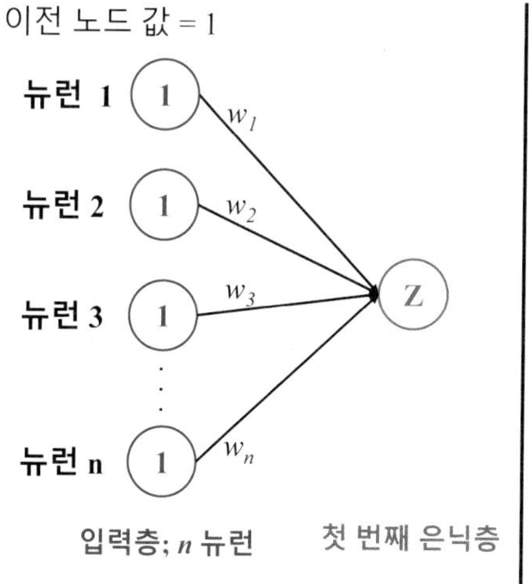

$$z = 1 \times w_1 + 1 \times w_2 + \cdots + 1 \times w_n = \sum_{i=1}^{n} w_i$$

$$\text{분산; } var(z) = \sum_{i=1}^{n} 1 \times (w_i - 0)^2$$

$$\text{표준편차; } stdv(z) = \sqrt{\sum_{i=1}^{n} 1 \times (w_i - 0)^2}$$

주: 가중변수의 평균값은 0, 표준편차는 1이 되도록 무작위로 생성됨

[그림 2.3.1] 전단계 입력층의 값이 모두 1일 때 활성함수를 적용하기 전 뉴런값(z) 의 분산과 표준편차[2.16], [2.17], [2.18]

매트랩의 학습Chapter 9 of Neural Network Toolbox™ 7, User's Guide of Matalb[2.25]에서는 Nguyen-Widrow이 제시한 초기화 방법initnw[2.26, 2.27]을 디폴트로 사용하고 있다. 이 방법에서는 각 은닉층에서 가중변수와 편향변수의 초기화를 수행한다. 보다 자세한 내용은 Xavier Glorot[2.24], He et al. (2015)[2.23, 2.24, 2.26, 2.28 등]을 학습하기 바란다.

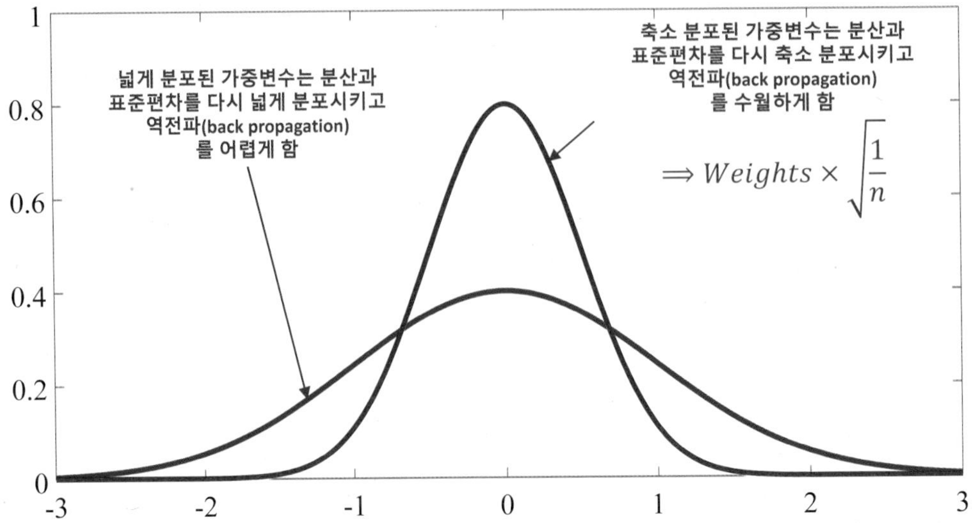

(a) 가중변수 초기 분포 축소[2.16], [2.17], [2.18]

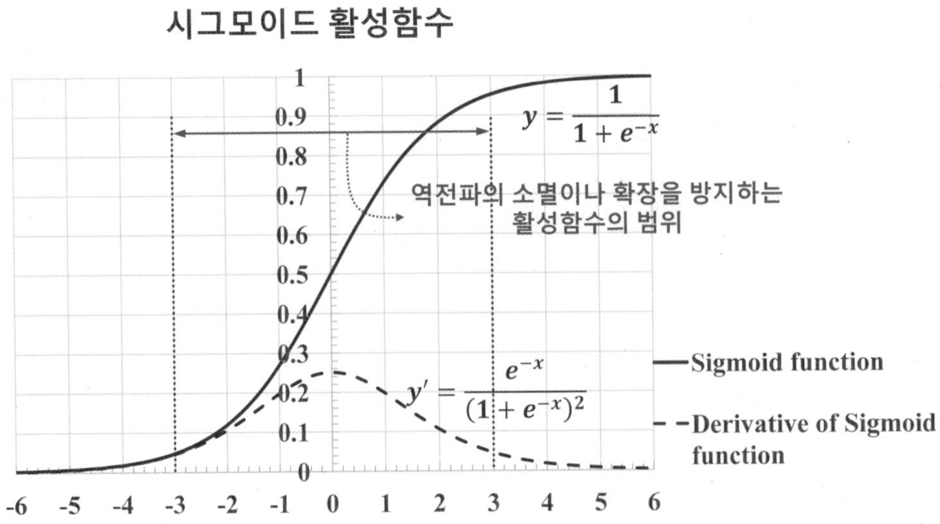

(b) 소멸이나 확장 현상 방지를 위한 시그모이드 활성함수의 범위

[그림 2.3.2] 초기화를 위한 가중변수의 분포

2.4 역전파

학습 과정은 순방향 네트워크feed–forward neural networks에서 무작위로 적용된 가중변수와 편향변수를 업데이트하여 입력 데이터를 관찰 데이터에 피팅하는 과정이다. 이때 역전파back–propagation 방법을 활용하여 학습 데이터의 오차함수를 최소화한다[2.30]. Hagan et al.(1996)[2.31]에 의하면 입력 데이터를 관찰 데이터에 피팅하는 학습 과정은 과학습 역시 피해야 하는 어려운 과정으로, 정확도 높은 설계를 구현하기 위해서는 필수 적인 과정이다[2.32].

일반적으로 인공신경망에서는 가중변수와 편향변수를 하강기울기gradient decent라는 수학적 방법으로 수정한다. 인공신경망에서는 역전파 과정에서 실제 결과(관찰된 타깃 데이터)와 근접한 예측을 이끌어낼 때까지 역전파 과정을 반복하여 인공신경망의 학습에 대한 능력(데이터 피팅 또는 매핑 능력)을 향상시킨다. 이를 위해서는 양질의 데이터를 가능한 많이 인공신경망에 학습시켜야 한다. 그림 2.4.1에서는 역전파의 개념을 설명하고 있다. 오차함수의 하강기울기를 활용한 역전파 과정은 4.3과 4.8절에 자세히 설명되어 있다[2.16].

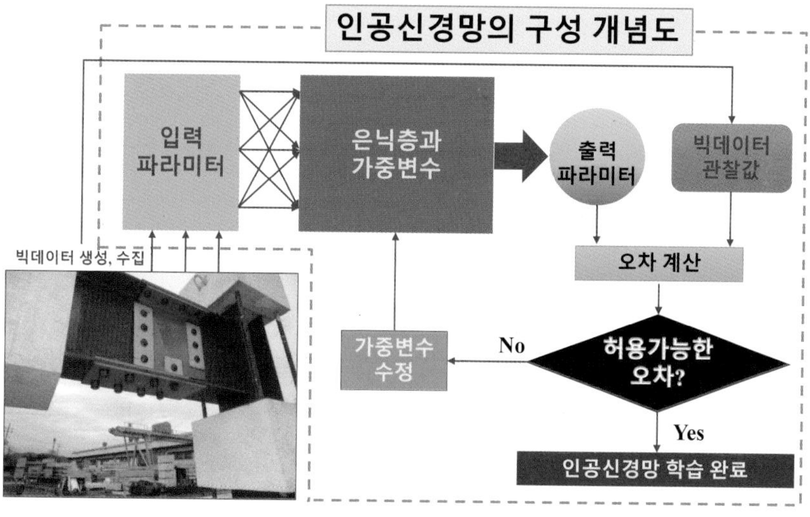

[그림 2.4.1] 역전파 과정

참고문헌

[2.1] Shi, J. J. (2002). Clustering technique for evaluating and validating neural network performance. *Journal of computing in civil engineering*, 16(2): 152-155.

[2.2] (3.7.1.1) Moselhi, O., T. Hegazy and P. Fazio. 1991. "Neural networks as tools in construction". *Journal of construction engineering and management*, 117(4): 606-625.
DOI: 10.1061/(ASCE)0733-9364(1991)117:4(606)

[2.3] Caudill, M., and C. Butler. 1993. "Understanding neural networks: computer explorations–volume 1 basic networks". *The MIT Press*.

[2.4] Berrais, A. 1999. "Artificial neural networks in structural engineering: concept and applications". *Engineering Sciences*, 12(1): 53-67.

[2.5] Roman. 2020. "Neural Networks: From Zero to Hero". Website: https://towardsdatascience.com/neural-networks-from-hero-to-zero-afc30205df05

[2.6] B. Abbes, Artificial neural networks in structural engineering: concept and applications, Eng. Sci. 12 (1) (1999) 53–67.

[2.7] Pawan Jain. 2019. "Complete Guide of Activation Functions". Website: https://towardsdatascience.com/complete-guide-of-activation-functions-34076e95d044.

[2.8] Wikipedia. Artificial neural network.
Website: https://en.wikipedia.org/wiki/Artificial_neural_network.

[2.9] Arunava. 2018. "Derivative of the Sigmoid function".
Website: https://towardsdatascience.com/derivative-of-the-sigmoid-function-536880cf918e

[2.10] LeCun, Y., Y. Bengio and G. Hinton. 2015. Deep learning. *Nature*, 521(7553): 436-444.

DOI: 10.1038/nature14539

[2.11] Ramachandran, P., B. Zoph and Q. V. Le. 2017. “Searching for activation functions”. arXiv preprint arXiv:1710.05941.

[2.12] Rectifier (neural networks).
Website: https://en.wikipedia.org/wiki/Rectifier_(neural_networks)#cite_note-glorot2011-3

[2.13] Glorot, X., A. Bordes and Y. Bengio. 2011. “Deep sparse rectifier neural networks”. *In Proceedings of the fourteenth international conference on artificial intelligence and statistics*: 315-323.

[2.14] Krizhevsky, A., Sutskever, I., & Hinton, G. E. (2012). “ImageNet classification with deep convolutional neural networks”. *Advances in neural information processing systems*, 25, 1097-1105.

[2.15] Wikipedia. Artificial neural network.
Website: https://en.wikipedia.org/wiki/Artificial_neural_network.

[2.16] “Initializing neural networks”.
Website: https://www.deeplearning.ai/ai-notes/initialization

[2.17] Krish Naik. 2019. “Tutorial 11- Various Weight Initialization Techniques in Neural Network”.
Youtube: https://www.youtube.com/watch?v=tMjdQLylyGI&feature=youtu.be

[2.18] DEEPLIZARD. 2018. “Weight Initialization explained. A way to reduce the vanishing gradient problem”. Youtube: https://www.youtube.com/watch?v=8krd5qKVw-Q.

[2.19] Bryson, A. E. 1961. A gradient method for optimizing multi-stage allocation processes. *In Proc. Harvard Univ. Symposium on digital computers and their applications*, 72.

[2.20] Wikipedia. Backpropagation.
Website: https://en.wikipedia.org/wiki/Backpropagation.

[2.21] Brandon Rohrer. 2017. "How Deep Neural Networks Works".
Youtube: https://youtu.be/ILsA4nyG7I0

[2.22] Brandon Rohrer. 2018. "How convolutional neural networks work, in depth".
Youtube: https://youtu.be/JB8T_zN7ZC0

[2.23] He, K., X. Zhang, S. Ren and J. Sun. 2015. "Delving deep into rectifiers: Surpassing human-level performance on imagenet classification". *In Proceedings of the IEEE international conference on computer vision*: 1026-1034.

[2.24] Glorot, X., & Y. Bengio. 2010. "Understanding the difficulty of training deep feedforward neural networks". *In Proceedings of the thirteenth international conference on artificial intelligence and statistics*: 249-256.

[2.25] Chapter 9 of Neural Network Toolbox™ 7 User's Guide of Matalb [2020]

[2.26] Nguyen, D., and B. Widrow, "The truck backer-upper: An example of self-learning in neural networks," *Proceedings of the International Joint Conference on Neural Networks*, Vol. 2, 1989, pp. 357–363.

[2.27] Nguyen, D., and B. Widrow, "Improving the learning speed of 2-layer neural networks by choosing initial values of the adaptive weights," *Proceedings of the International Joint Conference on Neural Networks*, Vol. 3, 1990, pp. 21–26.

[2.28] Krish Naik. 2019. "Tutorial 11- Various Weight Initialization Techniques in Neural Network".
Youtube: https://www.youtube.com/watch?v=tMjdQLylyGI&feature=youtu.be

[2.29] Deeplearning.ai. 20172 "Weight Initialization in a Deep Network".
Youtube: https://youtu.be/s2coXdufOzE

[2.30] Altaie, M., and A. M. Borhan. 2018. "Using Neural Network Model to Estimate the Optimum Time for Repetitive Construction Projects in Iraq". *Associ-*

ation of Arab Universities Journal of Engineering Sciences, 25(5): 100-114.

[2.31] Fun, M. H., and M. T. Hagan. 1996. "Levenberg-Marquardt training for modular networks". *In Proceedings of International Conference on Neural Networks (ICNN'96)*, 1: 468-473.

[2.32] Arafa, M., and M. Alqedra. 2011. "Early stage cost estimation of buildings construction projects using artificial neural networks". *Early stage cost estimation of buildings construction projects using artificial neural networks*, 4(1). DOI: 10.3923/jai.2011.63.75

Chapter 03

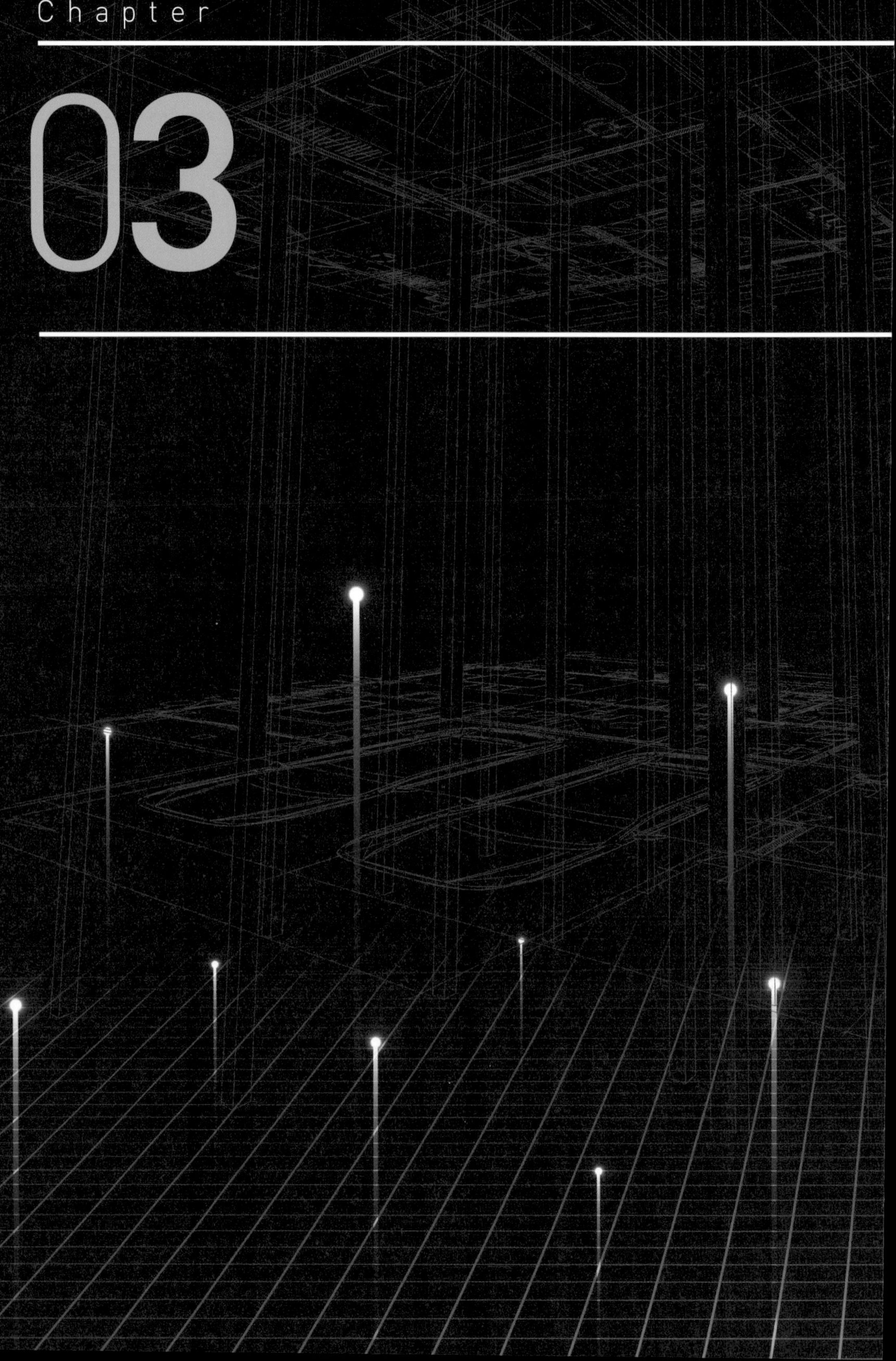

가중변수와 편향변수의 이해

Chapter 03

가중변수와 편향변수의 이해

3.1 가중변수와 편향변수의 역할

본 절에서는 RC **보**의 보수, 보강retrofit의 필요성을 예측하는 인공신경망의 작성 예를 통해서 가중변수와 편향변수의 역할을 예시하고자 한다. 간단한 예제이지만, 철근 콘크리트 보 및 기둥의 인공신경망 작성을 이해하는 데 도움이 될 것이다.

먼저 RC **보**의 보수, 보강retrofit의 필요성을 야기하는 외부 자극으로, RC **보**의 연식age, 단위 면적당 균열crack(구조 균열에 한하여) 개수, 보강 횟수retrofi(횟수), 시공품질(구조도면과의 일치) 등 4개의 항목을 입력 파라미터로 설정하였다. 또한 각 입력 파라미터의 보수, 보강retrofit 필요성에 대한 기여도는 가중변수($Weight_{age}$, $Weight_{crack}$, $Weight_{retrofit}$, $Weight_{CQ}$)를 통해 판단하였고, 기여도에 따라서 이들 요소들에 대한 가중변수를 설정하였다. 예를 들어 보수, 보강 필요성에 관여하는 면적당 구조 균열 개수의 기여도는 $Weight_{crack}$에 일정한 가중변수를 부여하여 판단하면 될 것이다. 반면에 보강 횟수는 RC **보**의 보수, 보강 필요성에 기여하기보다는 오히려 RC **보**의 보수, 보강 필요성을 줄여주는 요인이 됨으로써 $Weight_{retrofit}$에는 마이너스 가중변수를 부여해야 합리적일 것이다.

인공신경망의 편향변수의 개념은 가중변수와 함께 인간의 두뇌로부터 영감을 받은 개념이라 할 수 있다. 기온이 변화하게 되면 인간 두뇌의 모든 신경 뉴런은 동시에 동일한 영향을 받게 된다. 이와 같이 외부의 조건에 의해 글로벌하게 반응하는 뉴런의 영향을 편향변수로 표현한다. 즉 편향변수는 수학적으로는 y축 절편을 나타내듯이 전체 RC 보의 보수, 보강 필요성을 동시에 상향 또는 동시에 하향시키는 역할을 하는 것이다. 연식, 균열 개수, 보강 횟수, 시공품질 등의 입력값에 가중변수($Weight_{age}$, $Weight_{crack}$, $Weight_{retrofit}$, $Weight_{CQ}$)와 편향변수를 식 (1.4.1)과 식 (1.4.2)를 기반으로 부여하여 보수, 보강 필요성을 예측한다.

문제는 어떤 가중변수를 적용해야 정확한 보수, 보강 필요성을 예측할 수 있는가이다. 정확한 가중변수를 알 수 없다는 사실이 식 (1.4.1)과 식 (1.4.2)를 기반으로 인공신경망을 작성하는 데 있어서 큰 장애물이 된다. 따라서 인공신경망에서는 가중변수를 무작위로 설정하여 예측 식을 계산한 후 그 예측이 정확한지를 검토하고, 수정되어야 할 정도의 오차가 발생한 경우에는 가중변수를 재설정하여 예측 식이 실제 RC 보의 보수, 보강 필요성과 근사해질 수 있도록 개선해나가는 과정을 따르게 된다.

수정을 통한 개선 과정은 예측 종료 후 예측의 검증과 함께 마지막 단계에서 역방향으로 진행(역전파)된다.

3.2 역전파 기반 인공신경망의 수정

가중변수와 편향변수를 임의로 설정하여 식 (1.4.1)과 식 (1.4.2)를 적용하여 RC 보의 보수, 보강 필요성을 예측하여 보자. 실제 RC 보의 상태와 비교하여 인공신경망의 정확도를 판단하고 역전파의 과정을 거쳐 가중변수와 편향변수를 수정하는 과정을 설명하였다. 표 3.3.1(a)는 식 (1.4.1)의 x_i에 해당하는 값으로써, 인공신경망의 뉴런값에 해당하는 입력값이다. 만약 첫 번째 연산에서 무작위로 부여된 가중변수와 편향변수에 대해서 계산된 식 (1.4.1)의 값이 실제 RC 보의 보수, 보강 필요성을 정확하게 예측하였다면 역전파에 의한 오차 조정 과정이 필요없을 정도로 만족스러운 결과라 할 수 있다. 그러나 단 한 번의 시도에서 RC 보의 보수, 보강 필요성을 정확하게 예측할 수 있도록 하는 가중변수와 편향변수를 찾아내는 일은 가능하지 않기 때문에 인공신경망은 다음과 같은 과정을 따른다. 인공신경망은 임의의 가중변수와 편향변수를 식 (1.4.1)과 식 (1.4.2)에 적용하고, 실제 RC 보의 보수, 보강 필요성을 얼마나 유사하게 예측하였는지 비교한다. 그러나 첫 번째 연산에서 정확한 결과를 구현해내는 일은 불가능하다는 사실은 우리 모두 이미 알고 있다. 따라서 오차가 발생하였을 경우에는 스스로 수정adjust 할 수 있도록 한다. 그러면 다음 단계는 무엇이 될까? 대답은 생각보다 간단하다. 가중변수와 편향변수에 대해서 또 다른 무작위값을 지정하여 주고 같은 연산을 반복하는 것이다. 다만 첫 번째 이후 연산에서는 가중변수와 편향변수에 100% 무작위값을 부여하지는 않는다.

인공신경망은 실제 RC 보의 상태를 빅데이터로부터 알고 있기 때문에 얼마나 근사하게 또는 얼마나 큰 오차로 예측이 빗나갔는지를 알고 있고, 어떤 가중변수와 편향변수를 재부여해야 할지를 알고 있을 것이다. 이와 같은 방식으로 예측된 RC 보의 보수, 보강 필요성이 실제 상태와 동일할 때까지 가중변수($Weight_{age}$, $Weight_{crack}$, $Weight_{retrofit}$, $Weight_{CQ}$)와 편향변수를 합리적으로 수정하게 된다.

이와 같은 과정을 수행하기 위해서는 인공신경망에게 실제 RC 보의 상태를 알려 주어야 할 것이고, 이 과정을 인공신경망의 학습training이라고 한다. 특히 한 번 예측 후에 수정하여 나가는 과정은 역전파라 하며, 일정한 정확도가 확인될 때까지 반복될 수 있다. 여러 번의 역전파 수정 과정을 거친 가중변수가 표 3.3.1(b)에 나타나 있다.

현 단계에서의 외부 자극에 적용되는 가중변수의 지정값이 각각 2, 3, -2, 1 ($Weight_{age} = 2, Weight_{crack} = 3, Weight_{retrofit} = -1, Weight_{CQ} = 1$)임을 알 수 있다. 균열에 대한 가중변수가 3으로 제일 큰 것으로 보아 인공신경망은 균열을 RC 보의 보수, 보강에 이르는 가장 심각한 원인으로 보고 있는 것이다. 반면에 보수, 보강 횟수에 대한 가중변수는 -1로 설정되어, 보수된 횟수는 RC 보의 보수, 보강 필요성과 역비례하는 것을 암시한다. 예를 들어 RC 보의 외부 자극 Data 1에 대한 입력 값(횟수)을 4, 1, 2, 0으로 설정하였을 경우, 인공신경망은 식 (1.4.1)과 식 (1.4.2)에 기반하여 출력값 y_j를 7로 계산하였다. 같은 방법으로 구한 나머지 3개의 RC 보에 대한 출력값 y_j는 각각 3, 2, 10으로 계산되었다.

y_j값은 z_j값을 활성함수에 통과시켜서 얻는 결과값으로써 j 번째 은닉층에서 구해지는 출력값이지만 본 예제에서 활성함수 적용은 생략하였다. 활성함수 적용은 2.2절에서 설명하였다. 즉 z_j값은 활성함수 적용 전의 값이고, y_j값은 활성함수 적용 후의 값이

되는 것이다. 네 개의 RC 보에 대해서 계산된 y_j값은 각각 7, 3, 2, 10으로 구해지는데, RC 보의 보수, 보강 필요성에 대해서는 바로 이해되지 않는 측면이 있다. 이때 편향변수가 판단에 도움이 될 수 있는 역할을 한다. 즉 편향변수를 통하여 네 개의 RC 보에 대해 계산된 y_j값을 조정하여, 0을 중심으로 보수, 보강이 필요한 RC 보와 필요하지 않은 RC 보로 구분할 수 있도록 경계를 형성해 주는 것이다.

그러면 전체 출력값에 얼마를 동시에 더해줘야 할까? 표 3.3.1(b)에서 보이는 가중변수와 입력값이 곱해진 y_j값인 7, 3, 2, 10에 3를 빼면 표 3.3.1(c)에서처럼 y_j값은 4, 0, -1, 7로 구해지게 된다. 0을 중심으로 0보다 큰 값이 도출된 RC 보에 대해서는 보수, 보강 필요성이 높게 예측되는 반면에, 0보다 작은 값으로 계산된 RC 보는 보수, 보강 필요성이 낮게 예측되고 있다라고 빠르게 판단할 수 있다. 이것이 편향변수의 역할이다. 외부의 조건에 의해 글로벌하게 반응하는 뉴런의 영향에 영감을 받은 것으로써, 인공신경망의 편향변수는 은닉층이 속한 모든 인공 뉴런(노드)에 동시에 적용된다.

3.3 인공신경망 결과의 분석

표 3.3.1의 결과를 분석해 보도록 하자. 표 3.3.1(b)에서 보이는 것처럼 네 번째 RC 보가 보수, 보강 필요성이 가장 높을 것으로 예측되었다. 만약에 실제 RC 보의 빅데이터 관찰값과 비교해서 보수, 보강 필요성이 사실과 다르면 인공신경망은 계속해서 2, 3, -2, 1($Weight_{age} = 2, Weight_{crack} = 3, Weight_{retrofit} = -1, Weight_{CQ} = 1$) 대신 다른 가중변수를 부여하여 예측된 RC 보의 보수, 보강 필요성이 빅데이터 관찰값과 유사해질 때까지 수정할 것이다. 다만 인공신경망은 1차 검증(역전파)을 통해서 가중변수를 얼마만큼 조정해야 할지를 알고 있기 때문에 적절하게 조정할 것이다.

예를 들어 인공신경망에 의한 예측이 실제 RC 보의 보수, 보강 필요성을 과장해서 예측하였다면 $Weight_{retrofit}$에 대한 가중변수의 영향력을 상대적으로 증가시켜야 할 것이고, 반면에 $Weight_{age}$, $Weight_{crack}$, $Weight_{CQ}$ 등 RC 보의 보수, 보강 필요성에 기여하는 가중변수 영향력은 감소시켜야 할 것이다. 반대로 실제 RC 보의 보수, 보강 필요성에 비교해서 예측이 과소 평가되었다면 보강 필요성 감소에 기여하는 가중변수인 $Weight_{retrofit}$에 대한 영향력을 상대적으로 감소시켜야 할 것이고, 반면에 $Weight_{age}$, ,$Weight_{crack}$, $Weight_{CQ}$ 등 보수, 보강 필요성 증가에 기여하는 가중변수의 영향력은 증가시켜야 할 것이다. 일반적으로 인공신경망에서는 가중변수와 편향변수를 하강기울기라는 수학적 방법으로 수정하며, 이는 4.5.1절에 자세히 설명되었다. 인공신경망은 빅데이터 결과와 근접한 예측을 이끌어낼 때까지 역전파 과정(4.9절 참조)에 기반을 둔 반복 연산을 통해 인공신경망의 학습 능력(데이터 피팅 또는 매핑 능력)을 향상시킨다. 이를 위해서는 양질의 데이터를 가능한 많이 인공신경망에게 보여주어 스스로 학습하도록 하는 것이 필요하다 할 수 있다.

인공신경망의 학습 정확도가 확인이 된 후 표 3.3.1(c)는 RC 보의 보수, 보강 필요성에 대한 결론을 제공한다. 학습 완료 후에는 학습에 사용되지 않은 RC 보의 데이터unseen data를 인공신경망에 입력해 주더라도 인공신경망은 보수, 보강 필요성을 판단할 수 있게 될 것이다. 이와 같은 과정을 설계 단계design stage라고 부른다. 표 3.3.1의 모든 표현은 4.7절에서 매트릭스를 이용한 수식으로 표현되었다.

[표 3.3.1] 인공신경망의 작동 예 (이어서)

(a) 입력 변수의 설정

RC 보의 보강 필요성을 판단하는 요인들	
입력 파라미터	**정의**
연식(age)	사용 연한
균열(crack)	단위 면적당 균열 개수
보강기록(retrofit)	지금까지 보강된 횟수
시공품질(Construction quality)	시공품질

[표 3.3.1] 인공신경망의 작동 예

(b) 가중변수(weight, slope)

RC 보의 보강 필요성 판단을 위한 인공신경망 작성

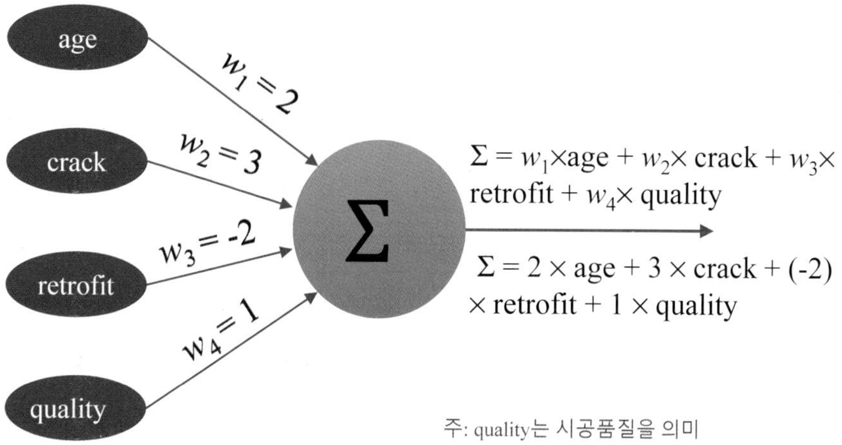

$\Sigma = 2 \times age + 3 \times crack + (-2) \times retrofit + 1 \times quality$

Data ID	age	crack	retrofit	quality	출력값(Σ)
Data 1	4	1	2	0	**7**
Data 2	2	0	1	1	**3**
Data 3	1	0	0	0	**2**
Data 4	3	1	0	1	**10**

(c) 편향변수(bias, intercept) 의 적용

$\Sigma = 2 \times age + 3 \times crack + (-2) \times retrofit + 1 \times quality - 3$

Data ID	age	crack	retrofit	quality	출력값(Σ)
Data 1	4	1	2	0	4
Data 2	2	0	1	1	**0**
Data 3	1	0	0	0	**-1**
Data 4	3	1	0	1	**7**

04

기울기 하강을 이용한 오차함수의 최소화

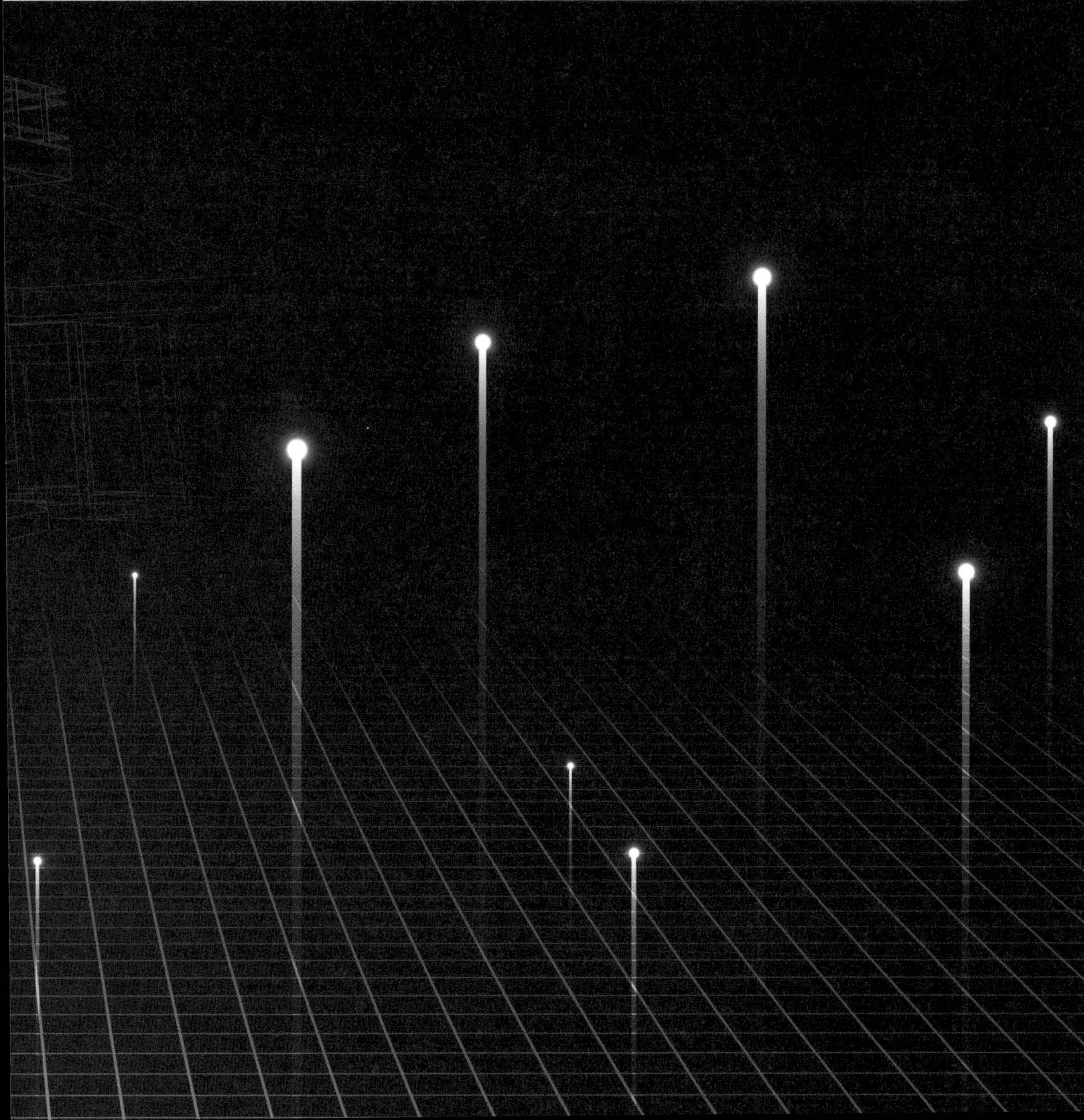

Chapter 04

기울기 하강(Gradient descent)을 이용한 오차함수(Loss, Cost functions)의 최소화

4.1 오차함수, 가중변수 및 편향변수

표 4.1.1 및 그림 4.1.1(a)에서는 학습 시간과 관찰된 학습 데이터를 **보여주고 있고,** 기울기(가중변수)와 y절편(편향변수)을 가지는 직선으로 관찰 데이터는 피팅된다. 머신러닝에서 예측식의 기울기는 가중변수로, 그리고 y절편은 편향변수가 된다. 예측 곡선과 관찰 데이터와의 오차 또한 도시되어 있다. 직선은 식 (4.1.1-1)과 같이 가정하는데, 단순한 설명을 위해 식 (4.1.1-2)에서처럼 기울기는 1, 0으로 가정하기로 한다.

$$\text{Score(학업성적)} = \text{slope} \times \text{Hours (학습시간)} + \text{intercept}(y \text{ 절편}) \quad \cdots\cdots (4.1.1\text{-}1)$$

$$\text{Score(학업성적)} = 1.0(\text{slope}) \times \text{Hours (학습시간)} + \text{intercept}(y \text{ 절편}) \quad \cdots\cdots (4.1.1\text{-}2)$$

[표 4.1.1] 관찰 데이터

학습 시간	5	13	16	19	24
관찰된 학업 성적	52	83	77	93	87

인공신경망에서 가중변수는 기울기slope, weight이고, 편향변수는 y절편intercept, bias이다. 본 예제에서는 기울기slope를 1.0으로 가정하였다. 그림 4.1.1(b)-(1)에서는 (5, 52) 관찰 데이터에 대한 오차 제곱의 합Sum of the squared residuals의 계산 과정을 보여주고 있다. 기울기와 절편을 각각 1.0, 55라 가정하고 위 식 (4.1.1)에 학습시간(x축의 값) 5를 대입하면 시험성적 예측값(y축의 값)으로 60이 얻어지고 관찰된 값은 52이므로, 오차residual는 예측값과 관찰값의 차(52에서 60을 빼면)로 -8이 얻어지게 된다. 따라서 식 (4.1.2-1)에 의해서 오차 제곱의 합은 $(-8)^2$으로 구해진다. 그림 4.1.1(b)-(2)는 5개의 관찰 데이터와 피팅 직선과의 오차 제곱의 합을 보여주고 있다. 나머지 데이터에 대해서도 식 (4.1.2-2)처럼 15^2, 6^2, 19^2 및 7^2값이 구해진다. 그림 4.1.1(b)-(3)에서는 피팅된 예측결과와 관찰 데이터 간의 오차의 제곱의 합이 계산되어 있다.

$$\text{오차 제곱의 합} = [52 - (y\text{절편} + 1.0 \times 5)]^2 \quad \cdots\cdots (4.1.2\text{-}1)$$

$$\begin{aligned}\text{오차 제곱의 합} &= \{\text{관찰 학업 성적} - \text{예측 학업 성적}\}^2 \\ &= \{\text{관찰 학업 성적} - (\text{기울기} \times \text{학습시간} + y\text{절편})\}^2 \\ &= \{\text{관찰 학업 성적} - (1 \times \text{학습시간} + 55)\}^2 \\ &= (-8)^2 + 15^2 + 6^2 + 19^2 + 8^2 = 750\end{aligned} \quad \cdots\cdots (4.1.2\text{-}2)$$

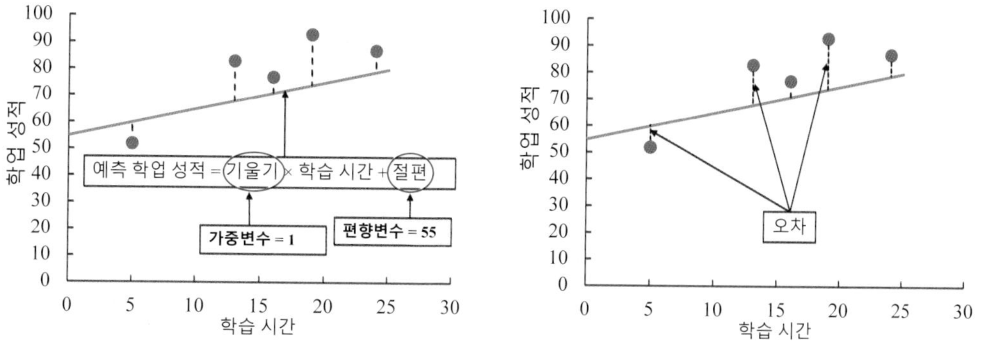

(1) 예측곡선

(2) 오차(residual)

(a) 기울기(가중변수, 기울기)와 y절편(편향변수, 절편)

[그림 4.1.1] 오차함수(cost function)의 정의 (이어서)

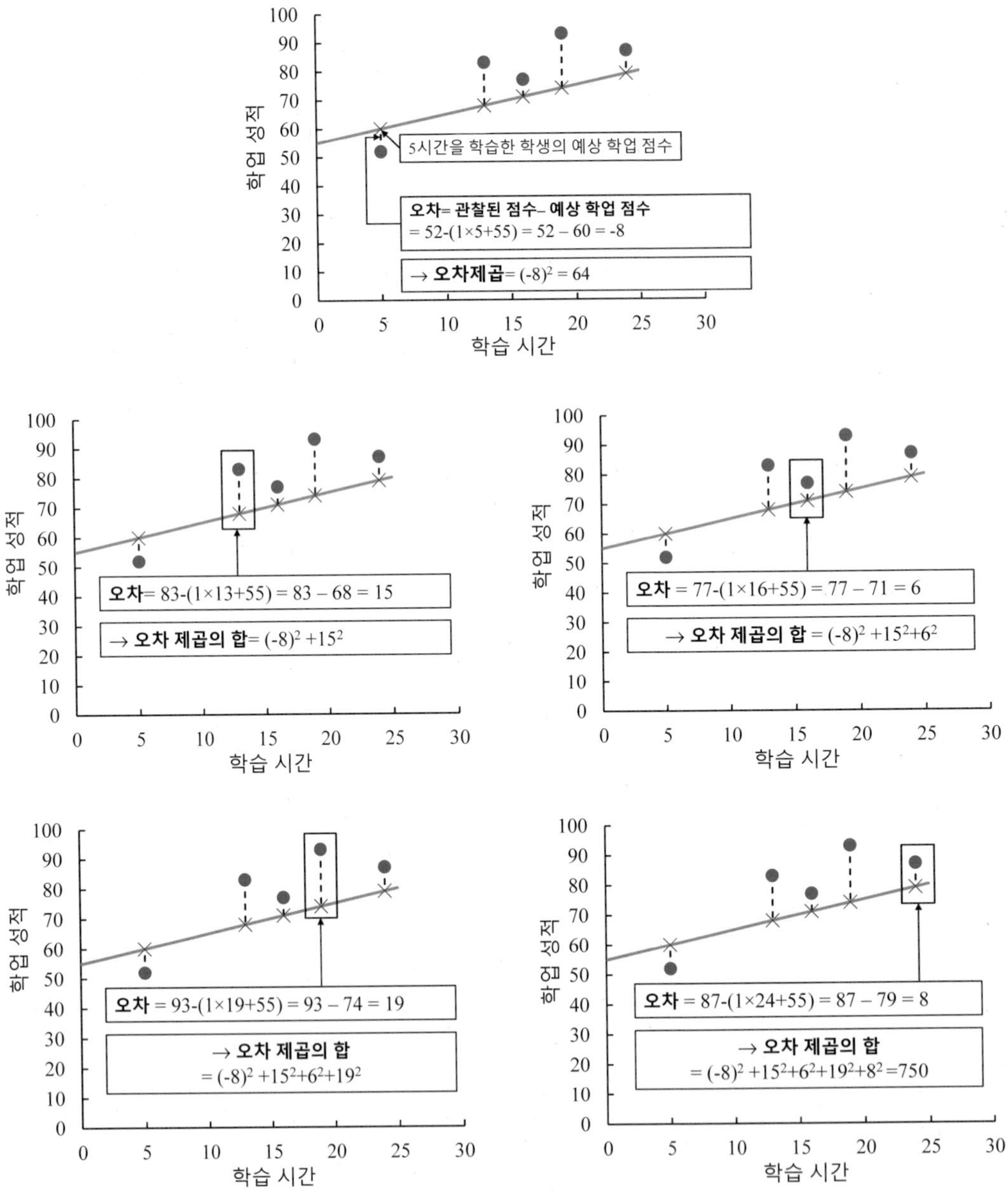

(b) 각 관찰 데이터에 대한 오차 제곱의 합

[그림 4.1.1] 오차함수(cost function)의 정의 (이어서)

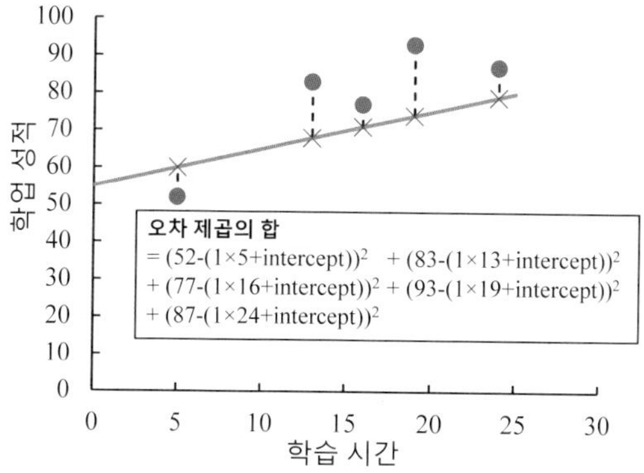

(c) 모든 관찰 데이터에 대한 전체 오차 제곱의 합

[그림 4.1.1] 오차함수(cost function)의 정의

4.2 하강기울기

피팅된 결과와 실제 빅데이터 간의 오차 제곱의 합은 오차함수라고 불리며, 오차함수가 최소가 되는 *x*축의 값(기울기와 절편; 본 예제에서는 절편)을 찾는 것이 커브 피팅의 핵심적인 부분이라고 할 수 있다[2,30].

그림 4.2.1(a)에는 편향변수를 나타내는 *y*축 절편을 무작위로 변화시켜 얻어지는 오차 제곱의 합, 즉 오차함수를 계산하였다. *x*축에는 절편, *y*축에는 모든 관찰 데이터에 대한 오차 제곱의 합을 도시하였다.

그림 4.2.1(b) 및 그림 4.2.1(c)에 도시된 그래프는 오차함수라 하고, 그림 4.2.1(b)에는 편향변수를 *x*축에 그린 것이고, 오차함수가 최소가 되는 편향변수를 찾는 개념을 도시하였다.

그림 4.2.1(c)에는 가중변수를 *x*축에 그린 것이고, 오차함수가 최소가 되는 가중변수를 찾는 개념을 도시하였다. 오차함수의 미분값인 기울기를 조사하여 최소가 되는 편향변수(또는 가중변수) 위치를 찾는 방법을 하강기울기법이라 한다. Gradient는 동일한 함수에 대해 2개 이상의 변수로 미분한 값을 더한 함수를 말하는 수학 용어이다. 따라서 하강기울기라 함은 이와 같은 오차함수 기울기를 하강시킨다고 이해하면 될 것이

다. 다만 본 절에서는 1개의 변수에 대해 미분한 함수도 gradient 범위에 포함시켜 미분값을 구해 보도록 하였다.

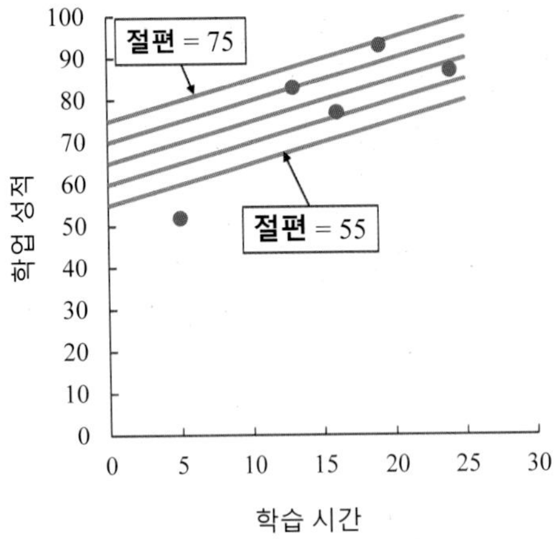

(1) y절편의 변화

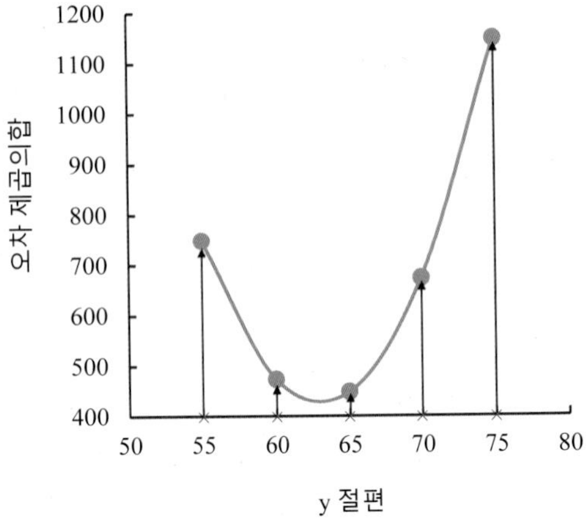

(2) 오차 제곱의 합

(a) 편향 파라미터와 오차함수(loss, cost functions)

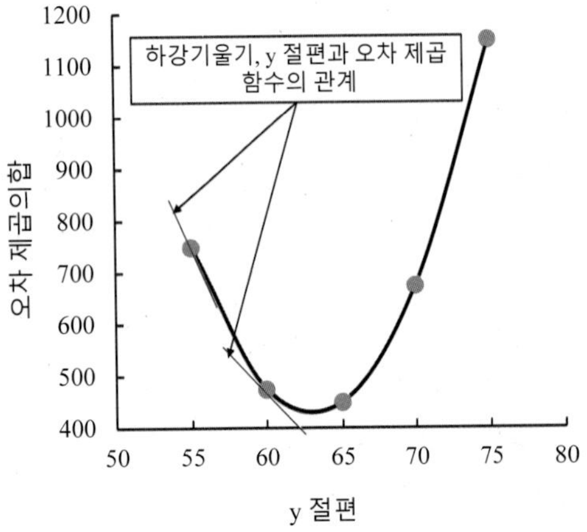

(1) 하강기울기의 최소화

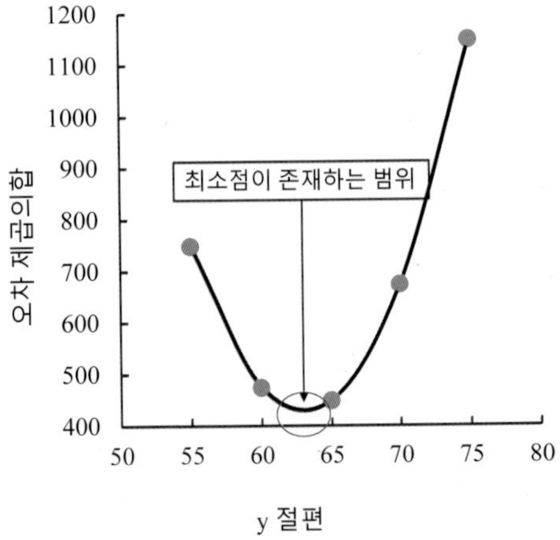

(2) 오차함수의 최소화

[그림 4.2.1] 역전파 시 오차함수가 최소가 되는 기울기 (이어서)

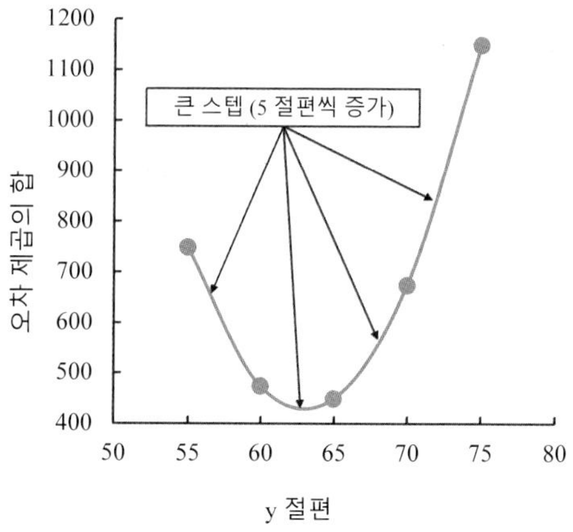

(3) 먼 하강기울기

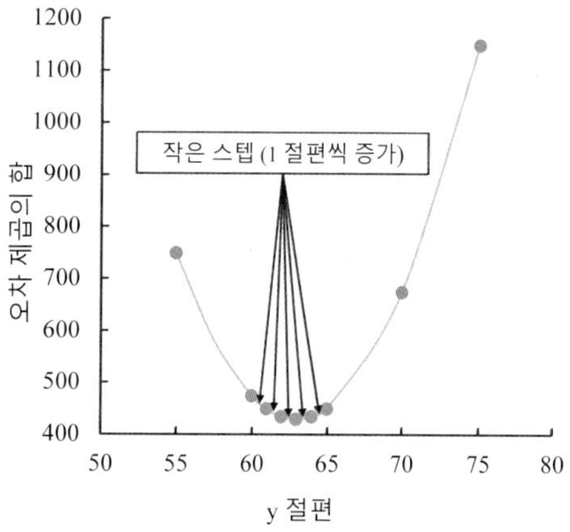

(4) 가까운 하강기울기

(b) y절편에 기반한 하강기울기의 계산

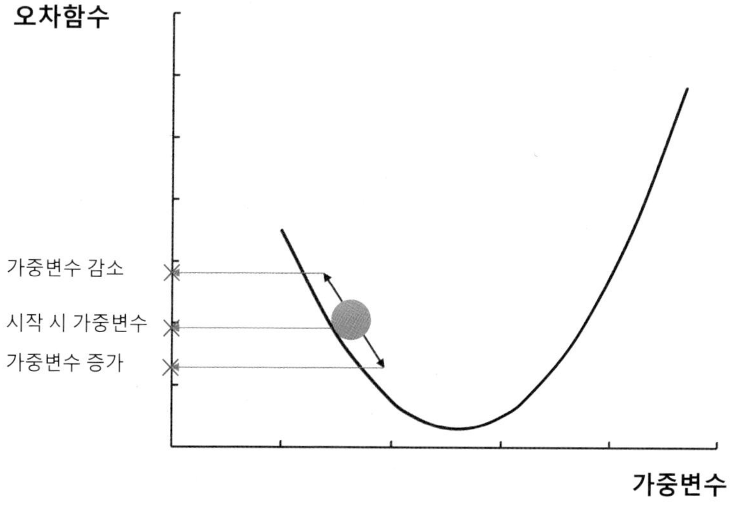

(c) 가중변수 기반의 하강기울기 계산; 가중변수와 오차함수[17.1]

[그림 4.2.1] 역전파 시 오차함수가 최소가 되는 기울기

오차함수 기울기를 하강시켜 기울기가 최소화되는 순간의 오차함수를 구하는 것이다. 보다 효율적이 방법으로 오차함수가 최소가 되는 가중변수인 기울기와 편향변수인 y절편을 찾아주는 하강기울기라는 방법을 소개하도록 한다. 그림 4.2.1(b)-(1)과 그림 4.2.1(b)-(2)에서 보듯이 오차함수가 최소가 되는 y절편 또는 가중변수에서 최적의 피팅식이 구해지는 것을 알 수 있다. 그러나 정확하게 최소가 되는 오차함수를 발견하기 위해서는 여러 y절편 또는 가중변수에 대해서 오차함수가 최소가 되는 위치를 조사해야 할 것이다.

이와 같은 방법은 상당한 시간이 소요되는 쉽지 않은 과정이 될 것이다. 하강기울기는 최소점으로부터 멀리 있는 데이터에 대해서는 계산 개수를 줄이고[그림 4.2.1(b)-(3)], 최소점으로 가까워질수록 계산 개수를 늘려 가는 방법[그림 4.2.1(b)-(4)]으로 계산의 효율성을 대폭 향상시킬 수 있는 장점이 있다. 즉 하강기울기 방법은 오차함수의 최소점을 체계적으로 찾아가는 방법이라 할 수 있다.

일반적으로는 그림 4.5.2에서 보이는 것처럼 가중변수인 기울기와 편향변수인 y절편을 두 개의 수평축에 설정하고, 수직축을 오차함수로 3차원 형태의 곡선을 구현한 후 오차함수가 최소가 되는 가중변수와 편향변수를 구할 수 있을 것이다. 인공신경망의 은닉층이 많은 경우에는 오차함수 뒷부분부터 역전파라는 과정을 통해 앞부분으로 진행하여(그림 4.3.1 참조) 오차함수가 최소가 되는 가중변수와 편향변수를 지속적으로 수정하는 것이다.

4.3 하강기울기 방법을 이용한 데이터(빅데이터) 피팅

첫 번째 에폭epoch, iteration의 인공신경망 피팅mapping이 완료되면 오차함수로 정의되는 예측 결과와 실제 관찰된 빅데이터 간의 오차 제곱을 최소화하는 과정이 시작되며, 최소화하는 과정은 그림 4.3.1에 나타나 있다. 그림 4.3.1에는 x축을 가중변수로 하여 포물선인 함수로 표현되는 오차함수와 기울기를 보여주고 있다. 인공신경망 출력부 끝부분부터 인공신경망 첫 부분까지 역방향으로 오차함수 기울기 계산을 수행한다. 체인룰을 이용하여 기울기가 최소(0 근처)가 되는 가중변수 값을 찾아가는 과정을 역전파라 한다. 4.8절, 4.9절에서는 체인룰 기반 역전파 방법을 적용하여 오차함수를 최소로 만드는 가중변수 값을 찾아가는 과정을 소개하였다.

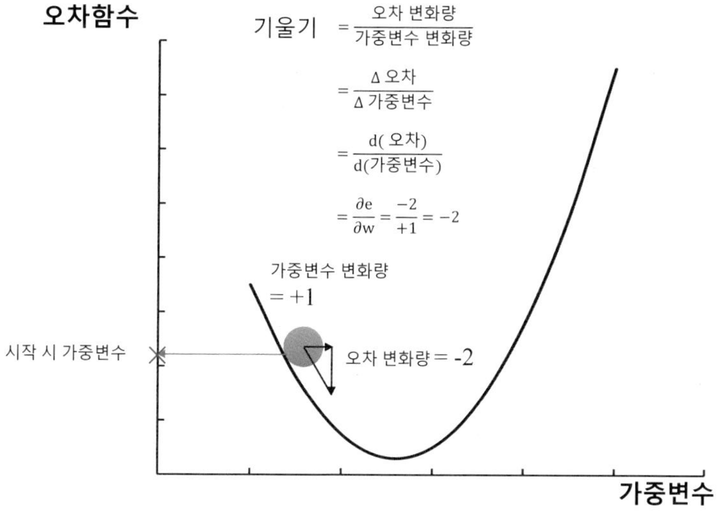

[그림 4.3.1] 역전파 시 오차함수가 최소 되는 기울기 계산[17.1]

4.4 데이터 피팅; 기울기(weight)는 고정하고 y절편(bias)만 무작위로 변하는 경우

4.4.1 시행 착오법

오차함수는 식 (4.1.2)를 기반으로 식 (4.4.1-1)과 식 (4.4.1-2)에서 구할 수 있고, 그림 4.4.1(a)-(1)에 나타나 있다. 즉 식 (4.4.1-2)에 y절편을 대입하여 오차함수를 구할 수 있는데, 동일한 스텝의 y절편, 차별화된 y절편을 사용하였을 경우를 각각 그림 4.4.1(a)-(2)와 그림 4.4.1(a)-(3)에 나타내었다. 표 4.4.1(a)와 (b)는 각각 그림 4.4.1(a)-(2)와 (3)을 정리한 표이다. 오차함수가 최소화되는 위치에서 멀리 위치한 y절편의 경우[그림 4.4.1(a)-(2)]에는 큰 스텝으로 y절편을 줄여가며 최소점을 찾아갈 수 있으나 오차함수가 최적화되는 위치로 근접[그림 4.4.1(a)-(3)]할수록 y절편 스텝을 줄여 오차함수의 최소 위치를 지나치지 않도록 하여야 한다. 그림 4.4.1(a)는 y절편을 하나하나 오차함수에 대입하여 오차함수의 최소점을 확인하는 시행 착오 방법으로 오차함수의 최소점을 추적하고 있다. y절편 55에서 65 범위에서 오차함수가 최소(기울기가 최소)가 될 것이고, 시행 착오법에 기반하여 오차함수 최솟값 430을 y절편 63에서 찾았고 표 4.4.1에 기술하였다. 그러나 이 방법은 추적 단계가 많아지는 단점이 존재한다.

4.4.2 하강기울기를 이용한 최솟값 추적

지금부터 오차함수의 기울기인 하강기울기 방법을 이용하여 효과적으로 오차함수의 최소점을 찾는 방법에 대해서 알아보도록 하자. 그림 4.4.1(b)-(1)은 하강기울기 시작점을 보여주고 있다. 그림 4.4.1(b)-(1)과 (2)에는 임의의 y절편에서 오차함수 미분값인 하강기울기를 구하였고, y절편을 변화시킬 경우 발생하는 오차함수 기울기의 변화를 보여주고 있다.

하강기울기의 기울기가 최소화되는(0 근처) 위치가 오차함수가 최소가 되는 점이고, 이때 y절편 위치를 구할 수 있게 되었다. 본 예제에서 하강기울기 방법의 주된 역할은 오차함수가 최소가 되는 y축 절편을 찾는 것이다.

$$\textbf{오차 제곱의 합} = (\text{관찰 데이터} - \text{예측 데이터})^2 \qquad \cdots\cdots (4.4.1\text{-}1)$$

$$\begin{aligned} \textbf{오차 제곱의 합} &= \{\text{관찰 데이터} - (1 \times \text{학습시간} + y\text{절편})\}^2 \\ &= \{52 - (1 \times 5 + y\text{절편})\}^2 \\ &+ \{83 - (1 \times 13 + y\text{절편})\}^2 \\ &+ \{77 - (1 \times 16 + y\text{절편})\}^2 \\ &+ \{93 - (1 \times 19 + y\text{절편})\}^2 \\ &+ \{87 - (1 \times 25 + y\text{절편})\}^2 \end{aligned} \qquad \cdots\cdots (4.4.1\text{-}2)$$

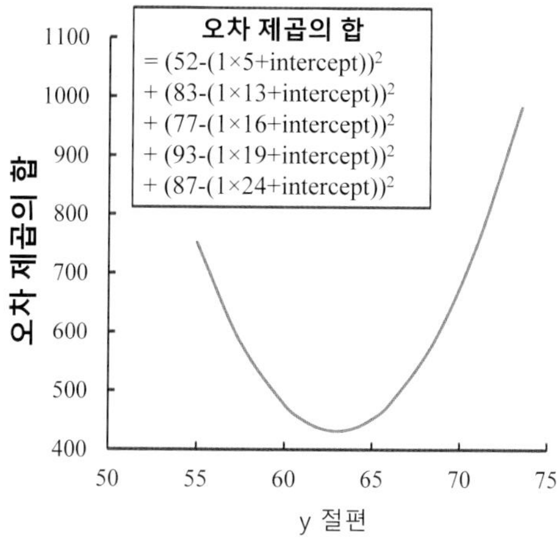

(1) 오차함수

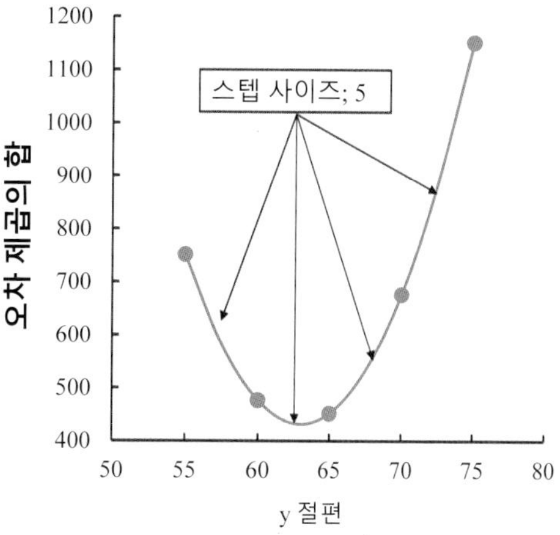

(2) 동일 스텝

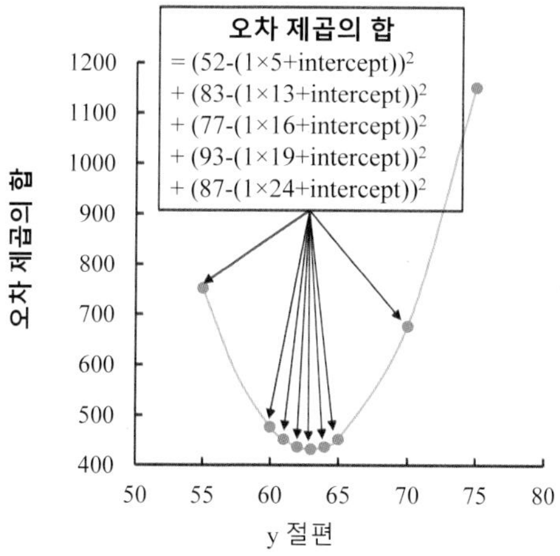

(3) 차별화된 스텝

(a) 각 y절편(intercept)에서의 오차 제곱

[그림 4.4.1] 하강기울기(Gradient descent)를 이용한 오차함수의 최소점 도출 (이어서)

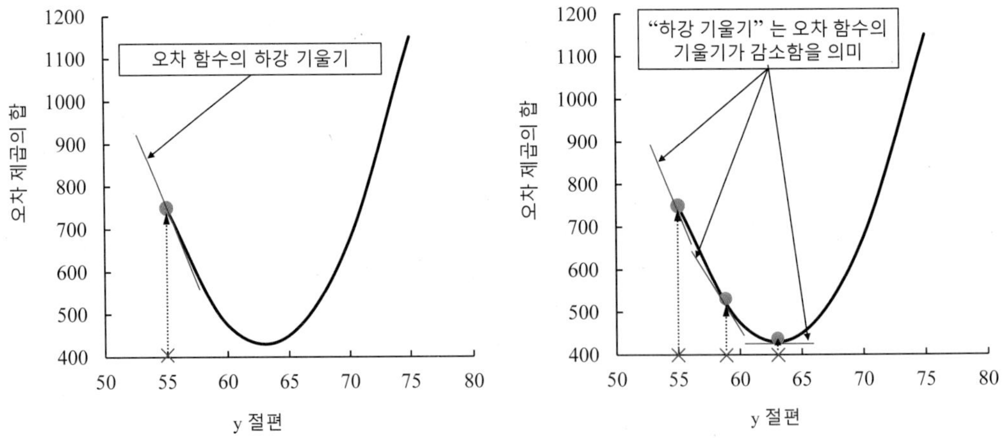

(1) 하강기울기 시작점

(2) 하강기울기 추적

(b) 하강기울기의 추적[그림 4.2.1(b) 참조]

[그림 4.4.1] 하강기울기(Gradient descent)를 이용한 오차함수의 최소점 도출

[표 4.4.1] 오차함수가 최소되는 y 절편

(a) [그림 4.4.1(a)–(2)]의 표

파라미터		오차	절편에 관한 미분값
기울기	y절편		
1	55	750	-80
1	60	475	-30
1	65	450	20
1	70	675	70
1	75	1150	120

(b) [그림 4.4.1(a)–(3)]의 표

파라미터		오차	절편에 관한 미분값
기울기	y절편		
1	60	475	-30
1	61	450	-20
1	62	435	-10
1	63	430	0
1	64	435	10

오차함수의 기울기인 하강기울기는 식 (4.4.1-2)를 미분해서 구한 식 (4.4.2)를 통해 구한다. 식 (4.4.3)에서는 *y*절편이 55일 때 기울기가 -80으로 구해졌다. 그림 4.4.2에서 오차함수의 최소점을 찾기 위해서는 오차함수의 기울기가 0 또는 가장 0에 근접하는 *y*절편 위치를 찾으면 될 것이다. 그림 4.4.2에서처럼 하강기울기는 임의의 초기 *y*절편 위치로부터 시작하여 점점 촘촘하게 오차함수가 최소가 되는 *y*절편의 위치를 찾아가게 된다. 그림 4.4.2와 그림 4.4.3에서는 *y*절편이 55가 되는 위치로부터 기울기 추적이 시작되었다. 하강기울기는 기울기가 0이 되는 점을 찾기 어려운 경우에도 가장 0에 근접하는 위치를 찾게 도와준다. 그림 4.4.3(a)에서는 *y*절편이 최저 위치로부터 멀리 위치할 때에는 큰 추적 단계를 취할 수 있으나 그림 4.4.3(b)에서처럼 최저 위치로 접근할수록 작은 스텝으로 추적할 수 있음을 보여주고 있다. 그림 4.4.3(c)에는 하강기울기 추적 단계가 너무 큰 경우를 보여주는데, 최소점을 지나 오차함수가 다시 크게 증가하기 때문에 반드시 방지되어야 한다. 추적 단계의 크기는 하강기울기와 반드시 연관되어서 결정되어야 하며, 너무 크지 않도록 조정하여야 한다.

$$\begin{aligned}\frac{d\,(\textbf{오차제곱})}{d\,(y\,절편)} = & \frac{d}{d\,(y\,절편)}\{52-\left(1\times 5\ +y\,절편\right)\}^2 \\ & +\frac{d}{d\,(y\,절편)}\{83-\left(1\times 13\ +y\,절편\right)\}^2 \\ & +\frac{d}{d\,(y\,절편)}\{77-\left(1\times 16\ +y\,절편\right)\}^2 \\ & +\frac{d}{d\,(y\,절편)}\{93-\left(1\times 19\ +y\,절편\right)\}^2 \\ & +\frac{d}{d\,(y\,절편)}\{87-\left(1\times 24\ +y\,절편\right)\}^2\end{aligned} \quad \cdots\cdots (4.4.2)$$

$$\begin{aligned}\frac{d\,(\textbf{오차제곱의 합})}{d\,(y\,절편)} = & +2\times\{52-(1\times 5\ +55\,)\}\times(-1) \\ & +2\times\{83-(1\times 13\ +55\,)\}\times(-1) \\ & +2\times\{77-(1\times 16\ +55\,)\}\times(-1) \\ & +2\times\{93-(1\times 19\ +55\,)\}\times(-1) \\ & +2\times\{87-(1\times 24\ +55)\}\times(-1) = -80\end{aligned} \quad \cdots\cdots (4.4.3)$$

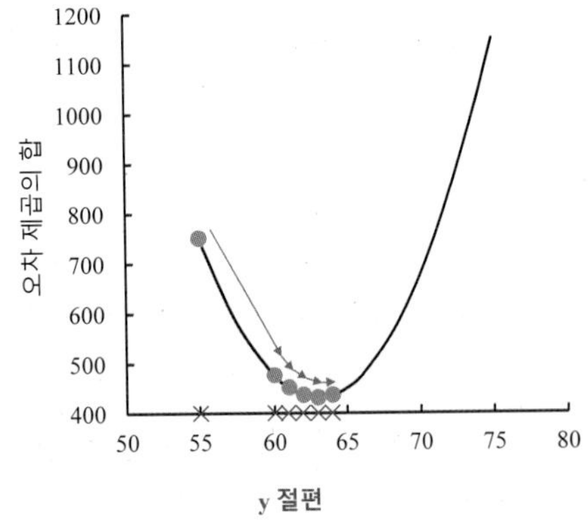

[그림 4.4.2] 오차함수의 최소점을 찾기 위한 하강기울기 추적 방향

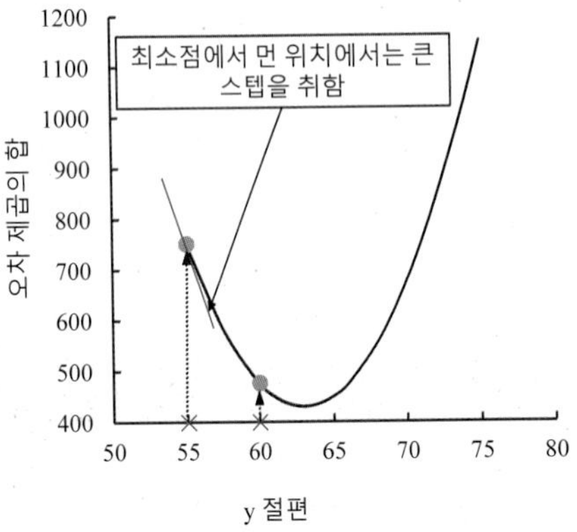

(a) 최소점에서 먼 위치의 하강기울기 추적 스텝 크기

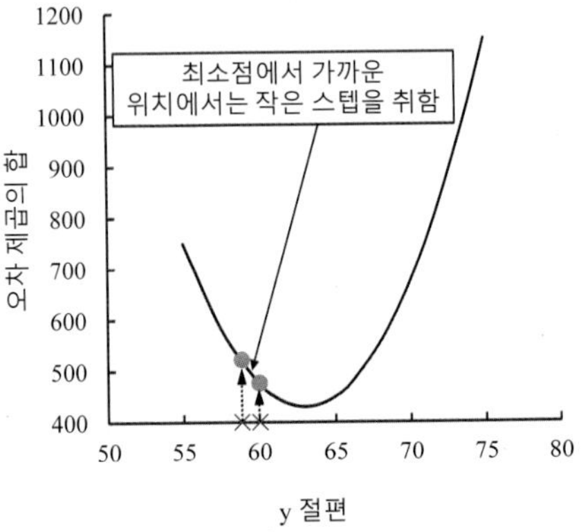

(b) 최소점에서 근접한 위치의 하강기울기 추적 스텝 크기

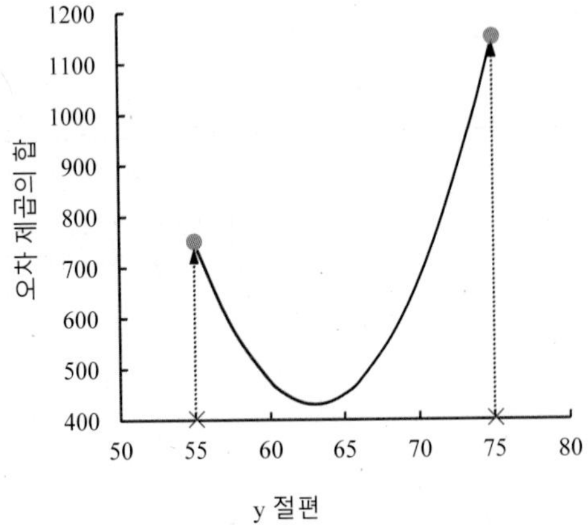

(c) y절편이 오차함수의 최소점을 지나치는 경우

[그림 4.4.3] 하강기울기 vs. 절편 스텝의 크기

4.4.3 학습률(Learning rate)의 유도

무작위로 설정된 y절편 기반의 기울기 추적 시작 위치를 그림 4.4.4에 도시하였다. 그림 4.4.4(a)에 보이는 대로 y절편이 55가 되는 위치로부터 기울기 추적이 시작되었으며, 이때 그림 4.4.4(b)의 오차함수 기울기는 −80이 된다. 기울기는 최소점에 도달할수록 점차적으로 감소하다가 최소점에서는 0에 가까운 값으로 계산될 것이다. 식 (4.4.4)에서처럼 체계적인 기울기의 감소 추적을 위해서 학습률learning rate이라는 파라미터를 도입한다. 1보다 작은 수인 학습률을 기울기에 곱해서 증가되는 다음 단계 y절편의 스텝 사이즈를 결정한다. y절편이 55일 때 학습률을 0.1로 선택한다면 y절편의 스텝 사이즈는 식 (4.4.4)에 의해 기울기에 학습률을 곱해서 결정된다($-80 \times 0.1 = -8$). 따라서 새로운 y절편은 식 (4.4.5)에 의해 $55 - (-8) = 63$으로 구해진다. y절편 63을 오차함수 식 (4.4.1-2)에 대입하였을 경우 오차함수는 바로 0이 된다. 학습률을 0.1로 선택한 경우 한 번의 스텝 사이즈를 택함으로써 오차함수의 최솟값에 도달할 수 있었다.

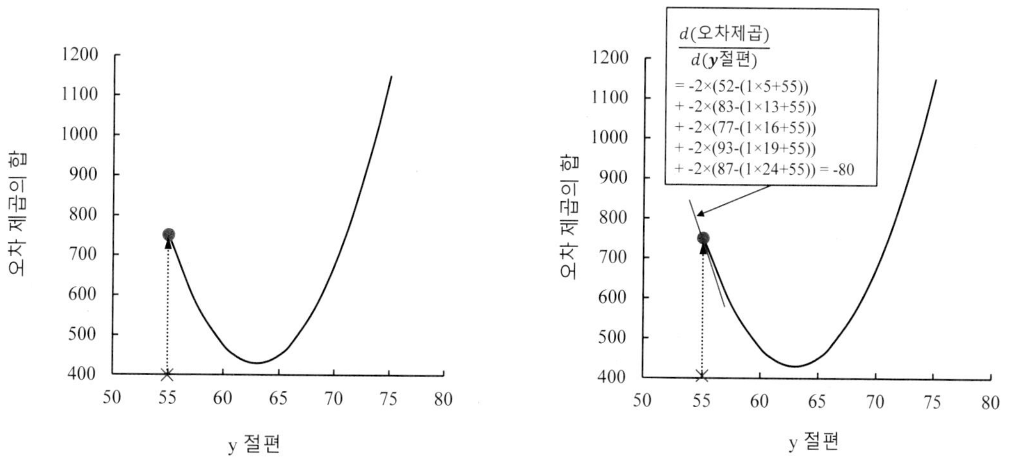

(a) 무작위로 설정된 y절편 기반의 기울기추적 시작 위치 (b) y절편이 55일 때 오차함수 기울기(−80)

[그림 4.4.4] 무작위로 (random) 설정된 y 절편 기반의 기울기 추적 시작 위치

그림 4.4.5는 1단계 추적에 의한 오차함수 값의 감소 경향을 도시하고 있다. 그림 4.4.5(a)에는 학습률을 0.05로 선택한 경우 다음 단계 y절편의 스텝 사이즈를 도시하였

다. 1단계 y절편의 스텝 사이즈(−80 × 0.05 = −4)로부터 증가된 다음 단계의 y절편은 55 − (−4) = 59로 구해진다. 학습률learing rate을 0.1이 아닌 다른 값을 선택하게 되면 한 번에 최솟값에 도달할 수 없음을 알 수 있다. 하지만 그림 4.4.5(b)에서 보듯이, 이전 단계의 y절편이 55일 때보다는 59를 사용할 때 오차함수가 최솟값으로 가깝게 접근하는 것을 알 수 있다.

그림 4.4.6은 2단계 추적에 의한 오차함수 값의 감소 경향을 도시하고 있다. 그림 4.4.6(a)에는 y절편이 59가 되는 위치에서 오차함수의 기울기가 -40으로 계산되었다. 학습률을 계속 0.05로 선택한다면 2단계에서의 y절편 단계의 크기는 −40 × 0.05 = −2가 된다. 따라서 그림 4.4.6(b)에서 증가된 다음 단계의 y절편은 59 − (−2) = 61로 구해진다. 이때 최솟값으로 더 접근한 y절편값인 61을 사용할 때 오차함수가 추가로 감소하는 것을 보여주고 있다. 그러나 스텝 사이즈가 최솟값으로 접근하지만 앞의 1단계 오차함수의 감소폭보다는 2단계 오차함수의 감소폭이 줄어드는 것을 볼 수 있다.

$$\text{스텝사이즈} = \text{기울기} \times \text{학습률} \quad (4.4.4)$$

$$\text{개선 후 } y\text{절편} = \text{개선 전 } y\text{절편} - \text{스텝 사이즈} \quad (4.4.5)$$

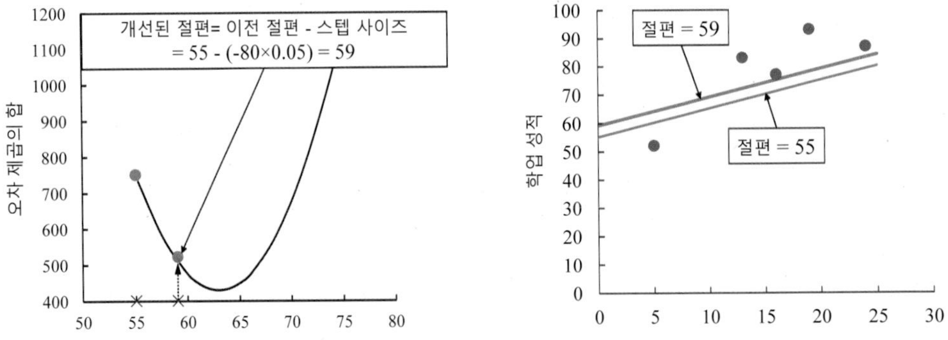

(a) Leaning rate (0.05) 기반으로 결정된 다음 단계 y절편(59)

(b) y절편 이동(55에서 59로)에 따른 오차함수 값의 감소 경향

[그림 4.4.5] 1단계 추적에 의한 오차함수 값의 감소 경향

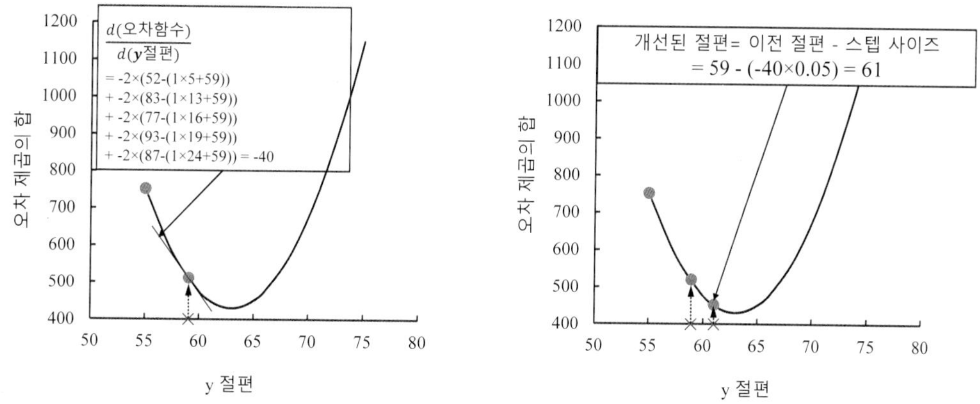

(a) 기울기 = −40 (b) y절편 = 61

[그림 4.4.6] 2단계 추적에 의한 오차함수 값의 감소 경향

그림 4.4.7은 3단계 추적에 의한 오차함수 값의 감소 경향을 도시하고 있다. 그림 4.4.7(a)에는 y절편이 61이 되는 위치에서 오차함수의 기울기가 -20으로 계산되었다. 학습률을 계속 0.05로 선택한다면 3단계에서의 y절편 단계의 크기는 $-20 \times 0.05 = -1$이 된다.

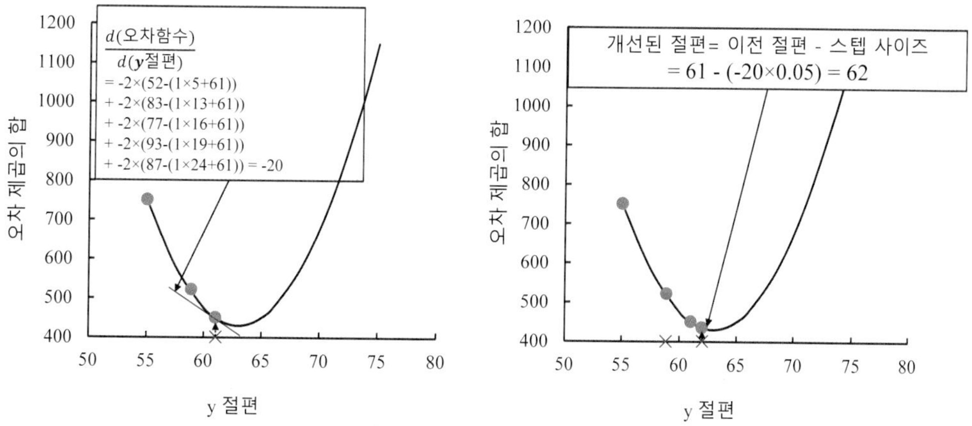

(a) 기울기 = −20 (b) y절편 = 62

[그림 4.4.7] 3단계 추적에 의한 오차함수 값의 감소 경향

따라서 그림 4.4.7(b)에서 증가된 다음 *y*절편은 61 − (−1) = 62로 구해진다. 최솟값으로 조금 더 접근한 *y*절편 값 62를 사용할 때 오차함수가 추가로 감소하는 것을 보여주고 있다. *y*절편이 최솟값으로 접근하면서 오차함수의 감소폭이 계속 줄어들게 되고, 곧 iteration이 멈추게 될 것임을 알 수 있다.

그림 4.4.8에서 보이는 것처럼 추적을 계속 진행할 경우 *y*절편은 62(3*단계*) ⇒ 62.5(4*단계*) ⇒ 62.9(5*단계*) ⇒ 63(6*단계*) 순으로 증가하며, 추적 단계가 증가할수록 *y*절편의 증가폭은 작아지고 오차함수는 최솟값에 접근하여 결국 *y*절편은 포물선 최소점 아래 부분에 도달하는 것을 알 수 있다. 즉 하강기울기는 오차함수가 최솟값을 형성하는 *y*절편 값이 63임을 찾아주었다.

*y*절편 증가 단계의 크기에 의해서 하강기울기 추적을 멈출 수 있다. *y*절편 단계의 크기 절댓값은 1단계, 2단계, 3단계에서 각각 -4, -2, -1로 감소하였고, 오차함수의 감소폭 역시 계속 감소하였다. 최종적으로 *y*절편 단계의 크기가 0에 충분히 가까워져서 통상 0.001 이하가 될 때 하강기울기 추적은 종료된다. 이때 기울기 역시 매우 작아져서 0에 근접할 것이다. 예를 들어 기울기 값이 0.009이고, 학습률이 0.1이라 한다면 스텝 사이즈는 0.009 × 0.1 = 0.0090이 될 것이고, 하강기울기는 추적을 멈출 것이다. 또한 하강기울기의 최대 추적 스텝 수를 지정하여 추적을 종료할 수도 있다. 예를 들어 추적하는 최대 스텝 수가 1000으로 지정되었다면 추적이 1000 스텝에 도달할 때 *y*절편 단계의 크기에 관계없이 추적을 종료하게 되는 것이다.

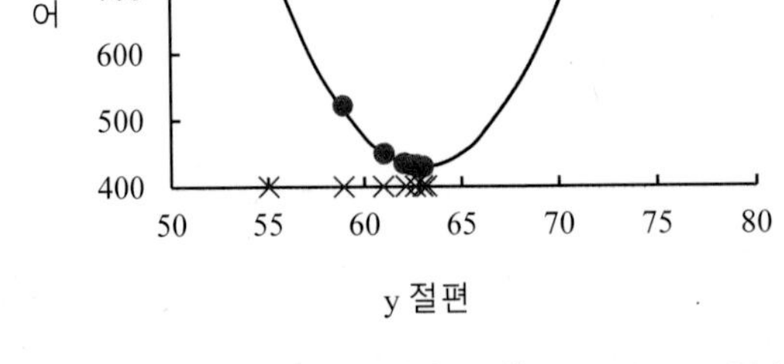

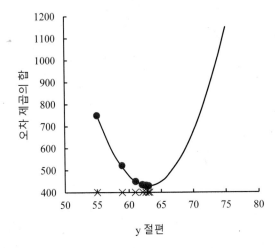

[그림 4.4.8] 추적 진행 시 *y*절편의 증가(62 → 62.5 → 62.9 → 63)

4.5 데이터 피팅; 가중변수와 편향변수가 동시에 무작위로 변하는 경우

4.5.1 하강기울기의 유도

가중변수와 편향변수는 식(1.4.1)과 식 (1.4.2)에서 각 인공신경망 은닉층의 뉴런값에 곱해지고 각각의 뉴런별로 더해진 후 하강기울기 방법을 기반으로 역전파 과정(4.9절)이 수정된다. 지금까지는 단지 y절편(편향변수)만을 무작위로 입력하여 하강기울기 활용법을 알아보았고, 지금부터는 기울기(가중변수)와 y절편(편향변수)이 동시에 존재할 경우, 가중변수와 편향변수에 대한 하강기울기를 구해보도록 한다. 그림 4.5.1에서는 입력값인 학습시간study hour이 출력값인 시험성적obtained score에 정확하게 매핑 또는 피팅되도록 AI의 피팅 요소인 기울기(가중변수)와 y절편(편향변수)을 조정하여 예측식을 구하는 과정을 보여주고 있다. 하강기울기 방법에 의해 예측된 값은 실제 빅데이터의 관찰값target value과 비교하여 조정adjust되는데, 이와 같은 반복 계산은 역전파 과정에서 수행된다. 역전파 과정에서는 빅데이터 입력 데이터가 관찰값인 출력 데이터에 일대일 피팅(매핑)되도록 두 개의 무작위 변수, 즉 기울기(가중변수)와 y절편(편향변수)을 하강기울기 방법 기반으로 찾는 것이다. 이때 오차함수가 최솟값이 되도록 인공신경망을 매핑하게 된다.

(1) 1단계: 오차함수의 설정

식 (4.4.6)과 그림 4.5.1에서 오차 제곱의 합으로 정의된 오차함수를 기울기(가중변수)와 y절편(편향변수)의 함수로 유도하였다.

$$\begin{aligned}\text{오차 제곱의 합} &= \{52 - (\text{가중변수} \times 5 + \text{편향변수})\}^2 \\ &+ \{83 - (\text{가중변수} \times 13 + \text{편향변수})\}^2 \\ &+ \{77 - (\text{가중변수} \times 16 + \text{편향변수})\}^2 \\ &+ \{93 - (\text{가중변수} \times 19 + \text{편향변수})\}^2 \\ &+ \{87 - (\text{가중변수} \times 24 + \text{편향변수})\}^2 \qquad \cdots\cdots (4.4.6)\end{aligned}$$

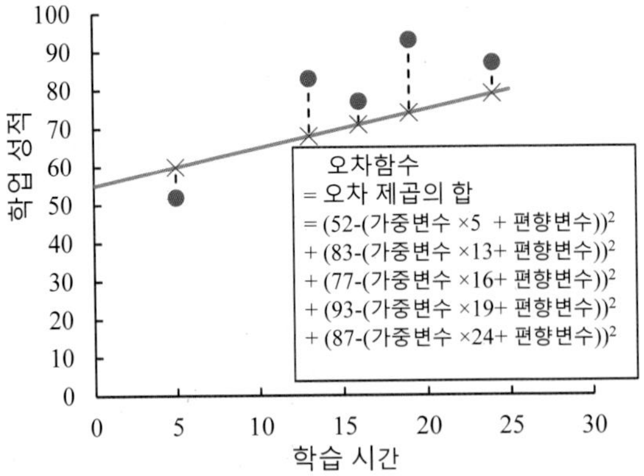

[그림 4.5.1] 기울기(가중변수)와 *y* 절편(편향변수) 기반의 네트워크 예측식

그림 4.5.2는 두 개의 무작위 변수인 기울기(가중변수)와 *y*절편(편향변수)이 동시에 존재할 때의 3차원 오차함수로써, *y*절편(편향변수)만 고려할 때와 동일한 방법으로 구해진다. 수평 2개 축은 기울기와 *y*절편을 나타내는 축이고, 수직축은 오차제곱으로 정의되는 오차함수이다. 입력 및 출력 파라미터의 피팅은 하강기울기 방법을 이용하여 수행되며, 두 개의 무작위 변수(기울기와 *y*절편) 값을 조정하여 *y*축에 구해진 오차함수의 최솟값minimum sum of the square을 구하는 것이다.

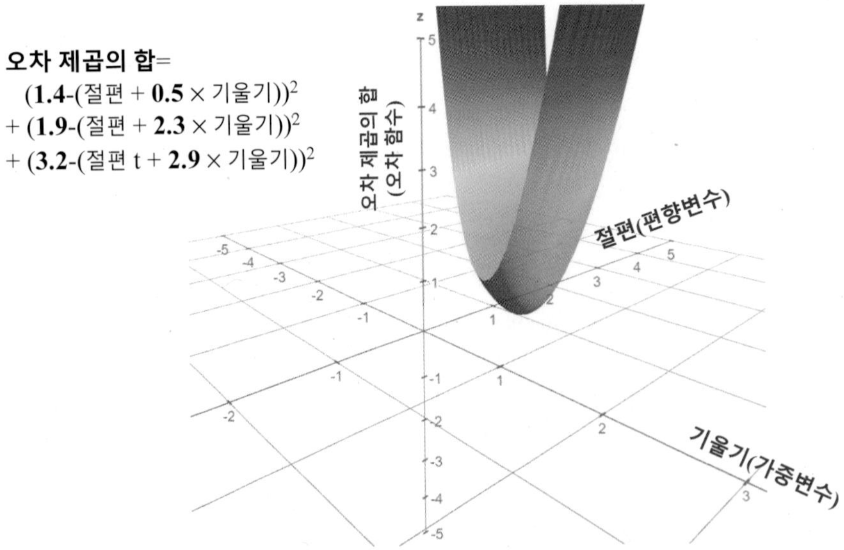

[그림 4.5.2] 3차원 형태의 오차함수 구현

(2) 2단계: 하강기울기의 계산

4.4절에 기술된 피팅 과정에서는 y절편(편향변수)만 변수로 취급되었고, 기울기(가중변수)는 상수로 가정하였다. 그러나 두 개의 무작위 변수를 갖는 오차함수의 하강기울기를 구하기 위해서는 식 (4.4.7)과 식 (4.4.8)에 주어진 대로 기울기(가중변수)와 y절편(편향변수)의 두 변수에 대한 편미분을 구하여야 한다. 식 (4.4.7-1)과 식 (4.4.7-2)는 체인룰을 적용하여 y절편(편향변수)에 대한 하강기울기를 구한 것이고, 식 (4.4.8-1)과 식 (4.4.8-2)는 기울기(가중변수)에 대한 하강기울기를 구한 것이다. 두 변수에 대한 미분값은 식 (4.4.7-2)와 식 (4.4.8-2)에 각각 주어져 있다. 같은 함수에 대해 두 개 이상의 미분으로 구성되어 있는 함수를 하강기울기라고 부르며, 하강기울기를 오차함수 선상에서 하강시켜 오차함수가 최소점이 되는 기울기(가중변수)와 y절편(편향변수)을 찾는 것이다. 이러한 이유로 본 알고리즘을 하강기울기법이라고 부르는 것이다. 초기 설정된 기울기(가중변수)와 y절편(편향변수)은 4.8절에 기술되어 있는 역전파 과정을 통해 수정되어 피팅(또는 매핑)의 정확도를 향상시키고, 정확한 빅데이터의 경향trend을 찾게 된다.

4.5.2 학습률의 유도

(1) 3단계: 학습률의 설정

본 예제에서는 그림 4.5.3에서처럼 예측식의 기울기(가중변수)와 y절편(편향변수)에 무작위 값인 1과 55를 설정하였다. 식 (4.4.7-2)와 식 (4.4.9-1)에서는 y절편이 55, 기울기가 1일 때 오차함수의 y절편(편향변수)에 대한 편미분값(-80)을 구하였다. 식 (4.4.8-2)와 식 (4.4.9-2)에서는 y절편이 55, 기울기가 1일 때 오차함수의 기울기(가중변수)에 대한 편미분값(-1608)을 구하였다.

다음 단계의 기울기(가중변수)와 y절편(편향변수)에 적용될 스텝 사이즈는 식 (4.4.4)에 기술되어 있고, 각각의 편미분값인 기울기에 학습률을 곱하여 구한다. 학습률은 기울기(가중변수)에 대해서는 0.0003, 그리고 y절편(편향변수)에 대해서는 0.05로 차별하여 적용하였다. 그 이유는 하강기울기는 때로는 이 두 파라미터들에 대해 차별적으로 민감하게 변화하기 때문이다. 실제 계산에서는 큰 학습률로부터 출발해서 최소점에 접근할수록 점차로 작아지도록 프로그래밍할 수 있다.

(2) 4단계: 기울기(가중변수)와 *y*절편(편향변수) 수정

*y*절편(편향변수)과 기울기(가중변수)에 대한 스텝 사이즈는 식 (4.4.10-1)과 식 (4.4.10-2)에서, 각각 [0.05 × (−80)] = −4와 [0.0003 × (−1608)] = −0.4824로 도출되었다. 다음 단계에서의 기울기(가중변수)와 *y*절편(편향변수)은 식 (4.4.5)에 의해 구한다. 다음 스텝에서 증가된 새로운 *y*절편(편향변수)과 기울기(가중변수)는 각각 59 = [55 − (−4)]와 1.4824 = [1 − (−0.4824)]로 결정되었다.

그림 4.5.4에서는 그림 4.5.3에서 수정된 기울기(가중변수)와 *y*절편(편향변수)을 보여주고 있다. 각각 1.4824 및 59일 경우이고, 이때 오차함수가 감소하는 것을 도시하고 있다. 1단계 추적으로 기울기와 *y*절편이 동시에 수정되면서 3차원 오차함수의 최솟값을 추적할 수 있다.

그림 4.5.5(a)에는 각 단계에서 구한 기울기(가중변수)와 *y*절편(편향변수)이 적용된 예측식의 변화를 관찰 데이터에 비교하여 도시하였다. 그림 4.5.5(b)는 최종으로 도출된 기울기(가중변수)인 1.9344와 *y*절편(편향변수)인 48.6104를 보여주고 있고, 이때 오차함수가 최소화되었다. 3차원 오차함수의 경우에도 최소 스텝 사이즈 또는 최대 스텝 수를 설정하여 기울기의 추적을 멈출 수 있다.

$$\begin{aligned}\frac{d\,(\textbf{오차 제곱의 합})}{d\,(y\text{절편})} = &\frac{d}{d\,(y\text{절편})}\{52-\left(\text{기울기}\times 5\ +y\text{절편}\right)\}^2 \\ &+\frac{d}{d\,(y\text{절편})}\{83-\left(\text{기울기}\times 13\ +y\text{절편}\right)\}^2 \\ &+\frac{d}{d\,(y\text{절편})}\{77-\left(\text{기울기}\times 16\ +y\text{절편}\right)\}^2 \\ &+\frac{d}{d\,(y\text{절편})}\{93-\left(\text{기울기}\times 19\ +y\text{절편}\right)\}^2 \\ &+\frac{d}{d\,(y\text{절편})}\{87-\left(\text{기울기}\times 24\ +y\text{절편}\right)\}^2\end{aligned}$$

.... (4.4.7-1)

$$\frac{d\,(\textbf{오차 제곱의 합})}{d\,(y\,\text{절편})} = 2 \times \{52 - \left(\text{기울기} \times 5 + y\text{절편}\right)\} \times (-1)$$
$$+ 2 \times \{83 - \left(\text{기울기} \times 13 + y\text{절편}\right)\} \times (-1)$$
$$+ 2 \times \{77 - \left(\text{기울기} \times 16 + y\text{절편}\right)\} \times (-1)$$
$$+ 2 \times \{93 - \left(\text{기울기} \times 19 + y\text{절편}\right)\} \times (-1)$$
$$+ 2 \times \{87 - \left(\text{기울기} \times 24 + y\text{절편}\right)\} \times (-1)$$

……………………………………………… (4.4.7-2)

$$\frac{d\,(\textbf{오차 제곱의 합})}{d\,(\text{기울기})} = \frac{d}{d\,(\text{기울기})}\{52 - \left(\text{기울기} \times 5 + y\text{절편}\right)\}^2$$
$$+ \frac{d}{d\,(\text{기울기})}\{83 - \left(\text{기울기} \times 13 + y\text{절편}\right)\}^2$$
$$+ \frac{d}{d\,(\text{기울기})}\{77 - \left(\text{기울기} \times 16 + y\text{절편}\right)\}^2$$
$$+ \frac{d}{d\,(\text{기울기})}\{93 - \left(\text{기울기} \times 19 + y\text{절편}\right)\}^2$$
$$+ \frac{d}{d\,(\text{기울기})}\{87 - \left(\text{기울기} \times 24 + y\text{절편}\right)\}^2$$

……………………………………………… (4.4.8-1)

$$\frac{d\,(\textbf{오차 제곱의 합})}{d\,(\text{기울기})} = 2 \times 5 \times \{52 - \left(\text{기울기} \times 5 + y\text{절편}\right)\} \times (-1)$$
$$+ 2 \times 13 \times \{83 - \left(\text{기울기} \times 13 + y\text{절편}\right)\} \times (-1)$$
$$+ 2 \times 16 \times \{77 - \left(\text{기울기} \times 16 + y\text{절편}\right)\} \times (-1)$$
$$+ 2 \times 19 \times \{93 - \left(\text{기울기} \times 19 + y\text{절편}\right)\} \times (-1)$$
$$+ 2 \times 24 \times \{87 - \left(\text{기울기} \times 24 + y\text{절편}\right)\} \times (-1)$$

……………………………………………… (4.4.8-2)

$$\text{기울기}_{y\,\text{절편}} = \frac{d\,(\textbf{오차 제곱의 합})}{d\,(\boldsymbol{y}\ \textbf{절편})} =$$
$$+ 2 \times \{52 - (1 \times 5 + 55)\} \times (-1)$$
$$+ 2 \times \{83 - (1 \times 13 + 55)\} \times (-1)$$
$$+ 2 \times \{77 - (1 \times 16 + 55)\} \times (-1)$$
$$+ 2 \times \{93 - (1 \times 19 + 55)\} \times (-1)$$
$$+ 2 \times \{87 - (1 \times 24 + 55)\} \times (-1) = -80$$

……………………………………………… (4.4.9-1)

$$기울기_{기울기} = \frac{d\,(\textbf{오차 제곱의 합})}{d\,(\textbf{기울기})} =$$

$$+ 2 \times 5 \times \{52 - (1 \times 5 + 55)\} \times (-1)$$
$$+ 2 \times 13 \times \{83 - (1 \times 13 + 55)\} \times (-1)$$
$$+ 2 \times 16 \times \{77 - (1 \times 16 + 55)\} \times (-1)$$
$$+ 2 \times 19 \times \{93 - (1 \times 19 + 55)\} \times (-1)$$
$$+ 2 \times 24 \times \{87 - (1 \times 24 + 55)\} \times (-1) = -1608$$

……………………………………………… (4.4.9-2)

$$스텝\ 사이즈_{y절편} = 학습률_{y절편} \times 기울기_{y절편}$$
$$= 0.05 \times (-80) = -4$$

……………………………………………… (4.4.10-1)

$$스텝\ 사이즈_{기울기} = 학습률_{기울기} \times 기울기_{기울기}$$
$$= 0.0003 \times (-1608) = -0.4824$$

……………………………………………… (4.4.10-2)

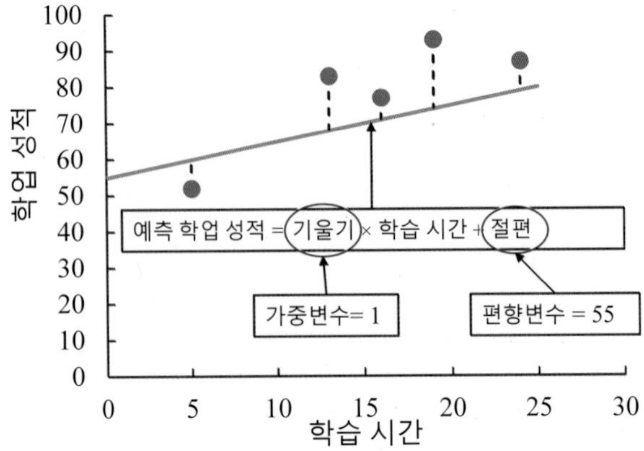

[그림 4.5.3] 예측 식의 기울기(가중변수, 1)와 y 절편(편향변수, 55)에 설정된 무작위 값

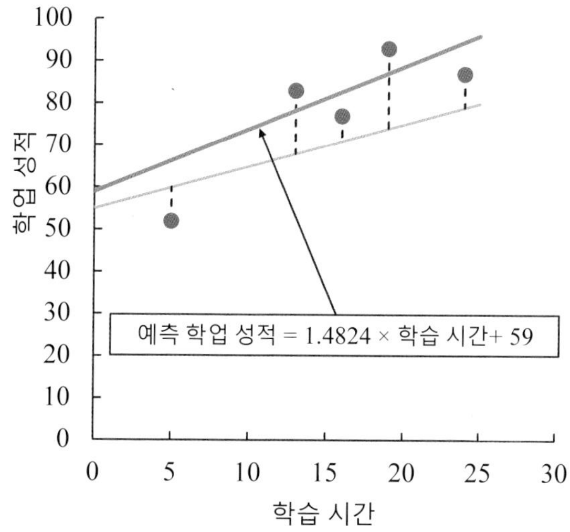

[그림 4.5.4] 수정된 기울기와 y절편에 대한 오차함수의 감소 경향

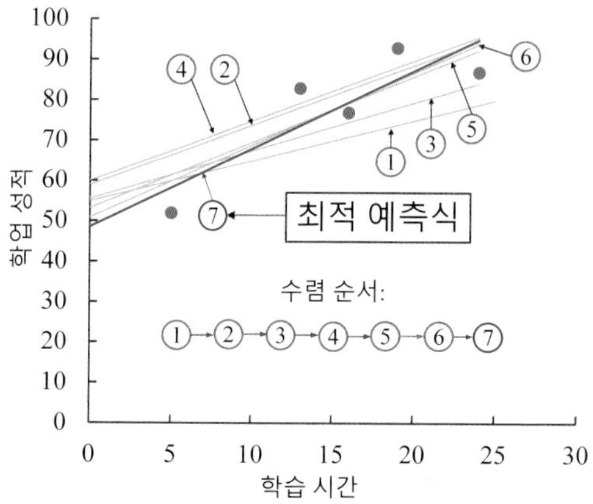

(a) 기울기(가중변수)와 y절편(편향변수)과 오차함수의 최소화 경향

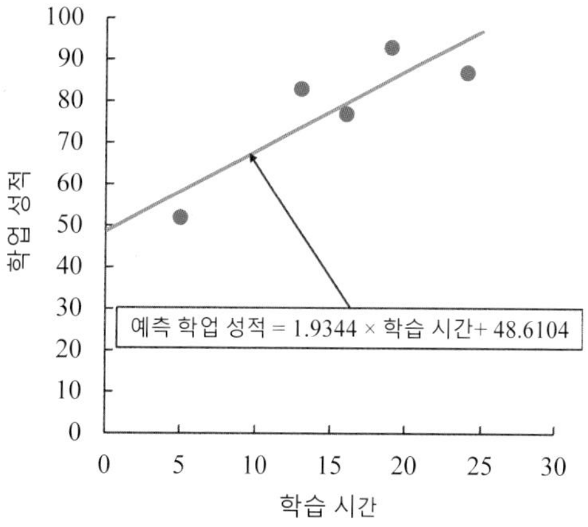

(b) 오차함수를 최소화한 최종 기울기(가중변수) = 1.9344, y절편(편향변수) = 48.6104

[그림 4.5.5] 기울기(가중변수)와 y절편(편향변수)의 최종 수정

4.5.3 구조설계 빅데이터의 적용

본 예제에서는 데이터가 5개인 경우였으나, 데이터 수가 많아지더라도 하강기울기 추적 과정은 동일하다.

다수 데이터에 대한 기울기(가중변수)와 y절편(편향변수) 역시 식 (4.4.7)에서 식 (4.4.10)으로 구할 수 있다. 즉 데이터의 개수와는 관계없이 오차함수의 편미분을 기울기와 y절편에 대해 추가로 실시한다. 이후에는 모든 과정이 동일하다. 기울기와 학습률을 구하여 동일한 방법으로 오차함수가 최소화되는 기울기(가중변수) 및 편향변수를 구하면 되는 것이다. 예를 들어 추가된 데이터에 대한 편미분 항을 식 (4.4.7) 및 식 (4.4.8)에 더하면 된다.

본 저서의 주 주제인 구조설계 및 해석에서는 많은 입력, 출력값이 사용되며, 많게는 10~20개 이상되는 다양한 설계 파라미터를 사용하는 경우도 있다. 구조설계 및 해석에서 생성된 구조설계 파라미터[구조변수; 보 길이(L), 철근량(ρ_s), 철근응력(σ_s), 철근변형률(ε_s), 공칭모멘트(M_n) 등]는 학습training 데이터로 불릴 수 있다. 따라서 오차함수는 그림 4.5.6(a)에서 보이는 것처럼 상당히 복잡한 양상을 보이게 되나 인공신경망에서 피팅변수로 사용되는 변수는 기울기(가중변수)와 y절편(편향변수)뿐이다. 따라서 두 개의 수평축에는 기울기(가중변수)와 y절편(편향변수)만이 존재할 것이다(그림 4.5.2).

결국 다수의 입출력 데이터를 갖는 인공신경망의 오차함수는 그림 4.5.6(a)처럼 도시될 것이고, 복잡해 보이지만 동일한 하강기울기 방법 기반으로 오차함수를 최소화하여 인공신경망 피팅fitting, mapping을 구현하는 것이다. 그림 4.5.6(b)는 역전파 시 오차함수 최소화를 위한 하강기울기 방향을 보여주고 있다. 역전파를 통하여 예측된 값들을 관찰값target values과 비교하여 초기 기울기(가중변수)와 y절편(편향변수)을 수정하고 정확도 높은 피팅 인공신경망을 구현하는 것이다.

그림 4.5.6(b)의 두 번째 그림에서는 빅데이터 간 크기가 상이하여 원만한 데이터 피팅이 이루어지지 않는 경우를 보여주고 있다. 이 경우에는 정규화normalization를 실시하여 데이터 간 분포를 고르게 조정하여야 한다.

하강기울기 방법은 인공신경망에서 입력 및 출력 데이터를 피팅fitting, mapping하기 위해서 매우 중요하게 활용되는 방법이다. 지금까지 기술된 하강기울기 방법을 정리하면 다음과 같다.

• Step 1: 인공신경망 설계를 위해서 무작위 변수random variable를 설정한다. 인공신경망의 입력 및 출력 데이터를 피팅하기 위해서 기울기(가중변수)와 y절편(편향변수)이 무작위 변수로 설정된다.

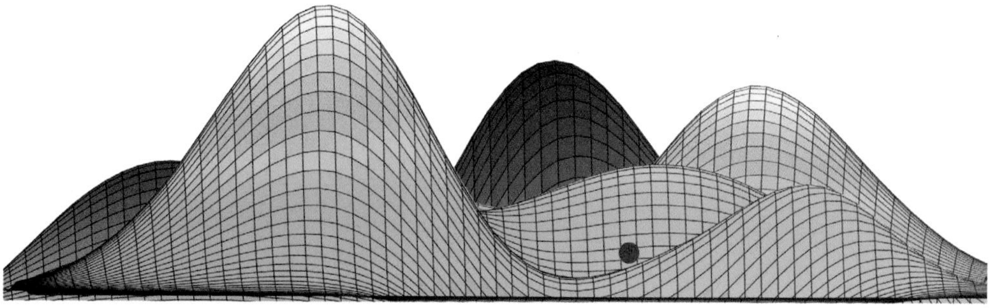

(a) 빅데이터에 대한 오차함수의 개념

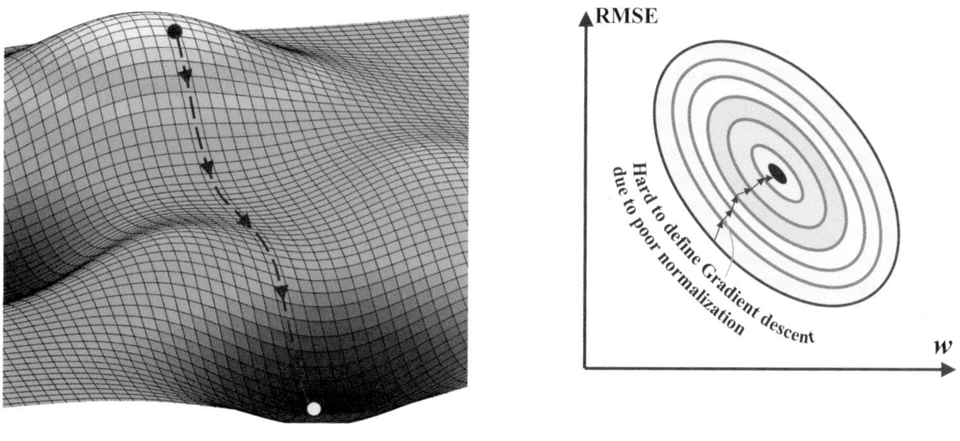

(b) 역전파 수행 시 오차함수 최소화를 위한 하강기울기 방향

[그림 4.5.6] 다수의 입출력 변수가 사용되는 경우의 오차함수 양상

• Step 2: 모든 빅데이터 파라미터[구조변수; 보 길이(L), 철근량(ρ_s), 철근응력(σ_s), 철근변형률(ε_s), 공칭모멘트(M_n) 등]에 대해서 기울기와 y절편의 함수로 오차함수를 구한다. 구해진 오차함수에 대해 모든 빅데이터 파라미터[구조변수; 보 길이(L), 철근량(ρ_s), 철근응력(σ_s), 철근변형률(ε_s), 공칭모멘트(M_n) 등]를 대입하면 그림 4.5.6과 유사한 멀티 축에 대한 식 (4.4.6)의 오차함수가 구해진다.

- Step 3: 식 (4.4.7-2)와 식(4.4.8-2)에서처럼 모든 데이터에 대한 오차함수를 기울기와 *y*절편으로 편미분한 후 합을 구한다.
- Step 4: 시작점으로 설정된 기울기와 *y*절편에 대해 오차함수를 구한다. 이때 시작점은 최소화 위치로부터 충분히 멀리 있는 기울기와 *y*절편을 무작위로 설정하여 오차함수를 최소화하는 작업을 시작한다.
- Step 5: 식 (4.4.4)의 학습률을 설정한다.
- Step 6: 다음 단계 스텝 사이즈[*스텝 사이즈 = 기울기* {**gradient** (*step* 4*에서 구했음*)} × *학습률*]를 식 (4.4.4)에서 계산한다.
- Step 7: 다음 스텝에서 추적될 새로운 기울기와 *y*절편의 *x*축상의 위치를 식(4.4.5)에서 구한다[*개선 후 위치 = 개선 전 위치 –* {*스텝 사이즈*(*Step* 6*에서 구했음*)}]. 새로운 기울기와 *y*절편은 오차함수 최솟값에 이전 단계보다는 조금 더 접근한다.
- Step 8: 수행되는 추적 단계 크기가 설정된 추적 단계 크기보다 작아질 때까지, 또는 하강기울기가 충분히 작아질 때까지, 또는 최대 추적 단계수를 만족할 때까지 4단계와 7단계 사이를 반복한다.

4.6 매트릭스를 이용한 인공신경망의 유도; 뉴런값(z_j)과 은닉층 출력값(y_j)과의 관계

그림 4.6.1(a)에는 한 개의 은닉층을 갖는 인공신경망에서 식 (1.4.1)과 식 (1.4.2)에 기반한 뉴런값인 z_j와 은닉층 출력값인 y_j와의 관계를 보여주고 있다. 그림 4.6.1(a)에는 가중변수와 z_j의 관계($z_j = w_{ij} \times x_j + b_k$)가 도식화되어 있다. 여기에서 가중변수는 각 입력 파라미터들이 RC 보의 보수, 보강 필요성에 기여하는 정도를 나타내는 가중변수이다. 그림 4.6.1(b)와 그림 4.6.1(c)는 활성함수의 적용 위치 및 적용식를 보여주고 있으며, 그림 4.6.1(d)는 은닉층에서의 최종 출력값(y_j)을 보여주고 있다. 그림 4.6.1(b)에는 시그마(σ)로 표시된 활성함수가 z_j식에 적용되어 있는 것을 알 수 있다. 활성함수는 인간의 뇌 작동 구조에서 영감을 받은 장치이다.

인간의 뇌는 모든 자극에 대해 항상 선형적으로 반응하지 않는다. 즉 뇌는 일정한 자극에는 반응하지 않고 자극이 일정한 범위를 상회하는 경우 갑자기 자극하는 비선형 자극을 하게 된다. 이와 같이 뇌 작동 이치에 맞도록 뇌의 비선형 자극을 수치해석을 통해 구현한 것이 활성함수이다.

그림 2.2.1은 현재 많이 사용되고 있는 여러 종류의 활성함수를 보여주고 있다. 그림 2.2.2(a)의 sigmoid 함수를 예로 설명하고자 한다. sigmoid 함수는 x축이 약 -6에서 6 사이에서는 비선형 증가 또는 감소의 경향을 보이나 -6보다 작아지거나 6보다 커지게 되는 경우에는 0 또는 1로 접근하고 이 값들을 초과하지 않는다. 이런 현상을 squash라고 하는데 축의 값이 식 (1.4.1)과 식 (1.4.2)에서 구해진 z_j[$weight \times$ (*입력값 또는 뉴런값*)]이다.

올바른 활성함수의 선정은 인공신경망이 입력 파라미터를 출력 파라미터에 정확히 피팅시키는 데 필요한 매우 중요한 요소이다. 본 저서에서 수행하려고 하는 구조설계를 위한 활성함수의 적용은 2.2절에 설명되어 있다.

이와 같은 인공신경망은 표 4.7.1에서 매트릭스로 표현되었다.

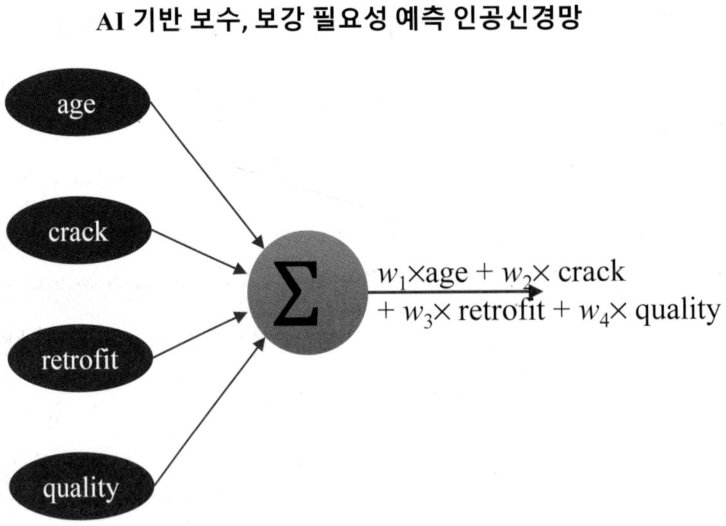

(a) 기울기(가중변수)와 z_j의 관계 ($z_j = w_{ij} \times x_j + b_k$)

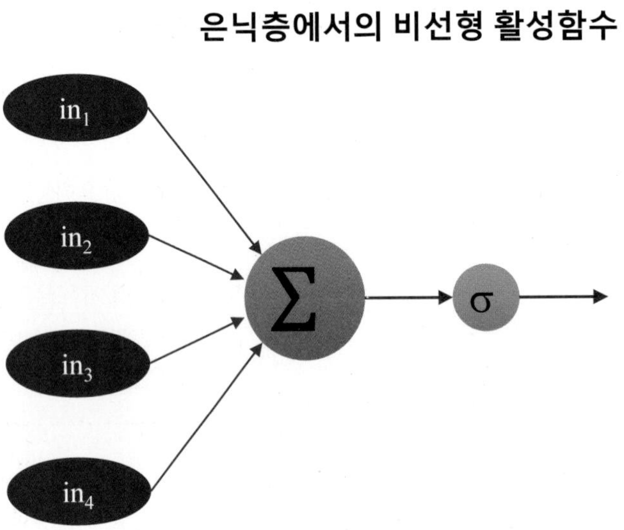

(b) 비선형 활성함수의 적용

[그림 4.6.1] RC 보의 보수, 보강 필요성 예측을 위한 인공신경망(한 개의 뉴런) [표 3.3.1(a), (b)] **(이어서)**

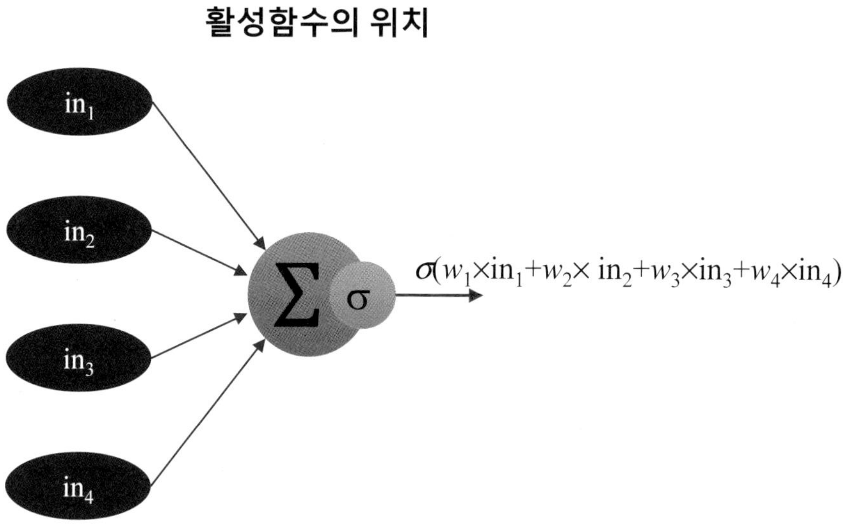

(c) 활성함수의 적용 식

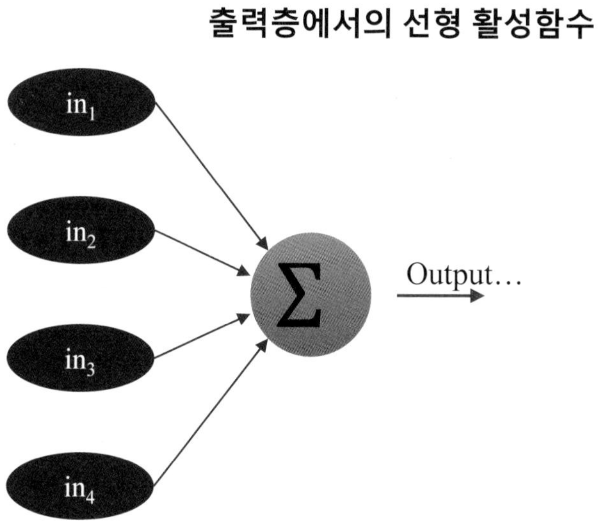

(d) 출력층에서의 최종 출력 값(y_j)

[그림 4.6.1] RC 보의 보수, 보강 필요성 예측을 위한 인공신경망(한 개의 뉴런) [표 3.3.1(a), (b)]

4.7 활성함수(activation)를 거친 뉴런값(z_j)

표 4.7.1은 z_j값을 활성함수에 통과시켜서 얻는 과정을 매트릭스 형태로 유도하고 있다. 편향변수가 적용된 j 번째 은닉층에서 구해지는 출력값에 활성함수(σ)가 적용되었다. 편향변수라 불리는 b는 z_j값을 글로벌하게 모든 뉴런에 동시에 적용하여 전체 뉴런 출력값을 조정하는 중요한 파라미터이다. y_j는 z_j값을 활성함수에 통과시켜서 얻은 결과값으로써 j 번째 은닉층에서 구해지는 최종 출력값이다.

3.1절에서 RC 보의 보수, 보강 필요성을 예측하기 위해서 RC 보의 연식age, 단위 면적당 균열 개수crack(구조 균열에 한하여), 보강 횟수retrofit(횟수), 시공 품질(구조도면과의 일치)을 나타내는 4개의 항목을 입력 변수로 설정하였다. 매트릭스 형태로 4개의 입력 데이터에 대해 한 개의 뉴런을 갖는 인공신경망의 [1 × 1] 매트릭스 표현은 표 4.7.1(a)에 나타나 있다. 표 4.7.1(b)는 표 3.3.1(c)를 4개의 뉴런을 가진 [4 × 1] 매트릭스 형태로 확장하여 유도한 수학식이다. 즉 j 번째 은닉층에서 4개의 입력 데이터에 대해 4개의 뉴런을 갖는 인공신경망의 [4 × 1] 매트릭스 표현이 표 4.7.1(b)에 나타나 있다. 정리해서 요약하면 표 4.7.1에서는 표 3.3.1에서 설명된 인공신경망을 가중변수와 편향변수를 사용하여 매트릭스 형태로 유도하였다.

표 4.7.1(a)는 한 개의 뉴런, 즉 원cycle으로 표현되는 노드를 갖는 아주 간단한 인공신경망으로써 각각의 입력 데이터에 대하여 한 개의 뉴런에 대응하는 y_j값은 1 × 1 값을 지니게 된다. 표 4.7.1(b)에서는 4개의 뉴런값(y_j)을 가진 4 × 1 매트릭스 형태로 표현되는 매트릭스 수식을 보여주고 있다. 그림 4.7.1에는 표 4.7.1(b)의 4개의 뉴런을 가진 인공신경망에 대해 [4 × 4] 가중변수 매트릭스를 도시하였다.

이 뉴런값은 다음 은닉층의 입력값으로 이용되며, 다음 은닉층으로 인공신경망의 정보는 전달되는 것이다. 최종 출력 뉴런이 형성되는 최종 은닉층까지 유사한 연산이 이루어지게 되고, 최종 은닉층에서는 앞서 설명된 대로 인공신경망이 학습해 둔 예측값을 실제 관찰값target data과 비교하여 정확도를 검증하게 된다. 미리 설정된 범위로 정확도가 만족하게 되면 인공신경망 연산은 완료되나 오차가 발생하게 되면 역으로 연산을 수행하여 관찰값target data과 계산된 뉴런값(y_j)이 같아질 때까지 역전파라 불리는 연산을 반복하게 된다.

[표 4.7.1] 매트릭스 형태로 유도된 인공신경망 (이어서)

(a) 표 3.3.1(c)의 (j)번째 은닉층에서의 1개의 뉴런값 계산

(1) 각각의 1개 입력 데이터에 대해 1×1 매트릭스로 유도

입력 데이터 1세트(4 x 1); 사용기간, 균열개 수, 보강횟 수, 시공품질

$$\sigma[4] = \sigma\left(\left[2^{(j)}\ 3^{(j)}\ -2^{(j)}\ 1^{(j)}\right] \begin{bmatrix} \text{age} \\ \text{crack} \\ \text{retrofit} \\ \text{quality} \end{bmatrix} + [-3] \right) = \sigma\left(\left[2^{(j)}\ 3^{(j)}\ -2^{(j)}\ 1^{(j)}\right] \begin{bmatrix} 4 \\ 1 \\ 2 \\ 0 \end{bmatrix} + [-3] \right) = \sigma[4] = 4$$

출력 파라미터1 개뉴 런에 대한 1x4 가중변수 편향변수

$\sigma[4] = 4$ (렐루 활성함수 사용; $\boldsymbol{ReLU(x)} = \mathbf{max}(\mathbf{0}, \boldsymbol{x})$)

활성함수

$$\sigma[0] = \sigma\left(\left[2^{(j)}\ 3^{(j)}\ -2^{(j)}\ 1^{(j)}\right] \begin{bmatrix} \text{age} \\ \text{crack} \\ \text{retrofit} \\ \text{quality} \end{bmatrix} + [-3] \right) = \sigma\left(\left[2^{(j)}\ 3^{(j)}\ -2^{(j)}\ 1^{(j)}\right] \begin{bmatrix} 2 \\ 0 \\ 1 \\ 1 \end{bmatrix} + [-3] \right) = \sigma[0] = 0$$

$\sigma[0] = 0$ (렐루 활성함수 사용; $\boldsymbol{ReLU(x)} = \mathbf{max}(\mathbf{0}, \boldsymbol{x})$)

$$\sigma[-1] = \sigma\left(\left[2^{(j)}\ 3^{(j)}\ -2^{(j)}\ 1^{(j)}\right] \begin{bmatrix} \text{age} \\ \text{crack} \\ \text{retrofit} \\ \text{quality} \end{bmatrix} + [-3] \right) = \sigma\left(\left[2^{(j)}\ 3^{(j)}\ -2^{(j)}\ 1^{(j)}\right] \begin{bmatrix} 1 \\ 0 \\ 0 \\ 0 \end{bmatrix} + [-3] \right) = \sigma[-1] = 0$$

$\sigma[-1] = 0$ (렐루 활성함수 사용; $\boldsymbol{ReLU(x)} = \mathbf{max}(\mathbf{0}, \boldsymbol{x})$)

$$\sigma[7] = \sigma\left(\left[2^{(j)}\ 3^{(j)}\ -2^{(j)}\ 1^{(j)}\right] \begin{bmatrix} \text{age} \\ \text{crack} \\ \text{retrofit} \\ \text{quality} \end{bmatrix} + [-3] \right) = \sigma\left(\left[2^{(j)}\ 3^{(j)}\ -2^{(j)}\ 1^{(j)}\right] \begin{bmatrix} 3 \\ 1 \\ 0 \\ 1 \end{bmatrix} + [-3] \right) = \sigma[7] = 7$$

$\sigma[7] = 7$ (렐루 활성함수 사용; $\boldsymbol{ReLU(x)} = \mathbf{max}(\mathbf{0}, \boldsymbol{x})$)

[표 4.7.1] 매트릭스 형태로 유도된 인공신경망

(2) 총 4개의 입력 데이터에 대해 4×1 매트릭스로 유도

입력 데이터 4세트(4x4) 1개의 뉴런에 대한 1x4 가중변수 편향변수

$$\sigma\begin{bmatrix}4\\0\\-1\\7\end{bmatrix} = \sigma\left(\begin{bmatrix}4&2&1&3\\1&0&0&1\\2&1&0&0\\0&1&0&1\end{bmatrix}^{(j)}[2\ 3\ -2\ 1] + \begin{bmatrix}-3\\-3\\-3\\-3\end{bmatrix}\right)$$

$$\sigma\begin{bmatrix}4\\0\\-1\\7\end{bmatrix} = \begin{bmatrix}4\\0\\0\\7\end{bmatrix}$$ (렐루 활성함수 사용; $\boldsymbol{ReLU(x)} = \mathbf{max}(\mathbf{0}, \boldsymbol{x})$)

(b) 표 3.3.1(c) 의 j번째 은닉 층에서의 4개의 뉴런과에 대한 4×1 매트릭스 유도;

1개의 입력 데이터에 대해 유도; 4개의 뉴런에 대해

j 번째 은닉층 뉴런 에서 계산된 y_j 값 (식 1.4.1, 1.4.2)

4개의 뉴런x4개의 입력 데이터 에 대한 가중변수 16개

가중변수 #1, 가중변수 #2, 가중변수 #3, 가중변수 #4

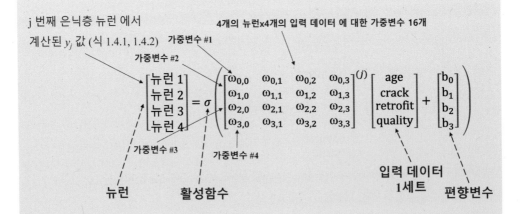

$$\begin{bmatrix}\text{뉴런 1}\\\text{뉴런 2}\\\text{뉴런 3}\\\text{뉴런 4}\end{bmatrix} = \sigma\left(\begin{bmatrix}\omega_{0,0}&\omega_{0,1}&\omega_{0,2}&\omega_{0,3}\\\omega_{1,0}&\omega_{1,1}&\omega_{1,2}&\omega_{1,3}\\\omega_{2,0}&\omega_{2,1}&\omega_{2,2}&\omega_{2,3}\\\omega_{3,0}&\omega_{3,1}&\omega_{3,2}&\omega_{3,3}\end{bmatrix}^{(j)}\begin{bmatrix}\text{age}\\\text{crack}\\\text{retrofit}\\\text{quality}\end{bmatrix} + \begin{bmatrix}b_0\\b_1\\b_2\\b_3\end{bmatrix}\right)$$

뉴런 활성함수 입력 데이터 1세트 편향변수

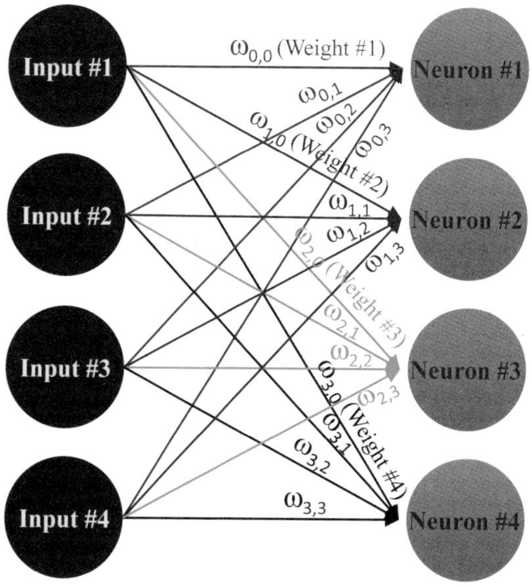

[그림 4.7.1] 표 4.7.1(b)에서 4개의 뉴런을 가진 인공신경망의 4×4 가중변수 매트릭스 유도

그림 4.7.2는 멀티 뉴런과 은닉층Deep learning with multi-neurons and multi-hidden layers을 갖는 인공신경망의 개념도를 보여주고 있다. 그림 4.7.3에는 멀티 뉴런을 갖는 인공신경망의 매트릭스 식이 유도되었다. n개의 뉴런을 갖는 인공신경망의 첫 번째($k \times n$)와 두 번째 ($n \times k$) 은닉층에 대해서 가중변수 매트릭스를 유도하였다. 보다 정확한 인공신경망의 작성을 위해서 은닉층의 개수를 늘릴 수 있을 뿐만 아니라 인공신경망을 더 확장하여 뉴런의 개수를 늘리게 되면 더욱 다양한 외부 자극(다양한 설계 데이터)에 대해 학습할 수 있게 된다.

그림 4.7.3은 일반화된 인공신경망의 매트릭스 수학식을 보여준 것으로, 향후 인공신경망의 기본이 되는 네트워크이므로 잘 이해해두면 도움이 될 것이다. 즉 표 3.3.1에서는 4개[RC 보의 연식age, 단위 면적당 균열 개수(구조 균열에 한하여), retrofit 횟수(보강 횟수), 구조도면과의 일치(시공품질)를 나타내는 4개의 항목]의 입력 데이터에 대해서 인공신경망을 작성하였으나 입력 데이터를 늘리게 되면 더 많은 자극을 학습할 수 있을 것이다. 따라서 정확한 인공신경망의 학습이 가능할 것이고, 더욱 정확한 판단을 하게 될 것이다.

다음 장부터 설명되는 본 저서의 주 주제인 구조설계 및 해석에서는 많은 입력, 출력값이 사용되며 많게는 10~20개 이상의 다양한 종류의 설계 파라미터가 사용되는 경우도 있다. 구조설계 및 해석에서 생성된 구조 데이터[구조변수; 보 길이(L), 철근량(ρ_s), 철근 응력(σ_s), 철근변형률(ε_s), 공칭모멘트(M_n) 등]는 학습training 데이터로 불릴 수 있다. 이와 같은 경우에는 10개 미만의 얕은SNN, shallow neural networks 은닉층 기반의 인공신경망이 사용될 수도 있고, 또는 20~50개까지의 깊은 은닉층DNN, deep neural networks이 사용될 수도 있다. 뉴런 개수는 많이 사용할수록 학습 및 설계 정확도가 향상되는 것을 볼 수 있으나 과 학습over-fitting은 유의하여야 한다. 훈련에 적합한 은닉층과 뉴런의 개수는 시행 착오법과 인공신경망 설계자의 직관에 의지하게 되며 최적의 은닉층과 뉴런의 개수를 결정하는 일반적인 공식이 알려진 바는 없다[2,32].

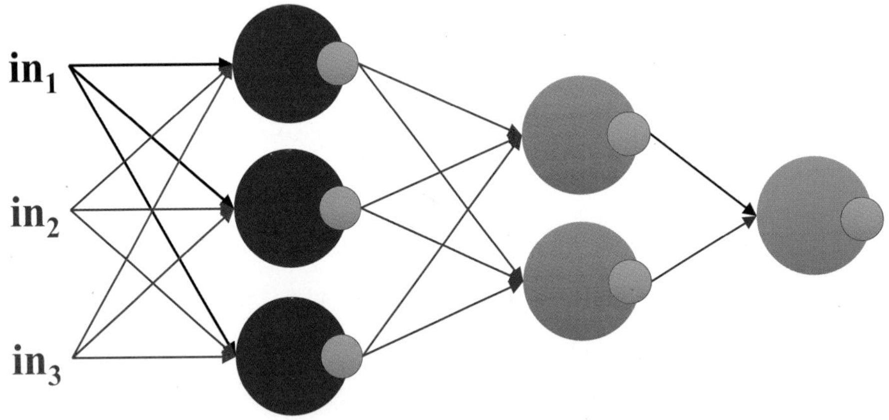

[그림 4.7.2] 2개의 은닉층 및 3, 2개 뉴런을 갖는 인공신경망의 개념도

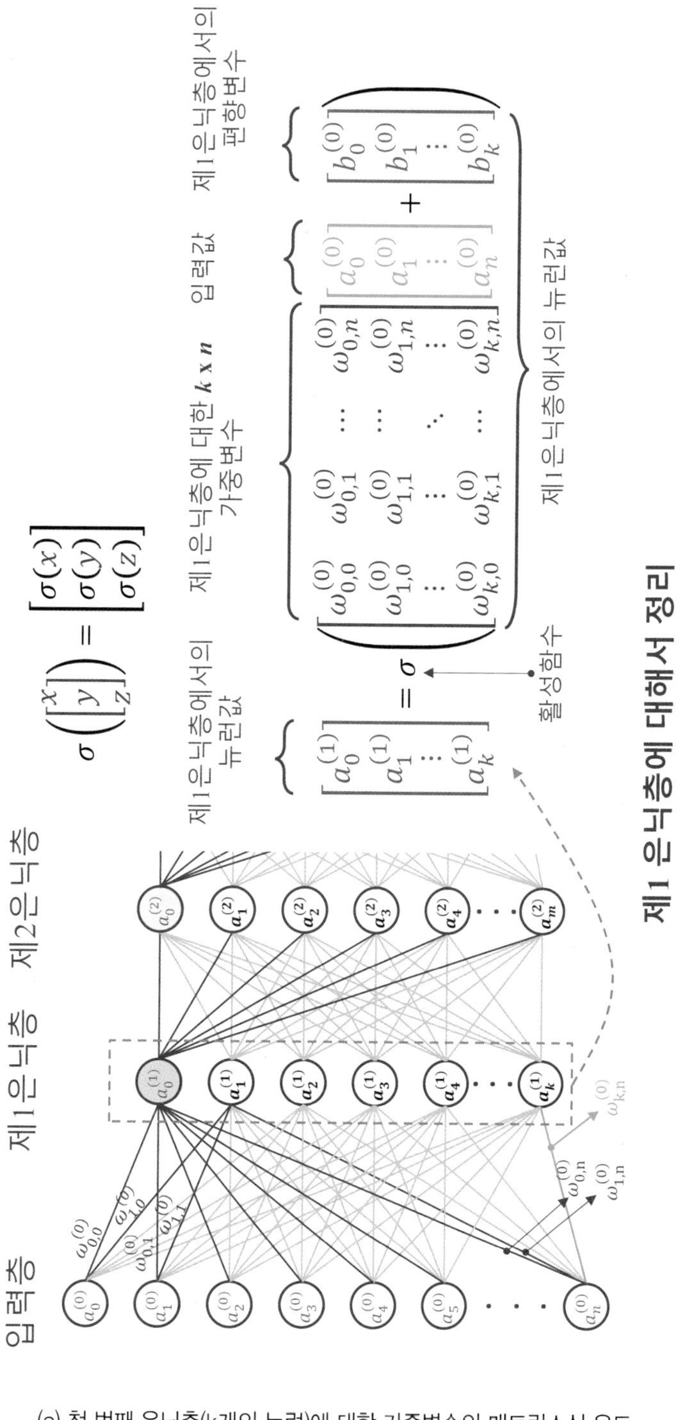

(a) 첫 번째 은닉층(k개의 뉴런)에 대한 가중변수의 매트릭스식 유도

[그림 4.7.3] 멀티 뉴런을 갖는 인공신경망의 매트릭스 유도식[4.1] (이어서)

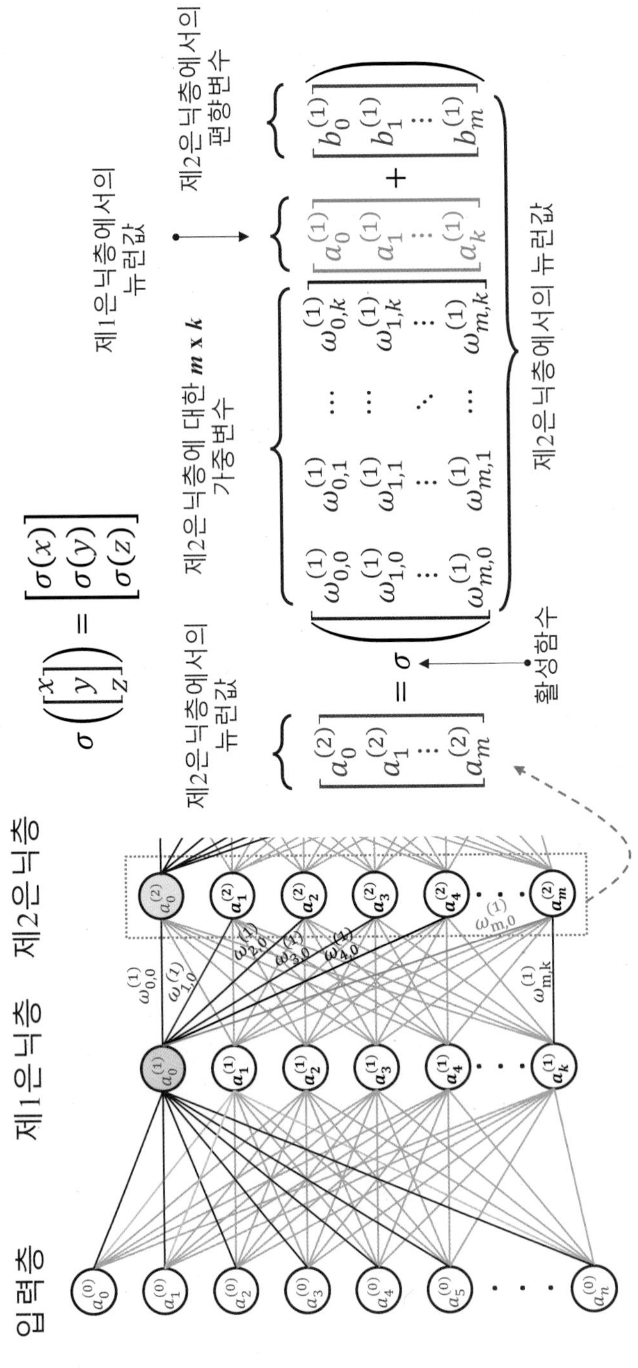

(b) 두 번째 은닉층(m개의 뉴런)에 대한 가중변수의 매트릭스식 유도

[그림 4.7.3] 멀티 뉴런을 갖는 인공신경망의 매트릭스 유도식[4.1]

4.8 순방향 인공신경망 및 역전파를 통한 인공신경망의 수정

4.8.1 순방향 인공신경망으로 구성된 인공신경망

인공신경망은 은닉층과 뉴런으로 연결되어 있으며, 직전 은닉층으로부터 전달되는 값에 가중변수를 곱하고 편향변수를 더한 후 이 값들을 뉴런별로 합하여 새로운 뉴런 값을 구성하고, 활성함수activation function에 통과시켜 은닉층에서의 최종값으로 결정한다. 계산된 은닉층의 값은 다음 은닉층의 뉴런으로 전달되어, 최종 출력층output layer에서의 출력값이 구해질 때까지 반복된다. 이와 같은 과정을 Forward propagation이라 한다. Forward propagation은 간단한 개념이고 사용하기에도 간단한 방법이기는 하나, 최초 무작위로 선택된 가중변수와 편향변수 값들을 인공신경망의 Forward propagation에 사용하기 때문에 최종 출력층output layer에서 계산된 값은 실제 관찰된 target 데이터빅데이터 값과 다를 수 있다.

1개의 은닉층과 3개의 뉴런으로 구성된 Forward propagation 기반의 인공신경망을 작성하기로 한다. 인공신경망의 학습에 사용된 5개의 입력 파라미터는 $b = 400$mm, $d = 600$mm, $f_c' = 30$MPa, $f_y = 400$MPa, $\rho_s = 0.01$이고, 1개의 출력 파라미터는 공칭 모멘트 강도(M_n)이다. 공칭 모멘트 강도(M_n)의 관찰 데이터(계산된 데이터)는 다음과 같이 간단하게 구해진다. 단철근으로 설계된 철근 콘크리트 보의 공칭 모멘트는 식 (4.8.1)로 주어진다. 여기서 a는 콘크리트의 압축 블럭의 깊이로 식 (4.8.2)에서 구해진다. 식 (4.8.3)에서는 인장력을 구하고, 식 (4.8.4)에서는 철근 콘크리트 보의 공칭 모멘트를 도출하였다.

$$M_n = T_s\left(d - {}^{a}/_{2}\right) \quad \cdots\cdots \quad (4.8.1)$$

$$\mathrm{a} = \frac{\rho_s d f_y}{0.85 f_c'} = \frac{0.01 \times 600 \times 400}{0.85 \times 30} = 94.12\ (\mathrm{mm}) \quad \cdots\cdots \quad (4.8.2)$$

$$T_s = A_s f_y = \rho_s b d f_y = 0.01 \times 400 \times 600 \times 400 = 960000\ (\mathrm{N}) \quad \cdots\cdots \quad (4.8.3)$$

식 (4.8.2)와 식 (4.8.3)을 식 (4.8.1)에 대입하면 다음과 같이 식 (4.8.4)가 얻어진다.

$$M_n = T_s\left(d - {}^{a}/_{2}\right) = 960000\,(600 - 94.12/2) \approx 530\times10^6\ (\text{N·mm}) = 530\ (\text{kN·m}) \quad \cdots\cdots (4.8.4)$$

학습 정확도를 향상시키기 위해 입력 데이터는 [0,1] 구간으로 정규화하였고, 정규화된 입력 데이터는 다음과 같다.

$$b_{\text{nor}} = \frac{b}{1000} = 0.40, d_{nor} = \frac{d}{1000} = 0.60, f'_{c_{nor}} = f'_c\,/100 = 0.30, f_{y_{nor}} = f_y\,/1000 = 0.40, \rho_{s_{nor}} = 10\rho_s = 0.1$$

철근 콘크리트 보의 공칭 모멘트는 $M_{n\_nor} = M_n/1000 = 0.53$ (kN·m)로 정규화된다. 정규화된 입력 데이터는 그림 4.8.1의 5개의 입력 데이터, 3개의 뉴런을 갖는 1개의 은닉층과 출력층으로 구성된 인공신경망에 표시하였다.

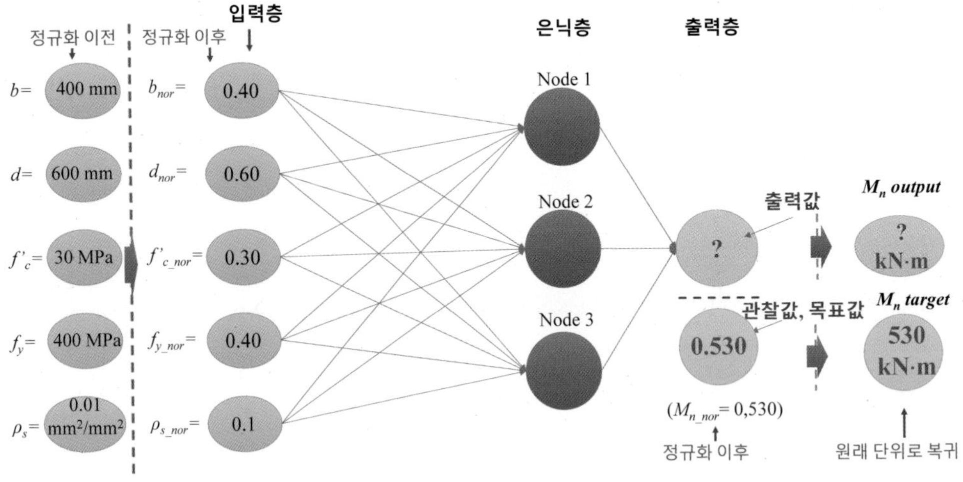

[그림 4.8.1] 정규화된 5개의 입력 데이터, 1개의 은닉층과 출력층 및 3개의 뉴런으로 구성된 인공신경망

인공신경망 은닉층의 뉴런에 적용되는 가중변수는 정규 분포Normal distribution 또는 가우시안 분포Gauss distribution 기반으로 무작위로 [0,1] 구간에서 생성되었다. 각각 입력 데이터에 대해서 3개의 뉴런이 대응되고, 입력 데이터는 총 5개이므로, 총 15개의 가중변수를 생성하였다. 편향변수는 각 은닉층에 대해서 한 개만 선택되며, 본 예제에서는 0으로 선택하였다. 그림 4.8.2에 생성된 가중변수와 편향변수가 인공신경망에 표시되어 있다. 뉴런은 노드Node 1, 2, 3으로 표시하였다.

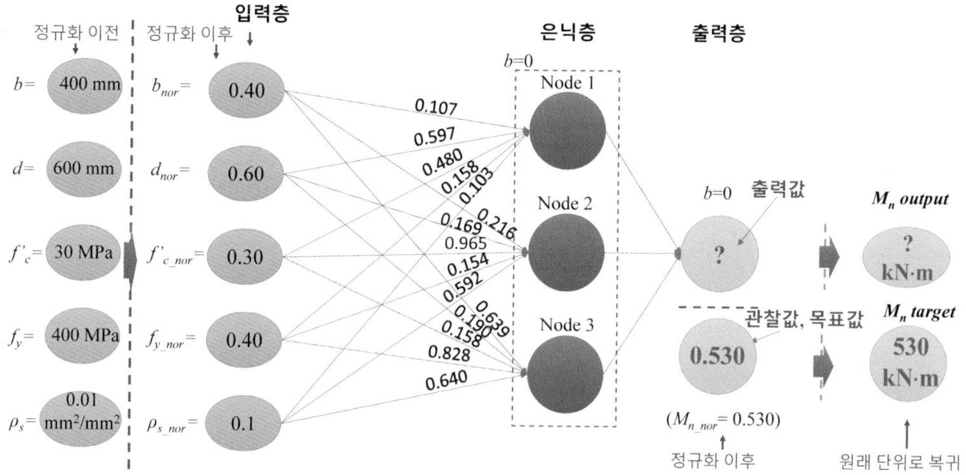

[그림 4.8.2] 정규화된 5개의 입력 데이터와 3개의 뉴런을 연결하는 15개의 가중변수

4.8.2 뉴런값 및 은닉층 최종값의 계산

계산된 출력값은 관찰된 target 데이터빅데이터 값과 비교되어 인공신경망의 학습 정확도를 평가한다. 은닉층의 각 뉴런값은 그림 4.8.3에서 보듯이 입력 데이터와 연결되는 가중변수를 곱한 후 뉴런별로 더하여 식 (4.8.5) ~ 식 (4.8.7)에서와 같이 구해진다. 편향변수는 0으로 설정되었다.

Node 1

$$0.40 \times 0.107 + 0.60 \times 0.597 + 0.30 \times 0.480 + 0.40 \times 0.158$$
$$+0.1 \times 0.103 + 0 = 0.619 \qquad (4.8.5)$$

Node 2

$$0.40 \times 0.216 + 0.60 \times 0.169 + 0.30 \times 0.965 + 0.40 \times 0.154 + 0.1 \times 0.592 + 0 = 0.598 \quad (4.8.6)$$

Node 3

$$0.40 \times 0.639 + 0.60 \times 0.190 + 0.30 \times 0.158 + 0.40 \times 0.828 + 0.1 \times 0.640 + 0 = 0.812 \quad (4.8.7)$$

그림 4.8.3의 뉴런 서클 상단에 표시된 값이 은닉층에서의 뉴런값들이고, 이 값들은 활성함수activation function를 아직 통과하지 않은 값들이다. 최종 출력층에는 비선형 활성함수activation function를 적용하였다.

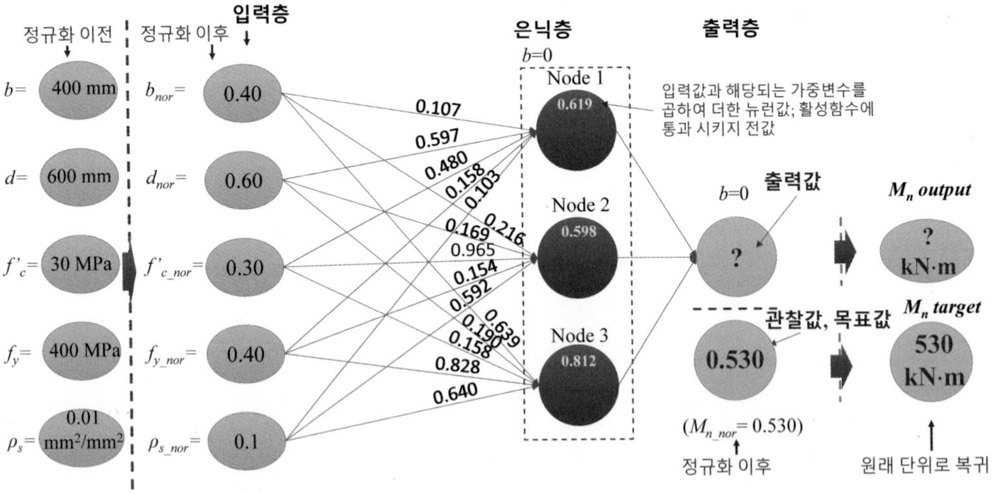

[그림 4.8.3] 입력 데이터와 연결되는 가중변수를 곱한 후 뉴런별로 더한 값

은닉층의 뉴런값에 활성함수activation function를 적용하여 보기로 한다. sigmoid [$(f(x) = 1/(1+e^{-x})$] 활성함수를 적용하면 은닉층에서의 최종 뉴런값을 식 (4.8.8) ~ 식 (4.8.10)에서와 같이 구할 수 있다.

그림 4.8.4의 뉴런 서클의 중간에 표시된 값이 활성함수를 통과한 값들이다.

Node 1 value

$$f(0.40 \times 0.107 + 0.60 \times 0.597 + 0.30 \times 0.480 + 0.40 \times 0.158 + 0.1 \times 0.103 + 0)$$
$$= f(0.619) = 0.650 \quad \cdots\cdots (4.8.8)$$

Node 2 value

$$f(0.40 \times 0.216 + 0.60 \times 0.169 + 0.30 \times 0.965 + 0.40 \times 0.154 + 0.1 \times 0.592 + 0)$$
$$= f(0.598) = 0.645 \quad \cdots\cdots (4.8.9)$$

Node 3 value

$$f(0.40 \times 0.639 + 0.60 \times 0.190 + 0.30 \times 0.158 + 0.40 \times 0.828 + 0.1 \times 0.640 + 0)$$
$$= f(0.812) = 0.693 \quad \cdots\cdots (4.8.10)$$

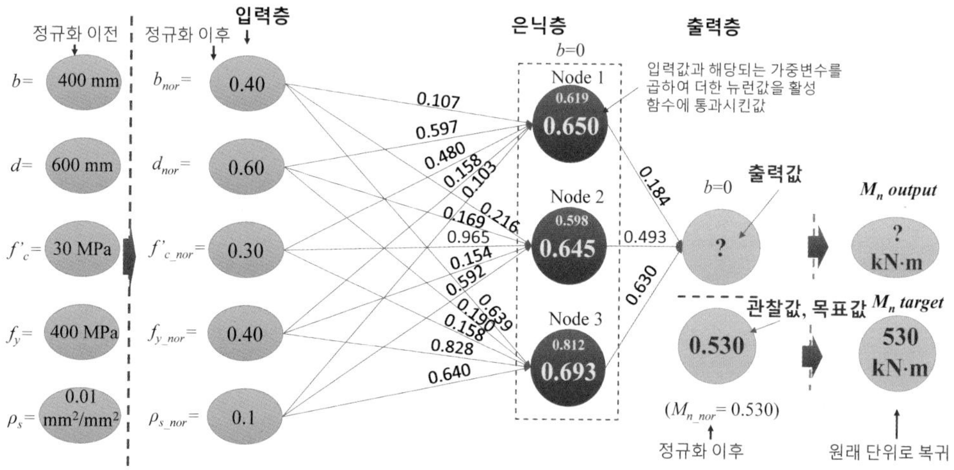

[그림 4.8.4] 활성함수 통과 전후 값의 비교

다음 은닉층(본 예제에서는 출력층)에서 생성될 가중변수는 모두 3개로, 정규 분포Normal distribution 또는 가우시안 분포Gauss distribution 기반에서 무작위로 선택하였고 [0,1] 구간에서 생성되었다. 그림 4.8.5에서 보이는 대로 생성된 3개의 가중변수는 은닉층의 뉴런값과 곱해진 후 더해져 0.874가 구해진다. 활성함수가 적용되면 최종 출력층의 뉴런값은 0.706이 된다. 도출되는 연산 과정이 식 (4.8.11), 식 (4.8.12)에 나타나 있다.

$$Sum = 0.650 \times 0.184 + 0.645 \times 0.493 + 0.693 \times 0.630 + 0 = 0.874 \quad \cdots\cdots (4.8.11)$$

$$f(0.650 \times 0.184 + 0.645 \times 0.493 + 0.693 \times 0.630 + 0) = f(0.874) = 0.706 \quad \cdots\cdots (4.8.12)$$

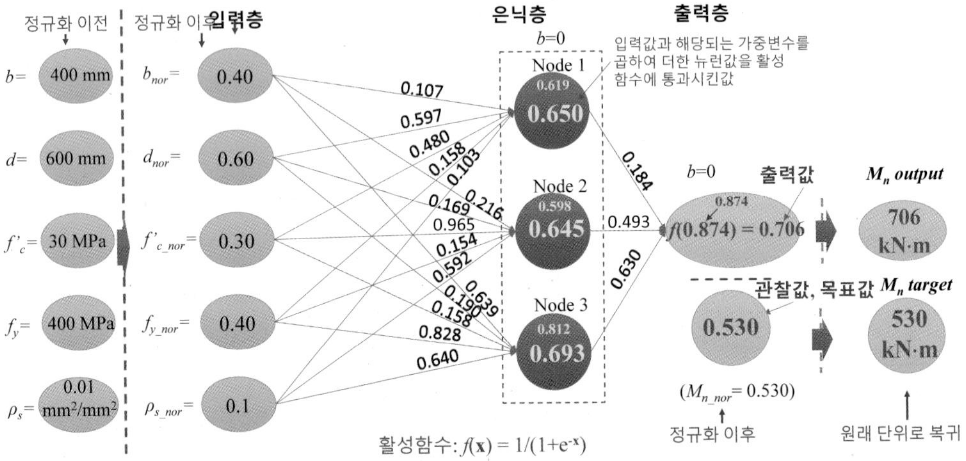

[그림 4.8.5] 순방향 계산에 의해 출력층에서 최종 도출된 값과 관찰된 값의 비교

그러나 순방향 계산에 의해 출력층에서 최종 도출된 값 0.706은 관찰된 target 데이터 0.530과 24.9%의 차이를 보인다. 이대로 학습을 마치게 되면 원하는 학습 정확도는 물론 설계 정확도도 얻을 수 없게 된다. 역전파를 수행하여 순방향 인공신경망에 의해 도출된 학습 오차를 줄여야 하는 이유가 여기에 있다. 다음 장에서 역전파를 수행하여 오차를 줄여 학습 정확도를 향상시키는 과정을 소개한다.

4.9 역전파로 구성된 인공신경망

4.9.1 체인법칙에 기반한 역전파식 유도

순방향 인공신경망에 의한 연산은 간단한 개념이고 사용하기에도 간단한 방법이기는 하나 최초 무작위로 선택된 가중변수와 편향변수 값들을 인공신경망의 순방향 인공신경망에 사용하기 때문에 최종 출력층에서 계산된 값은 실제 관찰된 데이터target 데이터 값과 다를 수 있다. 따라서 역전파 방법을 적용하여 순방향 인공신경망 연산으로 구해진 출력값과 관찰된 target 데이터와의 오차를 줄여나가야 한다. 그림 4.9.1에 보이는 것과 같이 역전파는 인공신경망을 출력층부터 입력층까지 뉴런에 지정된 가중변수와 편향변수를 역방향으로 조정한 후, 다시 순방향 인공신경망 연산을 실시하여 구해진 출력값이 관찰된 데이터(target 데이터)와 가까워지는지를 검토하고, 충분이 접근된 값이 구해질 때까지 동일한 절차를 반복하는 것이다. 이와 같은 역전파가 반복되어 오차함수 최소화에 순차적으로 근접하는 한 번의 사이클 과정, 즉 순방향 인공신경망에 의한 연산 ⇒ 역전파 ⇒ 순방향 인공신경망에 의한 한 사이클의 연산 과정을 에폭 또는 iteration이라 부른다. 각 에폭 실행 시 하강기울기 방법 기반으로 가중변수와 편향변수를 개선하게 되는 것이다.

역전파에서는 인공신경망 출력값이 관찰된 데이터(target 데이터)와 충분하게 가까워질때까지 역으로 하나하나 은닉층의 가중변수와 편향변수가 조정된다. 가중변수와 편향 변수에 대한 인공신경망 출력값과 관찰값 오차의 변화 추이[$\frac{\partial Er_{T-O}}{\partial \omega_{16}}$, 식 (4.9.5)]가 그림 4.9.1에 도시되어 있는 체인 법칙에 의해 구한다. 모든 은닉층에 대해 체인 법칙을 적용하여 구해진 가중변수와 편향변수 변화 추이로부터 가중변수와 편향변수를 재계산한다. 이와 같은 절차를 출력층에서부터 입력층까지 역순서로 진행하여 인공신경망 내의 모든 은닉층에 대한 가중변수와 편향변수를 수정하는 것이다. 그림 4.9.1은 다수 은닉층을 갖는 네크워크 경우의 역전파를 보여주고 있다.

한 번의 역전파를 거친 후 개선된 가중변수인 기울기slope와 편향변수인 y절편을 바탕으로 오차함수가 최소화되었는가를 재확인한 후 또 다른 역전파(4.8절 참조)가 필요한지를 결정하게 된다.

모든 머신러닝 및 딥러닝의 빅데이터 학습에는 하강기울기 방법이 광범위하게 사용되고 있으며, 인공신경망의 유도에도 하강기울기 방법이 핵심부분이다. 독자들의 이해를 돕기 위해서 4.4절과 4.5절에서 하강기울기 방법을 간략하지만 핵심 내용 중심으로 소개하였다. 실제 인공신경망은 은닉층이 많을 것이고, 이 경우는 실전 구조 설계 예제(5장부터 7장)를 통해서 설명하기로 한다. 4.8절, 4.9절에서는 체인룰 기반으로 오차함수가 최소가 되는 가중변수 값을 찾아가는 역전파 과정을 소개하였다.

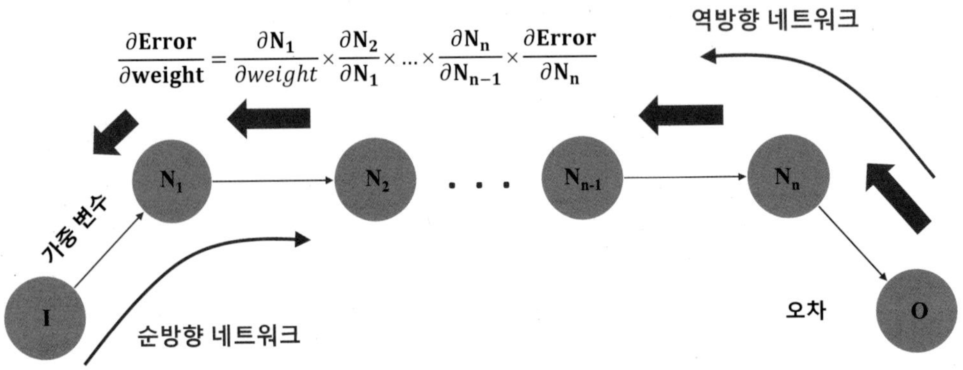

[그림 4.9.1] 역전파를 이용하여 오차함수가 최소되는 가중변수 계산(체인룰 기반)[2.1] [2.21, 2.22]

4.9.2 역전파 알고리즘이 장착된 간단한 인공신경망의 유도

4.9.2.1 역순위 첫 번째 가중변수 (출력층과 은닉층을 연결하는 가중변수의 수정 계산)

본 절에서는 출력층과 은닉층의 뉴런값을 연결하는 역전파에 의해 가중변수를 수정하고자 한다. 순방향 인공신경망에 의해 도출된 인공신경망은 그림 4.9.2에 도시되어 있다. 그림 4.9.2에는 모든 인공신경망의 가중변수를 ω_1, ω_2, ω_3 ⋯ 와 같은 심벌로 표기하였다.

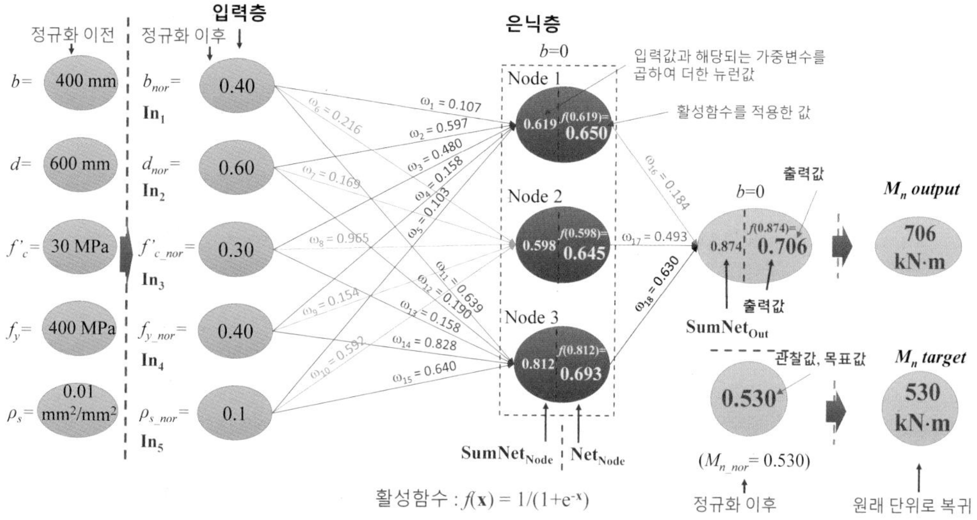

[그림 4.9.2] 네트워크 출력층에서 최종 도출된 값과 관찰된 값의 차이에 기반을 둔 역전파

순방향 인공신경망에 의한 연산 과정에서 구해진 오차 제곱의 합은 식 (4.9.1)에 기술하였다. 그림 4.9.2의 출력^{output} 및 관찰값^{target}을 대입하면 식 (4.9.2)가 얻어진다. 역전파가 진행됨에 따라 가중변수는 식 (4.9.3)에서 수정 계산된다.

$$\mathrm{Er}_{T-O} = \frac{1}{n}\sum_{i=1}^{n}(\mathrm{Target}_i - \mathrm{Output}_i)^2 \quad \cdots\cdots (4.9.1)$$

$$\mathrm{Er}_{T-O} = \frac{1}{1}\sum_{i=1}^{1}(\mathrm{Target} - \mathrm{Output})^2 = (0.530 - 0.706)^2 = 0.0310 \quad \cdots\cdots (4.9.2)$$

$$\omega_{i_{new}} = \omega_i - \eta\frac{\partial \mathrm{Er}_{T-O}}{\partial \omega_i} \quad \cdots\cdots (4.9.3)$$

여기서

$\omega_{i_{new}}$: 수정 계산된 가중변수

ω_i : 수정 계산되기 전 가중변수

η : 학습률

$\frac{\partial \mathrm{Er}_{T-O}}{\partial \omega_i}$: 오차함수의 ω_i에 대한 편미분(ω_i에 대한 오차함수의 변화 추이)

sigmoid 활성함수의 미분은 식 (4.9.4)와 같이 간단하게 구해진다[2,9].

$$f'(x) = (e^{-x})/(1+e^{-x})^2 = f(x)\,[1-f(x)] \quad \cdots\cdots \quad (4.9.4)$$

그림 4.9.2에서는 $\mathrm{SumNet_{out}}$(0.874)에 활성함수를 적용하여 순방향 인공신경망 연산의 최종 결과 Output value = $f[\mathrm{SumNet_{out}}] = f(0.874) = 0.706$를 도출하였다. $\mathrm{SumNet_{out}}$(0.874)는 식 (4.9.9)를 이용하여 은닉층의 뉴런값에 두 번째 가중변수 (0.184, 0.493, 0.630)를 곱한 후 모두 더하여 구하였다. 이제 가중변수를 수정하여 보자.

(1) 가중변수 ω_{16} 계산

먼저 식 (4.9.3)에 의해 수정된 $\omega_{16_{\mathrm{new}}}$를 식 (4.9.5)에서 계산한다.

$$\omega_{16_{\mathrm{new}}} = \omega_{16} - \eta \frac{\partial \mathrm{Er_{T-O}}}{\partial \omega_{16}} \quad \cdots\cdots \quad (4.9.5)$$

식 (4.9.6)에서는 체인 법칙을 적용하여 ω_{16}에 대한 오차함수 편미분을 구하였다. 식 (4.9.6)에 대입될 3개의 항을 구해보도록 한다.

$$\frac{\partial \mathrm{Er_{T-O}}}{\partial \omega_{16}} = \frac{\partial \mathrm{Er_{T-O}}}{\partial \mathrm{Output}} \times \frac{\partial \mathrm{Output}}{\partial \mathrm{SumNet_{out}}} \times \frac{\partial \mathrm{SumNet_{out}}}{\partial \omega_{16}} \quad \cdots\cdots \quad (4.9.6)$$

식 (4.9.6)의 첫 번째 항은 식 (4.9.7-2)에 나타나 있고, 식 (4.9.1) 및 식 (4.9.7-1)의 $\mathrm{Er_{T-O}}$를 Output에 대하여 미분하여 식 (4.9.7-2)를 구한다.

$$\mathrm{Er_{T-O}} = (\mathrm{Target} - \mathrm{Output})^2 \quad \cdots\cdots \quad (4.9.7\text{-}1)$$

$$\frac{\partial \mathrm{Er_{T-O}}}{\partial \mathrm{Output}} = -2(\mathrm{Target} - \mathrm{Output}) = 2(\mathrm{Output} - \mathrm{Target}) \quad \cdots\cdots \quad (4.9.7\text{-}2)$$

식 (4.9.8-1)을 이용하여 식 (4.9.6)의 두 번째 항인 식 (4.9.8-2)를 구한다.

$$\text{Output} = f(\text{SumNet}_{out}) \quad \cdots\cdots (4.9.8\text{–}1)$$

여기서, f는 sigmoid 활성함수이다.

$$\frac{\partial \text{Output}}{\partial \text{SumNet}_{out}} = f'(\text{SumNet}_{out}) = f\,(\text{SumNet}_{out})\,[1 - f\,(\text{SumNet}_{out})\,]$$

$$\cdots\cdots (4.9.8\text{–}2)$$

최종적으로 식 (4.9.9)를 이용하여 식 (4.9.6)의 세 번째 항인 식 (4.9.10)을 구한다. SumNet_{out}은 식 (4.9.9)에서 구해지므로 ω_{16}에 관해 미분하면 식 (4.9.10)이 구해진다.

$$\text{SumNet}_{out} = \text{Net}_{Node1} \times \omega_{16} + \text{Net}_{Node2} \times \omega_{17} + \text{Net}_{Node1} \times \omega_{18} \quad \cdots\cdots (4.9.9)$$

$$\frac{\partial \text{SumNet}_{out}}{\partial \omega_{16}} = \text{Net}_{Node1} \quad \cdots\cdots (4.9.10)$$

식 (4.9.7-2), 식 (4.9.8-2), 식 (4.9.10)을 식 (4.9.6)에 대입하여 식(4.9.11)과 식 (4.9.12)를 도출하였다.

$$\frac{\partial \text{Er}_{T-O}}{\partial \omega_{16}} = \frac{\partial \text{Er}_{T-O}}{\partial \text{Output}} \times \frac{\partial \text{Output}}{\partial \text{SumNet}_{out}} \times \frac{\partial \text{SumNet}_{out}}{\partial \omega_{16}}$$

$$= 2(\text{Output} - \text{Target}\,) \times f\,(\text{SumNet}_{out})\,[1 - f\,(\text{SumNet}_{out})\,] \times \text{Net}_{Node1}$$

$$\cdots\cdots (4.9.11)$$

$$\frac{\partial \text{Er}_{T-O}}{\partial \omega_{16}} = 2(0.706 - 0.530) \times f\,(0.874)\,[1 - f\,(0.874)\,] \times 0.650 = 0.0475$$

$$\cdots\cdots (4.9.12)$$

학습률로 0.5($\eta = 0.5$)를 적용하여 식 (4.9.5)로부터 새로운 가중변수 ω_{16}을 식 (4. 9.13)과 같이 구한다.

$$\omega_{16_{new}} = \omega_{16} - \eta \frac{\partial Er_{T-O}}{\partial \omega_{16}} = 0.184 - 0.5 \times 0.0475 = 0.160 \quad \cdots\cdots\cdots\cdots (4.9.13)$$

(2) 가중변수 ω_{17} 계산

동일한 방법으로 새로운 가중변수 ω_{17}과 ω_{18}을 구할 수 있다. ω_{16} 유도와 동일하게 ω_{17}과 ω_{18}에 관한 오차함수 편미분을 식 (4.9.14)와 식 (4.9.17)에서 구하였고, 출력값과 관찰값이 대입된 식 (4.9.15)와 (4.9.18)로부터 수정된 가중변수를 식 (4.9.16)과 식 (4.9.19)에서 구하였다. 최종적으로 수정된 ω_{16}, ω_{17}, ω_{18} 값이 식 (4.9.20)에 정리되어 있다.

$$\frac{\partial Er_{T-O}}{\partial \omega_{17}} = \frac{\partial Er_{T-O}}{\partial Output} \times \frac{\partial Output}{\partial SumNet_{out}} \times \frac{\partial SumNet_{out}}{\partial \omega_{17}}$$
$$= 2(Output - Target) \times f\,(SumNet_{out})\,[1 - f\,(SumNet_{out})] \times Net_{Node2}$$
$$\cdots\cdots\cdots\cdots (4.9.14)$$

$$따라서,\ \frac{\partial Er_{T-O}}{\partial \omega_{17}} = 2(0.706 - 0.530) \times f\,(0.874)\,[1 - f\,(0.874)] \times 0.645 = 0.0472$$
$$\cdots\cdots\cdots\cdots (4.9.15)$$

$$\omega_{17_{new}} = \omega_{17} - \eta \frac{\partial Er_{T-O}}{\partial \omega_{17}} = 0.493 - 0.5 \times 0.0472 = 0.469 \quad \cdots\cdots\cdots\cdots (4.9.16)$$

(3) 가중변수 ω_{18} 계산

$$\frac{\partial Er_{T-O}}{\partial \omega_{18}} = \frac{\partial Er_{T-O}}{\partial Output} \times \frac{\partial Output}{\partial SumNet_{out}} \times \frac{\partial SumNet_{out}}{\partial \omega_{16}}$$
$$= 2(Output - Target) \times f\,(SumNet_{out})\,[1 - f\,(SumNet_{out})] \times Net_{Node3}$$
$$\cdots\cdots\cdots\cdots (4.9.17)$$

$$따라서,\ \frac{\partial Er_{T-O}}{\partial \omega_{18}} = 2(0.706 - 0.530) \times f\,(0.874)\,[1 - f\,(0.874)] \times 0.693 = 0.0507$$
$$\cdots\cdots\cdots\cdots (4.9.18)$$

$$\omega_{18_{new}} = \omega_{18} - \eta\frac{\partial Er_{T-O}}{\partial \omega_{18}} = 0.630 - 0.5\times 0.0507 = 0.605 \quad \cdots\cdots\cdots (4.9.19)$$

따라서

$$\begin{bmatrix}\omega_{16}\\ \omega_{17}\\ \omega_{18}\end{bmatrix}_{new} = \begin{bmatrix}0.160\\ 0.469\\ 0.605\end{bmatrix} \quad \cdots\cdots\cdots (4.9.20)$$

4.9.2.2 역순위 두 번째 가중변수 (은닉층과 입력층을 연결하는 가중변수의 수정 계산)

그림 4.9.3에 보이는 역순위 두 번째 은닉층의 15개 가중변수($\omega 1, \omega 2, \ldots, \omega 15$)와 편향변수를 역전파에 의해서 수정하도록 한다. 수정 식은 식 (4.9.5)와 동일한 식 (4.9.21)을 이용한다.

$$\omega_{i_{new}} = \omega_i - \eta\frac{\partial Er_{T-O}}{\partial \omega_i} \quad \cdots\cdots\cdots (4.9.21)$$

(1) 가중변수 ω_1 계산

먼저 가중변수 ω_1에 대한 오차의 변화 추이 식 (4.9.22)는 체인 법칙으로 구한다. 식 (4.9.22)에 대입될 6개의 항을 구하면 다음과 같다.

$$\frac{\partial Er_{T-O}}{\partial \omega_1} = \frac{\partial Er_{T-O}}{\partial Output}\times\frac{\partial Output}{\partial SumNet_{out}}\times\frac{\partial SumNet_{out}}{\partial Net_{Node1}}\times\frac{\partial Net_{Node1}}{\partial SumNet_{Node1}}\times\frac{\partial SumNet_{Node1}}{\partial \omega_1} \quad \cdots\cdots\cdots (4.9.22)$$

식 (4.9.22)의 첫 번째 항은 식 (4.9.7-2)에 기반하여 식 (4.9.23)으로 구해진다.

$$\frac{\partial Er_{T-O}}{\partial Output} = 2(Output - Target) \quad \cdots\cdots\cdots (4.9.23)$$

식 (4.22)의 두 번째 항은 식 (4.9.8-2)에 기반하여 식 (4.9.24)로 구해진다.

$$\frac{\partial \text{Output}}{\partial \text{SumNet}_{\text{out}}} = f'(\text{SumNet}_{\text{out}}) = f(\text{SumNet}_{\text{out}})\,[1 - f\,(\text{SumNet}_{\text{out}})\,] \quad \cdots\cdots (4.9.24)$$

식 (4.9.22)의 세 번째 항은 식 (4.9.25-1)에 기반하여 식 (4.9.25-2)로 구해진다.

$$\text{SumNet}_{\text{out}} = \text{Net}_{\text{Node1}} \times \omega_{16} + \text{Net}_{\text{Node2}} \times \omega_{17} + \text{Net}_{\text{Node1}} \times \omega_{18} \quad \cdots\cdots (4.9.25\text{-}1)$$

$$\frac{\partial \text{SumNet}_{\text{out}}}{\partial \text{Net}_{\text{Node1}}} = \omega_{16} \quad \cdots\cdots (4.9.25\text{-}2)$$

식 (4.9.22)의 네 번째 항은 식 (4.9.26-1)에 기반하여 식 (4.9.26-2)로 구해진다. $\text{Net}_{\text{Node1}}$은 첫 번째 뉴런값을 sigmoid 활성함수에 통과시킨 값이다.

$$\text{Net}_{\text{Node1}} = f(\text{SumNet}_{\text{Node1}}) \quad \cdots\cdots (4.9.26\text{-}1)$$

여기서, f는 sigmoid 활성함수이다.

$$\frac{\partial \text{Net}_{\text{Node1}}}{\partial \text{SumNet}_{\text{Node1}}} = f'(\text{SumNet}_{\text{Node1}}) = f\,(\text{SumNet}_{\text{Node1}})\,[1 - f\,(\text{SumNet}_{\text{Node1}})\,] \quad \cdots\cdots (4.9.26\text{-}2)$$

식 (4.9.22)의 다섯 번째 항을 구해보자. $\text{SumNet}_{\text{Node1}}$ 값은 식 (4.9.27)에 설명된 대로 입력 데이터를 첫 번째 뉴런값($\text{Net}_{\text{Node1}}$)의 가중변수와 곱해서 전부 더한 값이 된다.

$$\text{SumNet}_{\text{Node1}} = \text{In}_1 \times \omega_1 + \text{In}_2 \times \omega_2 + \text{In}_3 \times \omega_3 + \text{In}_4 \times \omega_4 + \text{In}_5 \times \omega_5 \quad \cdots\cdots (4.9.27)$$

따라서 식 (4.9.22)의 다섯 번째 항은 식 (4.9.27)에 기반하여 식 (4.9.28)로 구해진다.

$$\frac{\partial \text{SumNet}_{\text{out}}}{\partial \omega_1} = \text{In}_1 \quad \cdots\cdots (4.9.28)$$

결론적으로 식 (4.9.21)에 대입될 6개의 항은 식 (4.9.29)와 식 (4.9.30)에서 모두 구해진다.

식 (4.9.22), 식 (4.9.23), 식 (4.9.25), 식 (4.9.26-2), 식 (4.9.28)을 식 (4.9.21)에 대입하여 식 (4.9.29)를 도출한다. 구해진 파라미터를 식 (4.9.29)에 대입하여 식 (4.9.30)에서 가중변수 ω_1에 대한 오차의 변화 추이(0.00122)를 구하였다. 학습률을 0.5 ($\eta = 0.5$)로 지정하면 식 (4.9.5)를 이용하여 식 (4.9.31)에서 최종적으로 수정된 가중변수 ω_1 값(0.106)을 구할 수 있다.

$$\begin{aligned}
&\frac{\partial \text{Er}_{\text{T-O}}}{\partial \omega_1} \\
&= \frac{\partial \text{Er}_{\text{T-O}}}{\partial \text{Output}} \times \frac{\partial \text{Output}}{\partial \text{SumNet}_{\text{out}}} \times \frac{\partial \text{SumNet}_{\text{out}}}{\partial \text{Net}_{\text{Node1}}} \times \frac{\partial \text{Net}_{\text{Node1}}}{\partial \text{SumNet}_{\text{Node1}}} \times \frac{\partial \text{SumNet}_{\text{Node1}}}{\partial \omega_1} \\
&= 2(\text{Output} - \text{Target}) \\
&\qquad \times \{f\,(\text{SumNet}_{\text{out}})\,[1 - f\,(\text{SumNet}_{\text{out}})\,]\} \\
&\qquad \times \omega_{16} \times \{f\,(\text{SumNet}_{\text{Node1}})\,[1 - f\,(\text{SumNet}_{\text{Node1}})\,]\} \times \text{In}_1
\end{aligned}$$

$$\cdots\cdots (4.9.29)$$

따라서

$$\begin{aligned}
\frac{\partial \text{Er}_{\text{T-O}}}{\partial \omega_1} &= 2(0.706 - 0.530) \times \{f\,(0.874)\,[1 - f\,(0.874)\,]\} \\
&\quad \times 0.184 \times \{f\,(0.619)\,[1 - f\,(0.619)\,]\} \times 0.40 \\
&= 0.352 \times 0.2077 \times 0.184 \times 0.2275 \times 0.40 \\
&= 0.00122
\end{aligned}$$

$$\cdots\cdots (4.9.30)$$

$$\omega_{1_{\text{new}}} = \omega_1 - \eta \frac{\partial \text{Er}_{\text{T-O}}}{\partial \omega_1} = 0.107 - 0.5 \times 0.00122 = 0.106 \quad \cdots\cdots (4.9.31)$$

(2) 가중변수 $\omega_2 \sim \omega_5$

같은 방법으로, 가중변수 $\omega_2 \sim \omega_5$에 대한 오차의 변화 추이는 식 (4.9.32), $\omega_6 \sim \omega_{10}$에 대한 오차의 변화 추이는 식 (4.9.33), $\omega_{11} \sim \omega_{15}$의 오차의 변화 추이는 식 (4.9.34)에서 구하였고, 최종적으로 수정된 가중변수 $\omega_2 \sim \omega_{15}$ 값은 식 (4.9.31)과 학습률값 0.5로부터 식 (4.9.32-1), 식 (4.9.33-1), 식 (4.9.34-1)에서 구하였다.

$$\frac{\partial Er_{T-O}}{\partial \omega_i} = \frac{\partial Er_{T-O}}{\partial Output} \times \frac{\partial Output}{\partial SumNet_{out}} \times \frac{\partial SumNet_{out}}{\partial Net_{Node1}} \times \frac{\partial Net_{Node1}}{\partial SumNet_{Node1}} \times \frac{\partial SumNet_{Node1}}{\partial \omega_i}$$

$$= 2(Output - Target) \times \{f(SumNet_{out})[1 - f(SumNet_{out})]\} \times \omega_{16} \times \{f(SumNet_{Node1})[1 - f(SumNet_{Node1})]\} \times In_i \quad ; \text{with } i = 2 \ldots 5 \qquad \cdots\cdots (4.9.32)$$

$$\begin{bmatrix} \omega_1 \\ \omega_2 \\ \omega_3 \\ \omega_4 \\ \omega_5 \end{bmatrix}_{new} = \begin{bmatrix} 0.106 \\ 0.596 \\ 0.479 \\ 0.157 \\ 0.102 \end{bmatrix} \qquad \cdots\cdots (4.9.32\text{-}1)$$

(3) 가중변수 $\omega_6 \sim \omega_{10}$

$$\frac{\partial Er_{T-O}}{\partial \omega_i} = \frac{\partial Er_{T-O}}{\partial Output} \times \frac{\partial Output}{\partial SumNet_{out}} \times \frac{\partial SumNet_{out}}{\partial Net_{Node2}} \times \frac{\partial Net_{Node2}}{\partial SumNet_{Node2}} \times \frac{\partial SumNet_{Node2}}{\partial \omega_i}$$

$$= 2(Output - Target) \times \{f(SumNet_{out})[1 - f(SumNet_{out})]\} \times \omega_{17} \times \{f(SumNet_{Node2})[1 - f(SumNet_{Node2})]\} \times In_i \quad ; \text{with } i = 6 \ldots 10 \qquad \cdots\cdots (4.9.33)$$

$$\begin{bmatrix} \omega_6 \\ \omega_7 \\ \omega_8 \\ \omega_9 \\ \omega_{10} \end{bmatrix}_{new} = \begin{bmatrix} 0.214 \\ 0.166 \\ 0.963 \\ 0.152 \\ 0.591 \end{bmatrix} \qquad \cdots\cdots (4.9.33\text{-}1)$$

$$\frac{\partial \mathrm{Er_{T-O}}}{\partial \omega_i}$$

$$= \frac{\partial \mathrm{Er_{T-O}}}{\partial \mathrm{Output}} \times \frac{\partial \mathrm{Output}}{\partial \mathrm{SumNet_{out}}} \times \frac{\partial \mathrm{SumNet_{out}}}{\partial \mathrm{Net_{Node3}}} \times \frac{\partial \mathrm{Net_{Node3}}}{\partial \mathrm{SumNet_{Node3}}} \times \frac{\partial \mathrm{SumNet_{Node3}}}{\partial \omega_i}$$

$$= 2(\mathrm{Output} - \mathrm{Target}) \times \{f(\mathrm{SumNet_{out}})\,[1 - f(\mathrm{SumNet_{out}})\,]\} \times \omega_{18}$$

$$\times \{f(\mathrm{SumNet_{Node3}})\,[1 - f(\mathrm{SumNet_{Node3}})\,]\} \times \mathrm{In_i} \quad ;\ \text{with } i = 11 \ldots 15$$

$$\cdots\cdots (4.9.34)$$

$$\begin{bmatrix} \omega_{11} \\ \omega_{12} \\ \omega_{13} \\ \omega_{14} \\ \omega_{15} \end{bmatrix}_{new} = \begin{bmatrix} 0.637 \\ 0.187 \\ 0.156 \\ 0.826 \\ 0.639 \end{bmatrix} \quad \cdots\cdots (4.9.34\text{-}1)$$

수정된 15개의 가중변수가 반영된 인공신경망은 그림 4.9.3에 도시되어 있다. 두 번째 에폭에 의한 순방향 인공신경망 연산을 수행하였고, 출력값을 0.695로 도출하였다. 이는 첫 번째 에폭(그림 4.9.2)에서 얻어진 0.706보다는 관찰값(target 데이터, 0.53)에 가까워진 값으로써 한 번의 역전파에 의한 성과이다. 출력값이 관찰값(target 데이터)과 충분히 접근할 때까지 역전파를 계속 반복한다면 인공신경망의 학습 정확도를 향상시킬 수 있다. 학습이 더 이상 향상되지 않는 경우는 Validation check에 의해서 학습이 멈추게 된다.

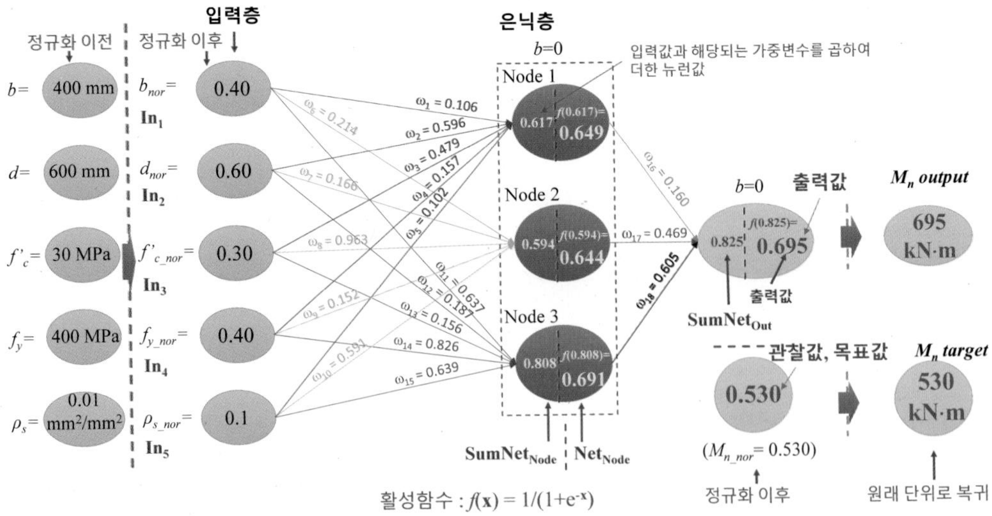

[그림 4.9.3] 두 번째 에폭에서의 순방향 인공신경망 학습 정확도의 향상(역전파에 의해 수행됨)

4.9.2.3 최종 가중변수

(1) 시그모이드 활성함수 적용

그림 4.9.4에서는 시그모이드 활성함수를 사용하였을 경우, 0.5 학습률 기반으로 93 번째 에폭에서 최종 수렴한 가중변수를 보여주고 있다. 4.8.1절에 기술되어 있듯이 인공신경망의 학습에 사용된 정규화 이전의 입력 파라미터 5개는 b =400mm, d = 600 mm, f_y = 400MPa, ρ_s =0.01이다.

그림 4.9.4에는 정규화 이전, 이후의 입력 파라미터 모두를 기술하였다. 그림 4.9.5에는 그림 4.9.4에 사용된 시그모이드 활성함수에 대해 0.5와 1.0 학습률을 적용하였을 경우 학습 정확도를 보여주고 있다. 작은 학습률 0.5를 사용하였을 경우 학습 정확도가 다소 향상되는 것을 알 수 있으나, 1.0 학습률을 적용하였을 경우 학습이 93 에폭에서 45 에폭으로 대폭 감소(그림 4.9.5)하는 것을 알 수 있다. 식 (4.9.35-1)에는 입력층과 은닉층에서 수렴된 최종 가중변수를 보여주고 있고, 식 (4.9.35-2)에는 은닉층과 출력층에서 수렴된 최종 가중변수를 보여주고 있다.

$$\begin{bmatrix} Net_{Node_1} \\ Net_{Node_2} \\ Net_{Node_2} \end{bmatrix} = \sigma\left(\begin{bmatrix} \omega_1 & \omega_2 & \omega_3 & \omega_4 & \omega_5 \\ \omega_6 & \omega_7 & \omega_8 & \omega_9 & \omega_{10} \\ \omega_{11} & \omega_{12} & \omega_{13} & \omega_{14} & \omega_{15} \end{bmatrix} \begin{bmatrix} In_1 \\ In_2 \\ In_3 \\ In_4 \\ In_5 \end{bmatrix} + \begin{bmatrix} b_1 \\ b_2 \\ b_3 \end{bmatrix} \right)$$

즉,

$$\begin{bmatrix} Net_{Node_1} \\ Net_{Node_2} \\ Net_{Node_2} \end{bmatrix} = \sigma\left(\begin{bmatrix} 0.1067 & 0.5966 & 0.4798 & 0.1577 & 0.1029 \\ 0.1997 & 0.1445 & 0.9527 & 0.1377 & 0.5879 \\ 0.6166 & 0.1564 & 0.1412 & 0.8056 & 0.6344 \end{bmatrix} \begin{bmatrix} 0.4 \\ 0.6 \\ 0.3 \\ 0.4 \\ 0.1 \end{bmatrix} + \begin{bmatrix} 0 \\ 0 \\ 0 \end{bmatrix} \right)$$
$$= \sigma\left(\begin{bmatrix} 0.6180 \\ 0.5662 \\ 0.7685 \end{bmatrix} \right) = \begin{bmatrix} 0.650 \\ 0.638 \\ 0.683 \end{bmatrix}$$

·· (4.9.35-1)

$$\text{Output} = \sigma\left([\omega_{16} \quad \omega_{17} \quad \omega_{18}] \begin{bmatrix} Net_{Node_1} \\ Net_{Node_2} \\ Net_{Node_2} \end{bmatrix} + [b] \right)$$
$$= \sigma\left([-0.1874 \quad 0.1263 \quad 0.2367] \begin{bmatrix} 0.650 \\ 0.638 \\ 0.683 \end{bmatrix} + [0] \right) = \sigma(0.1205) = 0.5301$$

·· (4.9.35-2)

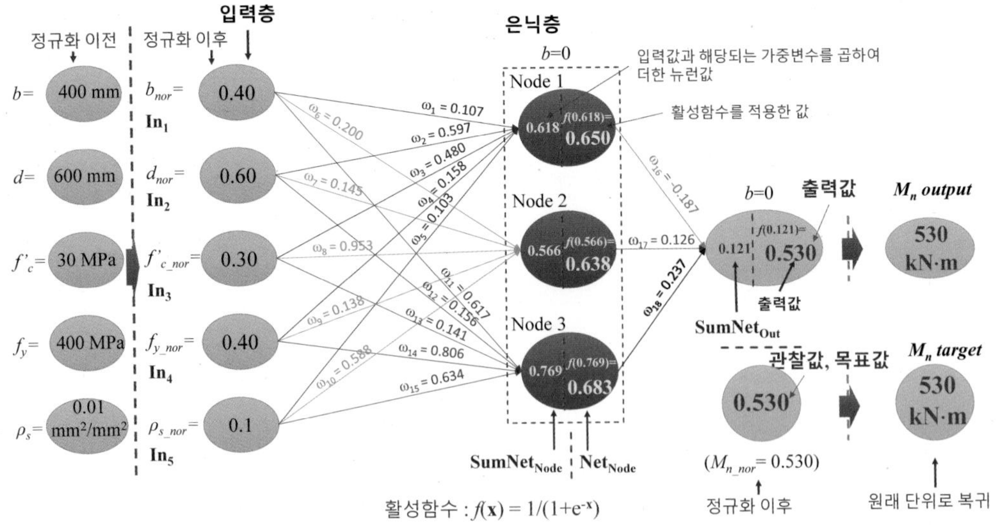

[그림 4.9.4] 시그모이드 활성함수와 0.5 학습률 기반에서 도출된 최종 가중변수와 작성된 인공신경망

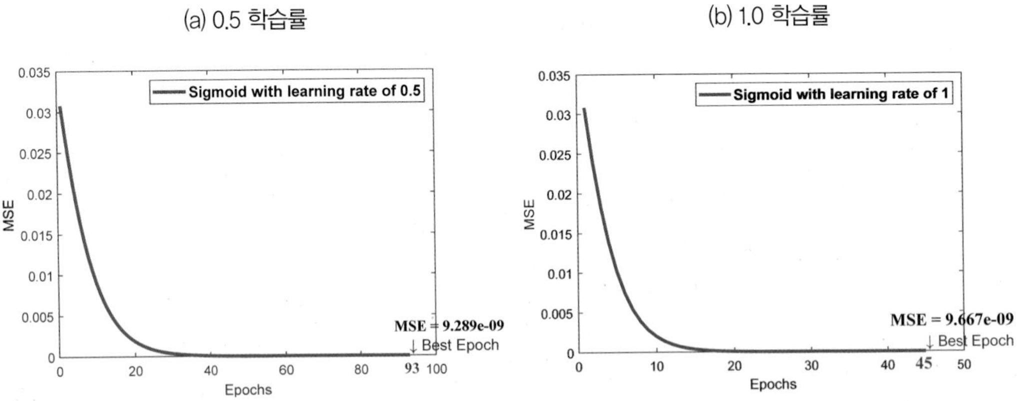

[그림 4.9.5] 시그모이드 활성함수에 의한 학습 정확도

(2) 렐루 활성함수 적용

그림 4.9.6에는 렐루 활성함수를 사용하였을 경우, 0.5 학습률 기반으로 8번째 에폭에서 최종 수렴한 가중변수와 유도된 인공신경망을 보여 주고 있다. 4.8.1절에 기술되어 있듯이 인공신경망의 학습에 사용된 정규화 이전의 입력 파라미터 5개는 $b = 400$ mm, $d = 600$mm, $f_c' = 30$MPa, $f_y = 400$MPa, $\rho_s = 0.01$이다. 그림 4.9.6에서는 정규화 이전, 이후의 입력 파라미터 모두를 기술하였다. 그림 4.9.7에는 그림 4.9.6에 적용된 렐루 활성함수에 대해, 0.5 학습률이 채택된 경우의 학습 정확도를 보여주고 있다. 식 (4.9. 36-1)에는 입력층과 은닉층에서 수렴된 최종 가중변수를 보여주고 있고, 식 (4.9.36-2)에는 은닉층과 출력층에서 수렴된 최종 가중변수를 보여주고 있다.

$$\begin{bmatrix} Net_{Node_1} \\ Net_{Node_2} \\ Net_{Node_2} \end{bmatrix} = \sigma\left(\begin{bmatrix} \omega_1 & \omega_2 & \omega_3 & \omega_4 & \omega_5 \\ \omega_6 & \omega_7 & \omega_8 & \omega_9 & \omega_{10} \\ \omega_{11} & \omega_{12} & \omega_{13} & \omega_{14} & \omega_{15} \end{bmatrix} \begin{bmatrix} In_1 \\ In_2 \\ In_3 \\ In_4 \\ In_5 \end{bmatrix} + \begin{bmatrix} b_1 \\ b_2 \\ b_3 \end{bmatrix} \right)$$

즉,

$$\begin{bmatrix} Net_{Node_1} \\ Net_{Node_2} \\ Net_{Node_2} \end{bmatrix} = \sigma\left(\begin{bmatrix} 0.0719 & 0.5443 & 0.4537 & 0.1229 & 0.0942 \\ 0.1626 & 0.0889 & 0.9250 & 0.1006 & 0.5787 \\ 0.5689 & 0.0849 & 0.1054 & 0.7579 & 0.6225 \end{bmatrix} \begin{bmatrix} 0.4 \\ 0.6 \\ 0.3 \\ 0.4 \\ 0.1 \end{bmatrix} + \begin{bmatrix} 0 \\ 0 \\ 0 \end{bmatrix} \right)$$
$$= \sigma\left(\begin{bmatrix} 0.5500 \\ 0.4940 \\ 0.6756 \end{bmatrix} \right) = \begin{bmatrix} 0.5500 \\ 0.4940 \\ 0.6756 \end{bmatrix}$$

·· (4.9.36-1)

$$\text{Output} = \sigma\left(\begin{bmatrix} \omega_{16} & \omega_{17} & \omega_{18} \end{bmatrix} \begin{bmatrix} Net_{Node_1} \\ Net_{Node_2} \\ Net_{Node_2} \end{bmatrix} + [b] \right)$$
$$= \sigma\left(\begin{bmatrix} 0.0748 & 0.3638 & 0.4575 \end{bmatrix} \begin{bmatrix} 0.5500 \\ 0.4940 \\ 0.6756 \end{bmatrix} + [0] \right) = \sigma(0.530) = 0.530$$

·· (4.9.36-2)

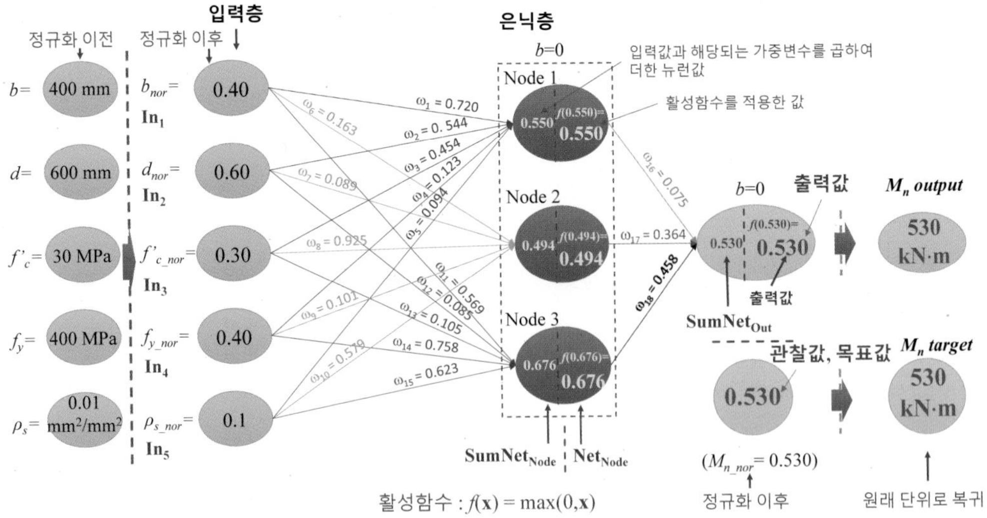

[그림 4.9.6] 렐루 활성함수와 0.5 학습률 기반에서 도출된 최종 가중변수와 작성된 인공신경망

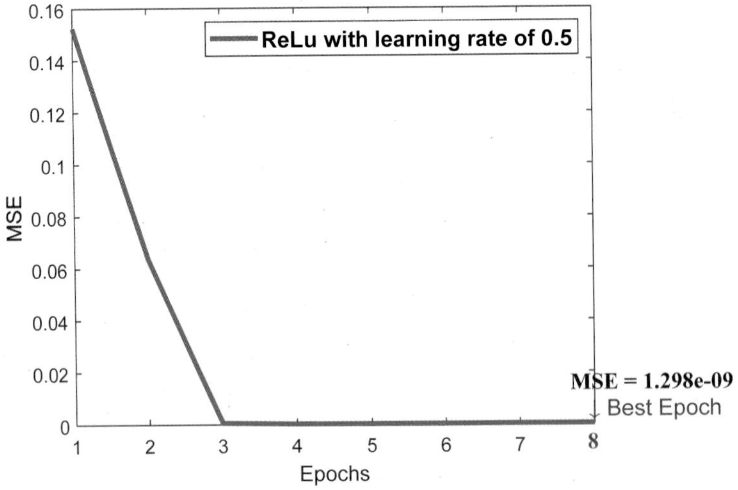

[그림 4.9.7] 렐루 활성함수에 의한 학습 정확도

두 가지 활성함수 모두에 대해, 입력 데이터로부터 출력 데이터를 예측하는 학습 정확도는 훌륭하게 도출되었다. 이는 본 예제와 같이 복잡하지 않은 데이터의 경우, 활성함수의 종류는 학습 결과에 큰 영향을 미치지 않는다는 것을 알 수 있다. 그러나 렐수 활성함수를 사용하는 경우에는 8번째 에폭(그림 4.9.7)에서 가중변수가 수렴되고 있어, 93 에폭에서 수렴(그림 4.9.5)하는 시그모이드 활성함수보다 연산 속도가 대폭 향상되었음을 알 수 있다(그림 2.2.3 참조). 따라서 학습에 사용되는 데이터가 복잡해지는 경우에는 신중한 활성함수의 선택이 필요할 수 있다. 하지만 식(4.9.35)와 식 (4.9.36)에서 보이듯이 사용되는 활성함수의 종류에 따라서 수렴되는 가중변수는 완전히 다르게 도출되는 것을 알 수 있다. 그러나 학습에 따른 설계 결과는 거의 동일하게 구해진다. 또한 본 예제에서 보았듯이 간단한 데이터의 경우에는, 편향변수의 적용 없이 가중변수만으로도 정확도 높은 인공신경망 학습이 가능하였으나, 복잡한 데이터의 학습을 위해서는 가중변수와 편향변수 모두의 적용이 필요할 수 있음에 유의하여야 한다.

그림 4.9.8에는 5개로 구성되어 있는 1개 세트 설계 입력 파라미터(보폭 b=350mm, 보깊이 d=650mm, 콘크리트 압축강도 f'_c=35MPa, 철근 인장 강도 f_y= 600MPa, ρ_s = 0.02)에 대한 인공신경망의 피팅을 렐루 활성함수와 0.5 학습률 기반에서 수행하였다. 그림 4.9.8에 도시된 피팅 결과인 공칭모멘트 M_u =1416.8kN·m는 구조 계산에서 도출된 공칭모멘트 M_u=1416.6kN·m와 일치함을 알 수 있다. 표 4.9.1에는 그림 4.9.4와 그림 4.9.6의 최종 피팅 과정을, 표 4.9.2에는 그림 4.9.8의 최종 피팅 과정을 역전파 연산에 의해 최종 가중변수가 수렴될 때까지 반복하는 코드를 제시하였다. 그림 4.5.1에는 학업성적 1개로 구성되어 있는 5개 세트의 입력 파라미터(빅데이터) 오차함수가 구해져 있고, 역전파를 통한 오차함수의 최소화를 통해 최종 가중변수를 구하는 것이다. 그러나 그림 4.9.4, 그림 4.9.6, 그림 4.9.8은 빅데이터를 이용하지 않고 1개 세트의 설계 입력 데이터에 대한 인공신경망 피팅 과정을 보여주고 있다. 그러나 1개 세트로 구성된 피팅 학습 데이터, 즉 충분하지 않은 빅데이터는 학습과정에서 학습되지 않은 데이터에 대해 출력 데이터를 도출하기에는 큰 오차가 발생할 수 있다. 그림 4.9.9에는 무작위로 작성된 5000개 세트의 빅데이터에 대해 인공신경망(1개의 은닉층, 3개의 뉴런, tanh 활성함수)을 학습하였고, 그 결과로 최종 가중변수를 보여주고 있다. 즉 무작위로 생성된 5000개의 빅데이터 전부에 대해 6023 에폭의 역전파 과정으로 최적 피팅, 수정된 가중변수 매트릭스를 제시하고 있다. 설계하고자 하는 입력 파라미터(보폭 b = 350mm, 보깊이 d = 650mm, 콘크리트

압축강도 f'_c=35MPa, 철근 인장강도 f_y= 600MPa, ρ_s= 0.02)를 학습 피팅된 인공신경망에 대응시켰을 경우, 대응 도출된 출력 파라미터인 공칭모멘트 강도 M_u =1473kN·m는 구조계산에서 계산된 공칭모멘트 M_u=1416.6kN·m와 −3.95%의 차이(표 4.9.3)를 보이고 있다. 입력 파라미터(보폭 b=350mm, 보깊이 d=650mm, 콘크리트 압축강도 f'_c=35MPa, 철근 인장강도 f_y= 600MPa, ρ_s= 0.02)로 사용된 데이터는 학습 과정에서는 학습되지 않은 데이터이다. 오차가 발생한 이유는 그림 4.9.9에서 사용된 인공신경망이 상대적으로 작은 1개의 은닉층, 3개의 뉴런, 5000개의 빅데이터를 적용하였기 때문이다. 은닉층, 뉴런, 빅데이터의 개수를 증가시키면 인공신경망이 도출한 설계값과 구조계산에서 계산된 설계값의 오차는 현저하게 감소할 것이다. 좋은 학습 정확도를 도출하기 위해서는 학습데이터의 복잡성에 따라 은닉층, 뉴런, 에폭, 빅데이터 등의 학습 파라미터를 합리적으로 설정하는 것이 중요하다.

인공신경망에 의한 설계 개념은 두 단계로 이루어져 있다. 첫 번째 단계에서는 무작위로 생성된 모든 구조 빅데이터를 피팅하는 인공신경망을 도출하고 가중변수 매트릭스를 유도한다. 이 과정을 학습 과정이라 하는데, 인공신경망이 유도된 후에는 두 번째 과정이 수행된다. 설계자의 요구조건에 따라 입력 파라미터를 설정하고, 설정된 입력 파라미터를 1단계에서 유도된 인공신경망에 대응하여 출력 파라미터를 도출하는 것이다. 그림 4.9.9에서 보이듯이 인공신경망은 임의의 입력 파라미터에 대해 출력 파라미터를 구하는 과정에 적용되는 가중변수 매트릭스를 도출한다. 그림 4.9.9에서 보이듯이 어떤 입력 파라미터를 적용하든지 가중변수 매트릭스는 동일하다. 이것이 AI 기반 구조 설계의 핵심이라 할 수 있다.

그림 1.3.6의 예를 들어 설명해 보자. 그림 1.3.6에는 간단한 학습 과정에 의해 유도된 피팅 학습식(점선으로 피팅된 직선식)이 제시되었다. 이때 점선으로 피팅된 직선 학습식이 인공신경망에서의 학습결과에 대응한다고 볼 수 있다. 학습데이터로 표현된 붉은색의 데이터가 인공신경망에서의 빅데이터에 해당되는 것이고, 파란색의 데이터가 인공신경망에서의 입력 파라미터에 해당되는 데이터로써 인공 학습 결과인 피팅 직선식에 대응되어 y축에서 출력 파라미터가 도출되는 것이다. 5장, 6장, 7장에서 콘크리트 보, 기둥에 대해 인공신경망에 기반한 설계 예를 자세하게 설명하였다.

$$\begin{bmatrix} Net_{Node_1} \\ Net_{Node_2} \\ Net_{Node_2} \end{bmatrix} = \sigma \left(\begin{bmatrix} \omega_1 & \omega_2 & \omega_3 & \omega_4 & \omega_5 \\ \omega_6 & \omega_7 & \omega_8 & \omega_9 & \omega_{10} \\ \omega_{11} & \omega_{12} & \omega_{13} & \omega_{14} & \omega_{15} \end{bmatrix} \begin{bmatrix} In_1 \\ In_2 \\ In_3 \\ In_4 \\ In_5 \end{bmatrix} + \begin{bmatrix} b_1 \\ b_2 \\ b_3 \end{bmatrix} \right)$$

즉,

$$\begin{bmatrix} Net_{Node_1} \\ Net_{Node_2} \\ Net_{Node_2} \end{bmatrix} = \sigma \left(\begin{bmatrix} 0.209 & 0.621 & 0.120 & 0.127 & 0.108 \\ 0.329 & 0.721 & 0.200 & 0.103 & -0.319 \\ -0.199 & 0.886 & 0.121 & 0.153 & 0.240 \end{bmatrix} \begin{bmatrix} -0.625 \\ 0.000 \\ -0.400 \\ 1.000 \\ -0.143 \end{bmatrix} + \begin{bmatrix} -1.517 \\ -1.676 \\ -1.618 \end{bmatrix} \right)$$

$$= \sigma \left(\begin{bmatrix} -1.584 \\ -1.813 \\ -1.423 \end{bmatrix} \right) = \begin{bmatrix} -0.919 \\ -0.948 \\ -0.890 \end{bmatrix} \qquad \cdots\cdots (4.9.37\text{-}1)$$

$$\text{Output} = \begin{bmatrix} \omega_{16} & \omega_{17} & \omega_{18} \end{bmatrix} \begin{bmatrix} Net_{Node_1} \\ Net_{Node_2} \\ Net_{Node_2} \end{bmatrix} + [b]$$

$$= \begin{bmatrix} 6.730 & -2.302 & -1.392 \end{bmatrix} \begin{bmatrix} -0.919 \\ -0.948 \\ -0.890 \end{bmatrix} + [1.972] = -0.793 \qquad \cdots\cdots (4.9.37\text{-}2)$$

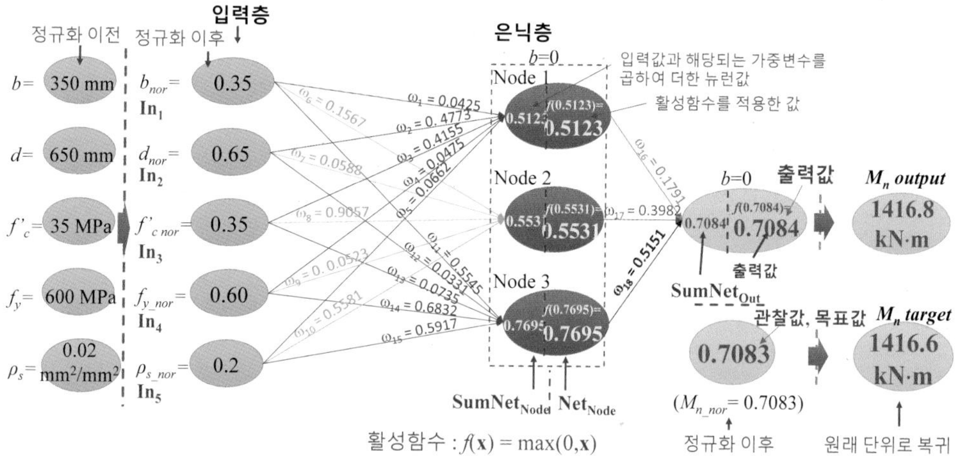

[그림 4.9.8] 주어진 구조설계 변수에 대한 최종 가중변수와 작성된 인공신경망; 렐루 활성함수와 0.5 학습률 기반

[표 4.9.1] 그림 4.9.4와 그림 4.9.6의 최종 피팅 과정 수렴을 위한 코딩

```
%MATLAB CODE FOR BACKPROPAGATION
clc;clear
tic
% activ_option = 'Sigmoid';
% activ_option = 'Tanh';
activ_option = 'ReLu';
Epochs          = 10000;
Nuy             = 0.5;  % Learning rate
ValidationCheck = 10;
Data = struct;
Data.Input                 = [0.35 0.65 0.35 0.60 0.2]';        % input
Data.Weight.InLayer{1}     = [0.107 0.597 0.480 0.158 0.103
                              0.216 0.169 0.965 0.154 0.592
                              0.639 0.190 0.158 0.828 0.640];  % weight connect input with first layer
Data.Weight.HiddenLayer{1} = [];                                % weight connect layer with layer layer
Data.Weight.LayerOut{1}    = [0.184 0.493 0.630];               % weight connect layer with output
Data.Target{1}             = 0.7083;                            % target
% Input - layer
Data.Layers{1}.SumNetNode{1} = Data.Weight.InLayer{1}*Data.Input;
[NetNodeValue,deriv_NetNodeValue] = activationfunction(Data.Layers{1}.SumNetNode{1},activ_option);
Data.Layers{1}.NetNode{1}    = NetNodeValue;
% Layer - ouput
Data.Layers{1}.SumNetOut{1}  =  Data.Weight.LayerOut{1}*Data.Layers{1}.NetNode{1};
[Data.OutPut{1},~] =  activationfunction(Data.Layers{1}.SumNetOut{1},activ_option);
% MSE
Data.Error{1} = immse(Data.OutPut{1},Data.Target{1});
%% Starting backpropagation
Validation   = 0;
for i = 1 : (Epochs - 1)
% Updating w16,w17, w18 ==================================
    W16_17_18_old   = Data.Weight.LayerOut{i}';
    [Yi,Deri_Yi]    = activationfunction(Data.Layers{1}.SumNetOut{i},activ_option);
    dErr_dw16_17_18 = 2*(Data.OutPut{i}-Data.Target{1}) * Deri_Yi * Data.Layers{1}.NetNode{i};
    W16_17_18_new   = W16_17_18_old - Nuy * dErr_dw16_17_18;
% Updating w1 ~ w15 ======================================
    [Yk,Deri_Yk] = activationfunction(Data.Layers{1}.NetNode{i},activ_option);
    %------------------------------------------------------
    W1_5_old     = Data.Weight.InLayer{1,i} (1,:)';
    dErr_dw1_5   = 2 * (Data.OutPut{i} - Data.Target{1}) * Deri_Yi * W16_17_18_old(1) * Deri_Yk(1) * Data.Input ;
    W1_5_new     = W1_5_old   - Nuy * dErr_dw1_5;
    %------------------------------------------------------
    W6_10_old    = Data.Weight.InLayer{1,i} (2,:)';
    dErr_dw6_10  = 2 * (Data.OutPut{i} - Data.Target{1}) * Deri_Yi * W16_17_18_old(2) * Deri_Yk(2) * Data.Input ;
    W6_10_new    = W6_10_old  - Nuy *  dErr_dw6_10;
    %------------------------------------------------------
    W11_15_old   = Data.Weight.InLayer{1,i} (3,:)';
    dErr_dw11_15 = 2 * (Data.OutPut{i} - Data.Target{1}) * Deri_Yi * W16_17_18_old(3) * Deri_Yk(3) * Data.Input ;
```

```
W11_15_new   = W11_15_old - Nuy * dErr_dw11_15;
   %------------------------------------------------
   Data.Weight.InLayer {i+1} = [W1_5_new'; W6_10_new'; W11_15_new'];
   Data.Weight.LayerOut{i+1} = W16_17_18_new';
   Data.Layers{1}.SumNetNode{i+1}  = Data.Weight.InLayer{i+1} * Data.Input;
   [NetNodeValue_1,~]              = activationfunction(Data.Layers{1}.SumNetNode{i+1},activ_option);
   Data.Layers{1}.NetNode{i+1}     = NetNodeValue_1;
   Data.Layers{1}.SumNetOut{i+1}   = Data.Weight.LayerOut{i+1}*Data.Layers{1}.NetNode{i+1};
   [Data.OutPut{i+1},~]            = activationfunction(Data.Layers{1}.SumNetOut{i+1},activ_option);
   Data.Error{i+1}                 = immse(Data.OutPut{i+1},Data.Target{1});
   if  Data.Error{i+1} <= 1e-8; break; end
   if  Data.Error{i+1} > Data.Error{i}
       Validation = Validation + 1;
       if Validation == ValidationCheck; break;end
   end
end
toc
%% Plot
figure()
textlegend= join([join([convertCharsToStrings(activ_option),"with learning rate of"]),convertCharsToStrings(Nuy)]);
plot(cell2mat(Data.Error),'LineWidth',3,'MarkerEdgeColor','m')
xlabel('Epochs');ylabel('MSE');lgd = legend(textlegend);lgd.FontSize = 14;lgd.FontWeight = 'bold';
[MinErr, IndexMinErr] = min(cell2mat(Data.Error));
TXTE = text(IndexMinErr,0,'\downarrow Best Epoch','HorizontalAlignment', 'left','VerticalAlignment','bottom','Color','b','FontSize',14);
set(gca,'FontSize',12)
```

[표 4.9.2] 그림 4.9.8의 최종 피팅 과정 수렴을 위한 코딩

```
%MATLAB CODE FOR BACKPROPAGATION
clc;clear
tic
activ_option    = 'Sigmoid';
% activ_option = 'Tanh';
% activ_option = 'ReLu';
Epochs          = 10000;
Nuy             = 0.5;  % Learning rate
ValidationCheck = 10;
Data = struct;
Data.Input                  = [0.40 0.60 0.30 0.40 0.1]';        % input
Data.Weight.InLayer{1}      = [0.107 0.597 0.480 0.158 0.103
                               0.216 0.169 0.965 0.154 0.592
                               0.639 0.190 0.158 0.828 0.640];  % weight connect input with first layer
Data.Weight.HiddenLayer{1} = [];                                % weight connect layer with layer layer
Data.Weight.LayerOut{1}     = [0.184 0.493 0.630];              % weight connect layer with output
Data.Target{1}              = 0.530;                            % target
% Input - layer
Data.Layers{1}.SumNetNode{1} = Data.Weight.InLayer{1}*Data.Input;
[NetNodeValue,deriv_NetNodeValue] = activationfunction(Data.Layers{1}.SumNetNode{1},activ_option);
Data.Layers{1}.NetNode{1}    = NetNodeValue;
% Layer - ouput
Data.Layers{1}.SumNetOut{1}  =  Data.Weight.LayerOut{1}*Data.Layers{1}.NetNode{1};
[Data.OutPut{1},~] =  activationfunction(Data.Layers{1}.SumNetOut{1},activ_option);
% MSE
Data.Error{1} = immse(Data.OutPut{1},Data.Target{1});


%MATLAB CODE FOR BACKPROPAGATION (continued)
%% Starting backpropagation
Validation   = 0;
for i = 1 : (Epochs - 1)
% Updating w16,w17, w18 ================================
    W16_17_18_old   = Data.Weight.LayerOut{i}';
    [Yi,Deri_Yi]    = activationfunction(Data.Layers{1}.SumNetOut{i},activ_option);
    dErr_dw16_17_18 = 2*(Data.OutPut{i}-Data.Target{1}) * Deri_Yi * Data.Layers{1}.NetNode{i};
    W16_17_18_new   = W16_17_18_old - Nuy * dErr_dw16_17_18;
% Updating w1 ~ w15 ====================================
    [Yk,Deri_Yk] = activationfunction(Data.Layers{1}.NetNode{i},activ_option);
    %-------------------------------------------------
    W1_5_old      = Data.Weight.InLayer{1,i} (1,:)';
    dErr_dw1_5    = 2 * (Data.OutPut{i} - Data.Target{1}) * Deri_Yi * W16_17_18_old(1) * Deri_Yk(1) * Data.Input ;
    W1_5_new      = W1_5_old   - Nuy * dErr_dw1_5;
    %-------------------------------------------------
    W6_10_old     = Data.Weight.InLayer{1,i} (2,:)';
    dErr_dw6_10   = 2 * (Data.OutPut{i} - Data.Target{1}) * Deri_Yi * W16_17_18_old(2) * Deri_Yk(2) * Data.Input ;
    W6_10_new     = W6_10_old  - Nuy *  dErr_dw6_10;
    %-------------------------------------------------
    W11_15_old    = Data.Weight.InLayer{1,i} (3,:)';
    dErr_dw11_15 = 2 * (Data.OutPut{i} - Data.Target{1}) * Deri_Yi * W16_17_18_old(3) * Deri_Yk(3) * Data.Input ;
```

```
%MATLAB CODE FOR BACKPROPAGATION (continued)
 W11_15_new   = W11_15_old - Nuy * dErr_dw11_15;
   %------------------------------------------------------
   Data.Weight.InLayer {i+1} = [W1_5_new'; W6_10_new'; W11_15_new'];
   Data.Weight.LayerOut{i+1} = W16_17_18_new';
   Data.Layers{1}.SumNetNode{i+1}  = Data.Weight.InLayer{i+1} * Data.Input;
   [NetNodeValue_1,~]              = activationfunction(Data.Layers{1}.SumNetNode{i+1},activ_option);
   Data.Layers{1}.NetNode{i+1}     = NetNodeValue_1;
   Data.Layers{1}.SumNetOut{i+1}   = Data.Weight.LayerOut{i+1}*Data.Layers{1}.NetNode{i+1};
   [Data.OutPut{i+1},~]            = activationfunction(Data.Layers{1}.SumNetOut{i+1},activ_option);
   Data.Error{i+1}                 = immse(Data.OutPut{i+1},Data.Target{1});
   if  Data.Error{i+1} <= 1e-8; break; end
   if  Data.Error{i+1} > Data.Error{i}
       Validation = Validation + 1;
       if Validation == ValidationCheck; break;end
   end
end
toc
%% Plot
figure()
textlegend= join([join([convertCharsToStrings(activ_option),"with learning rate of"]),convertCharsToStrings(Nuy)]);
plot(cell2mat(Data.Error),'LineWidth',3,'MarkerEdgeColor','m')
xlabel('Epochs');ylabel('MSE');lgd = legend(textlegend);lgd.FontSize = 14;lgd.FontWeight = 'bold';
[MinErr, IndexMinErr] = min(cell2mat(Data.Error));
TXTE = text(IndexMinErr,0,'\downarrow Best Epoch','HorizontalAlignment', 'left','VerticalAlignment','bottom','Color','b','FontSize',14);
set(gca,'FontSize',12)
```

```
%MATLAB CODE FOR BACKPROPAGATION (continued)
% Activation function
function [y,deriv_y] = activationfunction (x,activ_option)
if (strcmp(activ_option, 'Sigmoid''))
    y       = 1./(1 + exp(-x));
    deriv_y = y.* (1 - y);
elseif (strcmp(activ_option,'Tanh'))
    y       = (exp(x) - exp(-x))./(exp(x) + exp(-x));
    deriv_y = 1 - y.^2;
elseif (strcmp(activ_option,'ReLu'))
    [m,n]    = size(x);
    y        = zeros(m,n);
    deriv_y  = zeros(m,n);
    for i = 1:m
        for j =1:n
            if  x(i,j) <= 0; y(i,j) = 0; deriv_y(i,j) = 0;
            else
                y(i,j)        = x(i,j);
                deriv_y(i,j) = 1;
            end
        end
    end
end
```

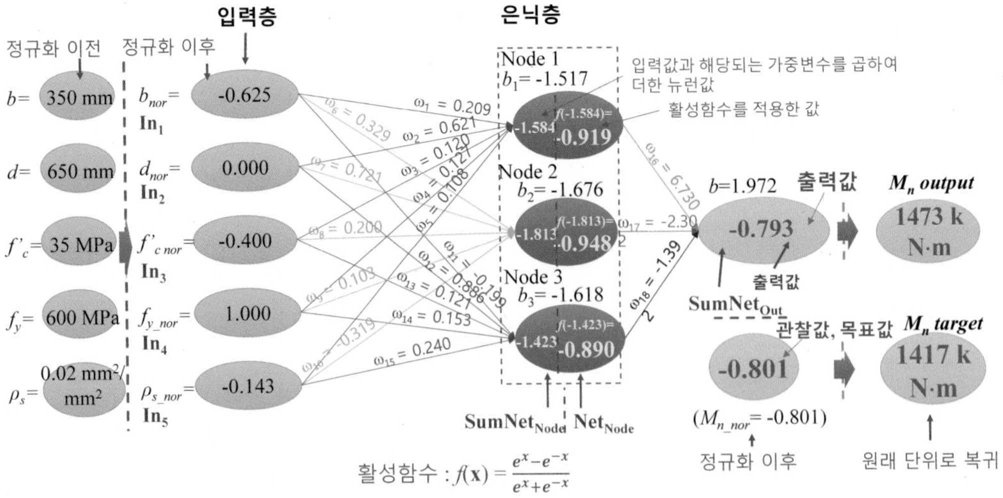

[그림 4.9.9] 5000개 빅데이터 세트에 대해 작성된 인공신경망(1개의 은닉층, 3개의 뉴런)과 최종 가중변수; tanh 활성함수

[표 4.9.3] 구조설계에 기반한 그림 4.9.9의 인공신경망 검증

Parameters	AI-based design	Structural mechanics	Error (%)
b **(mm)**	350	350	-
d **(mm)**	650	650	-
$\boldsymbol{\rho_s}$	0.02	0.02	-
$\boldsymbol{f_c'}$ **(MPa)**	35	35	-
$\boldsymbol{f_y}$ **(MPa)**	600	600	-
$\boldsymbol{M_n}$ **(kN·m)**	1473	1417	-3.95

4.10 순방향 설계 및 역방향 설계의 정의

기존 설계 방식과 동일하게 주어진 입력 파라미터에 대해 정상적으로 출력 파라미터를 도출하는 과정을 순방향 설계라고 정의한다.

즉 $\phi M_n, M_u, \varepsilon_{rt_0.003}, \varepsilon_{rc_0.003}, \Delta_{imme}, \Delta_{long}, \mu\phi, CI_b$와 같은 출력 파라미터들을 계산할 때 반드시 출력 파라미터들의 계산을 가능하게 하는 $L, h, d, b, f_y, f'_c, \rho_{rt}, \rho_{rc}, M_D, M_L$과 같은 입력 파라미터들이 주어져야 한다. 그림 4.10.2(a)는 10개의 입력 파리미터에 대해 8개의 출력 파라미터가 계산되는 순방향 설계forward design 인공신경망의 개념도를 보여주고 있다. 순방향 계산은 특별한 어려움 없이 기존 프로그램으로 수월하게 가능하다. 그러나 그림 4.10.1과 그림 4.10.2(b)에 나타난 대로 순방향 설계 시 출력 파라미터로 설정된 파라미터를 입력 파라미터로 역설정하게 되면 기존 설계 프로그램으로는 계산이 불가능하게 된다. 이와 같이 입력과 출력 파라미터의 연산 순서가 바뀌게 되는 설계를 역방향 설계reverse design라 정의한다.

즉 순방향 설계 시 출력부에서 계산되는 출력 파라미터를 역방향 설계에서는 입력 파라미터로 이동시켜 입력부에 역지정하여 설계를 수행하는 방식이다. 예를 들어 일반적인 설계에서는 철근의 변형률과 보의 처짐 등은 출력부에서 계산되는 출력 파라미터이지만, 역방향 설계에서는 입력부에 미리 원하는 값으로 역지정하여 이를 만족하는 설계를 수행하는 것이다. 더 나아가 다수의 역방향 입력 파리미터를 입력부에 역지정할 수도 있다. 이와 같은 구조설계는 일반 구조설계 절차에서는 매우 어려울 것이다.

문제는 인공신경망의 학습이다. 30개 이상 다양한 입력, 출력 파라미터가 입력, 출력부에서 위치가 바뀌어 복잡하게 연관되어 있다면 인공신경망을 학습시키는 작업은 매우 어려워진다. 인공신경망 학습용 상용 소프트웨어를 사용해도 학습의 정확도를 확보하기가 어려울 것이다. 따라서 본 절에서는 Matlab 등 상용 소프트웨어에서 제시하고 있지 않은 새로운 학습training 방법을 기술하였다. 5, 6, 7장에서 인공신경망의 학습을 위해 순방향 설계와 역방향 설계로 나누어 직접 학습법[TED(Training on Entire Dataset), PTM(Parallel Training Method), CTS(Chained Training Scheme), CRS(Chained training scheme with Revised Sequence)] 및 간섭(역대입) 학습법을 소개하였고, 이에 따른 학습 정확도 역시 검증하였다. 그림 4.10.1과 그림 4.10.2(b)에서 볼 수 있듯이 역지정된 입력 파라미터의 예로는 설계 모멘트강성(ϕM_n), 하중 계수가 적용된 모멘트(M_u)와 연성비ductility(μ_ϕ)이고, 이들 역입력 파라미터는 순방향 설계에서는 출력부에서만 계산되는 파라미터들이다. 높이(h), 보 깊이(d), 인장 철근비(ρ_{rt}), 압축 철근비(ρ_{rc})와 같은 파라미터들은 출력부에서 구하여진다.

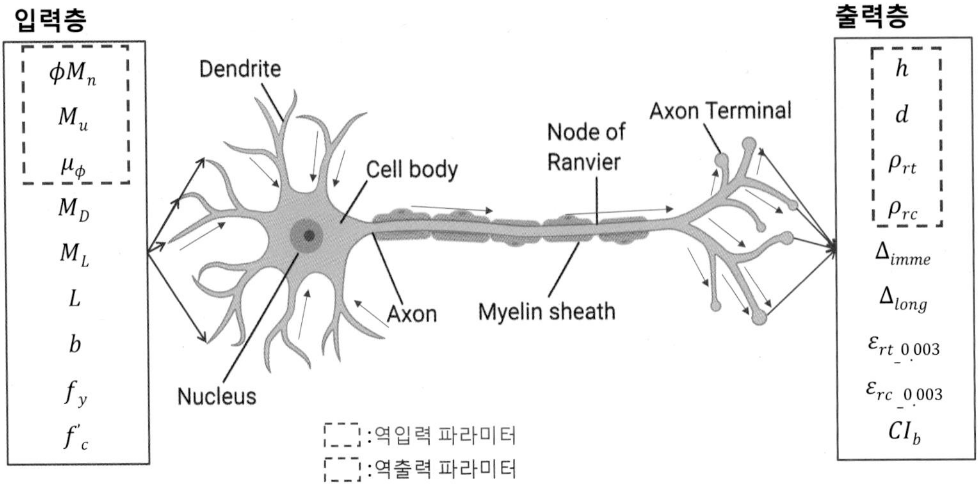

[그림 4.10.1] 역방향 설계를 위한 인공신경망

[역입력 파라미터(M_u, ϕM_n, μ_ϕ)를 포함한 9개의 입력, 9개의 출력 파라미터]

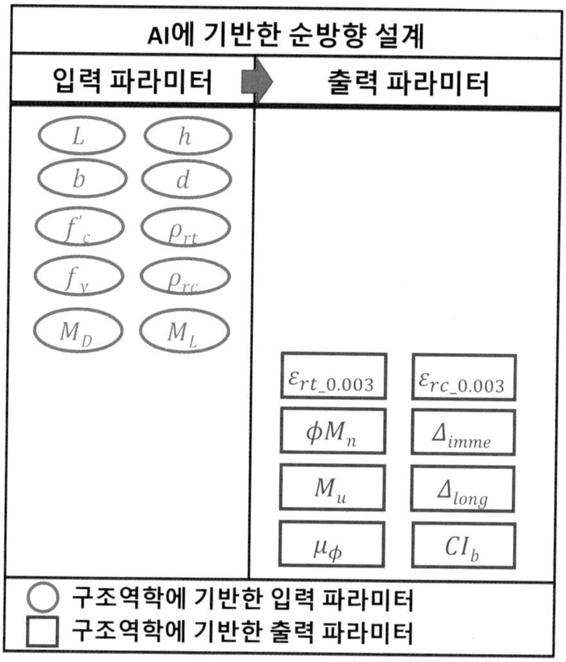

(a) 순방향 설계 인공신경망

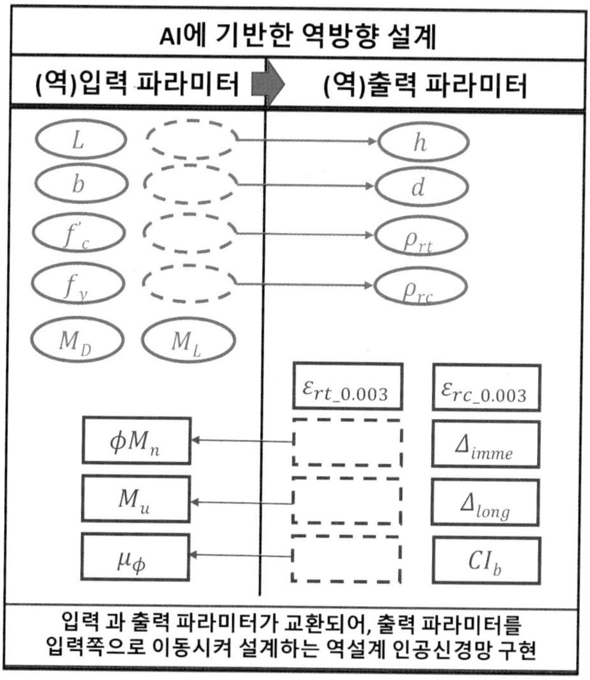

(b) 역방향 설계 인공신경망

[그림 4.10.2] 철근 콘크리트 보의 순방향, 역방향 설계 인공신경망 개념도

4.11 인공신경망 학습방법

4.11.1 TED 학습 방법

TED 학습 방법은 인공신경망 구성 시 그림 4.10.2(a)에 보이는 것처럼 입력 파라미터 전체가 출력 파라미터 전체에 대해 매핑되어 전체 데이터가 동시에 일대일로 매치match되도록 학습시키는 학습법이다. 데이터 학습방법 중에서는 제일 간단한 방법으로 매트랩의 툴박스를 이용하여 쉽게 학습을 수행할 수 있다. 매트랩의 툴박스를 이용하는 방법은 본 저서의 부록 A를 참조하기 바란다.

4.11.2 PTM 학습 방법

PTM은 모든 입력 파라미터를 출력 파라미터 각각에 대해 N대1로 학습시키는 방법이다. 예를 들어, 인공신경망을 5개의 입력 파라미터와 10개의 출력 파라미터에 대해 학습한다면 5개의 모든 입력 파라미터를 10개의 출력 파라미터 각각에 대해 5대1로 학습하는 방식이다. 이와 같은 학습에서는 5개의 입력 파라미터와 1개의 출력 파라미터를 갖는 10개의 인공신경망이 작성되어 학습된다. 즉 출력 파라미터 각각에 대해 개별적으로 매핑을 실시하여 학습을 진행시키는 것이다. 자세한 PTM 학습 방법은 5.3.2.2절에서 해설하였다.

4.11.3 CRS와 CTS 학습 방법

인공신경망의 학습은 입력 파라미터를 출력 파라미터에 매핑시키는 과정으로부터 시작된다. 이때 매핑을 효율적으로 수행하는 방법 중 하나는 특징 추출feature selection 기법에 기반하여 특징 파라미터feature index를 선정하고, 그 특징 파라미터를 입력 파라미터로 사용하여 출력 파라미터에 매핑시키는 절차를 따른다. 선정된 특징 파라미터feature index는 인공신경망의 학습 과정에서 학습의 결과에 지대한 영향을 끼치게 되므로, 선정된 특징 파라미터feature index를 인공신경망의 학습 시 입력부에 포함시키는 것이 학습 정확도를 향상시키는 좋은 방법이 될 것이다. 그런데 특징 파라미터feature index로 선정된 파라미터가 출력 파라미터로 동시에 지정되어 있다면 인공신경망은 선정된 특징 파라미터feature index를 입력 파라미터로 이용할 수 없게 된다.

표 5.3.1의 설계 시나리오design scenarios 4에 대한 역설계를 설명하여 보기로 한다. 예를 들어 표 5.4.10의 역방향 설계#4(5.4.3.2절의 (4) 참조)에 대한 인공신경망 학습에서는 5개의 입력 파라미터($\rho_s, f'_c, f_y, M_n, b/d$)를 4개의 출력 파라미터($b, d, \varepsilon_s, c/d$)에 매핑시키는 과정이 수행된다. 이때 보폭(b)과 보폭/보춤의 비율(b/d)이 보춤(d)의 학습에 필요한 특징 파라미터feature index로 선정되었다. 이때 보폭/보춤의 비율(b/d)은 입력부에 편입되어 있어서 보춤(d)의 학습에 문제가 없어 보이나, 보폭(b)은 보춤(d)과 출력부에 동시에 지정되어 있기 때문에 보춤(d)의 입력 파라미터로는 편입될 수 없어 인공신경망의 보춤(d)에 대한 학습에 장애가 초래될 수 있다. 이와 같은 인공신경망 학습 장애를 극복하기 위해 개발된 방법이 CTS와 CRS이다. CTS와 CRS에서는 표 5.4.10(b)에서처럼 보춤(d)을 학습하기 위해 필요한 특징 파라미터feature index 보폭(b)을 출력 파라미터로 먼저 PTM 기반으로 매핑시킨 후 보폭(b)을 보춤(d)의 입력 파라미터에 편입시키는 것이다.

표 5.4.10(b)의 CRS 학습의 경우를 보자. 먼저 5개의 입력 파라미터($\rho_s, f'_c, f_y, M_n, b/d$)를 보폭($b$)에 대하여 PTM 매핑시킨 후 보폭($b$)을 입력부로 편입시켜 보춤($d$)의 학습에 입력 파라미터로 이용하였다. 한번 매핑되면 더 이상 출력 파라미터로는 필요없기 때문에 매핑된 출력 파라미터인 특징 파라미터feature index, 보폭(b)을 입력부로 편입시켜 보춤(d)에 대한 인공신경망 학습이 가능해진다. 보폭(b)과 보춤(d)이 동시에 출력부에 위치하더라도 CRS 학습의 경우에는 매핑되는 파라미터의 순서를 조정하여 보폭(b)을 매핑한 후 보폭(b)을 보춤(d)의 입력부로 편입하여 특징 파라미터feature index로 활용할 수 있게 되는 것이다. 표 5.4.10(b)에서 보이듯이 $\varepsilon_s => c/d => b => d$의 순서로 출력부의 매핑을 진행하였고, 보폭(b)이 보춤(d) 이전에 매핑된 것을 알 수 있다. CRS 기반 학습에서는 4개의 출력 파라미터($b, d, \varepsilon_s, c/d$)의 매핑 순서를 신중하게 결정하지만, CTS 학습의 경우에는 보폭(b)을 보춤(d) 이전에 매핑하는 것은 CRS 기반 학습과 동일하되 4개의 출력 파라미터($b, d, \varepsilon_s, c/d$)의 매핑 순서는 무작위로 결정된다. TED 방법을 이용한다면 모든 입력 파라미터를 출력 파라미터에 동시에 매핑시키게 되므로 최초에 출력 파라미터로 지정되어 있는 보폭(b)은 보춤(d)의 입력 파라미터로써 특징 파라미터feature index의 역할을 수행할 수 없게 되고 인공신경망 학습 정확도는 하락할 수 있을 것이다.

4.11.4 역대입 학습 방법

그림 4.10.2는 본 절에서 설명되는 순방향 설계 및 역방향 설계 시나리오를 보여준다. 순방향 설계 시나리오는 10개의 입력 파라미터와 8개의 출력 파라미터로 구성되어 있으며, 학습 시 10개의 입력 파라미터는 8개의 출력 파라미터에 매핑(또는 피팅)되도록 하였다. 역방향 설계 시나리오는 일반 구조설계에서는 출력부에서 계산되는 파라미터인 설계 모멘트강성(ϕM_n)과 연성비ductility(μ_ϕ)를 입력부에 선지정하고, 보 높이(h), 보 깊이(d), 인장 철근비(ρ_{rt})와 압축 철근비(ρ_{rc})를 출력 부분에서 구하도록 하였다. 이들 출력 파라미터는 역입력 파라미터에 의해서 출력부로 이동된 파라미터들이며 역출력 파라미터라 불린다.

표 5.3.1의 설계 시나리오design scenarios 4에 대한 역설계를 역대입BS 방법으로 설명하여 보기로 한다. 표 5.4.1(d)는 2개의 단계로 학습되는 역대입 학습법의 개념을 보여주고 있다. 1단계는 역방향 학습 및 설계 단계로써 역입력된 설계 모멘트강성(ϕM_n), 계수모멘트(M_u), 그리고 연성비ductility(μ_ϕ)를 포함하는 입력 파라미터를 출력 파라미터에 대해 피팅fitting한다. 1단계 역방향 인공신경망의 주요 결과물은 역입력 파라미터에 의해서 출력부로 이동된 역출력 파라미터들로써 보 높이(h), 보 깊이(d), 인장 철근비(ρ_{rt})와 압축 철근비(ρ_{rc})이다. 이들 파라미터들은 순방향 학습에서는 입력 측에서 학습되는 파라미터들이다. 따라서 1단계 설계를 역방향 학습 및 설계 단계로 정의하는 것이다.

표 5.4.1(d)에서처럼 2단계는 1단계에서 학습되어 결정된 역출력 파라미터를 다시 입력부로 이동시켜 순방향 인공신경망를 구성하고, 입력 파라미터를 출력 파라미터에 피팅fitting하여 나머지 설계 파라미터들을 구하는 단계이다.

2단계 학습은 순방향 학습 및 설계가 되기 때문에, 임의의 상업용 구조설계 프로그램을 이용해도 무방하다. 본 설계의 예에서는 빅데이터 생성 시 사용했던 Autobeam 프로그램을 이용하여 2단계의 순방향 설계를 수행하였다. 2단계 설계 시 이미 역입력 파라미터로 1단계에서 선지정된 설계 모멘트강성(ϕM_n), 계수모멘트(M_u), 그리고 연성비ductility(μ_ϕ) 등은 나머지 설계 파라미터들과 같이 계산하지 않아도 무방하다. 이미 선지정된 역입력 파라미터를 최종 설계 파라미터로 사용하면 되기 때문이다. 자세한 설계 예는 5.4.2.2절에 상세하게 기술되어 있다.

참고문헌

[4.1] But what is a Neural Network? Deep learning, chapter 1
YouTube (https://www.youtube.com/watch?v=aircAruvnKk&t=77s)

Chapter 05

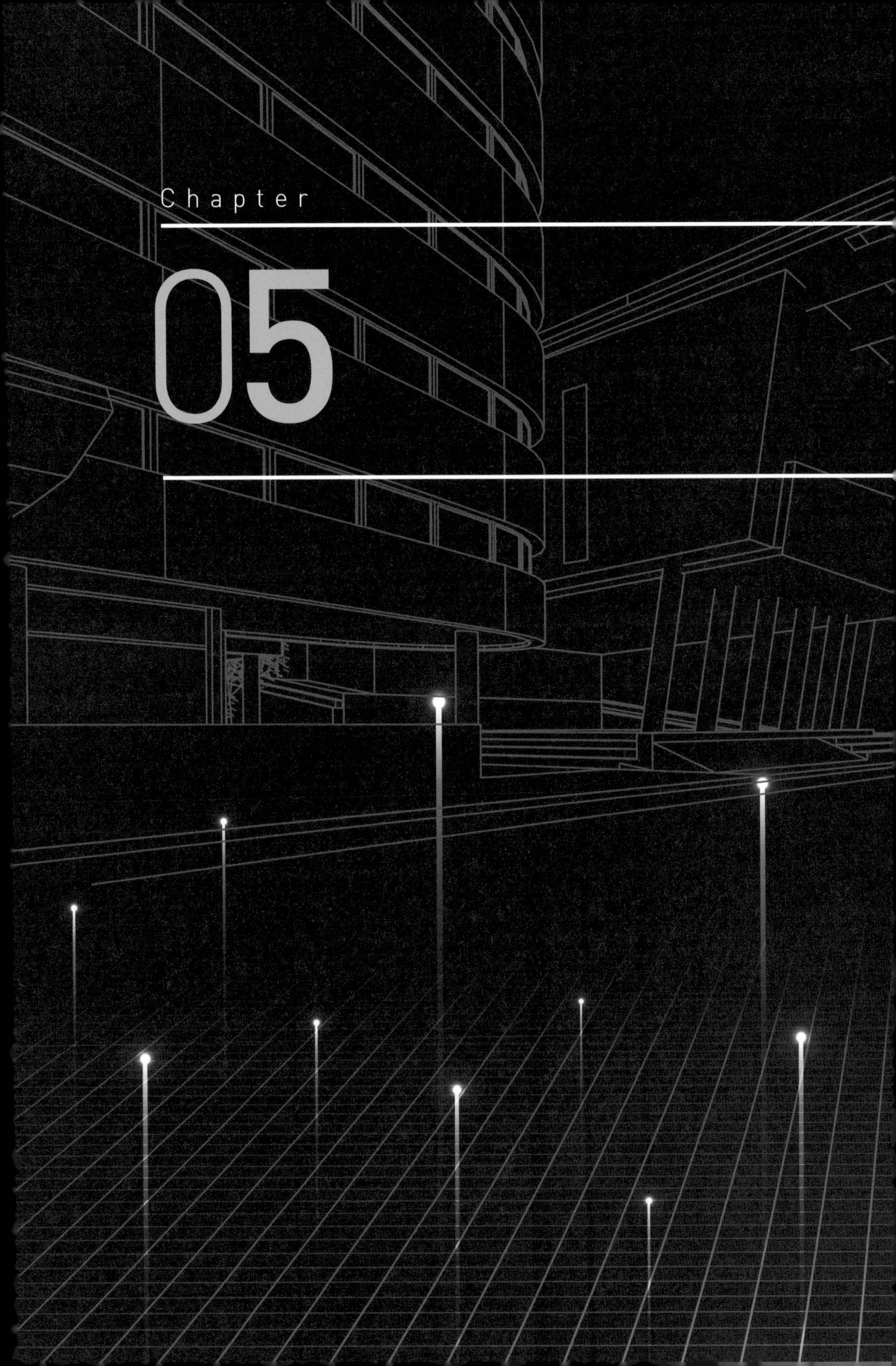

깊은 인공신경망 기반의 단철근 RC 보의 설계

Chapter

05

깊은 인공신경망 기반의 단철근 RC 보의 설계

5.1 단철근 RC 보의 설계

5장에서는 인공신경망을 기반으로 ACI 318-19[5.1] 기준에 따라 RC 보를 순방향 forward design 및 역방향reverse design 설계를 하였다. 순방향 설계에서는 5개의 입력변수(b, d, ρ_s, f_c', f_y)에 대해 4개의 출력변수(M_n, ε_s, $^c/_d$, $^b/_d$)를 계산하였다. 반면 역방향 설계에서는 입력 및 출력 설계데이터의 위치를 일부 교환하여, 출력 파라미터를 입력부에 위치시켜 설계자가 원하는 파라미터를 역순서로 계산할 수 있도록 하였다. 그림 5.1.1은 인공신경망으로 설계된 단철근 콘크리트보의 단면을 보여주고 있다. 고려해야 하는 설계 변수로는 보깊이(d), 철근 비(ρ_s), 철근의 항복강도(f_y), 콘크리트의 압축강도(f_c') 등이 있다. 콘크리트 블럭의 압축력($C_c = 0.85f_c'ab$)은 Whitney 블럭의 깊이($a = \rho_s d f_y / 0.85 f_c'$)에 의해 계산된다. 구해진 콘크리트 압축력($C_c = 0.85f_c'ab$)과 철근 인장력($T_s = A_s f_y = \rho_s b d f_y$)의 평형 상태는 유지되며, 이때 RC 보 단면의 인장측 철근에 의한 공칭모멘트는 $M_n = T_s(d - ^a/_2)$로 계산된다. 중립축은 $c = a/\beta_1$로 계산된다. 철근의 변형률rebar strain(ε_s)은 $\varepsilon_s = {}^d/_c \times \varepsilon_{cu} - \varepsilon_{cu}$으로 계산된다[5.1].

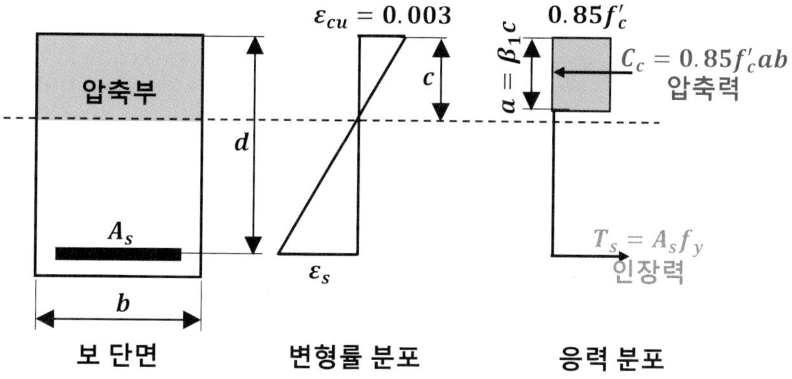

[그림 5.1.1] 단철근 RC보의 단면(Singly reinforced beam section)

5.2 빅데이터의 생성

5.2.1 단철근 RC 보 설계를 위한 프로그래밍

인공신경망을 이용한 RC 보 설계를 위해서는 인공신경망 학습용 빅데이터의 생성이 필수적이다. 표 5.2.1은 ACI 318-19[5.1]를 기반으로 작성된 입력 및 출력 설계데이터 생성용 프로그램을 보여주고 있다. 5개의 입력변수(b, d, ρ_s, f_c', f_y)에 대해서 4개의 출력변수(M_n, ε_s, c/d, b/d)를 계산하도록 프로그램되어 있으나 독자들도 각자의 프로그램 작성을 통해 더 다양한 입출력 변수들을 생성할 수 있을 것이다.

[표 5.1.1] 입력 및 출력 설계데이터 생성용 프로그램

```
function f = Singly_RC_Section(X)
b = X(1);
d = X(2);
rh0_s = X(3);
fc = X(4);
fy = X(5);
%% SECTION ANALYSIS
% ultimate compressive concrete strain is assumed to be 0.003
ecu = 0.003;
% beta is the coefficient for equivalent rectangular concrete stress distribution
if fc <= 28
Beta = 0.85;
elseif fc < 55
Beta = 0.85 - 0.05*(fc-28)/7;
else
Beta = 0.65;
end
% c is neutral axis depth
c = rh0_s*d*fy / (0.85*fc*Beta);
% Level arm between tensile force resulting from rebar and compressive force
% resulting from compressive block stress:
z = d - Beta*c/2;
% Nominal moment of cross section:
M = rh0_s*b*d*fy*z/10^6; %kNm
% Rebar strain:
es = ecu*d/c - ecu;
c_d = c/d;
f = [b,d,rh0_s,fc,fy,M,es,c_d,b/d];
end
```

5.2.2 단철근 RC 보의 빅데이터 생성

표 5.2.2에서는 표 5.2.1에서 작성된 프로그램에 무작위 수를 대입하여 원하는 개수의 빅데이터를 생성한다. 독자들도 유사한 프로그램을 작성하여 각자의 빅데이터를 생성하고 인공신경망을 학습training하도록 추천한다. 본 저서에서 제시하고자 하는 인공신경망의 목적은 데이터 학습만이 아니고 최종적으로 구조설계를 수행하는 일이 될 것이다.

표 5.2.3은 생성된 20000 빅데이터의 일부에 대해서 두 종류의 빅데이터를 보여주고 있다. 표 5.2.3(a)에서 보이는 데이터는 생성되어 가공되지 않은 빅데이터의 일부로, 정규화normalization되지 않은 데이터이다. 반면에 표 5.2.3(b)에는 식 (5.2.1)을 기반으로 정규화normalization된 데이터를 보여주고 있다. 변형률과 압축강도와 같이 설계변수 크기의 차이가 발생하는 경우에는 심각한 학습 에러가 유발될 수 있기 때문에 균등한 상태에서 인공신경망을 학습시키기 위해서는 데이터를 정규화해야 한다. 식 (5.2.1)은 최대 데이터와 최소 데이터를 각각 1과 -1로 변환시키고, 그 외의 데이터는 1과 -1 사이의 값으로 전환하는 것이다. 자세한 설명은 2장의 2.3.1절을 참조하기 바란다.

[표 5.2.2] 빅데이터 생성용 프로그램

```
clc;
clear;
%Seeds the random number generator based on the current time.
rng('shuffle');
d_range=300:1:1500;
fc_range=20:1:70;
fy_range=300:1:600;
ecu=0.003;
Es=200000;
%CREATE NUMBER OF LOOP, n
n=20000;
Data=zeros(n,9);
Date=datetime;
tic
for i=1:1:n
    d = randsample(d_range,1);
    b = 0.3*d + rand*(2*d-0.3*d);      %beam width randoms between 0.3h and 2h
    fc = randsample(fc_range,1);
    fy = randsample(fy_range,1);
    rh0_min = max(0.25*sqrt(fc)/fy,1.4/fy);
    if fc <= 28
        Beta = 0.85;
    elseif fc < 55
        Beta = 0.85 - 0.05*(fc-28)/7;
    else
        Beta = 0.65;
    end
    rh0_max = min(0.04,Beta*ecu/(ecu+fy/Es)*0.85*fc/fy);
    rh0_s = rh0_min + rand*(rh0_max - rh0_min);
    Data(i,:) = Singly_RC_Section([b,d,rh0_s,fc,fy]);
    if mod(i,ceil(n/20))==0
    t=toc/i*n;
    fprintf('%.0f data done\n',i);
    FinishTime=Date+seconds(t);
```

```
        if i<n
            disp('Finish time is estimated at:');disp(FinishTime);
        end
        end
    end

    %% Data normalization following mapminmax

    Data_nor = zeros(n,9);

    for i=1:1:9
    [x,PS1(i)] = mapminmax(Data(:,i)',0,1);
    Data_nor(:,i) = x';
    end

    Data_name = {'b_mm','d_mm','rh0_s','fc_MPa','fy_MPa','M_kNm','es','c_d','b_d'};
    Big_data1 = array2table(Data,'VariableNames',Data_name);
    Big_data1_nor = array2table(Data_nor,'VariableNames',Data_name);

    disp('Finish time is at:');disp(datetime);
    toc
```

[표 5.2.3] 단철근 RC 보의 빅데이터의 생성 (이어서)

(a) 정규화 되지 않은 빅데이터

	5개 입력 데이터(b, d, ρ_s, f'_c, f_y)					4개 출력 데이터($M_n, \varepsilon_s, c/d, b/d$)			
	b (mm)	d (mm)	ρ_s	f'_c (MPa)	f_y (MPa)	M_n (kN·m)	ε_s	c/d	b/d
최대	2985.3	1500.0	0.0400	70	600.0	91377.4	0.0523	0.667	2.000
최소	96.6	300.0	0.0024	20	300.0	19.4	0.0015	0.054	0.300
평균	1040.1	901.9	0.0182	45	450.4	8362.2	0.0109	0.296	1.155
	801.9	573	0.0090	39	491	1091.3	0.0143	0.174	1.399
	1094.4	721	0.0350	45	366	6068.8	0.0035	0.460	1.518
	684.1	673	0.0073	21	555	1117.9	0.0082	0.268	1.017
	942.1	809	0.0183	56	347	3647.7	0.0116	0.205	1.164
	856.1	1162	0.0381	62	374	14258.0	0.0042	0.416	0.737
	425.4	780	0.0208	29	357	1633.6	0.0054	0.358	0.545
	1349.7	782	0.0146	45	451	4981.7	0.0097	0.237	1.726
	1820.6	1214	0.0261	48	431	26052.5	0.0047	0.390	1.500
	232.1	758	0.0348	67	493	1942.0	0.0035	0.463	0.306
	898.7	885	0.0192	20	412	4279.3	0.0025	0.549	1.015
	761.8	1008	0.0337	63	339	7908.2	0.0061	0.329	0.756
	1071.9	576	0.0200	59	377	2482.3	0.0100	0.232	1.861
	776.5	413	0.0229	55	463	1245.7	0.0056	0.349	1.880
	1775.4	910	0.0271	48	514	16964.3	0.0032	0.482	1.951
	358.4	988	0.0202	24	379	2178.8	0.0038	0.442	0.363
	1650.3	1427	0.0127	36	524	19995.0	0.0079	0.275	1.156
	233.8	495	0.0069	37	418	157.9	0.0227	0.117	0.472
	2393.1	1278	0.0321	41	441	44071.8	0.0026	0.536	1.873
	2149.8	1395	0.0246	66	463	42837.4	0.0066	0.313	1.541
	575.9	1456	0.0040	57	585	2793.2	0.0373	0.074	0.396

(b) 최대-최소 기반으로 정규화된 빅데이터

	5 개 입력 데이터$(\boldsymbol{b, d, \rho_s, f'_c, f_y})$					4 개 출력 데이터$(\boldsymbol{M_n, \varepsilon_s, c/d, b/d})$			
	$\boldsymbol{b}$ (mm)	$\boldsymbol{d}$ (mm)	$\boldsymbol{\rho_s}$	$\boldsymbol{f'_c}$ (MPa)	$\boldsymbol{f_y}$ (Mpa)	$\boldsymbol{M_n}$ (kN·m)	$\boldsymbol{\varepsilon_s}$	$\boldsymbol{c/d}$	$\boldsymbol{b/d}$
최대	1.000	1.000	1.000	1.000	1.000	1.000	1.000	1.000	1.000
최소.	-1.000	-1.000	-1.000	-1.000	-1.000	-1.000	-1.000	-1.000	-1.000
평균	-0.347	0.003	-0.158	-0.002	0.003	-0.817	-0.631	-0.211	0.005
	-0.512	-0.545	-0.644	-0.240	0.273	-0.977	-0.498	-0.610	0.293
	-0.309	-0.298	0.735	0.000	-0.560	-0.868	-0.920	0.324	0.433
	-0.593	-0.378	-0.735	-0.960	0.700	-0.976	-0.737	-0.301	-0.157
	-0.415	-0.152	-0.155	0.440	-0.687	-0.921	-0.601	-0.508	0.017
	-0.474	0.437	0.902	0.680	-0.507	-0.688	-0.894	0.183	-0.486
	-0.772	-0.200	-0.019	-0.640	-0.620	-0.965	-0.847	-0.009	-0.711
	-0.132	-0.197	-0.347	0.000	0.007	-0.891	-0.679	-0.403	0.678
	0.194	0.523	0.264	0.120	-0.127	-0.430	-0.875	0.098	0.411
	-0.906	-0.237	0.722	0.880	0.287	-0.958	-0.922	0.335	-0.993
	-0.445	-0.025	-0.103	-1.000	-0.253	-0.907	-0.962	0.615	-0.158
	-0.539	0.180	0.668	0.720	-0.740	-0.827	-0.818	-0.104	-0.464
	-0.325	-0.540	-0.061	0.560	-0.487	-0.946	-0.667	-0.421	0.836
	-0.529	-0.812	0.092	0.400	0.087	-0.973	-0.839	-0.037	0.859
	0.162	0.017	0.313	0.120	0.427	-0.629	-0.932	0.397	0.942
	-0.819	0.147	-0.050	-0.840	-0.473	-0.953	-0.910	0.267	-0.926
	0.076	0.878	-0.448	-0.360	0.493	-0.563	-0.748	-0.278	0.008
	-0.905	-0.675	-0.758	-0.320	-0.213	-0.997	-0.168	-0.795	-0.797
	0.590	0.630	0.579	-0.160	-0.060	-0.036	-0.957	0.574	0.850
	0.422	0.825	0.183	0.840	0.087	-0.063	-0.799	-0.156	0.460
	-0.668	0.927	-0.912	0.480	0.900	-0.939	0.408	-0.934	-0.888
	-0.512	-0.545	-0.644	-0.240	0.273	-0.977	-0.498	-0.610	0.293

$$y = (y_{max} - y_{min}) \times \frac{x - x_{min}}{x_{max} - x_{min}} + y_{min} \quad \cdots\cdots (5.2.1)$$

그림 5.2.1은 5개의 입력 파라미터(b, d, ρ_s, f_c', f_y)와 4개의 출력 파라미터(M_n, ε_s, $^c/_d$, $^b/_d$)에 대해서 생성된 빅데이터의 확률 분포를 보여주고 있다. 그림 5.2.1의 콘크리트의 압축강도(f_c'), 철근의 항복강도(f_y) 등은 균등 분포로 구해졌으나 보폭, 공칭모멘트(M_n)와 철근 비(ρ_s)와 같은 일부 파라미터는 균등 분포로 구해지지 않았다. 이는 설계 코드의 규정에 의한 설계 결과를 반영한 것이다. 예를 들어 ACI 318-19와 같은 설계규준에서는 철근 비의 최댓값과 최솟값이 제한되어 있기 때문에 철근 비에 종속된 파라미터들도 빅데이터 상에서 균등하게 분포되지 못하고 기울어진 형태skew로 생성되는 것이다.

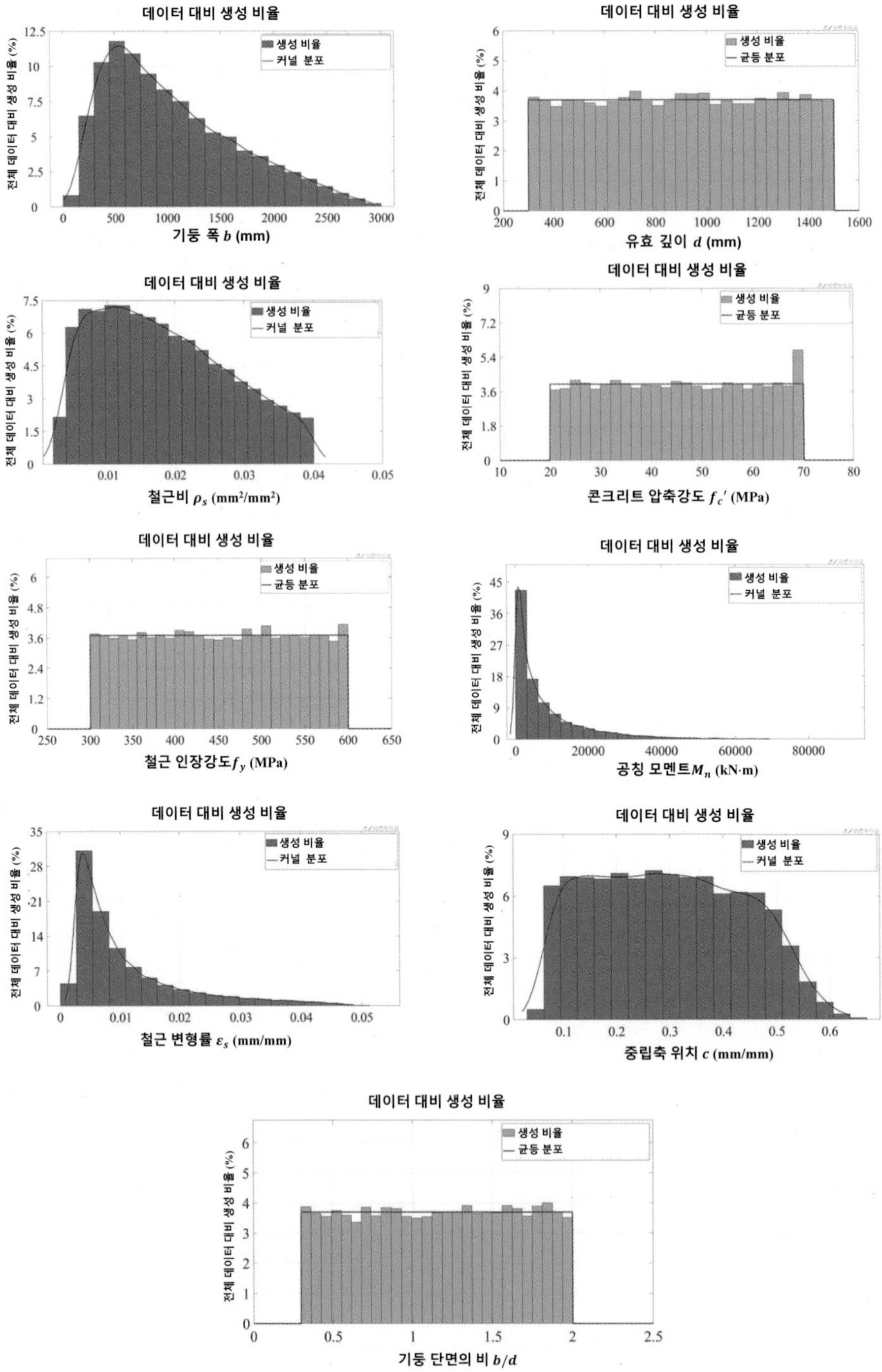

[그림 5.2.1] 입력 파라미터의 분포; 입력 파라미터(b, d, ρ_s, f_c', f_y)에 대해서 순방향으로 도출된 출력 파라미터(M_n, ε_s, ${}^{c}/_{d}$, ${}^{b}/_{d}$)의 확률 분포

5.3 TED 기반의 인공신경망을 활용한 RC 보 설계; 순방향 및 역방향 설계

5.3.1 설계 시나리오

TED Training on Entire Datasets 학습 방법은 인공신경망 구성 시 그림 4.10.2(a)에 보이는 것처럼 입력 파라미터 전체를 출력 파라미터 전체에 일대일로 매핑 mapping 되도록 학습시킨다. 데이터 학습 방법 중 가장 간단한 방법으로, 매트랩 Matlab 의 툴박스를 이용하여 쉽게 학습을 수행할 수 있다. 매트랩의 툴박스를 이용하는 방법은 부록 B를 참고하기 바란다.

표 5.3.1(a)의 순방향 시나리오 설계 시 출력 파라미터로 설정된 파라미터의 전부 또는 일부를 입력 파라미터로 역설정하는 것이 역방향 설계의 정의이다. 즉 순방향 설계 시 출력부에서 계산되는 출력 파라미터를 역방향 설계에서는 입력 파라미터로 바꾸어서 입력부에 역지정하여 설계를 수행하는 획기적인 설계 방식이다. 예를 들어 순방향 설계 시 출력으로 설정된 RC 보의 처짐을 입력으로 미리 역지정하여 이를 만족하는 설계를 수행하는 것은 일반 구조설계 절차에서는 매우 어려울 것이다. 더 나아가 다수의 역방향 입력 파리미터를 입력부에 역지정할 수도 있다. 이를 위해 순방향 설계와 역방향 설계로 나누어 인공신경망을 학습할 예정이며 학습 정확도를 검증할 예정이다.

표 5.3.1(a)와 (b)는 순방향 및 역방향 설계 시나리오를 보여주고 있다. 1개의 순방향 설계와 5개의 역방향 설계 시나리오가 제시되었다. 표 5.3.1의 역방향 설계 시나리오 #1에서는 순방향 설계 시 출력 부분에서 계산되는 공칭모멘트(M_n)가 설계 목표 파라미터로써 다른 입력 파라미터들과 함께 입력부에 역지정되어 있고, 4개의 설계 파라미터(ρ_s, ε_s, c/d, b/d)는 출력부에서 계산된다. 역방향 설계 시나리오 #2에서는 순방향 설계 시 출력 부분에서 계산되는 공칭모멘트(M_n) 및 변형률(ε_s)이 설계 목표 파라미터로써 다른 입력 파라미터들과 함께 입력부에 역지정되어 있고, 4개의 설계 파라미터(ρ_s, b, c/d, b/d)는 출력부에서 계산된다.

[표 5.3.1] 설계 시나리오

(a) 1개의 순방향과 5개의 역방향 설계 시나리오

	기존 구조설계용 입력 파라미터					기존 구조설계 결과 출력 파라미터			
	b (mm)	d (mm)	ρ_s	f'_c (MPa)	f_y (MPa)	M_n (kN·m)	ε_s	c/d	b/d
순방향 설계	i	i	i	i	i	o	o	o	o
역방향 설계 #1	i	i	o	i	i	i	o	o	o
역방향 설계 #2	o	i	o	i	i	i	i	o	o
역방향 설계 #3	o	o	o	i	i	i	i	o	i
역방향 설계 #4	o	o	i	i	i	i	o	o	i
역방향설계 #5	o	o	i	i	i	i	o	o	o

입력:	i
출력:	o

(b) 각 설계 시나리오의 입력 및 출력 파라미터

1	5개 입력 데이터(b, d, f'_c, f_y, M_n)	4개 출력 데이터(ρ_s, ε_s, $^c/_d$, $^b/_d$)
2	5개 입력 데이터(d, f'_c, f_y, M_n, ε_s)	4개 출력 데이터(ρ_s, b, $^c/_d$, $^b/_d$)
3	5개 입력 데이터(f'_c, f_y, M_n, ε_s, $^b/_d$)	4개 출력 데이터(ρ_s, b, d, $^c/_d$)
4	5개 입력 데이터(f'_c, f_y, ρ_s, M_n, $^b/_d$)	4개 출력 데이터(b, d, ε_s, $^c/_d$)
5	4개 입력 데이터(f'_c, f_y, ρ_s, M_n)	5개 출력 데이터(b, d, ε_s, $^c/_d$, $^b/_d$)

붉은색 파라미터는 역입력 파라미터
파란색 파라미터는 역출력 파라미터

즉 목표로 하는 공칭모멘트(M_n) 및 변형률(ε_s) 등을 입력부에서 미리 선지정하고 이 값들을 만족하는 설계 파라미터를 계산하는 획기적인 방법이 본 장에서 소개하는 역설계인 것이다. 다른 예인 역방향 설계 시나리오 #3에서는 공칭모멘트(M_n), 변형률(ε_s), 그리고 보폭/보깊이 비율($^b/_d$)을 미리 입력부에 선지정하고, 4개의 설계 파라미터(ρ_s, b, d, $^c/_d$)는 출력부에서 계산하는 역설계 예를 보여주고 있다. 즉 RC 보의 거동을 미리 통제하기 위해서 출력값을 미리 입력부에 선지정하여 설계를 진행한다는 것은 일반 설계에서는 가능하지 않은 일이 될 수도 있다. 출력 파라미터들은 일반 설계에서는 항상 출력부에서 계산되기 때문이다.

역방향 설계 시나리오 #4에서는 순방향 설계 시 출력 부분에서 계산되는 공칭모멘트(M_n) 및 보폭/보깊이 비율($^b/_d$)이 설계 목표 파라미터로써 다른 입력 파라미터들과 함께 입력부에 역지정되어 있고, 4개의 설계 파라미터($b, d, \varepsilon_s, {}^c/_d$)는 출력부에서 계산된다. 역방향 설계 시나리오 #5에서는 순방향 설계 시 출력 부분에서 계산되는 공칭모멘트(M_n)가 설계 목표 파라미터로써 다른 입력 파라미터들과 함께 입력부에 역지정되어 있고, 4개의 설계 파라미터($b, d, \varepsilon_s, {}^c/_d, {}^b/_d$)는 출력부에서 계산된다.

역방향 설계 시나리오 #3과 #4에서는 보폭/보깊이 비율($^b/_d$)이 정해진 상태, 즉 보폭과 보깊이는 주어진 비율에 대해서만 표 5.4.9와 표 5.4.11처럼 계산되지만 역방향 설계 시나리오 #5에서는 보폭/보깊이 비율($^b/_d$)이 제한되지 않은 상태에서 계산된다. 실제 설계상의 전제조건들이 역입력의 형태로 선지정되지 않고 제한없이 반영되는 경우에는 표 5.4.13에서처럼 보폭/보깊이 비율($^b/_d$)을 제한하지 않는 자유로운 설계가 가능하다. 설계 시나리오의 선택은 엔지니어의 결정에 의한다.

5.3.2 순방향 설계

5.3.2.1 TED 학습에 기반한 순방향 설계

(1) 최적 에폭의 설정

본 장에서는 RC 보의 구조설계를 위한 인공신경망의 구성을 상세하게 설명하기로 한다. 인공신경망은 순방향 설계 및 역방향 설계에 대해 동일하게 구성되며, 학습 시 입출력 위치만 바뀌게 된다. 시나리오 표 5.3.1(a)에 설정된 입력 파라미터가 입력 뉴런에 적용되고 나머지 파라미터는 출력부에서 계산된다. 구체적으로 데이터의 학습 과정을 설명하여 보기로 한다. 표 5.3.1(a)는 5개의 입력 파라미터(b, d, f_c', f_y, M_n)에 대해서 4개의 출력 파라미터($\rho_s, \varepsilon_s, {}^c/_d, {}^b/_d$)를 계산하는 순방향 시나리오를 보여주고 있다. 빅데이터의 학습 방법은 4.11절을 참조하기 바란다. 표 5.3.2에는 TED 학습 기반의 순방향 학습 결과가 나타나 있다. R 지수는 1로 수렴할수록 입력 데이터가 출력 데이터(관찰데이터)에 잘 매핑되었다는 의미이고, 0으로 접근할수록 입력 데이터와 출력 데이터(관찰데이터)는 아무 관계가 없음을 의미하는 것이며 전혀 매핑이 되지 않았다는 뜻이 된다.

본 저서에서는 매트랩 기반의 피팅 플랫폼을 사용하여 유도된 인공신경망의 학습을 수행하였다[5.2]. 인공신경망의 학습 정확도는 MSE 지수를 사용하여 판단하도록 하였다. 즉 4.5.1절에서 설명되었듯이 피팅한 출력 결과와 관찰값target values 차이의 제곱의 합으로부터 구해진 오차함수를 인공신경망이 최소화하여 빅데이터의 피팅을 수행하기 때문에 MSE 지수를 사용하는 것이 학습 결과를 합리적으로 판단할 수 있게 할 것이다.

적용된 은닉층의 개수와 각 은닉층에 적용된 뉴런의 개수에 대한 MSE와 R의 학습 결과를 비교하였다(그림 5.3.1 참조). 그림 5.3.1(a)에 의하면, 3개의 은닉층과 3개의 뉴런이 사용된 인공신경망 매핑에 의해 도출된 출력데이터는 관찰(목표)데이터에 부합하지 않음을 알 수 있다. 그러나 30개의 은닉층과 30개의 뉴런이 사용된 그림 5.3.1(c)의 경우에는, 인공신경망의 매핑에 의해 도출된 출력데이터가 관찰(목표)데이터에 잘 부합함을 알 수 있다. 50개의 은닉층과 50개의 뉴런이 사용된 그림 5.3.1(d)의 경우에는, 인공신경망 매핑에 의한 학습 정확도가 5.2E-05로 다시 증가하고 있으며, 이는 과학습을 의미한다.

표 5.3.2는 인공신경망의 학습과 관련된 중요한 판단의 근거를 제공한다. 즉 학습을 시작할 때는 어느 정도의 에폭epoch이 필요한지 알 수가 없기 때문에 표와 같이 임의의 에폭 수를 지정하였고 종료된 에폭 역시 표시하였다. 즉 2, 4, 5번 학습은 지정된 에폭 수 이내에서 종료된 경우이고, 이유는 검증validation 체크에 의해서 학습이 조기 종료되었기 때문이나 학습이 종료되지 않고 지정된 에폭까지 진행될 수도 있다(1, 3, 6, 7, 8번 학습).

어떤 경우이든 종료된 에폭 내에서 각각의 최적 학습이 도출되어야 한다. 1(29994/30000), 2(18308/18508), 4(17692/17892), 5(27282/27482), 6(69808/70000), 8(99874/1000000)번 학습은 지정된 에폭 수 이내에서 최적 학습이 도출된 경우로써, 에폭 수가 바람직하게 지정되었음을 알 수 있다. 그러나 3, 7번 학습에서는 지정된 에폭의 마지막에서 최적 학습이 도출된 경우로써, 이는 에폭이 충분하게 지정되지 않았다는 의미가 된다. 즉 최적 학습이 지정된 에폭 이내에서는 구해지지 않았다는 뜻으로, 에폭을 연장하여 최적 학습을 도출해야 한다.

학습 6에서의 최적 학습 결과(MSE = 1.26E-05)가 도출되었다 판단되므로 학습 7(MSE = 5.20E-05)의 경우는 더 이상 에폭을 연장하지 않았다.

적용된 은닉층의 뉴런이 많을수록 인공신경망의 학습 정확도는 일반적으로 증가되지만 과학습over-fitting에 유의하여야 한다. 표 5.3.2의 6번 학습 결과에서 보이듯이 은닉층과 뉴런에 각각 30과 30을 적용하는 경우에는 MSEMean squared error가 1.26E-05이었지만, 50과 50을 적용하는 경우에는 5.20E-05(7번째 학습)와 2.23E-05(8번째 학습)로 MSEMean squared error가 커지며 오히려 인공신경망의 학습 정확도가 감소하게 되었다. 이는 1.3절에서 설명하였듯이 과학습over-fitting 때문으로 판단된다.

독자들도 학습 후에 표 5.3.2와 유사한 표를 작성해보면 학습 결과와 은닉층, 뉴런 및 에폭의 관계를 이해하고 과학습over-fitting 발생 유무를 판단하는 데 도움이 될 것이다.

다시 한 번 정리하면, 표 5.3.2의 1번 학습에서 보이듯이 각각 3개의 은닉층과 뉴런이 적용된 인공신경망에 29,994의 에폭이 적용된 경우 MSE(1.79E-2)와 R(0.9687) 지수 모두 다른 학습 결과에 비해 상대적으로 약하게 저학습under-fitting되었음을 알 수 있다. 최적의 학습은 표 5.3.2의 6번 학습(각각 30개의 은닉층과 뉴런이 적용된 인공신경망에 69,808의 에폭이 적용된 경우)에서 관찰되었고, 학습 결과는 MSE(1.26E-5)와 R(1.000) 지수로써 두 지수 모두 다른 학습 결과에 비해 상대적으로 잘 학습되었음을 알 수 있다. 따라서 표 5.3.2의 7번 학습과 8번 학습은 과학습 결과를 보여주고 있는 것이다.

(2) 과학습 방지를 위한 방법

그림 5.3.1은 매트랩으로부터 얻은 결과물로써 MSE와 R 지수가 나타나 있다. R 지수는 표 5.3.2에서 볼 수 있듯이 학습된 모든 경우에 0.9687(표 5.3.2의 1번 학습)을 넘어서 1로 수렴하는 것을 알 수 있다. 주목할 사실은 표 5.3.2에서 보이듯이 MSE 지수는 학습 조건에 따라 학습 결과를 차별성 있게 보여주는 반면 R 값은 2번 학습부터 8번 학습에 이르기까지 대부분 1.000을 산출하는 것으로 보아서 피팅 학습의 정확도를 판단하는 지표로써는 변별력이 적다는 생각을 할 수 있다.

그림 5.3.1(a)와 (b)는 각각 저학습under-fitting된 표 5.3.2의 1번 학습과 3번 학습을 보여주고 있다. 최적 학습best-fitting은 그림 5.3.1(c)의 6번 학습에서 관찰되었다. 그림 5.3.1(d)는 7번 학습에서 관찰된 과학습over-fitting 결과를 보여주고 있다. 그림 5.3.1은 시각적으로도 인공신경망 피팅 결과를 관찰값인 목표값에 비교하여 데이터 피팅의 결과를 보여주고 있다. 과설계over-fitting를 해소하기 위해서는 사용하는 은닉층, 뉴런 및 에폭의 수를 줄여야 한다. 그림 5.3.1에서 보이는 초록색의 검증 커브가 감소하다가 다시 증가는 순간이 과학습over-fitting이 발생하는 순간으로 매트랩 툴박스는 자동적으로 학습

을 중단시킨다. 매트랩 툴박스는 지정된 에폭이 완료되는 순간에도 학습이 종료되도록 프로그램되어 있다.

(3) 입력데이터 범위가 설계 정확도에 미치는 영향

표 5.3.3은 RC 보에 대한 1개의 순방향 설계를, 표 5.3.5는 4개의 역방향 설계 결과를 보여주고 있다. 인공신경망을 30개의 은닉층과 30개의 뉴런(표 5.3.2의 6번 기반)을 적용하여 TED 방법에 의해 학습한 후, 5개의 입력 파라미터(b, d, ρ_s, f_c', f_y)를 갖는 입력 벡터에 대해서 순방향 설계를 진행하여 4개의 출력 파라미터($M_n, \varepsilon_s, {}^{c}/_{d}, {}^{b}/_{d}$)를 갖는 출력 벡터를 구하였다. 표 5.3.3(a)와 (b)에는 구해진 설계값에 대한 오차가 나타나 있다. 보깊이가 각각 500mm과 1000mm일 때 공칭모멘트에 대한 설계오차(M_n)는 -6.40%와 -1.85%로 구하여졌다. 그러나 표 5.3.3(c)에서 알 수 있듯이 보깊이가 2500mm로 증가하면 오차가 9.85%로 증가하는 것을 볼 수 있다.

철근 인장 변형률의 경우에도 보깊이가 각각 500mm와 1000mm일 경우 구해진 철근 인장 변형률의 오차는 표 5.3.3(a)와 (b)에서 보이듯이 두 경우 모두 0.07%, 보깊이가 2500mm로 증가하면 철근 인장 변형률의 오차는 표 5.3.3(c)의 10.32%로 구하여졌다. 그 이유는 보깊이 2500mm는 생성된 빅데이터의 범위 외부이고, 인공신경망은 빅데이터 외부 범위에서 생성된 데이터에 대해서는 학습되지 않았기 때문이다.

표 5.3.3(d)는 보깊이의 빅데이터 생성 범위가 300mm에서 500mm임을 보여주고 있고, 이 범위를 벗어나는 경우 인공신경망에 의한 예측 데이터는 실제 구조 계산에 의해 계산된 설계데이터에 비해 큰 설계 오차(공칭모멘트와 철근 변형률의 경우 각각 9.85%와 10.32%의 오차 발생)를 보이고 있다. 반면에 이 범위 내에 존재하는 데이터에 대해서는 무시 가능한 작은 오차가 발생하는 것을 알 수 있다.

인공신경망을 활용한 설계에서 발생하는 오차에는 여러 가지 원인이 있을 수 있으나 주요 원인 중의 하나는 빅데이터의 범위 외에 있는 데이터를 사용하는 것이다. 설계 데이터가 빅데이터의 범위 외에 있다는 의미는 구조역학의 이론상 생성될 수 없는 설계데이터라는 의미이기도 하다.

[표 5.3.2] TED 학습(training) 기반의 순방향 학습 결과

순방향 학습										
5 개 입력 데이터(b, d, ρ_s, f'_c, f_y) - 4 개 출력 데이터($M_n, \varepsilon_s, c/d, b/d$)										
No.	데이터 개수	사용된 은닉층 개수	사용된 뉴런 개수	검증 check	지정된 epoch	최적 epoch	종료 epoch	테스트 MSE	최적 R	학습결과
1	20,000	3	3	1000	30,000	29,994	30,000	1.79E-02	0.9687	저학습 (Under-fitting)
2	20,000	5	5	200	30,000	18,308	18,508	4.01E-04	0.9993	과소 학습 (Under-fitting)
3	20,000	10	10	500	50,000	50,000	50,000	1.41E-05	1.0000	저학습 (Under-fitting)
4	20,000	15	15	200	30,000	17,692	17,892	1.87E-05	1.0000	저학습 (Under-fitting)
5	20,000	30	30	200	30,000	27,282	27,482	2.12E-05	1.0000	저학습 (Under-fitting)
6	20,000	30	30	1000	70,000	69,808	70,000	1.26E-05	1.0000	최적 학습 (Best fitting)
7	20,000	50	50	200	50,000	50,000	50,000	5.20E-05	0.9999	과학습 (Over-fitting)
8	20,000	50	50	500	100,000	99,874	100,000	2.23E-05	1.0000	과학습 (Over-fitting)

(a) 표 5.3.2의 1번 기반의 순방향 학습 결과(3은닉층 - 3뉴런) (저학습, under-fitting)

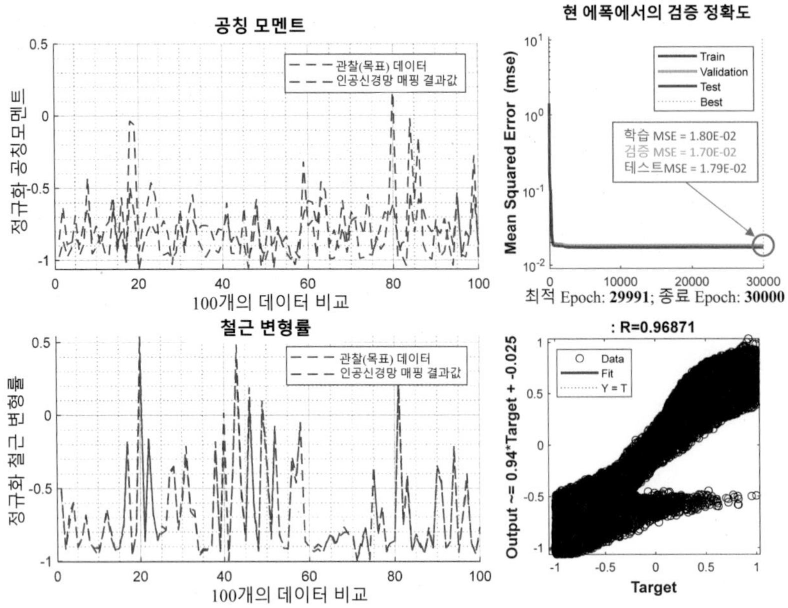

(b) 표 5.3.2의 3번 기반의 순방향 학습 결과(10은닉층 - 10뉴런) (저학습, under-fitting)

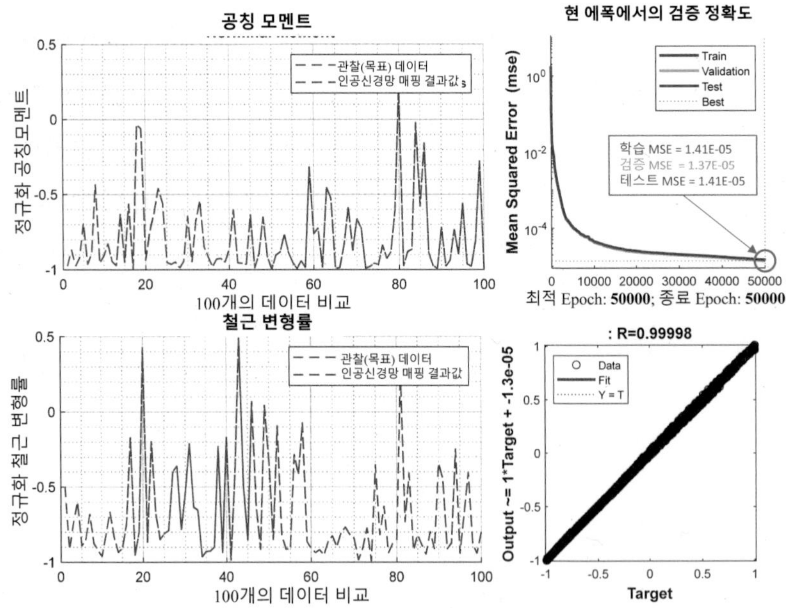

[그림 5.3.1] 표 5.3.2에 도출된 학습 정확도(MSE, R)의 도시 (이어서)

(c) 표 5.3.2의 6번 기반의 순방향 학습 결과(30은닉층 - 30뉴런) (최적 학습, best-fitting)

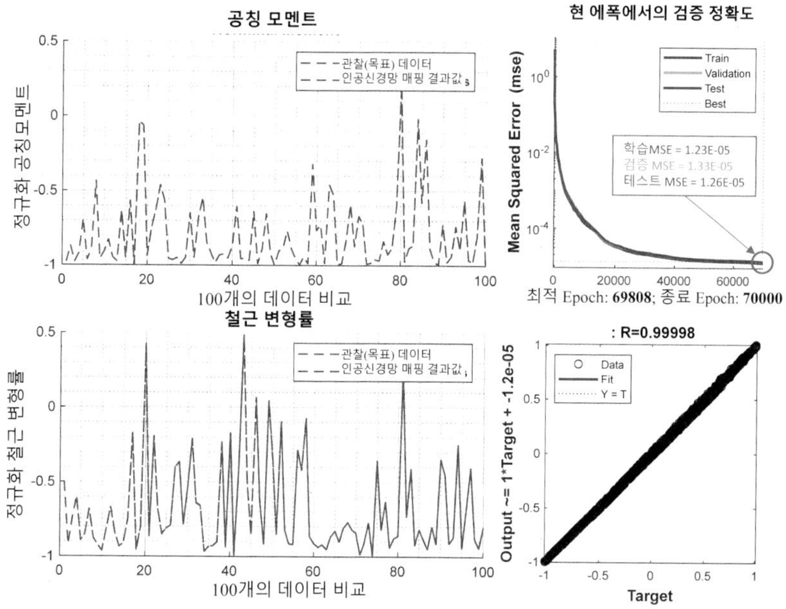

(d) 표 5.3.2의 7번 기반의 순방향 학습 결과(50은닉층 -50뉴런) (과학습, over-fitting)

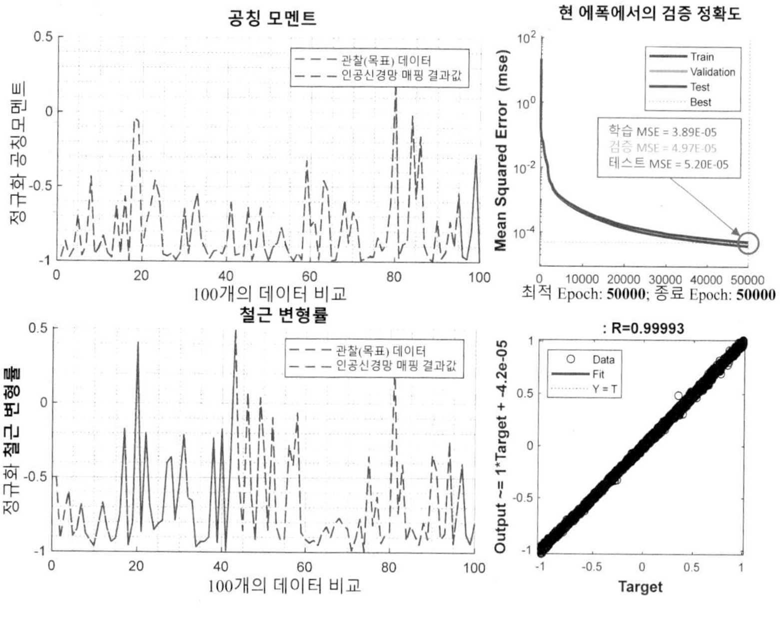

[그림 5.3.1] 표 5.3.2에 도출된 학습 정확도(MSE, R)의 도시

[표 5.3.3] 표 5.3.2에 도출된 TED 학습 기반의 순방향 설계 결과 (이어서)

(a) TED 학습 기반 설계 (d=500mm); 30은닉층 –30뉴런

5 개 입력 데이터(b, d, ρ_s, f'_c, f_y) -
4 개 출력 데이터(M_n, ε_s, c/d, b/d)

순방향 설계: 20,000 데이터, 69,808 에폭

인공신경망기반의 5개 입력데이터

	TED 결과	결과 검증	오차
b (mm)	250	250	0.00%
d (mm)	500	500	0.00%
ρ_s (mm^2/mm^2)	0.01	0.01	0.00%
f'_c(MPa)	40	40	0.00%
f_y (MPa)	400	400	0.00%
M_n (kN·m)	221.1	235.3	-6.40%
ε_s (mm/mm)	0.0165	0.0165	0.07%
c/d	0.1539	0.1539	-0.03%
b/d	0.500	0.500	-0.07%

인공신경망 기반의 4개 출력데이터

구조역학 기반의 5개 입력데이터

구조역학 기반의 4개 출력데이터

(b) TED 학습 기반 설계 (d=1000mm); 30은닉층 –30뉴런

5 개 입력 데이터(b, d, ρ_s, f'_c, f_y) -
4 개 출력 데이터(M_n, ε_s, c/d, b/d)

순방향 설계: 20,000 데이터, 69,808 에폭

인공신경망기반의 5개 입력데이터

	TED 결과	결과 검증	오차
b (mm)	500	500	0.00%
d (mm)	1000	1000	0.00%
ρ_s (mm^2/mm^2)	0.01	0.01	0.00%
f'_c(MPa)	40	40	0.00%
f_y (MPa)	400	400	0.00%
M_n (kN·m)	1848.2	1882.4	-1.85%
ε_s (mm/mm)	0.0165	0.0165	0.07%
c/d	0.1539	0.1539	-0.03%
b/d	0.500	0.500	-0.07%

인공신경망 기반의 4개 출력데이터

구조역학 기반의 5개 입력데이터

구조역학 기반의 4개 출력데이터

[표 5.3.3] 표 5.3.2에 도출된 TED 학습 기반의 순방향 설계 결과

(c) TED 학습 기반 설계 (d=2500mm); 30은닉층 –30뉴런

5 개 입력 데이터(b, d, ρ_s, f'_c, f_y) -
4 개 출력 데이터($M_n, \varepsilon_s, c/d, b/d$)

순방향 설계: 20,000 데이터, 69,808 에폭

인공신경망기반의 5개 입력데이터	TED 결과	결과 검증	오차
b (mm)	1000	1000	0.00%
d (mm)	2500	2500	0.00%
ρ_s (mm^2/mm^2)	0.015	0.015	0.00%
f_c'(MPa)	40	40	0.00%
f_y (MPa)	400	400	0.00%
M_n (kN·m)	37928.5	34191.2	9.85%
ε_s (mm/mm)	0.0111	0.0100	10.32%
c/d	0.214	0.231	-7.91%
b/d	0.396	0.400	-1.01%

인공신경망 기반의 4개 출력데이터 / 구조역학 기반의 5개 입력데이터 / 구조역학 기반의 4개 출력데이터

(d) 입력데이터 범위가 설계 정확도에 미치는 영향; 30은닉층 –30뉴런

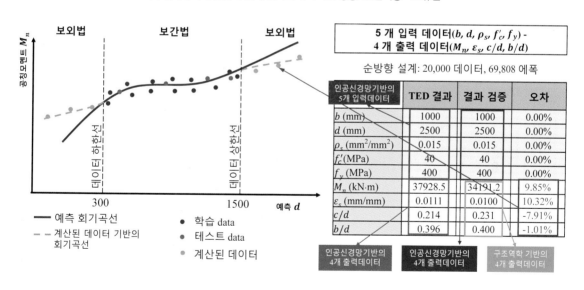

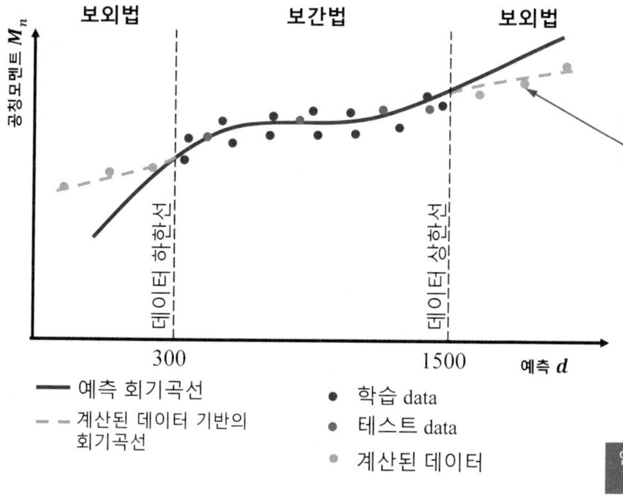

5 개 입력 데이터(b, d, ρ_s, f'_c, f_y) -
4 개 출력 데이터($M_n, \varepsilon_s, c/d, b/d$)

순방향 설계: 20,000 데이터, 69,808 에폭

인공신경망기반의 5개 입력데이터	TED 결과	결과 검증	오차
b (mm)	1000	1000	0.00%
d (mm)	2500	2500	0.00%
ρ_s (mm^2/mm^2)	0.015	0.015	0.00%
f_c'(MPa)	40	40	0.00%
f_y (MPa)	400	400	0.00%
M_n (kN·m)	37928.5	34191.2	9.85%
ε_s (mm/mm)	0.0111	0.0100	10.32%
c/d	0.214	0.231	-7.91%
b/d	0.396	0.400	-1.01%

인공신경망기반의 4개 출력데이터 / 인공신경망기반의 4개 출력데이터 / 구조역학 기반의 4개 출력데이터

5.3.2.2 TED와 PTM 학습에 기반한 순방향 설계

표 5.3.4(a)에는 PTM과 TED에 기반한 순방향 학습 신뢰도를 비교하였다. PTM은 5개의 입력 파라미터(b, d, ρ_s, f_c', f_y)를 각각의 출력 파라미터($M_n, \varepsilon_s, {}^{c}/_{d}, {}^{b}/_{d}$)에 개별적으로 학습시키는 방법이다. 예를 들어, 5개의 입력 파라미터(b, d, ρ_s, f_c', f_y)를 공칭모멘트(M_n) 1개의 파라미터에 대해서 매핑하였다. 나머지의 출력 파라미터들에 대해서도 각각의 파라미터에 대해 개별적으로 매핑을 실시하여 학습을 진행하였다. 10개의 은닉층과 뉴런을 사용하여 70,000 에폭까지 학습을 실시하였을 경우, 4개의 출력 파라미터($M_n, \varepsilon_s, {}^{c}/_{d}, {}^{b}/_{d}$)들에 대해 학습이 종료된 에폭은 각각 23121, 59559, 21246, 54457이었고, TED에 대해서는 53902 에폭까지 학습이 진행되었다. 4개의 출력 파라미터($M_n, \varepsilon_s, {}^{c}/_{d}, {}^{b}/_{d}$)들에 대해 구해진 MSE 오차는 각각 1.30E10-7, 7.56E10-7, 4.83E10-6, 2.69E-8으로 3.09E-5로 구해진 TED의 학습 결과보다는 월등히 우수한 학습 정확도를 도출하였다.

표 5.3.4(b)-(1)에는 PTM과 TED 학습 결과에 기반한 설계 결과를 도출하였다. 빅데이터 생성 구간 이내에 있는 데이터에 대한 설계 결과는 두 방법 모두 우수하게 나타난다. 그러나 표 5.3.4(b)-(2)에서 보듯이 보폭이 생성 경계선(b = 150 mm) 부근에 존재하는 경우 TED 학습에 의한 설계 결과는 공칭모멘트(M_n)에 대해서 큰 오차(327.2%)를 도출하였으나 PTM 학습에 의한 설계 오차는 단지 -5.19%에 불과함을 알 수 있다. 보깊이가 2000mm로써 빅데이터 생성 경계선(300mm보다 작거나 1500mm보다 큰 경우) 외부에 존재하는 경우의 설계는 표 5.3.4(b)-(3)에 비교하였다. 이 경우에도 TED 학습에 의한 설계 결과는 공칭모멘트(M_n)에 대해서 큰 오차(-7.49%)를 도출하였지만, PTM 학습에 의한 설계 오차는 2.11%에 불과함을 알 수 있다. 설계데이터가 생성된 구간의 중심부에 위치할 경우에는 TED와 PTM 학습에 의한 설계 결과는 모두 우수한 결과를 보여주고 있으나, 설계데이터가 생성된 구간의 경계 쪽으로 치우칠 경우에는 PTM 학습에 의한 설계 결과가 월등하게 우수함을 알 수 있다.

그림 5.3.2는 인공신경망을 기반으로 한 다양한 구조설계 및 해석 수행의 예를 보여주고 있다. 특히 RC 보의 구조적 거동을 관찰할 수 있는 설계 파라미터 간의 상호 유기적 관계를 쉽게 구할 수 있다. 물론 일반 구조 계산으로도 이와 같은 식들은 유도할 수 있겠으나, 인공신경망에 의해서 신속한 구조 거동이 파악될 수 있음을 보이려 한다.

그림 5.3.2(a)는 순방향 설계로 보의 단면($b \times d$)에 대해 변화하는 공칭모멘트(M_n)의 추세를 보여주고 있다. 구조역학에 의해서 구해진 결과와 비교하였을 경우 두 방법 모두 우수한 설계 결과를 보여주고 있고, PTM 학습에 의한 설계 결과가 TED의 결과보다는 다소 우수한 결과를 도출하고 있음을 알 수 있다.

[표 5.3.4] PTM과 TED에 기반한 순방향 설계 결과 (이어서)

(a) 순방향 학습 결과

순방향 설계									
5개 입력 데이터(b, d, ρ_s, f'_c, f_y) - 4개 출력 데이터($M_n, \varepsilon_s, c/d, b/d$)									
No.	데이터 개수	은닉층 개수	뉴런 개수	검증 check	지정된 epoch	최적 epoch	종료 epoch	테스트 MSE	최적 R
5개 입력 데이터(b, d, ρ_s, f'_c, f_y) - 4개 출력 데이터($M_n, \varepsilon_s, c/d, b/d$) - TED									
1	20,000	10	10	1000	70,000	52,902	53,902	3.09E-05	1.000
5개 입력 데이터(b, d, ρ_s, f'_c, f_y) - 4개 출력 데이터($M_n, \varepsilon_s, c/d, b/d$) - PTM									
5개 입력 데이터(b, d, ρ_s, f'_c, f_y) - 1개 출력 데이터(M_n)									
2.1	20,000	10	10	1000	70,000	22,121	23,121	1.30E-07	1.000
5개 입력 데이터(b, d, ρ_s, f'_c, f_y) - 1개 출력 데이터(ε_s)									
2.2	20,000	10	10	1000	70,000	58,559	59,559	7.56E-07	1.000
5개 입력 데이터(b, d, ρ_s, f'_c, f_y) - 1개 출력 데이터(c/d)									
2.3	20,000	10	10	1000	70,000	20,246	21,246	4.83E-06	1.000
5개 입력 데이터(b, d, ρ_s, f'_c, f_y) - 1개 출력 데이터(b/d)									
2.4	20,000	10	10	1000	70,000	54,457	55,457	2.69E-08	1.000

(b)-(1) 생성된 빅데이터 이내의 보폭(b)에 대하여 학습된 네트워크 기반 순방향 설계 결과

5개 입력 데이터(b, d, ρ_s, f'_c, f_y) –
4개 출력 데이터($M_n, \varepsilon_s, c/d, b/d$)

순방향 설계: 20,000 dataset (10-10)

	구조설계 결과	TED		PTM	
		결과	오차	결과	오차
b (mm)	**400.0**	**400.0**	0.00%	**400.0**	0.00%
d (mm)	800.0	800.0	0.00%	800.0	0.00%
ρ_s (mm²/mm²)	0.015	0.015	0.00%	0.015	0.00%
f'_c(MPa)	40	40	0.00%	40	0.00%
f_y (MPa)	400	400	0.00%	400	0.00%
M_n (kN·m)	1400.5	1373.4	-1.97%	1400.2	-0.02%
ε_s (mm/mm)	0.00999	0.01004	0.47%	0.00998	-0.08%
c/d	0.2309	0.2298	-0.50%	0.2312	0.15%
b/d	0.5000	0.5018	0.37%	0.4998	-0.04%

5개 구조설계 입력 데이터
4개 구조설계 출력 데이터
5개 ANN 입력 데이터
4개 ANN 출력 데이터

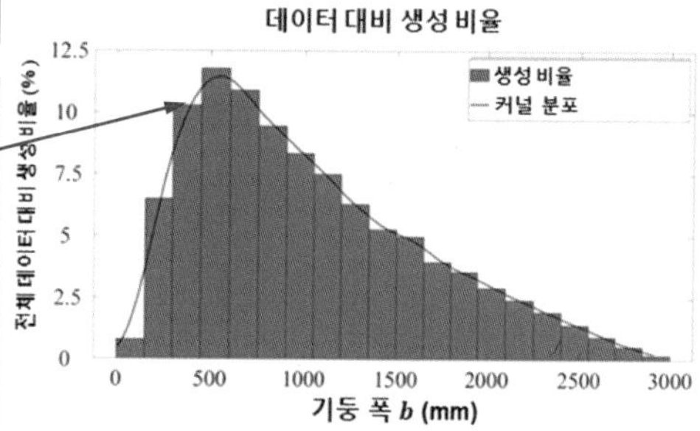

[표 5.3.4] PTM과 TED에 기반한 순방향 설계 결과

(b)–(2) 생성된 빅데이터 경계선에 있는 보폭(b)에 대하여 학습된 네트워크 기반 순방향 설계 결과

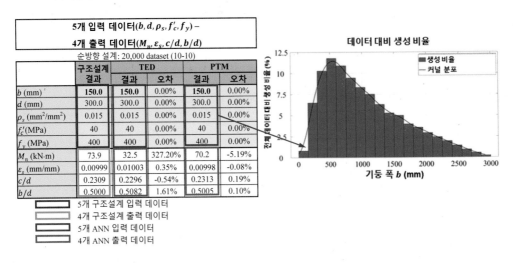

5개 입력 데이터(b, d, ρ_s, f'_c, f_y) – 4개 출력 데이터($M_n, \varepsilon_s, c/d, b/d$)

순방향 설계: 20,000 dataset (10-10)

	구조설계 결과	TED 결과	TED 오차	PTM 결과	PTM 오차
b (mm)	**150.0**	**150.0**	0.00%	**150.0**	0.00%
d (mm)	300.0	300.0	0.00%	300.0	0.00%
ρ_s (mm²/mm²)	0.015	0.015	0.00%	0.015	0.00%
f'_c(MPa)	40	40	0.00%	40	0.00%
f_y (MPa)	400	400	0.00%	400	0.00%
M_n (kN·m)	73.9	32.5	327.20%	70.2	-5.19%
ε_s (mm/mm)	0.00999	0.01003	0.35%	0.00998	-0.08%
c/d	0.2309	0.2296	-0.54%	0.2313	0.19%
b/d	0.5000	0.5082	1.61%	0.5005	0.10%

5개 구조설계 입력 데이터
4개 구조설계 출력 데이터
5개 ANN 입력 데이터
4개 ANN 출력 데이터

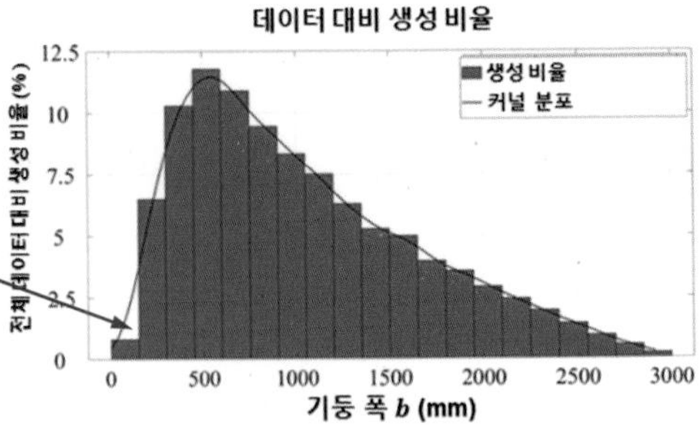

(b)–(3) 생성된 빅데이터 경계선에 있는 보춤(d)에 대하여 학습된 네트워크 기반 순방향 설계 결과

5개 입력 데이터(b, d, ρ_s, f'_c, f_y) – 4개 출력 데이터($M_n, \varepsilon_s, c/d, b/d$)

순방향 설계: 20,000 dataset (10-10)

	구조설계 결과	TED 결과	TED 오차	PTM 결과	PTM 오차
b (mm)	1000.0	1000.0	0.00%	1000.0	0.00%
d (mm)	**2000.0**	**2000.0**	0.00%	**2000.0**	0.00%
ρ_s (mm²/mm²)	0.015	0.015	0.00%	0.015	0.00%
f'_c(MPa)	40	40	0.00%	40	0.00%
f_y (MPa)	400	400	0.00%	400	0.00%
M_n (kN·m)	21882.4	20358.5	-7.49%	22354.8	2.11%
ε_s (mm/mm)	0.00999	0.00997	-0.24%	0.00998	-0.10%
c/d	0.2309	0.2308	-0.05%	0.2312	0.15%
b/d	0.5000	0.5104	2.04%	0.5078	1.54%

5개 구조설계 입력 데이터
4개 구조설계 출력 데이터
5개 ANN 입력 데이터
4개 ANN 출력 데이터

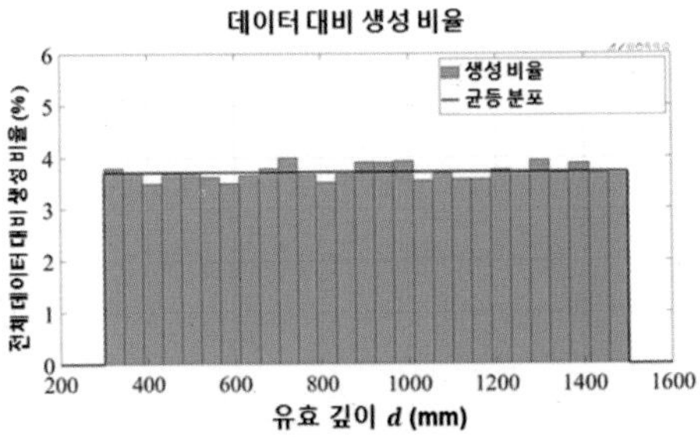

순방향 설계 시 보의 단면($b \times d$)에 대해 변화하는 철근의 인장 변형률tensile rebar strains (ε_s)의 추세 또한 그림 5.3.2(b)에서 보여주고 있다. TED의 설계 오차가 커지는 것을 알 수 있으나 오차 비율은 무시할 수 있는 수준으로 판단된다. 그림 5.3.2(c)와 (d)에서는 순방향 설계 시 보 단면의 철근 비(ρ_s)에 의해 영향을 받는 공칭모멘트(M_n)와 철근의 인장 변형률tensile rebar strains(ε_s)의 추세를 각각 보여주고 있다.

TED와 PTM 두 방법 모두 우수한 설계 결과를 보여주고 있다. 그림 5.3.2에 소개된 구조 거동은 표 5.3.4(a)의 TED와 PTM 학습 결과를 기반으로 하여 산출되었다.

(a) M_n 와 $b \times d$

TED 와 PTM

입력 데이터: $\rho_s = 0.01, f_c' = 40, f_y = 400,$ d는 변함, $b = 0.5d$. **출력 데이터:** M_n

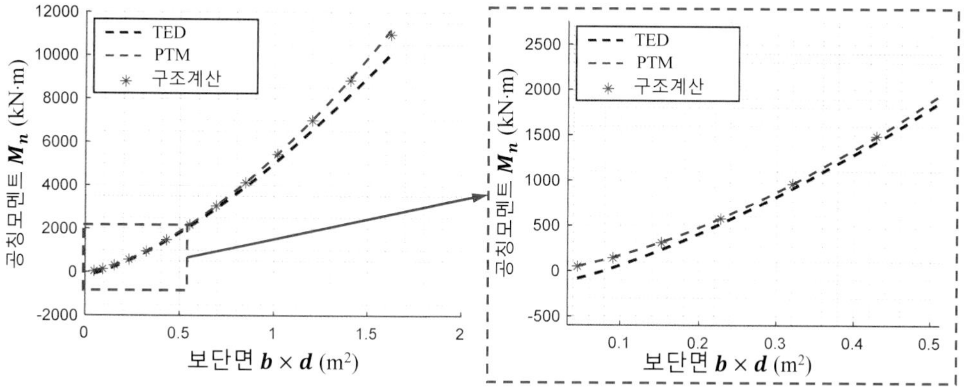

(b) ε_s 와 $b \times d$

TED 와 PTM

입력 데이터 : $\rho_s = 0.01, f_c' = 40, f_y = 400,$ d는 변함, $b = 0.5d$. **출력 데이터 :** ε_s

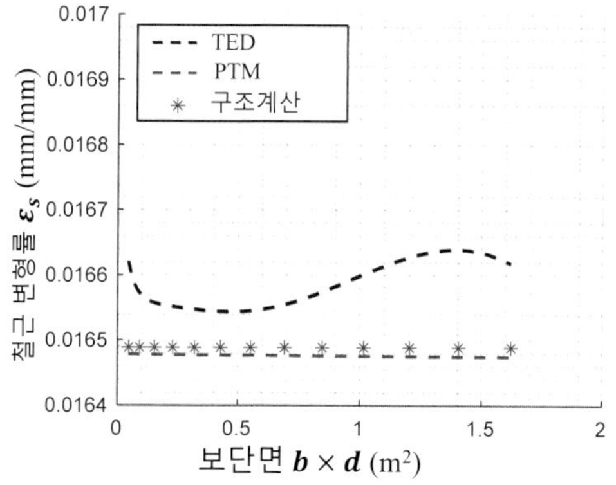

[그림 5.3.2] 순방향 설계 결과의 도시 (이어서)

(c) M_n 와 ρ_s

TED 와 PTM

입력 데이터 : $b = 400, h = 800, f_c' = 40, f_y = 400, \boldsymbol{\rho_s}$는 변함. **출력 데이터:** M_n

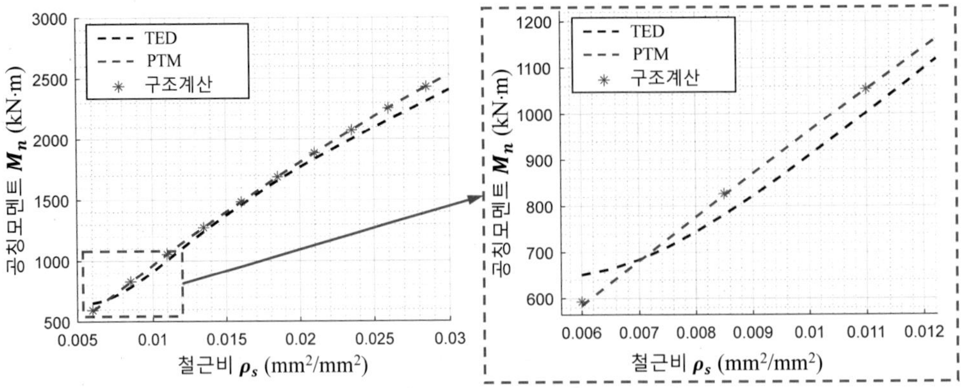

(d) ε_s 와 ρ_s

TED 와 PTM

입력 데이터: $b = 400, h = 800, f_c' = 40, f_y = 400, \boldsymbol{\rho_s}$는 변함. **출력 데이터:** ε_s

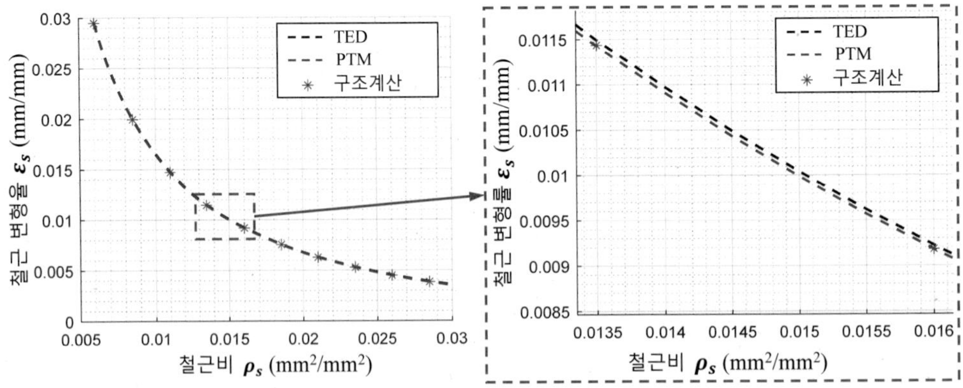

[그림 5.3.2] 순방향 설계 결과의 도시

5.3.3 역방향 설계

5.3.3.1 TED 학습에 기반한 역방향 설계

표 5.3.1에서 제시된 5개의 역방향 설계 시나리오에 대해 표 5.3.5(a)-(1)부터 (e)-(1)에서는 15개의 은닉층과 뉴런을 사용하고 TED에 기반하여 학습된 인공신경망의 피팅 결과를 보여주고 있다. 표 5.3.5(a)-(1)은 5개의 입력 파라미터(b, d, f_c', f_y, M_n)를 4개의 출력 파라미터(ρ_s, ε_s, c/d, b/d)에 대해 15,013의 에폭까지 피팅하는 경우의 MSE(2.19E-4)를 보여주고 있다. 표 5.3.5(a)-(2)부터 (e)-(2)는 표 5.3.5(a)-(1)부터 (e)-(1)의 학습 결과를 바탕으로 구해진 역설계 결과를 제시하고 있다.

표 5.3.1(b)에도 기술 된 대로, 역설계 1, 2, 3, 4, 5에 대해 각각의 역입력 파라미터($[b, d, f_c', f_y, M_n]$, $[d, f_c, f_y, M_n, \varepsilon_s]$, $[f_c', f_y, M_n, \varepsilon_s, b/d]$, $[f_c', f_y, M_n, \rho_s, b/d]$, $[f_c', f_y, \rho_s, M_n]$)가 입력부의 붉은색 박스 내에서 지정되었고, 역출력 파라미터들($[\rho_s, \varepsilon_s, c/d, b/d]$, $[\rho_s, b, c/d, b/d]$, $[\rho_s, b, d, c/d]$, $[b, d, \varepsilon_s, c/d]$, $[b, d, \varepsilon_s, c/d, b/d]$)은 출력 부분의 파란색 박스 내에 구하여졌다.

역설계 1, 2, 3, 4에 기반한 표 5.3.5(a)-(1)부터 (d)-(1) 학습에 의한 설계는 표 5.3.5(a)-(2)부터 (d)-(2)에 기술되어 있고, 실제 구조 계산식과 비교하여 미비한 설계 오차를 보여주고 있다. 그러나 역설계 #5에 기반한 표 5.3.5(a)-(5)에 의한 설계는 실제 구조 계산식과 비교하여 무시할 수 없는 설계 오차가 발생하는 것을 알 수 있다. 표 5.3.5(a)-(5)의 경우처럼 순방향 설계에서 정의되었던 5개의 입력 파라미터보다 작은 입력 파라미터를 출력 파라미터에 매핑시키는 경우에는 입출력 파라미터의 일대일 매핑이 불완전하게 되므로 상당한 설계 오차가 발생하는 것이다.

공칭모멘트nominal moment strength(M_n) 500, 1500, 3000kNm를 목표로 하여 입력부에 선지정하였을 경우, 철근 변형률rebar strains(ε_s) 0.036. 0.0088, 0.0023이 표 5.3.5(a)-(2)에 도출되었다. 이때 철근 비rebar ratios(ρ_s)는 0.005, 0.016, 0.037로 구해진다. 예상했던 대로 철근 비rebar ratios(ρ_s)와 공칭모멘트nominal moment strength(M_n)가 감소할수록 철근 변형률rebar strains(ε_s)이 증가하는 것으로 계산되었다. ACI 318-19 규준에 의하면, 철근의 인장강도(f_y)와 탄성계수가 각각 600MPa, 200GPa인 경우, 철근의 최소 인장철근 변형률(ε_{min})은 0.006이 된다. 자세한 설명은 6.4.3절에서 찾을 수 있다. 따라서 최소 철근 변형률 이상되는 철근 비rebar ratios(ρ_s)를 사용하여야 한다.

[표 5.3.5] TED에 기반한 역방향 설계 결과 (이어서)

(a)–(1) 역방향 시나리오 #1의 학습 결과(15은닉층 – 15뉴런)

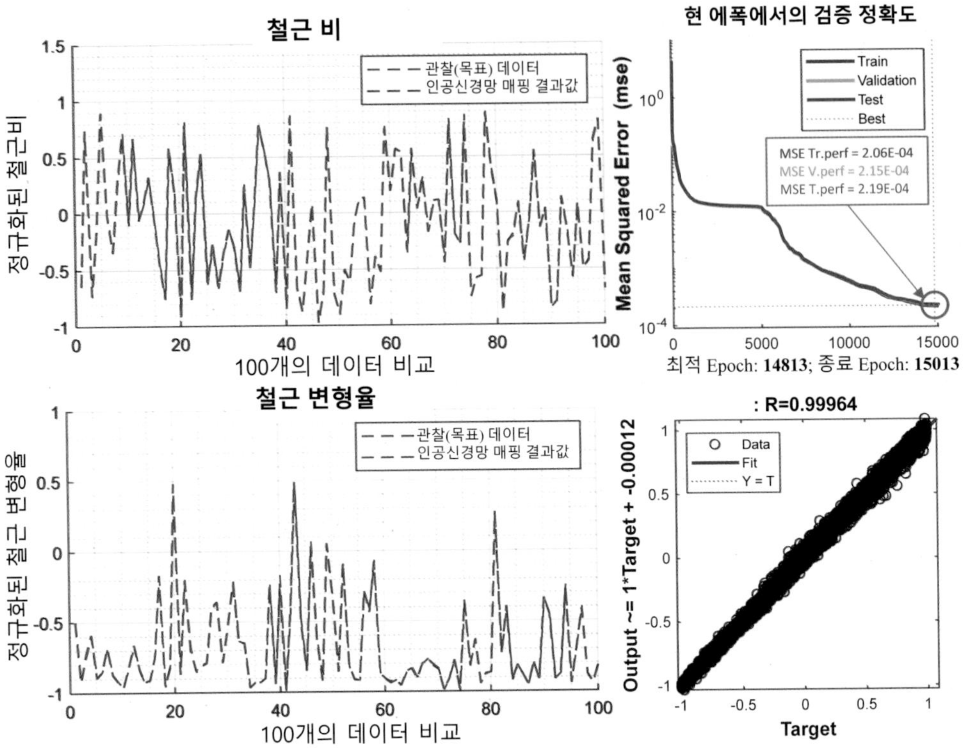

(a)–(2) 역방향 시나리오 #1의 설계 결과

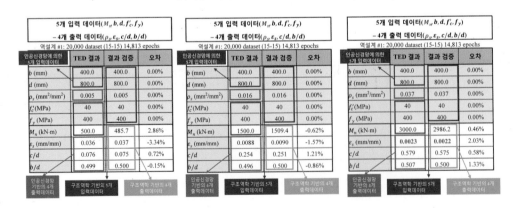

5개 입력 데이터(M_n, b, d, f'_c, f_y) – 4개 출력 데이터($\rho_s, \varepsilon_s, c/d, b/d$)

역설계 #1: 20,000 dataset (15-15) 14,813 epochs

인공신경망에 의한 5개 입력데이터	TED 결과	결과 검증	오차
b (mm)	400.0	400.0	0.00%
d (mm)	800.0	800.0	0.00%
ρ_s (mm²/mm²)	0.005	0.005	0.00%
f'_c(MPa)	40	40	0.00%
f_y (MPa)	400	400	0.00%
M_n (kN·m)	500.0	485.7	2.86%
ε_s (mm/mm)	0.036	0.037	-3.34%
c/d	0.076	0.075	0.72%
b/d	0.499	0.500	-0.15%

인공신경망 기반의 4개 출력데이터 / 구조역학 기반의 5개 입력데이터 / 구조역학 기반의 4개 출력데이터

5개 입력 데이터(M_n, b, d, f'_c, f_y) – 4개 출력 데이터($\rho_s, \varepsilon_s, c/d, b/d$)

역설계 #1: 20,000 dataset (15-15) 14,813 epochs

인공신경망에 의한 5개 입력데이터	TED 결과	결과 검증	오차
b (mm)	400.0	400.0	0.00%
d (mm)	800.0	800.0	0.00%
ρ_s (mm²/mm²)	0.016	0.016	0.00%
f'_c(MPa)	40	40	0.00%
f_y (MPa)	400	400	0.00%
M_n (kN·m)	1500.0	1509.4	-0.62%
ε_s (mm/mm)	0.0088	0.0090	-1.57%
c/d	0.254	0.251	1.21%
b/d	0.496	0.500	-0.86%

인공신경망 기반의 4개 출력데이터 / 구조역학 기반의 5개 입력데이터 / 구조역학 기반의 4개 출력데이터

5개 입력 데이터(M_n, b, d, f'_c, f_y) – 4개 출력 데이터($\rho_s, \varepsilon_s, c/d, b/d$)

역설계 #1: 20,000 dataset (15-15) 14,813 epochs

인공신경망에 의한 5개 입력데이터	TED 결과	결과 검증	오차
b (mm)	400.0	400.0	0.00%
d (mm)	800.0	800.0	0.00%
ρ_s (mm²/mm²)	0.037	0.037	0.00%
f'_c(MPa)	40	40	0.00%
f_y (MPa)	400	400	0.00%
M_n (kN·m)	3000.0	2986.2	0.46%
ε_s (mm/mm)	0.0023	0.0022	2.03%
c/d	0.579	0.575	0.58%
b/d	0.507	0.500	1.33%

인공신경망 기반의 4개 출력데이터 / 구조역학 기반의 5개 입력데이터 / 구조역학 기반의 4개 출력데이터

[표 5.3.5] TED에 기반한 역방향 설계 결과 (이어서)

(b)-(1) 역방향 시나리오 #2의 학습 결과(15은닉층 - 15뉴런)

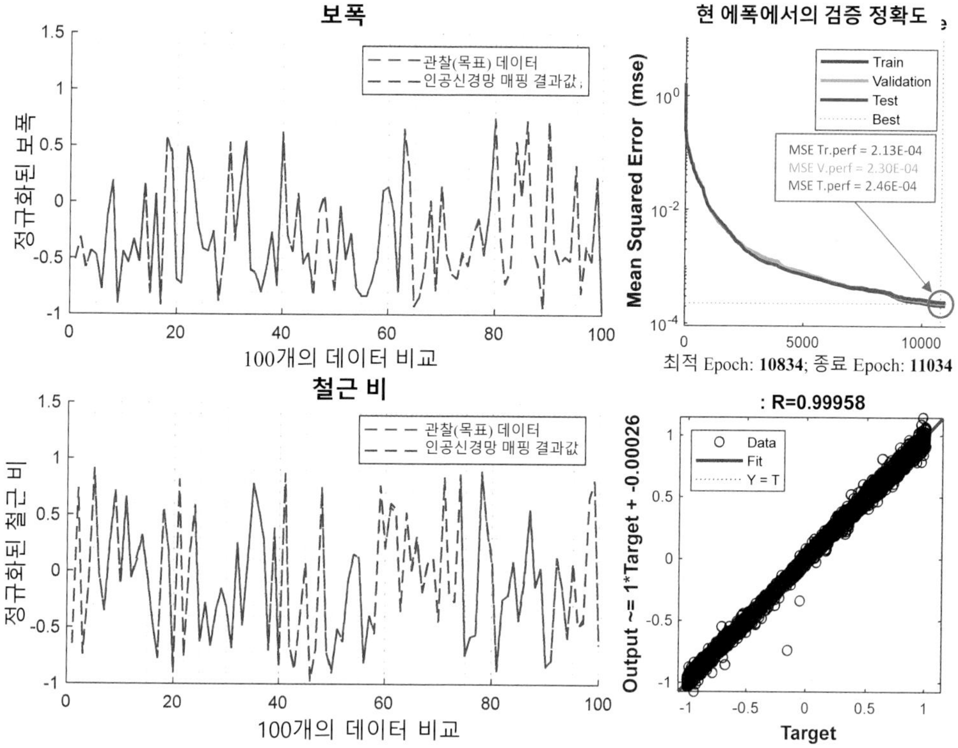

(b)-(2) 역방향 시나리오 #2의 설계 결과

5개 입력 데이터($M_n, \varepsilon_s, d, f'_c, f_y$) - 4개 출력 데이터($b, \rho_s, c/d, b/d$)

역설계 #2: 20,000 dataset (15-15) 10,834 epochs

인공신경망에 의한 5개 입력데이터	TED 결과	결과 검증	오차
b (mm)	484.5	484.5	0.00%
d (mm)	800.0	800.0	0.00%
ρ_s (mm²/mm²)	0.028	0.028	0.00%
f'_c(MPa)	40	40	0.00%
f_y (MPa)	400	400	0.00%
M_n (kN·m)	3000.0	2879.0	4.03%
ε_s (mm/mm)	0.00400	0.00403	-0.66%
c/d	0.429	0.427	0.57%
b/d	0.622	0.606	2.68%

인공신경망기반의 4개 출력데이터 / 구조역학 기반의 5개 입력데이터 / 구조역학 기반의 4개 출력데이터

5개 입력 데이터($M_n, \varepsilon_s, d, f'_c, f_y$) - 4개 출력 데이터($b, \rho_s, c/d, b/d$)

역설계 #2: 20,000 dataset (15-15) 10,834 epochs

인공신경망에 의한 5개 입력데이터	TED 결과	결과 검증	오차
b (mm)	843.0	843.0	0.00%
d (mm)	800.0	800.0	0.00%
ρ_s (mm²/mm²)	0.015	0.015	0.00%
f'_c(MPa)	40	40	0.00%
f_y (MPa)	400	400	0.00%
M_n (kN·m)	3000.0	2928.4	2.39%
ε_s (mm/mm)	0.0100	0.0101	-1.06%
c/d	0.228	0.229	-0.45%
b/d	1.081	1.054	2.55%

인공신경망기반의 4개 출력데이터 / 구조역학 기반의 5개 입력데이터 / 구조역학 기반의 4개 출력데이터

5개 입력 데이터($M_n, \varepsilon_s, d, f'_c, f_y$) - 4개 출력 데이터($b, \rho_s, c/d, b/d$)

역설계 #2: 20,000 dataset (15-15) 10,834 epochs

인공신경망에 의한 5개 입력데이터	TED 결과	결과 검증	오차
b (mm)	1435.9	1435.9	0.00%
d (mm)	800.0	800.0	0.00%
ρ_s (mm²/mm²)	0.008	0.008	0.00%
f'_c(MPa)	40	40	0.00%
f_y (MPa)	400	400	0.00%
M_n (kN·m)	3000.0	2877.7	4.08%
ε_s (mm/mm)	0.020	0.021	-3.45%
c/d	0.128	0.127	1.21%
b/d	1.828	1.795	1.81%

인공신경망기반의 4개 출력데이터 / 구조역학 기반의 5개 입력데이터 / 구조역학 기반의 4개 출력데이터

[표 5.3.5] TED에 기반한 역방향 설계 결과 (이어서)

(c)–(1) 역방향 시나리오 #3의 학습 결과(15은닉층 – 15뉴런)

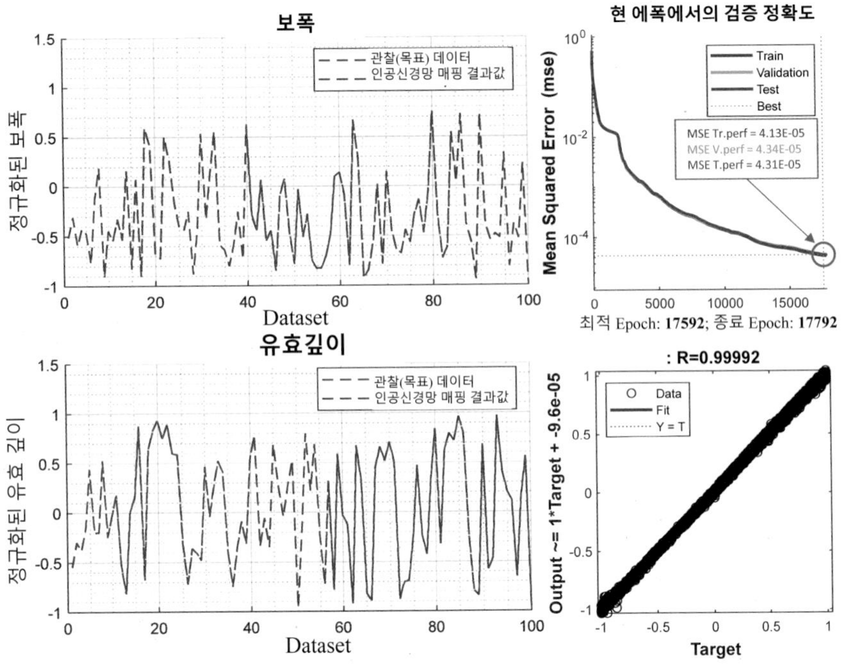

(c)–(2) 역방향 시나리오 #3의 설계 결과

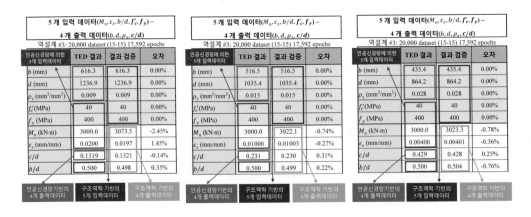

5개 입력 데이터($M_n, \varepsilon_s, b/d, f'_c, f_y$) – 4개 출력 데이터($b, d, \rho_s, c/d$)

역설계 #3: 20,000 dataset (15-15) 17,592 epochs

인공신경망에 의한 5개 입력데이터	TED 결과	결과 검증	오차
b (mm)	616.3	616.3	0.00%
d (mm)	1236.9	1236.9	0.00%
ρ_s (mm²/mm²)	0.009	0.009	0.00%
f'_c(MPa)	40	40	0.00%
f_y (MPa)	400	400	0.00%
M_n (kN·m)	3000.0	3073.5	-2.45%
ε_s (mm/mm)	0.0200	0.0197	1.45%
c/d	0.1319	0.1321	-0.14%
b/d	0.500	0.498	0.35%

인공신경망기반의 4개 출력데이터 / 구조역학 기반의 5개 입력데이터 / 구조역학 기반의 4개 출력데이터

5개 입력 데이터($M_n, \varepsilon_s, b/d, f'_c, f_y$) – 4개 출력 데이터($b, d, \rho_s, c/d$)

역설계 #3: 20,000 dataset (15-15) 17,592 epochs

인공신경망에 의한 5개 입력데이터	TED 결과	결과 검증	오차
b (mm)	516.5	516.5	0.00%
d (mm)	1035.4	1035.4	0.00%
ρ_s (mm²/mm²)	0.015	0.015	0.00%
f'_c(MPa)	40	40	0.00%
f_y (MPa)	400	400	0.00%
M_n (kN·m)	3000.0	3022.1	-0.74%
ε_s (mm/mm)	0.01000	0.01003	-0.27%
c/d	0.231	0.230	0.31%
b/d	0.500	0.499	0.22%

인공신경망기반의 4개 출력데이터 / 구조역학 기반의 5개 입력데이터 / 구조역학 기반의 4개 출력데이터

5개 입력 데이터($M_n, \varepsilon_s, b/d, f'_c, f_y$) – 4개 출력 데이터($b, d, \rho_s, c/d$)

역설계 #3: 20,000 dataset (15-15) 17,592 epochs

인공신경망에 의한 5개 입력데이터	TED 결과	결과 검증	오차
b (mm)	435.4	435.4	0.00%
d (mm)	864.2	864.2	0.00%
ρ_s (mm²/mm²)	0.028	0.028	0.00%
f'_c(MPa)	40	40	0.00%
f_y (MPa)	400	400	0.00%
M_n (kN·m)	3000.0	3023.3	-0.78%
ε_s (mm/mm)	0.00400	0.00401	-0.36%
c/d	0.429	0.428	0.25%
b/d	0.500	0.504	-0.76%

인공신경망기반의 4개 출력데이터 / 구조역학 기반의 5개 입력데이터 / 구조역학 기반의 4개 출력데이터

[표 5.3.5] TED에 기반한 역방향 설계 결과 (이어서)

(d)–(1) 역방향 시나리오 #4의 학습 결과

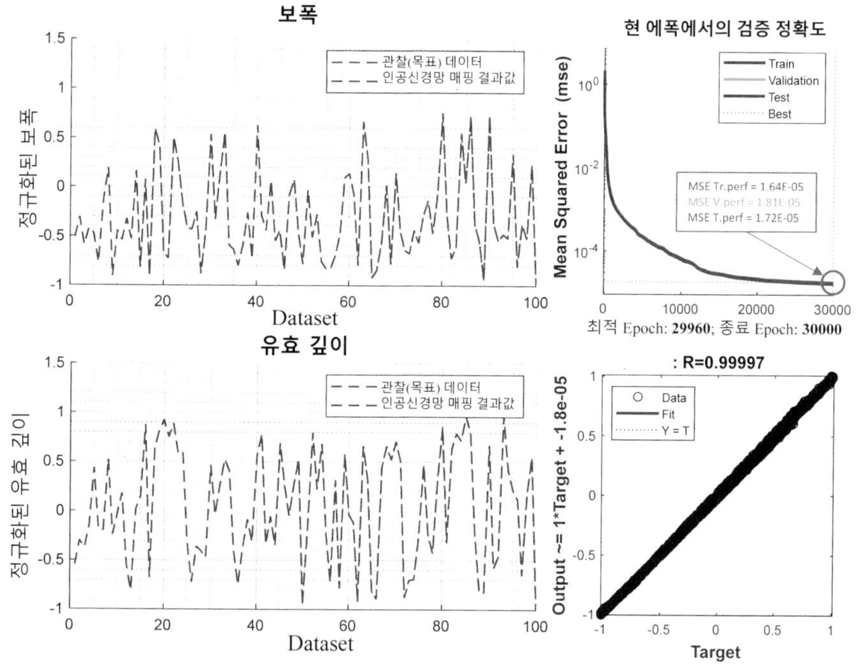

(d)–(2) 역방향 시나리오 #4의 설계 결과

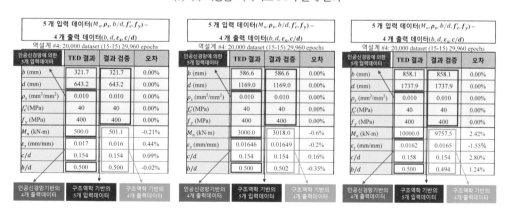

5 개 입력 데이터($M_n, \rho_s, b/d, f'_c, f_y$) – 4 개 출력 데이터($b, d, \varepsilon_s, c/d$)

역설계 #4: 20,000 dataset (15-15) 29,960 epochs

인공신경망에 의한 5개 입력데이터	TED 결과	결과 검증	오차
b (mm)	321.7	321.7	0.00%
d (mm)	643.2	643.2	0.00%
ρ_s (mm²/mm²)	0.010	0.010	0.00%
f'_c(MPa)	40	40	0.00%
f_y (MPa)	400	400	0.00%
M_n (kN·m)	500.0	501.1	-0.21%
ε_s (mm/mm)	0.017	0.016	0.44%
c/d	0.154	0.154	0.09%
b/d	0.500	0.500	-0.02%

인공신경망기반의 4개 출력데이터 / 구조역학 기반의 5개 입력데이터 / 구조역학 기반의 4개 출력데이터

5 개 입력 데이터($M_n, \rho_s, b/d, f'_c, f_y$) – 4 개 출력 데이터($b, d, \varepsilon_s, c/d$)

역설계 #4: 20,000 dataset (15-15) 29,960 epochs

인공신경망에 의한 5개 입력데이터	TED 결과	결과 검증	오차
b (mm)	586.6	586.6	0.00%
d (mm)	1169.0	1169.0	0.00%
ρ_s (mm²/mm²)	0.010	0.010	0.00%
f'_c(MPa)	40	40	0.00%
f_y (MPa)	400	400	0.00%
M_n (kN·m)	3000.0	3018.0	-0.6%
ε_s (mm/mm)	0.01646	0.01649	-0.2%
c/d	0.154	0.154	0.16%
b/d	0.500	0.502	-0.35%

인공신경망기반의 4개 출력데이터 / 구조역학 기반의 5개 입력데이터 / 구조역학 기반의 4개 출력데이터

5 개 입력 데이터($M_n, \rho_s, b/d, f'_c, f_y$) – 4 개 출력 데이터($b, d, \varepsilon_s, c/d$)

역설계 #4: 20,000 dataset (15-15) 29,960 epochs

인공신경망에 의한 5개 입력데이터	TED 결과	결과 검증	오차
b (mm)	858.1	858.1	0.00%
d (mm)	1737.9	1737.9	0.00%
ρ_s (mm²/mm²)	0.010	0.010	0.00%
f'_c(MPa)	40	40	0.00%
f_y (MPa)	400	400	0.00%
M_n (kN·m)	10000.0	9757.5	2.42%
ε_s (mm/mm)	0.0162	0.0165	-1.55%
c/d	0.158	0.154	2.80%
b/d	0.500	0.494	1.24%

인공신경망기반의 4개 출력데이터 / 구조역학 기반의 5개 입력데이터 / 구조역학 기반의 4개 출력데이터

[표 5.3.5] TED에 기반한 역방향 설계 결과

(e)–(1) 역방향 시나리오 #5의 학습 결과

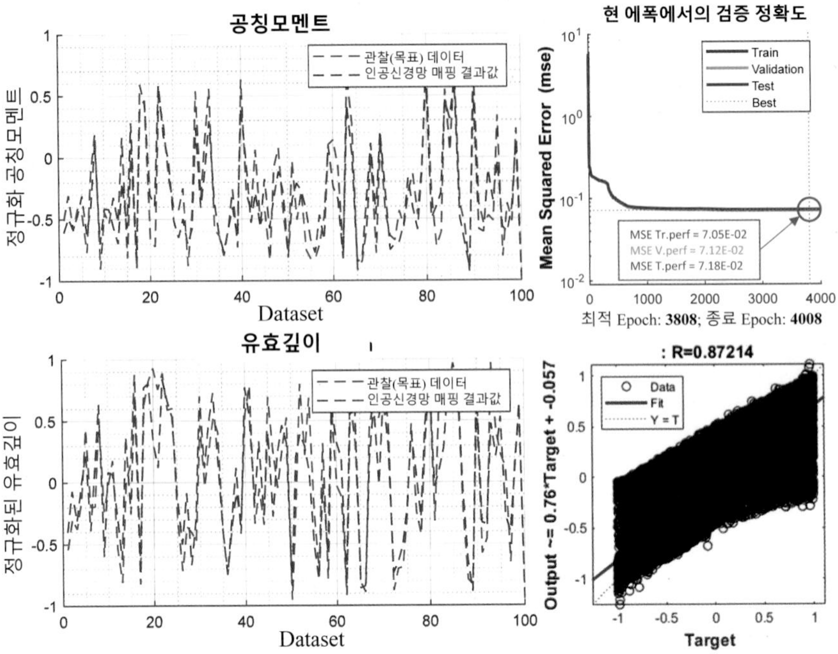

(e)–(2) 역방향 시나리오 #5의 설계 결과

4개 입력 데이터(M_n, ρ_s, f'_c, f_y) – 5개 출력 데이터($b, d, \varepsilon_s, c/d, b/d$)

역설계 #5: 20,000 dataset (15-15) 3,808 epochs

인공신경망에 의한 5개 입력데이터	TED 결과	결과 검증	오차
b (mm)	740.4	740.4	0.00%
d (mm)	761.5	761.5	0.00%
ρ_s (mm²/mm²)	0.010	0.010	0.00%
f'_c(MPa)	40	40	0.00%
f_y (MPa)	400	400	0.00%
M_n (kN·m)	1500.0	1616.2	-7.75%
ε_s (mm/mm)	0.016	0.016	-1.07%
c/d	0.157	0.154	2.10%
b/d	1.071	0.972	9.21%

인공신경망기반의 4개 출력데이터 / 구조역학 기반의 5개 입력데이터 / 구조역학 기반의 4개 출력데이터

4개 입력 데이터(M_n, ρ_s, f'_c, f_y) – 5개 출력 데이터($b, d, \varepsilon_s, c/d, b/d$)

역설계 #5: 20,000 dataset (15-15) 3,808 epochs

인공신경망에 의한 5개 입력데이터	TED 결과	결과 검증	오차
b (mm)	810.2	810.2	0.00%
d (mm)	838.4	838.4	0.00%
ρ_s (mm²/mm²)	0.010	0.010	0.00%
f'_c(MPa)	40	40	0.00%
f_y (MPa)	400	400	0.00%
M_n (kN·m)	2000.0	2144.1	-7.21%
ε_s (mm/mm)	0.016	0.016	-1.22%
c/d	0.155	0.154	0.88%
b/d	1.061	0.966	8.94%

인공신경망기반의 4개 출력데이터 / 구조역학 기반의 5개 입력데이터 / 구조역학 기반의 4개 출력데이터

4개 입력 데이터(M_n, ρ_s, f'_c, f_y) – 5개 출력 데이터($b, d, \varepsilon_s, c/d, b/d$)

역설계 #5: 20,000 dataset (15-15) 3,808 epochs

인공신경망에 의한 5개 입력데이터	TED 결과	결과 검증	오차
b (mm)	934.6	934.6	0.00%
d (mm)	951.0	951.0	0.00%
ρ_s (mm²/mm²)	0.010	0.010	0.00%
f'_c(MPa)	40	40	0.00%
f_y (MPa)	400	400	0.00%
M_n (kN·m)	3000.0	3182.0	-6.07%
ε_s (mm/mm)	0.016	0.016	-0.67%
c/d	0.152	0.154	-1.06%
b/d	1.068	0.983	7.95%

인공신경망기반의 4개 출력데이터 / 구조역학 기반의 5개 입력데이터 / 구조역학 기반의 4개 출력데이터

표 5.3.5(b)-(2)부터 (e)-(2)까지의 모든 설계는 최소 철근 변형률 규정을 만족하고 있으나, 공칭모멘트nominal moment strength(M_n) 3000kNm를 목표로 역지정된 표 5.3.5(a)-(2)의 경우에는 철근 변형률이 0.0023으로 구해졌다. 따라서 최소 철근 변형률 규정을 만족하지 못하고 있으므로 재설계해서 철근 변형률 이상으로 증가시켜야 한다.

5.3.3.2 TED, PTM, CRS에 기반한 학습과 역방향 설계

표 5.3.6(a)-(1)에서는 5개의 입력 파라미터($f_c^{'}, f_y, M_n, \rho_s, b/d$)와 4개의 출력 파라미터($b, d, \varepsilon_s, c/d$)를 갖는 역방향 설계 #4(표 5.3.1참조)에 대하여 PTM과 TED 방법에 의한 인공신경망 학습 결과를 비교하고 있다. 역설계 #4의 4개의 모든 출력 파라미터($\varepsilon_s, b, d, c/d$)에 대해서 각각 매핑하는 PTM 방식에 의한 학습 결과가 TED 방식에 의한 학습 결과(MSE = 1.94E-05)보다 우수함을 나타내고 있다. 표 5.3.6(a)-(2)에 보듯이 필요한 입력 데이터 특징 분석feature selection 결과 보춤beam depth(d)에 영향을 주는 입력 파라미터는 보폭/보춤 비율(b/d)과 보폭(b)으로 나타났고, 이 두 파라미터는 인공신경망 학습 시 반드시 입력 파라미터에 포함되어야 함을 알 수 있다.

표 5.3.6(a)-(2)에서는 인공신경망을 두 가지 방법으로 학습하여 결과를 비교하였다. 첫째는 6개 입력 파라미터($f_c^{'}, f_y, M_n, \rho_s, b/d, b$) 전체를 입력 데이터feature(인덱스)로 이용하는 것이고, 두 번째로는 보폭/보춤 비율과 보폭(b/d과 b)만을 이용하는 것이다. 보춤(d)에 대해 6개 입력 파라미터($f_c^{'}, f_y, M_n, \rho_s, b/d, b$) 전체를 이용하여 학습한 MSE 값은 5.98E-8이고(표 5.3.6(a)-(2), CRS 1학습), 보폭/보춤 비율과 보폭(b/d과 b) 두 개 입력 파라미터만을 이용하여 구한 MSE 값은 1000 validations까지 학습하였을 경우에는 5.47E-8(표 5.3.6(a)-(2), CRS 2a학습), 100 validations까지 학습하였을 경우에는 4.92E-7(표 5.3.6(a)-(2), CRS 2b학습)이었다. CRS 2a(MSE = 5.47E-8)는 특징 추출 방법에 의해서 직접 선정된 두 개의 입력 파라미터가 보춤(d)을 더 정확하게 학습했기 때문에 6개 입력 파라미터로 학습된 CRS 1보다 정확한 학습 결과를 도출하였다. CRS 2b(MSE = 4.92E-7)는 validations 횟수가 다소 적어 CRS 1보다 약한 학습 결과를 도출하였다. 표 5.3.6(a)-(2)에 기반한 표 5.3.6(a)-(3)에서 보듯이 보폭(b)과 보춤(d)에 대해서 수행된 역설계 시나리오 #4의 설계 결과가 나타나 있다.

설계 결과 정확도 역시 학습 정확도 순서대로 CRS 2a[MSE = 5.47E-8; 보폭(*b*)은 3.85% 오차, 보춤(*d*)은 -1.85% 오차], CRS 1[MSE = 5.98E-8; 보폭(*b*)은 3.85% 오차, 보춤(*d*)은 2.04% 오차], CRS 2b[MSE = 4.92E-7; 보폭(*b*)은 3.85% 오차, 보춤(*d*)은 -5.91% 오차]로 도출되었다.

주목할 점은 단철근 콘트리트 보의 데이터 피팅은 복철근 콘트리트 보, 프리스트레싱된 콘크리트 보, SRC 보 등에 비하여 빅데이터의 피팅이 수월하기 때문에 CRS 방법에 의한 설계 정확도와 유사한 정확도를 TED 통하여 구현할 수 있었으나, 설계 대상 구조의 매핑이 복잡해지게 되면 TED 방법의 학습 정확도는 충분하지 않을 수 있다.

[표 5.3.6] TED, PTM, CRS에 기반한 역방향 설계 결과 (이이서)

(a)-(1) TED, PTM에 기반한 역방향 시나리오 #4의 학습 결과

역설계 #4									
5 개 입력 데이터($M_n, \rho_s, b/d, f'_c, f_y$) - 4 개 출력 데이터($b, d, \varepsilon_s, c/d$)									
No.	데이터 개수	은닉층 개수	뉴런 개수	검증 check	지정된 epoch	최적 epoch	종료 epoch	테스트 MSE	최적 R
5 개 입력 데이터($M_n, \rho_s, b/d, f'_c, f_y$) - 4 개 출력 데이터($b, d, \varepsilon_s, c/d$) - TED(전체 일괄매핑)									
1	20,000	10	10	1000	70,000	69,986	70,000	1.94E-05	1.000
5 개 입력 데이터($M_n, \rho_s, b/d, f'_c, f_y$) - 4 개 출력 데이터($b, d, \varepsilon_s, c/d$) – PTM(각각 매핑)									
5 개 입력 데이터($M_n, \rho_s, b/d, f'_c, f_y$) - 1 개 출력 데이터($b$)									
2.1	20,000	10	10	1000	70,000	22,535	23,535	5.07E-06	1.000
5 개 입력 데이터($M_n, \rho_s, b/d, f'_c, f_y$) - 1 개 출력 데이터($d$)									
2.2	20,000	10	10	1000	70,000	37,744	38,744	9.47E-06	1.000
5 개 입력 데이터($M_n, \rho_s, b/d, f'_c, f_y$) - 1 개 출력 데이터($\varepsilon_s$)									
2.3	20,000	10	10	1000	70,000	54,389	55,389	1.62E-06	1.000
5 개 입력 데이터($M_n, \rho_s, b/d, f'_c, f_y$) - 1 개 출력 데이터($c/d$)									
2.4	20,000	10	10	1000	70,000	70,000	70,000	1.12E-06	1.000

[표 5.3.6] TED, PTM, CRS에 기반한 역방향 설계 결과 (이어서)

(a)-(2) CRS에 기반한 역방향 시나리오 #4의 학습 결과(학습에 영향을 미치는 파라미터 분석)

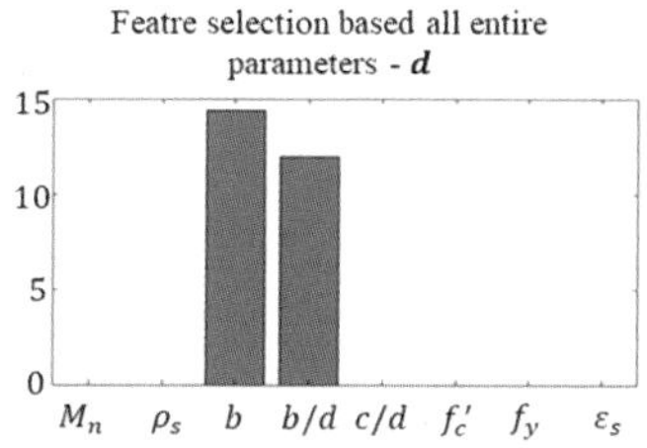

역설계 #4_CRS 1									
5 개 입력 데이터($M_n, \rho_s, b/d, f_c', f_y$) - 4 개 출력 데이터($b, d, \varepsilon_s, c/d$)									
No.	데이터 개수	은닉층 개수	뉴런 개수	검증 check	지정된 epoch	최적 epoch	종료 epoch	테스트 MSE	최적 R
5 개 입력 데이터($M_n, \rho_s, b/d, f_c', f_y$) - 1 개 출력 데이터($b$) - *PTM*(각각 매핑)									
1	20,000	10	10	1000	70,000	22,535	23,535	5.07E-06	1.000
6 개 입력 데이터($M_n, \rho_s,, b/d, f_c', f_y, b$) - 1 개 출력 데이터($d$) - *CRS 1*(순차적 매핑)									
1.2	20,000	10	10	1000	70,000	69,999	70,000	5.98E-08	1.000
5 개 입력 데이터($M_n, \rho_s, b/d, f_c', f_y$) - 1 개 출력 데이터($\varepsilon_s$) - *PTM*(각각 매핑)									
1.3	20,000	10	10	1000	70,000	54,389	55,389	1.62E-06	1.000
5 개 입력 데이터($M_n, \rho_s, b/d, f_c', f_y$) - 1 개 출력 데이터($c/d$) - *PTM*(각각 매핑)									
1.4	20,000	10	10	1000	70,000	70,000	70,000	1.12E-06	1.000

역설계 #4_CRS 2a									
5 개 입력 데이터($M_n, \rho_s, b/d, f_c', f_y$) - 4 개 출력 데이터($b, d, \varepsilon_s, c/d$)									
No.	데이터 개수	은닉층 개수	뉴런 개수	검증 check	지정된 epoch	최적 epoch	종료 epoch	테스트 MSE	최적 R
5 개 입력 데이터($M_n, \rho_s, b/d, f_c', f_y$) - 1 개 출력 데이터($b$) - *PTM*(각각 매핑)									
2.1	20,000	10	10	1000	70,000	22,535	23,535	5.07E-06	1.000
2 개 입력 데이터($b/d, b$) - 1 개 출력 데이터(d) - *CRS 2a*(순차적 매핑)									
2.2	20,000	10	10	1000	70,000	69,854	70,000	5.47E-08	1.000
5 개 입력 데이터($M_n, \rho_s, b/d, f_c', f_y$) - 1 개 출력 데이터($\varepsilon_s$) - *PTM*(각각 매핑)									
2.3	20,000	10	10	1000	70,000	54,389	55,389	1.62E-06	1.000
5 개 입력 데이터($M_n, \rho_s, b/d, f_c', f_y$) - 1 개 출력 데이터($c/d$) - *PTM*(각각 매핑)									
2.4	20,000	10	10	1000	70,000	70,000	70,000	1.12E-06	1.000

역설계 #4_CRS 2b									
5 개 입력 데이터($M_n, \rho_s, b/d, f_c', f_y$) - 4 개 출력 데이터($b, d, \varepsilon_s, c/d$)									
No.	데이터 개수	은닉층 개수	뉴런 개수	검증 check	지정된 epoch	최적 epoch	종료 epoch	테스트 MSE	최적 R
5 개 입력 데이터($M_n, \rho_s, b/d, f_c', f_y$) - 1 개 출력 데이터($b$) - *PTM*(각각 매핑)									
1	20,000	10	10	1000	70,000	22,535	23,535	5.07E-06	1.000
2 개 입력 데이터($b/d, b$) - 1 개 출력 데이터(d) - *CRS 2b*(순차적 매핑)									
2	20,000	10	10	100	70,000	12,373	12,473	4.92E-07	1.000
5 개 입력 데이터($M_n, \rho_s, b/d, f_c', f_y$) - 1 개 출력 데이터($\varepsilon_s$) - *PTM*(각각 매핑)									
3	20,000	10	10	1000	70,000	54,389	55,389	1.62E-06	1.000
5 개 입력 데이터($M_n, \rho_s, b/d, f_c', f_y$) - 1 개 출력 데이터($c/d$) - *PTM*(각각 매핑)									
4	20,000	10	10	1000	70,000	70,000	70,000	1.12E-06	1.000

[표 5.3.6] TED, PTM, CRS에 기반한 역방향 설계 결과 (이이서)

(a)-(3) 표 5.3.6 (a)-(2)에 기반한 역방향 시나리오 #4의 설계 결과

5 개 입력 데이터($M_n, \rho_s, b/d, f'_c, f_y$) - 4 개 출력 데이터($b, d, \varepsilon_s, c/d$)

역설계 #4: 20,000 dataset (10-10)

	구조설계 결과	TED		PTM		CRS 1		CRS 2a		CRS 2b	
		결과	오차	결과	오차	결과	오차	결과	오차	결과	오차
b (mm)	1020.4	1035.9	1.50%	1061.2	3.85%	1061.2	3.85%	1061.2	3.85%	1061.2	3.85%
d (mm)	2040.8	1997.4	-2.17%	2038.4	-0.12%	2083.3	2.04%	2003.8	-1.85%	1926.9	-5.91%
ρ_s (mm²/mm²)	0.020	0.020	0.00%	0.020	0.00%	0.020	0.00%	0.020	0.00%	0.020	0.00%
f'_c(MPa)	40	40	0.00%	40	0.00%	40	0.00%	40	0.00%	40	0.00%
f_y (MPa)	400	400	0.00%	400	0.00%	400	0.00%	400	0.00%	400	0.00%
M_n (kN·m)	30000.0	30000.0	0.00%	30000.0	0.00%	30000.0	0.00%	30000.0	0.00%	30000.0	0.00%
ε_s (mm/mm)	0.00674	0.00672	-0.34%	0.00673	-0.23%	0.00673	-0.23%	0.00673	-0.23%	0.00673	-0.23%
c/d	0.308	0.310	0.85%	0.308	-0.07%	0.308	-0.07%	0.308	-0.07%	0.308	-0.07%
b/d	0.500	0.500	0.00%	0.500	0.00%	0.500	0.00%	0.500	0.00%	0.500	0.00%

5 개 구조설계 입력 데이터
4 개 구조설계 출력 데이터
5개 ANN 입력 데이터
4개 ANN 출력 데이터

(b)-(1) 생성된 빅데이터 이내의 보폭(b)에 대하여 학습된 AI 기반 역방향 시나리오 #4 설계 결과

5 개 입력 데이터($M_n, \rho_s, b/d, f'_c, f_y$) - 4 개 출력 데이터($b, d, \varepsilon_s, c/d$)

역설계 #4: 20,000 dataset (10-10)

	구조설계 결과	TED		PTM	
		결과	오차	결과	오차
b (mm)	473.6	473.1	-0.12%	475.4	0.36%
d (mm)	947.3	947.9	0.07%	946.8	-0.05%
ρ_s (mm²/mm²)	0.020	0.020	0.00%	0.020	0.00%
f'_c(MPa)	40	40	0.00%	40	0.00%
f_y (MPa)	400	400	0.00%	400	0.00%
M_n (kN·m)	3000.0	3000.0	0.00%	3000.0	0.00%
ε_s (mm/mm)	0.00674	0.00675	0.09%	0.00673	-0.21%
c/d	0.3079	0.3075	-0.1%	0.3077	-0.06%
b/d	0.500	0.500	0.00%	0.500	0.00%

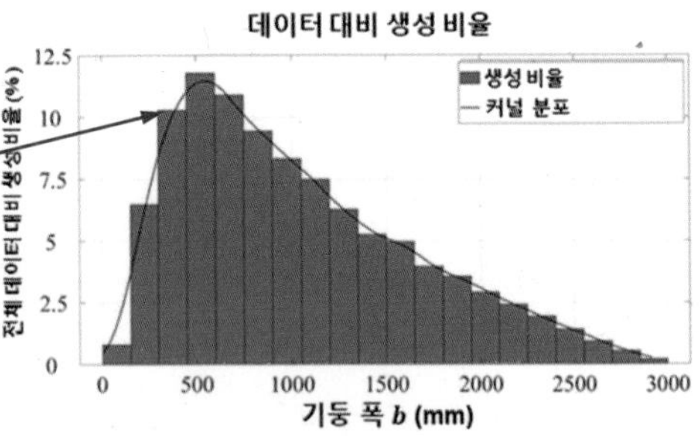

5 개 구조설계 입력 데이터
4 개 구조설계 출력 데이터
5개 ANN 입력 데이터
4개 ANN 출력 데이터

(b)–(2) 생성된 빅데이터 경계선에 있는 보폭(b)에 대하여 학습된 AI 기반 역방향 시나리오 #4 설계 결과

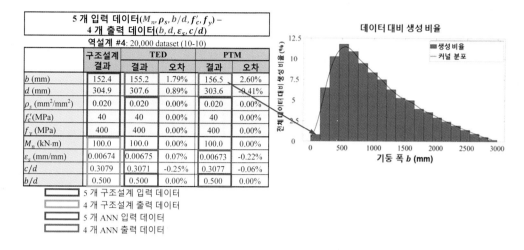

5 개 입력 데이터($M_n, \rho_s, b/d, f'_c, f_y$) – 4 개 출력 데이터($b, d, \varepsilon_s, c/d$)

역설계 #4: 20,000 dataset (10-10)

	구조설계 결과	TED 결과	TED 오차	PTM 결과	PTM 오차
b (mm)	152.4	155.2	1.79%	156.5	2.60%
d (mm)	304.9	307.6	0.89%	303.6	-0.41%
ρ_s (mm^2/mm^2)	0.020	0.020	0.00%	0.020	0.00%
f'_c(MPa)	40	40	0.00%	40	0.00%
f_y (MPa)	400	400	0.00%	400	0.00%
M_n (kN·m)	100.0	100.0	0.00%	100.0	0.00%
ε_s (mm/mm)	0.00674	0.00675	0.07%	0.00673	-0.22%
c/d	0.3079	0.3071	-0.25%	0.3077	-0.06%
b/d	0.500	0.500	0.00%	0.500	0.00%

5 개 구조설계 입력 데이터
4 개 구조설계 출력 데이터
5 개 ANN 입력 데이터
4 개 ANN 출력 데이터

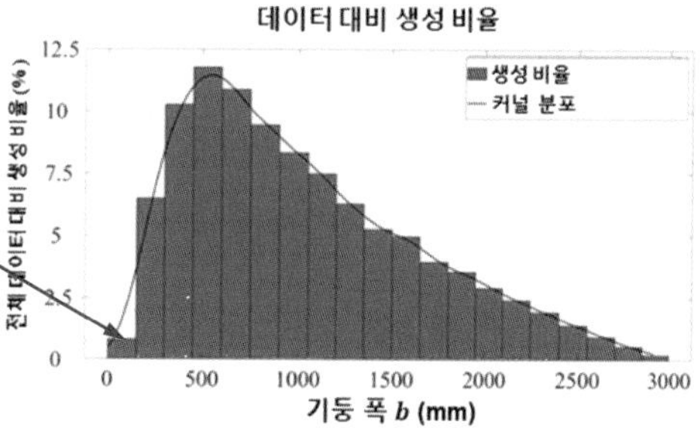

(b)–(3) 생성된 빅데이터 이외의 보깊이(d)에 대하여 학습된 AI 기반 순방향 설계 결과

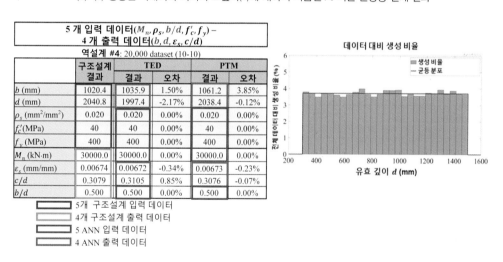

5 개 입력 데이터($M_n, \rho_s, b/d, f'_c, f_y$) – 4 개 출력 데이터($b, d, \varepsilon_s, c/d$)

역설계 #4: 20,000 dataset (10-10)

	구조설계 결과	TED 결과	TED 오차	PTM 결과	PTM 오차
b (mm)	1020.4	1035.9	1.50%	1061.2	3.85%
d (mm)	2040.8	1997.4	-2.17%	2038.4	-0.12%
ρ_s (mm^2/mm^2)	0.020	0.020	0.00%	0.020	0.00%
f'_c(MPa)	40	40	0.00%	40	0.00%
f_y (MPa)	400	400	0.00%	400	0.00%
M_n (kN·m)	30000.0	30000.0	0.00%	30000.0	0.00%
ε_s (mm/mm)	0.00674	0.00672	-0.34%	0.00673	-0.23%
c/d	0.3079	0.3105	0.85%	0.3076	-0.07%
b/d	0.500	0.500	0.00%	0.500	0.00%

5개 구조설계 입력 데이터
4개 구조설계 출력 데이터
5 ANN 입력 데이터
4 ANN 출력 데이터

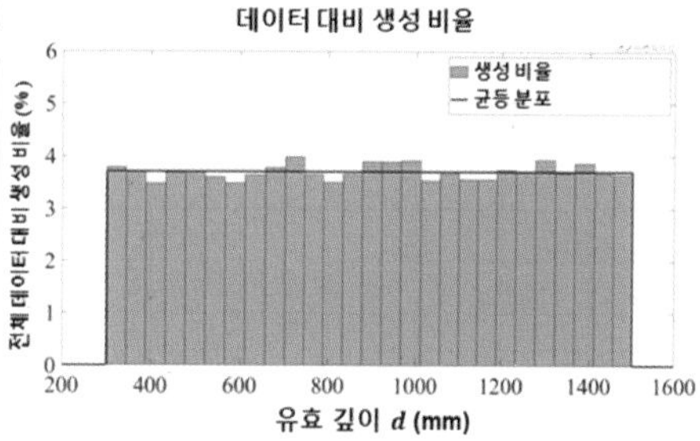

5.3.4 빅데이터 품질(quality)이 설계 정확도에 미치는 영향

그림 5.3.3(a)에 제시된 대로 CRS 방법을 포함해서 모든 학습 방식(TED, PTM, CRS)은 빅데이터의 생성 구간 내에서 보폭(b)이나 보춤(d) 등 설계 파라미터들을 정확하게 예측하고 있다. TED과 PTM은 생성된 빅데이터 이내의 보폭(b)[표 5.3.6(b)-(1)]에 대해서는 정확한 설계 결과를 도출하였고, 표 5.3.6(b)-(2)에서 보이듯이 빅데이터가 경계 부분에 있는 경우에는 설계 정확도가 다소 감소하는 것을 알 수 있다. 그러나 표 5.3.6(b)-(3)에서 제시되었듯이 빅데이터 범위 외에 있는 보춤(d, 보춤이 300mm 이하 또는 1500mm 이상)의 경우, PTM 기반 인공신경망은 보춤(d)에 대해서 -3.85%에 이르는 설계 오차를 발생시키고 있지만 빅데이터의 생성 범위를 벗어나는 데이터에 대한 학습extrapolation도 어느 정도 가능하다는 것을 보여주고 있다.

그림 5.3.3(a)는 역설계 #4에 대해서 보폭(b), 보춤(d)과 공칭모멘트 강도(M_n)의 관계를 TED, PTM 및 CRS 학습 기반으로 보여주고 있다. 우리가 알고 있듯이 공칭모멘트 강도(M_n)에 대한 보춤(d)의 기여가 보폭(b)의 기여보다 크다는 사실을 정량적으로 보여주고 있다. 가장 정확한 학습 정확도를 도출하는 CRS 방법을 포함해서 모든 학습 방식(TED, PTM, CRS)은 빅데이터 생성 구간에서 외측으로 멀지 않은 구간에서 약간의 예측 오차를 보이고 있다. 따라서 인공신경망의 학습은 빅데이터의 생성 구간 내에서 수행하는 것이 원칙이지만, 인공신경망은 빅데이터 생성 구간 외측에서 그리 멀지 않은 구간에서도 어느 정도 보외법extrapolation으로 학습할 수 있음을 알 수 있다. 그러나 바람직하게는 빅데이터의 생성범위를 필요한 범위 이상으로 충분히 확장하여 인공신경망이 빅데이터의 경계부분에서도 충분히 학습될 수 있도록 생성범위를 조정해주는 것이 좋다. 7.3.3.4절에 자세한 내용이 수록되어 있다. 그림 5.3.3(a)의 보폭(b)이나 보춤(d)의 예측에서 보이는 것처럼, 신뢰성 있는 파라미터 예측이 가능하였다. 그림 5.3.3(b)는 철근 변형률과 공칭모멘트 강도(M_n)의 관계를 표시하고 있다. PTM은 구조 계산에서 구한 철근 변형률의 경향과 유사한 경향을 보인 반면, TED에 의해 구해진 경향은 구조 계산에서 구한 경향과는 다소 차이가 있음을 알 수 있다. 그러나 두 방법의 오차는 무시할 만큼 작게 도출되었다. 빅데이터 생성 구간 내에서는 TED, PTM, 및 CRS 등 모든 학습 방법에 의해 철근 변형률과 공칭모멘트 강도(M_n)의 관계를 정확하게 예측하고 있으며, TED 및 PTM에 의한 설계 오차는 무시할 수 있는 수준에서 발생하였다.

(a) $\boldsymbol{b}, \boldsymbol{d}$ 와 $\boldsymbol{M}_n$

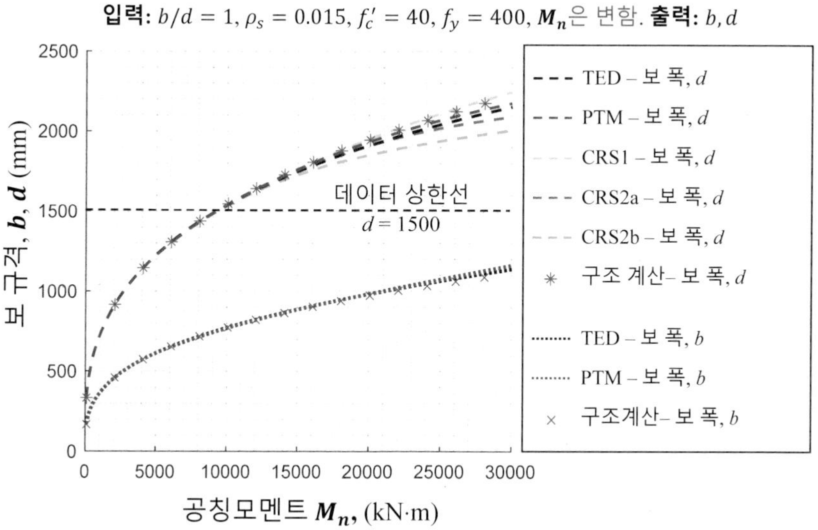

(b) ε_s 와 $\boldsymbol{M}_n$

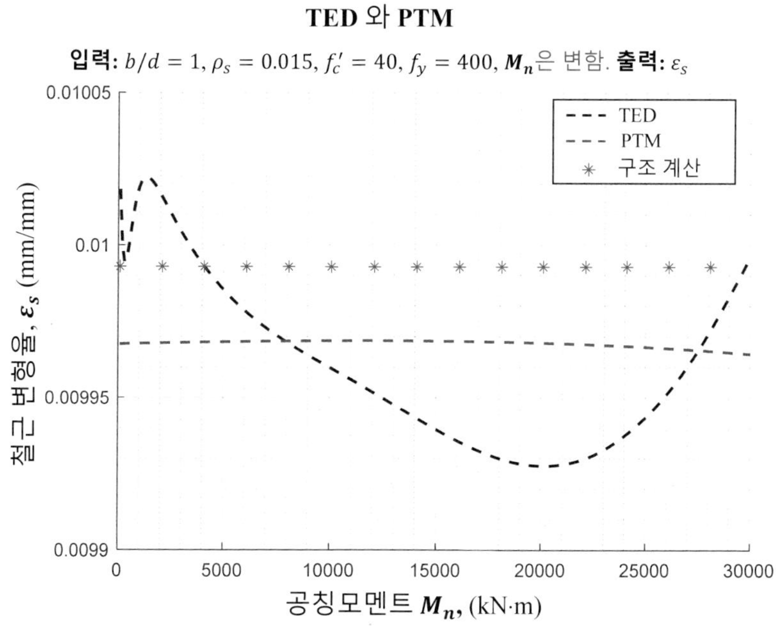

[그림 5.3.3] 설계 시나리오 #4의 결과 도시

5.4 얕은 인공신경망(Shallow Neural Networks, SNN) 기반 RC 보의 설계

5.4.1 설계 시나리오; 1개의 순방향, 4개의 역방향 설계

이번 절에서는 표 5.3.1에서 제시된 1개의 순방향 설계 및 5개의 역방향 설계 시나리오에 대해 5개 은닉층 이내를 사용하는 얕은 인공신경망을 활용하여 학습과 설계를 수행하였다.

역설계는 두 가지 방법에 의해 해결할 수 있다. 직접 학습 방법으로 TED, PTM, CTS CRS와 간접 학습 방법인 역대입Back-Substitution, BS 방법을 활용하는 것이다. 간단한 인공신경망에 대해서는 두 방법 모두 훌륭한 설계 정확도를 도출할 수 있다. TED, PTM, CTS 및 CRS 학습 방법은 입력 파라미터들을 출력 파라미터에 직접 피팅fitting하는 학습 방법이지만, 역대입 학습 방법은 2단계로 구성되어 있는 간접 학습 방법으로써 본 절에서는 두 가지 방법을 모두 이용하여 학습 및 설계 정확도를 비교하였다.

5.4.2 역방향 설계를 위한 학습 인공신경망의 유도

5.4.2.1 직접 학습법

직접 설계법(4.11절)은 TED, PTM, CRS 방법을 적용하여 하나의 인공신경망에서 순방향 설계 또는 역방향 설계를 수행하지만, 역설계 인공신경망이 복잡해지는 경우 큰 학습 오차가 발생할 수 있다. 표 5.4.1(a)~(e)에는 역대입 방법에 의한 역설계 알고리즘이 기술되어 있다. 역대입 방법은 두 개의 과정으로 나누어서 역설계를 수행하게 된다. 역대입 방법을 적용할 경우에는 1단계에서 인공신경망을 활용하여 역출력 파라미터를 구한 후 2단계에서는 1단계에서 구해진 역출력 파라미터를 사용하여 일반 구조설계 프로그램을 기반으로 나머지 설계 파라미터를 구하는 것이다. TED, PTM, CTS 및 CRS 학습 방법은 4.11절에 자세하게 기술되어 있다. 표 5.4.1(a)~(e)에는 역대입 방법(1단계 및 2단계) 기반으로 역설계된 5개의 시나리오를 기술하였고, 역대입 방법의 1단계로써 PTM와 CRS 기반의 학습을 활용하였다.

5.4.2.2 역대입 학습법

간접 방법인 역대입 학습의 1단계는 역설계 단계로, CRS와 PTM 또는 TED를 이용할 수 있다. 구해야 하는 출력 파라미터가 1개인 경우(역설계 시나리오 #1의 경우)에는 PTM을 사용할 수 있고, 역출력 파라미터를 포함하여 출력 파라미터가 1개 이상인 경우에는 PTM, TED, CRS 등 모든 학습 방법을 활용할 수 있다. TED 방법은 큰 학습 오차를 초래할 수 있으니 사용에 유의해야 한다.

표 5.4.1(a)에 기술되어 있듯이, 역방향 설계 시나리오 #1의 경우를 예로 들어 보도록 한다. 역방향 인공신경망으로 구성된 1단계에서는 역입력된 공칭모멘트(M_n)을 포함한 5개 입력 데이터($b,\ d,\ f_c^{'}, f_y,\ M_n$)에 대해서 역출력 철근비($\rho_s$)를 포함한 4개 출력 데이터($\rho_s,\ \varepsilon_s, {}^{c}/_{d}, {}^{b}/_{d}$)를 구한다. 구해진 파라미터들은 순방향 인공신경망으로 구성된 2단계에서는 순방향 설계 입력 파라미터($b,\ d, \rho_s,\ f_c^{'}, f_y$)로 이용되어 나머지 출력 파라미터($\varepsilon_s, {}^{c}/_{d}, {}^{b}/_{d}$)를 구하게 된다. 1단계에서 구해진 파라미터들의 정확도는 2단계의 수행에 큰 영향을 미치게 되므로 1단계는 매우 중요한 단계이다. 즉 우수한 1단계 인공신경망은 역설계 전체의 학습 시간 및 설계 정확도에 결정적인 영향을 미치게 된다. 따라서 1단계에서의 학습 방법 선택은 매우 신중하게 결정되어야 한다. 2단계는 순방향 인공신경망 기반으로 수행되므로 인공신경망 또는 기존의 구조설계 프로그램 모두를 이용할 수 있다. 2단계에서는 인공신경망을 이용하는 대신 소프트웨어를 이용하게 되면 더 정확한 설계 파라미터들을 도출할 수 있게 된다. 역방향 설계 시나리오 #2부터 역방향 설계 시나리오 #5 역시 표 5.4.1(b)부터 표 5.4.1(e)에 자세히 설명되어 있다.

[표 5.4.1] 간접(역대입, BS) 방법 (이어서)

(a) 역방향의 1단계 결과를 이용한 2단계의 순방향 설계; 역방향 설계 시나리오 #1

	직접 방법:	
	TED, PTM, CTS, 또는 CRS	
5 입력 데이터 (b, d, f_c', f_y, M_n)	⟶	4 출력 데이터 $(\rho_s, \varepsilon_s, c/d, b/d)$
	역대입 방법:	
Step 1 역방향 설계:	**PTM, 또는 CRS**	
5 입력 데이터 (b, d, f_c', f_y, M_n)	⟶	역출력 파라미터 (ρ_s)
Step 2 역-순방향 설계:	**순방향 설계**	
5 입력 데이터 $(b, d, \rho_s, f_c', f_y)$	⟶	잔여 출력파라미터 $(\varepsilon_s, c/d, b/d)$
	PTM, CRS 또는 설계 프로그램	

(b) 역방향의 1단계 결과를 이용한 2단계의 순방향 설계; 역방향 설계 시나리오 #2

	직접 방법:	
	TED, PTM, CTS, 또는 CRS	
5 입력 데이터 $(d, f_c', f_y, M_n, \varepsilon_s)$	⟶	4 출력 데이터 $(b, \rho_s, c/d, b/d)$
	역대입 방법:	
Step 1 역방향설계:	**PTM, 또는 CRS**	
5 입력 데이터 $(d, f_c', f_y, M_n, \varepsilon_s)$	⟶	역출력 파라미터 (b, ρ_s)
Step 2 역-순방향 설계:	**순방향 설계**	
5 입력 데이터 $(b, d, \rho_s, f_c', f_y)$	⟶	잔여 출력파라미터 $(c/d, b/d)$
	PTM, CRS 또는 설계 프로그램	

(c) 역방향의 1단계 결과를 이용한 2단계의 순방향 설계; 역방향 설계 시나리오 #3

	직접 방법:	
	TED, PTM, CTS, 또는 CRS	
5 입력 데이터 $(f_c', f_y, M_n, \varepsilon_s, b/d)$	⟶	4 출력 데이터 $(b, d, \rho_s, c/d)$
	역대입 방법:	
Step 1 역방향 설계:	**PTM, 또는 CRS**	
5 입력 데이터 $(f_c', f_y, M_n, \varepsilon_s, b/d)$	⟶	역출력 파라미터 (b, d, ρ_s)
Step 2 역-순방향 설계:	**순방향 설계**	
5 입력 데이터 $(b, d, \rho_s, f_c', f_y)$	⟶	잔여 출력파라미터 (c/d)
	PTM, CRS 또는 설계 프로그램	

[표 5.4.1] 간접(역대입, BS) 방법

(d) 역방향의 1단계 결과를 이용한 2단계의 순방향 설계; 역방향 설계 시나리오 #4

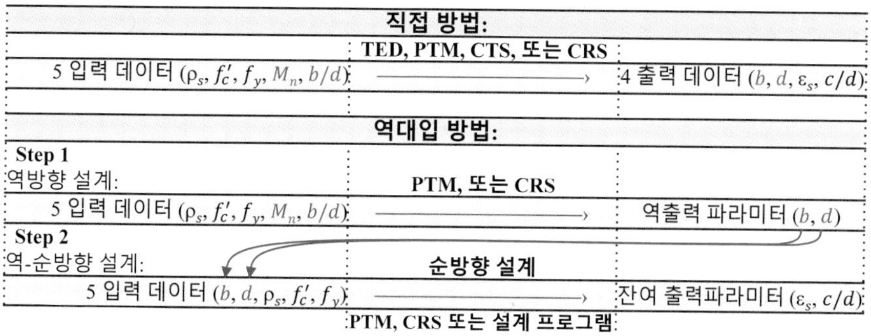

(e) 역방향의 1단계 결과를 이용한 2단계의 순방향 설계; 역방향 설계 시나리오 #5

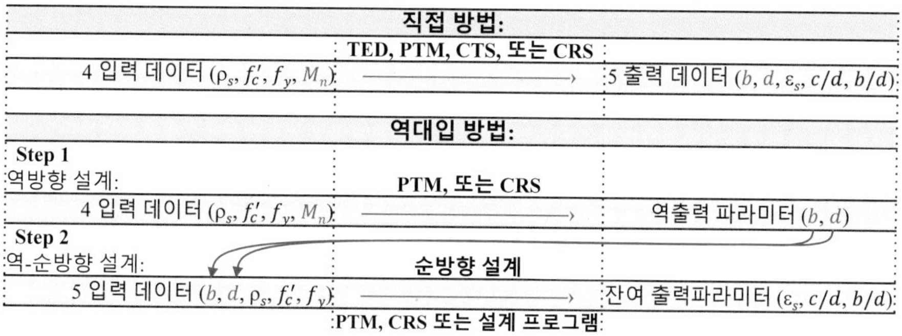

5.4.3 설계 결과 검증

5.4.3.1 순방향 설계 검증

(1) 학습 정확도 검증

표 5.4.2에는 순방향 학습이 정의되었다. 순방향 설계는 일반적인 구조설계에서도 수행되는 방법으로, 주어진 5개의 입력 파라미터(b, d, ρ_s, f_c', f_y)에 대해서 4개의 출력 파라미터($M_n, \varepsilon_s, {}^c/_d, {}^b/_d$)를 구하는 과정이다. 표 5.4.2(a)와 (b)에는 TED와 PTM의 학습 결과가 비교되어 있다. TED는 5개의 입력 파라미터(b, d, ρ_s, f_c', f_y) 모두를 4개의 출력 파라미터($M_n, \varepsilon_s, {}^c/_d, {}^b/_d$) 모두에 한 번에 피팅 또는 매핑하는 방법이다. PTM은 5개의

입력 파라미터(b, d, ρ_s, f_c', f_y)를 출력 파라미터($M_n, \varepsilon_s, {}^{c}/_{d}, {}^{b}/_{d}$) 각각에 대해서 개별적으로 피팅 또는 매핑하는 방법이다. 표 5.4.2(b)에는 PTM 학습 기반으로, 1개 또는 2개의 은닉층과 5, 10, 20, 30개의 4가지 종류의 뉴런을 적용하여 얻은 8개의 학습 조합을 통해 가장 우수한 학습 정확도를 도출하였다. 표 5.4.2(a)와 (b)의 학습 결과에서 보이는 것처럼 PTM은 TED에 의한 학습 결과보다 향상된 MSE와 R 지수를 도출하고 있다.

표 5.4.2(c)-(1)에는 출력 파라미터에 미치는 입력 데이터 특징 분석feature selection 결과를 보여주고 있다. ${}^{c}/_{d}$의 경우에는 학습 시 철근 변형률(ε_s, 15.31), f_y(1.19)의 영향을 받는다. 특히 ${}^{c}/_{d}$는 철근 변형률(ε_s)의 영향이 크므로 ${}^{c}/_{d}$ 학습 이전에 철근 변형률(ε_s)에 대한 인공신경망 학습을 미리 수행한 후에 철근 변형률(ε_s)을 ${}^{c}/_{d}$입력 데이터에 포함시키도록 하였다. 공칭모멘트(M_n)의 경우에는 거의 모든 입력 파라미터($b, d, \rho_s, f_c', f_y, {}^{b}/_{d}$)에 영향을 받으므로 이 모든 파라미터들에 대한 인공신경망 학습을 사전에 수행한 후에 공칭모멘트(M_n)의 인공신경망 학습에 입력 데이터로 사용하였다. 철근 변형률(ε_s)의 경우에는 ${}^{c}/_{d}$의 영향(12.13)을 제일 많이 받지만 ${}^{c}/_{d}$는 동시에 같은 출력부에 속해 있으므로 학습 시 철근 변형률(ε_s)의 입력 데이터는 사용할 수 없었고, 따라서 상대적으로 다른 출력 파라미터들보다는 약한 학습 결과를 보이고 있다.

철근 변형률(ε_s)은 구조설계에 큰 영향을 끼치는 요소가 아니기 때문에 큰 문제가 될 일은 아니다. 그러나 철근 변형률(ε_s)의 학습 효과를 향상시키려면 ${}^{c}/_{d}$를 철근 변형률(ε_s) 이전 학습에 이용한 다음 철근 변형률(ε_s)에 대한 인공신경망 학습에 ${}^{c}/_{d}$를 입력 데이터로 이용해야 한다. 표 5.4.2(c)에는 ${}^{b}/_{d}$, ε_s, ${}^{c}/_{d}$, M_n 순서로 인공신경망을 학습하였다. 본 절에서 개발된 인공신경망은 엔지니어의 설계 의도에 따라서 인공신경망 학습 순서를 조정할 수 있도록 개발되었다. 가장 우수한 학습 결과를 도출하는 파라미터 순서를 인공신경망 스스로 찾아서 학습을 진행하는 것이 CRS 방법의 장점이라 할 수 있다. 표 5.4.2(c)-(2)에는 두 개의 은닉층에 대하여 5, 10, 20, 30개의 뉴런을 적용하여 총 4개의 학습 조합 기반으로 CRS 학습을 수행하였다. 사용한 뉴런(30개)이 많을수록 가장 우수한 학습 결과를 나타내었다. CRS의 학습 정확도는 표 5.4.2(a), 5.4.2(b)에 나타나 있는 TED와 PTM의 학습 정확도보다 우수하였다. 표 5.4.2의 학습 조합에서 가장 우수한 학습정확도는 붉은색 박스로 표시하였다.

[표 5.4.2] 순방향 설계용 학습 정확도 (이이서)

(a) TED 기반

순방향 설계											
5 개 입력 데이터(b, d, ρ_s, f'_c, f_y) – 4 개 출력 데이터(M_n, ε_s, c/d, b/d)											
인공신경망 종류	데이터 개수	사용된 은닉층 개수	사용된 뉴런 개수	검증 check	지정된 Epoch	최적 Epoch	종료 Epoch	학습 MSE	검증 MSE	테스트	최적 R
5 개 입력 데이터(b, d, ρ_s, f'_c, f_y) – 4 개 출력 데이터(M_n, ε_s, c/d, b/d) - TED											
FW.TED.**a**	20,000	1	5	500	100,000	15,121	15,621	3.94E-03	3.75E-03	3.91E-03	0.993
FW.TED.**b**	20,000	1	10	500	100,000	59,008	59,508	4.13E-04	3.99E-04	4.12E-04	0.999
FW.TED.**c**	20,000	1	20	500	100,000	99,770	100,000	3.03E-05	3.25E-05	3.05E-05	1.000
FW.TED.**d**	20,000	1	30	500	100,000	99,904	100,000	9.46E-06	1.02E-05	9.49E-06	1.000
FW.TED.**e**	20,000	2	5	500	100,000	42,505	43,005	1.63E-03	1.68E-03	1.65E-03	0.997
FW.TED.**f**	20,000	2	10	500	100,000	99,772	100,000	1.71E-05	1.67E-05	1.70E-05	1.000
FW.TED.**g**	20,000	2	20	500	100,000	51,292	51,792	6.61E-06	6.79E-06	6.62E-06	1.000
FW.TED.**h**	20,000	2	30	500	100,000	96,528	97,028	6.46E-07	6.65E-07	6.48E-07	1.000

□ 테스트 MSE에 기반한 최적 학습

(b)-(1) PTM 기반

순방향 설계											
5 개 입력 데이터(b, d, ρ_s, f'_c, f_y) – 4 개 출력 데이터(M_n, ε_s, c/d, b/d)											
인공신경망 종류	데이터 개수	사용된 은닉층 개수	사용된 뉴런 개수	검증 check	지정된 Epoch	최적 Epoch	종료 Epoch	학습 MSE	검증 MSE	테스트	최적 R
5 개 입력 데이터(b, d, ρ_s, f'_c, f_y) - 1 개 출력 데이터(M_n) - PTM											
FW.PTM.**6a**	20,000	1	5	500	100,000	14,799	15,299	8.15E-05	7.06E-05	7.97E-05	0.999
FW.PTM.**6b**	20,000	1	10	500	100,000	19,160	19,660	4.58E-06	4.91E-06	4.62E-06	1.000
FW.PTM.**6c**	20,000	1	20	500	100,000	99,964	100,000	6.01E-07	5.93E-07	6.14E-07	1.000
FW.PTM.**6d**	20,000	1	30	500	100,000	99,999	100,000	3.52E-07	3.26E-07	3.51E-07	1.000
FW.PTM.**6e**	20,000	2	5	500	100,000	48,184	48,684	3.73E-06	3.64E-06	3.69E-06	1.000
FW.PTM.**6f**	20,000	2	10	500	100,000	87,609	87,612	1.29E-07	1.34E-07	1.29E-07	1.000
FW.PTM.**6g**	20,000	2	20	500	100,000	36,645	37,145	4.02E-08	4.04E-08	4.09E-08	1.000
FW.PTM.**6h**	20,000	2	30	500	100,000	22,351	22,851	4.99E-08	6.41E-08	5.35E-08	1.000
5 개 입력 데이터(b, d, ρ_s, f'_c, f_y) - 1 개 출력 데이터(ε_s) - PTM											
FW.PTM.**7a**	20,000	1	5	500	100,000	17,065	17,565	1.26E-04	1.29E-04	1.28E-04	1.000
FW.PTM.**7b**	20,000	1	10	500	100,000	56,239	56,739	2.62E-05	2.24E-05	2.56E-05	1.000
FW.PTM.**7c**	20,000	1	20	500	100,000	99,123	99,623	6.87E-06	8.60E-06	7.19E-06	1.000
FW.PTM.**7d**	20,000	1	30	500	100,000	64,991	65,491	5.04E-06	4.86E-06	4.98E-06	1.000
FW.PTM.**7e**	20,000	2	5	500	100,000	37,423	37,923	1.79E-05	1.99E-05	1.83E-05	1.000
FW.PTM.**7f**	20,000	2	10	500	100,000	99,913	100,000	1.17E-06	1.34E-06	1.22E-06	1.000
FW.PTM.**7g**	20,000	2	20	500	100,000	24,213	24,713	9.57E-07	1.02E-06	9.54E-07	1.000
FW.PTM.**7h**	20,000	2	30	500	100,000	25,277	25,777	5.00E-07	5.82E-07	5.25E-07	1.000

□ 테스트 MSE에 기반한 최적 학습

[표 5.4.2] 순방향 설계용 학습 정확도 (이이서)

(b)–(2) PTM 기반

순방향 설계 5개 입력 데이터($b,\ d,\ \rho_s,\ f'_c,\ f_y$) – 4개 출력 데이터($M_n,\ \varepsilon_s,\ c/d,\ b/d$)											
인공신경망 종류	데이터 개수	사용된 은닉층 개수	사용된 뉴런 개수	검증 check	지정된 Epoch	최적 Epoch	종료 Epoch	학습 MSE	검증 MSE	테스트	최적 R
5개 입력 데이터($b,\ d,\ \rho_s,\ f'_c,\ f_y$) - 1개 출력 데이터($c/d$) - PTM											
FW.PTM.**8a**	20,000	1	5	500	100,000	19,370	19,870	2.61E-04	2.66E-04	2.61E-04	0.999
FW.PTM.**8b**	20,000	1	10	500	100,000	99,969	100,000	1.36E-05	1.29E-05	1.36E-05	1.000
FW.PTM.**8c**	20,000	1	20	500	100,000	99,970	100,000	6.85E-06	7.41E-06	6.96E-06	1.000
FW.PTM.**8d**	20,000	1	30	500	100,000	98,116	98,616	6.41E-06	7.13E-06	6.66E-06	1.000
FW.PTM.**8e**	20,000	2	5	500	100,000	49,979	50,479	1.50E-05	1.39E-05	1.48E-05	1.000
FW.PTM.**8f**	20,000	2	10	500	100,000	80,371	80,871	2.48E-06	2.35E-06	2.48E-06	1.000
FW.PTM.**8g**	20,000	2	20	500	100,000	99,941	100,000	6.78E-07	7.47E-07	7.02E-07	1.000
FW.PTM.**8h**	20,000	2	30	500	100,000	40,482	40,982	4.29E-07	4.09E-07	4.28E-07	1.000
5개 입력 데이터($b,\ d,\ \rho_s,\ f'_c,\ f_y$) - 1개 출력 데이터($b/d$) - PTM											
FW.PTM.**9a**	20,000	1	5	500	100,000	44,579	45,079	8.33E-06	9.45E-06	8.59E-06	1.000
FW.PTM.**9b**	20,000	1	10	500	100,000	38,564	39,064	8.74E-07	9.04E-07	8.95E-07	1.000
FW.PTM.**9c**	20,000	1	20	500	100,000	99,980	100,000	8.13E-07	8.62E-07	8.23E-07	1.000
FW.PTM.**9d**	20,000	1	30	500	100,000	99,964	100,000	1.38E-06	1.32E-06	1.36E-06	1.000
FW.PTM.**9e**	20,000	2	5	500	100,000	88,217	88,717	1.07E-07	1.08E-07	1.07E-07	1.000
FW.PTM.**9f**	20,000	2	10	500	100,000	54,782	54,832	1.93E-08	2.15E-08	1.97E-08	1.000
FW.PTM.**9g**	20,000	2	20	500	100,000	54,625	55,125	1.15E-08	1.28E-08	1.21E-08	1.000
FW.PTM.**9h**	20,000	2	30	500	100,000	31,950	32,450	1.34E-08	1.37E-08	1.36E-08	1.000

☐ 테스트 MSE에 기반한 최적 학습

[표 5.4.2] 순방향 설계용 학습 정확도 (이이서)

(c) CRS 학습을 위한 입력 데이터 선택

(1) 입력 데이터 특징이 학습에 미치는 영향에 기반한 선택

특징에 기반한 입력 데이터									
	b (mm)	d (mm)	ρ_s	$f_c{}'$ (MPa)	f_y (MPa)	b/d	ε_s	c/d	M_n (kN·m)
b/d	13.70	10.92	0.00	0.00	0.00		0.00	0.00	0.00
ε_s	0.00	0.00	0.00	0.00	0.00	0.00		12.13	0.00
c/d	0.00	0.00	0.00	0.00	1.19	0.00	15.31		0.00
M_n (kN·m)	5.99	6.23	6.20	1.87	4.07	2.57	0.00	0.00	

(2) CRS 설계 결과

순방향 설계 5 개 입력 데이터(b, d, ρ_s, f_c', f_y) – 4 개 출력 데이터(M_n, ε_s, c/d, b/d)											
인공신경망 종류	데이터 개수	사용된 은닉층 개수	사용된 뉴런 개수	검증 check	지정된 Epoch	최적 Epoch	종료 Epoch	학습 MSE	검증 MSE	테스트	최적 R
5 개 입력 데이터(b, d, ρ_s, f_c', f_y) - 1 개 출력 데이터(b/d) - CRS											
FW.PTM.**9g**	20,000	2	20	500	100,000	54,625	55,125	1.15E-08	1.28E-08	1.21E-08	1.000
6 개 입력 데이터(b, d, ρ_s, f_c', f_y, b/d) - 1 개 출력 데이터(ε_s) - CRS											
FW.CRS.**7a**	20,000	2	5	500	100,000	70,930	71,430	1.72E-05	1.62E-05	1.68E-05	1.000
FW.CRS.**7b**	20,000	2	10	500	100,000	99,716	100,000	1.53E-06	1.73E-06	1.54E-06	1.000
FW.CRS.**7c**	20,000	2	20	500	100,000	99,666	100,000	1.21E-07	1.39E-07	1.24E-07	1.000
FW.CRS.**7d**	20,000	2	30	500	100,000	28,895	29,395	8.07E-07	1.03E-06	8.59E-07	1.000
7 개 출력 데이터(b, d, ρ_s, f_c', f_y, ε_s, b/d) - 1 개 출력 데이터(c/d) - CRS											
FW.CRS.**8a**	20,000	2	5	500	100,000	35,265	35,367	6.31E-08	6.25E-08	6.46E-08	1.000
FW.CRS.**8b**	20,000	2	10	500	100,000	30,151	30,211	1.75E-08	1.88E-08	1.77E-08	1.000
FW.CRS.**8c**	20,000	2	20	500	100,000	50,943	51,003	1.50E-08	1.84E-08	1.57E-08	1.000
FW.CRS.**8d**	20,000	2	30	500	100,000	63,937	64,437	8.93E-09	8.75E-09	9.22E-09	1.000
8 개 출력 데이터(b, d, ρ_s, f_c', f_y, ε_s, c/d, b/d) - 1 개 출력 데이터(M_n) - CRS											
FW.CRS.**6a**	20,000	2	5	500	100,000	38,479	38,979	2.47E-06	2.61E-06	2.52E-06	1.000
FW.CRS.**6b**	20,000	2	10	500	100,000	92,055	92,555	1.09E-07	1.17E-07	1.15E-07	1.000
FW.CRS.**6c**	20,000	2	20	500	100,000	45,542	46,042	3.04E-08	3.43E-08	3.21E-08	1.000
FW.CRS.**6d**	20,000	2	30	500	100,000	40,809	41,309	2.26E-08	2.40E-08	2.41E-08	1.000

붉은색 데이터는 선학습된 후 입력부에 추가되는 입력 데이터임

☐ 테스트 MSE에 기반한 최적 학습

(2) 설계 결과의 검증

본 절에서는 보춤(d)의 빅데이터 설계 범위가 설계 정확도에 미치는 영향을 알아보았다. 표 5.3.3(a)-(4)에 기술되어 있듯이, 보춤(d)의 빅데이터 생성 범위는 300mm에서 1500mm이고, 표 5.4.3(a), (b), (c)에는 각각 250mm × 500mm, 400mm × 800mm, 1000mm × 2000mm 보 단면에 대한 순방향 설계 정확도가 도출되어 있다. 보춤(d)이 빅데이터 생성 범위 내에서 학습되고 설계된 표 5.4.3(a)와 표 5.4.3(b)의 250mm × 500mm 및 400mm × 800mm 단면 설계에서는 CRS에 의한 순방향 설계 정확도가 가장 우수하였으나, TED, PTM에 의한 설계에서도 실제 설계에서 사용 가능한 정도의 설계 오차가 도출되었다. 그러나 보춤(d)이 빅데이터 생성 범위 외에서 학습되고 설계된 표 5.4.3(c)의 1000mm × 2000mm 단면에서는 비교적 큰 설계 오차가 도출되었다. 이때 인공신경망은 제한적이기는 하나 보외법^extrapolation^을 통해서 학습을 수행하는 것을 알 수 있고, 학습되는 데이터가 빅데이터의 생성 구간에서 그리 멀지 않으면 학습 및 설계 정확도는 어느 정도 신뢰할 수 있는 것을 알 수 있다. 특이할 만한 사실은 보외법^extrapolation^을 통해서 학습이 수행되는 경우에는, 일반적으로 학습 정확도가 약한 TED와 PTM이 CRS보다 우수한 학습 및 설계 결과를 도출할 수 있다는 사실이다. 이는 보외법^extrapolation^ 기반 학습이 일정한 학습 규칙을 따르지 않을 수도 있다는 의미로도 해석될 수 있다. 하지만 빅데이터 생성 범위 이외의 학습은 신뢰할 수 없으므로 유의하여야 한다. 그림 5.4.1은 5개의 입력 파라미터(b, d, ρ_s, f_c', f_y)에 대해서 TED, PTM, CRS에 기반하여 구한 압축 철근비(ρ_s)와 공칭모멘트(M_n), 철근 변형률(ε_s)의 설계 차트를 도시하고 있다. 일반 구조설계 프로그램의 결과에 비교하여 무시 가능한 설계 오차가 도출되었다. 압축 철근비(ρ_s)가 증가할수록 공칭모멘트(M_n)는 증가하지만 인장 철근 변형률(ε_s)은 감소하는 것을 알 수 있다. ACI 318-19 규준대로 TED, PTM, CRS에 기반하여 구해진 최소 철근 변형률(ε_s)보다 크게 구해졌다.

[표 5.4.3] 순방향 설계 결과 (이어서)

(a) TED, PTM, CRS 기반 250×500mm 단면의 설계 결과; 설계 정확도 순서

(CRS 〉 PTM 〉 TED)

TED 방법

5개 입력 데이터(b, d, ρ_s, f'_c, f_y) – 4개 출력 데이터($M_n, \varepsilon_s, c/d, b/d$)					
파리미터		학습 된 인공신경망	ANN 결과	결과 검증	오차
1	b (mm)		250.0	250.0	0.00%
2	d (mm)		500.0	500.0	0.00%
3	ρ_s		0.010	0.010	0.00%
4	f'_c (MPa)		40	40	0.00%
5	f_y (MPa)		400	400	0.00%
6	M_n (kN·m)	FW.TED. h	247.2	235.3	4.80%
7	ε_s	FW.TED. h	0.016485	0.016489	-0.02%
8	c/d	FW.TED. h	0.15388	0.15393	-0.04%
9	b/d	FW.TED. h	0.5001	0.5000	0.01%

5 개 입력 데이터
4 개 출력 데이터
5개 구조설계 입력 데이터
4개 구조설계 출력 데이터
학습된 인공신경망은 표 [5.4.2] 참조

PTM 방법

5개 입력 데이터(b, d, ρ_s, f'_c, f_y) – 4개 출력 데이터($M_n, \varepsilon_s, c/d, b/d$)					
파리미터		학습 된 인공신경망	ANN 결과	결과 검증	오차
1	b (mm)		250.0	250.0	0.00%
2	d (mm)		500.0	500.0	0.00%
3	ρ_s		0.010	0.010	0.00%
4	f'_c (MPa)		40	40	0.00%
5	f_y (MPa)		400	400	0.00%
6	M_n (kN·m)	FW.PTM. 6 g	231.5	235.3	-1.64%
7	ε_s	FW.PTM. 7 h	0.016491	0.016489	0.01%
8	c/d	FW.PTM. 8 h	0.15388	0.15393	-0.03%
9	b/d	FW.PTM. 9 g	0.5002	0.5000	0.03%

5 개 입력 데이터
4 개 출력 데이터
5개 구조설계 입력 데이터
4개 구조설계 출력 데이터
학습된 인공신경망은 표 [5.4.2] 참조

CRS 방법

5개 입력 데이터(b, d, ρ_s, f'_c, f_y) – 4개 출력 데이터($M_n, \varepsilon_s, c/d, b/d$)					
파리미터		학습 된 인공신경망	ANN 결과	결과 검증	오차
1	b (mm)		250.0	250.0	0.00%
2	d (mm)		500.0	500.0	0.00%
3	ρ_s		0.010	0.010	0.00%
4	f'_c (MPa)		40	40	0.00%
5	f_y (MPa)		400	400	0.00%
6	M_n (kN·m)	FW.CRS. 6 d	234.7	235.3	-0.24%
7	ε_s	FW.CRS. 7 c	0.016494	0.016489	0.03%
8	c/d	FW.CRS. 8 d	0.15392	0.15393	-0.01%
9	b/d	FW.PTM 9 g	0.5001	0.5000	0.02%

CRS 학습 순서: $b/d \rightarrow \varepsilon_s \rightarrow c/d \rightarrow M_n$

5 개 입력 데이터
4 개 출력 데이터
5개 구조설계 입력 데이터
4개 구조설계 출력 데이터
학습된 인공신경망은 표 [5.4.2] 참조

[표 5.4.3] 순방향 설계 결과 (이어서)

(b) TED, PTM, CRS 기반 400×800mm 단면의 설계 결과; 설계 정확도 순서

(세 방법 설계 정확도는 유사함)

TED 방법

5개 입력 데이터(b, d, ρ_s, f_c', f_y) – 4개 출력 데이터($M_n, \varepsilon_s, c/d, b/d$)				
파라미터	학습 된 인공신경망	ANN 결과	결과 검증	오차
1 b (mm)		400.0	400.0	0.00%
2 d (mm)		800.0	800.0	0.00%
3 ρ_s		0.010	0.010	0.00%
4 f_c' (MPa)		40	40	0.00%
5 f_y (MPa)		400	400	0.00%
6 M_n (kN·m)	FW.TED. h	949.1	963.8	-1.54%
7 ε_s	FW.TED. h	0.016491	0.016489	0.01%
8 c/d	FW.TED. h	0.15386	0.15393	-0.04%
9 b/d	FW.TED. h	0.4997	0.5000	-0.06%

5 개 입력 데이터
4 개 출력 데이터
5개 구조설계 입력 데이터
4개 구조설계 출력 데이터
학습된 인공신경망은 표 [5.4.2] 참조

PTM 방법

5개 입력 데이터(b, d, ρ_s, f_c', f_y) – 4개 출력 데이터($M_n, \varepsilon_s, c/d, b/d$)				
파라미터	학습 된 인공신경망	ANN 결과	결과 검증	오차
1 b (mm)		400.0	400.0	0.00%
2 d (mm)		800.0	800.0	0.00%
3 ρ_s		0.010	0.010	0.00%
4 f_c' (MPa)		40	40	0.00%
5 f_y (MPa)		400	400	0.00%
6 M_n (kN·m)	FW.PTM. 6 g	963.4	963.8	-0.04%
7 ε_s	FW.PTM. 7 h	0.016491	0.016489	0.01%
8 c/d	FW.PTM. 8 h	0.15386	0.15393	-0.05%
9 b/d	FW.PTM. 9 g	0.5000	0.5000	-0.01%

5 개 입력 데이터
4 개 출력 데이터
5개 구조설계 입력 데이터
4개 구조설계 출력 데이터
학습된 인공신경망은 표 [5.4.2] 참조

CRS 방법

5개 입력 데이터(b, d, ρ_s, f_c', f_y) – 4개 출력 데이터($M_n, \varepsilon_s, c/d, b/d$)				
파라미터	학습 된 인공신경망	ANN 결과	결과 검증	오차
1 b (mm)		400.0	400.0	0.00%
2 d (mm)		800.0	800.0	0.00%
3 ρ_s		0.010	0.010	0.00%
4 f_c' (MPa)		40	40	0.00%
5 f_y (MPa)		400	400	0.00%
6 M_n (kN·m)	FW.CRS. 6 d	961.9	963.8	-0.19%
7 ε_s	FW.CRS. 7 c	0.016497	0.016489	0.04%
8 c/d	FW.CRS. 8 d	0.15388	0.15393	-0.03%
9 b/d	FW.PTM 9 g	0.5001	0.5000	0.02%

CRS 학습 순서: $b/d \rightarrow \varepsilon_s \rightarrow c/d \rightarrow M_n$

5 개 입력 데이터
4 개 출력 데이터
5개 구조설계 입력 데이터
4개 구조설계 출력 데이터
학습된 인공신경망은 표 [5.4.2] 참조

[표 5.4.3] 순방향 설계 결과

(c) TED, PTM, CRS 기반 1000×2000mm 단면의 설계 결과; 설계 정확도 순서

(CRS < PTM ~ TED)

TED 방법

5개 입력 데이터(b, d, ρ_s, f'_c, f_y) – 4개 출력 데이터($M_n, \varepsilon_s, c/d, b/d$)					
	파라미터	학습 된 인공신경망	ANN 결과	결과 검증	오차
1	b (mm)		1000.0	1000.0	0.00%
2	d (mm)		2000.0	2000.0	0.00%
3	ρ_s		0.010	0.010	0.00%
4	f'_c (MPa)		40	40	0.00%
5	f_y (MPa)		400	400	0.00%
6	M_n (kN·m)	FW.TED. h	14920.0	15058.8	-0.93%
7	ε_s	FW.TED. h	0.016512	0.016489	0.14%
8	c/d	FW.TED. h	0.15386	0.15393	-0.04%
9	b/d	FW.TED. h	0.5021	0.5000	0.42%

5 개 입력 데이터
4 개 출력 데이터
5개 구조설계 입력 데이터
4개 구조설계 출력 데이터
학습된 인공신경망은 표 [5.4.2] 참조

PTM 방법

5개 입력 데이터(b, d, ρ_s, f'_c, f_y) – 4개 출력 데이터($M_n, \varepsilon_s, c/d, b/d$)					
	파라미터	학습 된 인공신경망	ANN 결과	결과 검증	오차
1	b (mm)		1000.0	1000.0	0.00%
2	d (mm)		2000.0	2000.0	0.00%
3	ρ_s		0.010	0.010	0.00%
4	f'_c (MPa)		40	40	0.00%
5	f_y (MPa)		400	400	0.00%
6	M_n (kN·m)	FW.PTM. 6 g	15120.6	15058.8	0.41%
7	ε_s	FW.PTM. 7 h	0.016525	0.016489	0.22%
8	c/d	FW.PTM. 8 h	0.15328	0.15393	-0.43%
9	b/d	FW.PTM. 9 g	0.5073	0.5000	1.45%

5 개 입력 데이터
4 개 출력 데이터
5개 구조설계 입력 데이터
4개 구조설계 출력 데이터
학습된 인공신경망은 표 [5.4.2] 참조

CRS 방법

5개 입력 데이터(b, d, ρ_s, f'_c, f_y) – 4개 출력 데이터($M_n, \varepsilon_s, c/d, b/d$)					
	파라미터	학습 된 인공신경망	ANN 결과	결과 검증	오차
1	b (mm)		1000.0	1000.0	0.00%
2	d (mm)		2000.0	2000.0	0.00%
3	ρ_s		0.010	0.010	0.00%
4	f'_c (MPa)		40	40	0.00%
5	f_y (MPa)		400	400	0.00%
6	M_n (kN·m)	FW.CRS. 6 d	14321.9	15058.8	-5.15%
7	ε_s	FW.CRS. 7 c	0.016481	0.016489	-0.05%
8	c/d	FW.CRS. 8 d	0.15419	0.15393	0.17%
9	b/d	FW.PTM 9 g	0.4919	0.5000	-1.65%

CRS 학습 순서: $b/d \rightarrow \varepsilon_s \rightarrow c/d \rightarrow M_n$

5 개 입력 데이터
4 개 출력 데이터
5개 구조설계 입력 데이터
4개 구조설계 출력 데이터
학습된 인공신경망은 표 [5.4.2] 참조

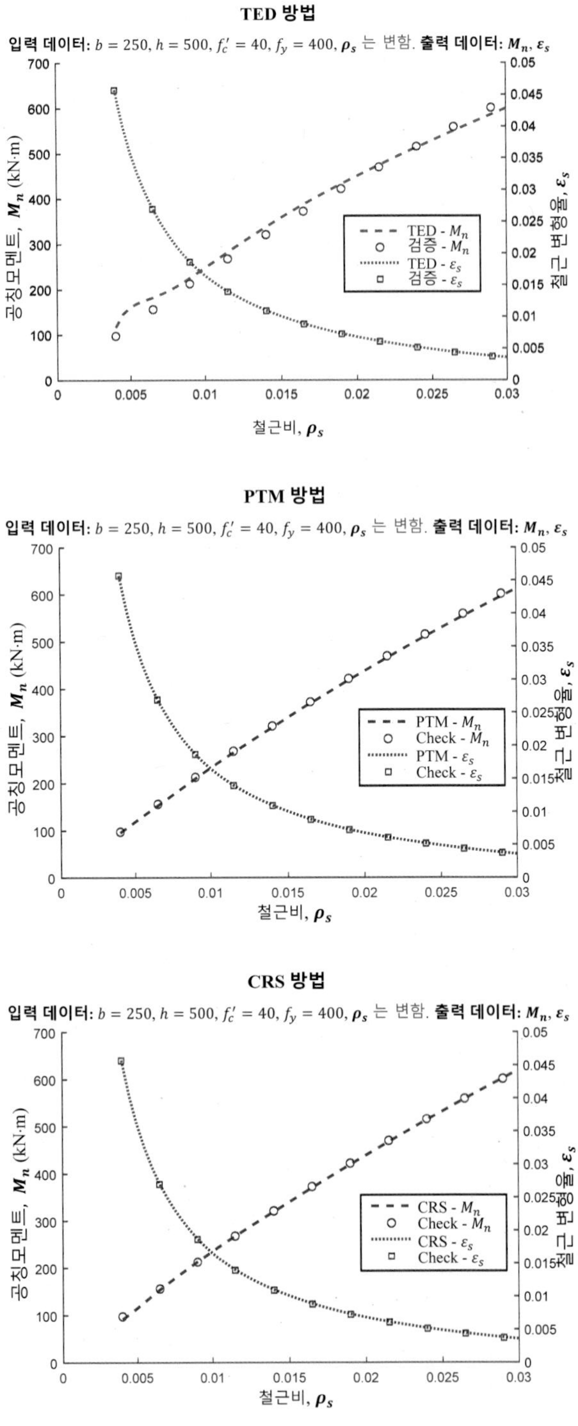

[그림 5.4.1] TED, PTM, CRS에 기반한 설계 차트; 압축 철근 비(ρ_s), 공칭모멘트(M_n), 철근 변형률(ε_s)

5.4.3.2 역방향 설계 검증

(1) 역방향 설계 시나리오 #1

표 5.4.4(a)에 기술되어 있는 역설계 시나리오 #1을 기반으로 학습과 설계 방법 및 결과를 알아보도록 한다. 표 5.4.1(a)의 역설계 시나리오 #1은 5개의 입력 파라미터(표 5.4.5의 1~2번; b, d와 4~6번; f_c', f_y, M_n)에 대하여 4개의 출력 파라미터(표 5.4.5의 3번; ρ_s와 7~9번; ε_s, c/d, b/d)를 구하는 것이다. 표 5.4.4(a)와 (b)에는 전체 출력 파라미터들에 대한 PTM과 CRS의 직접적인 학습 결과를 보여주고 있다. 표 5.4.4(b)는 CRS에 의한 직접적인 학습 결과를 보여주고 있는데, 이미 인공신경망의 학습에 사용된 입력 파라미터는 다음 파라미터의 학습 시 순차적으로 활용되고 있다. 즉 매핑된 철근 비(ρ_s)는 다음 파라미터(c/d)의 입력 파라미터로 사용되고 있다. c/d는 ρ_s와 같은 출력부에 속해 있으므로 CRS 방법이 아니면 c/d는 ρ_s의 입력 파라미터feature(인덱스)로 사용될 수 없을 것이다. 표 5.4.4(a)의 PTM에 의한 학습 결과는 표 5.4.4(b)의 CRS와 표 5.4.4(c)의 역대입 방법의 학습보다는 다소 못 미치는 학습 정확도를 보이고 있으나, 직접 학습 방법인 PTM과 CRS 방법 역시 설계에 적용하기에는 문제없는 정확도를 도출하였다. 그러나 표 5.4.4(c)의 역대입 방법이 가장 우수한 학습 정확도를 도출하였다. 역대입 방법은 표 5.4.4(b)의 CRS 방법과 유사한 학습 정확도를 보이고 있으나, 표 5.4.5에 보이듯이 역대입 방법이 CRS 방법보다 다소 정확한 설계 정확도를 도출하였다. 특히 역대입 방법은 프리스트레싱된 보와 같이 파라미터가 방대해지는 경우에는 탁월한 학습 능력을 도출하고 있다. CRS와 PTM은 순방향 설계 시에는 유사한 학습 결과[표 5.4.2(b), (c)]를 도출했으나, 역방향 설계 시에는 CRS가 PTM보다 훨씬 우수한 학습 결과를 도출[표 5.4.4(a), (b)]하는 것을 보여주고 있다. 간접 방법인 역대입 방법의 1단계에서는 역입력 파라미터인 공칭모멘트nominal capacity of a beam(M_n)에 대응하는 역출력 파라미터인 철근 비(ρ_s)를 PTM에 기반하여 구하였다. 2단계에서는 1단계에서 구해진 역출력 파라미터였던 철근 비(ρ_s)를 포함하는 5개의 순방향 입력 파라미터(표 5.4.5의 초록색 박스 1~5번; b, d, ρ_s, f_c', f_y)로부터 순방향 출력 파라미터(표 5.4.5의 하늘색 박스 7~9번; ε_s, c/d, b/d)를 CRS에 기반하여 구하는 것이다. 표 5.4.4의 학습조합에서 가장 우수한 학습 정확도는 붉은색 박스로 표시하였다.

즉 설계 시나리오 #1의 2단계에서는 5개의 순방향 입력 파라미터(표 5.4.5의 초록색 박스 1~5번; b, d, ρ_s, f_c', f_y)에 대해 나머지 3개의 출력 파라미터(표 5.4.5의 하늘색 박스 7~9번; $\varepsilon_s, {}^c/_d, {}^b/_d$)를 구하는 것이다. 공칭모멘트($M_n$)는 설계자가 이미 1단계에서 역입력 파라미터로 선지정한 값이므로 2단계에서 다시 구해지면 비교하여 설계를 검증할 수 있다.

표 5.4.5(a)-(3)의 화살표 방향과 표 5.4.4(c)의 2단계에서 ${}^b/_d$를 입력 데이터로 하여 CRS 기반으로 철근 변형률(ε_s)을 예측하였는데, 테스트 MSE 값이 [1.24E-07]로 구해졌고 표 5.4.4(a)의 PTM에서 구해진 값인 [7.56E-05]와 비교하여 우수한 결과를 주었다.

표 5.4.5는 500, 1000, 2200kNm의 공칭모멘트(M_n)에 대해서 도출된 설계 결과를 보여주고 있다. 표 5.4.5(a)-(3), (b)-(3), (c)-(3)의 역대입 방법 1단계에서 입력부에 선지정된 입력 파라미터(표 5.4.5의 분홍색 박스 6번, M_n)에 대해서 역출력 파라미터(표 5.4.5의 파란색 박스 3번, ρ_s)를 계산하였다. 역출력 파라미터가 1개일 경우에는 PTM이나 CRS를 이용하여 출력 파라미터를 구할 수 있다. 역대입 방법의 2단계인 순방향 설계에서는 나머지 출력 파라미터(표 5.4.5의 하늘색 박스 7~9번; $\varepsilon_s, {}^c/_d, {}^b/_d$)를 계산한다. 2단계는 순방향 설계 과정이므로 일반적인 구조설계 프로그램을 사용할 수 있다. 본 예제의 BS-1단계에서는 PTM 방법을 사용하였고, BS-2단계에서는 CRS 방법을 사용하였다. 이때 사용되는 입력 파라미터는 역출력 파라미터인 철근 비(표 5.4.5의 파란색 박스 3번, ρ_s)를 포함하여 5개의 입력 파라미터(표 5.4.5의 초록색 박스 1~5번; b, d, ρ_s, f_c', f_y)이다.

표 5.4.5(a)-(3), (b)-(3), (c)-(3)의 가장 오른쪽에는 제시된 인공신경망 기반의 설계 정확도는 기존의 구조해석 기반 프로그램으로 검증되었고 설계 결과의 정확도를 제시하였다. 1단계에서 역입력한 분홍색 박스 내의 공칭모멘트(M_n)는 2단계에서 다시 계산되므로 검증이 유효하다. 5.4.3.2절에서 기술하는 모든 역방향 설계에 대해서 실무에 적용될 수 있는 우수한 설계 결과가 도출되었다. 직접 방식인 PTM과 CRS 방법에 의해서도 실제 설계에 적용될 수 있는 설계 정확도가 구해졌으나 최고의 설계 정확도는 간접 방식인 역대입 방법에 의해 도출되었다. 역대입 방법 2단계는 순방향 설계 과정이므로 인공신경망 또는 기존의 구조설계 프로그램 모두를 이용할 수 있으므로 신속하면서도 정확한 설계 결과를 도출할 수 있다.

[표 5.4.4] 직접 방법(PTM, CRS)과 BS 방법에 의한 학습 결과 비교; 역방향 설계 시나리오 #1 (이어서)

(a) PTM에 기반한 역방향 시나리오 #1의 학습 결과

역방향 설계 #1

5 개 입력 데이터 (b, d, f'_c, f_y, M_n) – 4 개 출력 데이터 ($\rho_s, \varepsilon_s, c/d, b/d$)

인공신경망 종류	데이터 갯수	사용된 은닉층 갯수	사용된 뉴런 갯수	검증 check	지정된 Epoch	최적 Epoch	종료 Epoch	학습 MSE	검증 MSE	테스트	최적 R
5 개 입력 데이터 (b, d, f'_c, f_y, M_n) - 1 개 출력 데이터 (ρ_s) - PTM											
R1.PTM.**3a**	20,000	2	5	500	100,000	37,621	38,121	8.53E-04	8.63E-04	8.51E-04	0.998
R1.PTM.**3b**	20,000	2	10	500	100,000	67,153	67,653	1.14E-04	1.31E-04	1.20E-04	1.000
R1.PTM.**3c**	20,000	2	20	500	100,000	27,726	28,226	3.38E-05	3.40E-05	3.51E-05	1.000
R1.PTM.**3d**	20,000	2	30	500	100,000	19,670	20,170	4.82E-05	5.18E-05	4.99E-05	1.000
5 개 입력 데이터 (b, d, f'_c, f_y, M_n) - 1 개 출력 데이터 (ε_s) - PTM											
R1.PTM.**7a**	20,000	2	5	500	100,000	38,815	39,315	3.20E-03	3.00E-03	3.19E-03	0.988
R1.PTM.**7b**	20,000	2	10	500	100,000	44,926	45,426	7.37E-05	8.60E-05	7.56E-05	1.000
R1.PTM.**7c**	20,000	2	20	500	100,000	8,006	8,506	1.83E-04	3.00E-04	1.97E-04	0.999
R1.PTM.**7d**	20,000	2	30	500	100,000	6,932	7,432	1.67E-04	1.32E-04	1.70E-04	0.999
5 개 입력 데이터 (b, d, f'_c, f_y, M_n) - 1 개 출력 데이터 (c/d) - PTM											
R1.PTM.**8a**	20,000	2	5	500	100,000	16,808	17,308	1.03E-02	1.01E-02	1.03E-02	0.975
R1.PTM.**8b**	20,000	2	10	500	100,000	45,620	46,120	1.59E-04	1.49E-04	1.60E-04	1.000
R1.PTM.**8c**	20,000	2	20	500	100,000	11,276	11,776	8.99E-05	8.88E-05	1.04E-04	1.000
R1.PTM.**8d**	20,000	2	30	500	100,000	16,334	16,834	4.75E-05	5.89E-05	5.04E-05	1.000
5 개 입력 데이터 (b, d, f'_c, f_y, M_n) - 1 개 출력 데이터 (b/d) - PTM											
R1.PTM.**9a**	20,000	2	5	500	100,000	99,990	100,000	9.83E-08	9.76E-08	9.74E-08	1.000
R1.PTM.**9b**	20,000	2	10	500	100,000	63,129	63,154	1.56E-08	1.67E-08	1.58E-08	1.000
R1.PTM.**9c**	20,000	2	20	500	100,000	32,056	32,556	1.80E-08	1.90E-08	1.81E-08	1.000
R1.PTM.**9d**	20,000	2	30	500	100,000	25,916	26,416	6.51E-08	7.21E-08	6.76E-08	1.000

☐ 테스트 MSE에 기반한 최적 학습

[표 5.4.4] 직접 방법(PTM, CRS)과 BS 방법에 의한 학습 결과 비교; 역방향 설계 시나리오 #1 (이어서)

(b) CRS에 기반한 역방향 시나리오 #1의 학습 결과

역방향 설계 #1 5개 입력 데이터(b, d, f'_c, f_y, M_n) – 4개 출력 데이터($\rho_s, \varepsilon_s, c/d, b/d$)											
인공신경망 종류	데이터 개수	사용된 은닉층 개수	사용된 뉴런 개수	검증 check	지정된 Epoch	최적 Epoch	종료 Epoch	학습 MSE	검증 MSE	테스트	최적 R
5개 입력 데이터(b, d, f'_c, f_y, M_n) - 1개 출력 데이터(b/d) - PTM											
R1.PTM.9b	20,000	2	10	500	100,000	63,129	63,154	1.56E-08	1.67E-08	1.58E-08	1.000
6개 입력 데이터($b, d, f'_c, f_y, M_n, b/d$) - 1개 출력 데이터($\rho_s$) - CRS											
R1.CRS.3a	20,000	2	5	500	100,000	16,972	17,472	2.28E-03	2.19E-03	2.28E-03	0.996
R1.CRS.3b	20,000	2	10	500	100,000	71,581	72,081	8.56E-05	8.20E-05	8.84E-05	1.000
R1.CRS.3c	20,000	2	20	500	100,000	46,480	46,980	2.45E-05	2.59E-05	2.58E-05	1.000
R1.CRS.3d	20,000	2	30	500	100,000	4,987	5,487	1.24E-04	1.88E-04	1.34E-04	1.000
7개 입력 데이터($b, d, \rho_s, f'_c, f_y, M_n, b/d$) - 1개 출력 데이터($c/d$) - CRS											
R1.CRS.8a	20,000	2	5	500	100,000	99,978	100,000	8.55E-06	9.14E-06	8.76E-06	1.000
R1.CRS.8b	20,000	2	10	500	100,000	88,841	89,341	3.07E-06	3.76E-06	3.23E-06	1.000
R1.CRS.8c	20,000	2	20	500	100,000	17,568	18,068	1.71E-06	1.80E-06	1.79E-06	1.000
R1.CRS.8d	20,000	2	30	500	100,000	25,880	26,380	1.81E-06	2.06E-06	1.87E-06	1.000
8개 입력 데이터($b, d, \rho_s, f'_c, f_y, M_n, c/d, b/d$) - 1개 출력 데이터($\varepsilon_s$) - CRS											
R1.CRS.7a	20,000	2	5	500	100,000	11,559	11,564	2.07E-08	4.10E-08	2.44E-08	1.000
R1.CRS.7b	20,000	2	10	500	100,000	19,286	19,420	9.03E-09	1.11E-08	9.46E-09	1.000
R1.CRS.7c	20,000	2	20	500	100,000	26,158	26,658	1.40E-08	1.93E-08	1.52E-08	1.000
R1.CRS.7d	20,000	2	30	500	100,000	35,601	35,727	7.33E-09	8.23E-09	8.08E-09	1.000

붉은색 데이터는 선학습된 후 입력부에 추가되는 입력 데이터임

테스트 MSE에 기반한 최적 학습

[표 5.4.4] 직접 방법(PTM, CRS)과 BS 방법에 의한 학습 결과 비교; 역방향 설계 시나리오 #1

(c) 역대입(BS) 방법에 기반한 역방향 시나리오 #1의 학습 결과

역방향 설계 #1 5개 입력 데이터(b, d, f'_c, f_y, M_n) – 4개 출력 데이터($\rho_s, \varepsilon_s, c/d, b/d$)											
인공신경망 종류	데이터 개수	사용된 은닉층 개수	사용된 뉴런 개수	검증 check	지정된 Epoch	최적 Epoch	종료 Epoch	학습 MSE	검증 MSE	테스트	최적 R
STEP 1: 역설계											
5개 입력 데이터(b, d, f'_c, f_y, M_n) - 1개 출력 데이터(ρ_s) - PTM											
R1.PTM.**3a**	20,000	2	5	500	100,000	37,621	38,121	8.53E-04	8.63E-04	8.51E-04	0.998
R1.PTM.**3b**	20,000	2	10	500	100,000	67,153	67,653	1.14E-04	1.31E-04	1.20E-04	1.000
R1.PTM.**3c**	20,000	2	20	500	100,000	27,726	28,226	3.38E-05	3.40E-05	3.51E-05	1.000
R1.PTM.**3d**	20,000	2	30	500	100,000	19,670	20,170	4.82E-05	5.18E-05	4.99E-05	1.000
STEP 2: 순방향 설계											
5개 입력 데이터(b, d, ρ_s, f'_c, f_y) - 1개 출력 데이터(b/d) - PTM											
FW.PTM.**9g**	20,000	2	20	500	100,000	54,625	55,125	1.15E-08	1.28E-08	1.21E-08	1.000
6개 입력 데이터($b, d, \rho_s, f'_c, f_y, b/d$) - 1개 출력 데이터($\varepsilon_s$) - CRS											
FW.CRS.**7c**	20,000	2	20	500	100,000	99,666	100,000	1.21E-07	1.39E-07	1.24E-07	1.000
7개 입력 데이터($b, d, \rho_s, f'_c, f_y, \varepsilon_s, b/d$) - 1개 출력 데이터($c/d$) - CRS											
FW.CRS.**8d**	20,000	2	30	500	100,000	63,937	64,437	8.93E-09	8.75E-09	9.22E-09	1.000

[표 5.4.5] 직접 방법(PTM, CRS)과 간접(역대입, BS) 방법에 의한 설계 결과 비교; 역방향 설계 시나리오 #1 (이어서)

(a) 공칭모멘트 강도(M_n) = 500kN·m

(1) 직접 방법(PTM)

5개 입력 데이터(b, d, f'_c, f_y, M_n) – 4개 출력 데이터($\rho_s, \varepsilon_s, c/d, b/d$)					
	파라미터	학습된 인공신경망	인공신경망 결과	결과 검증	오차
1	b (mm)		500.0	500.0	0.00%
2	d (mm)		700.0	700.0	0.00%
3	ρ_s	R1.PTM. 3 c	0.0053	0.0053	0.00%
4	f'_c (MPa)		40	40	0.00%
5	f_y (MPa)		400	400	0.00%
6	M_n (kN·m)		500.0	506.9	-1.39%
7	ε_s	R1.PTM. 7 b	0.0337	0.0335	0.49%
8	c/d	R1.PTM. 8 d	0.0832	0.0822	1.25%
9	b/d	R1.PTM. 9 b	0.7142	0.7143	-0.01%

- 5 개입력 데이터
- 4 개 출력 데이터
- 5개 구조설계 입력 데이터
- 4개 구조설계 출력 데이터

학습된 인공신경망은 표 [5.4.4a] 참조

(2) 직접 방법(CRS)

5개 입력 데이터(b, d, f'_c, f_y, M_n) – 4개 출력 데이터($\rho_s, \varepsilon_s, c/d, b/d$)					
	파라미터	학습된 인공신경망	인공신경망 결과	결과 검증	오차
1	b (mm)		500.0	500.0	0.00%
2	d (mm)		700.0	700.0	0.00%
3	ρ_s	R1.CRS. 3 c	0.0053	0.0053	0.00%
4	f'_c (MPa)		40	40	0.00%
5	f_y (MPa)		400	400	0.00%
6	M_n (kN·m)		500.0	506.4	-1.28%
7	ε_s	R1.CRS. 7 c	0.03348	0.03353	-0.17%
8	c/d	R1.CRS. 8 c	0.0822	0.0821	0.15%
9	b/d	R1.PTM. 9 b	0.7142	0.7143	-0.01%

CRS 학습 순서: $b/d \to \rho_s \to c/d \to \varepsilon_s$

- 5 개 입력 데이터
- 4 개 출력 데이터
- 5개 구조설계 입력 데이터
- 4개 구조설계 출력 데이터

학습된 인공신경망은 표 [5.4.4b] 참조

(3) 간접 방법(BS) - (Step1: PTM – Step2: CRS)

5개 입력 데이터(b, d, f'_c, f_y, M_n) – 4개 출력 데이터($\rho_s, \varepsilon_s, c/d, b/d$)						
	파라미터	학습된 인공신경망	인공신경망 결과(BS)		결과 검증	오차
			Step 1	Step 2		
1	b (mm)		500.0	500.0	500.0	0.00%
2	d (mm)		700.0	700.0	700.0	0.00%
3	ρ_s	R1.PTM. 3 c	0.0053	0.0053	0.0053	0.00%
4	f'_c (MPa)		40	40	40	0.00%
5	f_y (MPa)		400	400	400	0.00%
6	M_n (kN·m)		500.0	-	506.9	-1.39%
7	ε_s	FW.CRS. 7 c	-	0.0335	0.0335	0.02%
8	c/d	FW.CRS. 8 d	-	0.0822	0.0822	-0.04%
9	b/d	FW.PTM. 9 g	-	0.7143	0.7143	0.01%

간접 (BS) 방법 :

***Step 1** (PTM 기반 역방향 네트워크): **4개의 정상 입력 파라미터**(b, d, f'_c, f_y) 와 1개의 역입력 파라미터(M_n) **를 기반으로 1개 역출력 파라미터(ρ_s)를 구한다.**

***Step 2** (CRS 기반 순방향 네트워크): 5개의 입력 파라미터 **(1 개의 역출력 및 4개의 정상입력 파라미터) 로 부터** 3개의 나머지 출력 파라미터를 구한다(ε_s, c/d, b/d). 2단계에서 사용 되는 학습 방법은 CRS (CRS 학습 순서는 $b/d \to \varepsilon_s \to c/d$ 임) 이다.

검증 방법: 5개의 입력 파라미터**를 기존 구조 설계 프로그램에 입력 하여 4개의 출력 파라미터를 구한 후** Step 2 에서 구한 3개의 출력 파라미터**와 비교 한다.**

학습된 인공신경망은 표 [5.4.4c] 참조

[표 5.4.5] 직접 방법(PTM, CRS)과 간접(역대입, BS) 방법에 의한 설계 결과 비교; 역방향 설계 시나리오 #1 (이어서)

(b) 공칭모멘트 강도(M_n) = 1000kN·m

(1) 직접 방법(PTM)

5개 입력 데이터(b, d, f'_c, f_y, M_n) – 4개 출력 데이터($\rho_s, \varepsilon_s, c/d, b/d$)					
	파라미터	학습된 인공신경망	인공신경망 결과	결과 검증	오차
1	b (mm)		500.0	500.0	0.00%
2	d (mm)		700.0	700.0	0.00%
3	ρ_s	R1.PTM. 3 c	0.0109	0.0109	0.00%
4	f'_c (MPa)		40	40	0.00%
5	f_y (MPa)		400	400	0.00%
6	M_n (kN·m)		1000.0	996.4	0.36%
7	ε_s	R1.PTM. 7 b	0.0147	0.0149	-1.37%
8	c/d	R1.PTM. 8 d	0.1689	0.1672	1.01%
9	b/d	R1.PTM. 9 b	0.7142	0.7143	-0.01%

5 개 입력 데이터
4 개 출력 데이터
5개 구조설계 입력 데이터
4개 구조설계 출력 데이터
학습된 인공신경망은 표 [5.4.4a] 참조

(2) 직접 방법(CRS)

5개 입력 데이터(b, d, f'_c, f_y, M_n) – 4개 출력 데이터($\rho_s, \varepsilon_s, c/d, b/d$)					
	파라미터	학습된 인공신경망	인공신경망 결과	결과 검증	오차
1	b (mm)		500.0	500.0	0.00%
2	d (mm)		700.0	700.0	0.00%
3	ρ_s	R1.CRS. 3 c	0.0110	0.0110	0.00%
4	f'_c (MPa)		40	40	0.00%
5	f_y (MPa)		400	400	0.00%
6	M_n (kN·m)		1000.0	1006.0	-0.60%
7	ε_s	R1.CRS. 7 c	0.01475	0.01476	-0.05%
8	c/d	R1.CRS. 8 c	0.1690	0.1689	0.04%
9	b/d	R1.PTM. 9 b	0.7142	0.7143	-0.01%

CRS 학습 순서: $b/d \rightarrow \rho_s \rightarrow c/d \rightarrow \varepsilon_s$

5 개 입력 데이터
4 개 출력 데이터
5개 구조설계 입력 데이터
4개 구조설계 출력 데이터
학습된 인공신경망은 표 [5.4.4b] 참조

(3) 간접 방법(BS) - (Step1: PTM – Step2: CRS)

5개 입력 데이터(b, d, f'_c, f_y, M_n) – 4개 출력 데이터($\rho_s, \varepsilon_s, c/d, b/d$)						
	파라미터	학습된 인공신경망	인공신경망 결과(BS)		결과 검증	오차
			Step 1	Step 2		
1	b (mm)		500.0	500.0	500.0	0.00%
2	d (mm)		700.0	700.0	700.0	0.00%
3	ρ_s	R1.PTM. 3 c	0.0109	0.0109	0.0109	0.00%
4	f'_c (MPa)		40	40	40	0.00%
5	f_y (MPa)		400	400	400	0.00%
6	M_n (kN·m)		1000.0	-	996.4	0.36%
7	ε_s	FW.CRS. 7 c	-	0.0150	0.0149	0.05%
8	c/d	FW.CRS. 8 d	-	0.1671	0.1672	-0.03%
9	b/d	FW.PTM. 9 g	-	0.7143	0.7143	0.00%

간접 (BS) 방법 :

***Step 1** (PTM 기반 역방향 네트워크): 4개의 정상 입력 파라미터(b, d, f'_c, f_y) 와 1개의 역입력 파라미터(M_n) **를 기반으로** 1개 역출력 파라미터(ρ_s)를 **구한다.**

***Step 2** (CRS 기반 순방향 네트워크): 5개의 입력 파라미터 (1 개의 역출력 및 4개의 정상입력 파라미터) 로 부터 3개의 나머지 출력 파라미터를 구한다($\varepsilon_s, c/d, b/d$). 2단계에서 사용 되는 학습 방법은 CRS (CRS 학습 순서는 $b/d \rightarrow \varepsilon_s \rightarrow c/d$ 임) 이다.

검증 방법: 5개의 입력 파라미터를 **기존 구조 설계 프로그램에 입력 하여 4개의 출력 파라미터를 구한 후** Step 2 에서 구한 3개의 출력 파라미터**와 비교 한다.**

학습된 인공신경망은 표 [5.4.4c] 참조

[표 5.4.5] 직접 방법(PTM, CRS)과 간접(역대입, BS) 방법에 의한 설계 결과 비교; 역방향 설계 시나리오 #1

(c) 공칭모멘트 강도(M_n) = 2200kN·m

(1) 직접 방법(PTM)

5개 입력 데이터(b, d, f'_c, f_y, M_n) – 4개 출력 데이터($\rho_s, \varepsilon_s, c/d, b/d$)					
파라미터		학습된 인공신경망	인공신경망 결과	결과 검증	오차
1	b (mm)		500.0	500.0	0.00%
2	d (mm)		700.0	700.0	0.00%
3	ρ_s	R1.PTM. 3 c	0.0266	0.0266	0.00%
4	f'_c (MPa)		40	40	0.00%
5	f_y (MPa)		400	400	0.00%
6	M_n (kN·m)		2200.0	2200.6	-0.03%
7	ε_s	R1.PTM. 7 b	0.00428	0.00432	-0.90%
8	c/d	R1.PTM. 8 d	0.4088	0.4098	-0.25%
9	b/d	R1.PTM. 9 b	0.7142	0.7143	-0.02%

5 개 입력 데이터
4 개 출력 데이터
5개 구조설계 입력 데이터
4개 구조설계 출력 데이터
학습된 인공신경망은 표 [5.4.4a] 참조

(2) 직접 방법(CRS)

5개 입력 데이터(b, d, f'_c, f_y, M_n) – 4개 출력 데이터($\rho_s, \varepsilon_s, c/d, b/d$)					
파라미터		학습된 인공신경망	인공신경망 결과	결과 검증	오차
1	b (mm)		500.0	500.0	0.00%
2	d (mm)		700.0	700.0	0.00%
3	ρ_s	R1.CRS. 3 c	0.0265	0.0265	0.00%
4	f'_c (MPa)		40	40	0.00%
5	f_y (MPa)		400	400	0.00%
6	M_n (kN·m)		2200.0	2195.2	0.22%
7	ε_s	R1.CRS. 7 c	0.00434	0.00434	0.00%
8	c/d	R1.CRS. 8 c	0.4087	0.4086	0.01%
9	b/d	R1.PTM. 9 b	0.7142	0.7143	-0.02%

CRS 학습 순서: $b/d \rightarrow \rho_s \rightarrow c/d \rightarrow \varepsilon_s$

5 개 입력 데이터
4 개 출력 데이터
5개 구조설계 입력 데이터
4개 구조설계 출력 데이터
학습된 인공신경망은 표 [5.4.4b] 참조

(3) 간접 방법(BS) - (Step1: PTM – Step2: CRS)

5개 입력 데이터(b, d, f'_c, f_y, M_n) – 4개 출력 데이터($\rho_s, \varepsilon_s, c/d, b/d$)						
파라미터		학습된 인공신경망	인공신경망 결과(BS)		결과 검증	오차
			Step 1	Step 2		
1	b (mm)		500.0	500.0	500.0	0.00%
2	d (mm)		700.0	700.0	700.0	0.00%
3	ρ_s	R1.PTM. 3 c	0.0266	0.0266	0.0266	0.00%
4	f'_c (MPa)		40	40	40	0.00%
5	f_y (MPa)		400	400	400	0.00%
6	M_n (kN·m)		2200.0	-	2200.6	-0.03%
7	ε_s	FW.CRS. 7 c	-	0.0043	0.0043	-0.04%
8	c/d	FW.CRS. 8 d	-	0.4099	0.4098	0.02%
9	b/d	FW.PTM. 9 g	-	0.7143	0.7143	0.00%

간접 (BS) 방법 :

***Step 1** (PTM 기반 역방향 네트워크): **4개의 정상 입력 파라미터** (b, d, f'_c, f_y) 와 1개의 역입력 파라미터(M_n) **를 기반으로 1개 역출력 파라미터(ρ_s)를 구한다.**
***Step 2** (CRS 기반 순방향 네트워크): 5개의 입력 파라미터 **(1 개의 역출력 및 4개의 정상입력 파라미터) 로 부터** 3개의 나머지 출력 파라미터를 구한다(ε_s, c/d, b/d). 2단계에서 사용 되는 학습 방법은 CRS (CRS 학습 순서는 $b/d \rightarrow \varepsilon_s \rightarrow c/d$ 임) 이다.

검증 방법: 5개의 입력 파라미터**를 기존 구조 설계 프로그램에 입력 하여 4개의 출력 파라미터를 구한 후** Step 2 에서 구한 3개의 출력 파라미터**와 비교 한다.**

학습된 인공신경망은 표 [5.4.4c] 참조

(2) 역방향 설계 시나리오 #2

표 5.4.4 및 표 5.4.5와 유사하게 표 5.4.6 및 표 5.4.7에서는 역설계 시나리오 #2에 대한 학습 및 설계 결과가 기술되었다. 표 5.4.1(b)의 역설계 시나리오 #2는 5개의 파라미터(표 5.4.7의 2번; d와 4~7번; $f_c', f_y, M_n, \varepsilon_s$)에 대해서 4개의 출력 파라미터(표 5.4.7의 1, 3, 8~9번; $b, \rho_s, {}^c/_d, {}^b/_d$)를 구하는 것이다. 1단계에서는 역입력 파라미터인 공칭모멘트(M_n) nominal capacity of a beam와 철근 변형률(ε_s, 표 5.4.7의 분홍색 박스 6~7번)에 대응하는 역출력 파라미터인 보폭(b)과 철근 비(ρ_s)(표 5.4.7의 파란색 박스 1, 3번)를 PTM 기반으로 구하였다. 2단계에서는 1단계에서 구한 역출력 파라미터인 보폭(b)과 철근 비(ρ_s)를 포함하는 순방향 입력 파라미터(표 5.4.7의 초록색 박스 1~5번; b, d, ρ_s, f_c', f_y)로부터 CRS 방법을 이용하여 순방향 출력 파라미터(표 5.4.7의 하늘색 박스 8, 9번; ${}^c/_d, {}^b/_d$)를 구하는 것이다.

공칭모멘트(M_n)와 철근 변형률(ε_s)(표 5.4.7의 6~7번)은 설계자가 이미 1단계에서 역입력 파라미터로 선지정한 값들이며, 2단계에서도 다시 계산되므로 검증에 이용된다. 표 5.4.7에는 공칭모멘트(M_n)를 1500kNm로 선지정 했을 때 인장 변형률(ε_s)을 0.02, 0.01, 0.004의 3가지 경우로 선지정하였고, 4개의 출력 파라미터(표 5.4.7의 1, 3, 8~9번; $b, \rho_s, {}^c/_d, {}^b/_d$)를 도출하였다. 2단계는 순방향 설계 과정이므로 인공신경망 또는 기존의 구조설계 프로그램 모두를 이용할 수 있다. 일반적인 구조설계 프로그램을 사용하는 경우에는 신속하면서도 정확한 설계 결과를 도출할 수 있다. 본 예제의 BS-1단계에서는 PTM 방법을 사용하였고, BS-2단계에서는 CRS 방법을 사용하였다. 역대입 방법뿐만 아니라 직접 방식인 PTM과 CRS 방법에 의해서도 실제 설계에 적용될 수 있는 설계 정확도가 확인되었다. 표 5.4.6의 학습조합에서 가장 우수한 학습 정확도는 붉은색 박스로 표시하였다.

[표 5.4.6] 직접 방법(PTM, CRS)과 역대입 방법에 의한 학습 결과 비교; 역방향 설계 시나리오 #2 (이어서)

(a) PTM 기반 직접 학습에 기반한 역방향 시나리오 #2의 학습 결과

역방향 설계 #2 5개 입력 데이터($d, f'_c, f_y, M_n, \varepsilon_s$) - 4개 출력 데이터($b, \rho_s, c/d, b/d$)											
인공신경망 종류	데이터 개수	사용된 은닉층 개수	사용된 뉴런 개수	검증 check	지정된 Epoch	최적 Epoch	종료 Epoch	학습 MSE	검증 MSE	테스트	최적 R
5개 입력 데이터($d, f'_c, f_y, M_n, \varepsilon_s$) - 1개 출력 데이터($b$) - PTM											
R2.PTM.**1a**	20,000	2	5	500	100,000	45,673	46,173	7.92E-04	7.67E-04	7.87E-04	0.998
R2.PTM.**1b**	20,000	2	10	500	100,000	27,146	27,646	3.36E-05	3.54E-05	3.41E-05	1.000
R2.PTM.**1c**	20,000	2	20	500	100,000	25,268	25,768	7.86E-06	7.59E-06	8.03E-06	1.000
R2.PTM.**1d**	20,000	2	30	500	100,000	16,486	16,986	7.96E-06	9.15E-06	8.42E-06	1.000
5개 입력 데이터($d, f'_c, f_y, M_n, \varepsilon_s$) - 1개 출력 데이터($\rho_s$) - PTM											
R2.PTM.**3a**	20,000	2	5	500	100,000	54,067	54,567	8.71E-06	8.49E-06	8.62E-06	1.000
R2.PTM.**3b**	20,000	2	10	500	100,000	99,943	100,000	1.98E-06	2.02E-06	2.00E-06	1.000
R2.PTM.**3c**	20,000	2	20	500	100,000	90,555	91,055	2.41E-07	2.42E-07	2.43E-07	1.000
R2.PTM.**3d**	20,000	2	30	500	100,000	17,404	17,904	2.00E-06	2.22E-06	2.07E-06	1.000
5개 입력 데이터($d, f'_c, f_y, M_n, \varepsilon_s$) - 1개 출력 데이터($c/d$) - PTM											
R2.PTM.**8a**	20,000	2	5	500	100,000	50,693	51,193	3.10E-08	2.90E-08	3.18E-08	1.000
R2.PTM.**8b**	20,000	2	10	500	100,000	13,869	13,871	2.38E-08	3.12E-08	2.67E-08	1.000
R2.PTM.**8c**	20,000	2	20	500	100,000	37,061	37,561	1.44E-08	2.24E-08	1.61E-08	1.000
R2.PTM.**8d**	20,000	2	30	500	100,000	13,089	13,589	1.08E-07	1.10E-07	1.09E-07	1.000
5개 입력 데이터($d, f'_c, f_y, M_n, \varepsilon_s$) - 1개 출력 데이터($b/d$) - PTM											
R2.PTM.**9a**	20,000	2	5	500	100,000	27,655	28,155	1.64E-03	1.70E-03	1.65E-03	0.998
R2.PTM.**9b**	20,000	2	10	500	100,000	82,944	83,444	5.40E-05	5.57E-05	5.63E-05	1.000
R2.PTM.**9c**	20,000	2	20	500	100,000	21,336	21,836	3.78E-05	4.93E-05	4.13E-05	1.000
R2.PTM.**9d**	20,000	2	30	500	100,000	11,979	12,479	7.36E-05	1.00E-04	7.92E-05	1.000

□ 테스트 MSE에 기반한 최적 학습

[표 5.4.6] 직접 방법(PTM, CRS)과 역대입 방법에 의한 학습 결과 비교; 역방향 설계 시나리오 #2 (이어서)

(b) CRS 기반 직접 학습에 기반한 역방향 시나리오 #2의 학습 결과

역방향 설계 #2 **5개 입력 데이터$(d, f'_c, f_y, M_n, \varepsilon_s)$ - 4개 출력 데이터$(b, \rho_s, c/d, b/d)$**											
인공신경망 종류	**데이터 개수**	**사용된 은닉층 개수**	**사용된 뉴런 개수**	**검증 check**	**지정된 Epoch**	**최적 Epoch**	**종료 Epoch**	**학습 MSE**	**검증 MSE**	**테스트**	**최적 R**
5개 입력 데이터$(d, f'_c, f_y, M_n, \varepsilon_s)$ - 1개 출력 데이터(ρ_s) - PTM											
R2.PTM.**3c**	20,000	2	20	500	100,000	90,555	91,055	2.41E-07	2.42E-07	2.43E-07	1.000
5개 입력 데이터$(d, \rho_s, f'_c, f_y, M_n, \varepsilon_s)$ - 1개 출력 데이터(c/d) - CRS											
R2.CRS.**8a**	20,000	2	5	500	100,000	29,372	29,378	2.63E-08	2.74E-08	2.64E-08	1.000
R2.CRS.**8b**	20,000	2	10	500	100,000	26,051	26,183	1.64E-08	1.68E-08	1.68E-08	1.000
R2.CRS.**8c**	20,000	2	20	500	100,000	39,433	39,437	9.93E-09	1.23E-08	1.09E-08	1.000
R2.CRS.**8d**	20,000	2	30	500	100,000	66,325	66,825	1.08E-08	1.22E-08	1.21E-08	1.000
5개 입력 데이터$(d, \rho_s, f'_c, f_y, M_n, \varepsilon_s, c/d)$ - 1개 출력 데이터(b) - CRS											
R2.CRS.**1a**	20,000	2	5	500	100,000	42,181	42,681	1.83E-04	1.74E-04	1.82E-04	1.000
R2.CRS.**1b**	20,000	2	10	500	100,000	99,767	100,000	9.72E-06	1.07E-05	1.00E-05	1.000
R2.CRS.**1c**	20,000	2	20	500	100,000	69,437	69,937	1.35E-06	1.67E-06	1.42E-06	1.000
R2.CRS.**1d**	20,000	2	30	500	100,000	17,588	18,088	2.11E-06	3.27E-06	2.35E-06	1.000
5개 입력 데이터$(b, d, \rho_s, f'_c, f_y, M_n, \varepsilon_s, c/d)$ - 1개 출력 데이터(b/d) - CRS											
R2.CRS.**9a**	20,000	2	5	500	100,000	99,850	100,000	1.27E-06	1.17E-06	1.24E-06	1.000
R2.CRS.**9b**	20,000	2	10	500	100,000	99,872	100,000	3.66E-08	3.92E-08	3.68E-08	1.000
R2.CRS.**9c**	20,000	2	20	500	100,000	25,474	25,974	9.69E-08	1.16E-07	1.02E-07	1.000
R2.CRS.**9d**	20,000	2	30	500	100,000	42,401	42,901	1.30E-08	1.66E-08	1.38E-08	1.000

붉은색 데이터는 선학습된 후 입력부에 추가되는 입력 데이터임

☐ 테스트 MSE에 기반한 최적 학습

[표 5.4.6] 직접 방법(PTM, CRS)과 역대입 방법에 의한 학습 결과 비교; 역방향 설계 시나리오 #2

(c) 역대입(BS) 방법에 기반한 역방향 시나리오 #2의 학습 결과

역방향 설계 #2 5개 입력 데이터($d, f'_c, f_y, M_n, \varepsilon_s$) - 4개 출력 데이터($b, \rho_s, c/d, b/d$)											
인공신경망 종류	데이터 개수	사용된 은닉층 개수	사용된 뉴런 개수	검증 check	지정된 Epoch	최적 Epoch	종료 Epoch	학습 MSE	검증 MSE	테스트	최적 R
STEP 1: 역설계											
5개 입력 데이터($d, f'_c, f_y, M_n, \varepsilon_s$) - 1개 출력 데이터($b$) - PTM											
R2.PTM.**1c**	20,000	2	20	500	100,000	25,268	25,768	7.86E-06	7.59E-06	8.03E-06	1.000
5개 입력 데이터($d, f'_c, f_y, M_n, \varepsilon_s$) - 1개 출력 데이터($\rho_s$) - PTM											
R2.PTM.**3c**	20,000	2	20	500	100,000	90,555	91,055	2.41E-07	2.42E-07	2.43E-07	1.000
STEP 2: 순방향 설계											
5개 입력 데이터(b, d, ρ_s, f'_c, f_y) - 1개 출력 데이터(b/d) - PTM											
FW.PTM.**9g**	20,000	2	20	500	100,000	54,625	55,125	1.15E-08	1.28E-08	1.21E-08	1.000
7개 입력 데이터(b, d, ρ_s, f'_c, f_y, ε_s, b/d) - 1개 출력 데이터(c/d) - CRS											
FW.CRS.**8d**	20,000	2	30	500	100,000	63,937	64,437	8.93E-09	8.75E-09	9.22E-09	1.000

[표 5.4.7] 직접 방법과 간접 방법에 의한 설계 결과 비교; 역방향 설계 시나리오 #2 (이어서)

(a) 인장 철근 변형률 (ε_s) = 0.02

(1) 직접 방법(PTM)

5개 입력 데이터($d, f'_c, f_y, M_n, \varepsilon_s$) – 4개 출력 데이터($b, \rho_s, c/d, b/d$)					
	파라미터	학습된 인공신경망	인공신경망 결과	결과 검증	오차
1	b (mm)	R2.PTM. 1 c	951.0	951.0	0.00%
2	d (mm)		700.0	700.0	0.00%
3	ρ_s	R2.PTM. 3 c	0.0085	0.0085	0.00%
4	f'_c (MPa)		40	40	0.00%
5	f_y (MPa)		400	400	0.00%
6	M_n (kN·m)		1500.0	1501.6	-0.11%
7	ε_s		0.02000	0.01999	0.07%
8	c/d	R2.PTM. 8 c	0.1304	0.1305	-0.06%
9	b/d	R2.PTM. 9 c	1.3538	1.3586	-0.35%

5 개 입력 데이터
4 개 출력 데이터
5개 구조설계 입력 데이터
4개 구조설계 출력 데이터
학습된 인공신경망은 표 [5.4.6a] 참조

(2) 직접 방법(CRS)

5개 입력 데이터($d, f'_c, f_y, M_n, \varepsilon_s$) – 4개 출력 데이터($b, \rho_s, c/d, b/d$)					
	파라미터	학습된 인공신경망	인공신경망 결과	결과 검증	오차
1	b (mm)	R2.CRS. 1 c	951.3	951.3	0.00%
2	d (mm)		700.0	700.0	0.00%
3	ρ_s	R2.PTM. 3 c	0.0085	0.0085	0.00%
4	f'_c (MPa)		40	40	0.00%
5	f_y (MPa)		400	400	0.00%
6	M_n (kN·m)		1500.0	1502.0	-0.13%
7	ε_s		0.02000	0.01999	0.07%
8	c/d	R2.CRS. 8 c	0.1304	0.1305	-0.05%
9	b/d	R2.CRS. 9 d	1.3590	1.3589	0.00%

CRS 학습 순서: $\rho_s \rightarrow c/d \rightarrow b \rightarrow b/d$

5 개 입력 데이터
4 개 출력 데이터
5개 구조설계 입력 데이터
4개 구조설계 출력 데이터
학습된 인공신경망은 표 [5.4.6b] 참조

(3) 간접 방법(BS) - (Step1: PTM – Step2: CRS)

5개 입력 데이터($d, f'_c, f_y, M_n, \varepsilon_s$) – 4개 출력 데이터($b, \rho_s, c/d, b/d$)						
	파라미터	학습된 인공신경망	인공신경망 결과(BS)		결과 검증	오차
			Step 1	Step 2		
1	b (mm)	R2.PTM. 1 c	951.0	951.0	951.0	0.00%
2	d (mm)		700.0	700.0	700.0	0.00%
3	ρ_s	R2.PTM. 3 c	0.0085	0.0085	0.0085	0.00%
4	f'_c (MPa)		40	40	40	0.00%
5	f_y (MPa)		400	400	400	0.00%
6	M_n (kN·m)		1500.0	-	1501.6	-0.11%
7	ε_s		0.02000	-	0.01999	0.07%
8	c/d	FW.CRS. 8 d	-	0.13046	0.13051	-0.04%
9	b/d	FW.PTM. 9 g	-	1.3586	1.3586	0.00%

간접 (BS) 방법 :

***Step 1** (PTM 기반 역방향 네트워크): **3개의 정상 입력 파라미터** (d, f'_c, f_y) 와 2개의 역입력 파라미터(M_n, ε_s) **를 기반으로 2개 역출력 파라미터(b, ρ_s)를 구한다.**

Step 2** (CRS 기반 순방향 네트워크): 5개의 입력 파라미터 **(2 개의 역출력 및 3개의 정상입력 파라미터) 로 부터** 2개의 나머지 출력 파라미터를 구한다(c/d, b/d). 2단계에서 사용 되는 학습 방법은 CRS (CRS 학습 순서는 ***b/d* → *c/d임) 이다.

검증 방법: 5개의 입력 파라미터**를 기존 구조 설계 프로그램에 입력 하여 4개의 출력 파라미터를 구한 후** Step 2 에서 구한 2개의 출력 파라미터**와 비교 한다.**

학습된 인공신경망은 표 [5.4.6c] 참조

[표 5.4.7] 직접 방법과 간접 방법에 의한 설계 결과 비교; 역방향 설계 시나리오 #2 (이이서)

(b) 인장 철근 변형률(ε_s) = 0.01

(1) 직접 방법(PTM)

5개 입력 데이터($d, f_c', f_y, M_n, \varepsilon_s$) – 4개 출력 데이터($b, \rho_s, c/d, b/d$)					
	파라미터	학습된 인공신경망	인공신경망 결과	결과 검증	오차
1	b (mm)	R2.PTM. 1 c	561.1	561.1	0.00%
2	d (mm)		700.0	700.0	0.00%
3	ρ_s	R2.PTM. 3 c	0.0150	0.0150	0.00%
4	f_c' (MPa)		40	40	0.00%
5	f_y (MPa)		400	400	0.00%
6	M_n (kN·m)		1500.0	1503.2	-0.21%
7	ε_s		0.010000	0.010001	-0.01%
8	c/d	R2.PTM. 8 c	0.2308	0.2307	0.01%
9	b/d	R2.PTM. 9 c	0.799	0.802	-0.33%

5 개 입력 데이터
4 개 출력 데이터
5개 구조 설계 입력 데이터
4개 구조 설계 출력 데이터
학습된 인공신경망은 표 [5.4.6a] 참조

(2) 직접 방법(CRS)

5개 입력 데이터($d, f_c', f_y, M_n, \varepsilon_s$) – 4개 출력 데이터($b, \rho_s, c/d, b/d$)					
	파라미터	학습된 인공신경망	인공신경망 결과	결과 검증	오차
1	b (mm)	R2.CRS. 1 c	560.8	560.8	0.00%
2	d (mm)		700.0	700.0	0.00%
3	ρ_s	R2.PTM. 3 c	0.0150	0.0150	0.00%
4	f_c' (MPa)		40	40	0.00%
5	f_y (MPa)		400	400	0.00%
6	M_n (kN·m)		1500.0	1502.5	-0.16%
7	ε_s		0.010000	0.010001	-0.01%
8	c/d	R2.CRS. 8 c	0.2308	0.2307	0.01%
9	b/d	R2.CRS. 9 d	0.801	0.801	0.00%

CRS 학습 순서: $\rho_s \rightarrow c/d \rightarrow b \rightarrow b/d$

5 개 입력 데이터
4 개 출력 데이터
5개 구조 설계 입력 데이터
4개 구조 설계 출력 데이터
학습된 인공신경망은 표 [5.4.6b] 참조

(3) 간접 방법(BS) - (Step1: PTM – Step2: CRS)

5개 입력 데이터($d, f_c', f_y, M_n, \varepsilon_s$) – 4개 출력 데이터($b, \rho_s, c/d, b/d$)						
	파라미터	학습 된 인공신경망	인공신경망 결과(BS) Step 1	Step 2	결과 검증	오차
1	b (mm)	R2.PTM. 1 c	561.1	561.1	561.1	0.00%
2	d (mm)		700.0	700.0	700.0	0.00%
3	ρ_s	R2.PTM. 3 c	0.0150	0.0150	0.0150	0.00%
4	f_c' (MPa)		40	40	40	0.00%
5	f_y (MPa)		400	400	400	0.00%
6	M_n (kN·m)		1500.0	-	1503.2	-0.21%
7	ε_s		0.010000	-	0.010001	-0.01%
8	c/d	FW.CRS. 8 d	-	0.23066	0.23075	-0.04%
9	b/d	FW.PTM. 9 g	-	0.80162	0.80158	0.01%

간접 (BS) 방법 :

***Step 1** (PTM 기반 역방향 네트워크): **3개의 정상 입력 파라미터** (d, f_c', f_y) 와 **2개의** 역입력 파라미터(M_n, ε_s) **를 기반으로 2개** 역출력 파라미터(b, ρ_s)**를 구한다.**
Step 2** (CRS 기반 순방향 네트워크): 5개의 입력 파라미터 **(2 개의 역출력 및 3개의 정상입력 파라미터)** 로 부터 2개의 나머지 출력 파라미터를 구한다($c/d, b/d$). 2단계에서 사용 되는 학습 방법은 CRS (CRS 학습 순서는 ***b/d → ***c/d***임) 이다.

검증 방법: 5개의 입력 파라미터를 **기존 구조 설계 프로그램에 입력 하여 4개의 출력 파라미터를 구한 후** Step 2 에서 구한 2개의 출력 파라미터**와 비교 한다.**

학습된 인공신경망은 표 [5.4.6c] 참조

[표 5.4.7] 직접 방법과 간접 방법에 의한 설계 결과 비교; 역방향 설계 시나리오 #2

(c) 인장 철근 변형률(ε_s) = 0.004

(1) 직접 방법(PTM)

5개 입력 데이터($d, f_c', f_y, M_n, \varepsilon_s$) – 4개 출력 데이터($b, \rho_s, c/d, b/d$)					
	파라미터	학습된 인공신경망	인공신경망 결과	결과 검증	오차
1	b (mm)	R2.PTM. 1 c	328.4	328.4	0.00%
2	d (mm)		700.0	700.0	0.00%
3	ρ_s	R2.PTM. 3 c	0.0278	0.0278	0.00%
4	f_c' (MPa)		40	40	0.00%
5	f_y (MPa)		400	400	0.00%
6	M_n (kN·m)		1500.0	1498.8	0.08%
7	ε_s		0.004	0.004	0.00%
8	c/d	R2.PTM. 8 c	0.4286	0.4286	0.00%
9	b/d	R2.PTM. 9 c	0.472	0.469	0.63%

5 개 입력 데이터
4 개 출력 데이터
5개 구조설계 입력 데이터
4개 구조설계 출력 데이터
학습된 인공신경망은 표 [5.4.6a] 참조

(2) 직접 방법(CRS)

5개 입력 데이터($d, f_c', f_y, M_n, \varepsilon_s$) – 4개 출력 데이터($b, \rho_s, c/d, b/d$)					
	파라미터	학습된 인공신경망	인공신경망 결과	결과 검증	오차
1	b (mm)	R2.CRS. 1 c	327.8	327.8	0.00%
2	d (mm)		700.0	700.0	0.00%
3	ρ_s	R2.PTM. 3 c	0.0278	0.0278	0.00%
4	f_c' (MPa)		40	40	0.00%
5	f_y (MPa)		400	400	0.00%
6	M_n (kN·m)		1500.0	1495.9	0.28%
7	ε_s		0.004	0.004	0.00%
8	c/d	R2.CRS. 8 c	0.4286	0.4286	0.00%
9	b/d	R2.CRS. 9 d	0.468	0.468	0.00%

CRS 학습 순서: $\rho_s \rightarrow c/d \rightarrow b \rightarrow b/d$

5 개 입력 데이터
4 개 출력 데이터
5개 구조설계 입력 데이터
4개 구조설계 출력 데이터
학습된 인공신경망은 표 [5.4.6b] 참조

(3) 간접 방법(BS) - (Step1: PTM – Step2: CRS)

5개 입력 데이터($d, f_c', f_y, M_n, \varepsilon_s$) – 4개 출력 데이터($b, \rho_s, c/d, b/d$)						
	파라미터	학습된 인공신경망	인공신경망 결과(BS)		결과 검증	오차
			Step 1	Step 2		
1	b (mm)	R2.PTM. 1 c	328.4	328.4	328.4	0.00%
2	d (mm)		700.0	700.0	700.0	0.00%
3	ρ_s	R2.PTM. 3 c	0.0278	0.0278	0.0278	0.00%
4	f_c' (MPa)		40	40	40	0.00%
5	f_y (MPa)		400	400	400	0.00%
6	M_n (kN·m)		1500.0	-	1498.8	0.08%
7	ε_s		0.004	-	0.004	0.00%
8	c/d	FW.CRS. 8 d	-	0.4287	0.4286	0.02%
9	b/d	FW.PTM. 9 g	-	0.469	0.469	0.00%

간접 (BS) 방법 :

*Step 1 (PTM 기반 역방향 네트워크): 3개의 정상 입력 파라미터 (d, f_c', f_y) 와 2개의 역입력 파라미터(M_n, ε_s) 를 기반으로 2개 역출력 파라미터(b, ρ_s)를 구한다.

*Step 2 (CRS 기반 순방향 네트워크): 5개의 입력 파라미터 (2 개의 역출력 및 3개의 정상입력 파라미터) 로 부터 2개의 나머지 출력 파라미터를 구한다(c/d, b/d). 2단계에서 사용 되는 학습 방법은 CRS (CRS 학습 순서는 ***b/d*** → ***c/d***임) 이다.

검증 방법: 5개의 입력 파라미터를 기존 구조 설계 프로그램에 입력 하여 4개의 출력 파라미터를 구한 후 Step 2 에서 구한 2개의 출력 파라미터와 비교 한다.

학습된 인공신경망은 표 [5.4.6c] 참조

(3) 역방향 설계 시나리오 #3

표 5.4.8과 표 5.4.9(a)-(3), (b)-(3), (c)-(3)의 역대입 방법 1단계에서는 3개의 역입력 파라미터(표 5.4.9의 분홍색 박스 6,7,9번; $M_n, \varepsilon_s, {}^{b}/_{d}$)에 대해서 3개의 역출력 파라미터(표 5.4.9의 파란색 박스 1,2,3번; b, d, ρ_s)를 PTM에 기반하여 구한다. 2단계에서는 1단계에서 구한 3개의 역출력 파라미터(b, d, ρ_s)를 포함하는 5개(표 5.4.9의 초록색 박스 1~5번; b, d, ρ_s, f_c', f_y)의 순방향 입력 파라미터로부터 결정되지 않은 나머지 출력 파라미터(표 5.4.9의 하늘색 박스 8번 파라미터; ${}^{c}/_{d}$)를 CRS 기반으로 구한다. 공칭모멘트(M_n), 철근 변형률(ε_s) 및 ${}^{c}/_{d}$(표 5.4.9의 6,7,9번; $M_n, \varepsilon_s, {}^{b}/_{d}$)는 설계자가 이미 1단계에서 역입력 파라미터로 선지정한 값들로써 검증에도 이용된다.

2단계는 순방향 설계 과정이므로 인공신경망 또는 기존의 구조설계 프로그램 모두를 이용할 수 있다. 본 예제의 BS-1단계에는 PTM 방법을 사용하였고, BS-2단계에서는 CRS 방법을 사용하였다. 표 5.4.1(c)와 표 5.4.9의 역설계 시나리오 #3에서 철근 변형률(ε_s)과 공칭모멘트(M_n)는 각각 0.01과 1000kN으로 고정하였다. 보폭과 보깊이의 비율을 각각 0.5[표 5.4.9(a)], 1.0[표 5.4.9(b)], 2.0[표 5.4.9 (c)]으로 선지정하였을 경우 보폭과 보깊이는 각각 357.9, 713.8mm 및 567.5, 567.0mm와 898.2, 449.9mm로 도출되었다. 역대입 방법뿐만 아니라 직접 방식인 PTM과 CRS 방법에 의해서도 실제 설계에 적용될 수 있는 설계 정확도가 구해졌다. 역대입 방법 2단계에서는 일반적인 구조설계 프로그램을 사용할 수 있으므로 신속하면서도 정확한 설계 결과를 도출할 수 있다. 표 5.4.8의 학습조합에서 가장 우수한 학습 정확도는 붉은색 박스로 표시하였다.

[표 5.4.8] 직접 방법(PTM, CRS)과 역대입 방법에 의한 학습 결과 비교; 역방향 설계 시나리오 #3 (이어서)

(a) PTM 기반 직접 학습에 기반한 역방향 시나리오 #3의 학습 결과

역방향 설계 #3 5개 입력 데이터($f'_c, f_y, M_n, \varepsilon_s, b/d$) - 4개 출력 데이터($b, d, \rho_s, c/d$)											
인공신경망 종류	데이터 개수	사용된 은닉층 개수	사용된 뉴런 개수	검증 check	지정된 Epoch	최적 Epoch	종료 Epoch	학습 MSE	검증 MSE	테스트	최적 R
5개 입력 데이터($f'_c, f_y, M_n, \varepsilon_s, b/d$) - 1개 출력 데이터(b) - PTM											
R3.PTM.**1a**	20,000	2	5	500	100,000	74,519	75,019	4.80E-05	4.33E-05	4.70E-05	1.000
R3.PTM.**1b**	20,000	2	10	500	100,000	86,717	87,217	1.35E-06	1.54E-06	1.37E-06	1.000
R3.PTM.**1c**	20,000	2	20	500	100,000	20,223	20,723	2.89E-06	2.98E-06	2.98E-06	1.000
R3.PTM.**1d**	20,000	2	30	500	100,000	20,750	21,250	1.34E-06	1.73E-06	1.42E-06	1.000
5개 입력 데이터($f'_c, f_y, M_n, \varepsilon_s, b/d$) - 1개 출력 데이터(d) - PTM											
R3.PTM.**2a**	20,000	2	5	500	100,000	49,571	50,071	1.30E-04	1.35E-04	1.30E-04	1.000
R3.PTM.**2b**	20,000	2	10	500	100,000	99,810	100,000	1.13E-05	1.15E-05	1.12E-05	1.000
R3.PTM.**2c**	20,000	2	20	500	100,000	17,484	17,984	9.78E-06	9.29E-06	1.00E-05	1.000
R3.PTM.**2d**	20,000	2	30	500	100,000	15,305	15,805	5.95E-06	6.16E-06	6.00E-06	1.000
5개 입력 데이터($f'_c, f_y, M_n, \varepsilon_s, b/d$) - 1개 출력 데이터(ρ_s) - PTM											
R3.PTM.**3a**	20,000	2	5	500	100,000	17,438	17,938	2.02E-05	2.15E-05	2.06E-05	1.000
R3.PTM.**3b**	20,000	2	10	500	100,000	99,973	100,000	1.80E-06	1.68E-06	1.76E-06	1.000
R3.PTM.**3c**	20,000	2	20	500	100,000	24,325	24,825	2.87E-06	3.45E-06	3.01E-06	1.000
R3.PTM.**3d**	20,000	2	30	500	100,000	40,600	41,100	4.02E-07	4.53E-07	4.21E-07	1.000
5개 입력 데이터($f'_c, f_y, M_n, \varepsilon_s, b/d$) - 1개 출력 데이터(c/d) - PTM											
R3.PTM.**8a**	20,000	2	5	500	100,000	38,052	38,052	6.56E-08	5.77E-08	6.46E-08	1.000
R3.PTM.**8b**	20,000	2	10	500	100,000	20,587	20,592	1.34E-08	1.58E-08	1.38E-08	1.000
R3.PTM.**8c**	20,000	2	20	500	100,000	35,932	35,934	1.06E-08	1.07E-08	1.07E-08	1.000
R3.PTM.**8d**	20,000	2	30	500	100,000	19,384	19,884	2.66E-08	4.53E-08	2.99E-08	1.000

테스트 MSE에 기반한 최적 학습

[표 5.4.8] 직접 방법(PTM, CRS)과 역대입 방법에 의한 학습 결과 비교; 역방향 설계 시나리오 #3 (이이서)

(b) CRS 기반 직접 학습에 기반한 역방향 시나리오 #3의 학습 결과

역방향 설계 #3 5개 입력 데이터($f'_c, f_y, M_n, \varepsilon_s, b/d$) - 4개 출력 데이터($b, d, \rho_s, c/d$)											
인공신경망 종류	데이터 개수	사용된 은닉층 개수	사용된 뉴런 개수	검증 check	지정된 Epoch	최적 Epoch	종료 Epoch	학습 MSE	검증 MSE	테스트	최적 R
5개 입력 데이터($f'_c, f_y, M_n, \varepsilon_s, b/d$) - 1개 출력 데이터($c/d$) - PTM											
R3.PTM.**8c**	20,000	2	20	500	100,000	35,932	35,934	1.06E-08	1.07E-08	1.07E-08	1.000
6개 입력 데이터($f'_c, f_y, M_n, \varepsilon_s, b/d, c/d$) - 1개 출력 데이터($b$) - CRS											
R3.CRS.**1a**	20,000	2	5	500	100,000	34,111	34,611	4.41E-05	4.63E-05	4.49E-05	1.000
R3.CRS.**1b**	20,000	2	10	500	100,000	99,749	100,000	2.75E-06	2.90E-06	2.81E-06	1.000
R3.CRS.**1c**	20,000	2	20	500	100,000	43,685	44,185	6.55E-07	7.87E-07	7.12E-07	1.000
R3.CRS.**1d**	20,000	2	30	500	100,000	18,904	19,404	1.16E-06	1.37E-06	1.24E-06	1.000
7개 입력 데이터($b, f'_c, f_y, M_n, \varepsilon_s, b/d, c/d$) - 1개 출력 데이터($d$) - CRS											
R3.CRS.**2a**	20,000	2	5	500	100,000	99,940	100,000	2.13E-07	2.03E-07	2.11E-07	1.000
R3.CRS.**2b**	20,000	2	10	500	100,000	52,221	52,277	3.24E-08	3.33E-08	3.32E-08	1.000
R3.CRS.**2c**	20,000	2	20	500	100,000	22,255	22,755	4.13E-08	5.24E-08	4.32E-08	1.000
R3.CRS.**2d**	20,000	2	30	500	100,000	17,575	18,075	4.57E-08	5.95E-08	5.04E-08	1.000
8개 입력 데이터($b, h, f'_c, f_y, M_n, \varepsilon_s, b/d, c/d$) - 1개 출력 데이터($\rho_s$) - CRS											
R3.CRS.**3a**	20,000	2	5	500	100,000	36,208	36,708	1.95E-05	2.14E-05	2.00E-05	1.000
R3.CRS.**3b**	20,000	2	10	500	100,000	99,980	100,000	6.45E-07	6.84E-07	6.54E-07	1.000
R3.CRS.**3c**	20,000	2	20	500	100,000	13,095	13,595	3.13E-06	3.61E-06	3.16E-06	1.000
R3.CRS.**3d**	20,000	2	30	500	100,000	50,319	50,819	3.41E-07	4.29E-07	3.63E-07	1.000

붉은색 데이터는 선학습된 후 입력부에 추가되는 입력 데이터

테스트 MSE에 기반한 최적 학습

[표 5.4.8] 직접 방법(PTM, CRS)과 역대입 방법에 의한 학습 결과 비교; 역방향 설계 시나리오 #3

(c) 역대입(BS) 방법에 기반한 역방향 시나리오 #3의 학습 결과

역방향 설계 #3 5개 입력 데이터($f'_c, f_y, M_n, \varepsilon_s, b/d$) - 4개 출력 데이터($b, d, \rho_s, c/d$)											
인공신경망 종류	데이터 개수	사용된 은닉층 개수	사용된 뉴런 개수	검증 check	지정된 Epoch	최적 Epoch	종료 Epoch	학습 MSE	검증 MSE	테스트	최적 R
STEP 1: 역설계											
5개 입력 데이터($f'_c, f_y, M_n, \varepsilon_s, b/d$) - 1개 출력 데이터($b$) - PTM											
R3.PTM.**1b**	20,000	2	10	500	100,000	86,717	87,217	1.35E-06	1.54E-06	1.37E-06	1.000
5개 입력 데이터($f'_c, f_y, M_n, \varepsilon_s, b/d$) - 1개 출력 데이터($d$) - PTM											
R3.PTM.**2d**	20,000	2	30	500	100,000	15,305	15,805	5.95E-06	6.16E-06	6.00E-06	1.000
5개 입력 데이터($f'_c, f_y, M_n, \varepsilon_s, b/d$) - 1개 출력 데이터($\rho_s$) - PTM											
R3.PTM.**3d**	20,000	2	30	500	100,000	40,600	41,100	4.02E-07	4.53E-07	4.21E-07	1.000
STEP 2: 순방향 설계											
7개 입력 데이터(b, d, ρ_s, f'_c, f_y, ε_s, b/d) - 1개 출력 데이터(c/d) - CRS											
FW.CRS.**8d**	20,000	2	30	500	100,000	63,937	64,437	8.93E-09	8.75E-09	9.22E-09	1.000

[표 5.4.9] 직접 방법과 간접 방법에 의한 설계 결과 비교; 역방향 설계 시나리오 #3 (이어서)

(a) 단면비(b/d) = 0.5, 인장 철근 변형률(ε_s) = 0.01 및 공칭모멘트(M_n) = 1000kN·m

(1) 직접 방법(PTM)

5개 입력 데이터($f'_c, f_y, M_n, \varepsilon_s, b/d$) – 4개 출력 데이터($b, d, \rho_s, c/d$)					
파라미터	학습된 인공신경망	인공신경망 결과	결과 검증	오차
1 b (mm)	R3.PTM. 1 b	357.9	357.9	0.00%
2 d (mm)	R3.PTM. 2 d	713.8	713.8	0.00%
3 ρ_s	R3.PTM. 3 d	0.0150	0.0150	0.00%
4 f'_c (MPa)		40	40	0.00%
5 f_y (MPa)		400	400	0.00%
6 M_n (kN·m)		1000.0	997.3	0.27%
7 ε_s		0.010000	0.009998	0.02%
8 c/d	R3.PTM. 8 c	0.2307	0.2308	-0.03%
9 b/d		0.500	0.501	-0.28%

5 개 입력 데이터
4 개 출력 데이터
5개 구조설계 입력 데이터
4개 구조설계 출력 데이터
학습된 인공신경망은 표 [5.4.8a] 참조

(2) 직접 방법(CRS)

5개 입력 데이터($f'_c, f_y, M_n, \varepsilon_s, b/d$) – 4개 출력 데이터($b, d, \rho_s, c/d$)				
파라미터	학습된 인공신경망	인공신경망 결과	결과 검증	오차
1 b (mm)	R3.CRS. 1 c	357.3	357.3	0.00%
2 d (mm)	R3.CRS. 2 b	714.7	714.7	0.00%
3 ρ_s	R3.CRS. 3 d	0.0150	0.0150	0.00%
4 f'_c (MPa)		40	40	0.00%
5 f_y (MPa)		400	400	0.00%
6 M_n (kN·m)		1000.0	998.1	0.19%
7 ε_s		0.010000	0.009997	0.03%
8 c/d	R3.PTM. 8 c	0.2307	0.2308	-0.04%
9 b/d		0.50000	0.49997	0.01%

CRS 학습 순서: $c/d \rightarrow b \rightarrow d \rightarrow \rho_s$

5 개 입력 데이터
4 개 출력 데이터
5개 구조설계 입력 데이터
4개 구조설계 출력 데이터
학습된 인공신경망은 표 [5.4.8b] 참조

(3) 간접 방법(BS) - (Step1: PTM – Step2: CRS)

5개 입력 데이터($f'_c, f_y, M_n, \varepsilon_s, b/d$) – 4개 출력 데이터($b, d, \rho_s, c/d$)					
파라미터	학습된 인공신경망	인공신경망 결과(BS)		결과 검증	오차
		Step 1	Step 2		
1 b (mm)	R3.PTM. 1 b	357.9	357.9	357.9	0.00%
2 d (mm)	R3.PTM. 2 d	713.8	713.8	713.8	0.00%
3 ρ_s	R3.PTM. 3 d	0.0150	0.0150	0.0150	0.00%
4 f'_c (MPa)		40	40	40	0.00%
5 f_y (MPa)		400	400	400	0.00%
6 M_n (kN·m)		1000.0	-	997.3	0.27%
7 ε_s		0.010000	-	0.009998	0.02%
8 c/d	FW.CRS. 8 d	-	0.2307	0.2308	-0.03%
9 b/d		0.5000	-	0.501	-0.28%

간접 (BS) 방법 :

***Step 1** (PTM 기반 역방향 네트워크): **2개의 정상 입력 파라미터** (f_c', f_y) **와 3개의 역입력 파라미터**(M_n, ε_s, b/d) **를 기반으로 3개 역출력 파라미터**(b, d, ρ_s) **를 구한다.**

***Step 2** (CRS 기반 순방향 네트워크): **5개의 입력 파라미터 (3 개의 역출력 및 3개의 정상입력 파라미터) 로 부터** 1개의 나머지 출력 파라미터를 구한다(c/d).

검증 방법: 5개의 입력 파라미터를 기존 구조 설계 프로그램에 입력 하여 4개의 출력 파라미터를 구한 후 Step 2 에서 구한 1개의 출력 파라미터**와 비교 한다.**

학습된 인공신경망은 표 [5.4.8c] 참조

[표 5.4.9] 직접 방법과 간접 방법에 의한 설계 결과 비교; 역방향 설계 시나리오 #3 (이어서)

(b) 단면비(b/d) = 1, 인장 철근 변형률(ε_s) = 0.01 및 공칭모멘트(M_n) = 1000 kN·m

(1) 직접 방법(PTM)

5개 입력 데이터($f'_c, f_y, M_n, \varepsilon_s, b/d$) – 4개 출력 데이터($b, d, \rho_s, c/d$)				
파라미터	학습된 인공신경망	인공신경망 결과	결과 검증	오차
1 b (mm)	R3.PTM. 1 b	567.5	567.5	0.00%
2 d (mm)	R3.PTM. 2 d	567.0	567.0	0.00%
3 ρ_s	R3.PTM. 3 d	0.0150	0.0150	0.00%
4 f'_c (MPa)		40	40	0.00%
5 f_y (MPa)		400	400	0.00%
6 M_n (kN·m)		1000.0	997.4	0.26%
7 ε_s		0.0100	0.0100	0.00%
8 c/d	R3.PTM. 8 c	0.2307	0.2308	-0.01%
9 b/d		1.0000	1.0009	-0.09%

5 개 입력 데이터
4 개 출력 데이터
5개 구조설계 입력 데이터
4개 구조설계 출력 데이터
학습된 인공신경망은 표 [5.4.8a] 참조

(2) 직접 방법(CRS)

5개 입력 데이터($f'_c, f_y, M_n, \varepsilon_s, b/d$) – 4개 출력 데이터($b, d, \rho_s, c/d$)				
파라미터	학습된 인공신경망	인공신경망 결과	결과 검증	오차
1 b (mm)	R3.CRS. 1 c	567.4	567.4	0.00%
2 d (mm)	R3.CRS. 2 b	567.5	567.5	0.00%
3 ρ_s	R3.CRS. 3 d	0.0150	0.0150	0.00%
4 f'_c (MPa)		40	40	0.00%
5 f_y (MPa)		400	400	0.00%
6 M_n (kN·m)		1000.0	999.5	0.05%
7 ε_s		0.010000	0.009997	0.03%
8 c/d	R3.PTM. 8 c	0.2307	0.2308	-0.04%
9 b/d		1.00000	0.99982	0.02%

CRS 학습 순서: $c/d \rightarrow b \rightarrow d \rightarrow \rho_s$

5 개 입력 데이터
4 개 출력 데이터
5개 구조설계 입력 데이터
4개 구조설계 출력 데이터
학습된 인공신경망은 표 [5.4.8b] 참조

(3) 간접 방법(BS) - (Step1: PTM – Step2: CRS)

5개 입력 데이터($f'_c, f_y, M_n, \varepsilon_s, b/d$) – 4개 출력 데이터($b, d, \rho_s, c/d$)					
파라미터	학습된 인공신경망	인공신경망 결과(BS)		결과 검증	오차
		Step 1	Step 2		
1 b (mm)	R3.PTM. 1 b	567.5	567.5	567.5	0.00%
2 d (mm)	R3.PTM. 2 d	567.0	567.0	567.0	0.00%
3 ρ_s	R3.PTM. 3 d	0.0150	0.0150	0.0150	0.00%
4 f'_c (MPa)		40	40	40	0.00%
5 f_y (MPa)		400	400	400	0.00%
6 M_n (kN·m)		1000.0	-	997.4	0.26%
7 ε_s		0.0100	-	0.0100	0.00%
8 c/d	FW.CRS. 8 d	-	0.2307	0.2308	-0.05%
9 b/d		1.0000	-	1.001	-0.09%

간접 (BS) 방법 :

***Step 1** (PTM 기반 역방향 네트워크): **2개의 정상 입력 파라미터** (f_c', f_y) **와 3개의 역입력 파라미터**($M_n, \varepsilon_s, b/d$) **를 기반으로 3개 역출력 파라미터**(b, d, ρ_s) **를 구한다.**

***Step 2** (CRS 기반 순방향 네트워크): 5개의 입력 파라미터 **(3 개의 역출력 및 3개의 정상입력 파라미터) 로 부터** 1개의 나머지 출력 파라미터를 구한다(c/d).

검증 방법: 5개의 입력 파라미터를 기존 구조 설계 프로그램에 입력 하여 **4개의 출력 파라미터를 구한 후** Step 2 에서 구한 1개의 출력 파라미터**와 비교 한다.**

학습된 인공신경망은 표 [5.4.8c] 참조

[표 5.4.9] 직접 방법과 간접 방법에 의한 설계 결과 비교; 역방향 설계 시나리오 #3

(c) 단면비(b/d) = 2, 인장 철근 변형률(ε_s) = 0.01 및 공칭모멘트(M_n) = 1000kN·m

(1) 직접 방법(PTM)

5개 입력 데이터($f'_c, f_y, M_n, \varepsilon_s, b/d$) – 4개 출력 데이터($b, d, \rho_s, c/d$)				
파라미터	학습된 인공신경망	인공신경망 결과	결과 검증	오차
1 b (mm)	R3.PTM. 1 b	898.2	898.2	0.00%
2 d (mm)	R3.PTM. 2 d	449.9	449.9	0.00%
3 ρ_s	R3.PTM. 3 d	0.0150	0.0150	0.00%
4 f'_c (MPa)		40	40	0.00%
5 f_y (MPa)		400	400	0.00%
6 M_n (kN·m)		1000.0	994.2	0.58%
7 ε_s		0.0100	0.0100	-0.01%
8 c/d	R3.PTM. 8 c	0.2308	0.2308	0.00%
9 b/d		2.0000	1.9962	0.19%

5 개 입력 데이터
4 개 출력 데이터
5개 구조설계 입력 데이터
4개 구조설계 출력 데이터
학습된 인공신경망은 표 [5.4.8a] 참조

(2) 직접 방법(CRS)

5개 입력 데이터($f'_c, f_y, M_n, \varepsilon_s, b/d$) – 4개 출력 데이터($b, d, \rho_s, c/d$)				
파라미터	학습된 인공신경망	인공신경망 결과	결과 검증	오차
1 b (mm)	R3.CRS. 1 c	900.4	900.4	0.00%
2 d (mm)	R3.CRS. 2 b	449.8	449.8	0.00%
3 ρ_s	R3.CRS. 3 d	0.0150	0.0150	0.00%
4 f'_c (MPa)		40	40	0.00%
5 f_y (MPa)		400	400	0.00%
6 M_n (kN·m)		1000.0	996.3	0.37%
7 ε_s		0.010000	0.009997	0.03%
8 c/d	R3.PTM. 8 c	0.2308	0.2308	-0.03%
9 b/d		2.00000	2.00183	-0.09%

CRS 학습 순서: $c/d \rightarrow b \rightarrow d \rightarrow \rho_s$

5 개 입력 데이터
4 개 출력 데이터
5개 구조설계 입력 데이터
4개 구조설계 출력 데이터
학습된 인공신경망은 표 [5.4.8b] 참조

(3) 간접 방법 간접 방법(BS) - (Step1: PTM – Step2: CRS)

5개 입력 데이터($f'_c, f_y, M_n, \varepsilon_s, b/d$) – 4개 출력 데이터($b, d, \rho_s, c/d$)					
파라미터	학습된 인공신경망	인공신경망 결과(BS)		결과 검증	오차
		Step 1	Step 2		
1 b (mm)	R3.PTM. 1 b	898.2	898.2	898.2	0.00%
2 d (mm)	R3.PTM. 2 d	449.9	449.9	449.9	0.00%
3 ρ_s	R3.PTM. 3 d	0.0150	0.0150	0.0150	0.00%
4 f'_c (MPa)		40	40	40	0.00%
5 f_y (MPa)		400	400	400	0.00%
6 M_n (kN·m)		1000.0	-	994.2	0.58%
7 ε_s		0.0100	-	0.0100	-0.01%
8 c/d	FW.CRS. 8 d	-	0.2307	0.2308	-0.02%
9 b/d		2.0000	-	1.996	0.19%

간접 (BS) 방법 :

***Step 1** (PTM 기반 역방향 네트워크): **2개의 정상 입력 파라미터** (f_c', f_y) 와 3개의 역입력 파라미터(M_n, ε_s, b/d) **를 기반으로 3개 역출력 파라미터**(b, d, ρ_s) **를 구한다.**

***Step 2** (CRS 기반 순방향 네트워크): 5개의 입력 파라미터 **(3 개의 역출력 및 3개의 정상입력 파라미터) 로 부터** 1개의 나머지 출력 파라미터를 구한다(c/d).

검증 방법: 5개의 입력 파라미터를 **기존 구조 설계 프로그램에 입력 하여 4개의 출력 파라미터를 구한 후** Step 2 에서 구한 1개의 출력 파라미터**와 비교 한다.**

학습된 인공신경망은 표 [5.4.8c] 참조

(4) 역방향 설계 시나리오 #4

표 5.4.10과 표 5.4.11(a)-(3), (b)-(3), (c)-(3)의 역대입 방법 1단계에서는 2개의 역입력 파라미터(표 5.4.11의 분홍색 박스 6, 9번; M_n, b/d)에 대해서 2개의 역출력 파라미터(표 5.4.11의 파란색 박스 1, 2번; b, d)를 PTM 기반으로 구한다. 2단계에서는 1단계에서 구한 2개의 역출력 파라미터(b, d)를 포함하는 5개(표 5.4.11의 초록색 박스 1~5번 파라미터; b, d, ρ_s, f_c', f_y)의 순방향 입력 파라미터로부터 결정되지 않은 나머지 출력 파라미터(표 5.4.11의 하늘색 박스 7~8번; ε_s, c/d)를 CRS 기반으로 구한다. 공칭모멘트(M_n) 및 b/d(표 5.4.11의 6, 9번; M_n, b/d)는 설계자가 이미 1단계에서 역입력 파라미터로 선지정한 값들이고, 2단계에서 다시 계산되므로 검증에도 이용된다. 2단계는 순방향 설계 과정이므로 인공신경망 또는 기존의 구조설계 프로그램 모두를 이용할 수 있다. 본 예제의 BS-1단계에서는 PTM 방법을 사용하였고, BS-2단계에서는 CRS 방법을 사용하였다. 표 5.4.1(d)와 표 5.4.11의 역설계 시나리오 #4에서는 철근 비(ρ_s)를 0.02로 고정하였고, 보폭과 보깊이의 비율을 각각 0.5[표 5.4.11(a)], 1.0[표 5.4.11(b)], 2.0[표 5.4.11(c)]으로 선지정하였을 경우 보폭과 보깊이는 각각 375.5, 752.2mm 및 596.6, 596.9mm와 947.4, 473.9mm로 도출되었다. 역대입 방법뿐만 아니라 직접 방식인 PTM과 CRS 방법에 의해서도 실제 설계에 적용될 수 있는 설계 정확도가 구해졌다. 역대입 방법 2단계에서는 일반적인 구조설계 프로그램을 사용할 수 있으므로 신속하면서도 정확한 설계 결과를 도출할 수 있다. 표 5.4.10의 학습조합에서 가장 우수한 학습 정확도는 붉은색 박스로 표시하였다.

[표 5.4.10] 직접 방법(PTM, CRS)과 역대입 방법에 의한 학습 결과 비교; 역방향 설계 시나리오 #4 (이어서)

(a) PTM 기반 직접 학습에 기반한 역방향 시나리오 #4의 학습 결과

역방향 설계 #4 5개 입력 데이터($\rho_s, f'_c, f_y, M_n, b/d$) - 4개 출력 데이터($b, d, \varepsilon_s, c/d$)											
인공신경망 종류	데이터 개수	사용된 은닉층 개수	사용된 뉴런 개수	검증 check	지정된 Epoch	최적 Epoch	종료 Epoch	학습 MSE	검증 MSE	테스트	최적 R
5개 입력 데이터($\rho_s, f'_c, f_y, M_n, b/d$) - 1개 출력 데이터($b$) - PTM											
R4.PTM.**1a**	20,000	2	5	500	100,000	42,770	43,270	3.55E-05	4.13E-05	3.67E-05	1.000
R4.PTM.**1b**	20,000	2	10	500	100,000	72,039	72,539	1.49E-06	1.48E-06	1.48E-06	1.000
R4.PTM.**1c**	20,000	2	20	500	100,000	50,107	50,607	3.68E-07	3.95E-07	3.82E-07	1.000
R4.PTM.**1d**	20,000	2	30	500	100,000	35,878	36,378	4.28E-07	3.98E-07	4.24E-07	1.000
5개 입력 데이터($\rho_s, f'_c, f_y, M_n, b/d$) - 1개 출력 데이터($d$) - PTM											
R4.PTM.**2a**	20,000	2	5	500	100,000	35,853	36,353	2.32E-04	2.25E-04	2.30E-04	1.000
R4.PTM.**2b**	20,000	2	10	500	100,000	33,517	34,017	6.40E-06	5.89E-06	6.38E-06	1.000
R4.PTM.**2c**	20,000	2	20	500	100,000	29,227	29,727	2.53E-06	3.44E-06	2.69E-06	1.000
R4.PTM.**2d**	20,000	2	30	500	100,000	42,892	43,392	8.11E-07	6.71E-07	8.02E-07	1.000
5개 입력 데이터($\rho_s, f'_c, f_y, M_n, b/d$) - 1개 출력 데이터($\varepsilon_s$) - PTM											
R4.PTM.**7a**	20,000	2	5	500	100,000	32,542	33,042	2.49E-05	2.63E-05	2.49E-05	1.000
R4.PTM.**7b**	20,000	2	10	500	100,000	24,998	25,498	2.04E-06	2.04E-06	2.04E-06	1.000
R4.PTM.**7c**	20,000	2	20	500	100,000	11,851	12,351	1.93E-06	2.16E-06	1.99E-06	1.000
R4.PTM.**7d**	20,000	2	30	500	100,000	19,381	19,881	1.43E-06	1.81E-06	1.52E-06	1.000
5개 입력 데이터($\rho_s, f'_c, f_y, M_n, b/d$) - 1개 출력 데이터($c/d$) - PTM											
R4.PTM.**8a**	20,000	2	5	500	100,000	23,170	23,670	2.02E-05	1.99E-05	2.03E-05	1.000
R4.PTM.**8b**	20,000	2	10	500	100,000	78,458	78,958	2.37E-06	2.36E-06	2.37E-06	1.000
R4.PTM.**8c**	20,000	2	20	500	100,000	16,959	17,459	4.11E-06	4.19E-06	4.07E-06	1.000
R4.PTM.**8d**	20,000	2	30	500	100,000	32,463	32,963	9.02E-07	1.04E-06	9.37E-07	1.000

☐ 테스트 MSE에 기반한 최적 학습

[표 5.4.10] 직접 방법(PTM, CRS)과 역대입 방법에 의한 학습 결과 비교; 역방향 설계 시나리오 #4 (이어서)

(b) CRS 기반 직접 학습에 기반한 역방향 시나리오 #4의 학습 결과

역방향 설계 #4 **5개 입력 데이터($\rho_s, f'_c, f_y, M_n, b/d$) - 4개 출력 데이터($b, d, \varepsilon_s, c/d$)**											
인공신경망 종류	**데이터 개수**	**사용된 은닉층 개수**	**사용된 뉴런 개수**	**검증 check**	**지정된 Epoch**	**최적 Epoch**	**종료 Epoch**	**학습 MSE**	**검증 MSE**	**테스트**	**최적 R**
5개 입력 데이터($\rho_s, f'_c, f_y, M_n, b/d$) - 1개 출력 데이터($\varepsilon_s$) - PTM											
R4.PTM.**7d**	20,000	2	30	500	100,000	19,381	19,881	1.42E-06	1.81E-06	1.52E-06	1.000
6개 입력 데이터($\rho_s, f'_c, f_y, M_n, \varepsilon_s, b/d$) - 1개 출력 데이터($c/d$) - CRS											
R4.CRS.**9a**	20,000	2	5	500	100,000	28,030	28,030	3.22E-08	3.42E-08	3.28E-08	1.000
R4.CRS.**9b**	20,000	2	10	500	100,000	27,167	27,345	2.13E-08	2.35E-08	2.14E-08	1.000
R4.CRS.**9c**	20,000	2	20	500	100,000	19,814	20,314	8.18E-08	8.34E-08	8.31E-08	1.000
R4.CRS.**9d**	20,000	2	30	500	100,000	24,708	25,208	3.20E-08	3.30E-08	3.26E-08	1.000
7개 입력 데이터($\rho_s, f'_c, f_y, M_n, \varepsilon_s, c/d, b/d$) - 1개 출력 데이터($b$) - CRS											
R4.CRS.**1a**	20,000	2	5	500	100,000	15,279	15,779	4.54E-05	4.80E-05	4.56E-05	1.000
R4.CRS.**1b**	20,000	2	10	500	100,000	99,982	100,000	3.92E-07	4.46E-07	4.01E-07	1.000
R4.CRS.**1c**	20,000	2	20	500	100,000	18,844	19,344	1.06E-06	9.36E-07	1.06E-06	1.000
R4.CRS.**1d**	20,000	2	30	500	100,000	13,700	14,200	9.85E-07	1.01E-06	1.01E-06	1.000
8개 입력 데이터($b, \rho_s, f'_c, f_y, M_n, \varepsilon_s, c/d, b/d$) - 1개 출력 데이터($d$) - CRS											
R4.CRS.**2a**	20,000	2	5	500	100,000	99,958	100,000	7.09E-07	7.85E-07	7.17E-07	1.000
R4.CRS.**2b**	20,000	2	10	500	100,000	99,972	100,000	2.25E-07	2.27E-07	2.26E-07	1.000
R4.CRS.**2c**	20,000	2	20	500	100,000	41,099	41,599	9.89E-09	1.14E-08	1.03E-08	1.000
R4.CRS.**2d**	20,000	2	30	500	100,000	19,274	19,774	3.98E-08	4.83E-08	4.58E-08	1.000

붉은색 데이터는 선학습된 후 입력부에 추가되는 입력 데이터

☐ 테스트 MSE에 기반한 최적 학습

[표 5.4.10] 직접 방법(PTM, CRS)과 역대입 방법에 의한 학습 결과 비교; 역방향 설계 시나리오 #4

(c) 역대입(BS) 방법에 기반한 역방향 시나리오 #4의 학습 결과

역방향 설계 #4 5 개 입력 데이터($\rho_s, f'_c, f_y, M_n, b/d$) - 4 개 출력 데이터($b, d, \varepsilon_s, c/d$)											
인공신경망 종류	데이터 개수	사용된 은닉층 개수	사용된 뉴런 개수	검증 check	지정된 Epoch	최적 Epoch	종료 Epoch	학습 MSE	검증 MSE	테스트	최적 R
STEP 1: 역설계											
5 개 입력 데이터($\rho_s, f'_c, f_y, M_n, b/d$) - 1 개 출력 데이터($b$) - PTM											
R4.PTM.**1c**	20,000	2	20	500	100,000	50,107	50,607	3.68E-07	3.95E-07	3.82E-07	1.000
5 개 입력 데이터($\rho_s, f'_c, f_y, M_n, b/d$) - 1 개 출력 데이터($d$) - PTM											
R4.PTM.**2d**	20,000	2	30	500	100,000	42,892	43,392	8.11E-07	6.71E-07	8.02E-07	1.000
STEP 2: 순방향 설계											
6 개 입력 데이터($b, d, \rho_s, f'_c, f_y, b/d$) - 1 개 출력 데이터($\varepsilon_s$) - CRS											
FW.CRS.**7c**	20,000	2	20	500	100,000	99,666	100,000	1.21E-07	1.39E-07	1.24E-07	1.000
7 개 입력 데이터($b, d, \rho_s, f'_c, f_y, \varepsilon_s, b/d$) - 1 개 출력 데이터($c/d$) - CRS											
FW.CRS.**8d**	20,000	2	30	500	100,000	63,937	64,437	8.93E-09	8.75E-09	9.22E-09	1.000

[표 5.4.11] 직접 방법과 간접 방법에 의한 설계 결과 비교; 역방향 설계 시나리오 #4 (이어서)

(a) 인장 철근비(ρ_s) = 0.02, 단면비(b/d) = 5

(1) 직접 방법(PTM)

5개 입력 데이터($\rho_s, f_c', f_y, M_n, b/d$) – 4개 출력 데이터($b, d, \varepsilon_s, c/d$)					
	파라미터	학습된 인공신경망	인공신경망 결과	결과 검증	오차
1	b (mm)	R4.PTM. 1 c	375.5	375.5	0.00%
2	d (mm)	R4.PTM. 2 d	752.2	752.2	0.00%
3	ρ_s		0.0200	0.0200	0.00%
4	f_c' (MPa)		40	40	0.00%
5	f_y (MPa)		400	400	0.00%
6	M_n (kN·m)		1500.0	1499.7	0.02%
7	ε_s	R4.PTM. 7 c	0.0067	0.0067	-0.05%
8	c/d	R4.PTM. 8 c	0.3078	0.3079	-0.03%
9	b/d		0.5000	0.4992	0.16%

5 개 입력 데이터
4 개 출력 데이터
5개 구조설계 입력 데이터
4개 구조설계 출력 데이터
학습된 인공신경망은 표 [5.4.10a] 참조

(2) 직접 방법(CRS)

5개 입력 데이터($\rho_s, f_c', f_y, M_n, b/d$) – 4개 출력 데이터($b, d, \varepsilon_s, c/d$)					
	파라미터	학습된 인공신경망	인공신경망 결과	결과 검증	오차
1	b (mm)	R4.CRS. 1 c	375.3	375.3	0.00%
2	d (mm)	R4.CRS. 2 d	750.7	750.7	0.00%
3	ρ_s		0.0200	0.0200	0.00%
4	f_c' (MPa)		40	40	0.00%
5	f_y (MPa)		400	400	0.00%
6	M_n (kN·m)		1500.0	1492.9	0.47%
7	ε_s	R4.PTM. 7 c	0.006741	0.006745	-0.05%
8	c/d	R4.CRS. 8 c	0.3080	0.3079	0.05%
9	b/d		0.50000	0.49999	0.00%

CRS 학습 순서: $\varepsilon_s \rightarrow c/d \rightarrow b \rightarrow d$

5 개 입력 데이터
4 개 출력 데이터
5개 구조설계 입력 데이터
4개 구조설계 출력 데이터
학습된 인공신경망은 표 [5.4.10b] 참조

(3) 간접 방법(BS) - (Step1: PTM – Step2: CRS)

5개 입력 데이터($\rho_s, f_c', f_y, M_n, b/d$) – 4개 출력 데이터($b, d, \varepsilon_s, c/d$)						
	파라미터	학습된 인공신경망	인공신경망 결과(BS)		결과 검증	오차
			Step 1	Step 2		
1	b (mm)	R4.PTM. 1 c	375.5	375.5	375.5	0.00%
2	d (mm)	R4.PTM. 2 d	752.2	752.2	752.2	0.00%
3	ρ_s		0.0200	0.0200	0.0200	0.00%
4	f_c' (MPa)		40	40	40	0.00%
5	f_y (MPa)		400	400	400	0.00%
6	M_n (kN·m)		1500.0	-	1499.7	0.02%
7	ε_s	FW.CRS. 7 c	-	0.0067	0.0067	0.00%
8	c/d	FW.CRS. 8 c	-	0.30789	0.30786	0.01%
9	b/d		0.5000	-	0.499	0.16%

간접 (BS) 방법 :

*Step 1 (PTM 기반 역방향 네트워크): 3개의 정상 입력 파라미터 (ρ_s, f_c', f_y) 와 2개의 역입력 파라미터(M_n, b/d) **를 기반으로 2개 역출력 파라미터(b, d) 를 구한다.**

*Step 2 (CRS 기반 순방향 네트워크): 5개의 입력 파라미터 **(2 개의 역출력 및 3개의 정상입력 파라미터) 로 부터** 2개의 나머지 출력 파라미터를 구한다(ε_s, c/d). 2단계에서 사용 되는 학습 방법은 CRS (CRS 학습 순서는 $\varepsilon_s \rightarrow c/d$임) 이다.

검증 방법: 5개의 입력 파라미터를 기존 구조 설계 프로그램에 입력 하여 4개의 출력 파라미터를 구한 후 Step 2 에서 구한 2개의 출력 파라미터**와 비교 한다.**

학습된 인공신경망은 표 [5.4.10c] 참조

[표 5.4.11] 직접 방법과 간접 방법에 의한 설계 결과 비교; 역방향 설계 시나리오 #4 (이어서)

(b) 인장 철근비(ρ_s) = 0.02, 단면비(b/d) = 1.0

(1) 직접 방법(PTM)

5개 입력 데이터($\rho_s, f'_c, f_y, M_n, b/d$) – 4개 출력 데이터($b, d, \varepsilon_s, c/d$)					
	파라미터	학습된 인공신경망	인공신경망 결과	결과 검증	오차
1	b (mm)	R4.PTM. 1 c	596.6	596.6	0.00%
2	d (mm)	R4.PTM. 2 d	596.9	596.9	0.00%
3	ρ_s		0.0200	0.0200	0.00%
4	f'_c (MPa)		40	40	0.00%
5	f_y (MPa)		400	400	0.00%
6	M_n (kN·m)		1500.0	1500.5	-0.03%
7	ε_s	R4.PTM. 7 c	0.0067	0.0067	-0.05%
8	c/d	R4.PTM. 8 c	0.3078	0.3079	-0.01%
9	b/d		1.0000	0.9995	0.05%

5 개 입력 데이터
4 개 출력 데이터
5개 구조설계 입력 데이터
4개 구조설계 출력 데이터
학습된 인공신경망은 표 [5.4.10a] 참조

(2) 직접 방법(CRS)

5개 입력 데이터($\rho_s, f'_c, f_y, M_n, b/d$) – 4개 출력 데이터($b, d, \varepsilon_s, c/d$)					
	파라미터	학습된 인공신경망	인공신경망 결과	결과 검증	오차
1	b (mm)	R4.CRS. 1 c	596.7	596.7	0.00%
2	d (mm)	R4.CRS. 2 d	596.8	596.8	0.00%
3	ρ_s		0.0200	0.0200	0.00%
4	f'_c (MPa)		40	40	0.00%
5	f_y (MPa)		400	400	0.00%
6	M_n (kN·m)		1500.0	1500.0	0.00%
7	ε_s	R4.PTM. 7 c	0.006741	0.006745	-0.05%
8	c/d	R4.CRS. 8 c	0.3080	0.3079	0.05%
9	b/d		1.00000	0.99997	0.00%

CRS 학습 순서: $\varepsilon_s \rightarrow c/d \rightarrow b \rightarrow d$

5 개 입력 데이터
4 개 출력 데이터
5개 구조설계 입력 데이터
4개 구조설계 출력 데이터
학습된 인공신경망은 표 [5.4.10b] 참조

(3) 간접 방법(BS) - (Step1: PTM – Step2: CRS)

5개 입력 데이터($\rho_s, f'_c, f_y, M_n, b/d$) – 4개 출력 데이터($b, d, \varepsilon_s, c/d$)						
	파라미터	학습된 인공신경망	인공신경망 결과(BS)		결과 검증	오차
			Step 1	Step 2		
1	b (mm)	R4.PTM. 1 c	596.6	596.6	596.6	0.00%
2	d (mm)	R4.PTM. 2 d	596.9	596.9	596.9	0.00%
3	ρ_s		0.0200	0.0200	0.0200	0.00%
4	f'_c (MPa)		40	40	40	0.00%
5	f_y (MPa)		400	400	400	0.00%
6	M_n (kN·m)		1500.0	-	1500.5	-0.03%
7	ε_s	FW.CRS. 7 c	-	0.0067	0.0067	0.00%
8	c/d	FW.CRS. 8 c	-	0.30788	0.30786	0.01%
9	b/d		1.0000	-	0.999	0.05%

간접 (BS) 방법 :

***Step 1** (PTM 기반 역방향 네트워크): **3개의 정상 입력 파라미터 (ρ_s, f_c', f_y) 와 2개의 역입력 파라미터(M_n, b/d) 를 기반으로 2개 역출력 파라미터(b, d) 를 구한다.**

***Step 2** (CRS 기반 순방향 네트워크): 5개의 입력 파라미터 **(2 개의 역출력 및 3개의 정상입력 파라미터) 로 부터** 2개의 나머지 출력 파라미터를 구한다(ε_s, c/d). 2단계에서 사용 되는 학습 방법은 CRS (CRS 학습 순서는 $\varepsilon_s \rightarrow c/d$임) 이다.

검증 방법: 5개의 입력 파라미터를 기존 구조 설계 프로그램에 입력 하여 4개의 출력 파라미터를 구한 후 Step 2 에서 구한 2개의 출력 파라미터**와 비교 한다.**

학습된 인공신경망은 표 [5.4.10c] 참조

[표 5.4.11] 직접 방법과 간접 방법에 의한 설계 결과 비교; 역방향 설계 시나리오 #4

(c) 인장 철근비(ρ_s) = 0.02, 단면비(b/d) = 2

(1) 직접 방법(PTM)

5개 입력 데이터($\rho_s, f'_c, f_y, M_n, b/d$) – 4개 출력 데이터($b, d, \varepsilon_s, c/d$)					
파라미터		학습된 인공신경망	인공신경망 결과	결과 검증	오차
1	b (mm)	R4.PTM. 1 c	947.4	947.4	0.00%
2	d (mm)	R4.PTM. 2 d	473.9	473.9	0.00%
3	ρ_s		0.0200	0.0200	0.00%
4	f'_c (MPa)		40	40	0.00%
5	f_y (MPa)		400	400	0.00%
6	M_n (kN·m)		1500.0	1501.8	-0.12%
7	ε_s	R4.PTM. 7 c	0.0067	0.0067	-0.01%
8	c/d	R4.PTM. 8 c	0.3078	0.3079	-0.01%
9	b/d		2.0000	1.9994	0.03%

5 개 입력 데이터
4 개 출력 데이터
5개 구조설계 입력 데이터
4개 구조설계 출력 데이터
학습된 인공신경망은 표 [5.4.10a] 참조

(2) 직접 방법(CRS)

5개 입력 데이터($\rho_s, f'_c, f_y, M_n, b/d$) – 4개 출력 데이터($b, d, \varepsilon_s, c/d$)					
파라미터		학습된 인공신경망	인공신경망 결과	결과 검증	오차
1	b (mm)	R4.CRS. 1 c	946.2	946.2	0.00%
2	d (mm)	R4.CRS. 2 d	473.1	473.1	0.00%
3	ρ_s		0.0200	0.0200	0.00%
4	f'_c (MPa)		40	40	0.00%
5	f_y (MPa)		400	400	0.00%
6	M_n (kN·m)		1500.0	1495.0	0.33%
7	ε_s	R4.PTM. 7 c	0.006744	0.006745	-0.01%
8	c/d	R4.CRS. 8 c	0.3079	0.3079	0.02%
9	b/d		2.00000	1.99994	0.00%

CRS 학습 순서: $\varepsilon_s \rightarrow c/d \rightarrow b \rightarrow d$

5 개 입력 데이터
4 개 출력 데이터
5개 구조설계 입력 데이터
4개 구조설계 출력 데이터
학습된 인공신경망은 표 [5.4.10b] 참조

(3) 간접 방법(BS) - (Step1: PTM – Step2: CRS)

5개 입력 데이터($\rho_s, f'_c, f_y, M_n, b/d$) – 4개 출력 데이터($b, d, \varepsilon_s, c/d$)						
파라미터		학습된 인공신경망	인공신경망 결과(BS)		결과 검증	오차
			Step 1	Step 2		
1	b (mm)	R4.PTM. 1 c	947.4	947.4	947.4	0.00%
2	d (mm)	R4.PTM. 2 d	473.9	473.9	473.9	0.00%
3	ρ_s		0.0200	0.0200	0.0200	0.00%
4	f'_c (MPa)		40	40	40	0.00%
5	f_y (MPa)		400	400	400	0.00%
6	M_n (kN·m)		1500.0	-	1501.8	-0.12%
7	ε_s	FW.CRS. 7 c	-	0.006744	0.006745	-0.01%
8	c/d	FW.CRS. 8 c	-	0.30789	0.30786	0.01%
9	b/d		2.0000	-	1.999	0.03%

간접 (BS) 방법 :

***Step 1** (PTM 기반 역방향 네트워크): **3개의 정상 입력 파라미터** (ρ_s, f_c', f_y) 와 **2개의 역입력 파라미터**(M_n, b/d) **를 기반으로 2개 역출력 파라미터**(b, d) **를 구한다.**

***Step 2** (CRS 기반 순방향 네트워크): 5개의 입력 파라미터 **(2 개의 역출력 및 3개의 정상입력 파라미터) 로 부터** 2개의 나머지 출력 파라미터를 구한다(ε_s, c/d). 2단계에서 사용 되는 학습 방법은 CRS (CRS 학습 순서는 $\varepsilon_s \rightarrow c/d$임) 이다.

검증 방법: 5개의 입력 파라미터를 **기존 구조 설계 프로그램에 입력 하여 4개의 출력 파라미터를 구한 후** Step 2 에서 구한 2개의 출력 파라미터**와 비교 한다.**

학습된 인공신경망은 표 [5.4.10c] 참조

(5) 역방향 설계 시나리오 #5

표 5.4.12와 표 5.4.13(a)-(3), (b)-(3), (c)-(3)의 역대입 방법 1단계에서는 1개의 역입력 파라미터(M_n)(표 5.4.13의 분홍색 박스 6번)에 대해서 2개의 역출력 파라미터(표 5.4.13의 파란색 박스 1, 2번; b, d)를 구한다. 표 5.4.12(c)의 1단계에서는 PTM 방법 기반으로, 표 5.4.12(d)의 1단계에서는 CRS 방법 기반으로 역출력 파라미터(b, d)를 각각 학습하였다. 2단계에서는 1단계에서 구한 2개의 역출력 파라미터(b, d)를 포함하는 5개(표 5.4.13의 초록색 박스 1~5번; b, d, ρ_s, f_c', f_y)의 순방향 입력 파라미터로부터 결정되지 않은 나머지 출력 파라미터(표 5.4.13의 하늘색 7~9번; $\varepsilon_s, {}^c/_d, {}^b/_d$)를 CRS 기반으로 구한다. 공칭모멘트($M_n$)(표 5.4.13의 6번)는 설계자가 이미 1단계에서 역입력 파라미터로 선지정한 값들이고 2단계에서 다시 계산되어 검증에 활용된다.

역방향 설계 시나리오 #5는 다른 시나리오에 비해서 입력 파라미터가 1개 적은 4개이다. 따라서 6개의 출력 파라미터는 1개 이상의 값을 지닐 수 있게 된다. 즉 입력 파라미터의 개수가 부족하기 때문에 출력 파라미터는 유니크하게 1개 값으로 결정될 수는 없다는 뜻이다. 이런 경우에 직접방법인 PTM은 표 5.4.13(a)-(1), 표 5.4.13(b)-(1), 표 5.4.13(c)-(1) 등에서 보이듯이 큰 오차를 수반한다. 그러나 표 5.4.13(a)-(2), 표 5.4.13(b)-(2), 표 5.4.13(c)-(1) 등에서 보이듯이 직접방법인 CRS를 사용하게 되면 오차가 대폭 감소하는 것을 알 수 있다. 따라서 BS 방법의 1단계에도 PTM을 사용하기보다는 CRS를 사용하게 되면 표 5.4.13(a)-(4), 표 5.4.13(b)-(4), 표 5.4.13(c)-(4)에서 보이듯이 오차가 현저하게 감소하는 것을 알 수 있다. BS 방법의 1단계에 PTM을 사용하는 경우에는 표 5.4.13(a)-(3), 표 5.4.13(b)-(3), 표 5.4.13(c)-(3)에서 보이듯이 큰 오차가 발생되었다.

2단계는 순방향 설계 과정이므로 인공신경망 또는 기존의 구조설계 프로그램 모두를 이용할 수 있다. 표 5.4.1(e)와 표 5.4.13에서의 역설계 시나리오 #5의 경우 표 5.4.13(a), (b), (c)에서 보이듯이 공칭모멘트(M_n)는 1500, 2000, 3000kN·m로 지정하였고, 철근 비(ρ_s)를 0.02로 고정하였다. 보폭과 보깊이의 비율을 지정하지 않았을 경우에는 모든 방법(PTM, CRS, 역대입)에서 1.0 근처로 계산되었다.

표 5.4.9와 표 5.4.11에서는 보폭과 보깊이의 비율을 지정하였으나 표 5.4.13에서는 지정하지 않았다. 엔지니어의 설계 의도에 따라서 인공신경망의 역설계를 통제할 수

있는 방법을 알아보기 위해서이다. 이상의 예제에서 보았듯이 인공신경망의 역설계를 통해 RC 보의 거동에 영향을 주는 요소들을 효율적으로 파악할 수 있었고, 이와 같은 관찰을 바탕으로 다양한 설계 시나리오를 설정할 수 있었다.

인공신경망은 설계자의 의도대로 설계 과정과 결과를 통제할 수 있는 수단을 제공하고, 엔지니어의 설계 작업 효율성을 매우 높일 수 있는 획기적인 방법을 제공할 것이다. 인공신경망의 효율적인 학습 방법을 잘 활용하고 다양한 설계 시나리오를 개발하여, 기존의 설계 방법으로는 구현할 수 없는 새로운 설계 방식의 개발 가능성을 본 장의 설계 예제를 통해 알아보았다. 표 5.4.12의 학습조합에서 가장 우수한 학습 정확도는 붉은색 박스로 표시하였다.

[표 5.4.12] 직접 방법(PTM, CRS)과 BS 방법에 의한 학습 결과 비교; 역방향 설계 시나리오 #5 (이어서)

(a) PTM 기반 직접 학습에 기반한 역방향 시나리오 #5의 학습 결과

역방향 설계 #5 4개 입력 데이터(ρ_s, f'_c, f_y, M_n) - 5개 출력 데이터($b, d, \varepsilon_s, c/d, b/d$)											
인공신경망 종류	데이터 개수	사용된 은닉층 개수	사용된 뉴런 개수	검증 check	지정된 Epoch	최적 Epoch	종료 Epoch	학습 MSE	검증 MSE	테스트	최적 R
4개 입력 데이터(ρ_s, f'_c, f_y, M_n) - 1개 출력 데이터(b) - PTM											
R5.PTM.**1a**	20,000	2	5	500	100,000	2,255	2,755	3.19E-02	3.17E-02	3.18E-02	0.909
R5.PTM.**1b**	20,000	2	10	500	100,000	1,029	1,529	3.14E-02	3.15E-02	3.15E-02	0.910
R5.PTM.**1c**	20,000	2	20	500	100,000	1233	1,733	3.08E-02	3.29E-02	3.14E-02	0.911
R5.PTM.**1d**	20,000	2	30	500	100,000	878	1,378	3.13E-02	3.22E-02	3.16E-02	0.910
4개 입력 데이터(ρ_s, f'_c, f_y, M_n) - 1개 출력 데이터(d) - PTM											
R5.PTM.**2a**	20,000	2	5	500	100,000	5,954	6,454	4.84E-02	4.69E-02	4.85E-02	0.924
R5.PTM.**2b**	20,000	2	10	500	100,000	943	1,443	4.83E-02	4.97E-02	4.85E-02	0.924
R5.PTM.**2c**	20,000	2	20	500	100,000	1099	1,599	4.82E-02	4.81E-02	4.82E-02	0.925
R5.PTM.**2d**	20,000	2	30	500	100,000	752	1,252	4.77E-02	4.90E-02	4.82E-02	0.925
4개 입력 데이터(ρ_s, f'_c, f_y, M_n) - 1개 출력 데이터(ε_s) - PTM											
R5.PTM.**7a**	20,000	2	5	500	100,000	22,881	23,381	1.58E-05	1.38E-05	1.56E-05	1.000
R5.PTM.**7b**	20,000	2	10	500	100,000	41,746	42,246	1.22E-06	1.63E-06	1.34E-06	1.000
R5.PTM.**7c**	20,000	2	20	500	100,000	49,035	49,535	7.56E-07	7.58E-07	7.59E-07	1.000
R5.PTM.**7d**	20,000	2	30	500	100,000	24,439	24,939	1.12E-06	1.36E-06	1.22E-06	1.000
4개 입력 데이터(ρ_s, f'_c, f_y, M_n) - 1개 출력 데이터(c/d) - PTM											
R5.PTM.**8a**	20,000	2	5	500	100,000	27,531	28,031	1.61E-05	1.57E-05	1.60E-05	1.000
R5.PTM.**8b**	20,000	2	10	500	100,000	47,377	47,877	4.77E-06	4.73E-06	4.75E-06	1.000
R5.PTM.**8c**	20,000	2	20	500	100,000	52,594	53,094	2.70E-07	2.84E-07	2.77E-07	1.000
R5.PTM.**8d**	20,000	2	30	500	100,000	28,258	28,758	1.55E-06	1.87E-06	1.62E-06	1.000
4개 입력 데이터(ρ_s, f'_c, f_y, M_n) - 1개 출력 데이터(b/d) - PTM											
R5.PTM.**9a**	20,000	2	5	500	100,000	1,044	1,544	2.80E-01	2.90E-01	2.83E-01	0.393
R5.PTM.**9b**	20,000	2	10	500	100,000	1537	2037	2.74E-01	2.73E-01	2.73E-01	0.427
R5.PTM.**9c**	20,000	2	20	500	100,000	270	770	2.82E-01	2.76E-01	2.82E-01	0.396
R5.PTM.**9d**	20,000	2	30	500	100,000	130	630	2.83E-01	2.89E-01	2.83E-01	0.393

□ 테스트 MSE에 기반한 최적 학습

[표 5.4.12] 직접 방법(PTM, CRS)과 BS 방법에 의한 학습 결과 비교; 역방향 설계 시나리오 #5 (이어서)

(b) CRS 기반 직접 학습에 기반한 역방향 시나리오 #5의 학습 결과

역방향 설계 #5 4개 입력 데이터(ρ_s, f'_c, f_y, M_n) - 5개 출력 데이터($b, d, \varepsilon_s, c/d, b/d$)											
인공신경망 종류	데이터 개수	사용된 은닉층 개수	사용된 뉴런 개수	검증 check	지정된 Epoch	최적 Epoch	종료 Epoch	학습 MSE	검증 MSE	테스트	최적 R
4개 입력 데이터(ρ_s, f'_c, f_y, M_n) - 1개 출력 데이터(ε_s) - PTM											
R5.PTM.**7c**	20,000	2	20	500	100,000	49,035	49,535	7.56E-07	7.58E-07	7.59E-07	1.000
5개 입력 데이터($\rho_s, f'_c, f_y, M_n, \varepsilon_s$) - 1개 출력 데이터($c/d$) - CRS											
R5.CRS.**8a**	20,000	2	5	500	100,000	21,605	21,666	2.82E-08	2.73E-08	2.75E-08	1.000
R5.CRS.**8b**	20,000	2	10	500	100,000	15,410	15,910	3.98E-08	4.82E-08	4.19E-08	1.000
R5.CRS.**8c**	20,000	2	20	500	100,000	58,957	59,457	1.65E-08	1.55E-08	1.65E-08	1.000
R5.CRS.**8d**	20,000	2	30	500	100,000	57,207	57,707	2.57E-08	2.65E-08	2.65E-08	1.000
6개 입력 데이터($\rho_s, f'_c, f_y, M_n, \varepsilon_s, c/d$) - 1개 출력 데이터($b$) - CRS											
R5.CRS.**1a**	20,000	2	5	500	100,000	4,948	5,448	3.14E-02	3.10E-02	3.14E-02	0.910
R5.CRS.**1b**	20,000	2	10	500	100,000	1,911	2,411	3.12E-02	3.09E-02	3.13E-02	0.911
R5.CRS.**1c**	20,000	2	20	500	100,000	1,741	2,241	3.15E-02	3.08E-02	3.14E-02	0.911
R5.CRS.**1d**	20,000	2	30	500	100,000	1,074	1,574	3.16E-02	3.10E-02	3.14E-02	0.911
7개 입력 데이터($b, \rho_s, f'_c, f_y, M_n, \varepsilon_s, c/d$) - 1개 출력 데이터($d$) - CRS											
R5.CRS.**2a**	20,000	2	5	500	100,000	48,794	49,294	1.62E-04	1.72E-04	1.64E-04	1.000
R5.CRS.**2b**	20,000	2	10	500	100,000	58,090	58,590	2.20E-05	2.39E-05	2.26E-05	1.000
R5.CRS.**2c**	20,000	2	20	500	100,000	43,273	43,773	2.72E-06	2.90E-06	2.79E-06	1.000
R5.CRS.**2d**	20,000	2	30	500	100,000	19,757	20,257	3.48E-06	4.82E-06	3.90E-06	1.000
8개 입력 데이터($b, h, \rho_s, f'_c, f_y, M_n, \varepsilon_s, c/d$) - 1개 출력 데이터($b/d$) - CRS											
R5.CRS.**9a**	20,000	2	5	500	100,000	45,060	45,560	3.50E-07	3.70E-07	3.55E-07	1.000
R5.CRS.**9b**	20,000	2	10	500	100,000	56,217	56,717	1.14E-07	1.14E-07	1.14E-07	1.000
R5.CRS.**9c**	20,000	2	20	500	100,000	27,328	27,828	5.19E-08	5.28E-08	5.20E-08	1.000
R5.CRS.**9d**	20,000	2	30	500	100,000	34,655	35,155	1.93E-08	2.65E-08	2.07E-08	1.000

붉은색 데이터는 선학습된 후 입력부에 추가되는 입력 데이터

□ 테스트 MSE에 기반한 최적 학습

[표 5.4.12] 직접 방법(PTM, CRS)과 BS 방법에 의한 학습 결과 비교; 역방향 설계 시나리오 #5

(c) 역대입(BS) 방법(PTM 1단계)에 기반한 역방향 시나리오 #5의 학습 결과

역방향 설계 #5 4개 입력 데이터(ρ_s, f'_c, f_y, M_n) - 5개 출력 데이터($b, d, \varepsilon_s, c/d, b/d$)											
인공신경망 종류	데이터 개수	사용된 은닉층 개수	사용된 뉴런 개수	검증 check	지정된 Epoch	최적 Epoch	종료 Epoch	학습 MSE	검증 MSE	테스트	최적 R
STEP 1: 역설계											
4개 입력 데이터(ρ_s, f'_c, f_y, M_n) - 1개 출력 데이터(b) - PTM											
R5.PTM.**1c**	20,000	2	20	500	100,000	1,233	1,733	3.08E-02	3.29E-02	3.14E-02	0.911
4개 입력 데이터(ρ_s, f'_c, f_y, M_n) - 1개 출력 데이터(d) - PTM											
R5.PTM.**2c**	20,000	2	20	500	100,000	1,099	1,599	4.82E-02	4.81E-02	4.82E-02	0.925
STEP 2: 순방향 설계											
5개 입력 데이터(b, d, ρ_s, f'_c, f_y) - 1개 출력 데이터(b/d) - PTM											
FW.PTM.**9g**	20,000	2	20	500	100,000	54,625	55,125	1.15E-08	1.28E-08	1.21E-08	1.000
6개 입력 데이터($b, d, \rho_s, f'_c, f_y, b/d$) - 1개 출력 데이터($\varepsilon_s$) - CRS											
FW.CRS.**7c**	20,000	2	20	500	100,000	99,666	100,000	1.21E-07	1.39E-07	1.24E-07	1.000
7개 입력 데이터($b, d, \rho_s, f'_c, f_y, \varepsilon_s, b/d$) - 1개 출력 데이터($c/d$) - CRS											
FW.CRS.**8d**	20,000	2	30	500	100,000	63,937	64,437	8.93E-09	8.75E-09	9.22E-09	1.000

(d) 역대입(BS) 방법(CRS 1단계)에 기반한 역방향 시나리오 #5의 학습 결과

역방향 설계 #5 4개 입력 데이터(ρ_s, f'_c, f_y, M_n) - 5개 출력 데이터($b, d, \varepsilon_s, c/d, b/d$)											
인공신경망 종류	데이터 개수	사용된 은닉층 개수	사용된 뉴런 개수	검증 check	지정된 Epoch	최적 Epoch	종료 Epoch	학습 MSE	검증 MSE	테스트	최적 R
STEP 1: 역설계											
4개 입력 데이터(ρ_s, f'_c, f_y, M_n) - 1개 출력 데이터(b) - PTM											
R5.CRS.**1b**	20,000	2	10	500	100,000	3,910	4,410	3.13E-02	3.13E-02	3.12E-02	0.911
4개 입력 데이터($b, \rho_s, f'_c, f_y, M_n$) - 1개 출력 데이터($d$) - CRS											
R5.CRS.**2d**	20,000	2	30	500	100,000	25,612	26,112	1.99E-06	2.87E-02	3.37E-02	1.000
STEP 2: 순방향 설계											
5개 입력 데이터(b, d, ρ_s, f'_c, f_y) - 1개 출력 데이터(b/d) - PTM											
FW.PTM.**9g**	20,000	2	20	500	100,000	54,625	55,125	1.15E-08	1.28E-08	1.21E-08	1.000
6개 입력 데이터($b, d, \rho_s, f'_c, f_y, b/d$) - 1개 출력 데이터($\varepsilon_s$) - CRS											
FW.CRS.**7c**	20,000	2	20	500	100,000	99,666	100,000	1.21E-07	1.39E-07	1.24E-07	1.000
7개 입력 데이터($b, d, \rho_s, f'_c, f_y, \varepsilon_s, b/d$) - 1개 출력 데이터($c/d$) - CRS											
FW.CRS.**8d**	20,000	2	30	500	100,000	63,937	64,437	8.93E-09	8.75E-09	9.22E-09	1.000

[표 5.4.13] 직접 방법과 간접 방법에 의한 설계 결과 비교; 역방향 설계 시나리오 #5 (이어서)

(a) 인장 철근비(ρ_s) = 0.02, 공칭모멘트(M_n) = 1500kN·m

(1) 직접 방법(PTM)

4개 입력 데이터(ρ_s, f_c', f_y, M_n) – 5개 출력 데이터($b, d, \varepsilon_s, c/d, b/d$)					
파라미터		학습된 인공신경망	인공신경망 결과	결과 검증	오차
1	b (mm)	R5.PTM. 1 c	633.7	633.7	0.00%
2	d (mm)	R5.PTM. 2 c	597.4	597.4	0.00%
3	ρ_s		0.0200	0.0200	0.00%
4	f_c' (MPa)		40	40	0.00%
5	f_y (MPa)		400	400	0.00%
6	M_n (kN·m)		1500.0	1596.5	-6.43%
7	ε_s	R5.PTM. 7 c	0.006739	0.006745	-0.09%
8	c/d	R5.PTM. 8 c	0.30789	0.30786	0.01%
9	b/d	R5.PTM. 8 b	1.1095	1.0607	4.40%

5 개 입력 데이터
4 개 출력 데이터
5개 구조설계 입력 데이터
4개 구조설계 출력 데이터
학습된 인공신경망은 표 [5.4.12a] 참조

(2) 직접 방법(CRS)

4개 입력 데이터(ρ_s, f_c', f_y, M_n) – 5개 출력 데이터($b, d, \varepsilon_s, c/d, b/d$)					
파라미터		학습된 인공신경망	인공신경망 결과	결과 검증	오차
1	b (mm)	R5.CRS. 1 c	628.3	628.3	0.00%
2	d (mm)	R5.CRS. 2 c	581.1	581.1	0.00%
3	ρ_s		0.0200	0.0200	0.00%
4	f_c' (MPa)		40	40	0.00%
5	f_y (MPa)		400	400	0.00%
6	M_n (kN·m)		1500.0	1497.8	0.15%
7	ε_s	R5.PTM. 7 c	0.006739	0.006745	-0.09%
8	c/d	R5.CRS. 8 d	0.3080	0.3079	0.06%
9	b/d	R5.CRS. 8 c	1.08115	1.08122	-0.01%

CRS 학습 순서: $\varepsilon_s \rightarrow c/d \rightarrow b \rightarrow d \rightarrow b/d$

5 개 입력 데이터
4 개 출력 데이터
5개 구조설계 입력 데이터
4개 구조설계 출력 데이터
학습된 인공신경망은 표 [5.4.12b] 참조

(3) 간접 방법(BS) - (Step1: PTM – Step2: CRS)

4개 입력 데이터(ρ_s, f_c', f_y, M_n) – 5개 출력 데이터($b, d, \varepsilon_s, c/d, b/d$)						
파라미터		학습된 인공신경망	인공신경망 결과(BS)		결과 검증	오차
			Step 1	Step 2		
1	b (mm)	R5.PTM. 1 c	633.7	633.7	633.7	0.00%
2	d (mm)	R5.PTM. 2 c	597.4	597.4	597.4	0.00%
3	ρ_s		0.0200	0.0200	0.0200	0.00%
4	f_c' (MPa)		40	40	40	0.00%
5	f_y (MPa)		400	400	400	0.00%
6	M_n (kN·m)		1500.0	-	1596.5	-6.43%
7	ε_s	FW.CRS. 7 c	-	0.00674	0.00674	0.00%
8	c/d	FW.CRS. 8 d	-	0.30788	0.30786	0.01%
9	b/d	FW.PTM. 9 g	-	1.061	1.061	0.00%

간접 (BS) 방법 :

***Step 1** (PTM 기반 역방향 네트워크): **3개의 정상 입력 파라미터** (ρ_s, f_c', f_y) 와 1개의 역입력 파라미터(M_n) **를 기반으로 2개 역출력 파라미터**(b, d) **를 구한다.**

***Step 2** (CRS 기반 순방향 네트워크): 5개의 입력 파라미터 **(2 개의 역출력 및 3개의 정상입력 파라미터) 로 부터** 3개의 나머지 출력 파라미터를 구한다($\varepsilon_s, c/d, b/d$). 2단계에서 사용 되는 학습 방법은 CRS (CRS 학습 순서는 $b/d \rightarrow \varepsilon_s \rightarrow c/d$임) 이다.

검증 방법: 5개의 입력 파라미터를 기존 구조 설계 프로그램에 입력 하여 4개의 출력 파라미터를 구한 후 Step 2 에서 구한 3개의 출력 파라미터**와 비교 한다.**

학습된 인공신경망은 표 [5.4.12c] 참조

(4) 간접 방법(BS) - (Step1: CRS – Step2: CRS)

4개 입력 데이터(ρ_s, f_c', f_y, M_n) – 5개 출력 데이터($b, d, \varepsilon_s, c/d, b/d$)						
파라미터		학습된 인공신경망	인공신경망 결과(BS)		결과 검증	오차
			Step 1	Step 2		
1	b (mm)	R5.CRS. 1 b	635.0	635.0	633.7	0.00%
2	d (mm)	R5.CRS. 2 d	578.4	578.4	597.4	0.00%
3	ρ_s		0.0200	0.0200	0.0200	0.00%
4	f_c' (MPa)		40	40	40	0.00%
5	f_y (MPa)		400	400	400	0.00%
6	M_n (kN·m)		1500.0	-	1499.7	0.02%
7	ε_s	FW.CRS. 7 c	-	0.0067	0.0067	0.00%
8	c/d	FW.CRS. 8 d	-	0.30788	0.30786	0.01%
9	b/d	FW.PTM. 9 g	-	1.0979	1.0979	0.00%

간접 (BS) 방법 :

***Step 1** (PTM 기반 역방향 네트워크): **3개의 정상 입력 파라미터** (ρ_s, f_c', f_y) 와 1개의 역입력 파라미터(M_n) **를 기반으로 2개 역출력 파라미터**(b, d) **를 구한다.** CRS 학습 순서 $b \rightarrow d$

***Step 2** (CRS 기반 순방향 네트워크): 5개의 입력 파라미터 **(2 개의 역출력 및 3개의 정상입력 파라미터) 로 부터** 3개의 나머지 출력 파라미터를 구한다($\varepsilon_s, c/d, b/d$). 2단계에서 사용 되는 학습 방법은 CRS (CRS 학습 순서는 $b/d \rightarrow \varepsilon_s \rightarrow c/d$임) 이다.

검증 방법: 5개의 입력 파라미터를 기존 구조 설계 프로그램에 입력 하여 4개의 출력 파라미터를 구한 후 Step 2 에서 구한 3개의 출력 파라미터**와 비교 한다.**

학습된 인공신경망은 표 [5.4.12d] 참조

[표 5.4.13] 직접 방법과 간접 방법에 의한 설계 결과 비교; 역방향 설계 시나리오 #5 (이어서)

(b) 인장 철근비(ρ_s) = 0.02, 공칭모멘트(M_n) = 2000kN·m

(1) 직접 방법(PTM)

4개 입력 데이터(ρ_s, f'_c, f_y, M_n) – 5개 출력 데이터($b, d, \varepsilon_s, c/d, b/d$)					
파라미터		학습된 인공신경망	인공신경망 결과	결과 검증	오차
1	b (mm)	R5.PTM. 1 c	696.5	696.5	0.00%
2	d (mm)	R5.PTM. 2 c	660.8	660.8	0.00%
3	ρ_s		0.0200	0.0200	0.00%
4	f'_c (MPa)		40	40	0.00%
5	f_y (MPa)		400	400	0.00%
6	M_n (kN·m)		2000.0	2146.7	-7.33%
7	ε_s	R5.PTM. 7 c	0.006739	0.006745	-0.08%
8	c/d	R5.PTM. 8 c	0.30789	0.30786	0.01%
9	b/d	R5.PTM. 8 b	1.080	1.054	2.41%

5 개 입력 데이터
4 개 출력 데이터
5개 구조설계 입력 데이터
4개 구조설계 출력 데이터
학습된 인공신경망은 표 [5.4.12a] 참조

(2) 직접 방법(CRS)

4개 입력 데이터(ρ_s, f'_c, f_y, M_n) – 5개 출력 데이터($b, d, \varepsilon_s, c/d, b/d$)					
파라미터		학습된 인공신경망	인공신경망 결과	결과 검증	오차
1	b (mm)	R5.CRS. 1 c	682.6	682.6	0.00%
2	d (mm)	R5.CRS. 2 c	644.1	644.1	0.00%
3	ρ_s		0.0200	0.0200	0.00%
4	f'_c (MPa)		40	40	0.00%
5	f_y (MPa)		400	400	0.00%
6	M_n (kN·m)		2000.0	1999.1	0.04%
7	ε_s	R5.PTM. 7 c	0.006739	0.006745	-0.08%
8	c/d	R5.CRS. 8 d	0.3080	0.3079	0.06%
9	b/d	R5.CRS. 8 c	1.060	1.060	0.00%

CRS 학습 순서: $\varepsilon_s \rightarrow c/d \rightarrow b \rightarrow d \rightarrow b/d$

5 개 입력 데이터
4 개 출력 데이터
5개 구조설계 입력 데이터
4개 구조설계 출력 데이터
학습된 인공신경망은 표 [5.4.12b] 참조

(3) 간접 방법(BS) - (Step1: PTM – Step2: CRS)

4개 입력 데이터(ρ_s, f'_c, f_y, M_n) – 5개 출력 데이터($b, d, \varepsilon_s, c/d, b/d$)						
파라미터		학습된 인공신경망	인공신경망 결과(BS)		결과 검증	오차
			Step 1	Step 2		
1	b (mm)	R5.PTM. 1 c	696.5	696.5	696.5	0.00%
2	d (mm)	R5.PTM. 2 c	660.8	660.8	660.8	0.00%
3	ρ_s		0.0200	0.0200	0.0200	0.00%
4	f'_c (MPa)		40	40	40	0.00%
5	f_y (MPa)		400	400	400	0.00%
6	M_n (kN·m)		2000.0	-	2146.7	-7.33%
7	ε_s	FW.CRS. 7 c	-	0.00674	0.00674	0.00%
8	c/d	FW.CRS. 8 d	-	0.30788	0.30786	0.01%
9	b/d	FW.PTM. 9 g	-	1.054	1.054	0.00%

간접 (BS) 방법 :

***Step 1** (PTM 기반 역방향 네트워크): **3개의 정상 입력 파라미터** (ρ_s, f_c', f_y) 와 **1개의 역입력 파라미터**(M_n) **를 기반으로 2개 역출력 파라미터**(b, d) **를 구한다.**

***Step 2** (CRS 기반 순방향 네트워크): 5개의 입력 파라미터 **(2 개의 역출력 및 3개의 정상입력 파라미터) 로 부터** 3개의 나머지 출력 파라미터를 구한다($\varepsilon_s, c/d, b/d$). 2단계에서 사용 되는 학습 방법은 CRS (CRS 학습 순서는 $b/d \rightarrow \varepsilon_s \rightarrow c/d$임) 이다.

검증 방법: 5개의 입력 파라미터를 **기존 구조 설계 프로그램에 입력 하여 4개의 출력 파라미터를 구한 후** Step 2 에서 구한 3개의 출력 파라미터**와 비교 한다.**

학습된 인공신경망은 표 [5.4.12c] 참조

(4) 간접 방법(BS) - (Step1: CRS – Step2: CRS)

4개 입력 데이터(ρ_s, f'_c, f_y, M_n) – 5개 출력 데이터($b, d, \varepsilon_s, c/d, b/d$)						
파라미터		학습된 인공신경망	인공신경망 결과(BS)		결과 검증	오차
			Step 1	Step 2		
1	b (mm)	R5.CRS. 1 b	686.2	686.2	686.2	0.00%
2	d (mm)	R5.CRS. 2 d	642.6	642.6	642.6	0.00%
3	ρ_s		0.0200	0.0200	0.0200	0.00%
4	f'_c (MPa)		40	40	40	0.00%
5	f_y (MPa)		400	400	400	0.00%
6	M_n (kN·m)		2000.0	-	2000.1	-0.32%
7	ε_s	FW.CRS. 7 c	-	0.006744	0.006745	-0.28%
8	c/d	FW.CRS. 8 d	-	0.30788	0.30786	0.70%
9	b/d	FW.PTM. 9 g	-	1.06793	1.06789	0.37%

간접 (BS) 방법 :

***Step 1** (PTM 기반 역방향 네트워크): **3개의 정상 입력 파라미터** (ρ_s, f_c', f_y) 와 **1개의 역입력 파라미터**(M_n) **를 기반으로 2개 역출력 파라미터**(b, d) **를 구한다.** CRS 학습 순서 $b \rightarrow d$

***Step 2** (CRS 기반 순방향 네트워크): 5개의 입력 파라미터 **(2 개의 역출력 및 3개의 정상입력 파라미터) 로 부터** 3개의 나머지 출력 파라미터를 구한다($\varepsilon_s, c/d, b/d$). 2단계에서 사용 되는 학습 방법은 CRS (CRS 학습 순서는 $b/d \rightarrow \varepsilon_s \rightarrow c/d$임) 이다.

검증 방법: 5개의 입력 파라미터를 **기존 구조 설계 프로그램에 입력 하여 4개의 출력 파라미터를 구한 후** Step 2 에서 구한 3개의 출력 파라미터**와 비교 한다.**

학습된 인공신경망은 표 [5.4.12d] 참조

[표 5.4.13] 직접 방법과 간접 방법에 의한 설계 결과 비교; 역방향 설계 시나리오 #5

(c) 인장 철근비(ρ_s) = 0.02, 공칭모멘트(M_n) = 3000kN·m

(1) 직접 방법(PTM)

4개 입력 데이터(ρ_s, f'_c, f_y, M_n) – 5개 출력 데이터($b, d, \varepsilon_s, c/d, b/d$)					
파라미터		학습된 인공신경망	인공신경망 결과	결과 검증	오차
1	b (mm)	R5.PTM. 1 c	783.6	783.6	0.00%
2	d (mm)	R5.PTM. 2 c	764.9	764.9	0.00%
3	ρ_s		0.0200	0.0200	0.00%
4	f'_c (MPa)		40	40	0.00%
5	f_y (MPa)		400	400	0.00%
6	M_n (kN·m)		3000.0	3236.5	-7.88%
7	ε_s	R5.PTM. 7 c	0.006740	0.006745	-0.07%
8	c/d	R5.PTM. 8 c	0.30789	0.30786	0.01%
9	b/d	R5.PTM. 8 b	1.0358	1.0244	1.10%

5 개 입력 데이터
4 개 출력 데이터
5개 구조설계 입력 데이터
4개 구조설계 출력 데이터
학습된 인공신경망은 표 [5.4.12a] 참조

(2) 직접 방법(CRS)

4개 입력 데이터(ρ_s, f'_c, f_y, M_n) – 5개 출력 데이터($b, d, \varepsilon_s, c/d, b/d$)					
파라미터		학습된 인공신경망	인공신경망 결과	결과 검증	오차
1	b (mm)	R5.CRS. 1 c	760.5	760.5	0.00%
2	d (mm)	R5.CRS. 2 c	747.3	747.3	0.00%
3	ρ_s		0.0200	0.0200	0.00%
4	f'_c (MPa)		40	40	0.00%
5	f_y (MPa)		400	400	0.00%
6	M_n (kN·m)		3000.0	2998.4	0.05%
7	ε_s	R5.PTM. 7 c	0.006740	0.006745	-0.07%
8	c/d	R5.CRS. 8 d	0.3080	0.3079	0.05%
9	b/d	R5.CRS. 8 c	1.01768	1.01764	0.00%

CRS 학습 순서: $\varepsilon_s \rightarrow c/d \rightarrow b \rightarrow d \rightarrow b/d$

5 개 입력 데이터
4 개 출력 데이터
5개 구조설계 입력 데이터
4개 구조설계 출력 데이터
학습된 인공신경망은 표 [5.4.12b] 참조

(3) 간접 방법(BS) - (Step1: PTM – Step2: CRS)

4개 입력 데이터(ρ_s, f'_c, f_y, M_n) – 5개 출력 데이터($b, d, \varepsilon_s, c/d, b/d$)						
파라미터		학습된 인공신경망	인공신경망 결과(BS)		결과 검증	오차
			Step 1	Step 2		
1	b (mm)	R5.PTM. 1 c	783.6	783.6	783.6	0.00%
2	d (mm)	R5.PTM. 2 c	764.9	764.9	764.9	0.00%
3	ρ_s		0.0200	0.0200	0.0200	0.00%
4	f'_c (MPa)		40	40	40	0.00%
5	f_y (MPa)		400	400	400	0.00%
6	M_n (kN·m)		3000.0	-	3236.5	-7.88%
7	ε_s	FW.CRS. 7 c	-	0.006744	0.006745	0.00%
8	c/d	FW.CRS. 8 d	-	0.3079	0.3079	0.01%
9	b/d	FW.PTM. 9 g	-	1.025	1.024	0.01%

간접 (BS) 방법 :

***Step 1** (PTM 기반 역방향 네트워크): **3개의 정상 입력 파라미터** (ρ_s, f_c', f_y) 와 1개의 역입력 파라미터(M_n) **를 기반으로 2개 역출력 파라미터**(b, d) **를 구한다.**

***Step 2** (CRS 기반 순방향 네트워크): 5개의 입력 파라미터 **(2 개의 역출력 및 3개의 정상입력 파라미터) 로 부터** 3개의 나머지 출력 파라미터를 구한다($\varepsilon_s, c/d, b/d$). 2단계에서 사용 되는 학습 방법은 CRS (CRS 학습 순서는 $b/d \rightarrow \varepsilon_s \rightarrow c/d$임) 이다.

검증 방법: 5개의 입력 파라미터를 **기존 구조 설계 프로그램에 입력 하여 4개의 출력 파라미터를 구한 후** Step 2 에서 구한 3개의 출력 파라미터**와 비교 한다.**

학습된 인공신경망은 표 [5.4.12c] 참조

(4) 간접 방법(BS) - (Step1: CRS – Step2: CRS)

4개 입력 데이터(ρ_s, f'_c, f_y, M_n) – 5개 출력 데이터($b, d, \varepsilon_s, c/d, b/d$)						
파라미터		학습된 인공신경망	인공신경망 결과(BS)		결과 검증	오차
			Step 1	Step 2		
1	b (mm)	R5.CRS. 1 b	771.9	771.9	771.9	0.00%
2	d (mm)	R5.CRS. 2 d	742.1	742.1	742.1	0.00%
3	ρ_s		0.0200	0.0200	0.0200	0.00%
4	f'_c (MPa)		40	40	40	0.00%
5	f_y (MPa)		400	400	400	0.00%
6	M_n (kN·m)		3000.0	-	3000.8	-2.74%
7	ε_s	FW.CRS. 7 c	-	0.006744	0.006745	-0.45%
8	c/d	FW.CRS. 8 d	-	0.30789	0.30786	0.98%
9	b/d	FW.PTM. 9 g	-	1.0401	1.0400	0.57%

간접 (BS) 방법 :

***Step 1** (PTM 기반 역방향 네트워크): **3개의 정상 입력 파라미터** (ρ_s, f_c', f_y) 와 1개의 역입력 파라미터(M_n) **를 기반으로 2개 역출력 파라미터**(b, d) **를 구한다.** CRS 학습 순서 $b \rightarrow d$

***Step 2** (CRS 기반 순방향 네트워크): 5개의 입력 파라미터 **(2 개의 역출력 및 3개의 정상입력 파라미터) 로 부터** 3개의 나머지 출력 파라미터를 구한다($\varepsilon_s, c/d, b/d$). 2단계에서 사용 되는 학습 방법은 CRS (CRS 학습 순서는 $b/d \rightarrow \varepsilon_s \rightarrow c/d$임) 이다.

검증 방법: 5개의 입력 파라미터를 **기존 구조 설계 프로그램에 입력 하여 4개의 출력 파라미터를 구한 후** Step 2 에서 구한 3개의 출력 파라미터**와 비교 한다.**

학습된 인공신경망은 표 [5.4.12d] 참조

5.5 결론

5장에서는 인공신경망을 기반으로 ACI 318-19 기준에 따라 RC 보를 순방향forward design 및 역방향reverse design 설계하였다. 순방향 설계에서는 5개의 입력변수(b, d, ρ_s, f_c', f_y)에 대해 4개의 출력변수(M_n, ε_s, $^c/_d$, $^b/_d$)를 계산하였다. 반면 역방향 설계에서는 입력 및 출력 설계 파라미터의 위치를 일부 교환하였다. 일부 출력 파라미터를 입력부에 역위치시켜 설계자가 원하는 파라미터를 역순서로 구할 수 있도록 하였다. 역방향 설계를 위해서 두 가지 학습 방법(직접 학습법과 간접 학습법인 역대입 학습법)을 개발하여 소개하였다. 직접 설계법인 TED, PTM, CRS 방법은 하나의 인공신경망에서 순방향 설계 또는 역방향 학습을 수행하여 입력 파라미터가 출력 파라미터에 한번에 피팅되는 장점이 있지만 역설계 인공신경망이 복잡해지는 경우 큰 학습 오차가 발생될 수 있다.

9개의 입출력 파라미터(표 5.3.1 참조)로 구성되어 있는 단순한 단철근 RC 보의 경우에도, 출력 쪽에 동시에 지정되어 있는 파라미터 사이에서는 서로의 입력 파라미터로 편입되어 인공신경망을 학습할 수 없기 때문에 인공신경망의 학습에 상당한 장애를 초래하게 된다. 이 경우 동일한 출력 파라미터를 입력 데이터로 사용할 수 있게 하는 CRS 학습 방법을 활용한다면 구조물의 학습을 향상시킬 수 있을 것이다. 특히 복철근으로 설계된 RC 보 또는 프리스트레싱된 보의 경우와 같이 상대적으로 복잡한 파라미터를 갖는 보의 학습 정확도는 CRS 기반의 학습에서 더욱 정확한 학습 결과를 도출할 수 있을 것이다. 프리스트레싱된 보는 거의 10~20 입력 파라미터와 15~25 출력 파라미터를 필요로 할 수 있다.

더욱 우수한 학습 정확도를 도출하기 위해, 역대입 방법에서는 학습 과정을 두 개의 과정으로 나누어서 학습을 수행하게 된다. 역대입 방법을 적용할 경우, 1단계에서는 인공신경망을 활용하여 역출력 파라미터를 구한 후 2단계에서는 1단계에서 구해진 역출력 파라미터를 입력부에 적용하여 나머지 설계 파라미터를 구하는 것이다. 2단계는 순방향 설계이므로 인공신경망 대신 기존의 설계 프로그램을 이용할 수 있다. 표 5.4.1(a)~(e)에는 역대입 방법(1단계 및 2단계) 기반으로 역설계된 5개의 설계 시나리오를 제시하였다.

부록에서는 인공신경망 기반 윈도형 소프트웨어인 ADORS^AI-Based Design of Optimizing RC Structures^를 활용하여 본 장에서 소개된 보의 역설계를 검증하였다. 독자들도 ADORS를 활용하여 다양한 보 역설계를 수행할 수 있을 것이다.

참고문헌

[5.1] Standard, A. A. 2014. Building Code Requirements for Structural Concrete (ACI 318-19. In American Concrete Institute.

[5.2] The MathWorks. 2020b. Deep Learning Toolbox™ Getting Started Guide. *The MathWorks, Inc*.

[5.3] Hong, W. K., T. D. Pham, and V. T. Nguyen. (2021-05-19). "Feature Selection Based Reverse Design of Doubly Reinforced Concrete Beams". *Journal of Asian Architecture and Building Engineering*. DOI: 10.1080/13467581.2021.1928510.

Chapter 06

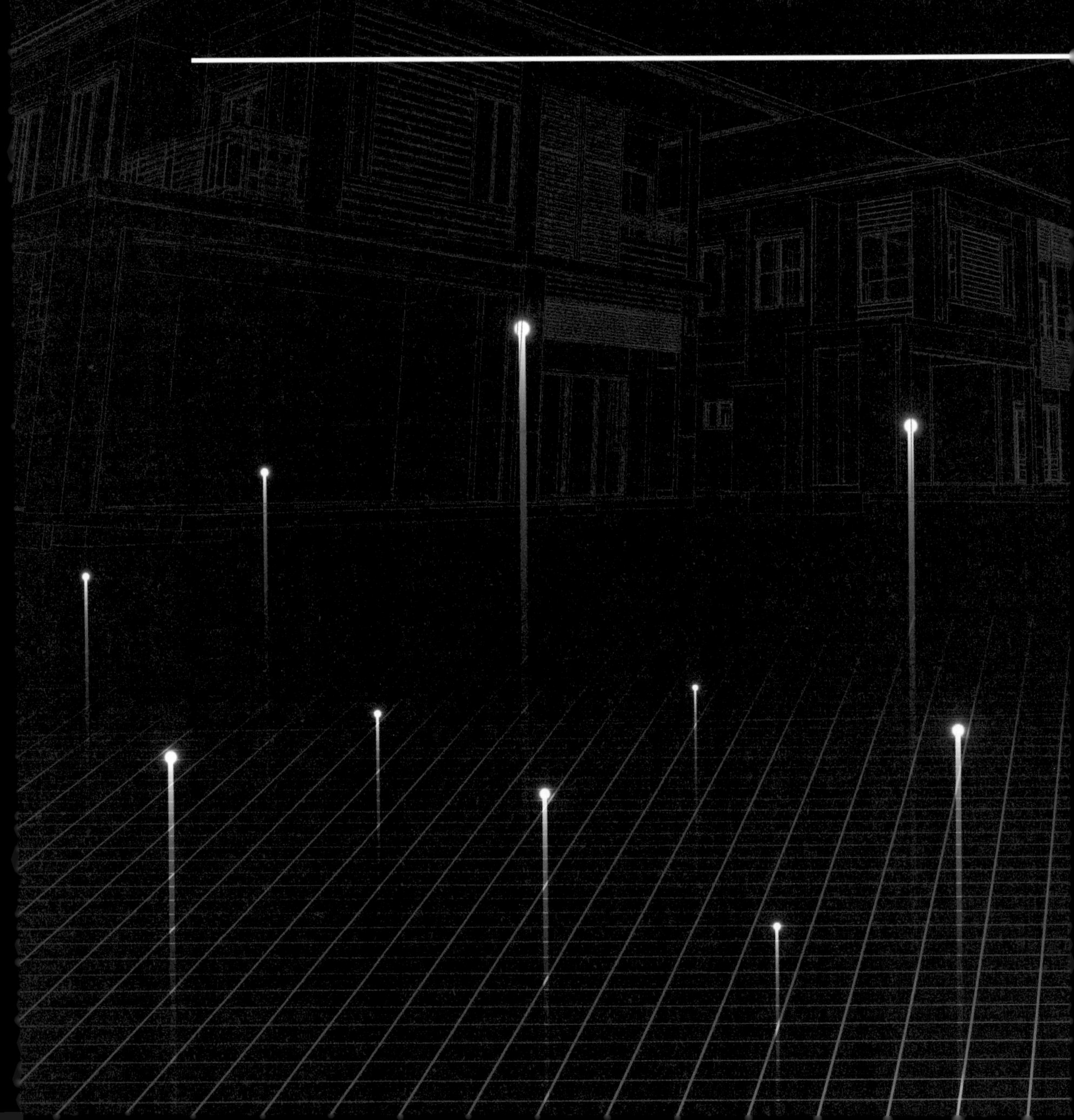

인공신경망 기반 복철근 콘크리트 보의 설계

Chapter 06

인공신경망 기반 복철근 콘크리트 보의 설계

6.1 인공신경망에 기반한 복철근 콘크리트 보(RC 보)의 설계

본 장에서는 인공신경망을 활용한 복철근 콘크리트 보doubly reinforced concrete beams(RC 보)의 설계 방법에 대해서 소개하고자 한다. 인공신경망은 주어진 재료 단가를 기반으로 보 재료 및 보 설치 가격 역시 학습하여 계산하도록 설계되었다. 역설계 파라미터는 설계에서 목표로 하는 파라미터로써 설계모멘트강도(ϕM_n), 사하중($1.2M_D$, 보의 자중은 제외됨) 및 활하중($1.6M_L$)에 기반한 소요 모멘트demand, 그리고 연성비ductiltity(μ_ϕ)이고, 인공신경망의 출력 파라미터로는 인장(ρ_{rt}) 및 압축(ρ_{rc}), 철근 비, 인장 변형률($\varepsilon_{rt\_0.003}$), 압축 변형률($\varepsilon_{rc\_0.003}$), 단기 처짐(Δ_{imme}) 및 장기 처짐(Δ_{long}) 등이 있다. 이들 출력 파라미터는 ACI 318-19[5.1] 규준에 의해서 콘크리트의 압축 변형률이 0.003에 도달할 경우에 구해지도록 프로그램되었다. 여기에 기술된 파라미터 이외의 파라미터도 엔지니어의 설계 방침analysis와 design에 따라서 가감될 수 있다. 또한 각 국의 어떤 설계 코드이든지 반영될 수 있도록 하였다. 컴퓨터 설비 역시 인공신경망의 구성과 학습에 영향을 미치게 되므로 고려해야 할 사항이다.

6.1.1 빅데이터의 생성 및 생성 구간

표 6.1.1(a)는 복철근 콘크리트 보의 빅데이터 생성에 적용된 파라미터이고, 각각의 파라미터에 대해서 생성된 데이터의 최댓값과 최솟값, 평균값average, 분산variance, 그리고 표준편차standard deviation가 주어졌다. 복철근 RC 보에 대하여 인공신경망을 학습하기 위해 빅데이터를 생성하였으며, 생성 프로그램 알고리즘(변형률 적합성 기반)은 그림 6.1.1(a)에 도시되어 있다. 그림 6.1.1(b)는 그림 6.1.1(a)를 기반으로 빅데이터를 생성하는 알고리즘을 보여주고 있다.

[표 6.1.1] 설계 파라미터의 범위 및 설계 시나리오

(a) 설계 파라미터의 생성 범위

	L (mm)	h (mm)	d (mm)	b (mm)	f_c' (MPa)	f_y (MPa)	ρ_{rt}	ρ_{rc}	M_D (kN·m)	M_L (kN·m)
빅데이터 갯수	100,000									
최대값	12000	1500	1446	1200	50	600	0.05	0.0245	25070	10286
평균값	9994	956	876	521	41	548	0.0177	0.0053	2049	561
최솟값	8000	400	292	120	30	500	0.0023	7.1E-6	3	0
분산 (V)	1366761	100489	94168	51993	35	847	9.8E-05	2.1E-05	6625569	668954
표준 편차	1169	317	307	228	6	29	0.0099	0.0046	2574	818

(b) 순방향과 역방향 설계 파라미터

설계 시나리오							
순방향 인공신경망				역방향 인공신경망			
입력 데이터		출력 데이터		입력 데이터		출력 데이터	
L	h	ϕM_n	Δ_{long}	ϕM_n*	f_c'	h**	$\varepsilon_{rc\_0.003}$
d	b	M_u	μ_ϕ	M_u*	f_y	d**	Δ_{imme}
f_c'	f_y	$\varepsilon_{rt\_0.003}$	CI_b	μ_ϕ*	M_D	ρ_{rt}**	Δ_{long}
ρ_{rt}	ρ_{rc}	$\varepsilon_{rc\_0.003}$		L	M_L	ρ_{rc}**	CI_b
M_D	M_L	Δ_{imme}		b		$\varepsilon_{rt\_0.003}$	

*붉은색: 역방향 입력 파라메터
**Blue text: 역방향 출력 파라메터 (표 6.3.1참조)

고려되어야 할 재료 특성인 철근의 항복강도yield strength of rebar, f_y (MPa)에 대해서는 400~600MPa, 콘크리트의 압축강도concrete compressive strength, f_c' (MPa)는 30~50MPa 사이에서 빅데이터를 생성하였다. 보 형상 특성을 정의하기 위해서 보 경간(L, m)은 8~12m, 보높이height(h, mm)는 400~1500mm, 보폭beam width(b, mm)은 보높이의 30~80%로 빅데이터를 생성하였다. 보 유효길이depth(d, mm)는 보높이에서 철근까지의 콘크리트 cover를 빼면 구할 수 있다. 철근은 여러 층으로 자동설치가 가능하도록 학습되었다. 그림 6.1.1(c)는 RC 보 역설계를 위한 인공신경망의 입출력 파라미터와 인체의 신경망을 비교하였다.

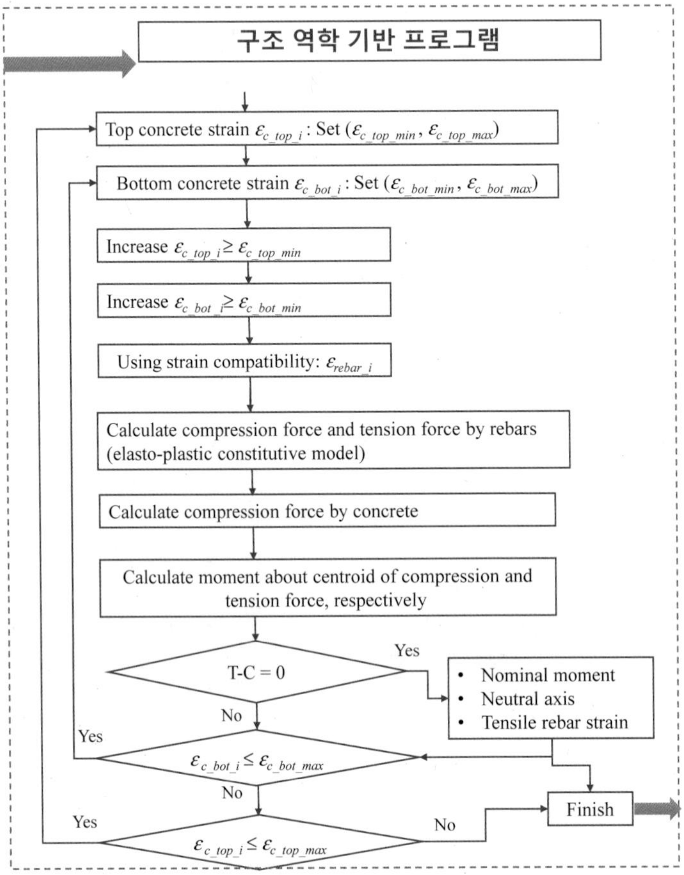

(a) 변형률 적합성에 기반한 빅데이터 계산용 알고리즘 [22]

[그림 6.1.1] 복철근 RC 보의 설계 (이어서)

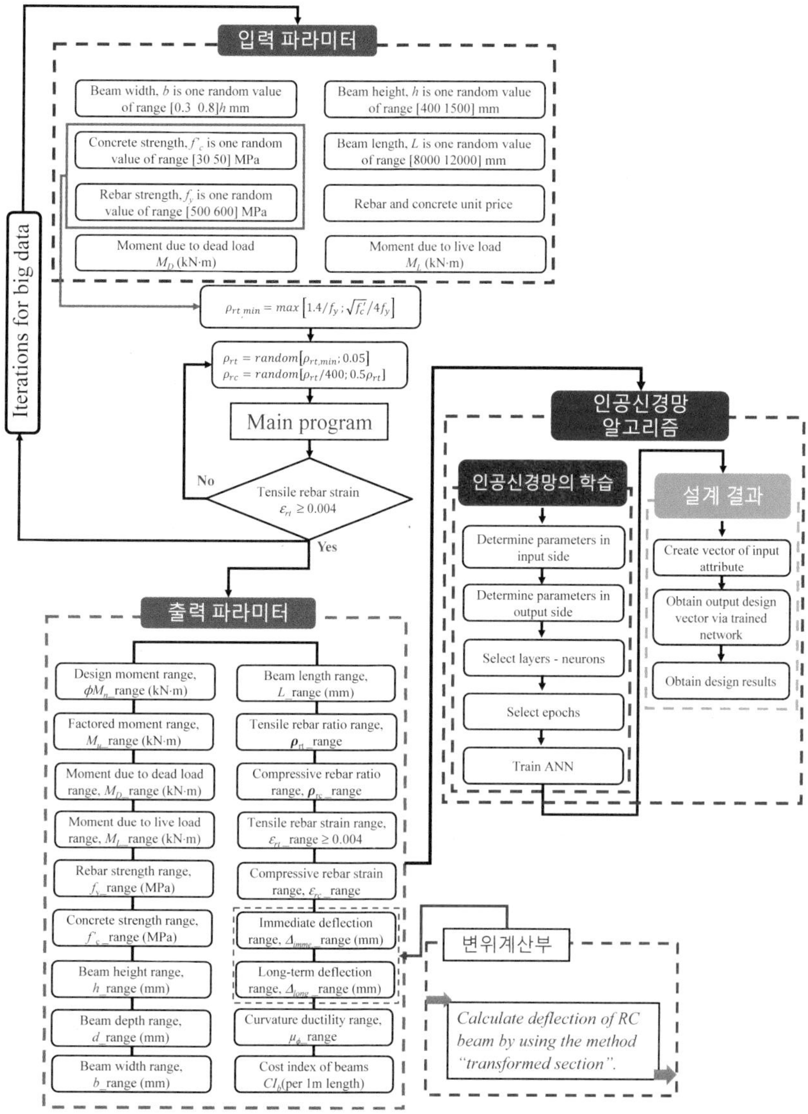

$$\rho_{rt,min} = max\left[1.4/f_y\,;\sqrt{f_c'}/4f_y\right]$$

$$\rho_{rt} = random[\rho_{rt,min}; 0.05]$$
$$\rho_{rc} = random[\rho_{rt}/400; 0.5\rho_{rt}]$$

(b) 인공신경망 학습용 빅데이터 생성 알고리즘

[그림 6.1.1] 복철근 RC 보의 설계 (이어서)

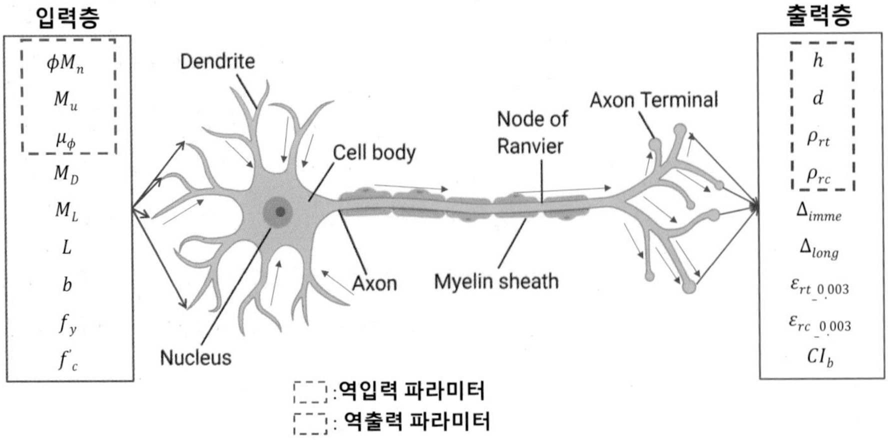

(c) RC 보 역설계를 위한 인공신경망의 입출력 파라미터와 인체 신경망의 비교

[그림 6.1.1] 복철근 RC 보의 설계

6.1.2 빅데이터 생성 결과

그림 6.1.2는 생성된 입력 파라미터들의 생성 분포를 보여주고 있다. 예를 들어 그림 6.1.2(a)와 (b)에는 보 길이와 보높이에 대해 생성된 데이터의 분포를 보여주고 있으며, 모든 데이터의 영역에서 균등하게 생성되었음을 알 수 있다. 그러나 그림 6.1.2(g)와 (h)에서 인장 철근비와 압축 철근비는 균등하지 않게 생성되었다. 이는 설계 규준에서 최소, 최대 철근비등의 제한조건에 의해서 철근비의 생성 분포가 통제되기 때문이다. 출력으로 도출되는 빅데이터의 인장 철근 변형률($\varepsilon_{rt\_0.003}$)은 각각 0.0023부터 0.05까지이고, 압축 철근 변형률($\varepsilon_{rc\_0.003}$)은 7.6E-6부터 0.025까지이다. 독자들도 각 상황에 맞는 프로그램을 작성하고 빅데이터를 생성할 수 있을 것이다.

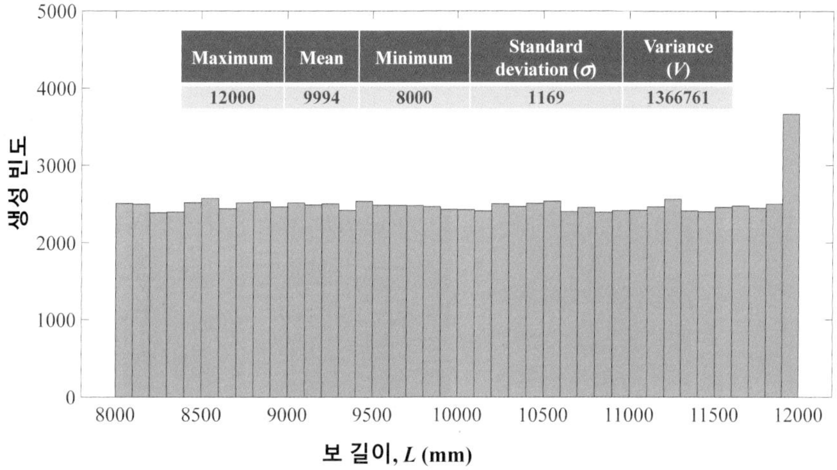

(a) 보 길이, L 생성 분포

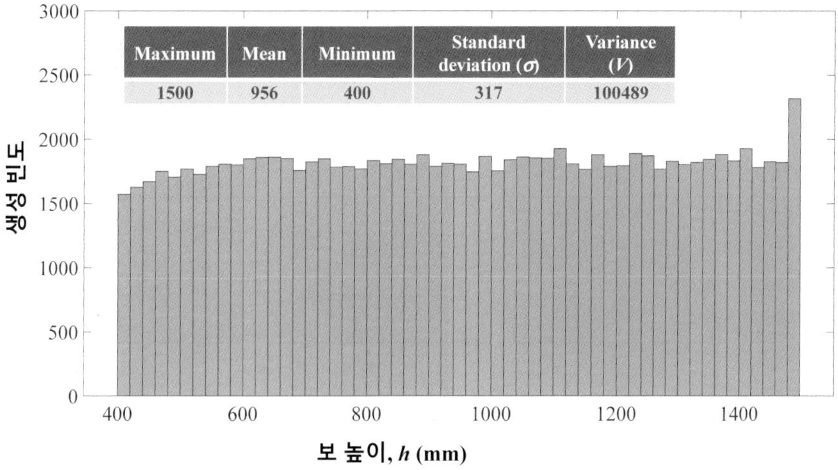

(b) 보 높이, h 생성 분포

[그림 6.1.2] 생성된 파라미터의 확률 분포 (이어서)

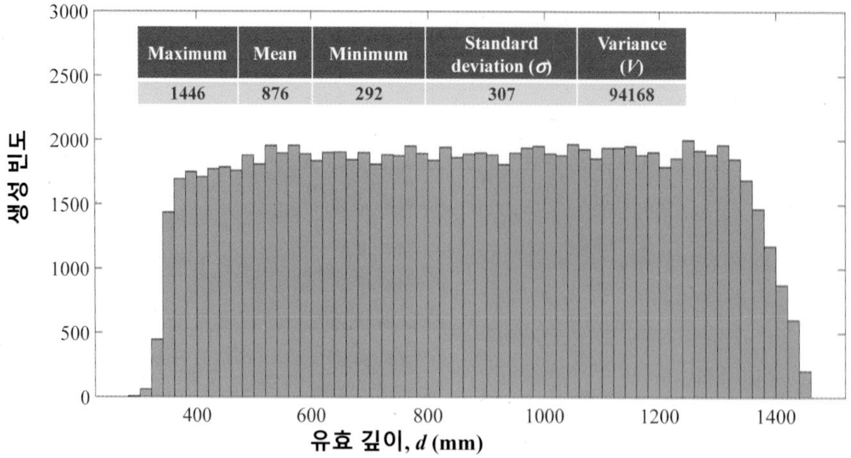

(c) 유효깊이, d 생성 분포

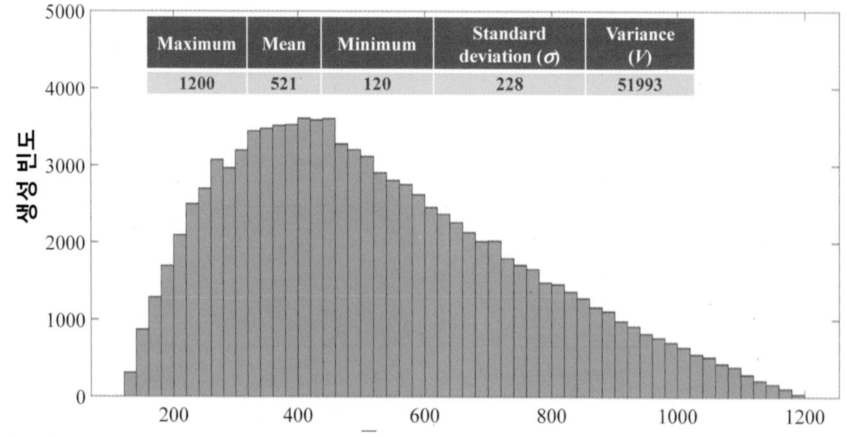

(d) 보폭, b 생성 분포

[그림 6.1.2] 생성된 파라미터의 확률 분포 (이어서)

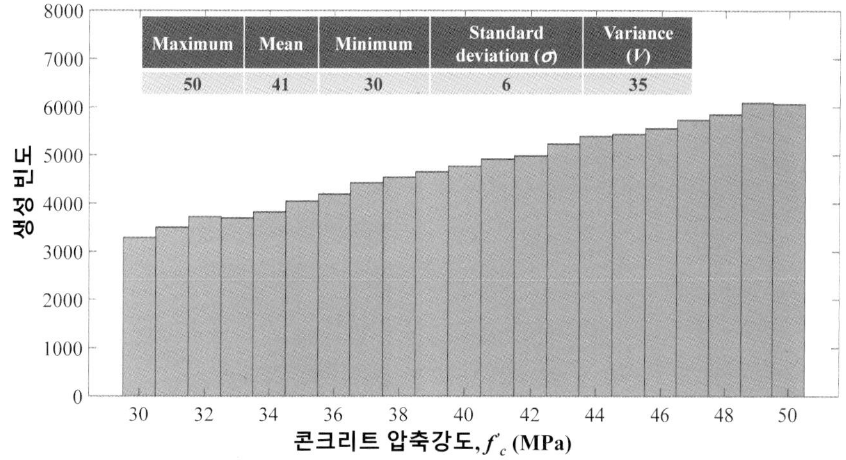

(e) 콘크리트 압축강도, f_c' 생성 분포

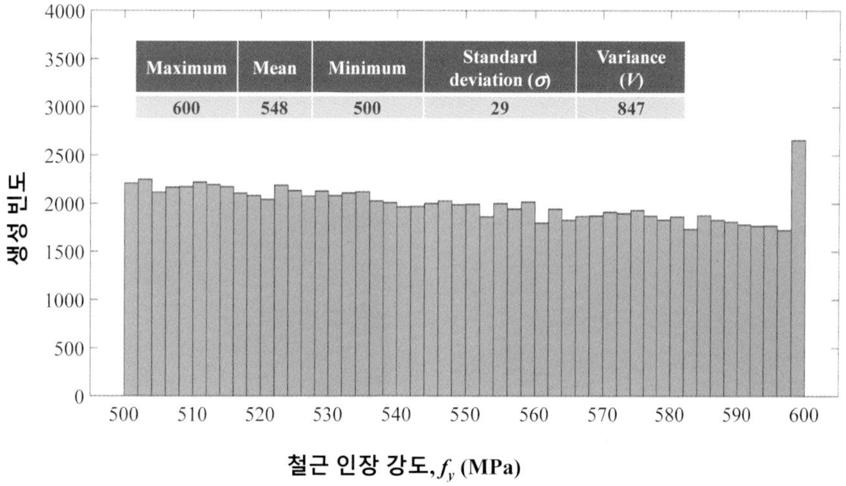

(f) 철근 인장 강도, f_y 생성 분포

[그림 6.1.2] 생성된 파라미터의 확률 분포 (이어서)

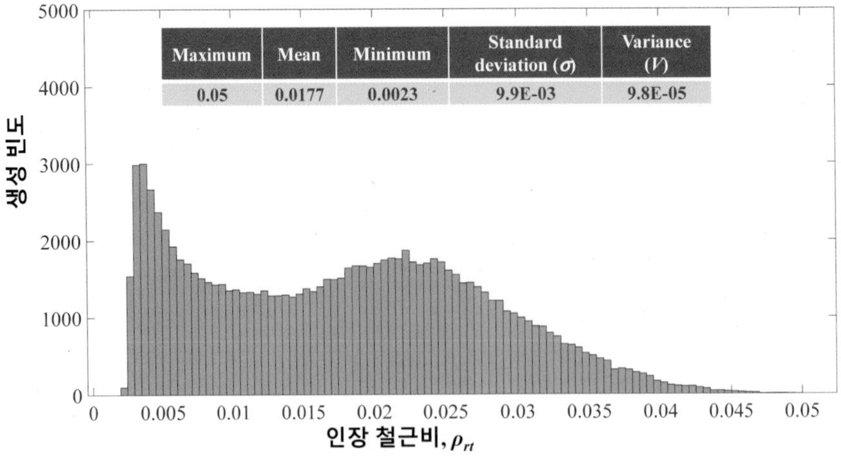

(g) 인장 철근비, ρ_{rt} 생성 분포

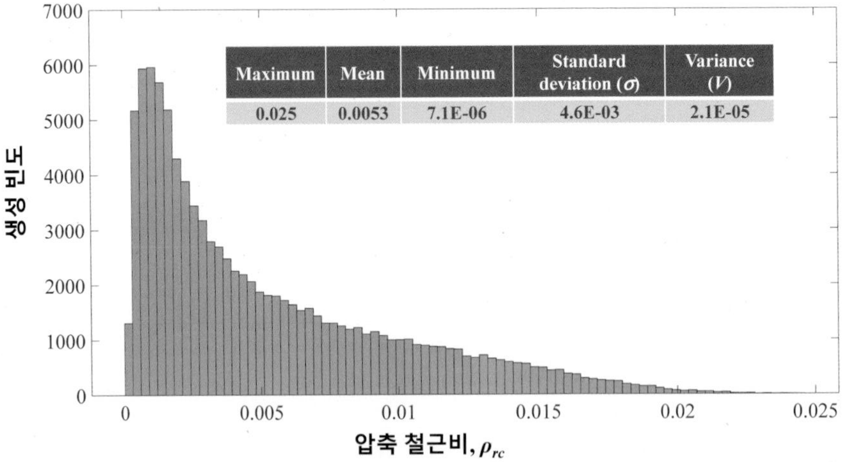

(h) 압축 철근비, ρ_{rc} 생성 분포

[그림 6.1.2] 생성된 파라미터의 확률 분포 (이어서)

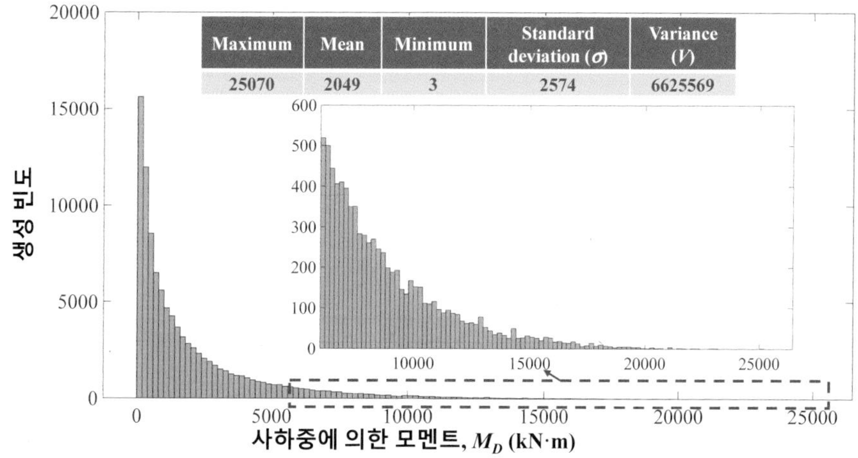

(i) 사하중에 의한 모멘트, M_D 생성 분포

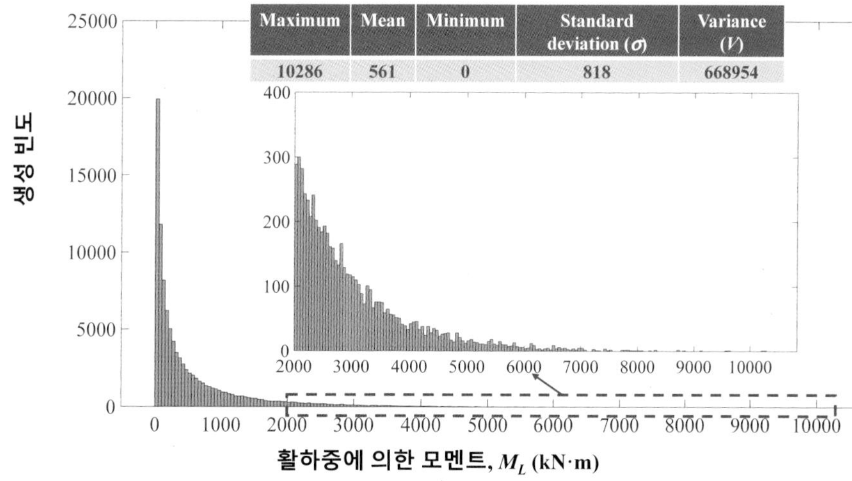

(j) 활하중에 의한 모멘트, M_L 생성 분포

[그림 6.1.2] 생성된 파라미터의 확률분포

6.2 설계 시나리오

6.2.1 순방향(Forward design) 설계

그림 6.2.1은 본 절에서 설계되는 양단이 고정된 복철근 RC 보로, 표 6.1.1(b)에 소개된 10개의 입력 파라미터[L, h, d, b, f_y, f_c', ρ_{rt}, ρ_{rc}, M_D, M_L; 재료특성(f_c', f_y), 보 형상(b, h, d, L), 인장, 압축 철근비(ρ_{rt}, ρ_{rc}) 포함]로 구성되어 있다. 출력 파라미터[ϕM_n, M_u, $\varepsilon_{rt\_0.003}$, $\varepsilon_{rc\_0.003}$, Δ_{imme}, Δ_{long}, μ_ϕ, CI_b; 하중계수가 적용된 소요 모멘트(M_u, 보의 자중은 제외됨), 설계 모멘트(ϕM_n), 콘크리트 변형률 0.003 발생 시의 인장, 압축 철근 변형률($\varepsilon_{rc\_0.003}$, $\varepsilon_{rt\_0.003}$), 곡률 연성비(μ_ϕ)와 보 재료 및 설치 코스트(cost index of beam) 포함]는 8개이고, 총 18개의 파라미터로 구성하였다. 소요 모멘트(M_u) 중 사하중에 의한 소요 모멘트 $1.2M_D$는 입력부에 지정되는 파라미터이나, 설계 단계에서는 보 단면 사이즈를 알 수 없어 입력부에 지정이 불가능하였다. 결과적으로 사하중에 의한 소요 모멘트 $1.2M_D$ 계산 시 보의 자중에 의한 소요 모멘트는 제외하고 출력부에서 계산되도록 하였다. 그림 6.2.2(a)에는 표 6.1.1(b)에 기술된 순방향 설계를 도식화하였다. 기존 설계에서 수행되는 10개의 설계 입력 파라미터에 대해 8개의 출력 파라미터를 계산하는 순방향 설계를 보여주고 있다. 순방향 설계는 기존의 설계 방법에 의해서도 수행될 수 있다.

6.2.2 역방향(Reverse design) 설계

그림 6.2.2(b)는 표 6.1.1(b)에 기술된 역방향 설계를 도식화하였다. 3개의 역입력 파라미터(M_u, ϕM_n, μ_ϕ)를 포함하는 9개의 입력 파라미터(L, b, f_y, f_c', M_D, M_L, M_u, ϕM_n, μ_ϕ)에 대해서 출력부에는 4개의 역출력 파라미터(h, d, ρ_{rt}, ρ_{rc})를 포함하는 9개의 출력 파라미터(h, d, ρ_{rt}, ρ_{rc}, $\varepsilon_{rt\_0.003}$, $\varepsilon_{rc\_0.003}$, Δ_{imme}, Δ_{long}, CI_b)를 보여주고 있다. 순방향 설계 시 출력 파라미터로 설정된 파라미터를 입력 파라미터로 역설정하는 것이 역방향 설계의 개념이다. 즉 순방향 설계 시 출력부에서 계산되는 출력 파라미터를 역방향 설계에서는 입력 파라미터로 이동시켜 입력부에 역지정하여 설계를 수행하는 획기적인 설계 방식이다. 예를 들어 순방향 설계에서는 철근의 변형률과 보의 처짐 등은 출력

파라미터로 설정되어 출력부에서 계산되는데, 역방향 설계에서는 입력부에 미리 역지정하여 이를 만족하는 설계를 수행하는 것이다. 더 나아가 다수의 역방향 입력 파라미터를 입력부에 역지정할 수도 있다. 이와 같은 구조설계는 일반 구조설계 절차에서는 매우 어려울 것이다. 표 6.1.1(b)와 그림 6.2.2(b)에는 역방향 설계를 위해 입출력 간 이동된 파라미터가 도시되어 있다. 설계모멘트 강성(ϕM_n), 계수모멘트 (M_u), 그리고 연성 비ductiltity(μ_ϕ) 같이 순방향 설계에서는 출력부에서만 계산되는 파라미터들을 입력부에 선지정하고, 동시에 입력부에서 출력부로 이동되는 설계 파라미터[보높이(h), 보깊이(d), 인장 철근비(ρ_{rt})와 압축 철근비(ρ_{rc}) 등]를 역출력 파라미터라 하고, 이들을 출력 쪽에서 구하는 일이 가능하게 된 것이다.

역설계는 설계자의 설계 방침에 따라서 임의의 설계 파라미터를 입력부에 목표치로 역지정하는 편리한 설계 방법으로써 기존의 설계에서는 수행이 어렵다. 본 장에서는 인공신경망을 활용하여 표 6.1.1(b)의 역설계 예를 소개하고자 한다. 얕은 인공신경망Shallow neural network, SNN과 깊은 인공신경망Deep neural network, DNN으로 구성된 다양한 인공신경망과 여러 뉴런을 테스트하여 순방향 설계 플랫폼을 구성하였고 설계 정확도를 검증하였다. 30개 이상의 입력, 출력 파라미터를 갖는 큰 규모의 빅데이터에 대해 인공신경망을 학습시키는 일은 매우 복잡한 과제이다. 상용 플랫폼 소프트웨어를 사용해도 정확한 학습은 어려울 수 있다. 따라서 본 저서에서는 기존의 플랫폼 소프트웨어에서 제시하고 있지 않은 새로운 학습training 방법을 기술해야 하는 필요성을 인식하게 되었다. 학습을 위해 순방향 설계와 역방향 설계로 나누어 인공신경망을 구성하였고, 직접(TED, PTM, CTS, CRS) 및 간접(역대입, BS) 학습법(4.11절)을 적용한 후 학습 정확도를 검증하였다. 표 6.1.1(b)에 보듯이 붉은색으로 입력부에 표시된 파라미터가 역지정된 입력값이고 출력부에 파란색으로 표시된 파라미터는 역계산된 출력값이다. 역설계는 본 예제에서 제시된 역입력 파라미터 이외의 파라미터를 입출력 부분에 임의로 교환하여 수행될 수도 있다.

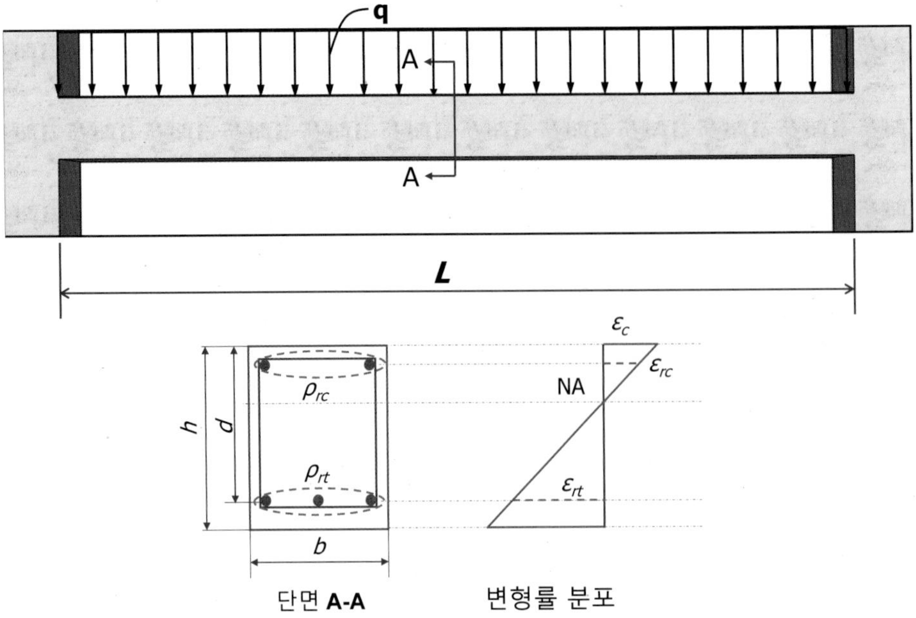

[그림 6.2.1] AI 기반으로 설계되는 양단이 고정된 RC 보

(a) 순방향 설계용 인공신경망 파라미터 개념도

(b) 입력부, 출력부 설계 위치가 변경된 역방향 설계용 인공신경망 파라미터 개념도

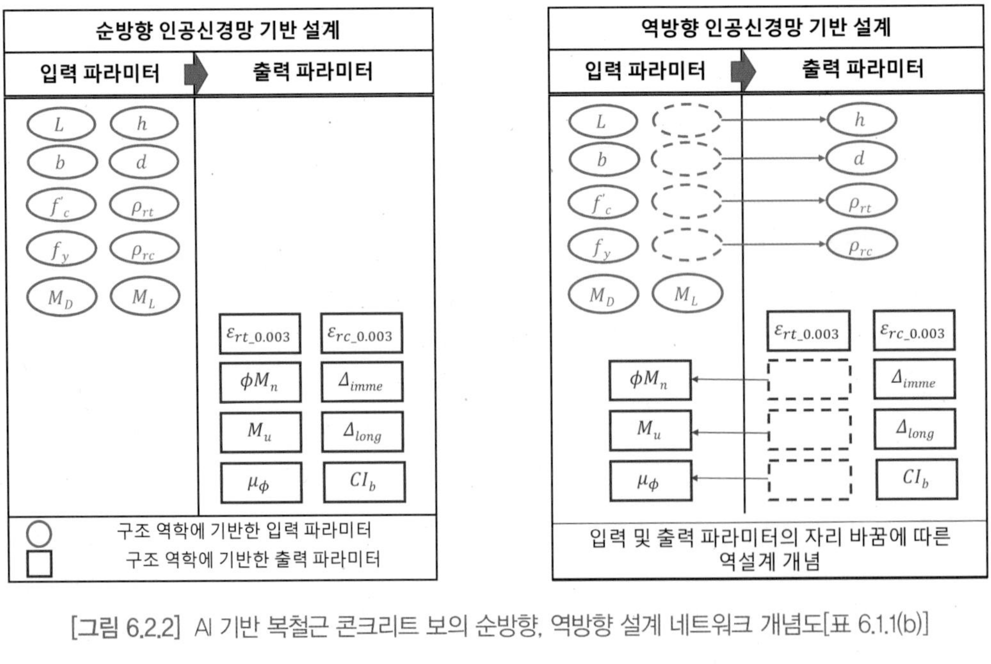

[그림 6.2.2] AI 기반 복철근 콘크리트 보의 순방향, 역방향 설계 네트워크 개념도[표 6.1.1(b)]

6.3 역방향 설계

6.3.1 역대입(BS) 학습 방법

역설계는 두 가지 방법에 의해 해결할 수 있는데, TED, PTM, CTS, CRS 등의 학습 방법(4.11절)을 이용한 직접 설계 방식과 역대입(BS) 방법을 활용한 간접 설계 방식이 있다[6.1]. 간접 방법인 역대입 방법 1단계에서는 인공신경망을 활용하여 역입력 파라미터에 대해서 역출력 파라미터를 구한다. 2단계에서는 1단계에서 구해진 역출력 파라미터를 입력 파라미터로 이용하여 나머지 설계 파라미터를 순방향으로 도출하는 것이다. 2단계에서는 일반 구조설계 프로그램을 이용하여 출력 파라미터를 구할 수 있다. 6장은 홍원기 외 2인의 논문에 기반을 두고 있으며, 그림과 표 등은 [6.2]에서 인용되었다. 표 6.1.1(b)는 본 절에서 설명되는 순방향 설계 및 역방향 설계 시나리오를 보여준다. 순방향 설계에는 10개의 입력 파라미터와 8개의 출력 파라미터가 사용되며, 학습 시 10개의 입력 파라미터는 8개의 출력 파라미터에 매핑(또는 피팅)된다. 역방향 설계 시나리오는 9개의 입력 파라미터와 9개의 출력 파라미터로 구성되었다. 역입력 파라미터인 설계모멘트 강성(ϕM_n), factored 모멘트(M_u), 그리고 연성비[ductiltity](μ_ϕ)를 입력부에 역지정하고, 그 대신 역출력 파라미터인 보높이(h), 보깊이(d), 인장 철근비(ρ_{rt})와 압축 철근비(ρ_{rc})를 출력 부분에서 구하도록 하였다. 그림 6.3.1은 2개의 단계로 학습되는 역대입 학습법의 개념을 보여주고 있다. 1단계는 역방향 학습 및 설계 단계로써 역입력된 설계모멘트 강성(ϕM_n), factored 모멘트, 그리고 연성비[ductiltity](μ_ϕ)를 포함하는 입력 파라미터를 출력 파라미터에 매핑하여 역출력 파라미터를 구하는 단계이다(그림 6.3.1의 1단계). 따라서 1단계 설계를 역방향 학습 및 설계 단계로 정의하는 것이다. 이때 역출력 파라미터는 역입력 파라미터에 의해서 출력부로 이동된 파라미터들이다. 즉 보높이(h), 보깊이(d), 인장 철근비(ρ_{rt})와 압축 철근비(ρ_{rc}) 등은 순방향 학습에서는 입력측에서 학습되는 파라미터들이지만 역대입 1단계 설계에서는 출력부로 이동되었다(그림 6.3.1의 1단계). 2단계에서는 1단계에서 학습되어 도출된 역출력 파라미터를 다시 입력부로 이동시켜 표 6.1.1(b)에서처럼 순방향 학습의 입력 파라미터를 구성하고, 최종 출력 파라미터를 도출한다. 2단계 학습은 순방향으로 구성된다. 즉 1단계에서 구해진 역출력 파라미터로부터 일반 구조설계 프로그램을 이용하여 출력 파라미터를 구하는 것이다. 즉 2단계 학습은 순방향 학습이 되기 때문에(그림 6.3.1의 2단계) 임의의 상업용 구조설계 프로그램을 이용해도 무방하다. 본 설계 예에서는 빅데이터 생성 시 사용했던 Autobeam 프로그램을 이용하여 2단계의 순방향 설계를 수행하였다. 2단계 설계 시 출력 파라미터 중 1단계에서 이미 역입력 파라미터로 선지정된 설계모멘트 강성(ϕM_n), factored 모멘트, 그리고 연성비ductiltity(μ_ϕ) 등을 계산하고, 선지정된 역입력 파라미터에 비교하여 검증 과정을 수행하였다. 그림 6.3.2는 역대입 학습의 1단계 역해석을 위한 인공신경망을 도시하고 있다. 즉 보높이(h), 보깊이(d), 인장 철근비(ρ_{rt})와 압축 철근비(ρ_{rc}) 등 순방향 학습에서는 입력측에서 지정되는 파라미터들이 출력부로 이동되어 계산되는 것이다.

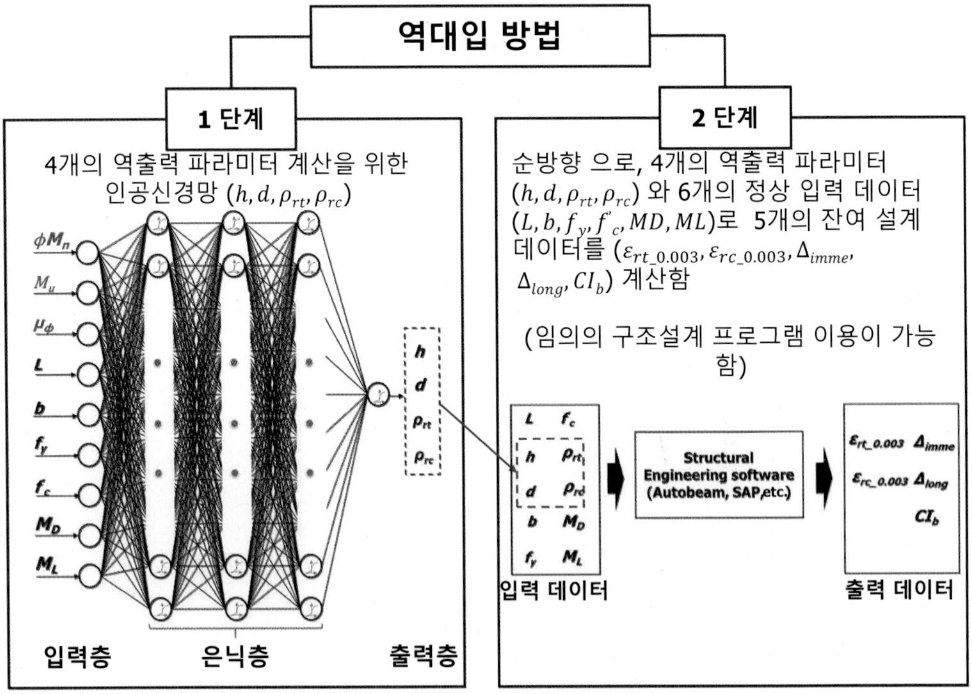

[그림 6.3.1] 역대입(BS) 학습법의 흐름도

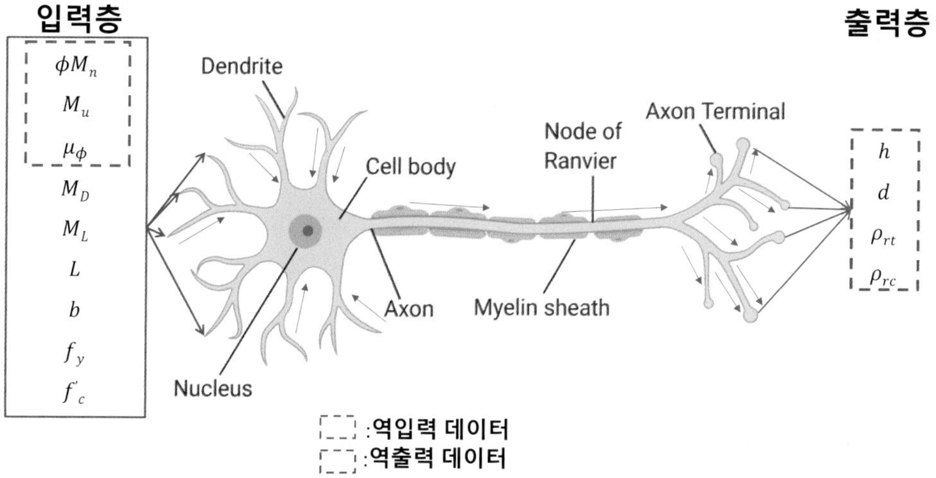

[그림 6.3.2] 역대입 학습의 1단계 역해석 인공신경망

6.3.2 연성비(μ_ϕ, ductility) = 6.0일 때 계수모멘트와 동일한 설계모멘트 (2000kN·m)를 갖는 RC 보의 설계

6.3.2.1 역대입 방법을 설계 : $d \Rightarrow h \Rightarrow \rho_{rt} \Rightarrow \rho_{rc}$ 파라미터 순서에 기반한 1단계 CRS 학습 방법

(1) 인공신경망 학습을 위한 최적의 은닉층과 뉴런의 개수

식 (6.1)은 인공신경망을 표현해 주는 매트릭스 수학식으로써, 인공신경망의 작성 핵심 부분이다. y는 출력 파라미터이고, $\mathbf{x}$는 입력 벡터이다. N은 은닉층과 출력층을 포함한 인공신경망층의 총 개수이다. $\boldsymbol{W}^n$와 $\mathbf{b}^n$는 n-1 은닉층과 n 은닉층 사이의 가중변수 매트릭스 및 편향변수이고, σ^n은 n 은닉층에서의 활성함수이다[6.2].

$$y = \sigma^N(\mathbf{W}^N\sigma^{N-1}(\mathbf{W}^{N-1} \ldots \sigma^1(\mathbf{W}^1\mathbf{x} + \mathbf{b}^1) \ldots + \mathbf{b}^{N-1}) + b^N) \cdots\cdots\cdots (6.1)$$

표 6.3.1은 표 6.3.2의 설계를 위해 구성된 식 (6.1) 기반의 인공신경망의 학습 결과를 보여주고 있다. 표 6.3.1의 인공신경망은 3, 4, 5개의 은닉층과 30, 40, 50개의 뉴런 조합에 기반하여 학습된 9개의 인공신경망 학습 결과 중 가장 높은 정확도를 도출한 학습 조합을 채택하였다. 인공신경망의 학습은 매트랩을 활용하였다[5.2]. 예를 들어 보의 유효깊이(d)의 인공신경망에서는 5개의 은닉층과 40개의 뉴런 조합에서 가장 우수한 학습 정확도(MSE 8.7E-03)와 테스트 정확도(MSE 9.0E-03)가 도출되었다. $\mathbf{W}^6$, $\mathbf{b}^6$, σ^6는 출력층의 가중변수 매트릭스, 편향변수 및 활성함수이다. 이때 순방향 인공신경망의 출력층값은 제한하지 않고 선형함수를 사용하고 있으므로, 표 6.3.1의 출력층 활성함수로는 선형함수가 활용되었다. 또 다른 예로써, 보춤(h)의 인공신경망에서의 $\mathbf{W}^6$, $\mathbf{b}^6$, σ^6는 출력층의 가중변수 매트릭스, 편향변수 및 활성함수이다. 표 6.3.1(a)에서의 **학습 순서** TS1($d \Rightarrow h \Rightarrow \rho_{rt} \Rightarrow \rho_{rc}$)은 3개의 은닉층과 30개의 뉴런에 기반하여 CRS 방법에 의해 결정한 후, 역시 CRS 방법에 의해 표 6.3.1(a)-(1)의 인공신경망의 학습에 이용하였다. 표 6.3.1(b)**에서의 학습 순서** TS2($\rho_{rc} \Rightarrow \rho_{rt} \Rightarrow h \Rightarrow d$)는 직관으로 선택된 학습 순서이고, 역시 CRS 방법으로 인공신경망의 학습을 수행하였다.

(2) 가중변수 및 편향변수의 도출

그림 6.3.3에서 사용된 인공신경망의 학습 파라미터는 표 6.3.1(a)에 제시되어 있다. Arafa and Alqedra [3.14]에 의하면 인공신경망 작성을 위한 최적의 인공신경망 파라미터(에폭, 은닉층, 뉴런 등)의 개수를 결정하는 특별한 방법은 없다. 따라서 표 6.3.1에서는 역설계 시나리오 설계[표 6.1.1(b) 참조]를 위해 3, 4, 5개 3종류의 은닉층과 30, 40, 50개의 3종류 뉴런을 조합한 9개의 인공신경망을 활용하여 최적의 학습 조건을 찾아내었다. 인공신경망은 g^N의 함수에 의해 정규화된 후, 인공신경망 도출 후, g^D 함수에 의해 비정규화된다. 단 어떤 경우에도 과학습은 예방할 수 있도록 에폭은 조절되었다. 표 6.3.1(a)-(1)에는 역대입(BS) 방법의 1단계인 역출력 파라미터 도출을 위한 인공신경망의 학습 결과를 제시하였는데, TS1의 **학습순서**($d \Rightarrow h \Rightarrow \rho_{rt} \Rightarrow \rho_{rc}$)**에 의해** CRS **기반으로 학습을 수행하였다**. 보깊이(d)에 대해서는 100,000개의 빅데이터가 사용되었으며, 50,000 에폭을 지정하였을 경우 11,046 에폭에서 최고의 학습 정확도가 도출된 후 점점 감소하다가 11,546 에폭에서 학습이 종료되었다. 학습 정확도 지표인 MSE는 8.7E-

03이었고, 테스트 정확도 지표 역시 비슷하게 도출되어 학습은 양호하게 수행된 것으로 판단된다. 이때 사용된 은닉층과 뉴런은 각각 5개, 50개 이었다. 최적 학습이 도출된 에폭에서의 회기 지수(R)는 0.984이었다. 결과적으로 식 (6.1)의 인공신경망 기반의 함수가 제시되었다. 그러나 역대입(BS) 방법의 1단계에서 구하고자 하는 역출력 파라미터($d, h, \rho_{rt}, \rho_{rc}$)는 너무 복잡해서 일반 수학식으로는 구할 수 없으나, 인공신경망 기반의 함수는 표 6.3.1에서 보이듯이 가중변수, 편향변수, 활성함수로 구성되어 식 (6.1) 기반으로 유도되었다. 표 6.3.1(a)-(2)에는 표 6.3.1(a)-(1)의 보깊이(d)에 대한 최종 가중변수 및 편향변수가 도출되었다. 사용된 은닉층과 뉴런은 각각 5개, 50이고, 9개의 입력 데이터에 대해 가중변수가 작성되므로, 가중 변위 매트릭스는 50 × 9로 구해졌고, 편향변수는 50 × 1로 구해졌다. 표 6.3.1(b)는 표 6.3.1(a) -(1)과 동일한 인공신경망 학습결과를 제시하였는데, 직관에 의한 TS2 학습순서($\rho_{rc} \Rightarrow \rho_{rt} \Rightarrow h \Rightarrow d$)에 의해 CRS 기반으로 학습을 수행하였다.

(3) 역설계 결과에 대한 고찰

표 6.3.2(a)에는 역대입 학습 방법에 기반한 역설계의 결과가 설명되어 있다. 계수모멘트(M_u)와 설계모멘트(ϕM_n)가 동일하게 200kN · m로 역지정되었고, 연성비[ductility](μ_ϕ) 가 6.0으로 입력부에 역지정되었을 경우의 역설계를 수행하였다. 1단계에서는 역입력 파라미터에 대응하는 역출력 파라미터를 구한다. 초록색 박스 내에 표시된 3개의 파라미터(1 ~ 3, M_u, ϕM_n, μ_ϕ)들이 역입력 파라미터 들이고, 오렌지색 박스 내에 표시된 4개의 파라미터(10 ~ 13, h, d, ρ_{rt}, ρ_{rc})들이 역입력 파라미터에 의해서 출력부로 이동된 역출력 파라미터를 나타낸다. **1단계의 역방향 해석에서는** 3개의 역입력 파라미터(1~3) 및 6개의 일반 입력(4~9)**에 대해** 4개의 역출력 파라미터(10~13)를 **계산한다.** 14번부터 18번까지의 출력 파라미터(10~18, $\varepsilon_{rt\_0.003}$, $\varepsilon_{rc\_0.003}$, Δ_{imme}, Δ_{long}, CI_b)는 2단계에서 소프트웨어를 이용하여 구할 수 있으므로 표 6.3.2의 1단계에서는 생략하였다.

1단계에서의 $\boldsymbol{d \Rightarrow h \Rightarrow \rho_{rt} \Rightarrow \rho_{rc}}$ 파라미터의 학습 순서는 3개의 은닉층과 30개의 뉴런과 CRS 학습 방법 기반으로 결정하였다. 다른 개수의 은닉층과 뉴런을 사용할 수도 있다. CRS 학습 방법은 파라미터를 출력부에서 학습한 후에 다음 파라미터의 학습에 다시 입력 데이터로 사용하여 학습 정확도를 향상시키는 방법이다. **2단계의 순방향**

설계에서는 Autobeam 기반으로 10개의 입력 파라미터[4~13, 1단계에서 계산된 4개의 역출력 파라미터(10~13)와 6개의 일반 입력(4~9)]들에 대해 5개 출력 파라미터(14~18)를 계산한다. 이때 10개의 파라미터로부터 5개 출력 파라미터($\varepsilon_{rt\_0.003}$, $\varepsilon_{rc\_0.003}$, Δ_{imme}, Δ_{long}, CI_b)를 구하는 과정은 순방향 설계 과정이므로 본 예제에서는 Autobeam 프로그램을 이용하였고, 임의의 프로그램을 이용해도 무방하다. 즉 1, 2단계에서 수행된 역설계의 검증은 빅데이터 생성을 위해 개발된 Autobeam 프로그램에 의해 수행되었으나, 검증에는 어떠한 프로그램도 활용할 수 있다. 검증을 위해서 Autobeam 기반으로 2단계에서 사용되었던 10개의 입력 파라미터[4~13; 소요 하중(M_D, M_L), 재료 특성(ρ_{rt}, ρ_{rc}, f_C', f_y), 보 형상(b, L, h, d)]를 사용하여 검정색 박스 내에 포함되어 있는 3개의 파라미터[1~3, 설계모멘트 강성(ϕM_n), 연성비 ductiltity(μ_ϕ), factored 모멘트(M_u)]를 출력으로 도출하여 검증하였다. 표 6.3.2(a)-(1)의 가장 우측에 설계 정확도를 Autobeam 프로그램 기준으로 분석하였다. 최대 오차가 -0.32%로써 설계 업무 적용에 문제가 없을 정도의 정확도를 도출하였다. 표 6.3.2(a)-(1)의 하단에 역대입 방법에 기반한 인공신경망 요점을 정리하였다.

6.3.2.2 역대입 방법을 활용한 설계; $\boldsymbol{\rho_{rc}} \Rightarrow \boldsymbol{\rho_{rt}} \Rightarrow \boldsymbol{h} \Rightarrow \boldsymbol{d}$ 파라미터 순서에 기반한 1단계 CRS 학습 방법

표 6.3.2(a)-(1)에는 1단계 역방향 CRS 기반 설계 순서가 $\boldsymbol{d} \Rightarrow \boldsymbol{h} \Rightarrow \boldsymbol{\rho_{rt}} \Rightarrow \boldsymbol{\rho_{rc}}$일 경우, 표 6.3.2(a)-(2)에는 1단계 역방향 CRS 기반 설계 순서가 $\boldsymbol{\rho_{rc}} \Rightarrow \boldsymbol{\rho_{rt}} \Rightarrow \boldsymbol{h} \Rightarrow \boldsymbol{d}$일 경우의 **설계 정확도를 보여주고 있다.** 즉 표 6.3.2(a)-(2)에서는 동일한 역설계를 수행하되 1단계에서의 CRS 학습 순서를 $\boldsymbol{\rho_{rc}} \Rightarrow \boldsymbol{\rho_{rt}} \Rightarrow \boldsymbol{h} \Rightarrow \boldsymbol{d}$ 파라미터 순서로 변경하였다. 설계모멘트(ϕM_n)가 2000kN · m일 경우에는 $\boldsymbol{\rho_{rc}} \Rightarrow \boldsymbol{\rho_{rt}} \Rightarrow \boldsymbol{h} \Rightarrow \boldsymbol{d}$ 파라미터 순서[표 6.3.2(a)-(2)]에 의한 정확도가 $\boldsymbol{d} \Rightarrow \boldsymbol{h} \Rightarrow \boldsymbol{\rho_{rt}} \Rightarrow \boldsymbol{\rho_{rc}}$**일 경우**[표 6.3.2(a)-(1)]**보다 다소 향상되었다.** 표 6.3.2(a)-(2)의 최대 오차는 연성비 ductility(μ_ϕ)의 경우(설계 오차는 -0.15%)에서 발생하였고, 표 6.3.2(a)-(1)의 최대 오차는 설계모멘트(ϕM_n)의 경우(설계 오차는 -0.32%)에서 발생하였다. 표 6.3.2(a)-(1)과 표 6.3.2(a)-(2) 모두에서 역입력 파라미터로 역지정 되었던 3개의 파라미터(M_u, ϕM_n, μ_ϕ)의 설계 오차는 무시될 만한 수준으로 계산되었다.

6.3.3 연성비(μ_ϕ, ductility) = 6.0 일 때, Factored 모멘트와 동일한 설계모멘트(5000kN·m)를 갖는 RC 보의 설계

계수모멘트와 설계모멘트가 동일하게 5000kN · m, 연성비^{ductility}(μ_ϕ)가 6.0으로 입력부에 선지정되었을 경우의 역설계는 표 6.3.2(b)에서 수행되었다. 표 6.3.2(a)와 동일하게 역대입 학습 방법에 기반하여 역설계를 수행하였다. 그러나 1단계 역방향 CRS의 설계를 표 6.3.2(b)-(2)에서처럼 $\boldsymbol{\rho_{rc} \Rightarrow \rho_{rt} \Rightarrow h \Rightarrow d}$**의 학습 기반으로 실시하는 경우에는** 연성비^{ductility}(μ_ϕ)에 대한 **큰 설계 오차**(5.65%)**가 도출되었다**. 이와 같은 현상은 입력부에 2개 이상의 서로 모순된 역입력 파라미터들이 역지정된 경우에 발생한다. 즉 2개 이상의 역입력 파라미터가 입력부에 역지정되는 경우에는 입력부에 모순이 발생할 수 있다. 예를 들어 서로 모순된 조건, 즉 큰 설계모멘트(ϕM_n)와 작은 보춤(h 또는 d)이 동시에 입력부에 지정되면 인공신경망은 2가지 모순된 조건을 만족할 수 있는 설계 파라미터를 도출할 수 없을 수 있고, 이 경우 큰 설계 오차를 발생시킨다. 그러나 표 6.3.2(b)-(1)은 $\boldsymbol{d \Rightarrow h \Rightarrow \rho_{rt} \Rightarrow \rho_{rc}}$의 CRS **학습 기반으로 설계를 실시한 경우로써**, 연성비^{ductility} (μ_ϕ)에 대한 **설계 오차가 −2.71%로 계산되었다**. 1단계의 CRS 학습 순서를 적절하게 설정하여 역설계의 역입력 모순을 최소화시킬 수 있음을 알려주는 예제이다. **본 예제의** 인공신경망은 모순된 역입력 파라미터들을 자동적으로 조정하여 설계 오차를 감소시키도록 작성되었다. 그러나 1개의 역입력 파라미터만 입력부에 지정될 경우에는 입력부 모순은 발생하지 않는다.

[표 6.3.1] 역대입(BS) 방법에 기반한 역설계 시나리오[표 6.1.1(b)]의 학습 결과 (역방향 CRS– 순방향 Autobeam); 3, 4, 5 은닉층과 30, 40, 50 뉴런 적용 (이어서)

(a)–(1) TS1 학습 순서 ($\boldsymbol{d} \Rightarrow \boldsymbol{h} \Rightarrow \boldsymbol{\rho_{rt}} \Rightarrow \boldsymbol{\rho_{rc}}$)에 의한 역출력 파라미터 도출

(1) 9 개 입력($\phi M_n, \mu_\phi, M_u, M_D, M_L, L, b, f_y, f_c'$) – 1 개 출력($d$)

No.	데이터	은닉층 개수	뉴런개수	지정된 에폭	최적학습 에폭	종료 에폭	학습 *MSE*	테스트 *T.MSE*	최적 학습 에폭에서의 *R* 값
1	100,000	5	50	50,000	11,046	11,546	8.7E-3	9.0E-3	0.984

ANN 기반 함수: $d = g^{D(*)}\left(\sigma^6\left(\underbrace{\mathbf{W}^6}_{[1\times50]}\sigma^5\left(\underbrace{\mathbf{W}^5}_{[50\times50]}\ldots\sigma^1\left(\underbrace{\mathbf{W}^1}_{[50\times9]}\underbrace{g^{\mathbf{N}(*)}(\mathbf{x})}_{[9\times1]}+\underbrace{\mathbf{b}^1}_{[50\times1]}\right)\ldots+\underbrace{\mathbf{b}^5}_{[50\times1]}\right)+\underbrace{b^6}_{[1\times1]}\right)\right)$

(2) 10 개 입력($\phi M_n, \mu_\phi, M_u, M_D, M_L, L, b, f_y, f_c', d^{[a]}$) - 1 개 출력($h$)

No.	데이터	은닉층 개수	뉴런개수	지정된 에폭	최적학습 에폭	종료 에폭	학습 *MSE*	테스트 *T.MSE*	최적 학습 에폭에서의 *R* 값
2	100,000	5	50	50,000	46,299	46,799	2.15E-5	2.06E-5	1.0

ANN 기반 함수: $h = g^{D(*)}\left(\sigma^6\left(\underbrace{\mathbf{W}^6}_{[1\times50]}\sigma^5\left(\underbrace{\mathbf{W}^5}_{[50\times50]}\ldots\sigma^1\left(\underbrace{\mathbf{W}^1}_{[50\times10]}\underbrace{g^{\mathbf{N}(*)}(\mathbf{x})}_{[10\times1]}+\underbrace{\mathbf{b}^1}_{[50\times1]}\right)\ldots+\underbrace{\mathbf{b}^5}_{[50\times1]}\right)+\underbrace{b^6}_{[1\times1]}\right)\right)$

(3) 11 개 입력($\phi M_n, \mu_\phi, M_u, M_D, M_L, L, b, f_y, f_c', d, h^{[a]}$) - 1 개 출력($\rho_{rt}$)

No.	데이터	은닉층 개수	뉴런개수	지정된 에폭	최적학습 에폭	종료 에폭	학습 *MSE*	테스트 *T.MSE*	최적 학습 에폭에서의 *R* 값
3	100,000	3	50	50,000	49,999	50,000	1.27E-6	1.47E-6	1.0

ANN 기반 함수: $\rho_{rt} = g^{D(*)}\left(\sigma^4\left(\underbrace{\mathbf{W}^4}_{[1\times50]}\sigma^3\left(\underbrace{\mathbf{W}^3}_{[50\times50]}\ldots\sigma^1\left(\underbrace{\mathbf{W}^1}_{[50\times11]}\underbrace{g^{\mathbf{N}(*)}(\mathbf{x})}_{[11\times1]}+\underbrace{\mathbf{b}^1}_{[50\times1]}\right)\ldots+\underbrace{\mathbf{b}^3}_{[50\times1]}\right)+\underbrace{b^4}_{[1\times1]}\right)\right)$

(4) 12 개 입력($\phi M_n, \mu_\phi, M_u, M_D, M_L, L, b, f_y, f_c', d, h, \rho_{rt}{}^{[a]}$) - 1 개 출력($\rho_{rc}$)

No.	데이터	은닉층 개수	뉴런개수	지정된 에폭	최적학습 에폭	종료 에폭	학습 *MSE*	테스트 *T.MSE*	최적 학습 에폭에서의 *R* 값
4	100,000	5	50	50,000	21,797	22,297	2.49E-5	3.05E-5	1.0

ANN 기반 함수: $\rho_{rc} = g^{D(*)}\left(\sigma^6\left(\underbrace{\mathbf{W}^6}_{[1\times50]}\sigma^5\left(\underbrace{\mathbf{W}^5}_{[50\times50]}\ldots\sigma^1\left(\underbrace{\mathbf{W}^1}_{[50\times12]}\underbrace{g^{\mathbf{N}(*)}(\mathbf{x})}_{[12\times1]}+\underbrace{\mathbf{b}^1}_{[50\times1]}\right)\ldots+\underbrace{\mathbf{b}^5}_{[50\times1]}\right)+\underbrace{b^6}_{[1\times1]}\right)\right)$

[a] 파란색 입력 파라미터 순서는 3 개의 은닉층과 30 개의 뉴런에 기반하여 CRS 방법에 의해 설정되었고 순서대로 출력부에서 입력부로 채택 되었음.

(*) g^N, g^D; 인공신경망은 g^N 함수에 의해 정규화된 후, 인공신경망 도출 후 g^D 함수에 의해 비정규화 됨.

[표 6.3.1] 역대입(BS) 방법에 기반한 역설계 시나리오[표 6.1.1(b)]의 학습 결과
(역방향 CRS- 순방향 Autobeam); 3, 4, 5 은닉층과 30, 40, 50 뉴런 적용 (이어서)

(a)-(2) 표 6.3.1 (a)-(1)의 보 깊이 학습 (d)에 대한 최종 가중변수 및 편향변수

(TS1 학습 순서에 의한 CRS 학습 기반으로 입력층과 첫번째 은닉층 사이에서의 최적 에폭에서 도출함)

1) 입력층과 1번째 은닉층 사이의 가중 및 편향매트릭스

$\mathbf{W}_{[50\times9]}$									$\mathbf{b}_{[50\times1]}$
−0.054	0.217	−0.792	−0.179	0.775	−0.036	0.486	−0.294	0.859	2.391
−0.140	1.005	0.354	0.011	0.089	0.109	−0.037	0.481	1.061	2.717
0.658	−0.928	−0.467	−0.620	0.875	−0.307	0.420	0.459	1.037	−2.167
0.804	−0.625	0.932	−0.036	−0.361	0.119	−0.148	0.286	0.938	2.015
⋮	⋮	⋮	⋮	⋮	⋮	⋮	⋮	⋮	⋮
⋮	⋮	⋮	⋮	⋮	⋮	⋮	⋮	⋮	⋮
−0.835	0.828	−1.063	−0.114	0.386	0.411	0.554	0.010	1.365	−1.837
0.175	0.527	−0.594	−0.015	−0.759	−0.017	−0.177	1.857	0.595	1.679
−0.024	−0.736	1.458	−0.173	−0.446	0.168	0.166	0.719	−0.396	2.066
−0.760	0.353	0.956	−0.096	0.293	0.315	0.522	0.694	−0.490	−2.410

2) 5번째 은닉층과 출력층 사이의 가중 및 편향 매트릭스

$\mathbf{W}_{[1\times50]}$	b
[0.024 0.528 −1.347 −0.334 ⋯ ⋯ −0.303 0.918 −0.754 −0.458]	0.624

[표 6.3.1] 역대입(BS) 방법에 기반한 역설계 시나리오[표 6.1.1(b)]의 학습 결과
(역방향 CRS– 순방향 Autobeam); 3, 4, 5 은닉층과 30, 40, 50 뉴런 적용

(b) 직관으로 선택된 TS2 학습 순서($\boldsymbol{\rho_{rc}} \Rightarrow \boldsymbol{\rho_{rt}} \Rightarrow \boldsymbol{h} \Rightarrow \boldsymbol{d}$)에 의한 역출력 파라미터 도출

(1) 9 개 입력($\phi M_n, \mu_\phi, M_u, M_D, M_L, L, b, f_y, f_c'$) - 1 개 출력($\rho_{rc}$)

No.	데이터	은닉층 개수	뉴런개수	지정된 에폭	최적학습 에폭	종료 에폭	학습 *MSE*	테스트 *T.MSE*	최적 학습 에폭에서의 *R* 값
1	100,000	5	40	50,000	5,483	5,983	5.86E-2	6.21E-2	0.76

ANN 기반 함수: $\rho_{rc} = g^{D(*)}\left(\sigma^6\left(\underbrace{\mathbf{W}^6}_{[1\times40]}\,\sigma^5\left(\underbrace{\mathbf{W}^5}_{[40\times40]}\ldots\sigma^1\left(\underbrace{\mathbf{W}^1}_{[40\times9]}\underbrace{g^{\mathrm{N}(*)}(\mathbf{x})}_{[9\times1]}+\underbrace{\mathbf{b}^1}_{[40\times1]}\right)\ldots+\underbrace{\mathbf{b}^5}_{[40\times1]}\right)+\underbrace{b^6}_{[1\times1]}\right)\right)$

(2) 10 개 입력($\phi M_n, \mu_\phi, M_u, M_D, M_L, L, b, f_y, f_c', \rho_{rc}$[a]) - 1 개 출력($\rho_{rt}$)

No.	데이터	은닉층 개수	뉴런개수	지정된 에폭	최적학습 에폭	종료 에폭	학습 *MSE*	테스트 *T.MSE*	최적 학습 에폭에서의 *R* 값
2	100,000	5	30	50,000	28,082	28,582	2.64E-6	2.78E-6	1.0

ANN 기반 함수: $\rho_{rt} = g^{D(*)}\left(\sigma^6\left(\underbrace{\mathbf{W}^6}_{[1\times30]}\,\sigma^5\left(\underbrace{\mathbf{W}^5}_{[30\times30]}\ldots\sigma^1\left(\underbrace{\mathbf{W}^1}_{[30\times10]}\underbrace{g^{\mathrm{N}(*)}(\mathbf{x})}_{[10\times1]}+\underbrace{\mathbf{b}^1}_{[30\times1]}\right)\ldots+\underbrace{\mathbf{b}^5}_{[30\times1]}\right)+\underbrace{b^6}_{[1\times1]}\right)\right)$

(3) 11 개 입력($\phi M_n, \mu_\phi, M_u, M_D, M_L, L, b, f_y, f_c', \rho_{rc}, \rho_{rt}$[a]) - 1 개 출력($h$)

No.	데이터	은닉층 개수	뉴런개수	지정된 에폭	최적학습 에폭	종료 에폭	학습 *MSE*	테스트 *T.MSE*	최적 학습 에폭에서의 *R* 값
3	100,000	5	40	50,000	48,069	48,569	2.76E-5	2.89E-5	1.0

ANN 기반 함수: $h = g^{D(*)}\left(\sigma^6\left(\underbrace{\mathbf{W}^6}_{[1\times40]}\,\sigma^5\left(\underbrace{\mathbf{W}^5}_{[40\times40]}\ldots\sigma^1\left(\underbrace{\mathbf{W}^1}_{[40\times11]}\underbrace{g^{\mathrm{N}(*)}(\mathbf{x})}_{[11\times1]}+\underbrace{\mathbf{b}^1}_{[40\times1]}\right)\ldots+\underbrace{\mathbf{b}^5}_{[40\times1]}\right)+\underbrace{b^6}_{[1\times1]}\right)\right)$

(4) 12 개 입력($\phi M_n, \mu_\phi, M_u, M_D, M_L, L, b, f_y, f_c', \rho_{rc}, \rho_{rt}, h$[a]) - 1 개 출력($d$)

No.	데이터	은닉층 개수	뉴런개수	지정된 에폭	최적학습 에폭	종료 에폭	학습 *MSE*	테스트 *T.MSE*	최적 학습 에폭에서의 *R* 값
4	100,000	3	40	50,000	49,999	50,000	1.48E-6	1.58E-6	1.0

ANN 기반 함수: $d = g^{D(*)}\left(\sigma^4\left(\underbrace{\mathbf{W}^4}_{[1\times40]}\,\sigma^3\left(\underbrace{\mathbf{W}^3}_{[40\times40]}\ldots\sigma^1\left(\underbrace{\mathbf{W}^1}_{[40\times12]}\underbrace{g^{\mathrm{N}(*)}(\mathbf{x})}_{[12\times1]}+\underbrace{\mathbf{b}^1}_{[40\times1]}\right)\ldots+\underbrace{\mathbf{b}^3}_{[40\times1]}\right)+\underbrace{b^4}_{[1\times1]}\right)\right)$

[a] 파란색 입력 파라미터 순서는 3 개의 은닉층과 30 개의 뉴런에 기반하여 CRS 방법에 의해 설정되었고 순서대로 출력부에서 입력부로 채택 되었음.

(*) g^N, g^D; 인공신경망은 g^N 함수에 의해 정규화된 후, 인공신경망 도출 후 g^D 함수에 의해 비정규화 됨.

[표 6.3.2] 역설계 결과표 (이어서)

(a) 곡률 연성비 [curvature ductility (μ_ϕ)] = 6.0에 대해서, 계수하중(M_u)과 설계모멘트 강도(ϕM_n)가 2000kN · m로 동일할 때

(1) 학습 순서; TS1($d \Rightarrow h \Rightarrow \rho_{rt} \Rightarrow \rho_{rc}$)

역대입(BS) 방법에 기반한 역설계 (역방향 CRS – 순방향 Autobeam)
9개 입력 데이터 입력($\phi M_n, \mu_\phi, M_u, M_D, M_L, L, b, f_y, f_c'$) -
9개 출력 데이터($h, d, \rho_{rt}, \rho_{rc}, \varepsilon_{rt\_0.003}, \varepsilon_{rc\_0.003}, \Delta_{imme}, \Delta_{long}, CI_b$)

No.	입출력 데이터	학습 결과	BS Step 1 (1)	BS Step 2	Autobeam 검증 (2)	오차 (%) (3)
1	ϕM_n (kN·m)		2000.0	-	2006.5	-0.32%
2	μ_ϕ		6.0	-	6.01	-0.12%
3	M_u (kN·m)		2000.0	-	2000.0	0.00%
4	M_D (kN·m)		1000	1000	1000	-
5	M_L (kN·m)		500	500	500	-
6	L (mm)		10000	10000	10000	-
7	b (mm)		400	400	400	-
8	f_y (MPa)		600	600	600	-
9	f_c' (MPa)		30	30	30	-
10	h (mm)	(5-50) 46,299 epochs; *T.MSE*= 2.06E-5; *R*= 1.0	1319	1319	1319	-
11	d (mm)	(5-50) 11,046 epochs; *T.MSE*= 9E-3; *R*= 0.984	1262	1262	1262	-
12	ρ_{rt}	(3-50) 49,999 epochs; *T.MSE*= 1.47E-6; *R*= 1.0	0.0065	0.0065	0.0065	-
13	ρ_{rc}	(5-50) 21,797 epochs; *T.MSE*= 3.05E-5; *R*= 1.0	0.0033	0.0033	0.0033	-
14	$\varepsilon_{rt\_0.003}$		-	0.0219	-	-
15	$\varepsilon_{rc\_0.003}$		-	0.00212	-	-
16	Δ_{imme} (mm)		-	2.38	-	-
17	Δ_{long} (mm)		-	11.50	-	-
18	CI_b (KRW/m)		-	91,775	-	-

붉은색 데이터($\phi M_n, \mu_\phi, M_u$)는 역입력 데이터임

표 해설

CRS 학습 순서; (TS1; $d \Rightarrow h \Rightarrow \rho_{rt} \Rightarrow \rho_{rc}$)

BS 방법 절차

Step 1 (역방향 해석): 9개의 입력 (6개의 일반 입력 및 3개의 역입력) 파라미터에 대한 4개 역출력 파라미터 의 계산

Step 2 (순방향 해석): Autobeam 기반으로 10개의 입력 파라미터 (6개의 일반 입력 및 1단계에서 계산된 4개 역출력 파라메터)에 대한 5개 출력 파라미터의 계산

Autobeam 검증; Autobeam 기반으로 2단계의 10개의 입력 파라미터에 대하여 3개의 출력 파라미터 (1단계의 3개 역입력 파라미터)를 검증 출력

각 색상은 표 내의 각 파라미터의 색상과 동일한 위치(의미)

오차율 계산식,

$$(3) = \frac{(1) - (2)}{(1)} \times 100\%$$

[표 6.3.2] 역설계 결과표 (이어서)

(2) 학습 순서; TS2 ($\rho_{rc} \Rightarrow \rho_{rt} \Rightarrow h \Rightarrow d$)

역대입(BS) 방법에 기반한 역설계 (역방향 CRS – 순방향 Autobeam) 9개 입력 데이터 입력($\phi M_n, \mu_\phi, M_u, M_D, M_L, L, b, f_y, f'_c$) - 9개 출력 데이터($h, d, \rho_{rt}, \rho_{rc}, \varepsilon_{rt\_0.003}, \varepsilon_{rc\_0.003}, \Delta_{imme}, \Delta_{long}, CI_b$)						
No.	입출력 데이터	학습 결과	BS Step 1 (1)	BS Step 2	Autobeam 검증 (2)	오차 (%) (3)
1	ϕM_n (kN·m)		2000.0	-	1997.1	0.15%
2	μ_ϕ		6.0	-	5.99	0.17%
3	M_u (kN·m)		2000.0	-	2000.0	0.00%
4	M_D (kN·m)		1000	1000	1000	-
5	M_L (kN·m)		500	500	500	-
6	L (mm)		10000	10000	10000	-
7	b (mm)		400	400	400	-
8	f_y (MPa)		600	600	600	-
9	f'_c (MPa)		30	30	30	-
10	h (mm)	(5-40) 48,069 epochs; *T.MSE*= 2.89E-5; *R*= 1.0	1305	1305	1305	-
11	d (mm)	(3-40) 49,999 epochs; *T.MSE*= 1.58E-6; *R*= 1.0	1251	1251	1251	-
12	ρ_{rt}	(5-30) 28,082 epochs; *T.MSE*= 2.78E-6; *R*= 1.0	0.0066	0.0066	0.0066	-
13	ρ_{rc}	(5-40) 5,483 epochs; *T.MSE*= 6.21E-2; *R*=0.76	0.0034	0.0034	0.0034	-
14	$\varepsilon_{rt\_0.003}$		-	0.0218	-	-
15	$\varepsilon_{rc\_0.003}$		-	0.00212	-	-
16	Δ_{imme} (mm)		-	2.46	-	-
17	Δ_{long} (mm)		-	11.84	-	-
18	CI_b (KRW/m)		-	91,697	-	-

붉은색 데이터($\phi M_n, \mu_\phi, M_u$)는 역입력 데이터임

[표 6.3.2] 역설계 결과표 (이어서)

(b) 곡률 연성비[curvature ductility (μ_ϕ)] = 6.0에 대해서, 계수하중 (M_u)과 설계모멘트 강도(ϕM_n)가 5000kN · m 로 동일할 때

(1) 학습 순서; TS1 ($d \Rightarrow h \Rightarrow \rho_{rt} \Rightarrow \rho_{rc}$)

역대입(BS) 방법에 기반한 역설계 (역방향 CRS – 순방향 Autobeam)

9개 입력 데이터 입력($\phi M_n, \mu_\phi, M_u, M_D, M_L, L, b, f_y, f_c'$) -

9개 출력 데이터($h, d, \rho_{rt}, \rho_{rc}, \varepsilon_{rt\_0.003}, \varepsilon_{rc\_0.003}, \Delta_{imme}, \Delta_{long}, CI_b$)

No.	입출력 데이터	학습 결과	BS Step 1 (1)	BS Step 2	Autobeam 검증 (2)	오차 (%) (3)
1	ϕM_n (kN·m)		5000.0	-	5000.2	0.00%
2	μ_ϕ		6.0	-	6.16	-2.71%
3	M_u (kN·m)		5000.0	-	5000.0	0.00%
4	M_D (kN·m)		2500	2500	2500	-
5	M_L (kN·m)		1250	1250	1250	-
6	L (mm)		10000	10000	10000	-
7	b (mm)		400	400	400	-
8	f_y (MPa)		600	600	600	-
9	f_c' (MPa)		30	30	30	-
10	h (mm)	(5-50) 46,299 epochs; *T.MSE*= 2.06E-5; *R*= 1.0	1659	1659	1659	-
11	d (mm)	(5-50) 11,046 epochs; *T.MSE*= 9E-3; *R*= 0.984	1592	1592	1592	-
12	ρ_{rt}	(3-50) 49,999 epochs; *T.MSE*= 1.47E-6; *R*= 1.0	0.0098	0.0098	0.0098	-
13	ρ_{rc}	(5-50) 21,797 epochs; *T.MSE*= 3.05E-5; *R*= 1.0	0.0090	0.0090	0.0090	-
14	$\varepsilon_{rt\_0.003}$		-	0.0233	-	-
15	$\varepsilon_{rc\_0.003}$		-	0.00199	-	-
16	Δ_{imme} (mm)		-	2.21	-	-
17	Δ_{long} (mm)		-	10.70	-	-
18	CI_b (KRW/m)		-	160,169	-	-

붉은색 데이터($\phi M_n, \mu_\phi, M_u$)는 역입력 데이터임

[표 6.3.2] 역설계 결과표

(2) 학습 순서; TS2 ($\rho_{rc} \Rightarrow \rho_{rt} \Rightarrow h \Rightarrow d$)

역대입(BS) 방법에 기반한 역설계 (역방향 CRS – 순방향 Autobeam)
9개 입력 데이터 입력($\phi M_n, \mu_\phi, M_u, M_D, M_L, L, b, f_y, f_c'$) -
9개 출력 데이터($h, d, \rho_{rt}, \rho_{rc}, \varepsilon_{rt\_0.003}, \varepsilon_{rc\_0.003}, \Delta_{imme}, \Delta_{long}, CI_b$)

No.	입출력 데이터	학습 결과	BS Step 1	BS Step 2	Autobeam 검증	오차 (%)
			(1)		(2)	(3)
1	ϕM_n (kN·m)		5000.0	-	4967.4	0.65%
2	μ_ϕ		6.0	-	5.66	5.65%
3	M_u (kN·m)		5000.0	-	5000.0	0.00%
4	M_D (kN·m)		2500	2500	2500	-
5	M_L (kN·m)		1250	1250	1250	-
6	L (mm)		10000	10000	10000	-
7	b (mm)		400	400	400	-
8	f_y (MPa)		600	600	600	-
9	f_c' (MPa)		30	30	30	-
10	h (mm)	(5-40) 48,069 epochs; *T.MSE*= 2.89E-5; *R*= 1.0	1551	1551	1551	-
11	d (mm)	(3-40) 49,999 epochs; *T.MSE*= 1.58E-6; *R*= 1.0	1469	1469	1469	-
12	ρ_{rt}	(5-30) 28,082 epochs; *T.MSE*= 2.78E-6; *R*= 1.0	0.0115	0.0115	0.0115	-
13	ρ_{rc}	(5-40) 5,483 epochs; *T.MSE*= 6.21E-2; *R*=0.76	0.0119	0.0119	0.0119	-
14	$\varepsilon_{rt\_0.003}$		-	0.0215	-	-
15	$\varepsilon_{rc\_0.003}$		-	0.00187	-	-
16	Δ_{imme} (mm)		-	2.38	-	-
17	Δ_{long} (mm)		-	11.69	-	-
18	CI_b (KRW/m)		-	169,246	-	-

붉은색 데이터($\phi M_n, \mu_\phi, M_u$)는 역입력 데이터임

6.3.4 검증

그림 6.3.3[6.2]에는 1000~5000kN · m 사이의 설계모멘트(ϕM_n)와 1~6 사이의 연성비 ductility(μ_ϕ)에 대해서 역설계 결과를 검증하였다. 그림 6.3.3(a)-1에는 1단계 역방향 CRS 기반 설계 순서가 $d \Rightarrow h \Rightarrow \rho_{rt} \Rightarrow \rho_{rc}$일 경우, 모든 설계모멘트($\phi M_n$)의 오차는 미세하게 -0.3%에서 -0.15% 사이로 구하여졌다(우측 y축 참조). 1단계 역방향 CRS 기반 설계 순서가 $\rho_{rc} \Rightarrow \rho_{rt} \Rightarrow h \Rightarrow d$일 경우의 설계모멘트($\phi M_n$) 오차 역시 그림 6.3.3(a)-(2)에 보이는 것처럼 미세하게 -0.8%에서 1.1% 사이로 구하여졌다. 그림 6.3.3(b)-(1)에는 1단계 역방향 CRS 기반 설계 순서가 $d \Rightarrow h \Rightarrow \rho_{rt} \Rightarrow \rho_{rc}$일 경우와 설계모멘트($\phi M_n$)가 4,000, 5000kN · m일 경우, 곡률 연성비 ductility(μ_ϕ)에 대한 설계 오차는 -2.6%

에서 0.0% 사이로 구해졌다. 그림 6.3.3(b)-(2)의 1단계 역방향 CRS 기반 설계 순서가 $\boldsymbol{\rho_{rc}} \Rightarrow \boldsymbol{\rho_{rt}} \Rightarrow \boldsymbol{h} \Rightarrow \boldsymbol{d}$일 경우에는 설계모멘트($\phi M_n$)가 4000, 5000kN · m 구간에서 연성비ductility(μ_ϕ)의 오차가 4.75부터 증가하는 것을 알 수 있다.

(a) 설계모멘트(ϕM_n)

(1) TS1($d \Rightarrow h \Rightarrow \rho_{rt} \Rightarrow \rho_{rc}$) 순서에 기반한 역대입(BS) 방법

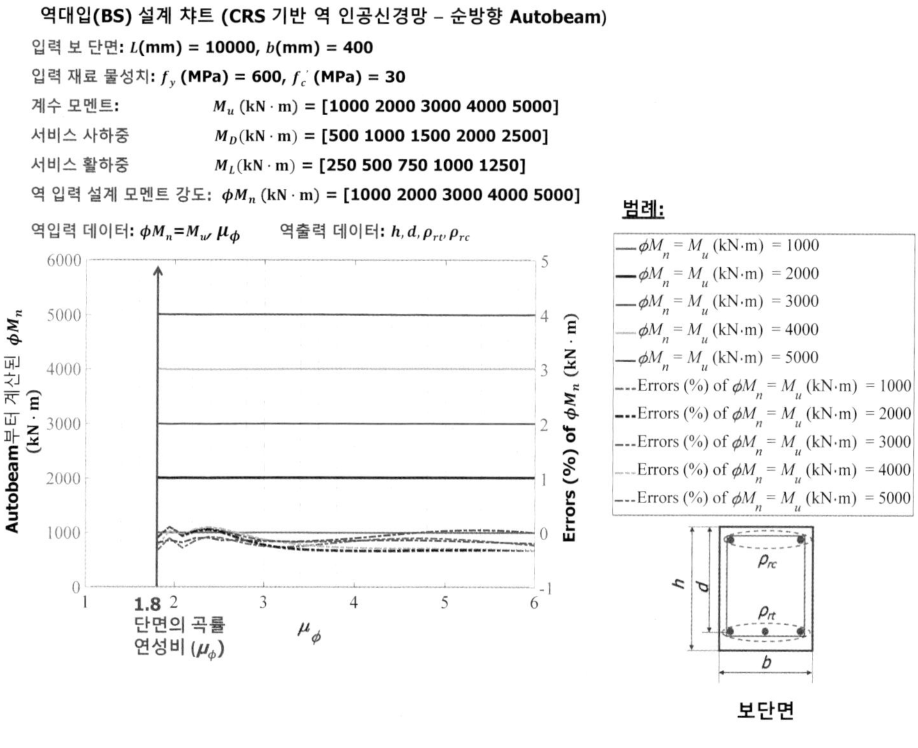

[그림 6.3.3] 역대입(BS) 방법 기반으로 도출된 설계모멘트 강도와 곡률 연성비의 검증 (이어서)

(2) TS2($\rho_{rc} \Rightarrow \rho_{rt} \Rightarrow h \Rightarrow d$) 순서에 기반한 역대입(BS) 방법

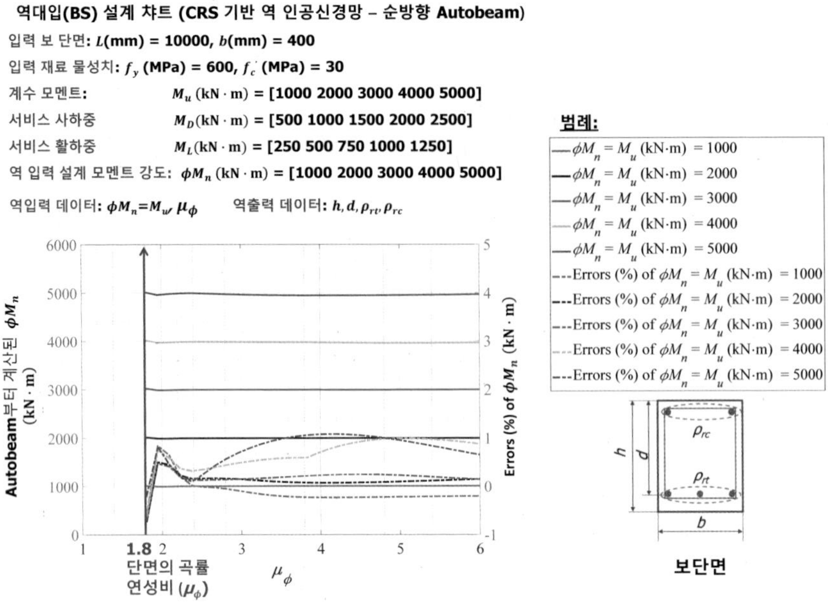

(b) 곡률 연성비(Curvature ductility, μ_ϕ)

(1) TS1($d \Rightarrow h \Rightarrow \rho_{rt} \Rightarrow \rho_{rc}$) 순서에 기반한 역대입(BS) 방법

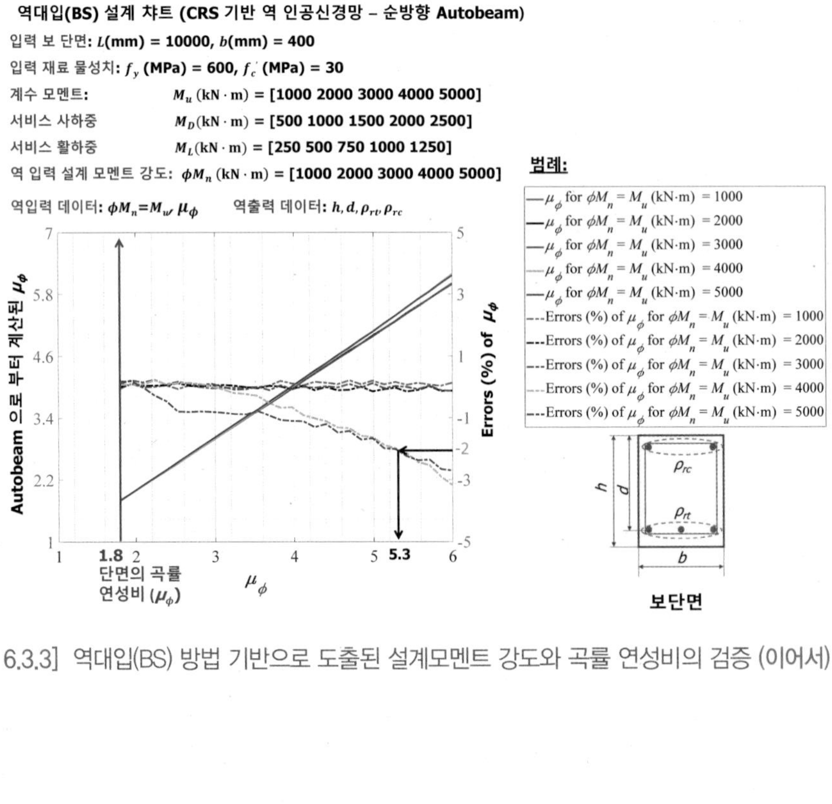

[그림 6.3.3] 역대입(BS) 방법 기반으로 도출된 설계모멘트 강도와 곡률 연성비의 검증 (이어서)

(2)TS2 ($\rho_{rc} \Rightarrow \rho_{rt} \Rightarrow h \Rightarrow d$) 순서에 기반한 역대입(BS) 방법

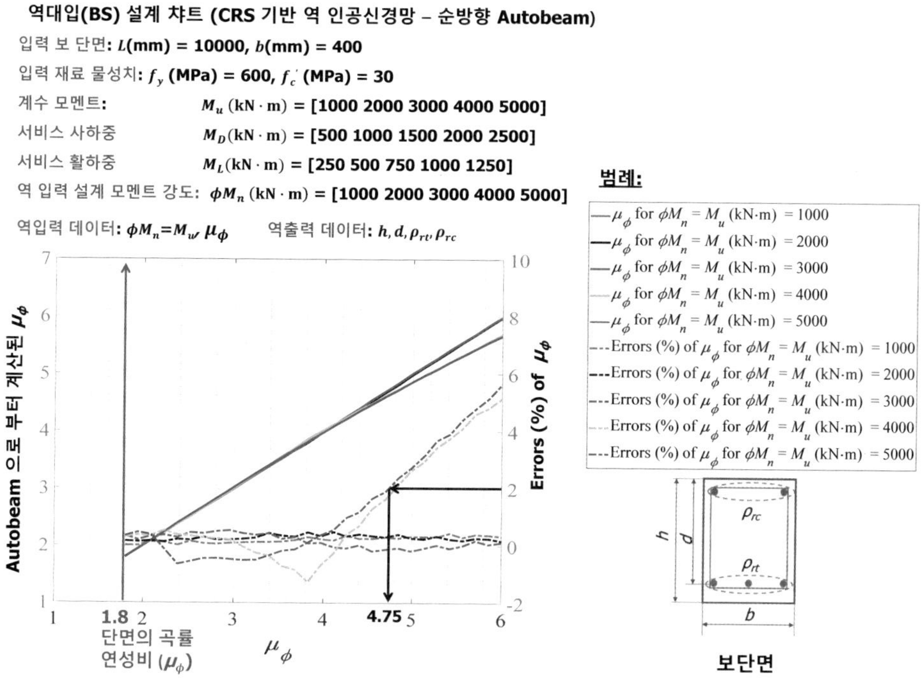

[그림 6.3.3] 역대입(BS) 방법 기반으로 도출된 설계모멘트 강도와 곡률 연성비의 검증

6.4 인공신경망 기반의 역설계 차트를 이용한 설계

6.4.1 설계 차트의 작성

6.4.1.1 설계파라미터의 설정

그림 6.3.4는 인공신경망을 기반으로 작성된 설계 차트로, 그림 6.3.5(h)에 도시된 대로 2개 열의 인장 철근으로 설계되었다. 철근이 다수 열로 구성되는 경우는 1개의 열로 구성되는 경우보다는 학습이 상당히 복잡해지기 때문에 인공신경망 파라미터의 선정에 주의를 기울여야 한다. 즉 보폭을 여유있게 설정하여 1개 층의 철근을 사용한다면 학습을 수월하게 진행할 수 있게 된다.

그림 6.3.4의 설계 차트는 역대입 방법을 기반으로 작성되었으며, 역대입 방법의 1단계 역설계는 CRS 학습 방법에 의해 $\boldsymbol{d} \Rightarrow \boldsymbol{h} \Rightarrow \boldsymbol{\rho_{rt}} \Rightarrow \boldsymbol{\rho_{rc}}$**의 순서대로** 수행되었다. 보 경간($L$)과 보폭($b$)은 각각 10000mm와 400mm로 선지정하였으며, 철근의 인장강도(f_y)와 콘크리트의 압축강도(f_c')는 600MPa과 30MPa로 선지정하였다. 서비스 모멘트는 500, 1000, 1500, 2000, 2500kN · m, 활하중 모멘트는 250, 500, 750, 1000, 1250kN · m로 특정하였으므로, 하중계수(사하중은 1.2, 활하중은 1.6)를 적용하게 되면 계수모멘트는 1000, 2000, 3000, 4000, 5000kN · m가 된다. 따라서 설계모멘트는 1000, 2000, 3000, 4000, 5000kN · m로 설정하여 설계의 최적화를 구현하였다. 특정된 값의 중간값에 대해서는 보간interpolation하여 사용하도록 한다. 본 예제에서는 설명 편의상 위와 같이 특정된 보 형상, 재료 특성, 하중 특성 등에 대해서 인공신경망을 작성하였으나, 이상 기술된 값 외의 보 형상, 재료 특성, 하중 특성에 대해서는 인공신경망을 학습하여 설계 차트를 제작하면 된다. 다양한 하중계수가 적용된 계수모멘트 하중과 설계모멘트에 대해서 인공신경망을 학습하여 설계 차트를 제작할 수 있다. 그림 6.3.4는 연성비ductiltity(μ_ϕ)에 대응하도록 작성된 역설계용 차트이다. 구조역학에 기반한 소프트웨어인 Autobeam에 의해 검증되었고, 오차가 차트 오른쪽 y축에 제시되었다. 그림 6.3.4(a)~(g)의 역대입 1단계의 역출력 파라미터는 TS1($d \Rightarrow h \Rightarrow \rho_{rt} \Rightarrow \rho_{rc}$)과 TS2($\rho_{rc} \Rightarrow \rho_{rt} \Rightarrow h \Rightarrow d$)의 2가지 학습 순서에 기반하여 CRS 방법에 의해 도출되었다.

(a) 철근 변형률의 설계($\varepsilon_{rt\_0.003}$, $\varepsilon_{rc\_0.003}$)

(1) TS1($d \Rightarrow h \Rightarrow \rho_{rt} \Rightarrow \rho_{rc}$) 순서에 기반한 역대입(BS) 방법

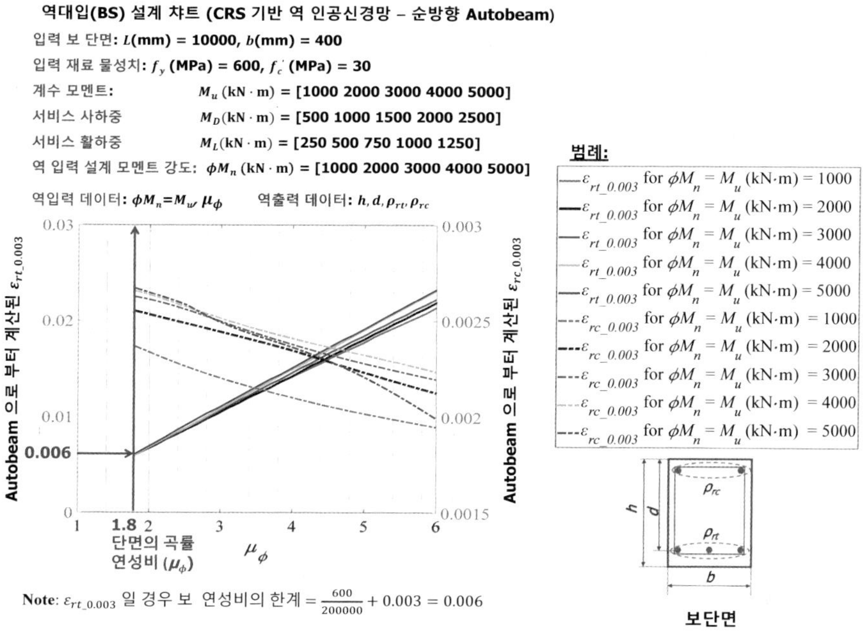

(2) TS2($\rho_{rc} \Rightarrow \rho_{rt} \Rightarrow h \Rightarrow d$) 순서에 기반한 역대입(BS) 방법

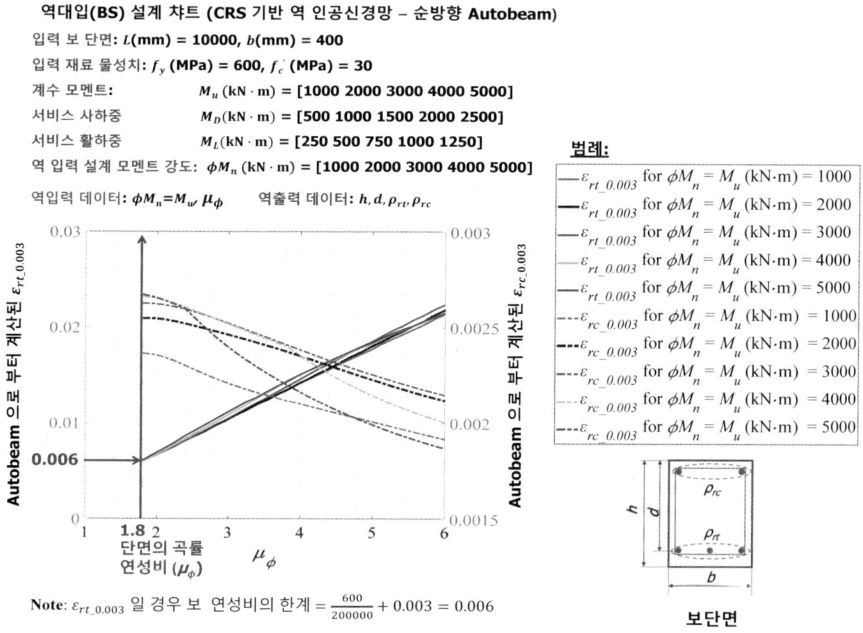

[그림 6.3.4] 연성비(μ_ϕ, ductility)에 대응하는 RC 보의 역설계용 차트; CRS 기반의 학습 순서 (이어서)

(b) 보춤의 설계(h)

(1) TS1($d \Rightarrow h \Rightarrow \rho_{rt} \Rightarrow \rho_{rc}$) 순서에 기반한 역대입(BS) 방법

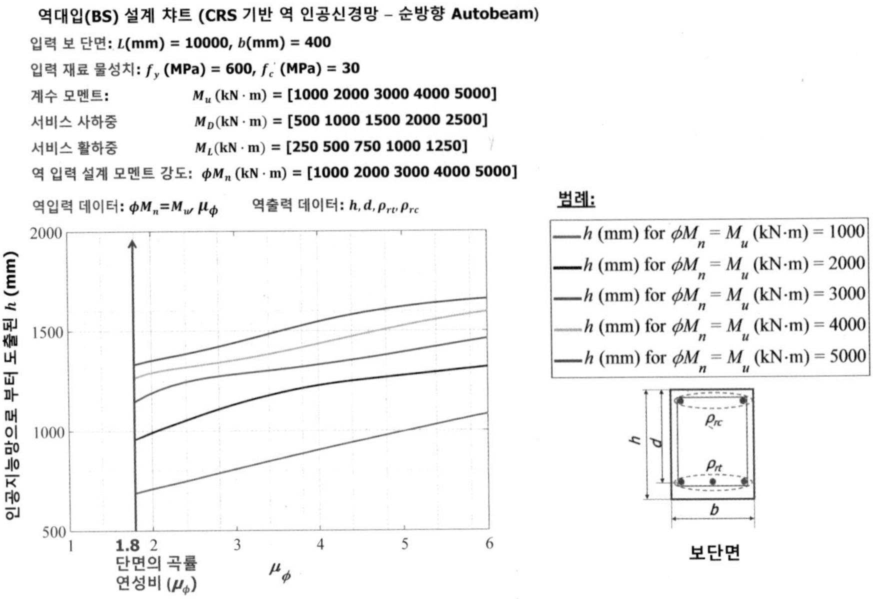

(2)TS2 ($\rho_{rc} \Rightarrow \rho_{rt} \Rightarrow h \Rightarrow d$) 순서에 기반한 역대입(BS) 방법

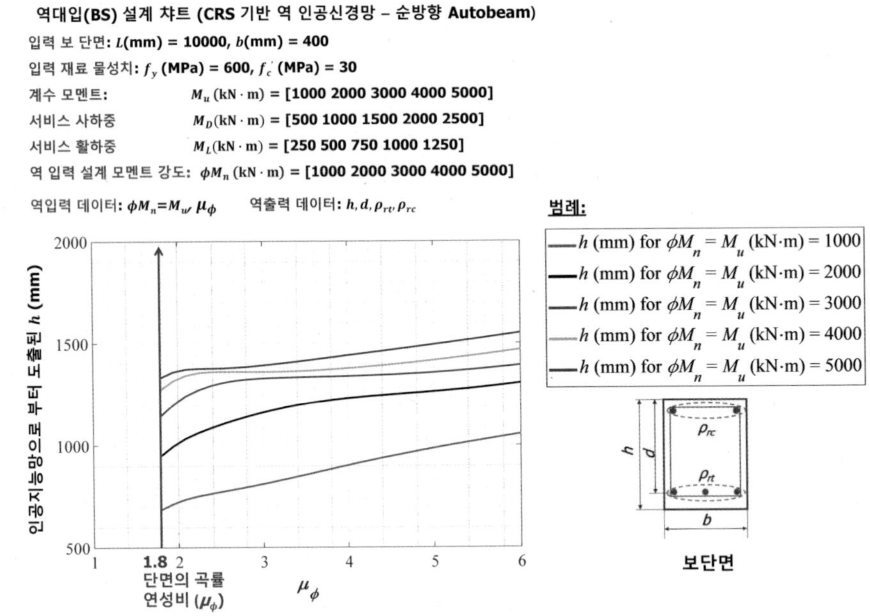

[그림 6.3.4] 연성비(μ_ϕ, ductility)에 대응하는 RC 보의 역설계용 차트; CRS 기반의 학습 순서 (이어서)

(c) 보의 유효깊이(d)

(1) TS1($d \Rightarrow h \Rightarrow \rho_{rt} \Rightarrow \rho_{rc}$) 순서에 기반한 역대입(BS) 방법

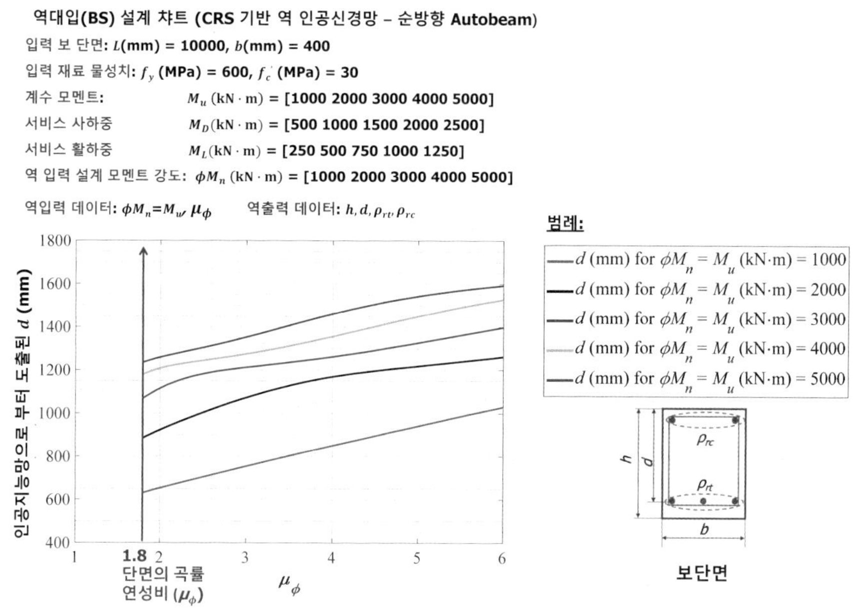

(2) TS2($\rho_{rc} \Rightarrow \rho_{rt} \Rightarrow h \Rightarrow d$) 순서에 기반한 역대입(BS) 방법

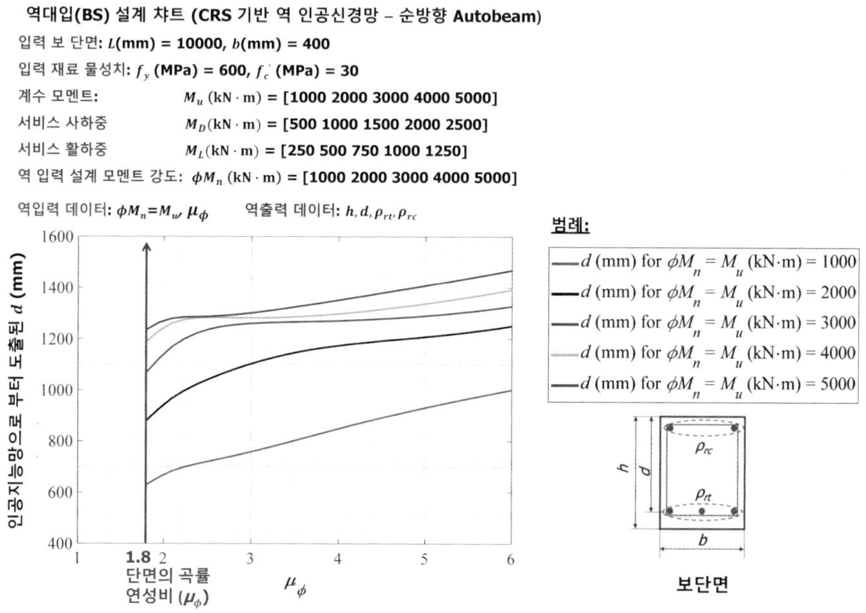

[그림 6.3.4] 연성비(μ_ϕ, ductility)에 대응하는 RC 보의 역설계용 차트; CRS 기반의 학습 순서 (이어서)

(d) 철근비 (ρ_{rt}, ρ_{rc})의 설계

(1) TS1($d \Rightarrow h \Rightarrow \rho_{rt} \Rightarrow \rho_{rc}$) 순서에 기반한 역대입(BS) 방법

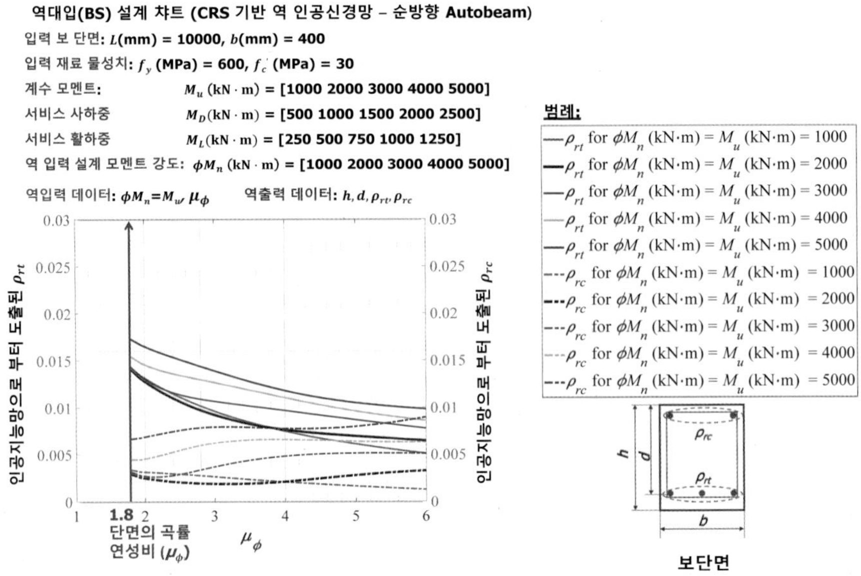

(2) TS2($\rho_{rc} \Rightarrow \rho_{rt} \Rightarrow h \Rightarrow d$) 순서에 기반한 역대입(BS) 방법

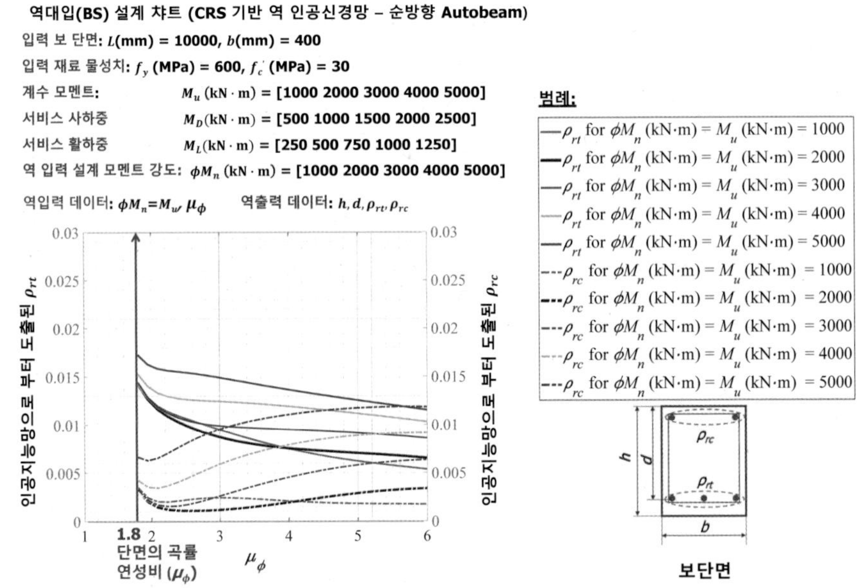

[그림 6.3.4] 연성비(μ_ϕ, ductility)에 대응하는 RC 보의 역설계용 차트; CRS 기반의 학습 순서 (이어서)

(e) 보의 단기 처짐(Δ_{imme}) 설계

(1) TS1($d \Rightarrow h \Rightarrow \rho_{rt} \Rightarrow \rho_{rc}$) 순서에 기반한 역대입(BS) 방법

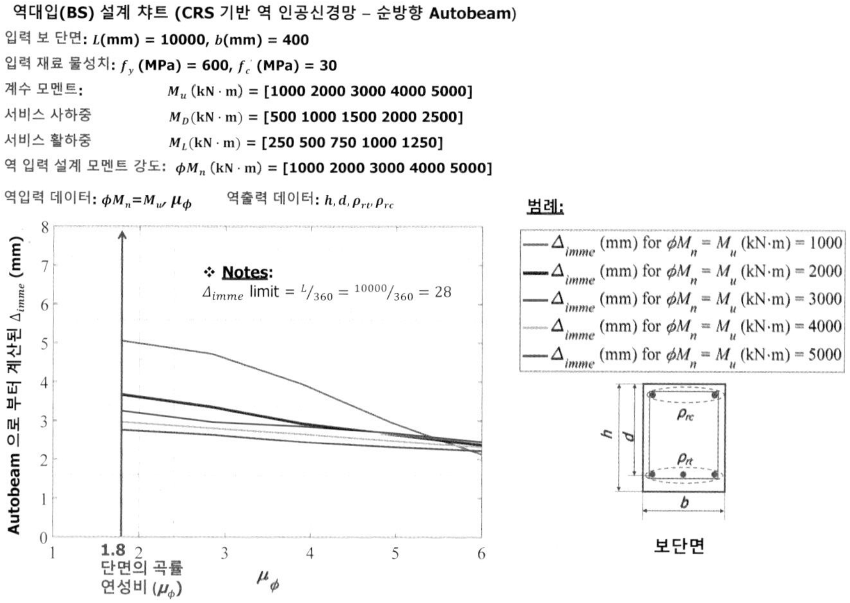

(2) TS2($\rho_{rc} \Rightarrow \rho_{rt} \Rightarrow h \Rightarrow d$) 순서에 기반한 역대입(BS) 방법

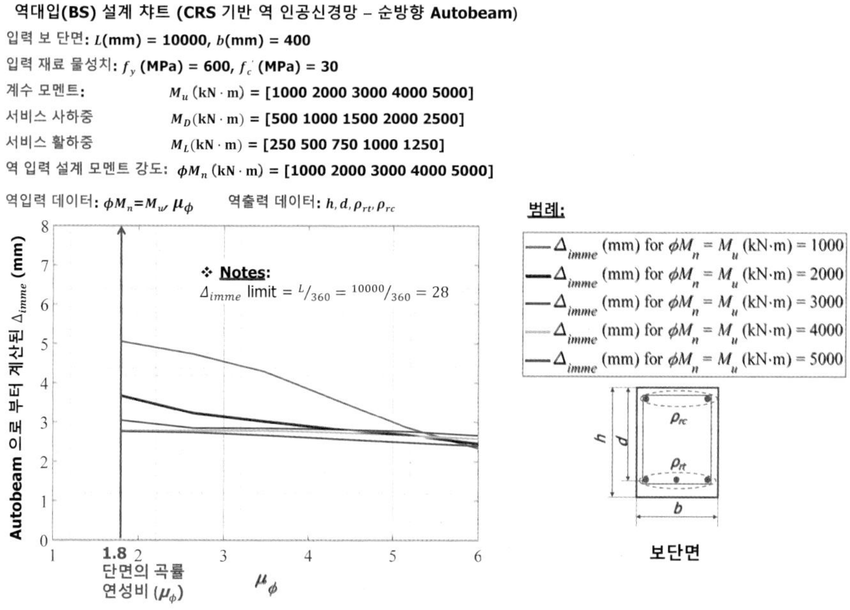

[그림 6.3.4] 연성비(μ_ϕ, ductility)에 대응하는 RC 보의 역설계용 차트; CRS 기반의 학습 순서 (이어서)

(f) 보의 장기 처짐(Δ_{long}) 설계

(1) TS1($d \Rightarrow h \Rightarrow \rho_{rt} \Rightarrow \rho_{rc}$) 순서에 기반한 역대입(BS) 방법

역대입(BS) 설계 챠트 (CRS 기반 역 인공신경망 – 순방향 Autobeam)

입력 보 단면: **L(mm) = 10000, b(mm) = 400**

입력 재료 물성치: **f_y (MPa) = 600, f_c' (MPa) = 30**

계수 모멘트: **M_u (kN · m) = [1000 2000 3000 4000 5000]**

서비스 사하중 **M_D(kN · m) = [500 1000 1500 2000 2500]**

서비스 활하중 **M_L(kN · m) = [250 500 750 1000 1250]**

역 입력 설계 모멘트 강도: **ϕM_n (kN · m) = [1000 2000 3000 4000 5000]**

역입력 데이터: **ϕM_n=M_u, μ_ϕ** 역출력 데이터: **$h, d, \rho_{rt}, \rho_{rc}$**

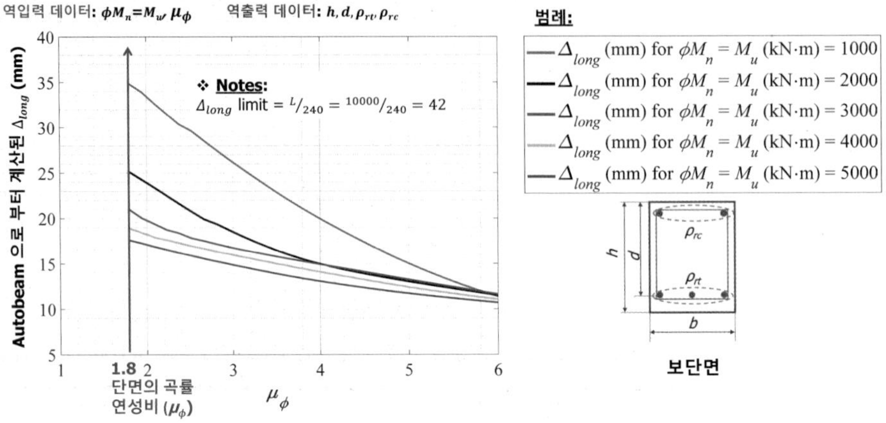

(2) TS2($\rho_{rc} \Rightarrow \rho_{rt} \Rightarrow h \Rightarrow d$) 순서에 기반한 역대입(BS) 방법

역대입(BS) 설계 챠트 (CRS 기반 역 인공신경망 – 순방향 Autobeam)

입력 보 단면: **L(mm) = 10000, b(mm) = 400**

입력 재료 물성치: **f_y (MPa) = 600, f_c' (MPa) = 30**

계수 모멘트: **M_u (kN · m) = [1000 2000 3000 4000 5000]**

서비스 사하중 **M_D(kN · m) = [500 1000 1500 2000 2500]**

서비스 활하중 **M_L(kN · m) = [250 500 750 1000 1250]**

역 입력 설계 모멘트 강도: **ϕM_n (kN · m) = [1000 2000 3000 4000 5000]**

역입력 데이터: **ϕM_n=M_u, μ_ϕ** 역출력 데이터: **$h, d, \rho_{rt}, \rho_{rc}$**

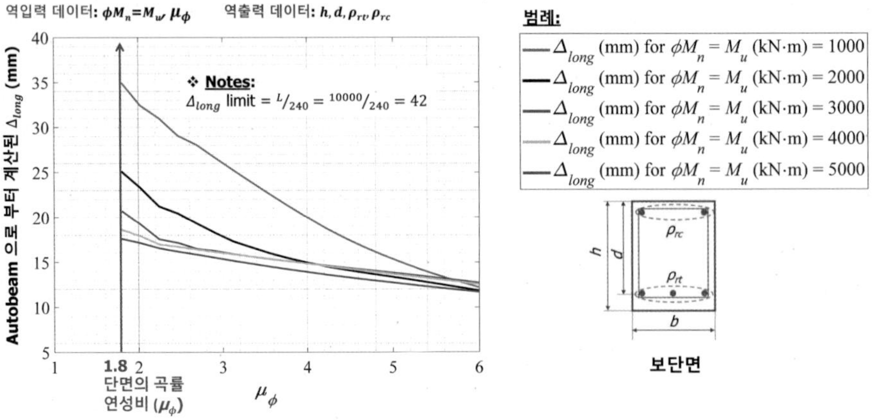

[그림 6.3.4] 연성비(μ_ϕ, ductility)에 대응하는 RC 보의 역설계용 차트; CRS 기반의 학습 순서 (이어서)

(g) 보의 재료 및 제작 코스트(CI_b) 의 설계

(1) TS1($d \Rightarrow h \Rightarrow \rho_{rt} \Rightarrow \rho_{rc}$) 순서에 기반한 역대입(BS) 방법

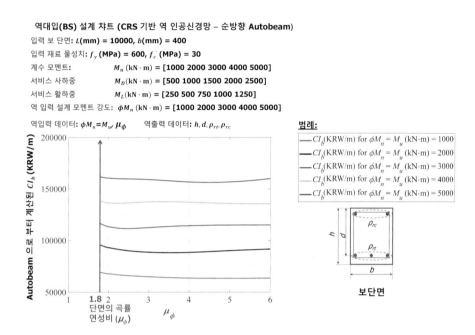

역대입(BS) 설계 챠트 (CRS 기반 역 인공신경망 – 순방향 Autobeam)

입력 보 단면: L**(mm) = 10000,** b**(mm) = 400**

입력 재료 물성치: f_y **(MPa) = 600,** f_c' **(MPa) = 30**

계수 모멘트: M_u (kN · m) = **[1000 2000 3000 4000 5000]**

서비스 사하중 M_D(kN · m) = **[500 1000 1500 2000 2500]**

서비스 활하중 M_L(kN · m) = **[250 500 750 1000 1250]**

역 입력 설계 모멘트 강도: ϕM_n (kN · m) = **[1000 2000 3000 4000 5000]**

역입력 데이터: $\phi M_n = M_u$, μ_ϕ 역출력 데이터: $h, d, \rho_{rt}, \rho_{rc}$

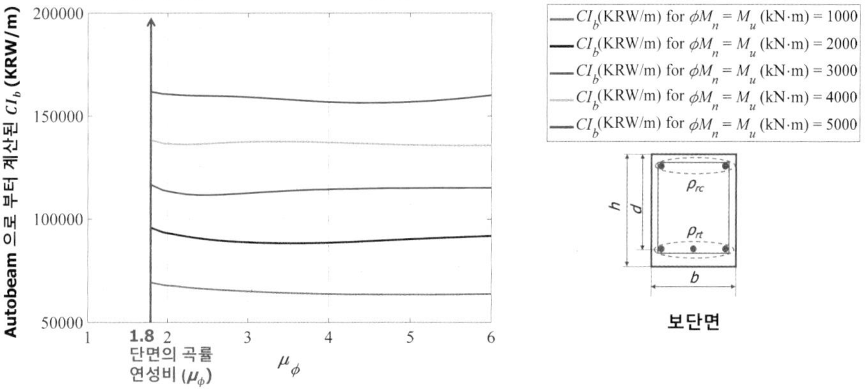

(2) TS2($\rho_{rc} \Rightarrow \rho_{rt} \Rightarrow h \Rightarrow d$) 순서에 기반한 역대입(BS) 방법

역대입(BS) 설계 챠트 (CRS 기반 역 인공신경망 – 순방향 Autobeam)

입력 보 단면: L**(mm) = 10000,** b**(mm) = 400**

입력 재료 물성치: f_y **(MPa) = 600,** f_c' **(MPa) = 30**

계수 모멘트: M_u (kN · m) = **[1000 2000 3000 4000 5000]**

서비스 사하중 M_D(kN · m) = **[500 1000 1500 2000 2500]**

서비스 활하중 M_L(kN · m) = **[250 500 750 1000 1250]**

역 입력 설계 모멘트 강도: ϕM_n (kN · m) = **[1000 2000 3000 4000 5000]**

역입력 데이터: $\phi M_n = M_u$, μ_ϕ 역출력 데이터: $h, d, \rho_{rt}, \rho_{rc}$

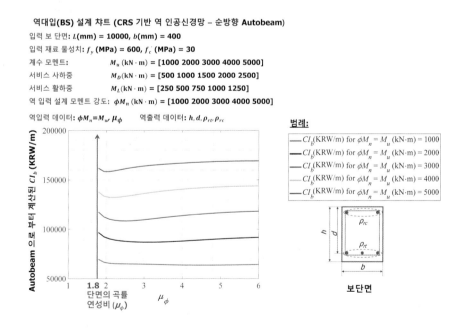

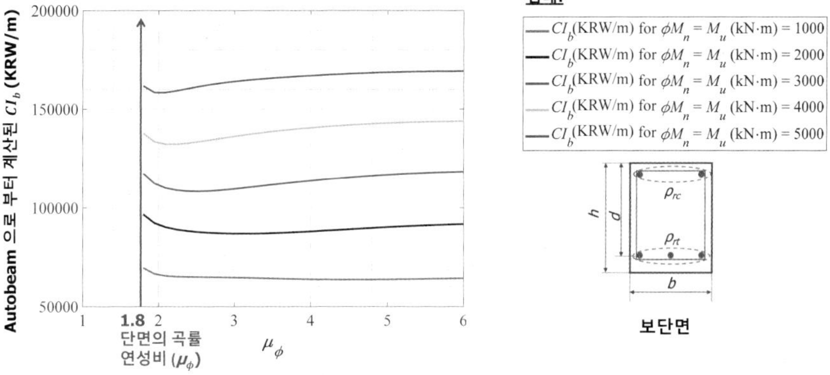

[그림 6.3.4] 연성비(μ_ϕ, ductility)에 대응하는 RC 보의 역설계용 차트; CRS 기반의 학습 순서

6.4.1.2 설계파라미터의 설정

그림 6.3.3(a)의 설계 차트 작성 과정은 그림 C2.5-(1-1)에서 그림 C2.5-(1-5)에 ADORS 기반으로 자세히 설명되어 있다. 본 화면은 설계모멘트 강도(ϕM_n)를 2000kN · m로 역지정 하였을 경우, AI기반으로 설계 파라미터를 A포인트 - E포인트의 5개의 포인트에서 계산하는 과정을 보여 주고있다. 이때 A포인트부터 E포인트에는 곡률 연성도(μ_ϕ)가 그림 C2.5-(a-1) 부터 그림 C2.5-(a-5)에서처럼 각각 1.3, 1.5, 2.5, 4.0, 6.0으로 역지정 되었다. 설계모멘트 강도 (ϕM_n)와 곡률 연성도(μ_ϕ)를 표내 붉은색 박스 내에 역지정 한 것이다. 그림 C2.5-(a-1) 부터 그림 C2.5-(a-5)에서 AI기반으로 구해진 설계 파라미터를 기존 구조 설계 소프트웨어에 대입하여 도출한 설계모멘트 강도 (ϕM_n)와 역지정된 설계모멘트 강도 (ϕM_n) 2000kN · m를 비교하여 오차가 작음을 그림 C2.5-(a-1) 부터 그림 C2.5-(a-5)에서 확인 하였다.

부록 C의 그림 C2.5-(a-6)에는, A포인트부터 E포인트까지 5개의 포인트에 대해서 설계 모멘트강도 (ϕM_n)와 곡률 연성도(μ_ϕ) 관계를 차트로 표현 하였다. 임의의 곡률 연성도(μ_ϕ)에 대해 설계모멘트 강도 (ϕM_n)를 빠르고 수월하게 선택할 수 있도록 구성 되어 있고 이와 같은 선택은 기존의 구조 설계 프로그램으로는 가능 하지 않다. 그림 C2.5-(a-6)의 역대입 1단계 역설계는 CRS 학습방법에 의해 TS1($d \Rightarrow h \Rightarrow \rho_{rt} \Rightarrow \rho_{rc}$)의 순서대로 수행되었다. 그림 C2.5-(b-6)의 역대입 1단계 역설계는 CRS 학습방법에 의해 TS2($\rho_{rc} \Rightarrow \rho_{rt} \Rightarrow h \Rightarrow d$) 순서대로 수행되었다. 그림 6.3.3(b)의 설계 차트는 A포인트부터 E포인트에 해당 되는 곡률 연성도(μ_ϕ)를 각각 1.3, 1.5, 2.5, 4.0, 6.0으로 역입력 하였을 경우, 구조계산 기반의 곡률 연성도(μ_ϕ)와의 오차가 작음을 검증한 차트로써 그림 C2.6에 유사한 방법으로 도시되어 있다. 그림 6.3.4의 설계 차트 작성방법은 그림 C2.7에 ADORS 기반으로 설명 하였다. 그림 C2.7 역시 그림 C2.5와 그림 C2.6과 동일한 방법으로. A포인트부터 E포인트에 해당 되는 곡률 연성도(μ_ϕ)를 각각 1.3, 1.5, 2.5, 4.0, 6.0으로 역설정 하였을 경우에 대해 작성되었다.

6.4.2 설계 차트의 활용

그림 6.3.4(a)에서는 철근 변형률($\varepsilon_{rt\_0.003}$, $\varepsilon_{rc\_0.003}$)을 설계하고, 그림 6.3.4(b)와 (c)에서는 보춤(h)과 보의 유효깊이(d)를 선택한다. 그림 6.3.4(d)로부터는 철근비(ρ_{rt}, ρ_{rc})를 설계하고, 그림 6.3.4(e)와 (f)에서는 즉시 처짐(Δ_{imme})과 장기 처짐(Δ_{long})을 선택한다. 마지막으로 그림 6.3.4(g)에서는 보의 재료 및 제작 코스트를 결정한다. 부록에서는 인공신경망 기반의 윈도형 프로그램인 ADORS[AI-Based Design of Optimizing RC Structures]을 활용하여 설계 차트를 검증하였다. 독자들도 ADORS를 활용하여 자신들만의 최적화된 설계 차트를 제작하여 원하는 보를 설계할 수 있을 것이다.

그림 6.3.5에는 $d \Rightarrow h \Rightarrow \rho_{rt} \Rightarrow \rho_{rc}$의 CRS 기반으로 학습된 인공신경망에 의해 작성된 역설계 차트를 보여주고 있으며, 역설계의 예를 제시하였다. 그림 6.3.5(a)에는 인장철근 변형률($\varepsilon_{rt_0.003}$)을 0.008로 특정하고 설계를 시작하였다. 설계자의 설계 의도에 따라서 임의의 인장철근 변형률($\varepsilon_{rt_0.003}$)을 시작점으로 설계 차트를 시작할 수 있다. 설계 차트에서 콘크리트의 변형률(ε_c)은 ACI 318-19 규준대로 0.003으로 고정하였다. 일반 설계에서 철근의 인장 변형률은 설계 완료 후에나 알 수 있는 파라미터이나 인공신경망을 활용하게 되면 철근의 변형률을 임의의 값으로 특정하고 설계를 시작할 수 있다. 설계 차트는 1000kN · m부터 5000kN · m까지의 설계모멘트(ϕM_n)에 대해 작성되었고, 2500kN · m의 설계모멘트(ϕM_n)에 대해서 설계를 진행하여 보기로 한다. 2500kN · m의 설계모멘트(ϕM_n)는 차트에 도시되어 있지 않으므로 보간법[interpolation]으로 구하여야 한다.

그림 6.3.5(a)에 나타나 있는 1단계의 0.008의 인장철근 변형률($\varepsilon_{rt\_0.003}$) 로부터 2단계와 3단계에서 각각 연성비(μ_ϕ) = 2.3, 압축철근 변형률($\varepsilon_{rc\_0.003}$) = 0.000255를 구할 수 있다. 그림 6.3.5(b)로 이동하여 4단계와 5단계에서는 전체 보춤(h) = 1155mm를 구하게 되고, 그림 6.3.5(c)의 6단계와 7단계에서는 유효 보춤(d) = 1085mm를 구할 수 있다. 그림 6.3.5(d)의 8단계에서 10단계는 설계 과정의 중요한 과정으로, 인장 철근비(ρ_{rt}) = 0.0114 및 압축 철근비(ρ_{rc}) = 0.0022를 구하게 된다. 그림 6.3.5(e)와 (f)의 11단계부터 14단계에서는 단기 처짐(Δ_{imme})= 3.25mm와 장기 처짐(Δ_{long}) = 20.0mm를 구하여 보의 사용성 점검을 수행한다. 그림 6.3.5(g)는 본 설계 차트의 마지막 파라미터인 보 코스트를 선택하는 과정으로써 m당 101,000원이 도출되었다. 그림 6.3.5(h)에는 모

든 설계 결과 보폭(b), 보깊이(h), 보 유효깊이(d), 철근비(ρ_{rt}, ρ_{rc}) 및 위치, 철근 변형률($\varepsilon_{rt\_0.003}$, $\varepsilon_{rc\_0.003}$) 및 중립축의 위치가 정리되어 있다. 직경 29mm, 8개의 인장철근을 2개의 층으로 배치하였으며, 단기 처짐(Δ_{imme})과 장기 처짐(Δ_{long}) 모두 ACI 318-19을 만족하고 있는 것을 알 수 있다. 그림 6.3.5에서 제공되는 설계 차트는 철근의 배근층 역시 자동으로 설계한다.

6.4.3 설계 차트의 검증

그림 6.3.5(h)에 정리된 역설계 검증은 빅데이터 생성을 위해 개발된 Autobeam 프로그램에 의해 수행되었으나, 검증에는 어떠한 프로그램도 활용할 수 있다. 표 6.3.3에서 보듯이 최대 오차는 연성비^{ductiltity}(μ_ϕ)에서 발생한 -2.93%로써, AI 기반 인공신경망은 2.3을 도출하였고 Autobeam 소프트웨어에 의한 구조설계는 2.37을 계산하여 실무에 적용하기에는 큰 문제가 없을 것으로 판단된다.

역설계 인공신경망은 인장철근 변형률($\varepsilon_{rt\_0.003}$)을 0.008로 도출하였고, Autobeam 소프트웨어에서는 0.0081을 계산하여 실제 설계 업무에의 적용에는 역시 큰 문제가 되지 않을 것으로 판단된다. 인공신경망에 의해 역입력된 설계모멘트(ϕM_n) 2500kN · m는 구조계산 프로그램에 의해 2464.6kN · m로 계산되어 무시할 수 있는 설계 오차 1.53%가 발생하였다.

그림 6.3.5는 보 경간(L)이 10000mm, 보폭(b)이 400mm, 철근의 인장강도(f_y)가 600MPa, 콘크리트의 압축강도(f_c')가 30MPa일 경우의 설계 차트를 보여주고 있다. ACI 318-19는 철근의 최소 인장철근 변형률(ε_{min})을 ε_y($\varepsilon_y = f_y/E_s$) + 0.003으로 결정한다. 즉 철근의 인장강도(f_y)와 탄성계수가 각각 600MPa, 200GPa인 경우, 철근의 인장 변형률(ε_y)은 0.006이 되고, 철근의 최소 인장철근 변형률(ε_{min})인 0.006과 같게 되어 설계조건을 만족하게 된다. 그림 6.3.5(a)의 설계 차트는 인장철근 변형률($\varepsilon_{rt\_0.003}$) 0.006에 해당하는 곡률 연성비^{ductiltity}(μ_ϕ)를 1.8로 정해주고 있다. 이와 같이 AI 기반에서 작성된 설계 차트는 어떤 인장철근 변형률(ε_s)에 대해서도 원하는 설계 파라미터를 신속하게 도출할 수 있는 기회를 제공한다.

본 예제에서는 설계 목표 타깃을 곡률의 연성비^{ductiltity}(μ_ϕ) 2.3에 해당하는 인장철근 변형률($\varepsilon_{rt\_0.003}$) 0.008로 설정하고 설계를 시작하였다. 설계모멘트(ϕM_n)로는

2500kN · m을 선택하였다. 역설계 차트를 활용하여 기존의 설계 방식으로는 도출할 수 없는 균형잡힌 설계를 도출하였고, 특히 그림 6.3.4와 그림 6.3.5는 설계 규준을 만족하는 설계를 신속하고 정확하게 도출할 수 있도록 도와준다.

설계자는 계수모멘트 (M_u), 설계모멘트(ϕM_n) 및 연성비ductiltity(μ_ϕ) 이외의 임의의 역입력 파라미터를 역설계에 적용하여 설계 차트를 임의로 작성할 수 있다. 이와 같은 방법으로, 내진 설계에 있어서 부재 연성도를 선지정하여 전체 프레임의 연성 거동을 지배할 수 있도록 하는 설계가 가능 할 것이다.

(a) **타깃 설계모멘트[$\phi M_n = M_u$(2500 kN·m)] 와 인장철근 변형률(0.008)에 대응하는 연성비 결정 및 설계 시작**

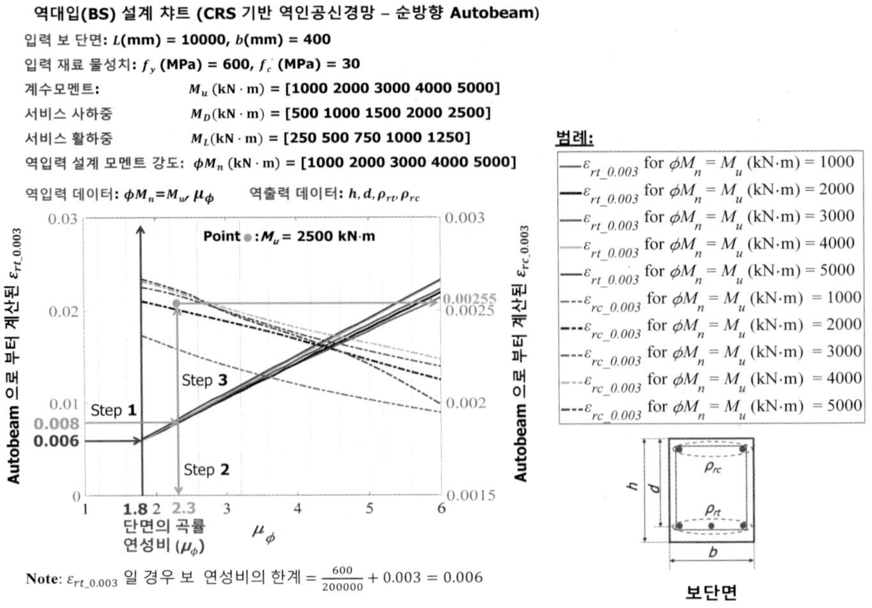

(b) **타깃 설계모멘트[$\phi M_n = M_u$(2500 kN·m)] 와 인장철근 변형률(0.008)에 대응하는 연성비에 대한 보의 춤(h) 결정**

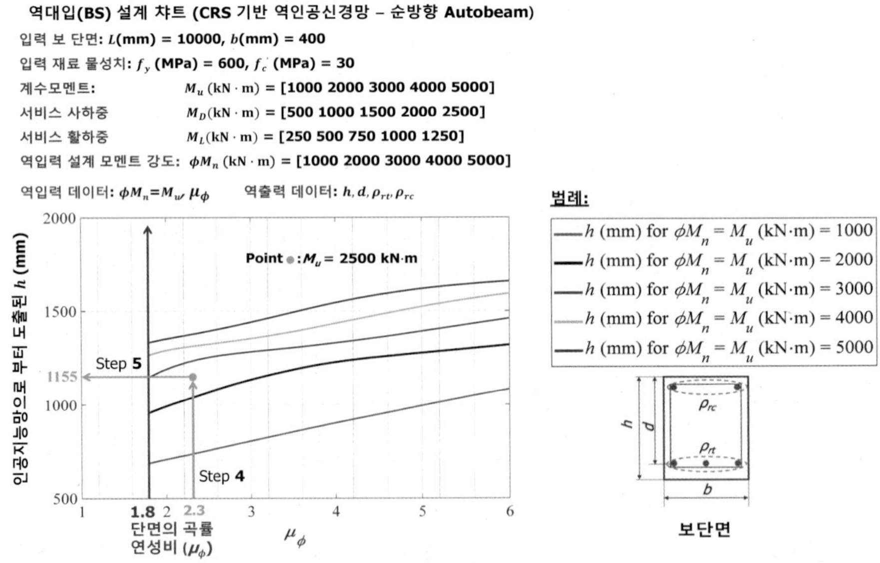

[그림 6.3.5] 철근 변형률 ($\varepsilon_{rt\_0.003}$) 0.008에 대응하는 연성 RC 보의 역설계용 차트; CRS 기반의 학습 순서, TS1($d \Rightarrow h \Rightarrow \rho_{rt} \Rightarrow \rho_{rc}$) (이어서)

(c) 타깃 설계모멘트[$\phi M_n = M_u$(2500 kN·m)] 와 인장철근 변형률(0.008)에 대응하는 연성비에 대한 보의 유효깊이(d) 결정

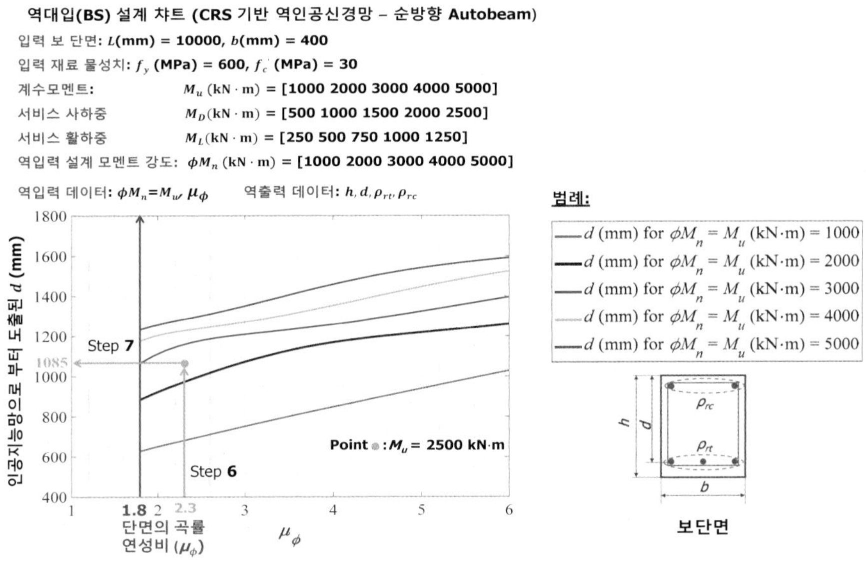

(d) 타겟 설계모멘트[$\phi M_n = M_u$(2500 kN·m)]와 인장철근 변형률(0.008)에 대응하는 연성비에 대한 인장 및 압축 철근 비 (ρ_{rt} and ρ_{rc}) 결정

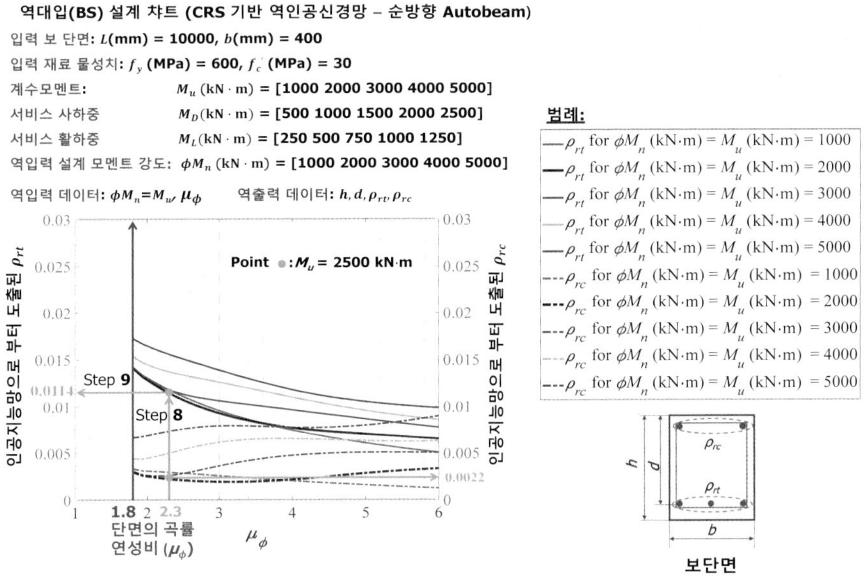

[그림 6.3.5] 철근 변형률 ($\varepsilon_{rt\_0.003}$) 0.008에 대응하는 연성 RC 보의 역설계용 차트; CRS 기반의 학습 순서, TS1($d \Rightarrow h \Rightarrow \rho_{rt} \Rightarrow \rho_{rc}$) (이어서)

(e) 타깃 설계모멘트[$\phi M_n = M_u$(2500 kN·m)]와 인장철근 변형률(0.008)에 대응하는 연성비에 대한 단기 (Δ_{imme}) 처짐 결정

역대입(BS) 설계 차트 (CRS 기반 역인공신경망 – 순방향 Autobeam)

입력 보 단면: **L(mm) = 10000, b(mm) = 400**

입력 재료 물성치: **f_y (MPa) = 600, f_c' (MPa) = 30**

계수모멘트: **M_u (kN · m) = [1000 2000 3000 4000 5000]**

서비스 사하중 **M_D(kN · m) = [500 1000 1500 2000 2500]**

서비스 활하중 **M_L(kN · m) = [250 500 750 1000 1250]**

역입력 설계 모멘트 강도: **ϕM_n (kN · m) = [1000 2000 3000 4000 5000]**

역입력 데이터: **$\phi M_n = M_u$, μ_ϕ** 역출력 데이터: **$h, d, \rho_{rt}, \rho_{rc}$**

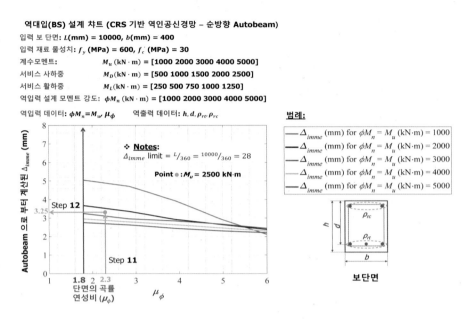

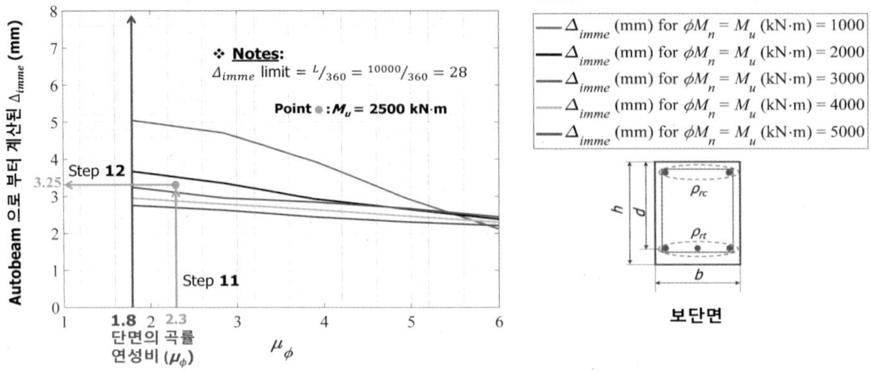

(f) 타깃 설계모멘트[$\phi M_n = M_u$(2500 kN·m)]와 인장철근 변형률(0.008)에 대응하는 연성비에 대한 장기 (Δ_{long}) 처짐 결정

역대입(BS) 설계 차트 (CRS 기반 역인공신경망 – 순방향 Autobeam)

입력 보 단면: **L(mm) = 10000, b(mm) = 400**

입력 재료 물성치: **f_y (MPa) = 600, f_c' (MPa) = 30**

계수모멘트: **M_u (kN · m) = [1000 2000 3000 4000 5000]**

서비스 사하중 **M_D(kN · m) = [500 1000 1500 2000 2500]**

서비스 활하중 **M_L(kN · m) = [250 500 750 1000 1250]**

역입력 설계 모멘트 강도: **ϕM_n (kN · m) = [1000 2000 3000 4000 5000]**

역입력 데이터: **$\phi M_n = M_u$, μ_ϕ** 역출력 데이터: **$h, d, \rho_{rt}, \rho_{rc}$**

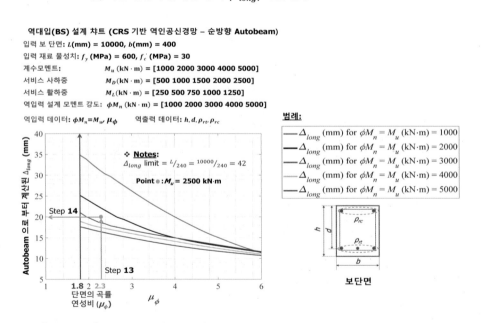

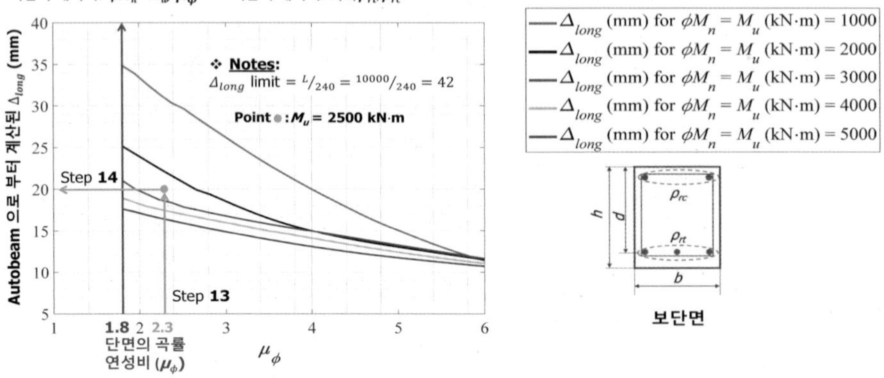

[그림 6.3.5] 철근 변형률 ($\varepsilon_{rt\_0.003}$) 0.008에 대응하는 연성 RC 보의 역설계용 차트; CRS 기반의 학습 순서, TS1($d \Rightarrow h \Rightarrow \rho_{rt} \Rightarrow \rho_{rc}$) (이어서)

(g) 타깃 설계모멘트 [$\phi M_n = M_u$(2500 kN·m)] 와 인장철근 변형률(0.008)에 대응하는 연성비에 대한 보 코스트 (CI_b) 결정

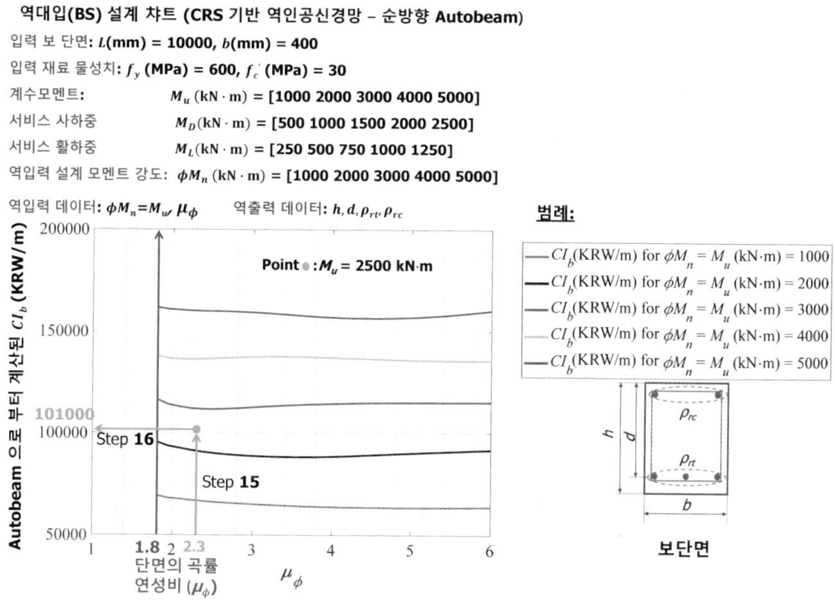

(h) 타깃 설계 모멘트[$\phi M_n = M_u$ (2500 kN·m)]와 인장철근 변형률(0.008)에 대응하는 연성비에 대한 최종 설계 도면

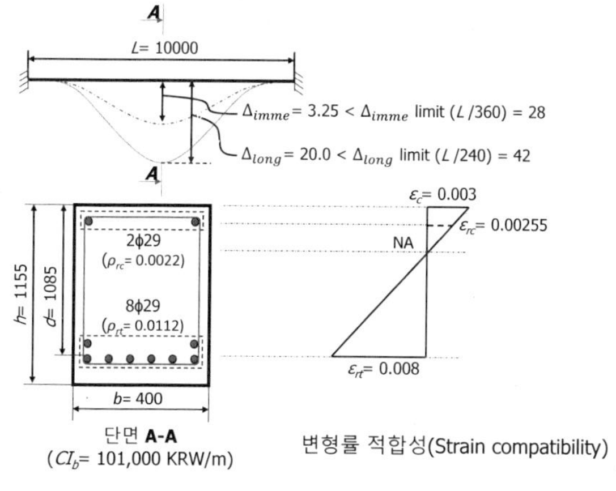

[그림 6.3.5] 철근 변형률 ($\varepsilon_{rt\_0.003}$) 0.008에 대응하는 연성 RC 보의 역설계용 차트;

CRS 기반의 학습 순서, TS1($d \Rightarrow h \Rightarrow \rho_{rt} \Rightarrow \rho_{rc}$)

[표 6.3.3] 그림 6.3.5에서 도출된 역설계의 검증

역설계- 역대입 방법(역방향 CRS - 순방향 Autobeam)

9개 입력 데이터($\phi M_n, \mu_\phi, M_u, M_D, M_L, L, b, f_y, f'_c$) -

9개 출력 데이터($h, d, \rho_{rt}, \rho_{rc}, \varepsilon_{rt\_0.003}, \varepsilon_{rc\_0.003}, \Delta_{imme}, \Delta_{long}, CI_b$)

No.	데이터	역대입 방법 (1)	Autobeam 검증 (2)	오차 (%) (3)
1	ϕM_n (kN·m)	2500.0	2461.6	1.53%
2	μ_ϕ	2.3	2.37	-2.93%
3	M_u (kN·m)	2500.0	2500.0	0.00%
4	M_D (kN·m)	1250	1250	0.00%
5	M_L (kN·m)	625	625	0.00%
6	L (mm)	10000	10000	0.00%
7	b (mm)	400	400	0.00%
8	f_y (MPa)	600	600	0.00%
9	f'_c (MPa)	30	30	0.00%
10	h (mm)	1155	1155	0.00%
11	d (mm)	1085	1085	0.00%
12	ρ_{rt}	0.0112	0.0112	0.00%
13	ρ_{rc}	0.0022	0.0022	0.00%
14	$\varepsilon_{rt\_0.003}$	0.008	0.0081	-1.25%
15	$\varepsilon_{rc\_0.003}$	0.00258	0.00254	1.40%
16	Δ_{imme} (mm)	3.25	3.24	0.19%
17	Δ_{long} (mm)	20.0	20.1	-0.69%
18	CI_b (KRW/m)	101,000	100,446	0.55%

CRS 학습 순서 (TS1; $d \Rightarrow h \Rightarrow \rho_{rt} \Rightarrow \rho_{rc}$)

설계 모멘트=2500 kN 에 대한 설계 차트 이용 방법

Step 1 (설계 차트 이용): 9개 입력 데이터에 대해, **9개 출력 데이터**를 결정

Step 2 (검증): Autobeam **프로그램으로 10개 입력 데이터**에 대해 설계 차트로 구해진 **18개 입출력** 데이터 검증

오차 계산

$$(3) = \frac{(1)-(2)}{(1)} \times 100\%$$

6.5 결론

(1) 일반 구조설계로는 도출하기 어려운 역설계를 AI 기반으로 다양하게 수행할 수 있음을 알아 보았다. 설계 차트는 다양한 파라미터 기반으로 RC 보의 설계를 신속하고 정확하게 진행할 수 있도록 엔지니어의 판단에 의해 작성할 수 있다.

(2) 본 장에서는 2개의 단계로 RC 보의 역설계를 진행하였다. 목표로 하는 파라미터를 역입력 파라미터로 설정하여 1단계에서 입력부에 역지정하였으며, 역입력 파라미터에 대한 출력 파라미터를 구하였다. 1단계의 역설계에서 구해진 역출력 파라미터는 2단계에서는 순방향 설계를 위해 입력 파라미터로 사용되었다. 이때 일반 설계 프로그램을 사용할 수 있다.

(3) 목표 파라미터의 설정은 RC 보의 설계 방향을 결정하는 매우 중요한 과정이다. 타깃 파라미터를 설정하는 경우 설계 범위를 너무 크게 선택하게 되면 인공신경망의 학습에 많은 시간이 소요되고, 그 반대의 경우에는 설계 시 설계 파라미터가 빅데이터의 범위를 벗어날 수 있으므로 유의해야 한다.

(4) 본 장에서 작성된 인공신경망은 일반 구조설계 과정에 활용될 수 있을 정도의 정확도를 도출하였다. 구조설계 시 보완 수단으로 이용되기에 충분한 방법임을 입증하였으며, 향후 점차적으로 엔지니어의 시간과 노력을 절감할 수 있으리라 기대된다.

(5) 유의할 점은 정확도 높은 빅데이터의 생성이다. 코드가 주기적으로 업데이트됨에 따라서 빅데이터 생성용 프로그램도 주기적으로 업데이트 하여야 한다. 각종 설계 규준을 미리 학습시킴으로써 구조설계 시 설계 정확도 및 안정성을 향상시킬 수 있을 것이다. 유익한 설계 기능을 추가한다면 인공신경망의 학습 정확도와 활용도를 더욱 향상시킬 수 있을 것이다. 특히 설계에 유용한 역입력 파라미터를 찾아내어 인공신경망에 적용한다면 설계 범위 및 정확도, 소요시간 등과 관련해서 획기적인 도움을 AI 기반 설계에서 얻을 수 있을 것이다. 예를 들어 프레임의 시스템 연성비ductility(μ_ϕ)를 설계에 역반영할 수 있도록 한다면 내진설계에 시 균형잡힌 구조설계의 도출은 물론 최적 코스트의 프레임 설계가 가능할 것이다. 특히 AI 기반 설계는 층간 변위를 어느 정도 허용할 것인가를 미리 역지정할 수 있으므로, 프레임을 유연하게 설계할 수 있게 되고, 따라서 구조설계의 경제성을 대폭 향상할 수 있을 것이다.

(6) 구조엔지니어뿐만 아니라 구조설계 개념에 익숙하지 않은 시공자, 시행자, 건축사, 심지어는 일반 건축주에 이르기까지 수월하고 정확하게 구조설계의 흐름을 관찰할 수 있도록 획기적인 AI 기반 철근 콘크리트 보의 구조설계 방법을 소개하였다. 특히 AI 기반 구조 인공신경망은 구조설계와 견적 시스템을 통합하였다. 즉 일반 엔지니어링에서는 견적이 구조설계 종료 후에나 가능하였으나 AI 기반 구조 인공신경망은 구조설계가 수행되는 실시간으로 견적이 가능하다. 따라서 신속한 프로젝트 대응이 가능하여 건설 산업에 획기적으로 기여할 수 있게 될 것이다.

(7) 본 인공신경망은 RC 보 구조설계뿐만 아니라 빅데이터 생성이 가능한 RC 기둥, 프리스트레싱된 보, 철골 및 SRC 구조물의 보, 기둥 등 다양한 분야에의 적용이 가능할 것이다. 독자들의 상상력에 따라서 다양한 파라미터를 특정하여 빅데이터를 개발한다면 유용한 설계 시나리오를 개발할 수 있을 것이다.

(8) 역설계 시 유의해야 할 사항은 선지정된 역설계 파라미터들 간 충돌이다. 즉 인공신경망이 학습하지 않은 서로 상반되는 설계 파라미터들(예를 들어 작은 보 단면과 큰 설계모멘트)이 지정된다면 정확도 있는 설계를 기대할 수 없을 것이다.

(9) 5장에서 인공신경망은 어느 정도의 Extrapolation이 가능함을 보였다. 즉 빅데이터의 생성 구간 외의 설계 파라미터에 대해서도 인공신경망은 어느 정도 정확도 있는 설계 결과를 도출할 수 있는 것이다. 그러나 일반적으로 빅데이터의 생성 구간에서 너무 멀리 있는 설계 파라미터는 무시하지 못할 오차의 설계를 초래할 수 있으므로 유의해야 한다.

(10) 부록에서는 인공신경망 기반의 윈도형 프로그램인 ADORS(AI-Based Design of Optimizing RC Structures)을 활용하여 설계 차트와 모든 예제를 검증하였다. 독자들도 ADORS를 활용하여 자신들만의 최적화된 설계 차트를 제작하여 원하는 보를 설계할 수 있을 것이다.

6.6 기호표

기호표(Nomenclature)는 표 다음에 제시하였다.

[표 6.6.1] 범례(Nomenclature)

범례	
$\boldsymbol{L}$ (mm)	보길이
$\boldsymbol{h}$ (mm)	보높이
$\boldsymbol{d}$ (mm)	보 유효깊이
$\boldsymbol{b}$ (mm)	보폭
$\boldsymbol{f'_c}$ (MPa)	콘크리트 압축강도
$\boldsymbol{f_y}$ (MPa)	철근 항복강도
$\boldsymbol{\rho_{rt}}$	인장 철근비
$\boldsymbol{\rho_{rc}}$	압축 철근비
$\boldsymbol{M_D}$ (kN·m)	사하중에 의한 모멘트
$\boldsymbol{M_L}$ (kN·m)	활하중에 의한 모멘트
$\boldsymbol{\phi M_n}$ (kN·m)	자중 부분 제외된 설계 모멘트 강도(Design strength excluding moment due to self-weight load)
$\boldsymbol{M_s}$ (kN·m)	자중 부분에 의한 모멘트
$\boldsymbol{M_u\ (1.2M_D + 1.6M_L)}$ (kN·m)	사하중 및 활하중에 의한 계수모멘트
$\boldsymbol{\mu_\phi}$	곡률 연성비
$\boldsymbol{\varepsilon_{rt\_0.003}}$	콘크리트 변형률 0.003에 대응하는 철근 인장 변형률
$\boldsymbol{\varepsilon_{rc\_0.003}}$	콘크리트 변형률 0.003에 대응하는 철근 압축 변형률
$\boldsymbol{\Delta_{imme}}$ (mm)	활하중 모멘트 (M_L)의 의한 즉시 처짐
$\boldsymbol{\Delta_{long}}$ (mm)	추가 활하중에 의한 지속 처짐 및 즉시 처짐의 지속 시간에 따른 처짐의 합
$\boldsymbol{CI_b}$ (KRW/m)	보의 제작 및 설치 가격 지수
BS	역대입 방법
CRS	개선된 체인 기반의 해석법(Chained training scheme with Revised Sequence)
TS	해석 순서(Training sequence)
T.MSE	테스트 정확도 MSE
R	회기 정확도 지수(Regression value)

참고문헌

[6.1] Hong, W.K., Nguyen, V.T., Nguyen, M.C. (2021-05-12). "Artificial Intelligence-based Noble Design Charts for Doubly Reinforced Concrete Beams". Journal of Asian Architecture and Building Engineering, DOI: https://doi.org/10.1080/13467581.2021.1928511.

07

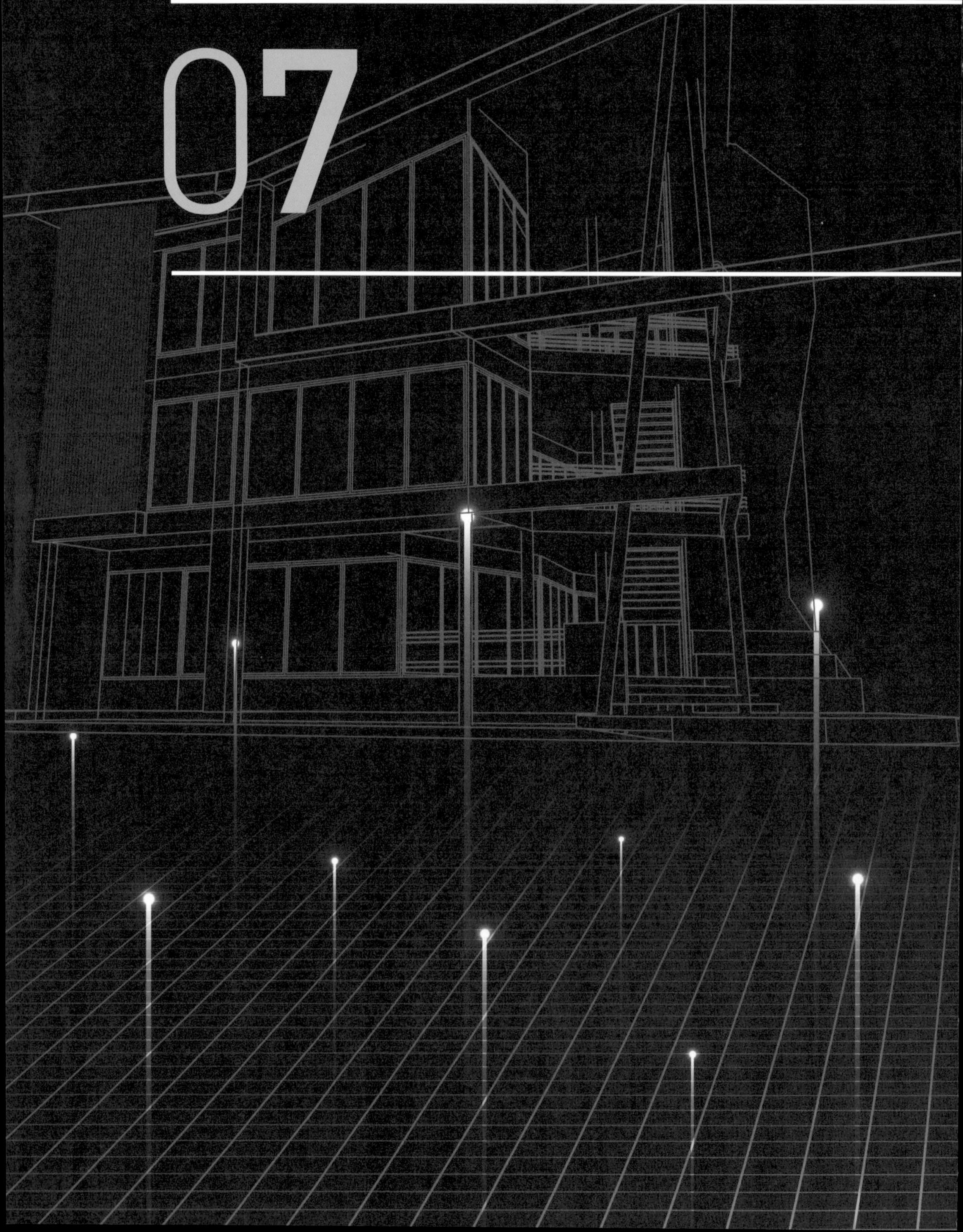

인공신경망 기반
철근 콘크리트 기동의 설계

Chapter 07

인공신경망 기반 철근 콘크리트 기둥의 설계

7.1 철근 콘크리트 기둥의 설계

기둥의 순방향 설계에서는 $L, fy, f'c, d, h$와 같은 기둥의 재료 특성이나 형상과 관련된 정보가 입력 부분에 주어지고, 축 공칭강도(P_n), 모멘트 공칭강도(M_n), 철근 변형률(ε_s)과 같은 설계 결과를 출력 부분에서 순차적으로 구하게 된다. 그러나 역방향 설계에서는 순방향 설계에서 출력으로 구해지는 축 공칭강도(P_n), 모멘트 공칭강도(M_n), 안전율, 기둥의 폭과 깊이의 비율aspect ratio(b/h), 철근의 인장 또는 압축 변형률 등 같은 파라미터들을 입력부에 역지정하고 설계를 역방향으로 진행할 수 있다. 빅데이터 생성용으로 사용될 AutoCol 프로그램의 순방향 입력 파라미터는 총 7개($b, h, \rho_s, f_c', f_y, P_u, M_u$)이고, 그림 7.1.1과 표 7.1.1에 나타나 있다. 표 7.1.1은 그림 7.1.1에서 기술된 파라미터를 설명하고 있다. 7개의 입력 파라미터($b, h, \rho_s, f_c', f_y, P_u, M_u$)에 대해서 계산되는 9개의 출력 파라미터($\phi P_n, \phi M_n, SF, b/h, \varepsilon_s, CI_c, CO_2, W_c, \alpha_{e/h}$)를 보여주고 있다. 또한 AutoCol 프로그램을 통하여 빅데이터의 일부인 기둥의 코스트(CI_c), CO_2 배출량, 기둥의 중량(W_c) 등이 계산되며, P-M 상관도 역시 계산된다.

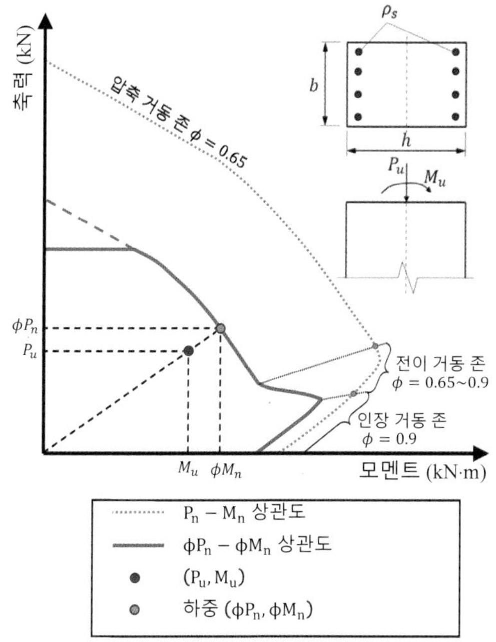

[그림 7.1.1] RC 기둥 설계용 파라미터

[표 7.1.1] RC 기둥 설계용 파라미터

구조설계를 위한 7개 입력 데이터		9개 출력 데이터	
b	기둥 폭	ϕP_n	설계 축하중
h	기둥 깊이	ϕM_n	설계모멘트
ρ_s	철근비	SF	안전율($\phi M_n/M_u$)
f_c'	콘크리트 압축강도	b/h	기둥 단면의 비
f_y	철근 항복 강도	ε_s	철근 변형률
P_u	계수축하중	CI_c	높이 1m당 기둥 제작 가격
M_u	계수모멘트	CO_2	높이 1m당 CO_2 배출량
		W_c	높이 1m당 기둥 중량
		$\alpha_{e/h}$	외력이 작용할 때의 편심 각도

7.2 빅데이터의 생성

7.2.1 빅데이터의 생성을 위한 구조설계 프로그램

그림 7.2.1은 RC 기둥의 빅데이터를 생성하기 위해 개발된 AutoCol[5.1]의 구성 알고리즘을 보여준다. 그림 7.2.2[7.1]는 AutoCol에 의해서 도출된 P−M 상관도가 MacGregor et al.(1997)에 의해 도출된 상관도와 매우 유사함을 보여주고 있다.

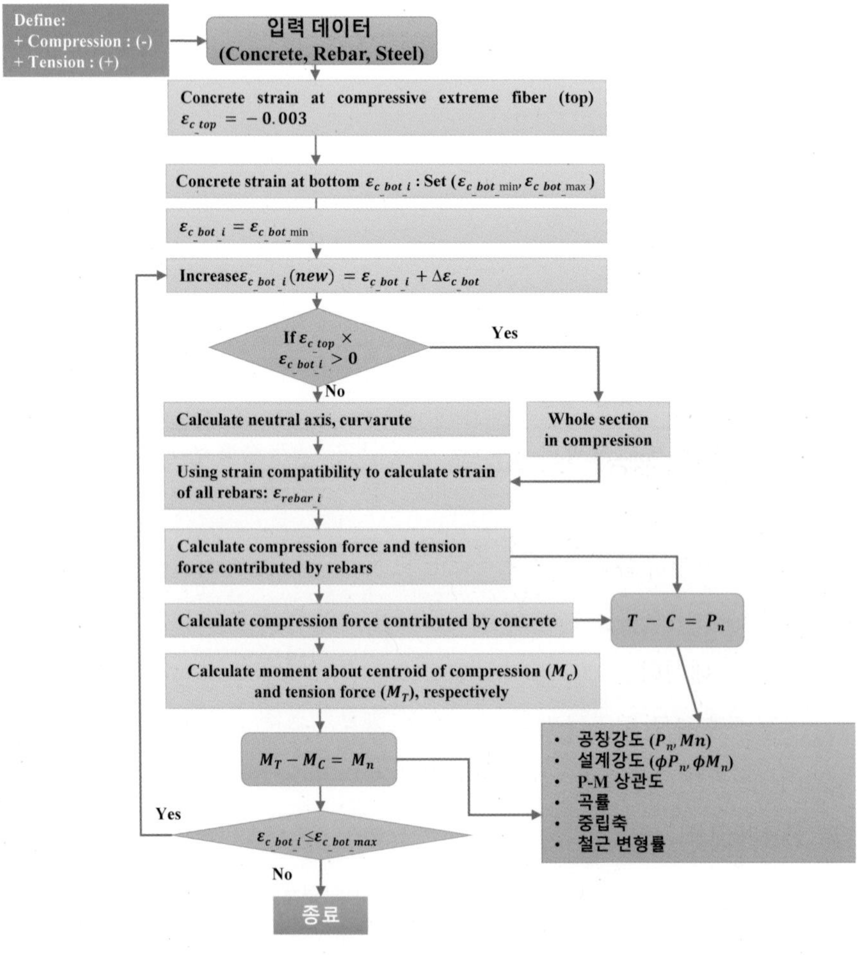

[그림 7.2.1] AutoCol의 구성 알고리즘

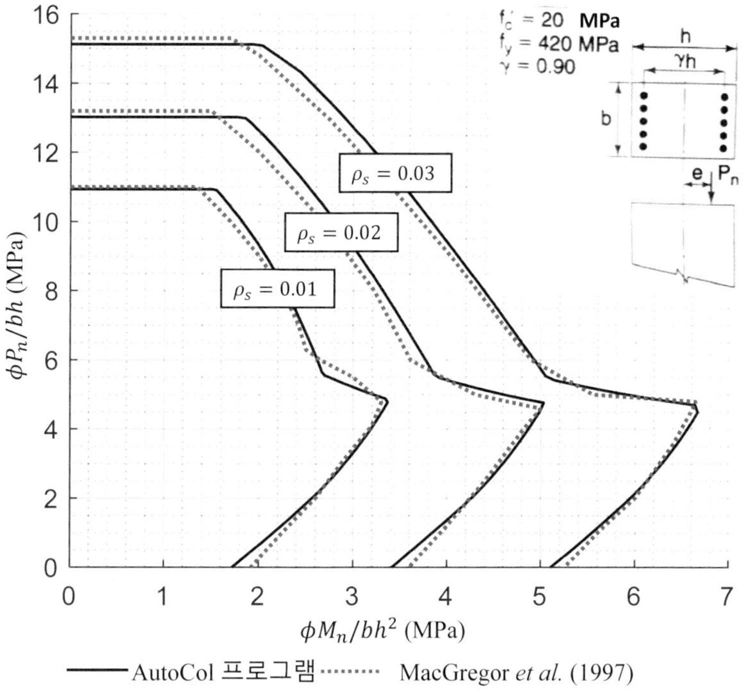

[그림 7.2.2] AutoCol에 의해서 도출된 P–M 상관도와

MacGregor et al. (1997)가 도출한 상관도의 비교

7.2.2 빅데이터의 생성용 프로그램

표 7.2.1(a)는 정규화되어 있지 않은 16개의 파라미터들을 보여주고 있고, 표 7.2.1(b)는 정규화되어 있는 16개의 파라미터들을 최댓값, 최솟값과 함께 보여주고 있다. 생성된 총 빅데이터는 100,000개이며, 최대-최소 정규화 기법에 의해 최댓값과 최솟값은 각각 +1과 -1로 설정하였고 나머지 데이터를 그 사이에서 정규화하였다. 생성된 데이터의 분포는 그림 7.2.3에 나타내었다. 정규화는 학습 정확도를 향상시키기 위해서 매우 중요한 절차이므로 반드시 수행되어야 한다.

[표 7.2.1] RC 기둥 빅데이터의 정규화

(a) 비정규화된 빅데이터(Non-normalized)

	구조역학 기반의 7개 입력 데이터(*AutoCol*)							구조역학 기반의 9개 출력 데이터(*AutoCol*)								
	b	h	ρ_s	f_{ck}	f_y	P_u	M_u	ϕP_n	ϕM_n	SF	b/h	ε_s	CI_c	CO_2	W_c	$\alpha_{e/h}$
	mm	mm		MPa	MPa	kN	kN·m	kN	kN·m				KRW/m	t-CO_2/m	kN/m	
100,000 데이터	1359.8	1093	0.035	37	555	4802.9	19683.5	3209.3	13152.8	0.668	1.244	0.0093	575,628	1.28	3.50	0.261
	1487.0	1242	0.058	25	402	13765.3	17683.1	12982.7	16677.8	0.943	1.197	0.0024	1,013,257	2.43	4.35	0.769
	300.0	608	0.038	66	563	295.8	538.9	522.6	952.3	1.767	0.493	0.0089	80,805	0.17	0.43	0.322
	.	.	.	.	.	.	.	.	.	.	.	.	.	.	.	.
	.	.	.	.	.	.	.	.	.	.	.	.	.	.	.	.
	.	.	.	.	.	.	.	.	.	.	.	.	.	.	.	.
	456.4	1210	0.030	59	474	3408.1	2795.5	6729.3	5519.7	1.974	0.377	0.0036	197,330	0.42	1.30	0.975
	300.0	683	0.064	28	415	1025.9	1249.7	829.7	1010.7	0.809	0.439	0.0034	123,652	0.29	0.48	0.511
	620.2	556	0.030	34	427	2275.4	876.9	2818.9	1086.4	1.239	1.116	0.0023	114,556	0.26	0.81	0.965
최대	2247.8	1500	0.080	70	600	221251.5	103019.0	142073.1	65425.6	2.000	1.500	0.0691	2,499,403	5.68	7.94	1.571
최소	300.0	300	0.010	20	300	0.0	0.1	0.0	0.1	0.500	0.250	-0.0030	15,153	0.03	0.21	0.000
평균	798.3	900.12	0.045	44.899	449.73	7833.0	5687.3	8495.0	6160.4	1.251	0.900	0.0059	381,632	0.86	1.93	0.785

(b) 정규화된 빅데이터(Normalized)

	구조역학 기반의 7개 입력 데이터(*AutoCol*)							구조역학 기반의 9개 출력 데이터(*AutoCol*)								
	b	h	ρ_s	f_{ck}	f_y	P_u	M_u	ϕP_n	ϕM_n	SF	b/h	ε_s	CI_c	CO_2	W_c	$\alpha_{e/h}$
	mm	mm		MPa	MPa	kN	kN·m	kN	kN·m				KRW/m	t-CO_2/m	kN/m	
100,000 데이터	0.088	0.322	-0.280	-0.320	0.700	-0.957	-0.618	-0.955	-0.598	-0.776	0.591	-0.660	-0.549	-0.558	-0.149	-0.668
	0.219	0.570	0.376	-0.800	-0.320	-0.876	-0.657	-0.817	-0.490	-0.409	0.516	-0.851	-0.196	-0.152	0.071	-0.021
	-1.000	-0.487	-0.191	0.840	0.753	-0.997	-0.990	-0.993	-0.971	0.689	-0.611	-0.672	-0.947	-0.952	-0.944	-0.590
	.	.	.	.	.	.	.	.	.	.	.	.	.	.	.	.
	.	.	.	.	.	.	.	.	.	.	.	.	.	.	.	.
	.	.	.	.	.	.	.	.	.	.	.	.	.	.	.	.
	-0.839	0.517	-0.437	0.560	0.160	-0.969	-0.946	-0.905	-0.831	0.966	-0.797	-0.817	-0.853	-0.865	-0.718	0.242
	-1.000	-0.362	0.554	-0.680	-0.233	-0.991	-0.976	-0.988	-0.969	-0.588	-0.697	-0.824	-0.913	-0.908	-0.930	-0.349
	-0.671	-0.573	-0.428	-0.440	-0.153	-0.979	-0.983	-0.960	-0.967	-0.015	0.385	-0.855	-0.920	-0.919	-0.845	0.228
최대	1.000	1.000	1.000	1.000	1.000	1.000	1.000	1.000	1.000	1.000	1.000	1.000	1.000	1.000	1.000	1.000
최소	-1.000	-1.000	-1.000	-1.000	-1.000	-1.000	-1.000	-1.000	-1.000	-1.000	-1.000	-1.000	-1.000	-1.000	-1.000	-1.000
평균	-0.488	0.000	-0.002	-0.004	-0.002	-0.929	-0.890	-0.880	-0.812	0.002	0.039	-0.754	-0.705	-0.707	-0.555	0.000

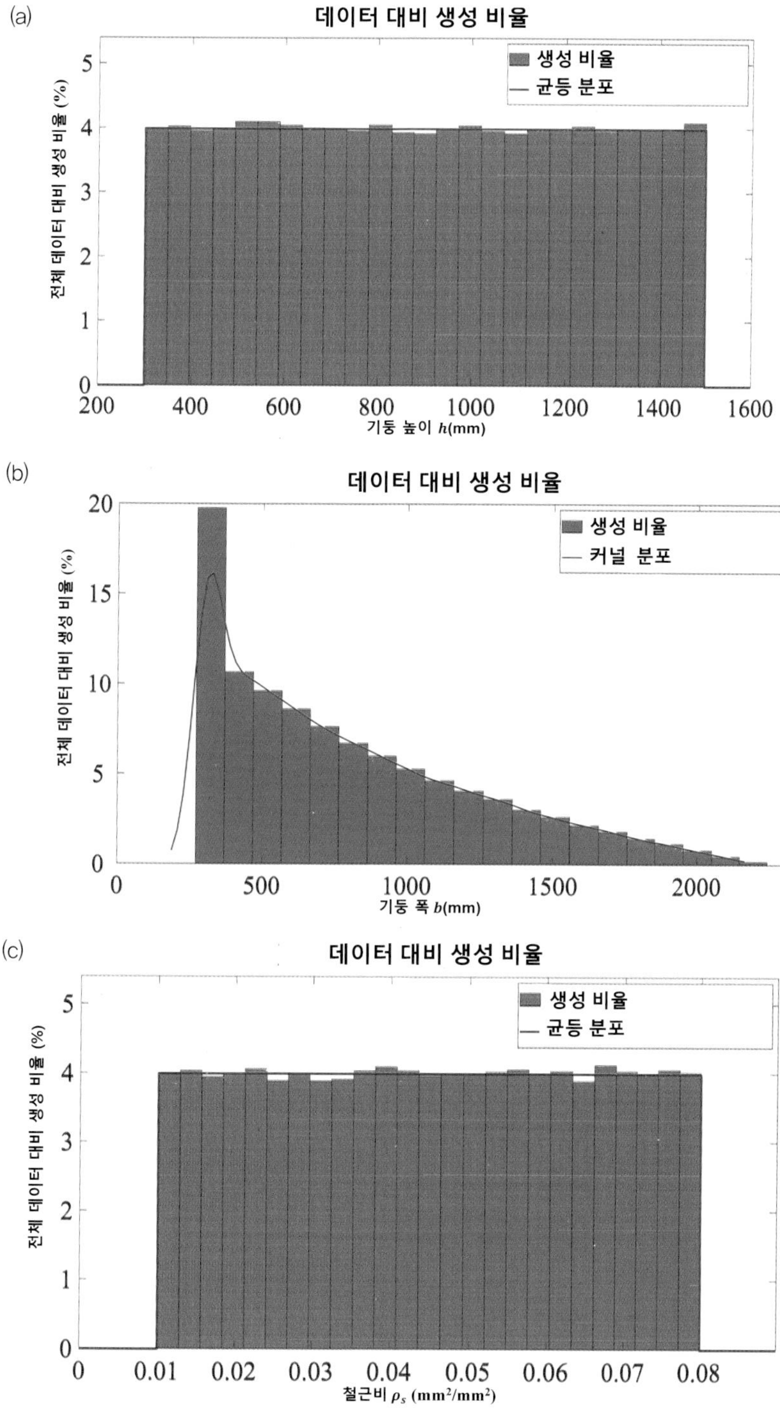

[그림 7.2.3] 생성된 RC 기둥 빅데이터 분포 (이어서)

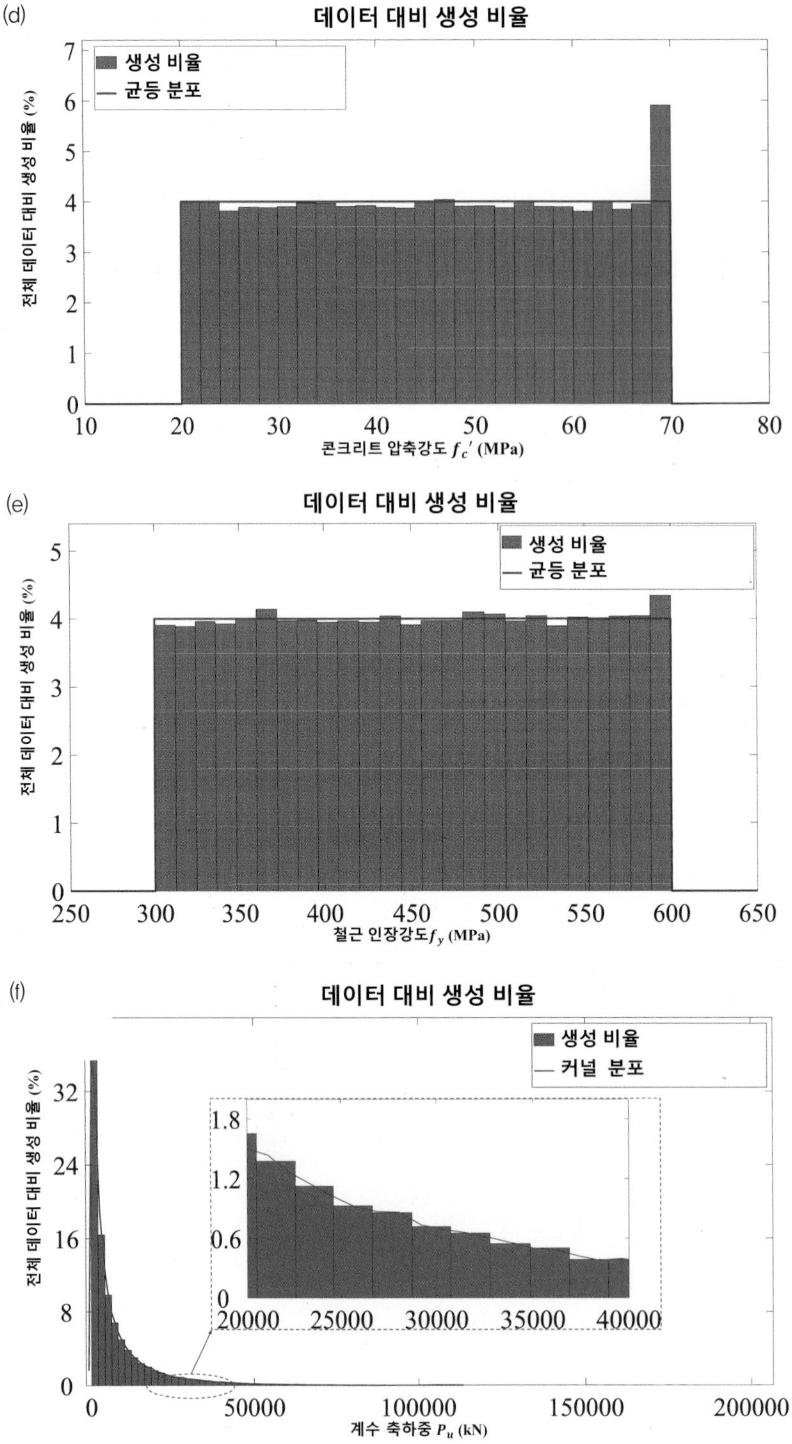

[그림 7.2.3] 생성된 RC 기둥 빅데이터 분포 (이어서)

(g)

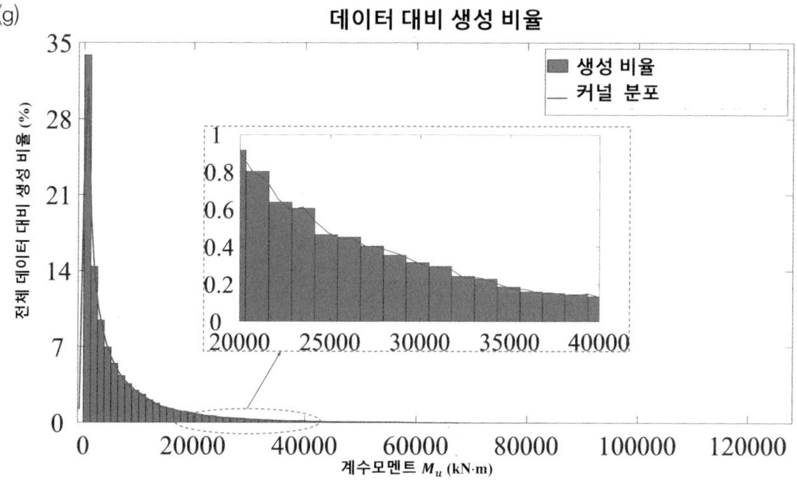

(h)

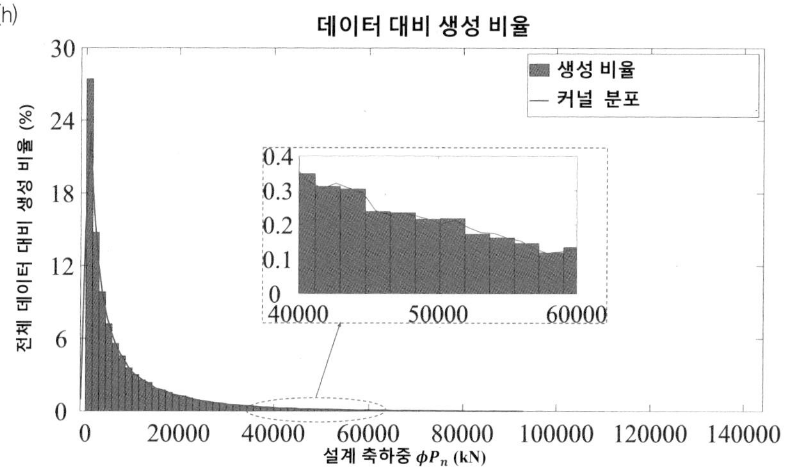

(i)

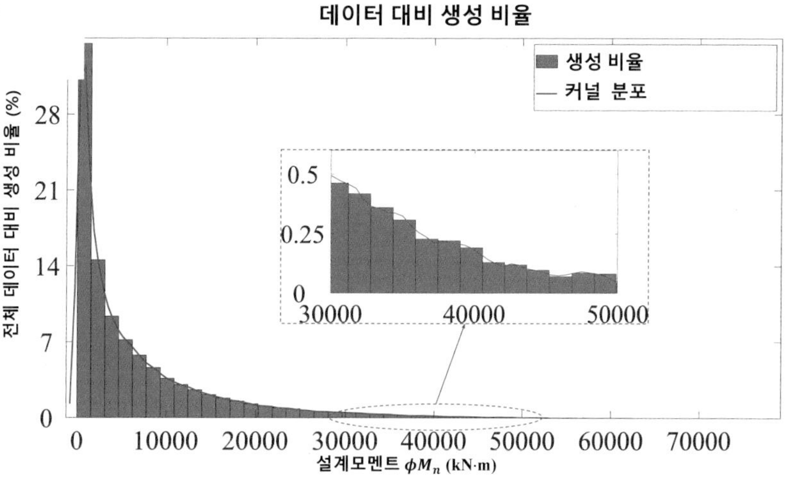

[그림 7.2.3] 생성된 RC 기둥 빅데이터 분포 (이어서)

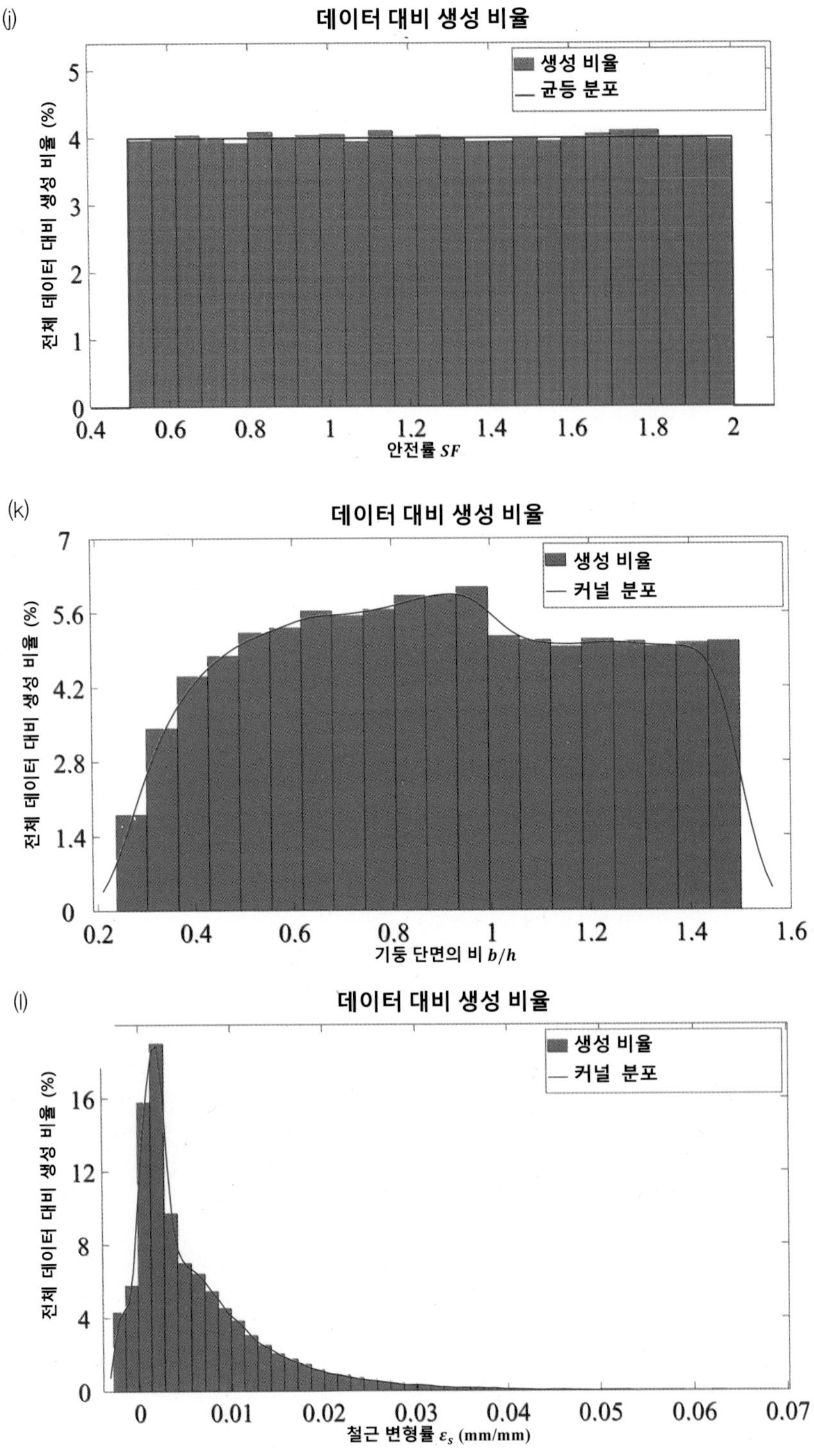

[그림 7.2.3] 생성된 RC 기둥 빅데이터 분포 (이어서)

(m)

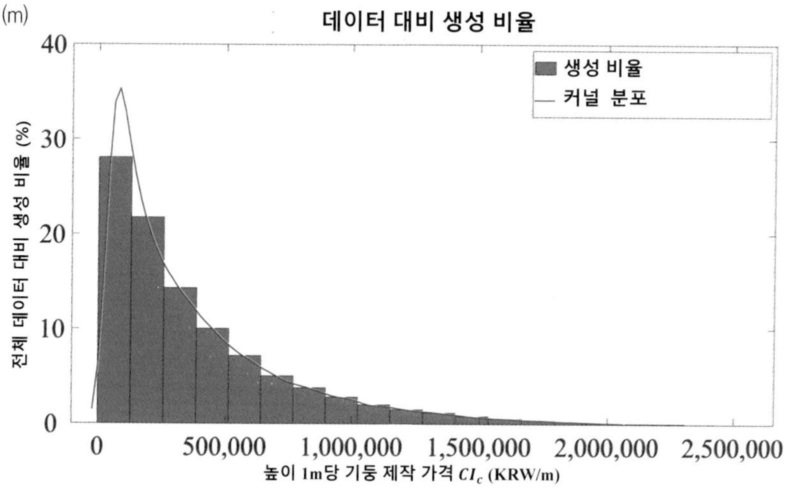

(n)

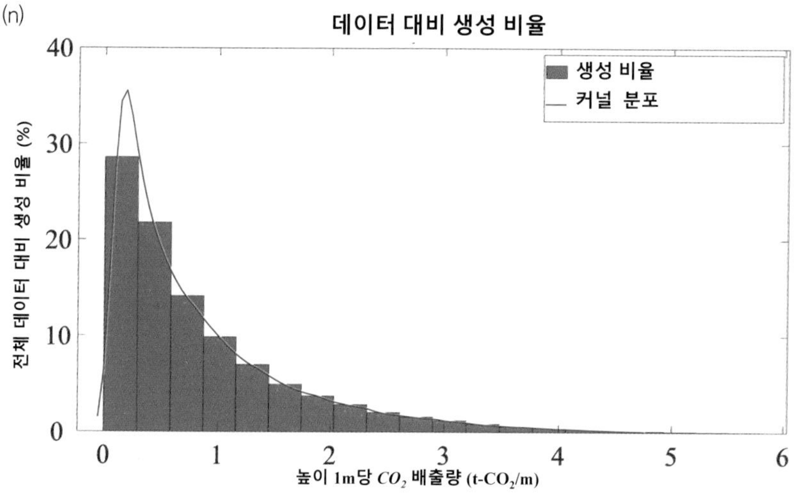

(o)

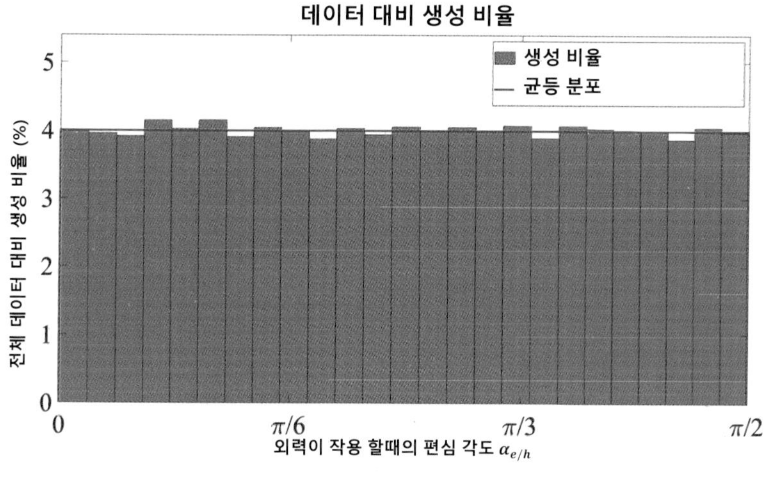

[그림 7.2.3] 생성된 RC 기둥 빅데이터 분포 (이어서)

(p)

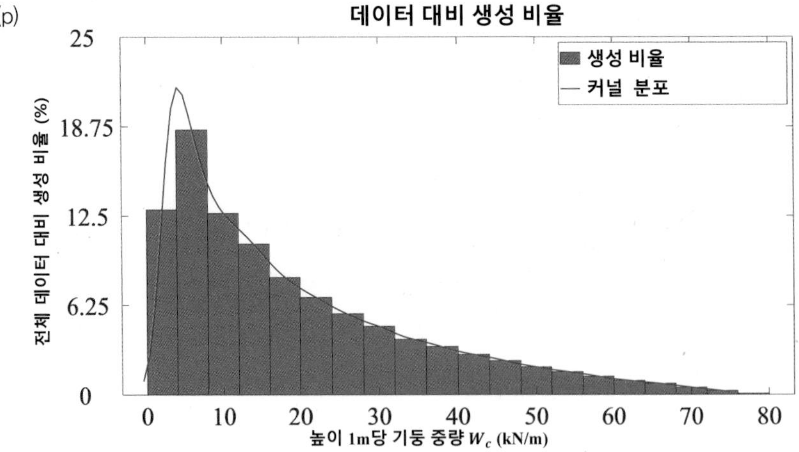

[그림 7.2.3] 생성된 RC 기둥 빅데이터 분포

7.3 TED, PTM, CRS 인공신경망에 기반한 RC 기둥 설계

7.3.1 설계 시나리오

순방향 및 역방향 설계를 수행하기 위해서 표 7.3.1에 1개의 순방향 설계 및 2개의 역방향 설계 시나리오를 설정하였다. 역방향 시나리오 #1에서는 안전율, 기둥의 폭과 깊이의 비율aspect ratio(b/h)을 입력부에 지정하였고, 역방향 시나리오 #2는 역방향 시나리오 #1과 동일하지만 기둥 폭을 입력부에서 지정하지 않고 자유롭게 출력부에서 계산하도록 하였다.

[표 7.3.1] 1개의 순방향 설계 및 2개의 역방향 설계 시나리오

인공신경망 학습 종류		입력 데이터(*AutoCol*)							출력 데이터(*AutoCol*)						설계 효율 지표		
		b (mm)	h (mm)	ρ_s	f_c' (MPa)	f_y (MPa)	P_u (kN)	M_u (kN·m)	ϕP_n (kN)	ϕM_n (kN·m)	SF	b/h	ε_s	$\alpha_{e/h}$	CI_c (KRW/m)	$CO2$ (t-CO_2/m)	W_c (kN/m)
1	순방향 설계	i	i	i	i	i	i	i	o	o	o	o	o	o	o	o	o
2	역방향 설계 #1	i	o	o	i	i	i	i	o	o	i	i	o	o	o	o	o
3	역방향 설계 #2	o	o	o	i	i	i	i	o	o	i	i	o	o	o	o	o
3	역방향 설계 #3	o	o	o	i	i	i	i	o	o	i	i	i	o	o	o	o

입력 i
출력 o

7.3.2 순방향 설계

7.3.2.1 인공신경망 유도

그림 7.3.1에서는 AI 기반 설계와 전통적인 설계를 비교하였다. 본 장은 홍원기 외 2의 논문[7.2]에 기반을 두고 작성되었다. 먼저, AutoCol에 의해 생성된 빅데이터를 학습하도록 한다. 점선으로 표시된 부분이 순방향 설계의 전통적인 설계 과정이고, 실선 부분이 순방향 설계는 물론 역방향 설계까지 가능하게 하는 AI 기반 설계 과정을 보여주고 있다. 전통적인 구조설계는 순방향 입력 파라미터($b, h, \rho_s, f_c', f_y, P_u, M_u$)만을 사용해서 출력 파라미터($\phi P_n, \phi M_n, SF, b/h, \varepsilon_s, CI_c, CO_2, W_c, \alpha_{e/h}$)를 구하게 되지만, AI 기반 설계에서는 설계 입력 파라미터를 역입력 파라미터를 포함하는 임의의 벡터로 구성할 수 있다. 즉 그림 7.3.1 내부의 붉은색으로 표시된 파라미터가 순방향 설계에서는 출력부에서 구해지는 설계 파라미터이지만, 역입력 설계에서는 이들 설계 파라미터를 미리 입력부에 역지정한 후 나머지 설계 파라미터들을 출력부에서 구할 수 있게 된다.

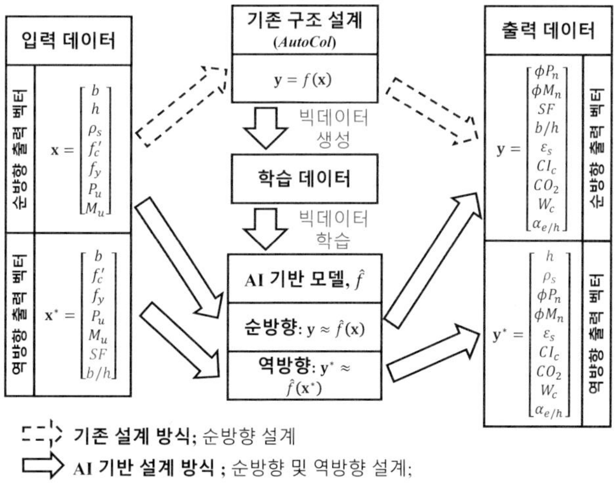

[그림 7.3.1] AI 기반 설계와 전통적인 설계의 비교

표 7.3.2와 표 7.3.3에는 4.11절에서 소개한 TED, PTM, CRS의 학습 방법에 기반하여 매핑(입력 파라미터를 출력 파라미터에 피팅하는 과정)된 학습 정확도를 보여주고 있다. 표 7.3.2에서는 2개의 은닉층과 4가지의 뉴런(10, 20, 30, 40)을 가진 총 4가지의 인공신경

망을 100,000개의 빅데이터로 학습하여 최고의 학습 정확도를 도출하였다. 표 7.3.3에는 2개와 5개의 은닉층과 3가지의 뉴런(20, 50, 80)을 가진 총 6가지의 인공신경망을 100,000개의 빅데이터로 학습하여 최고의 학습 정확도를 도출하였다.

TED 학습 방법[표 7.3.2(a)와 표 7.3.3(a)]에서는 입력 벡터 $\mathbf{x} = [b, h, \rho_s, f_c', f_y, P_u, M_u]^T$ 전부를 출력 벡터 $\mathbf{y} = [\phi P_n, \phi M_n, SF, b/h, \varepsilon_s, CI_c, CO_2, W_c, \alpha_{e/h}]^T$ 전부에 동시에 대응하도록 1개의 인공신경망을 이용하여 식 (7.3.1)을 기반으로 학습하였다. PTM 인공신경망[표 7.3.2(b)와 표 7.3.3(b)]에 의해서는 입력 벡터 $\mathbf{x} = [b, h, \rho_s, f_c', f_y, P_u, M_u]^T$를 출력 파라미터 $\phi P_n, \phi M_n, SF, b/h, \varepsilon_s, CI_c, CO_2, W_c, \alpha_{e/h}$ 각각에 대해 인공신경망을 개별적으로 구성하여 식 (7.3.2)를 이용하여 매핑시켰다. 표 7.3.2와 표 7.3.3에는 출력 파라미터 $\phi P_n, \phi M_n, SF, b/h, \varepsilon_s, CI_c, CO_2, W_c, \alpha_{e/h}$에 대해 독립적으로 학습되는 인공신경망의 학습 정확도가 제시되었다.

식 (7.3.1)은 TED 방법에 의해 학습되는 인공신경망[5.2]을 보여주고 있다. 식 (7.3.2)는 PTM 방법에 의해 학습되는 인공신경망을 보여주고 있으며, 학습은 각각의 개별 파라미터(y_i)에 대해 이루어지고 있음을 알 수 있다. 여기서 L은 은닉층과 출력층을 포함하는 은닉층layer의 개수이고, $\mathbf{W}^l$은 $l-1$층과 l층 사이의 가중변수 매트릭스, $\mathbf{b}^l$는 l층에서의 편향 변수 매트릭스, $\mathbf{g}^N$와 $\mathbf{g}^D$는 입력과 출력 벡터에서의 정규화 및 비정규화 함수이다. 본 저서에서의 정규화는 최댓값과 최솟값 +1과 -1 사이에서 수행되었고, 학습 완료 후 학습 및 설계 결과를 보고할 경우에는 원래의 규격scale으로 환원(비정규화)시켜야 한다. 식 (7.3.2)에서 볼 수 있는 것처럼 정규화 과정은 $\mathbf{g}^N$ 함수가, 비정규화 과정은 $\mathbf{g}^D$함수에 의해서 수행되며, 정규화된 입력 벡터는 학습 후 출력 시 정규화 이전 상태로 비정규화되어야 함을 보여주고 있다. 각 은닉층layer의 끝 부분에는 비선형 활성함수Activation functions; tansig, tanh(f_t^l)가 적용되는데, 이를 통하여 비선형 인공신경망을 구현하게 된다. 가장 끝부분의 출력층에는 선형 활성함수가 적용되는데 출력값은 인공신경망과 활성함수에 의해서 조정되지 않고 출력되기 때문이다. 그러나 출력층에도 비선형 활성함수를 적용할 수도 있다.

$$\mathbf{y} = f(\mathbf{x}) = \mathbf{g}^D\left(f_{lin}^L(\mathbf{W}^L f_t^{L-1}(\mathbf{W}^{L-1} \ldots f_t^1(\mathbf{W}^1\mathbf{g}^N(\mathbf{x}) + \mathbf{b}^1) \ldots + \mathbf{b}^{L-1}) + \mathbf{b}^L)\right) \quad (7.3.1)$$

$$y_i = f(\mathbf{x}) = \boldsymbol{g}_i^D \left(f_{lin}^L (\mathbf{W}_i^L f_t^{L-1} (\mathbf{W}_i^{L-1} \dots f_t^1 (\mathbf{W}_i^1 \mathbf{g}^N(\mathbf{x}) + \mathbf{b}_i^1) \dots + \mathbf{b}_i^{L-1}) + b_i^L) \right) \quad (7.3.2)$$

식 (7.3.3)에는 4.11절에서 소개된 CRSChained training scheme with Revised Sequence 인공신경망이 유도되어 있다. 식에서 $y_1 \cdots y_{i-1}$은 입력부에서 출력부로 추가되는 파라미터들이다. CRS 학습법은 동일한 출력부 내에서, 출력 파라미터들 간에 서로 입력부로 필요하다 판단되는 경우, 필요한 파라미터들를 순서대로 미리 학습한 후 다른 출력 파라미터의 입력부로 편입시켜 학습의 정확도를 증가시키는 방법이다(5.3.3.2 절). 예를 들어 표 7.3.2(c)와 표 7.3.3(c)에서 보듯이 b/h를 인공신경망에 먼저 학습시킨 후 그 다음 W_c의 학습에 이용하는 것이다. 원래는 b/h와 W_c는 동일한 출력부($\mathbf{y} = \left[\phi P_n, \phi M_n, SF, \frac{b}{h}, \varepsilon_s, CI_c, CO_2, W_c, \alpha_{e/h}\right]^T$)에 속해 있으므로 서로를 입력 파라미터로 이용할 수 없었는데, b/h를 시차를 두어 먼저 학습한 후 그 다음 파라미터(W_c) 학습에 활용할 수 있게 되는 것이다. 특징 추출 과정feature selection에서는, 학습하고자 하는 특정 출력 파라미터의 입력부에 포함되어야 하는 입력 파라미터를 먼저 결정하고 학습하는 순서도 결정한다. 이 순서에 따라 파라미터들을 미리 학습한 후, 학습하고자 하는 파라미터의 입력 파라미터로 활용하면 된다. PTM[표 7.3.3(b)]으로 구한 설계모멘트(ϕM_n)의 테스트 검증 MSE는 4.6×10^{-6}였으나, 표 7.3.3(c)의 CRS에서는 붉은색으로 표시되어 있는 출력파라미터들을 입력 파라미터로 추가 활용하여 설계모멘트(ϕM_n)에 대한 입력 파라미터 적용성을 확장하였고, 테스트 검증 정확도(MSE = 1.2×10^{-6})도 높일 수 있었다. 표 7.3.2(c)와 표 7.3.3(c)에서 기술된 CRS 학습 순서는 식 (7.3.3)에 합리적으로 반영되었다.

$$y_i = f\left(\begin{bmatrix} \mathbf{x} \\ y_1 \\ \vdots \\ y_{i-1} \end{bmatrix}\right) = g_i^D \left(f_{lin}^L \left(\mathbf{W}_2^L f_t^{L-1} \left(\mathbf{W}_2^{L-1} \dots f_t^1 \left(\mathbf{W}_2^1 \mathbf{g}^N \left(\begin{bmatrix} \mathbf{x} \\ y_1 \\ \vdots \\ y_{i-1} \end{bmatrix} \right) + \mathbf{b}_2^1 \right) \dots + \mathbf{b}_2^{L-1} \right) + b_2^L \right) \right)$$

$$\cdots\cdots\cdots\cdots\cdots\cdots \quad (7.3.3)$$

본 장에서 개발되는 TED, PTM, CRS 인공신경망을 활용하여 AI 기반 최적화 설계에 사용될 목적함수objective function를 유도할 수 있고, 향후 발간될 서적에 소개될 예정이다.

[표 7.3.2] 2개의 은닉층과 4가지의 뉴런(10, 20, 30, 40)을 가진 순방향 네트워크의 100000개 빅데이터에 대한 학습 결과 (이어서)

(a) TED 방법에 기반한 학습 결과

학습 일람표: 순방향 - TED
7개 입력 데이터($b, h, \rho_s, f_c', f_y, P_u, M_u$) -
9개 출력 데이터($\phi P_n, \phi M_n, SF, b/h, \varepsilon_s, CI_c, CO_2, W_c, \alpha_{e/h}$)

학습 분류	빅 데이터 개수	사용된 은닉층 개수	사용된 뉴런 개수	지정된 Epoch	최적 Epoch	종료된 Epoch	학습 MSE	검증 MSE	테스트 MSE	최적 Epoch 에서의 R
1	100,000	2	10	100,000	99,998	100,000	3.3.E-03	3.5.E-03	3.4.E-03	0.9942
2	100,000	2	20	100,000	99,995	100,000	7.2.E-04	7.5.E-04	7.2.E-04	0.9988
3	100,000	2	30	100,000	99,999	100,000	3.2.E-04	3.3.E-04	3.3.E-04	0.9994
4	100,000	2	40	100,000	99,993	100,000	2.9.E-04	3.0.E-04	3.0.E-04	0.9995

(b) PTM 방법에 기반한 학습 결과

학습 일람표: 순방향 - PTM
7개 입력 데이터($b, h, \rho_s, f_c', f_y, P_u, M_u$) -
9개 출력 데이터($\phi P_n, \phi M_n, SF, b/h, \varepsilon_s, CI_c, CO_2, W_c, \alpha_{e/h}$)

학습 분류	빅 데이터 개수	사용된 은닉층 개수	사용된 뉴런 개수	지정된 Epoch	최적 Epoch	종료된 Epoch	학습 MSE	검증 MSE	테스트 MSE	최적 Epoch 에서의 R
7개 입력 데이터($\boldsymbol{b, h, \rho_s, f_c', f_y, P_u, M_u}$) - 1개 출력 데이터($\boldsymbol{\phi P_n}$) - PTM										
1	100,000	2	40	100,000	24,589	25,089	8.7.E-06	9.6.E-06	9.2.E-06	0.9999
7개 입력 데이터($\boldsymbol{b, h, \rho_s, f_c', f_y, P_u, M_u}$) - 1개 출력 데이터($\boldsymbol{\phi M_n}$) - PTM										
2	100,000	2	40	100,000	19,337	19,837	9.8.E-06	1.1.E-05	1.1.E-05	0.9999
7개 입력 데이터($\boldsymbol{b, h, \rho_s, f_c', f_y, P_u, M_u}$) - 1개 출력 데이터($\boldsymbol{SF}$) - PTM										
3	100,000	2	40	100,000	74,802	75,302	8.7.E-04	9.3.E-04	9.8.E-04	0.9987
7개 입력 데이터($\boldsymbol{b, h, \rho_s, f_c', f_y, P_u, M_u}$) - 1개 출력 데이터($\boldsymbol{b/h}$) - PTM										
4	100,000	2	30	100,000	50,641	50,658	9.0.E-09	9.1.E-09	9.9.E-09	1.0000
7개 입력 데이터($\boldsymbol{b, h, \rho_s, f_c', f_y, P_u, M_u}$) - 1개 출력 데이터($\boldsymbol{\varepsilon_s}$) - PTM										
5	100,000	2	30	100,000	76,121	76,621	6.1.E-05	6.1.E-05	6.4.E-05	0.9993
7개 입력 데이터($\boldsymbol{b, h, \rho_s, f_c', f_y, P_u, M_u}$) - 1개 출력 데이터($\boldsymbol{CI_c}$) - PTM										
6	100,000	2	40	100,000	30,909	31,409	2.2.E-08	2.5.E-08	2.4.E-08	1.0000
7개 입력 데이터($\boldsymbol{b, h, \rho_s, f_c', f_y, P_u, M_u}$) - 1개 출력 데이터($\boldsymbol{CO_2}$) - PTM										
7	100,000	2	20	100,000	30,651	31,151	1.3.E-08	1.3.E-08	1.5.E-08	1.0000
7개 입력 데이터($\boldsymbol{b, h, \rho_s, f_c', f_y, P_u, M_u}$) - 1개 출력 데이터($\boldsymbol{W_c}$) - PTM										
8	100,000	2	30	100,000	30,641	30,779	5.6.E-09	6.1.E-09	8.2.E-09	1.0000
7개 입력 데이터($\boldsymbol{b, h, \rho_s, f_c', f_y, P_u, M_u}$) - 1개 출력 데이터($\boldsymbol{\alpha_{e/h}}$) - PTM										
9	100,000	2	20	100,000	100,000	100,000	4.1.E-05	4.4.E-05	4.4.E-05	0.9999

주: 2개의 은닉층과 4종류의 뉴런(10, 20, 30, 40)을 가진 순방향 네트워크의 학습 결과 중 최고의 학습 결과(MSE)를 산출한 순방향 네트워크

[표 7.3.2] 2개의 은닉층과 4가지의 뉴런(10, 20, 30, 40)을 가진 순방향 네트워크의 100000개 빅데이터 에 대한 학습 결과

(c) CRS 방법에 기반한 학습 결과

학습 일람표: 순방향 - CRS 7개 입력 데이터($b, h, \rho_s, f_c', f_y, P_u, M_u$) - 9개 출력 데이터($\phi P_n, \phi M_n, SF, b/h, \varepsilon_s, CI_c, CO_2, W_c, \alpha_{e/h}$)										
학습 분류	**빅 데이터 개수**	**사용된 은닉층 개수**	**사용된 뉴런 개수**	**지정된 Epoch**	**최적 Epoch**	**종료된 Epoch**	**학습 MSE**	**검증 MSE**	**테스트 MSE**	**최적 Epoch 에서의 R**
7 개 입력 데이터($\boldsymbol{b, h, \rho_s, f_c', f_y, P_u, M_u}$) – 1 개 출력 데이터($\boldsymbol{b/h}$) - CRS										
1	100,000	2	20	100,000	41,839	41,860	7.9.E-09	7.9.E-09	7.7.E-09	1.0000
8 개 입력 데이터($\boldsymbol{b, h, \rho_s, f_c', f_y, P_u, M_u, b/h}$[a]) – 1 개 출력 데이터($\boldsymbol{W_c}$) - CRS										
2	100,000	2	30	100,000	22,724	22,763	5.8.E-09	7.6.E-09	6.8.E-09	1.0000
9 개 입력 데이터($\boldsymbol{b, h, \rho_s, f_c', f_y, P_u, M_u, b/h, W_c}$[a]) – 1 개 출력 데이터($\boldsymbol{CO_2}$) - CRS										
3	100,000	2	40	100,000	37,459	37,554	6.5.E-09	8.2.E-09	1.3.E-08	1.0000
10 개 입력 데이터($\boldsymbol{b, h, \rho_s, f_c', f_y, P_u, M_u, b/h, W_c, CO_2}$[a]) – 1 개 출력 데이터($\boldsymbol{CI_c}$) - CRS										
4	100,000	2	30	100,000	24,270	24,770	1.7.E-08	1.8.E-08	1.7.E-08	1.0000
11 개 입력 데이터($\boldsymbol{b, h, \rho_s, f_c', f_y, P_u, M_u, b/h, W_c, CO_2, CI_c}$[a]) – 1 개 출력 데이터($\boldsymbol{\phi P_n}$) - CRS										
5	100,000	2	40	100,000	51,532	52,032	3.5.E-06	3.9.E-06	4.1.E-06	0.9999
12 개 입력 데이터($\boldsymbol{b, h, \rho_s, f_c', f_y, P_u, M_u, b/h, W_c, CO_2, CI_c, \phi P_n}$[a]) – 1 개 출력 데이터($\boldsymbol{\varepsilon_s}$) - CRS										
6	100,000	2	40	100,000	57,722	58,222	3.7.E-05	3.8.E-05	3.9.E-05	0.9996
13 개 입력 데이터($\boldsymbol{b, h, \rho_s, f_c', f_y, P_u, M_u, b/h, W_c, CO_2, CI_c, \phi P_n, \varepsilon_s}$[a]) – 1 개 출력 데이터($\boldsymbol{\phi M_n}$) - CRS										
7	100,000	2	40	100,000	25,548	26,048	2.0.E-06	2.3.E-06	2.2.E-06	1.0000
14 개 입력 데이터($\boldsymbol{b, h, \rho_s, f_c', f_y, P_u, M_u, b/h, W_c, CO_2, CI_c, \phi P_n, \varepsilon_s, \phi M_n}$[a]) – 1 개 출력 데이터($\boldsymbol{\alpha_{e/h}}$) - CRS										
8	100,000	2	30	100,000	100,000	100,000	8.7.E-06	9.8.E-06	9.6.E-06	1.0000
15 개 입력 데이터($\boldsymbol{b, h, \rho_s, f_c', f_y, P_u, M_u, b/h, W_c, CO_2, CI_c, \phi P_n, \varepsilon_s, \phi M_n, \alpha_{e/h}}$[a]) – 1 개 출력 데이터($\boldsymbol{SF}$) - CRS										
9	100,000	2	40	100,000	33,831	34,331	2.8.E-05	2.9.E-05	3.3.E-05	1.0000

[a] 이전 단계에서 학습된 출력 데이터를 다음 파라미터 학습 시 입력 파라미터로 사용하는 CRS 방법

주: 2개의 은닉층과 4종류의 뉴런(10, 20, 30, 40)을 가진 순방향 네트워크의 학습 결과 중 최고의 학습 결과(MSE)를 산출한 순방향 네트워크

7.3.2.2 학습 정확도

매트랩에 기반한 학습에서는 학습 정확도, 검증 정확도, 테스트 정확도 등 3가지에 대한 MSE[mean square errors]를 구할 수 있다. 총 데이터의 각각 70%, 15%, 15% 비율로 데이터를 할당하여 수행된다. 특히 검증 MSE가 증가하는 경우에는 과학습[over-fitting]이 발생한다는 신호이고, 이때 매트랩은 학습을 중지한다. 학습을 재실행하는 경우에는 가중변수와 편향변수에 사용되는 변수가 무작위로 변하게 되므로 다소 다른 양상의 학습 결과를 도출할 수 있으나, 학습 파라미터를 조정하여 과학습[over-fitting]이 발생하지 않도록 향상된 MSE를 구하는 것이 학습 단계에서는 필요한 과정이다. 테스트 데이터는 인공신경망이 알지 못하도록 처리되므로 학습 후 학습 결과를 공평하게 평가할 수 있다.

학습 파라미터(은닉층, 뉴런, 에폭 및 학습에 사용되는 빅데이터의 개수 등)를 변화시켜 목표로 하는 학습 결과를 얻을 수 있다. 표 7.3.2에서는 2개의 은닉층과 4가지의 뉴런(10, 20, 30, 40)을 적용하였고, 표 7.3.3에서는 2개와 5개의 은닉층 조합과 3가지의 뉴런(20, 50, 80) 등 총 6가지 경우에 대해 학습을 실시하여 과학습 및 저학습이 배제된 최적의 학습 결과를 도출하였다. 5.3.2절에 과학습 및 저학습을 배제하기 위한 방법이 자세하게 소개되어 있다. 표 7.3.3에서의 학습 결과가 표 7.3.2에서의 학습 결과보다 높게 나타났다. 흥미로운 사실은 표 7.3.3에서 보이는 것처럼 2개의 은닉층을 갖는 인공신경망에서 5개의 은닉층을 갖는 인공신경망보다 향상된 학습 결과를 보이는 학습 경우도 존재한다는 것이다. 즉 다양한 학습 파라미터를 적용하여 최적의 학습 파라미터를 구하는 것이 다소 번거로워 보이나 학습에는 반드시 필요한 방법 중 하나임을 알 수 있다.

[표 7.3.3] 2개, 5개의 은닉층과 3가지의 뉴런(20, 50, 80)을 가진 순방향 네트워크의 100000개 빅데이터에 대한 학습 결과 (이어서)

(a) TED 방법에 기반한 학습 결과

학습 일람표: 순방향 - TED
7개 입력 데이터($b, h, \rho_s, f_c', f_y, P_u, M_u$) -
9개 출력 데이터($\phi P_n, \phi M_n, SF, b/h, \varepsilon_s, CI_c, CO_2, W_c, \alpha_{e/h}$)

학습 분류	빅 데이터 개수	사용된 은닉층 개수	사용된 뉴런 개수	지정된 Epoch	최적 Epoch	종료된 Epoch	학습 MSE	검증 MSE	테스트 MSE	최적 Epoch 에서의 R
1	100,000	2	20	100,000	99,978	100,000	7.0.E-04	7.0.E-04	7.0.E-04	0.9988
2	100,000	2	50	100,000	99,975	100,000	3.1.E-04	3.2.E-04	3.3.E-04	0.9995
3	100,000	2	80	100,000	99,982	100,000	1.3.E-04	1.3.E-04	1.3.E-04	0.9998
4	100,000	5	20	100,000	99,967	100,000	1.7.E-04	1.8.E-04	1.7.E-04	0.9997
5	100,000	5	50	100,000	99,984	100,000	6.4.E-05	6.7.E-05	6.7.E-05	0.9999
6	100,000	5	80	100,000	100,000	100,000	4.8.E-05	5.3.E-05	5.0.E-05	0.9999

[표 7.3.3] 2개, 5개의 은닉층과 3가지의 뉴런(20, 50, 80)을 가진 순방향 네트워크의 100000개 빅데이터에 대한 학습 결과 (이어서)

(b) PTM 방법에 기반한 학습 결과

학습 일람표: 순방향 - PTM
7개 입력 데이터($b, h, \rho_s, f_c', f_y, P_u, M_u$) -
9개 출력 데이터($\phi P_n, \phi M_n, SF, b/h, \varepsilon_s, CI_c, CO_2, W_c, \alpha_{e/h}$)

학습 분류	빅 데이터 개수	사용된 은닉층 개수	사용된 뉴런 개수	지정된 Epoch	최적 Epoch	종료된 Epoch	학습 MSE	검증 MSE	테스트 MSE	최적 Epoch 에서의 R
7개 입력 데이터($\boldsymbol{b, h, \rho_s, f_c', f_y, P_u, M_u}$) - 1개 출력 데이터($\boldsymbol{\phi P_n}$) - PTM										
1	100,000	5	20	100,000	42,014	42,514	1.9.E-06	2.2.E-06	2.2.E-06	1.0000
7개 입력 데이터($\boldsymbol{b, h, \rho_s, f_c', f_y, P_u, M_u}$) - 1개 출력 데이터($\boldsymbol{\phi M_n}$) - PTM										
2	100,000	5	80	100,000	33,305	33,805	3.1.E-06	4.0.E-06	4.6.E-06	1.0000
7개 입력 데이터($\boldsymbol{b, h, \rho_s, f_c', f_y, P_u, M_u}$) - 1개 출력 데이터($\boldsymbol{SF}$) - PTM										
3	100,000	5	80	100,000	33,305	33,805	3.1.E-06	4.0.E-06	4.6.E-06	1.0000
7개 입력 데이터($\boldsymbol{b, h, \rho_s, f_c', f_y, P_u, M_u}$) - 1개 출력 데이터($\boldsymbol{b/h}$) - PTM										
4	100,000	2	50	100,000	81,161	81,208	6.6.E-09	8.1.E-09	7.4.E-09	1.0000
7개 입력 데이터($\boldsymbol{b, h, \rho_s, f_c', f_y, P_u, M_u}$) - 1개 출력 데이터($\boldsymbol{\varepsilon_s}$) - PTM										
5	100,000	5	50	100,000	27,254	27,754	2.7.E-05	3.3.E-05	2.9.E-05	0.9997
7개 입력 데이터($\boldsymbol{b, h, \rho_s, f_c', f_y, P_u, M_u}$) - 1개 출력 데이터($\boldsymbol{CI_c}$) - PTM										
6	100,000	5	20	100,000	28,046	28,546	3.3.E-08	3.4.E-08	4.1.E-08	1.0000
7개 입력 데이터($\boldsymbol{b, h, \rho_s, f_c', f_y, P_u, M_u}$) - 1개 출력 데이터($\boldsymbol{CO_2}$) - PTM										
7	100,000	2	20	100,000	36,078	36,078	1.9.E-08	1.9.E-08	1.8.E-08	1.0000
7개 입력 데이터($\boldsymbol{b, h, \rho_s, f_c', f_y, P_u, M_u}$) - 1개 출력 데이터($\boldsymbol{W_c}$) - PTM										
8	100,000	2	20	100,000	21,186	21,208	7.0.E-09	7.4.E-09	7.1.E-09	1.0000
7개 입력 데이터($\boldsymbol{b, h, \rho_s, f_c', f_y, P_u, M_u}$) - 1개 출력 데이터($\boldsymbol{\alpha_{e/h}}$) - PTM										
9	100,000	5	80	100,000	94,283	94,783	2.2.E-07	3.5.E-07	5.8.E-07	1.0000

주: 2개 및 5개의 은닉층과 3종류의 뉴런(20, 50, 80)을 가진 순방향 네트워크의 학습 결과 중 최고의 학습 결과(MSE)를 산출한 순방향 네트워크

[표 7.3.3] 2개, 5개의 은닉층과 3가지의 뉴런(20, 50, 80)을 가진 순방향 네트워크의 100000개 빅데이터에 대한 학습 결과

(c) CRS 방법에 기반한 학습 결과

학습 일람표: 순방향 - CRS
7개 입력 데이터($b, h, \rho_s, f_c', f_y, P_u, M_u$) -
9개 출력 데이터($\phi P_n, \phi M_n, SF, b/h, \varepsilon_s, CI_c, CO_2, W_c, \alpha_{e/h}$)

학습 분류	빅 데이터 개수	사용된 은닉층 개수	사용된 뉴런 개수	지정된 Epoch	최적 Epoch	종료된 Epoch	학습 MSE	검증 MSE	테스트 MSE	최적 Epoch 에서의 R
7개 입력 데이터($\boldsymbol{b, h, \rho_s, f_c', f_y, P_u, M_u}$) - 1개 출력 데이터($\boldsymbol{b/h}$) - CRS										
1	100,000	2	50	100,000	95,251	95,253	4.3.E-09	4.5.E-09	4.9.E-09	1.0000
8개 입력 데이터($\boldsymbol{b, h, \rho_s, f_c', f_y, P_u, M_u, b/h}$[a]) - 1 개 출력 데이터($\boldsymbol{W_c}$) - CRS										
2	100,000	5	20	100,000	37,217	37,282	4.0.E-09	4.3.E-09	4.9.E-09	1.0000
9개 입력 데이터($\boldsymbol{b, h, \rho_s, f_c', f_y, P_u, M_u, b/h, W_c}$[a]) - 1개 출력 데이터($\boldsymbol{CO_2}$) - CRS										
3	100,000	5	20	100,000	35,378	35,723	4.7.E-09	5.5.E-09	4.7.E-09	1.0000
10개 입력 데이터($\boldsymbol{b, h, \rho_s, f_c', f_y, P_u, M_u, b/h, W_c, CO_2}$[a]) - 1개 출력 데이터($\boldsymbol{CI_c}$) - CRS										
4	100,000	2	20	100,000	34,373	34,519	1.6.E-08	1.6.E-08	1.9.E-08	1.0000
11개 입력 데이터($\boldsymbol{b, h, \rho_s, f_c', f_y, P_u, M_u, b/h, W_c, CO_2, CI_c}$[a]) - 1개 출력 데이터($\boldsymbol{\phi P_n}$) - CRS										
5	100,000	5	50	100,000	33,738	34,238	1.5.E-06	1.9.E-06	1.9.E-06	1.0000
12개 입력 데이터($\boldsymbol{b, h, \rho_s, f_c', f_y, P_u, M_u, b/h, W_c, CO_2, CI_c, \phi P_n}$[a]) - 1개 출력 데이터($\boldsymbol{\varepsilon_s}$) - CRS										
6	100,000	5	80	100,000	33,944	34,444	2.4.E-05	2.9.E-05	2.9.E-05	0.9997
13개 입력 데이터($\boldsymbol{b, h, \rho_s, f_c', f_y, P_u, M_u, b/h, W_c, CO_2, CI_c, \phi P_n, \varepsilon_s}$[a]) - 1개 출력 데이터($\boldsymbol{\phi M_n}$) - CRS										
7	100,000	2	80	100,000	43,316	43,816	8.0.E-07	1.0.E-06	1.2.E-06	1.0000
14개 입력 데이터($\boldsymbol{b, h, \rho_s, f_c', f_y, P_u, M_u, b/h, W_c, CO_2, CI_c, \phi P_n, \varepsilon_s, \phi M_n}$[a]) - 1개 출력 데이터($\boldsymbol{\alpha_{e/h}}$) - CRS										
8	100,000	5	50	100,000	99,997	100,000	3.1.E-07	3.6.E-07	4.7.E-07	1.0000
15개 입력 데이터($\boldsymbol{b, h, \rho_s, f_c', f_y, P_u, M_u, b/h, W_c, CO_2, CI_c, \phi P_n, \varepsilon_s, \phi M_n, \alpha_{e/h}}$[a]) - 1개 출력 데이터($\boldsymbol{SF}$) - CRS										
9	100,000	5	80	100,000	84,081	84,581	3.5.E-06	4.0.E-06	4.6.E-06	1.0000

[a] 이전 단계에서 학습된 출력 데이터를 다음 파라미터 학습 시 입력 파라미터로 사용하는 CRS 방법

주: 2개 및 5개의 은닉층과 3종류의 뉴런(20, 50, 80)을 가진 순방향 네트워크의 학습 결과 중 최고의 학습 결과(MSE)를 산출한 순방향 네트워크

표 7.3.3(b)와 표 7.3.3(c)의 PTM 및 CRS 학습은 서로 유사한 학습 결과를 도출하였으며, 표 7.3.3(a)의 TED 학습 결과보다 우수한 학습 결과를 보여주고 있다. 즉 표 7.3.2와 표 7.3.3의 모든 학습에서 보이듯이, PTM 및 CRS의 학습 결과가 TED의 학습 결과보다는 우수한 것으로 나타났다. 표 7.3.3(b)와 (c)에서 보듯이 $\boldsymbol{\varepsilon_s}$를 제외한 전 영역에서 CRS의 학습 결과가 PTM의 학습 결과보다 우수하게 나타나고 있다. 특히, 역설계 데이터와 같이 학습 데이터가 복잡한 경우에 대해서는, 표 7.3.10의 PTM 학습 결과와 표 7.3.10의 CRS 학습 결과에서 보이는 것처럼 CRS에 의한 학습 결과가 PTM보다 우수하게 나타나고 있다.

7.3.2.3 설계 결과

표 7.3.4와 표 7.3.5에서 보이듯이 TED 기반 설계 결과는 PTM 기반의 설계 결과보다는 신뢰성이 저하되었다. 그 이유는 TED의 경우 1개의 인공신경망에 의해 입력 및 출력 파라미터의 전체 매핑이 수행되었지만 PTM의 경우에는 각각의 출력 파라미터에 대해서 개별적인 인공신경망을 활용하여 학습을 수행했기 때문이다. 축력(P_u)과 모멘트(M_u)가 작용되는 $500 \times 700(b \times h)$ 단면과 0.02의 철근 비를 갖는 기둥에 대해 설계를 수행하였고, 표 7.3.4에서는 2개의 은닉층을 적용하였으며, 표 7.3.5에서는 2개와 5개의 은닉층의 조합을 적용하였다.

표 7.3.4(a)와 표 7.3.5(a)에는 5000kN의 축력(P_u)과 1000kNm 모멘트(M_u)가 작용되는 $500 \times 700(b \times h)$ 단면과 0.02의 철근 비를 갖는 기둥에 대해 설계를 수행하였으며, 표 7.3.4(b)와 표 7.3.5(b)에는 동일한 단면에 500kN의 축력(P_u)과 1000kNm 모멘트(M_u)를 작용시켰다. AI 기반 순방향 인공신경망은 기존의 AutoCol과 같은 구조설계 프로그램들을 대체시킬 수 있는 충분한 설계 정확도를 도출하였다.

표 7.3.4(b)-(1)에서 보이는 대로 TED 학습에 대해서는 큰 설계 오차가 발생하였다. 설계축강성(ϕP_n) 및 모멘트강성(ϕM_n)에 대해서는 385.85%와 -16.03%가 각각 발생하였으나 표 7.3.4(b)-(2)의 PTM 학습에 대해서는 설계축강성(ϕP_n) 및 모멘트강성(ϕM_n)의 설계 오차가 -0.13%와 5.54%로 감소하였다. 표 7.3.4(c)-(3)의 CRS 학습에 대해서는 설계축강성(ϕP_n) 및 모멘트강성(ϕM_n)의 설계 오차가 0.92%와 1.56%로 감소하였다. 설계 오차는 구조설계 프로그램인 AutoCol과 비교하여 산출되었다. 은닉층을 2개 사용했을 경우의 설계 오차보다는 2개와 5개 은닉층의 조합을 적용하였을 경우 대폭 감소하였다.

500kN의 축력(P_u)과 1000kNm 모멘트(M_u)가 작용하는 설계에 대해서는, 표 7.3.5(b)-(1)에 기술된 대로 TED 학습에 대해서는 설계축강성(ϕP_n) 및 모멘트강성(ϕM_n)에 대해서는 1.42%와 -1.47%가 각각 발생하였으나 표 7.3.5(b)-(2)의 PTM 학습에 대해서는 설계축강성(ϕP_n) 및 모멘트강성(ϕM_n)의 설계 오차가 1.57%와 0.18%로 감소하였다. 7.3.5(b)-(3) CRS 학습에 대해서는 설계축강성(ϕP_n) 및 모멘트강성(ϕM_n)의 설계 오차가 -0.2%와 -0.23%로 더욱 감소하였다.

5000kN의 축력(P_u)과 1000kNm 모멘트(M_u)가 작용하는 표 7.3.5(a)-(1)의 경우에도 TED 학습에 대해서는 설계축강성(ϕP_n) 및 모멘트강성(ϕM_n)에 대해서는 0.80%와 -0.31%가 각각 발생하였으나, 표 7.3.5(a)-(2)의 PTM 학습에 대해서는 설계축강성(ϕP_n) 및 모

멘트강성(ϕM_n)의 설계 오차가 -0.05%와 0.70%로 감소하였다. 표 7.3.5(a)-(3)의 CRS 학습에 대해서는 설계축강성(ϕP_n) 및 모멘트강성(ϕM_n)의 설계 오차가 0.2%와 -1.66%로 도출되었다. 표 7.3.5(a)-(1)에서 보이는 것처럼 변형률(ε_s)에 대한 TED 설계 결과는 최대 -2.01% 오차를 나타내었으나, 표 7.3.5(a)-(2)와 표 7.3.5(a)-(3)의 PTM과 CRS에서는 -0.95%와 -0.5%로 각각 감소하였다.

[표 7.3.4] 2개의 은닉층을 갖는 TED, PTM, CRS 기반 순방향 설계 정확도 (이어서)

(a) $b \times h$ = 500 × 700, ρ_s = 0.02, P_u = 5000 kN, M_u = 1000 $kN \cdot m$

(1) TED

순방향 설계 시나리오의 설계 집계표 (TED)				
설계 데이터		AI 결과	검증(*AutoCol*)	오차
1	b (mm)	500.0	500.0	0.00%
2	h (mm)	700.0	700.0	0.00%
3	ρ_s	0.02000	0.02000	0.00%
4	f_c' (MPa)	40	40	0.00%
5	f_y (MPa)	500	500	0.00%
6	P_u (kN)	**5000**	**5000**	0.00%
7	M_u (kN·m)	**1000**	**1000**	0.00%
8	ϕP_n (kN)	5613.1	5497.2	2.07%
9	ϕM_n (kN·m)	848.8	1099.4	-29.53%
10	SF	1.100	1.099	0.10%
11	b/h	0.710	0.714	-0.57%
12	ε_s	0.00089	0.00079	10.58%
13	CI_c (KRW/m)	93409.3	90872.3	2.72%
14	CO_2 (t-CO_2/m)	0.2002	0.1968	1.69%
15	W_c (kN/m)	8.270	8.246	0.29%
16	$\alpha_{e/h}$	1.288	1.292	-0.34%

학습 정확도는 표 7.3.2(a)에 표기

▭ AI 기반의 7개 입력 데이터

▭ 기존 구조계산 기반의 7개 입력 데이터 (*AutoCol*)

[표 7.3.4] 2개의 은닉층을 갖는 TED, PTM, CRS 기반 순방향 설계 정확도 (이어서)

(2) PTM

순방향 설계 시나리오의 설계 집계표 (PTM)				
설계 데이터		AI 결과	검증(*AutoCol*)	오차
1	b (mm)	500.0	500.0	0.00%
2	h (mm)	700.0	700.0	0.00%
3	ρ_s	0.02000	0.02000	0.00%
4	f_c' (MPa)	40	40	0.00%
5	f_y (MPa)	500	500	0.00%
6	P_u (kN)	**5000**	**5000**	0.00%
7	M_u (kN·m)	**1000**	**1000**	0.00%
8	ϕP_n (kN)	5617.6	5497.2	2.14%
9	ϕM_n (kN·m)	999.2	1099.4	-10.03%
10	SF	1.092	1.099	-0.72%
11	b/h	0.714	0.714	0.00%
12	ε_s	0.00085	0.00079	6.82%
13	CI_c (KRW/m)	91004.9	90872.3	0.15%
14	CO_2 (t-CO_2/m)	0.1969	0.1968	0.04%
15	W_c (kN/m)	8.248	8.246	0.02%
16	$\alpha_{e/h}$	1.291	1.292	-0.14%

학습 정확도는 표 7.3.2(b)에 표기

▭ AI 기반의 7개 입력 데이터

▭ 기존 구조계산 기반의 7개 입력 데이터 (*AutoCol*)

[표 7.3.4] 2개의 은닉층을 갖는 TED, PTM, CRS 기반 순방향 설계 정확도 (이어서)

(3) CRS

순방향 설계 시나리오의 설계 집계표 (CRS)				
설계 데이터		AI 결과	검증(*AutoCol*)	오차
1	b (mm)	500.0	500.0	0.00%
2	h (mm)	700.0	700.0	0.00%
3	ρ_s	0.02000	0.02000	0.00%
4	$f_c{}'$ (MPa)	40	40	0.00%
5	f_y (MPa)	500	500	0.00%
6	P_u (kN)	**5000**	**5000**	0.00%
7	M_u (kN·m)	**1000**	**1000**	0.00%
8	ϕP_n (kN)	5488.9	5497.2	-0.15%
9	ϕM_n (kN·m)	1094.9	1099.4	-0.42%
10	SF	1.097	1.099	-0.19%
11	b/h	0.714	0.714	0.00%
12	ε_s	0.00091	0.00079	13.09%
13	CI_c (KRW/m)	90892.9	90872.3	0.02%
14	CO_2 (t-CO_2/m)	0.1967	0.1968	-0.04%
15	W_c (kN/m)	8.246	8.246	0.00%
16	$\alpha_{e/h}$	1.293	1.292	0.04%

학습 정확도는 표 7.3.2(c)에 표기

CRS 학습 순서: 11→15→14→13→8→12→9→16→10

▭ AI 기반의 7개 입력 데이터

▭ 기존 구조계산 기반의 7개 입력 데이터 (*AutoCol*)

[표 7.3.4] 2개의 은닉층을 갖는 TED, PTM, CRS 기반 순방향 설계 정확도 (이어서)

(b) $b \times h = 500 \times 700$, $\rho_s = 0.02$, $P_u = 500\ kN$, $M_u = 1000\ kN \cdot m$

(1) TED

순방향 설계 시나리오의 설계 집계표 (TED)				
설계 데이터		AI 결과	검증(*AutoCol*)	오차
1	b (mm)	500.0	500.0	0.00%
2	h (mm)	700.0	700.0	0.00%
3	ρ_s	0.02000	0.02000	0.00%
4	f_c' (MPa)	40	40	0.00%
5	f_y (MPa)	500	500	0.00%
6	P_u (kN)	**500**	**500**	0.00%
7	M_u (kN·m)	**1000**	**1000**	0.00%
8	ϕP_n (kN)	114.3	555.2	-385.85%
9	ϕM_n (kN·m)	957.1	1110.5	-16.03%
10	SF	1.095	1.110	-1.45%
11	b/h	0.712	0.714	-0.31%
12	ε_s	0.01575	0.01559	1.03%
13	CI_c (KRW/m)	91846.5	90872.3	1.06%
14	CO_2 (t-CO_2/m)	0.2015	0.1968	2.35%
15	W_c (kN/m)	8.260	8.246	0.17%
16	$\alpha_{e/h}$	0.347	0.337	3.01%

학습 정확도는 표 7.3.2(a)에 표기

▭ AI 기반의 7개 입력 데이터

▭ 기존 구조계산 기반의 7개 입력 데이터 (*AutoCol*)

[표 7.3.4] 2개의 은닉층을 갖는 TED, PTM, CRS 기반 순방향 설계 정확도 (이어서)

(2) PTM

순방향 설계 시나리오의 설계 집계표 (PTM)				
설계 데이터		AI 결과	검증(*AutoCol*)	오차
1	b (mm)	500.0	500.0	0.00%
2	h (mm)	700.0	700.0	0.00%
3	ρ_s	0.02000	0.02000	0.00%
4	$f_c{}'$ (MPa)	40	40	0.00%
5	f_y (MPa)	500	500	0.00%
6	P_u (kN)	**500**	**500**	0.00%
7	M_u (kN·m)	**1000**	**1000**	0.00%
8	ϕP_n (kN)	554.5	555.2	-0.13%
9	ϕM_n (kN·m)	1175.6	1110.5	5.54%
10	SF	1.096	1.110	-1.29%
11	b/h	0.714	0.714	0.00%
12	ε_s	0.01604	0.01559	2.79%
13	CI_c (KRW/m)	90977.8	90872.3	0.12%
14	CO_2 (t-CO_2/m)	0.1967	0.1968	-0.06%
15	W_c (kN/m)	8.247	8.246	0.01%
16	$\alpha_{e/h}$	0.340	0.337	0.98%

학습 정확도는 표 7.3.2(b)에 표기

▭ AI 기반의 7개 입력 데이터

▭ 기존 구조계산 기반의 7개 입력 데이터 (*AutoCol*)

[표 7.3.4] 2개의 은닉층을 갖는 TED, PTM, CRS 기반 순방향 설계 정확도

(3) CRS

순방향 설계 시나리오의 설계 집계표 (CRS)				
설계 데이터		**AI 결과**	**검증(*AutoCol*)**	**오차**
1	b (mm)	500.0	500.0	0.00%
2	h (mm)	700.0	700.0	0.00%
3	ρ_s	0.02000	0.02000	0.00%
4	f_c' (MPa)	40	40	0.00%
5	f_y (MPa)	500	500	0.00%
6	P_u (kN)	**500**	**500**	0.00%
7	M_u (kN·m)	**1000**	**1000**	0.00%
8	ϕP_n (kN)	560.4	555.2	0.92%
9	ϕM_n (kN·m)	1128.1	1110.5	1.56%
10	SF	1.127	1.110	1.50%
11	b/h	0.714	0.714	-0.01%
12	ε_s	0.01583	0.01559	1.48%
13	CI_c (KRW/m)	90913.5	90872.3	0.05%
14	CO_2 (t-CO_2/m)	0.1967	0.1968	-0.02%
15	W_c (kN/m)	8.248	8.246	0.02%
16	$\alpha_{e/h}$	0.335	0.337	-0.37%

학습 정확도는 표 7.3.2(c)에 표기

CRS 학습 순서: 11→15→14→13→8→12→9→16→10

▭ AI 기반의 7개 입력 데이터

▭ 기존 구조계산 기반의 7개 입력 데이터 (*AutoCol*)

표 7.3.4(b)-(2)와 표 7.3.5(b)-(2)의 PTM에 의한 설계 결과 및 표 7.3.4(b)-(3)과 표 7.3.5(b)-(3)의 CRS에 의한 설계 결과 모두 표 7.3.4(b)-(1)과 표 7.3.5(b)-(1)의 TED 설계 결과보다는 우수한 설계 오차를 보여주고 있다.

[표 7.3.5] 2개, 5개의 은닉 층을 갖는 TED, PTM, CRS 기반 순방향 설계 정확도 (이어서)

(a) $b \times h = 500 \times 700$, $\rho_s = 0.02$, $P_u = 5000\ kN$, $M_u = 1000\ kN \cdot m$

(1) TED

순방향 설계 시나리오의 설계 집계표 (TED)				
설계 데이터		AI 결과	검증(*AutoCol*)	오차
1	b (mm)	500.0	500.0	0.00%
2	h (mm)	700.0	700.0	0.00%
3	ρ_s	0.02000	0.02000	0.00%
4	f_c' (MPa)	40	40	0.00%
5	f_y (MPa)	500	500	0.00%
6	P_u (kN)	**5000**	**5000**	0.00%
7	M_u (kN·m)	**1000**	**1000**	0.00%
8	ϕP_n (kN)	5453.7	5497.2	-0.80%
9	ϕM_n (kN·m)	1096.1	1099.4	-0.31%
10	SF	1.099	1.099	-0.01%
11	b/h	0.714	0.714	-0.02%
12	ε_s	0.00081	0.00079	2.01%
13	CI_c (KRW/m)	91065.2	90872.3	0.21%
14	CO_2 (t-CO_2/m)	0.1952	0.1968	-0.83%
15	W_c (kN/m)	8.245	8.246	-0.02%
16	$\alpha_{e/h}$	1.292	1.292	-0.01%

학습 정확도는 표 7.3.3(a)에 표기

AI 기반의 7개 입력 데이터

기존 구조계산 기반의 7개 입력 데이터 (*AutoCol*)

[표 7.3.5] 2개, 5개의 은닉 층을 갖는 TED, PTM, CRS 기반 순방향 설계 정확도 (이어서)

(2) PTM

순방향 설계 시나리오의 설계 집계표 (PTM)				
설계 데이터		**AI 결과**	**검증(*AutoCol*)**	**오차**
1	b (mm)	500.0	500.0	0.00%
2	h (mm)	700.0	700.0	0.00%
3	ρ_s	0.02000	0.02000	0.00%
4	$f_c{}'$ (MPa)	40	40	0.00%
5	f_y (MPa)	500	500	0.00%
6	P_u (kN)	**5000**	**5000**	0.00%
7	M_u (kN·m)	**1000**	**1000**	0.00%
8	ϕP_n (kN)	5494.3	5497.2	-0.05%
9	ϕM_n (kN·m)	1107.2	1099.4	0.70%
10	SF	1.104	1.099	0.37%
11	b/h	0.714	0.714	0.00%
12	ε_s	0.00078	0.00079	-0.95%
13	CI_c (KRW/m)	90944.3	90872.3	0.08%
14	CO_2 (t-CO_2/m)	0.1967	0.1968	-0.05%
15	W_c (kN/m)	8.245	8.246	-0.02%
16	$\alpha_{e/h}$	1.293	1.292	0.01%

학습 정확도는 표 7.3.3(b)에 표기

□ AI 기반의 7개 입력 데이터

□ 기존 구조계산 기반의 7개 입력 데이터 (*AutoCol*)

[표 7.3.5] 2개, 5개의 은닉 층을 갖는 TED, PTM, CRS 기반 순방향 설계 정확도 (이어서)

(3) CRS

순방향 설계 시나리오의 설계 집계표 (CRS)				
설계 데이터		**AI 결과**	**검증(*AutoCol*)**	**오차**
1	b (mm)	500.0	500.0	0.00%
2	h (mm)	700.0	700.0	0.00%
3	ρ_s	0.02000	0.02000	0.00%
4	f_c' (MPa)	40	40	0.00%
5	f_y (MPa)	500	500	0.00%
6	P_u (kN)	**5000**	**5000**	0.00%
7	M_u (kN·m)	**1000**	**1000**	0.00%
8	ϕP_n (kN)	5508.2	5497.2	0.20%
9	ϕM_n (kN·m)	1081.5	1099.4	-1.66%
10	SF	1.095	1.099	-0.43%
11	b/h	0.714	0.714	0.00%
12	ε_s	0.000788	0.000792	-0.50%
13	CI_c (KRW/m)	90958.6	90872.3	0.09%
14	CO_2 (t-CO_2/m)	0.19683	0.19679	0.02%
15	W_c (kN/m)	8.248	8.246	0.02%
16	$\alpha_{e/h}$	1.297	1.292	0.38%

학습 정확도는 표 7.3.3(c)에 표기

CRS 학습 순서: 11→15→14→13→8→12→9→16→10

▭ AI 기반의 7개 입력 데이터

▭ 기존 구조계산 기반의 7개 입력 데이터 (*AutoCol*)

[표 7.3.5] 2개, 5개의 은닉 층을 갖는 TED, PTM, CRS 기반 순방향 설계 정확도 (이어서)

(b) $b \times h = 500 \times 700$, $\rho_s = 0.02$, $P_u = 500\ kN$, $M_u = 1000\ \ kN \cdot m$

(1) TED

순방향 설계 시나리오의 설계 집계표 (TED)				
설계 데이터		AI 결과	검증(*AutoCol*)	오차
1	b (mm)	500.0	500.0	0.00%
2	h (mm)	700.0	700.0	0.00%
3	ρ_s	0.02000	0.02000	0.00%
4	f_c' (MPa)	40	40	0.00%
5	f_y (MPa)	500	500	0.00%
6	P_u (kN)	**500**	**500**	0.00%
7	M_u (kN·m)	**1000**	**1000**	0.00%
8	ϕP_n (kN)	563.3	555.2	1.42%
9	ϕM_n (kN·m)	1094.4	1110.5	-1.47%
10	SF	1.108	1.110	-0.22%
11	b/h	0.7138	0.7143	-0.06%
12	ε_s	0.01587	0.01559	1.76%
13	CI_c (KRW/m)	90275.7	90872.3	-0.66%
14	CO_2 (t-CO_2/m)	0.1952	0.1968	-0.82%
15	W_c (kN/m)	8.235	8.246	-0.14%
16	$\alpha_{e/h}$	0.335	0.337	-0.42%

학습 정확도는 표 7.3.3(a)에 표기

▭ AI 기반의 7개 입력 데이터

▭ 기존 구조계산 기반의 7개 입력 데이터 (*AutoCol*)

[표 7.3.5] 2개, 5개의 은닉 층을 갖는 TED, PTM, CRS 기반 순방향 설계 정확도 (이어서)

(2) PTM

순방향 설계 시나리오의 설계 집계표 (PTM)				
설계 데이터		**AI 결과**	**검증(*AutoCol*)**	**오차**
1	$b\ (mm)$	500.0	500.0	0.00%
2	$h\ (mm)$	700.0	700.0	0.00%
3	ρ_s	0.02000	0.02000	0.00%
4	$f_c'\ (MPa)$	40	40	0.00%
5	$f_y\ (MPa)$	500	500	0.00%
6	$P_u\ (kN)$	**500**	**500**	0.00%
7	$M_u\ (kN \cdot m)$	**1000**	**1000**	0.00%
8	$\phi P_n\ (kN)$	564.1	555.2	1.57%
9	$\phi M_n\ (kN \cdot m)$	1112.5	1110.5	0.18%
10	SF	1.110	1.110	-0.03%
11	b/h	0.714	0.714	0.00%
12	ε_s	0.01600	0.01559	2.53%
13	$CI_c\ (KRW/m)$	90958.8	90872.3	0.10%
14	$CO_2\ (t-CO_2/m)$	0.1966	0.1968	-0.10%
15	$W_c\ (kN/m)$	8.244	8.246	-0.03%
16	$\alpha_{e/h}$	0.3366	0.3367	-0.01%

학습 정확도는 표 7.3.3(b)에 표기

▭ AI 기반의 7개 입력 데이터

▭ 기존 구조계산 기반의 7개 입력 데이터 (*AutoCol*)

[표 7.3.5] 2개, 5개의 은닉 층을 갖는 TED, PTM, CRS 기반 순방향 설계 정확도

(3) CRS

순방향 설계 시나리오의 설계 집계표 (CRS)				
설계 데이터		**AI 결과**	**검증(*AutoCol*)**	**오차**
1	$b\ (mm)$	500.0	500.0	0.00%
2	$h\ (mm)$	700.0	700.0	0.00%
3	ρ_s	0.02000	0.02000	0.00%
4	$f_c{}'\ (MPa)$	40	40	0.00%
5	$f_y\ (MPa)$	500	500	0.00%
6	$P_u\ (kN)$	**500**	**500**	0.00%
7	$M_u\ (kN \cdot m)$	**1000**	**1000**	0.00%
8	$\phi P_n\ (kN)$	554.1	555.2	-0.20%
9	$\phi M_n\ (kN \cdot m)$	1107.9	1110.5	-0.23%
10	SF	1.108	1.110	-0.23%
11	b/h	0.714	0.714	0.00%
12	ε_s	0.01589	0.01559	1.90%
13	$CI_c\ (KRW/m)$	90941.3	90872.3	0.08%
14	$CO_2\ (t - CO_2/m)$	0.1969	0.1968	0.04%
15	$W_c\ (kN/m)$	8.247	8.246	0.01%
16	$\alpha_{e/h}$	0.336	0.337	-0.09%

학습 정확도는 표 7.3.3(c)에 표기

CRS 학습 순서: 11→15→14→13→8→12→9→16→10

▭ AI 기반의 7개 입력 데이터

▭ 기존 구조계산 기반의 7개 입력 데이터 (*AutoCol*)

7.3.3. 역방향 설계

7.3.2절에는 인공신경망의 활용이 순방향 설계, 즉 주어진 입력 파라미터(b, h, ρ_s, f_c', f_y, P_u, M_u)에 대해 출력 파라미터($\phi P_n, \phi M_n, SF,\ b/h, \varepsilon_s, CI_c, CO_2, W_c, \alpha_{e/h}$)를 구하는 기존 프로그램과 동일한 설계 흐름에 효율적으로 기여할 수 있음을 보였다. 표 7.3.1의 역설계에서는 순방향 설계에서 구해지는 설계 파라미터들을 입력부에 목표 파라미터로 선지정하여 설계를 역순으로 진행하였다.

역설계에서는 순방향 설계 시 출력값으로 계산되는 ϕP_n, ϕM_n, ε_s 안전율(SF)과 과 같은 설계 파라미터들을 입력부에서 선지정하고, b, h, ρ_s 같은 순방향 설계 시 입력부에 지정되는 설계 파라미터들을 출력부에서 구하였다. 즉 AI 기반의 100% 역방향 설계에서는 전체 입력 파라미터들($b, h, \rho_s, f_c', f_y, P_u, M_u$)과 전체 출력($\phi P_n, \phi M_n, SF, b/h$, $\varepsilon_s, CI_c, CO_2, W_c, \alpha_{e/h}$)을 교환하는 것이지만 부분적인 역방향 설계에서는 파라미터들을 부분적으로 교환하여 타깃으로 설정한 파라미터의 목표값을 입력부에 선지정할 수 있게 된다. 그러나 역설계 시 교환된 역입력 파라미터들과 기존의 입력 파라미터들 간의 불일치 현상이 발생할 수 있다. 즉 아주 작은 단면에 큰 공칭모멘트를 역입력 파라미터로 지정할 경우 입력 파라미터들 간의 불일치 현상으로 인공신경망은 충분한 학습을 수행할 수 없게 되고, 따라서 설계 정확도는 저하될 것이다. 역입력 파라미터의 선정은 이와 같은 역입력 모순이 발생하지 않도록 선정되어야 하며, 본 장에서 개발된 인공신경망은 자동적으로 역입력 모순이 해소되도록 개발되었다.

7.3.3.1 역방향 설계 시나리오 #1

표 7.3.6에서는 CRS 기반 인공신경망의 역설계 예제에 사용된 재료 물성치, 기둥 단면 형상, 하중, 설계 목표치인 안전율($SF = 1$) 등이 기술되어 있다. 설계 #1과 설계 #2에는 축력 및 모멘트만 각각 다르고 나머지 파라미터는 동일하게 설정되었다. 역설계 시나리오 #1에서는 2개의 역입력 파라미터($SF, b/h$)를 포함하는 총 7개의 입력 파라미터($b, f_c', f_y, P_u, M_u, SF, b/h$; 표 7.3.1의 분홍색 입력 박스 및 표 7.3.8의 붉은색 박스 내에 주어졌음)에 대해서, 9개의 출력 파라미터($h, \rho_s, \phi P_n, \phi M_n, \varepsilon_s, CI_c, CO_2, W_c, \alpha_{e/h}$; 표 7.3.1의 노란색 출력 박스)는 출력 쪽에서 계산되었다. 이때 기둥 폭(b)은 550, 600, 650, 700, 750mm로 특정하여 기둥 폭(b)이 기둥 코스트(CI_c)에 미치는 영향을 계산하였다. 역설계 시나리오 #1의 목적은

주어진 출력과 모멘트에 대해서 안전율과 기둥 단면의 형태를 입력부에 선지정하여 설계를 진행하는 것이다.

표 7.3.7에는 2개 및 5개의 은닉층과 3가지의 뉴런(20, 50, 80)으로 구성된 TED, PTM, CRS 기반의 역방향 인공신경망을 학습한 결과 중 최고의 학습 결과(MSE)를 기술하고 있다. 100000개의 빅데이터에 대해서 학습되었으며 CRS 인공신경망에서 가장 우수한 학습 결과가 구해졌다. 이때 출력 파라미터의 학습은 $W_c \rightarrow h \rightarrow \phi M_n \rightarrow \phi P_n \rightarrow \alpha_{e/h} \rightarrow W_c \rightarrow h \rightarrow \phi M_n \rightarrow \phi P_n \rightarrow \alpha_{e/h} \rightarrow \varepsilon_s \rightarrow CI_c \rightarrow \rho_s \rightarrow CO_2$ 순서로 진행되었다.

[표 7.3.6] 역설계 시나리오 #1의 설계 파라미터

설계 분류	재료 물성치	기둥 형상	계수 하중	목표 설계
설계 #1	콘크리트 압축강도: $f_c' = 40\ MPa$ 철근 인장강도: $f_y = 500\ MPa$	정사각형 기둥: $b/h = 1$	$P_u = 6000$ kN $M_u = 1500$ kN·m	안전률 $\boldsymbol{SF = 1}$ 을 만족하는 설계 파라미터 결정 $(\boldsymbol{b, h, \rho_s})$
설계 2			$P_u = 500$ kN $M_u = 2500$ kN·m	

[표 7.3.7] 역설계 시나리오 #1의 학습 결과 (이어서)

(a) TED 기반 학습

학습 일람표: 역방향 #1 - TED
7개 입력 데이터$(b, f_c', f_y, P_u, M_u, SF, b/h)$ -
9개 출력 데이터$(h, \rho_s, \phi P_n, \phi M_n, \varepsilon_s, CI_c, CO_2, W_c, \alpha_{e/h})$

학습 분류	빅 데이터 개수	사용된 은닉층 개수	사용된 뉴런 개수	지정된 Epoch	최적 Epoch	종료된 Epoch	학습 MSE	검증 MSE	테스트 MSE	최적 Epoch 에서의 R
1	100,000	2	20	100,000	99,998	100,000	3.7.E-03	3.8.E-03	3.8.E-03	0.9935
2	100,000	2	50	100,000	78,864	79,364	2.3.E-03	2.5.E-03	2.4.E-03	0.9959
3	100,000	2	80	100,000	26,966	27,466	2.9.E-03	2.9.E-03	2.9.E-03	0.9950
4	100,000	5	20	100,000	56,500	57,000	2.3.E-03	2.3.E-03	2.3.E-03	0.9960
5	100,000	5	50	100,000	30,825	31,325	2.0.E-03	1.9.E-03	2.0.E-03	0.9966
6	100,000	5	80	100,000	34,309	34,809	1.7.E-03	1.9.E-03	1.9.E-03	0.9970

[표 7.3.7] 역설계 시나리오 #1의 학습 결과 (이어서)

(b) PTM 기반 학습

학습 일람표: 역방향 #1 - PTM 7개 입력 데이터($b, f_c', f_y, P_u, M_u, SF, b/h$) - 9개 출력 데이터($h, \rho_s, \phi P_n, \phi M_n, \varepsilon_s, CI_c, CO_2, W_c, \alpha_{e/h}$)										
학습 분류	빅 데이터 개수	사용된 은닉층 개수	사용된 뉴런 개수	지정된 Epoch	최적 Epoch	종료된 Epoch	학습 MSE	검증 MSE	테스트 MSE	최적 Epoch 에서의 R
7개 입력 데이터($\boldsymbol{b, f_c', f_y, P_u, M_u, SF, b/h}$) - 1개 출력 데이터($\boldsymbol{h}$) - PTM										
1	100,000	5	50	100,000	56,275	56,775	4.0.E-09	5.6.E-09	8.3.E-09	1.0000
7개 입력 데이터($\boldsymbol{b, f_c', f_y, P_u, M_u, SF, b/h}$) - 1개 출력 데이터($\boldsymbol{\phi P_n}$) - PTM										
2	100,000	5	80	100,000	28,666	29,166	1.3.E-02	1.4.E-02	1.4.E-02	0.9798
7개 입력 데이터($\boldsymbol{b, f_c', f_y, P_u, M_u, SF, b/h}$) - 1개 출력 데이터($\boldsymbol{\phi M_n}$) - PTM										
3	100,000	2	50	100,000	18,492	18,992	7.0.E-08	1.3.E-07	1.1.E-07	1.0000
7개 입력 데이터($\boldsymbol{b, f_c', f_y, P_u, M_u, SF, b/h}$) - 1개 출력 데이터($\boldsymbol{b/h}$) - PTM										
4	100,000	2	80	100,000	29,258	29,758	3.4.E-08	4.9.E-08	8.1.E-08	1.0000
7개 입력 데이터($\boldsymbol{b, f_c', f_y, P_u, M_u, SF, b/h}$) - 1개 출력 데이터($\boldsymbol{\varepsilon_s}$) - PTM										
5	100,000	5	80	100,000	33,616	34,116	9.1.E-05	1.0.E-04	1.1.E-04	0.9989
7개 입력 데이터($\boldsymbol{b, f_c', f_y, P_u, M_u, SF, b/h}$) - 1개 출력 데이터($\boldsymbol{CI_c}$) - PTM										
6	100,000	5	80	100,000	9,285	9,785	2.8.E-04	3.6.E-04	3.9.E-04	0.9982
7개 입력 데이터($\boldsymbol{b, f_c', f_y, P_u, M_u, SF, b/h}$) - 1개 출력 데이터($\boldsymbol{CO_2}$) - PTM										
7	100,000	5	50	100,000	11,305	11,805	3.2.E-04	3.8.E-04	4.2.E-04	0.9980
7개 입력 데이터($\boldsymbol{b, f_c', f_y, P_u, M_u, SF, b/h}$) - 1개 출력 데이터($\boldsymbol{W_c}$) - PTM										
8	100,000	2	20	100,000	40,580	40,580	1.0.E-08	1.2.E-08	1.1.E-08	1.0000
7개 입력 데이터($\boldsymbol{b, f_c', f_y, P_u, M_u, SF, b/h}$) - 1개 출력 데이터($\boldsymbol{\alpha_{e/h}}$) - PTM										
9	100,000	5	50	100,000	75,704	76,204	3.5.E-07	5.3.E-07	5.1.E-07	1.0000

주: 2개 및 5개의 은닉층과 3종류의 뉴런(20, 50, 80)을 가진 순방향 네트워크의 학습 결과 중 최고의 학습 결과(MSE)를 산출한 역방향 네트워크

[표 7.3.7] 역설계 시나리오 #1의 학습 결과

(c) CRS 기반 학습

학습 일람표: 역방향 #1 - CRS 7개 입력 데이터($b, f_c', f_y, P_u, M_u, SF, b/h$) - 9개 출력 데이터($h, \rho_s, \phi P_n, \phi M_n, \varepsilon_s, CI_c, CO_2, W_c, \alpha_{e/h}$)										
학습 분류	**빅 데이터 개수**	**사용된 은닉층 개수**	**사용된 뉴런 갯수**	**지정된 Epoch**	**최적 Epoch**	**종료된 Epoch**	**학습 MSE**	**검증 MSE**	**테스트 MSE**	**최적 Epoch 에서의 R**
7개 입력 데이터($\boldsymbol{b, f_c', f_y, P_u, M_u, SF, b/h}$) - 1개 출력 데이터($\boldsymbol{W_c}$) – CRS										
1	100,000	2	50	100,000	45,243	45,743	1.2.E-08	1.3.E-08	1.5.E-08	1.0000
8개 입력 데이터($\boldsymbol{b, f_c', f_y, P_u, M_u, SF, b/h, W_c}$[a]) - 1개 출력 데이터($\boldsymbol{h}$) – CRS										
2	100,000	2	20	100,000	44,194	44,199	6.6.E-09	6.7.E-09	6.6.E-09	1.0000
9개 입력 데이터($\boldsymbol{b, f_c', f_y, P_u, M_u, SF, b/h, W_c, h}$[a]) - 1개 출력 데이터($\boldsymbol{\phi M_n}$) - CRS										
3	100,000	2	20	100,000	33,555	33,560	1.0.E-08	1.0.E-08	2.8.E-08	1.0000
10개 입력 데이터($\boldsymbol{b, f_c', f_y, P_u, M_u, SF, b/h, W_c, h, \phi M_n}$[a]) - 1개 출력 데이터($\boldsymbol{\phi P_n}$) - CRS										
4	100,000	2	20	100,000	33,054	33,554	2.6.E-08	2.5.E-08	3.1.E-08	1.0000
11개 입력 데이터($\boldsymbol{b, f_c', f_y, P_u, M_u, SF, b/h, W_c, h, \phi M_n, \phi P_n}$[a]) - 1개 출력 데이터($\boldsymbol{\alpha_{e/h}}$) - CRS										
5	100,000	5	80	100,000	81,741	82,241	7.5.E-08	9.8.E-08	1.3.E-07	1.0000
12개 입력 데이터($\boldsymbol{b, f_c', f_y, P_u, M_u, SF, b/h, W_c, h, \phi M_n, \phi P_n, \alpha_{e/h}}$[a]) - 1개 출력 데이터($\boldsymbol{\varepsilon_s}$) - CRS										
6	100,000	5	80	100,000	35,747	36,247	7.7.E-05	8.6.E-05	8.6.E-05	0.9990
13개 입력 데이터($\boldsymbol{b, f_c', f_y, P_u, M_u, SF, b/h, W_c, h, \phi M_n, \phi P_n, \alpha_{e/h}, \varepsilon_s}$[a]) - 1개 출력 데이터($\boldsymbol{CI_c}$) – CRS										
7	100,000	5	80	100,000	28,198	28,698	2.8.E-05	3.5.E-05	3.6.E-05	0.9998
14개 입력 데이터($\boldsymbol{b, f_c', f_y, P_u, M_u, SF, b/h, W_c, h, \phi M_n, \phi P_n, \alpha_{e/h}, \varepsilon_s, CI_c}$[a]) - 1개 출력 데이터($\boldsymbol{\rho_s}$) – CRS										
8	100,000	2	80	100,000	46,571	47,071	1.3.E-07	1.6.E-07	1.5.E-07	1.0000
15개 입력 데이터($\boldsymbol{b, f_c', f_y, P_u, M_u, SF, b/h, W_c, h, \phi M_n, \phi P_n, \alpha_{e/h}, \varepsilon_s, CI_c, \rho_s}$[a]) - 1개 출력 데이터($\boldsymbol{CO_2}$) - CRS										
9	100,000	5	80	100,000	38,327	38,827	9.5.E-08	1.0.E-07	1.1.E-07	1.0000

[a] 이전 단계에서 학습된 출력 데이터를 다음 파라미터 학습 시 입력 파라미터로 사용하는 CRS 방법

주: 2개 및 5개의 은닉층과 3종류의 뉴런(20, 50, 80)을 가진 순방향 네트워크의 학습 결과 중 최고의 학습 결과(MSE)를 산출한 역방향 네트워크

표 7.3.8(a)~(e)에는 설계 목표로 안전율($SF = 1$)과 정사각형 기둥($b/h = 1$)을 설정하였고, 6000kN의 축력과 1500kNm의 모멘트가 작용할 경우 5개의 기둥 폭(b; 585, 600, 650, 700, 740mm)에 대한 기둥의 철근비(ρ_s), 기둥 코스트(CI_c), 이산화탄소 배출량(CO_2), 편심각($\alpha_{e/h}$) 등을 보여주었다.

표 7.3.8은 각각의 기둥 폭에 대한 5개의 설계와 최적 설계 결과를 보여주고 있다. 표 7.3.8(a)와 그림 7.3.2에 도시되어 있듯이 기둥 폭(b)과 철근비(ρ_s) 관계를 나타내는 오렌지색 곡선으로부터 기둥 폭이 585mm일 경우 철근비(ρ_s)가 0.0941로 계산되었고, 이는 설계 규준의 기둥 철근 최대 철근비인 0.08을 초과하는 것으로 설계 결과값으로는 적용할 수 없는 값이다. 따라서 기둥폭을 포함한 입력 파라미터들을 재조정하여 철근비(ρ_s)가 0.08 이하로 계산되도록 유도하여야 한다. 따라서 표 7.3.8(a)에 기술된 설

계는 재설계가 요구된다.

표 7.3.8(e)와 그림 7.3.2에 도시되어 있듯이 기둥 폭과 기둥 코스트 관계를 나타내는 푸른색 포물선으로부터 기둥 폭 740mm에서 기둥 코스트(CI_c, 98022.7KRW/m)를 보여주고 있다. 이때 철근비는 0.0102로 최소 철근비($\rho_{s,min}$)인 0.01보다 큰 값으로 계산되었다.

6개의 파라미터로 구성된 입력 벡터[$f_c', f_y, P_u, M_u, SF, b/h$]는 [40, 500, 6000, 1500, 1, 1]로 지정되었고, 5개의 기둥 폭(b; 585, 600, 650, 700, 740mm)에 대한 기둥, 철근비(ρ_s), 기둥 코스트(CI_c)의 변화를 보여주고 있다. 기둥 폭이 커질수록 기둥, 철근비(ρ_s), 기둥 코스트(CI_c)는 작아지는 것을 알 수 있고 이들 사이의 정확한 함수 관계를 보여주고 있다.

그림 7.3.2는 반복 작업으로 도출되었다. ACI 318-19의 설계 규준($0.01 \le \rho_s \le 0.08$)은 기둥 폭 592(ρ_{smax} = 0.08)과 740(ρ_{smin} = 0.01) 사이에서 존재하는 것을 알 수 있다. 그림 7.3.2에서 최소 기둥 코스트(CI_c, 97471.7KRW/m)는 725mm의 기둥 폭(b)에서 철근비가 0.011일 때 도출되었음을 알 수 있다. 참고로 최대 철근비 0.08과 기둥 폭 592mm에 대응하는 기둥 코스트(CI_c)는 265,000KRW/m임을 알 수 있다.

그림 7.3.3에는 표 7.3.8(a)부터 표 7.3.8(e)에서 계산된 파라미터를 이용하여 P–M 상관도를 도시하였고, 최소 기둥 코스트(CI_c, 97471.4KRW/m)를 만족하는 기둥의 P–M 상관도와 표 7.3.8(a)로부터 표 7.3.8(e)의 5가지 영역의 기둥 폭과 관련된 파라미터를 갖는 P–M 상관도를 비교하였다. SF가 1로 입력부에 선지정되어 있으므로 P–M 상관도는 하중점 P_u와 M_u를 정확하게 지나가야 한다. 이와 같이 SF를 입력부에 선지정하는 일은 일반 구조설계에서는 가능하지 않다. 즉 SF는 일반 구조설계에서는 입력 파라미터로 P–M 상관도를 작성한 후에나 알 수 있는 파라미터이기 때문이다. 표 7.3.8(a)의 Case 1 설계의 경우 철근비가 설계 규준에서 요구되는 철근비 범위 외에서 구해졌으므로, 그림 7.3.3의 Case 1의 P–M 상관도는 입력 파라미터로 지정된 P_u과 M_u 하중점을 지나지 못하고 있다. 표 7.3.8(e)의 Case 5의 경우에는 계산된 철근비가 설계 규준에서 요구되는 철근비 범위(0.01~0.08) 내에서 구해지긴 했지만, 생성된 빅데이터의 경계 부분에 존재하므로 학습에 지장을 초래하여 P–M 상관도가 하중점을 지나지 못하고 있다. 이와 같은 경우에는 빅데이터의 생성범위를 확장하여 인공신경망을 학습시키면 개선할 수 있다. 철근비가 확장된 빅데이터에 기반을 둔 P–M 상관도를 7.3.3.4절에 도시하였다. 표 7.3.9(a)부터 표 7.3.9(e)에는 설계 목표로 안전율(SF = 1)과 정사각형 기둥(b/h = 1)을 설정하였고, 500kN의 축력과 2500kNm의 모멘트가 작용할 경우 5개의 기둥

폭(b; 650, 700, 800, 950, 1100mm)에 대한 기둥의 철근비(ρ_s), 기둥 코스트(CI_c), 이산화탄소 배출량(CO_2), 편심각($\alpha_{e/h}$) 등을 보여주고 있다.

표 7.3.9와 그림 7.3.4에는 6개의 파라미터로 구성된 입력 벡터[$f_c', f_y, P_u, M_u, SF, b/h$]가 [40, 500, 500, 2500, 1, 1]로 지정되었다. 5개의 기둥 폭(b ; 650, 700, 800, 950, 1100 mm)에 대한 기둥, 철근비(ρ_s), 기둥 코스트(CI_c)의 변화를 보여주고 있다. 그림 7.3.4에서 도시된 기둥 폭과 철근비 관계를 나타내는 오렌지색 곡선은 기둥 폭이 증가할수록 감소하는 철근비를 나타내고 있다. 기둥 폭과 기둥 코스트 관계를 나타내는 푸른색 포물선으로부터 기둥 코스트의 최솟값(CI_c)은 포물선의 최하 부분, 즉 철근비가 0.0186일 때 179,317KRW/m로 구해진다. 이때 기둥 폭은 850mm이다. 그림 7.3.4에서 보이듯이 표 7.3.9에 주어진 기둥 단면으로는 최대 철근비 0.08에 도달하지 못하는 것을 알 수 있다.

그림 7.3.5에는 표 7.3.9(a)로부터 표 7.3.9(e)에서 계산된 파라미터를 이용하여 P-M 상관도를 도시하였고, 최소 기둥 코스트(CI_c, 179,317KRW/m)를 만족하는 기둥의 P-M 상관도와 표 7.3.9(a)~표 7.3.9(e)의 5가지 경우의 파라미터를 갖는 기둥의 P-M 상관도가 비교되어 있다.

SF가 1로 입력부에 선지정되어 있으므로, 모든 P-M 상관도가 입력 파라미터로 지정된 P_u과 M_u로 지정된 점을 정확하게 지나고 있다. 표 7.3.9와 그림 7.3.4에 도출된 최적 설계 곡선과 그림 7.3.4의 P-M 상관도를 구하기 위해 CRS 인공신경망이 100,000개의 빅데이터에 대해서 학습되었으며, 이때 출력 파라미터의 학습 순서는 표 7.3.9에 기록된 대로 $W_c \rightarrow h \rightarrow \phi M_n \rightarrow \phi P_n \rightarrow \alpha_{e/h} \rightarrow \varepsilon_s \rightarrow CI_c \rightarrow \rho_s \rightarrow CO_2$로 구성되었다.

[표 7.3.8] 기둥 폭이 기둥 코스트(CI_c) 등 설계 파라미터에 미치는 영향

(5개 영역의 역설계 시나리오 #1, 설계 #1) (이어서)

$$(f'_c = 40MPa, f_y = 500MPa, P_u = 6000kN, M_u = 1500kN \cdot m, SF = 1, b/h = 1)$$

(a) Case 1 : $b = 585$

역방향 #1 설계 시나리오의 설계 집계표 (CRS)				
설계 데이터		AI 결과	검증(*AutoCol*)	오차
1	b (mm)	**585.0**	**585.0**	0.00%
2	h (mm)	585.0	585.0	0.00%
3	ρ_s	0.0941	0.0941	0.00%
4	f_c' (MPa)	40	40	0.00%
5	f_y (MPa)	500	500	0.00%
6	P_u (kN)	**6000**	**6000**	0.00%
7	M_u (kN·m)	**1500**	**1500**	0.00%
8	ϕP_n (kN)	6001.3	5795.7	3.43%
9	ϕM_n (kN·m)	1499.3	1448.9	3.36%
10	SF	1.000	0.966	3.40%
11	b/h	1.000	1.000	0.00%
12	ε_s	0.00136	0.00145	-7.01%
13	CI_c (KRW/m)	298573.2	298769.8	-0.07%
14	CO_2 (t-CO_2/m)	0.6923	0.6924	-0.02%
15	W_c (kN/m)	8.063	8.063	0.00%
16	$\alpha_{e/h}$	1.167	1.167	0.00%

학습 정확도는 표 7.3.7(c)에 표기

CRS 학습 순서: 15→2→9→8→16→12→13→3→14

▭ AI 기반의 7개 입력 데이터

▭ 기존 구조계산 기반의 7개 입력 데이터 (*AutoCol*)

[표 7.3.8] 기둥 폭이 기둥 코스트(CI_c) 등 설계 파라미터에 미치는 영향

(5개 영역의 역설계 시나리오 #1, 설계 #1) (이어서)

(b) Case 2 : $b = 600$

역방향 #1 설계 시나리오의 설계 집계표 (CRS)				
설계 데이터		AI 결과	검증(*AutoCol*)	오차
1	b (mm)	**600.0**	**600.0**	0.00%
2	h (mm)	600.0	600.0	0.00%
3	ρ_s	0.0668	0.0668	0.00%
4	f_c' (MPa)	40	40	0.00%
5	f_y (MPa)	500	500	0.00%
6	P_u (kN)	**6000**	**6000**	0.00%
7	M_u (kN·m)	**1500**	**1500**	0.00%
8	ϕP_n (kN)	6000.9	5884.3	1.94%
9	ϕM_n (kN·m)	1499.6	1471.1	1.91%
10	SF	1.000	0.981	1.93%
11	b/h	1.000	1.000	0.00%
12	ε_s	0.00128	0.00132	-3.18%
13	CI_c (KRW/m)	**233010.2**	**232933.3**	0.03%
14	CO_2 (t-CO_2/m)	0.5345	0.5346	-0.02%
15	W_c (kN/m)	8.482	8.482	0.00%
16	$\alpha_{e/h}$	1.17595	1.17602	-0.01%

학습 정확도는 표 7.3.7(c)에 표기

CRS 학습 순서: 15→2→9→8→16→12→13→3→14

▭ AI 기반의 7개 입력 데이터

▭ 기존 구조계산 기반의 7개 입력 데이터 (*AutoCol*)

[표 7.3.8] 기둥 폭이 기둥 코스트(CI_c) 등 설계 파라미터에 미치는 영향

(5개 영역의 역설계 시나리오 #1, 설계 #1) (이어서)

(c) Case 3: $b = 650$

역방향 #1 설계 시나리오의 설계 집계표 (CRS)				
설계 데이터		**AI 결과**	**검증(*AutoCol*)**	**오차**
1	b (mm)	**650.0**	**650.0**	0.00%
2	h (mm)	650.0	650.0	0.00%
3	ρ_s	0.0292	0.0292	0.00%
4	f_c' (MPa)	40	40	0.00%
5	f_y (MPa)	500	500	0.00%
6	P_u (kN)	**6000**	**6000**	0.00%
7	M_u (kN·m)	**1500**	**1500**	0.00%
8	ϕP_n (kN)	5999.6	6031.4	-0.53%
9	ϕM_n (kN·m)	1500.6	1507.9	-0.49%
10	SF	1.000	1.005	-0.52%
11	b/h	1.0000	0.9999	0.01%
12	ε_s	0.00126	0.00123	2.24%
13	CI_c (KRW/m)	**142074.2**	**141972.5**	0.07%
14	CO_2 (t-CO_2/m)	0.3139	0.3144	-0.17%
15	W_c (kN/m)	9.956	9.955	0.01%
16	$\alpha_{e/h}$	1.203	1.204	-0.02%

학습 정확도는 표 7.3.7(c)에 표기

CRS 학습 순서: *15→2→9→8→16→12→13→3→14*

□ AI 기반의 7개 입력 데이터

□ 기존 구조계산 기반의 7개 입력 데이터 (*AutoCol*)

[표 7.3.8] 기둥 폭이 기둥 코스트(CI_c) 등 설계 파라미터에 미치는 영향

(5개 영역의 역설계 시나리오 #1, 설계 #1) (이어서)

(d) Case 4: $b = 700$

역방향 1 설계 시나리오의 설계 집계표 (CRS)				
설계 데이터		AI 결과	검증(*AutoCol*)	오차
1	b (mm)	**700.0**	**700.0**	0.00%
2	h (mm)	700.1	700.1	0.00%
3	ρ_s	0.0145	0.0145	0.00%
4	f_c' (MPa)	40	40	0.00%
5	f_y (MPa)	500	500	0.00%
6	P_u (kN)	**6000**	**6000**	0.00%
7	M_u (kN·m)	**1500**	**1500**	0.00%
8	ϕP_n (kN)	5998.6	6042.4	-0.73%
9	ϕM_n (kN·m)	1501.2	1510.6	-0.63%
10	SF	1.000	1.007	-0.71%
11	b/h	1.0000	0.9999	0.01%
12	ε_s	0.00154	0.00150	2.77%
13	CI_c (KRW/m)	**105180.1**	**105073.1**	0.10%
14	CO_2 (t-CO_2/m)	0.2222	0.2227	-0.24%
15	W_c (kN/m)	11.547	11.546	0.01%
16	$\alpha_{e/h}$	1.2276	1.2278	-0.02%

학습 정확도는 표 7.3.7(c)에 표기

CRS 학습 순서: *15→2→9→8→16→12→13→3→14*

▭ AI 기반의 7개 입력 데이터

▭ 기존 구조계산 기반의 7개 입력 데이터 (*AutoCol*)

[표 7.3.8] 기둥 폭이 기둥 코스트(CI_c) 등 설계 파라미터에 미치는 영향

(5개 영역의 역설계 시나리오 #1, 설계 #1) (이어서)

(e) Case 5: b = 740

역방향 #1 설계 시나리오의 설계 집계표 (CRS)				
설계 데이터		AI 결과	검증(*AutoCol*)	오차
1	b (mm)	**740.0**	**740.0**	0.00%
2	h (mm)	740.1	740.1	0.00%
3	ρ_s	0.0102	0.0102	0.00%
4	f_c' (MPa)	40	40	0.00%
5	f_y (MPa)	500	500	0.00%
6	P_u (kN)	**6000**	**6000**	0.00%
7	M_u (kN·m)	**1500**	**1500**	0.00%
8	ϕP_n (kN)	5998.0	6476.6	-7.98%
9	ϕM_n (kN·m)	1501.5	1619.1	-7.84%
10	SF	1.000	1.079	-7.94%
11	b/h	1.0000	0.9999	0.01%
12	ε_s	0.00178	0.00160	9.83%
13	CI_c (KRW/m)	**98022.7**	**97886.1**	0.14%
14	CO_2 (t-CO_2/m)	0.2020	0.2024	-0.21%
15	W_c (kN/m)	12.904	12.903	0.01%
16	$\alpha_{e/h}$	1.245	1.245	-0.02%

학습 정확도는 표 7.3.7(c)에 표기

CRS 학습 순서: *15→2→9→8→16→12→13→3→14*

▭ AI 기반의 7개 입력 데이터

▭ 기존 구조계산 기반의 7개 입력 데이터 (*AutoCol*)

[표 7.3.8] 기둥 폭이 기둥 코스트(CI_c) 등 설계 파라미터에 미치는 영향

(5개 영역의 역설계 시나리오 #1, 설계 #1)

(f) 최적 설계: $b = 725$

역방향 #1 설계 시나리오의 설계 집계표 (CRS)				
설계 데이터		**AI 결과**	**검증(*AutoCol*)**	**오차**
1	b (mm)	**725.0**	**725.0**	0.00%
2	h (mm)	725.1	725.1	0.00%
3	ρ_s	0.0110	0.0110	0.00%
4	f_c' (MPa)	40	40	0.00%
5	f_y (MPa)	500	500	0.00%
6	P_u (kN)	**6000**	**6000**	0.00%
7	M_u (kN·m)	**1500**	**1500**	0.00%
8	ϕP_n (kN)	5998.2	6212.8	-3.58%
9	ϕM_n (kN·m)	1501.4	1553.2	-3.45%
10	SF	1.000	1.035	-3.55%
11	b/h	1.0000	0.9999	0.01%
12	ε_s	0.00170	0.00161	5.07%
13	CI_c (KRW/m)	**97471.7**	**97348.8**	0.13%
14	CO_2 (t-CO_2/m)	0.2019	0.2023	-0.21%
15	W_c (kN/m)	12.386	12.385	0.01%
16	$\alpha_{e/h}$	1.2385	1.2388	-0.02%

학습 정확도는 표 7.3.7(c)에 표기

CRS 학습 순서: 15→2→9→8→16→12→13→3→14

▭ AI 기반의 7개 입력 데이터

▭ 기존 구조계산 기반의 7개 입력 데이터 (*AutoCol*)

$(f'_c = 40MPa, f_y = 500MPa, P_u = 6000kN, M_u = 1500kN \cdot m, SF = 1, b/h = 1)$

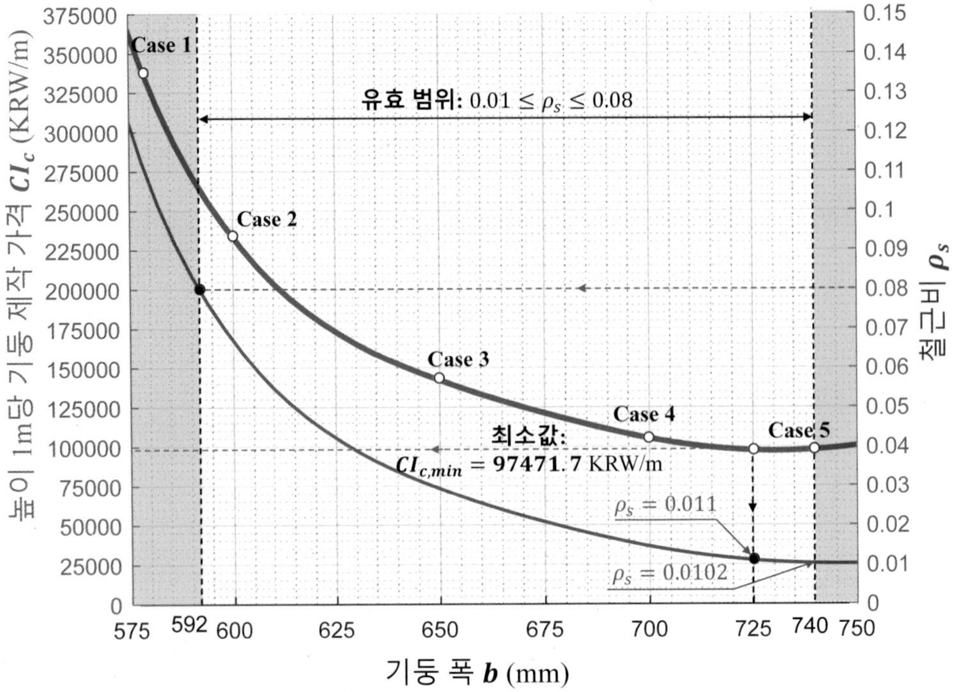

——— $b - CI_c$ 관계 ——— $b - \rho_s$ 관계

Case 1: $b = 585, \rho = 0.0941$

Case 2: $b = 600, \rho = 0.0668$

Case 3: $b = 650, \rho = 0.0292$

Case 4: $b = 700, \rho = 0.0145$

Case 5: $b = 740, \rho = 0.0102$

최소값: $b = 725, \rho = 0.0110$

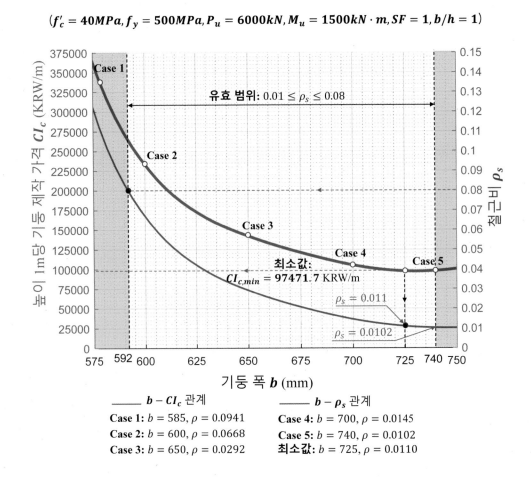

[그림 7.3.2] 기둥 폭이 기둥 코스트 (CI_c) 등 설계 파라미터에 미치는 영향

(5개 영역의 역설계 시나리오 #1, 설계 #1): 시행 착오 방법

$(f'_c = 40MPa, f_y = 500MPa, P_u = 6000kN, M_u = 1500kN \cdot m, SF = 1, b/h = 1)$

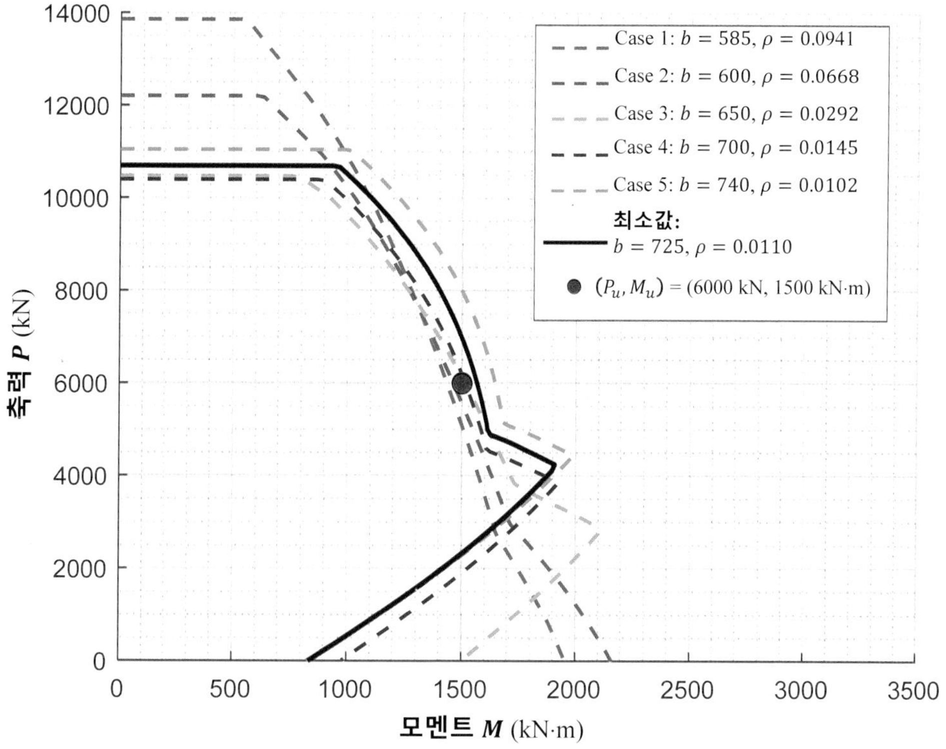

[그림 7.3.3] 5개 영역의 역설계 시나리오 #1 (설계 #1)과 코스트가 최적화된 P–M 상관도 비교

[표 7.3.9] 기둥 폭이 기둥 코스트(CI_c) 등 설계 파라미터에 미치는 영향

(5개 영역의 역설계 시나리오 #1, 설계 #2) (이어서)

$$(f_c' = 40MPa, f_y = 500MPa, P_u = 500kN, M_u = 2500kN \cdot m, SF = 1, b/h = 1)$$

(a) Case 1: b = 650

역방향 1 설계 시나리오의 설계 집계표 (CRS)				
설계 데이터		AI 결과	검증(*AutoCol*)	오차
1	b (mm)	**650.0**	**650.0**	0.00%
2	h (mm)	650.0	650.0	0.00%
3	ρ_s	0.0522	0.0522	0.00%
4	f_c' (MPa)	40	40	0.00%
5	f_y (MPa)	500	500	0.00%
6	P_u (kN)	**500**	**500**	0.00%
7	M_u (kN·m)	**2500**	**2500**	0.00%
8	ϕP_n (kN)	500.7	502.6	-0.40%
9	ϕM_n (kN·m)	2500.0	2513.2	-0.53%
10	SF	1.000	1.005	-0.53%
11	b/h	1.0000	0.9999	0.01%
12	ε_s	0.00702	0.00701	0.11%
13	CI_c (KRW/m)	**222302.5**	**222207.8**	0.04%
14	CO_2 (t-CO_2/m)	0.50551	0.50554	-0.01%
15	W_c (kN/m)	9.95	9.95	0.00%
16	$\alpha_{e/h}$	0.129	0.129	0.06%

학습 정확도는 표 7.3.7(c)에 표기

CRS 학습 순서: 15→2→9→8→16→12→13→3→14

▭ AI 기반의 7개 입력 데이터

▭ 기존 구조계산 기반의 7개 입력 데이터 (*AutoCol*)

[표 7.3.9] 기둥 폭이 기둥 코스트(CI_c) 등 설계 파라미터에 미치는 영향

(5개 영역의 역설계 시나리오 #1, 설계 #2) (이어서)

(b) Case 2: b = 700

역방향 1 설계 시나리오의 설계 집계표 (CRS)				
설계 데이터		**AI 결과**	**검증(*AutoCol*)**	**오차**
1	b (mm)	**700.0**	**700.0**	0.00%
2	h (mm)	700.0	700.0	0.00%
3	ρ_s	0.0386	0.0386	0.00%
4	f_c' (MPa)	40	40	0.00%
5	f_y (MPa)	500	500	0.00%
6	P_u (kN)	**500**	**500**	0.00%
7	M_u (kN·m)	**2500**	**2500**	0.00%
8	ϕP_n (kN)	501.9	502.5	-0.12%
9	ϕM_n (kN·m)	2500.8	2512.6	-0.47%
10	SF	1.000	1.005	-0.50%
11	b/h	1.000	1.000	0.00%
12	ε_s	0.01008	0.00997	1.02%
13	CI_c (KRW/m)	**202774.3**	**202667.0**	0.05%
14	CO_2 (t-CO_2/m)	0.4557	0.4552	0.11%
15	W_c (kN/m)	11.545	11.545	0.00%
16	$\alpha_{e/h}$	0.1394	0.1391	0.24%

학습 정확도는 표 7.3.7(c)에 표기

CRS 학습 순서: 15→2→9→8→16→12→13→3→14

▭ AI 기반의 7개 입력 데이터

▭ 기존 구조계산 기반의 7개 입력 데이터 (*AutoCol*)

[표 7.3.9] 기둥 폭이 기둥 코스트(CI_c) 등 설계 파라미터에 미치는 영향

(5개 영역의 역설계 시나리오 #1, 설계 #2) (이어서)

(c) Case 3: b = 800

역방향 1 설계 시나리오의 설계 집계표 (CRS)				
설계 데이터		AI 결과	검증(*AutoCol*)	오차
1	b (mm)	**800.0**	**800.0**	0.00%
2	h (mm)	800.0	800.0	0.00%
3	ρ_s	0.0231	0.0231	0.00%
4	f_c' (MPa)	40	40	0.00%
5	f_y (MPa)	500	500	0.00%
6	P_u (kN)	**500**	**500**	0.00%
7	M_u (kN·m)	**2500**	**2500**	0.00%
8	ϕP_n (kN)	502.1	493.9	1.63%
9	ϕM_n (kN·m)	2501.9	2469.5	1.29%
10	SF	1.000	0.988	1.22%
11	b/h	1.000	1.000	0.00%
12	ε_s	0.01747	0.01715	1.81%
13	CI_c (KRW/m)	**182762.1**	**182677.7**	0.05%
14	CO_2 (t-CO_2/m)	0.3998	0.3992	0.16%
15	W_c (kN/m)	15.078	15.079	-0.01%
16	$\alpha_{e/h}$	0.1590	0.1587	0.22%

학습 정확도는 표 7.3.7(c)에 표기

CRS 학습 순서: 15→2→9→8→16→12→13→3→14

▭ AI 기반의 7개 입력 데이터

▭ 기존 구조계산 기반의 7개 입력 데이터 (*AutoCol*)

[표 7.3.9] 기둥 폭이 기둥 코스트(CI_c) 등 설계 파라미터에 미치는 영향

(5개 영역의 역설계 시나리오 #1, 설계 #2) (이어서)

(d) Case 4: b = 950

역방향 1 설계 시나리오의 설계 집계표 (CRS)				
설계 데이터		AI 결과	검증(*AutoCol*)	오차
1	b (mm)	**950.0**	**950.0**	0.00%
2	h (mm)	950.0	950.0	0.00%
3	ρ_s	0.0132	0.0132	0.00%
4	f_c' (MPa)	40	40	0.00%
5	f_y (MPa)	500	500	0.00%
6	P_u (kN)	**500**	**500**	0.00%
7	M_u (kN·m)	**2500**	**2500**	0.00%
8	ϕP_n (kN)	497.1	500.8	-0.73%
9	ϕM_n (kN·m)	2502.3	2503.8	-0.06%
10	SF	1.000	1.002	-0.15%
11	b/h	1.000	1.000	0.00%
12	ε_s	0.02852	0.02779	2.58%
13	CI_c (KRW/m)	**183609.0**	**183476.7**	0.07%
14	CO_2 (t-CO_2/m)	0.3865	0.3863	0.06%
15	W_c (kN/m)	21.261	21.262	-0.01%
16	$\alpha_{e/h}$	0.187	0.188	-0.42%

학습 정확도는 표 7.3.7(c)에 표기

CRS 학습 순서: 15→2→9→8→16→12→13→3→14

▭ AI 기반의 7개 입력 데이터

▭ 기존 구조계산 기반의 7개 입력 데이터 (*AutoCol*)

[표 7.3.9] 기둥 폭이 기둥 코스트(CI_c) 등 설계 파라미터에 미치는 영향

(5개 영역의 역설계 시나리오 #1, 설계 #2) (이어서)

(e) Case 5: b = 1,100

역방향 1 설계 시나리오의 설계 집계표 (CRS)				
설계 데이터		AI 결과	검증(*AutoCol*)	오차
1	b (mm)	**1100.0**	**1100.0**	0.00%
2	h (mm)	1100.0	1100.0	0.00%
3	ρ_s	0.0084	0.0084	0.00%
4	f_c' (MPa)	40	40	0.00%
5	f_y (MPa)	500	500	0.00%
6	P_u (kN)	**500**	**500**	0.00%
7	M_u (kN·m)	**2500**	**2500**	0.00%
8	ϕP_n (kN)	489.4	511.7	-4.56%
9	ϕM_n (kN·m)	2501.0	2558.6	-2.30%
10	SF	1.000	1.023	-2.34%
11	b/h	1.000	1.000	0.00%
12	ε_s	0.03987	0.03860	3.20%
13	CI_c (KRW/m)	**197691.0**	**197500.6**	0.10%
14	CO_2 (t-CO_2/m)	0.4036	0.4025	0.28%
15	W_c (kN/m)	28.509	28.507	0.01%
16	$\alpha_{e/h}$	0.213	0.217	-1.52%

학습 정확도는 표 7.3.7(c)에 표기

CRS 학습 순서: 15→2→9→8→16→12→13→3→14

▭ AI 기반의 7개 입력 데이터

▭ 기존 구조계산 기반의 7개 입력 데이터 (*AutoCol*)

[표 7.3.9] 기둥 폭이 기둥 코스트(CI_c) 등 설계 파라미터에 미치는 영향

(5개 영역의 역설계 시나리오 #1, 설계 #2)

(f) 최적 설계: $b = 850$

역방향 1 설계 시나리오의 설계 집계표 (CRS)				
설계 데이터		AI 결과	검증(*AutoCol*)	오차
1	b (mm)	**850.0**	**850.0**	0.00%
2	h (mm)	850.0	850.0	0.00%
3	ρ_s	0.0186	0.0186	0.00%
4	$f_c{}'$ (MPa)	40	40	0.00%
5	f_y (MPa)	500	500	0.00%
6	P_u (kN)	**500**	**500**	0.00%
7	M_u (kN·m)	**2500**	**2500**	0.00%
8	ϕP_n (kN)	501.0	490.7	2.06%
9	ϕM_n (kN·m)	2502.1	2453.6	1.94%
10	SF	1.000	0.981	1.85%
11	b/h	1.000	1.000	0.00%
12	ε_s	0.02158	0.02157	0.05%
13	CI_c (KRW/m)	**179317.2**	**179235.1**	0.05%
14	CO_2 (t-CO_2/m)	0.3868	0.3863	0.13%
15	W_c (kN/m)	17.021	17.022	-0.01%
16	$\alpha_{e/h}$	0.169	0.168	0.08%

학습 정확도는 표 7.3.7(c)에 표기

CRS 학습 순서: 15→2→9→8→16→12→13→3→14

▭ AI 기반의 7개 입력 데이터

▭ 기존 구조계산 기반의 7개 입력 데이터 (*AutoCol*)

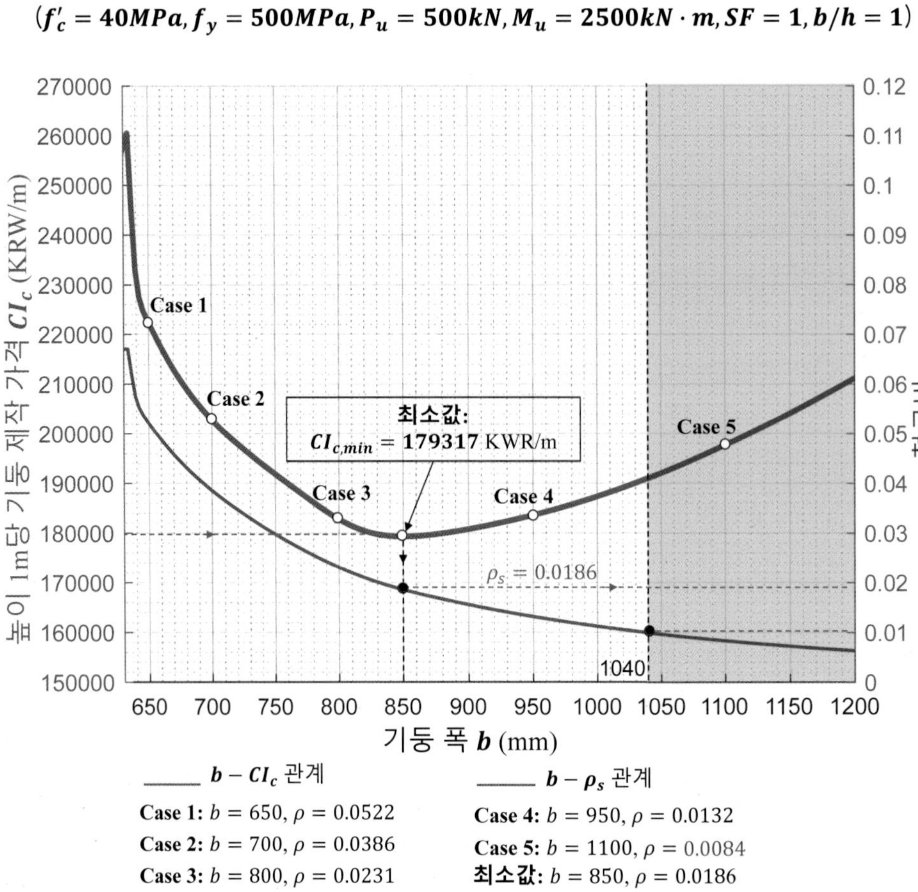

[그림 7.3.4] 기둥 폭이 기둥 코스트(CI_c) 등 설계 파라미터에 미치는 영향
(5개 영역의 역설계 시나리오 #1, 설계 #2); 시행 착오 방법

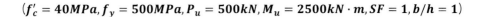

$(f'_c = 40MPa, f_y = 500MPa, P_u = 500kN, M_u = 2500kN \cdot m, SF = 1, b/h = 1)$

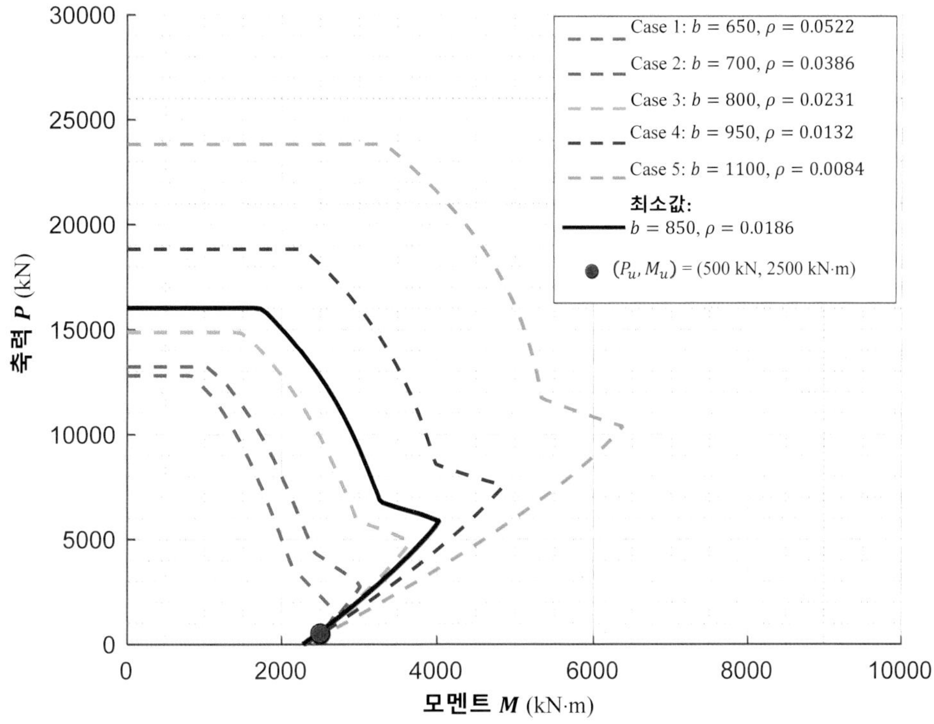

[그림 7.3.5] 5개 영역의 역설계 시나리오 #1 (설계 #2)과 코스트가 최적화된 $P - M$ 상관도 비교

7.3.3.2 역방향 설계 시나리오 #2

역설계 시나리오 #2에서는 2개의 역입력 파라미터($SF, b/h$)를 포함하는 6개의 입력 파라미터($f'_c, f_y, P_u, M_u, SF, b/h$; 표 7.3.1의 분홍색 입력 박스 및 표 7.3.11의 붉은색 박스 내에 주어졌음)에 대해서 10개의 출력 파라미터($b, h,\ \rho_s, \phi P_n, \phi M_n, \varepsilon_s, CI_c, CO_c, W_c,\ \alpha_{e/h}$; 표 7.3.1의 노란색 출력 박스)를 구하는 설계이다. 역설계 시나리오 #1에서는 기둥 폭(b)을 입력부에 지정하였으나(표 7.3.8, 표7.3.9), 역설계 시나리오 #2에서는 기둥 폭을 지정하지 않고 출력부에서 계산하였다(표 7.3.11, 표 7.3.12).

역설계 시나리오 #2의 목적은 주어진 출력과 모멘트에 대해서 안전율과 기둥 단면의 형태를 입력부에 선지정하여 설계를 진행하되, 기둥 폭(b)을 제한하지 않고 인공신경망 출력값으로 구하였다. 표 7.3.10에는 역설계 시나리오 #2에 대해서 2개와 5개의 은닉층의 조합과 20, 50, 80개의 뉴런을 기반으로 TED, PTM, CRS 인공신경망을 학습한 결과가 도출되어 있다. 6개의 파라미터로 구성된 입력 벡터[$f_c', f_y, P_u, M_u, SF, b/h$]를 [40, 500, 6000, 1500, 1, 1]로 지정하여 기둥 폭(b), 철근비(ρ_s), 기둥 코스트(CI_c)의 변화를 계산하였다. 표 7.3.11(a)와 표 7.3.11(b)에서 보이는 대로 역설계 시나리오 #2의 학습 데이터가 복잡하게 얽혀 있으므로 TED와 PTM 기반의 인공신경망은 정확한 설계 결과를 도출하지 못하고 있다. 반면에 표 7.3.11(c)의 CRS 기반 인공신경망에 의한 설계 결과는 매우 정확도가 높게 도출되었다. 100000개의 빅데이터에 대해서 학습되었으며 CRS 인공신경망에서 가장 우수한 학습 결과가 구해졌다.

이때 출력 파라미터의 학습 순서는 표 7.3.11(c)에 기술되어 있듯이 ($\phi M_n \rightarrow \phi P_n \rightarrow \alpha_{e/h} \rightarrow W_c \rightarrow h \rightarrow b \rightarrow \varepsilon_s \rightarrow CI_c \rightarrow CO_2 \rightarrow \rho_s$)로 구성되었고, 동일한 출력부에 속한 출력 파라미터들도 그 다음 출력 파라미터의 학습에 입력 파라미터로 이용할 수 있게 되어 학습 정확도가 향상된다.

P–M 상관도상의 전이(표 7.3.11, 6000kN의 축력과 1500kNm의 모멘트) 영역과 인장 컨트롤(표 7.3.12, 500kN의 축력과 2500kNm의 모멘트) 영역의 경우에 대해 기둥의 코스트(CI_c), 이산화탄소 배출량(CO_2), 편심각도($\alpha_{e/h}$) 등을 도출하였다. 이때 기둥의 폭은 제한하지 않고 그대로 출력부에서 도출하였다. 표 7.3.11(c)의 역설계 시나리오 #2의 설계 #1에서 보이듯이 CRS 기반 철근 변형률의 최대 오차는 0.27%에 불과하게 도출되었고, 표 7.3.12(c)의 역설계 시나리오 #2의 설계 #2에서는 CRS 기반 철근 변형률(ε_s)의 최대 오차 역시 3.41%가 도출되었다.

표 7.3.11의 전이 컨트롤(표 7.3.11, 6000kN의 축력과 1500kNm의 모멘트) 영역에 속하는 하중이 작용할 경우 표 7.3.11(c)의 설계 #1에서 기둥의 단면($b \times h$)은 630.5 × 630.5로 계산되었으며, 이때 철근 비는 0.0375이었다. 기둥 코스트($CI_{c,min}$)는 160,789.6KRW/m로 도출되었으며, 이 값은 그림 7.3.2에서 반복연산으로 구해진 값(97,217KRW/m)보다는 크게 나타났다. 표 7.3.12의 인장 컨트롤(500kN의 축력과 2500kNm의 모멘트) 영역에 속하는 하중이 작용할 경우에도 표 7.3.12(c)의 설계 #2에 도출된 것처럼 기둥의 단면($b \times h$)은 730.9 × 730.9로 계산되었으며, 이때 철근비는 0.0330이었고 기둥 코스트($CI_{c,min}$)는 196,261.0KRW/m로 도출되었다.

이는 그림 7.3.4에서 반복연산으로 구해진 기둥의 최저 코스트인 179,317KRW/m보다 크게 도출되었으며, 이 경우 기둥의 단면($b \times h$)과 철근비는 표 7.3.9에서 각각 850 ×

850과 0.0186이었다. 그림 7.3.2와 그림 7.3.4는 기둥 폭(b)을 변화시켜 구한 차트로써, 기둥 코스트($CI_{c,min}$) 최솟값을 빠르고 정확하게 구할 수 있다. 다음 절에서는 그림 7.3.2와 그림 7.3.4에서 제시된 기둥 코스트($CI_{c,min}$) 최솟값을 라그랑지 함수의 최적화 기법을 활용하여 수학적으로 구한 결과(다음 저서에서 소개할 예정임)와 비교하였다.

[표 7.3.10] 역설계 시나리오 #2의 학습 결과 (이어서)

(a) TED기반 학습

학습 일람표: 역방향 #2 - TED
6개 입력 데이터($f_c', f_y, P_u, M_u, SF, b/h$) -
10개 출력 데이터($b, h, \rho_s, \phi P_n, \phi M_n, \varepsilon_s, CI_c, CO_2, W_c, \alpha_{e/h}$)

학습 분류	빅 데이터 개수	사용된 은닉층 개수	사용된 뉴런 개수	지정된 Epoch	최적 Epoch	종료된 Epoch	학습 MSE	검증 MSE	테스트 MSE	최적 Epoch 에서의 R
1	100,000	2	20	100,000	35,016	35,516	3.5.E-02	3.5.E-02	3.5.E-02	0.9367
2	100,000	2	50	100,000	22,371	22,871	3.4.E-02	3.5.E-02	3.5.E-02	0.9370
3	100,000	2	80	100,000	23,900	24,400	3.4.E-02	3.4.E-02	3.4.E-02	0.9377
4	100,000	5	20	100,000	14,210	14,710	3.4.E-02	3.4.E-02	3.4.E-02	0.9381
5	100,000	5	50	100,000	12,363	12,863	3.3.E-02	3.4.E-02	3.3.E-02	0.9395
6	100,000	5	80	100,000	7,711	8,211	3.3.E-02	3.4.E-02	3.4.E-02	0.9393

[표 7.3.10] 역설계 시나리오 #2의 학습 결과 (이어서)

(b) PTM 기반 학습

학습 일람표: 역방향 #2 - PTM 6개 입력 데이터($f_c', f_y, P_u, M_u, SF, b/h$) - 10개 출력 데이터($b, h, \rho_s, \phi P_n, \phi M_n, \varepsilon_s, CI_c, CO_2, W_c, \alpha_{e/h}$)										
학습 분류	**빅 데이터 개수**	**사용된 은닉층 개수**	**사용된 뉴런 개수**	**지정된 Epoch**	**최적 Epoch**	**종료된 Epoch**	**학습 MSE**	**검증 MSE**	**테스트 MSE**	**최적 Epoch 에서의 R**
6개 입력 데이터($\boldsymbol{f_c', f_y, P_u, M_u, SF, b/h}$) - 1개 출력 데이터($\boldsymbol{b}$) - PTM										
1	100,000	5	20	100,000	6,112	6,612	6.7.E-03	6.6.E-03	6.6.E-03	0.9842
6개 입력 데이터($\boldsymbol{f_c', f_y, P_u, M_u, SF, b/h}$) - 1개 출력 데이터($\boldsymbol{h}$) - PTM										
2	100,000	5	50	100,000	3,715	4,215	1.8.E-02	1.9.E-02	1.9.E-02	0.9719
6개 입력 데이터($\boldsymbol{f_c', f_y, P_u, M_u, SF, b/h}$) - 1개 출력 데이터($\boldsymbol{\rho_s}$) - PTM										
3	100,000	5	20	100,000	12,380	12,880	2.6.E-01	2.6.E-01	2.7.E-01	0.4552
6개 입력 데이터($\boldsymbol{f_c', f_y, P_u, M_u, SF, b/h}$) - 1개 출력 데이터($\boldsymbol{\phi P_n}$) - PTM										
4	100,000	2	20	100,000	42,668	43,075	1.5.E-08	2.1.E-08	6.6.E-08	1.0000
6개 입력 데이터($\boldsymbol{f_c', f_y, P_u, M_u, SF, b/h}$) - 1개 출력 데이터($\boldsymbol{\phi M_n}$) - PTM										
5	100,000	2	20	100,000	30,944	30,947	8.6.E-09	7.9.E-09	8.9.E-09	1.0000
6개 입력 데이터($\boldsymbol{f_c', f_y, P_u, M_u, SF, b/h}$) - 1개 출력 데이터($\boldsymbol{\varepsilon_s}$) - PTM										
6	100,000	5	20	100,000	6,027	6,527	1.3.E-02	1.4.E-02	1.3.E-02	0.8192
6개 입력 데이터($\boldsymbol{f_c', f_y, P_u, M_u, SF, b/h}$) - 1개 출력 데이터($\boldsymbol{CI_c}$) - PTM										
7	100,000	5	80	100,000	3,033	3,533	5.4.E-03	5.8.E-03	5.9.E-03	0.9691
6개 입력 데이터($\boldsymbol{f_c', f_y, P_u, M_u, SF, b/h}$) - 1개 출력 데이터($\boldsymbol{CO_2}$) - PTM										
8	100,000	5	20	100,000	2,978	3,478	6.4.E-03	6.3.E-03	6.4.E-03	0.9630
6개 입력 데이터($\boldsymbol{f_c', f_y, P_u, M_u, SF, b/h}$) - 1개 출력 데이터($\boldsymbol{W_c}$) - PTM										
9	100,000	5	20	100,000	4,066	4,566	1.1.E-02	1.1.E-02	1.1.E-02	0.9688
6개 입력 데이터($\boldsymbol{f_c', f_y, P_u, M_u, SF, b/h}$) - 1개 출력 데이터($\boldsymbol{\alpha_{e/h}}$) - PTM										
10	100,000	5	80	100,000	27,015	27,515	1.3.E-03	1.4.E-03	1.3.E-03	0.9981

주: 2개 및 5개의 은닉층과 3종류의 뉴런(20, 50, 80)을 가진 순방향 네트워크의 학습 결과 중 최고의 학습 결과(MSE)를 산출한 역방향 네트워크

[표 7.3.10] 역설계 시나리오 #2의 학습 결과

(c) CRS 기반 학습

학습 일람표: 역방향 #2 - CRS 6개 입력 데이터($f_c', f_y, P_u, M_u, SF, b/h$) - 10개 출력 데이터($b, h, \rho_s, \phi P_n, \phi M_n, \varepsilon_s, CI_c, CO_2, W_c, \alpha_{e/h}$)										
학습 분류	**빅 데이터 게수**	**사용된 은닉층 개수**	**사용된 뉴런 개수**	**지정된 Epoch**	**최적 Epoch**	**종료된 Epoch**	**학습 MSE**	**검증 MSE**	**테스트 MSE**	**최적 Epoch 에서의 R**
6개 입력 데이터($\boldsymbol{f_c', f_y, P_u, M_u, SF, b/h}$) - 1개 출력 데이터($\boldsymbol{\phi M_n}$)										
1	100,000	2	20	100,000	50,550	50,554	1.5.E-08	1.5.E-08	1.7.E-08	1.0000
7개 입력 데이터($\boldsymbol{f_c', f_y, P_u, M_u, SF, b/h, \phi M_n}$[a]) - 1개 출력 데이터($\boldsymbol{\phi P_n}$)										
2	100,000	2	20	100,000	8,429	8,929	9.0.E-08	9.6.E-08	9.8.E-08	1.0000
8개 입력 데이터($\boldsymbol{f_c', f_y, P_u, M_u, SF, b/h, \phi P_n, \phi M_n}$[a]) - 1개 출력 데이터($\boldsymbol{\alpha_{e/h}}$)										
3	100,000	5	80	100,000	18,463	18,963	1.1.E-03	1.2.E-03	1.1.E-03	0.9983
9개 입력 데이터($\boldsymbol{f_c', f_y, P_u, M_u, SF, b/h, \phi P_n, \phi M_n, \alpha_{e/h}}$[a]) - 1개 출력 데이터($\boldsymbol{W_c}$)										
4	100,000	5	80	100,000	29,529	30,029	7.9.E-05	2.3.E-04	1.9.E-04	0.9997
10개 입력 데이터($\boldsymbol{f_c', f_y, P_u, M_u, SF, b/h, \phi P_n, \phi M_n, \alpha_{e/h}, W_c}$[a]) - 1개 출력 데이터($\boldsymbol{h}$)										
5	100,000	2	50	100,000	55,850	56,350	7.1.E-09	8.2.E-09	8.0.E-09	1.0000
11개 입력 데이터($\boldsymbol{f_c', f_y, P_u, M_u, SF, b/h, \phi P_n, \phi M_n, \alpha_{e/h}, W_c, h}$[a]) - 1개 출력 데이터($\boldsymbol{b}$)										
6	100,000	2	50	100,000	44,088	44,588	5.5.E-09	6.3.E-09	1.0.E-08	1.0000
12개 입력 데이터($\boldsymbol{f_c', f_y, P_u, M_u, SF, b/h, \phi P_n, \phi M_n, \alpha_{e/h}, W_c, h, b}$[a]) - 1개 출력 데이터($\boldsymbol{\varepsilon_s}$)										
7	100,000	5	80	100,000	26,565	27,065	8.0.E-05	9.0.E-05	8.6.E-05	0.9990
13개 입력 데이터($\boldsymbol{f_c', f_y, P_u, M_u, SF, b/h, \phi P_n, \phi M_n, \alpha_{e/h}, W_c, h, b, \varepsilon_s}$[a]) - 1개 출력 데이터($\boldsymbol{CI_c}$)										
8	100,000	2	80	100,000	43,379	43,879	3.0.E-05	3.7.E-05	3.8.E-05	0.9998
14개 입력 데이터($\boldsymbol{f_c', f_y, P_u, M_u, SF, b/h, \phi P_n, \phi M_n, \alpha_{e/h}, W_c, h, b, \varepsilon_s, CI_c}$[a]) - 1개 출력 데이터($\boldsymbol{CO_2}$)										
9	100,000	2	50	100,000	33,558	34,058	1.7.E-08	2.4.E-08	2.3.E-08	1.0000
15개 입력 데이터($\boldsymbol{f_c', f_y, P_u, M_u, SF, b/h, \phi P_n, \phi M_n, \alpha_{e/h}, W_c, h, b, \varepsilon_s, CI_c}$[a]) - 1개 출력 데이터($\boldsymbol{\rho_s}$)										
10	100,000	2	50	100,000	59,665	60,165	6.02E-08	7.14E-08	7.0.E-08	1.0000

[a] 이전 단계에서 학습된 출력 데이터를 다음 파라미터 학습 시 입력 파라미터로 사용하는 CRS 방법

주: 2개 및 5개의 은닉층과 3종류의 뉴런(20, 50, 80)을 가진 순방향 네트워크의 학습 결과 중 최고의 학습 결과(MSE)를 산출한 역방향 네트워크

[표 7.3.11] 역설계 #2 의 설계 시나리오 #1 (이어서)

$$(f_c' = 40\ MPa, f_y = 500\ MPa, P_u = 6000\ kN, M_u = 1500\ kN \cdot m, SF = 1, b/h = 1)$$

(a) TED 기반

역방향 2 설계 시나리오의 설계 집계표 (TED)				
설계 데이터		AI 결과	검증(*AutoCol*)	오차
1	b (mm)	647.2	647.2	0.00%
2	h (mm)	638.4	638.4	0.00%
3	ρ_s	0.0440	0.0440	0.00%
4	f_c' (MPa)	40	40	0.00%
5	f_y (MPa)	500	500	0.00%
6	P_u (kN)	**6000**	**6000**	0.00%
7	M_u (kN·m)	**1500**	**1500**	0.00%
8	ϕP_n (kN)	5737.0	6519.4	-13.64%
9	ϕM_n (kN·m)	1396.5	1629.8	-16.71%
10	SF	1.000	1.087	-8.66%
11	b/h	1.000	1.014	-1.37%
12	ε_s	0.00112	0.00117	-4.04%
13	CI_c (KRW/m)	189181.7	189370.8	-0.10%
14	CO_2 (t-CO_2/m)	0.4238	0.4278	-0.96%
15	W_c (kN/m)	9.467	9.734	-2.82%
16	$\alpha_{e/h}$	1.181	1.198	-1.40%

학습 정확도는 표 7.3.10(a)에 표기

▭ AI 기반의 6개 입력 데이터

▭ 기존 구조계산 기반의 7개 입력 데이터 (*AutoCol*)

[표 7.3.11] 역설계 #2 의 설계 시나리오 #1 (이어서)

(b) PTM 기반

역방향 2 설계 시나리오의 설계 집계표 (PTM)				
설계 데이터		AI 결과	검증(*AutoCol*)	오차
1	b (mm)	637.2	637.2	0.00%
2	h (mm)	633.1	633.1	0.00%
3	ρ_s	0.0437	0.0437	0.00%
4	f_c' (MPa)	40	40	0.00%
5	f_y (MPa)	500	500	0.00%
6	P_u (kN)	**6000**	**6000**	0.00%
7	M_u (kN·m)	**1500**	**1500**	0.00%
8	ϕP_n (kN)	6000.7	6322.6	-5.37%
9	ϕM_n (kN·m)	1499.7	1580.7	-5.40%
10	SF	1.000	1.054	-5.38%
11	b/h	1.000	1.006	-0.64%
12	ε_s	0.00111	0.00118	-5.98%
13	CI_c (KRW/m)	182642.5	183909.2	-0.69%
14	CO_2 (t-CO_2/m)	0.3914	0.4154	-6.12%
15	W_c (kN/m)	9.356	9.505	-1.59%
16	$\alpha_{e/h}$	1.197	1.195	0.16%

학습 정확도는 표 7.3.10(b)에 표기

▭ AI 기반의 6개 입력 데이터

▭ 기존 구조계산 기반의 7개 입력 데이터 (*AutoCol*)

[표 7.3.11] 역설계 #2 의 설계 시나리오 #1

(c) CRS 기반

역방향 2 설계 시나리오의 설계 집계표 (CRS)				
설계 데이터		AI 결과	검증(*AutoCol*)	오차
1	b (mm)	630.5	630.5	0.00%
2	h (mm)	630.5	630.5	0.00%
3	ρ_s	0.0375	0.0375	0.00%
4	f_c' (MPa)	40	40	0.00%
5	f_y (MPa)	500	500	0.00%
6	P_u (kN)	**6000**	**6000**	0.00%
7	M_u (kN·m)	**1500**	**1500**	0.00%
8	ϕP_n (kN)	5993.0	5944.8	0.81%
9	ϕM_n (kN·m)	1497.4	1486.2	0.75%
10	SF	1.000	0.991	0.92%
11	b/h	1.000	1.000	0.00%
12	ε_s	0.00122	0.00121	0.27%
13	CI_c (KRW/m)	160789.6	160717.7	0.04%
14	CO_2 (t-CO_2/m)	0.3605	0.3605	0.02%
15	W_c (kN/m)	9.368	9.367	0.02%
16	$\alpha_{e/h}$	1.193	1.193	-0.01%

학습 정확도는 표 7.3.10(c)에 표기

CRS 학습 순서: 9→8→16→15→2→1→12→13→14

▭ AI 기반의 6개 입력 데이터

▭ 기존 구조계산 기반의 7개 입력 데이터 (*AutoCol*)

[표 7.3.12] 역설계 #2의 설계 시나리오 #2 (이어서)

$$(f_c' = 40\ MPa, f_y = 500\ MPa, P_u = 500\ kN, M_u = 2500\ kN \cdot m, SF = 1, b/h = 1)$$

(a) TED 기반

역방향 2 설계 시나리오의 설계 집계표 (TED)				
설계 데이터		**AI 결과**	**검증(*AutoCol*)**	**오차**
1	b (mm)	754.5	754.5	0.00%
2	h (mm)	750.4	750.4	0.00%
3	ρ_s	0.0390	0.0390	0.00%
4	f_c' (MPa)	40	40	0.00%
5	f_y (MPa)	500	500	0.00%
6	P_u (kN)	**500**	**500**	0.00%
7	M_u (kN·m)	**2500**	**2500**	0.00%
8	ϕP_n (kN)	131.8	629.1	-377.36%
9	ϕM_n (kN·m)	2605.8	3145.3	-20.70%
10	SF	1.000	1.258	-25.81%
11	b/h	1.000	1.005	-0.55%
12	ε_s	0.01406	0.00984	30.03%
13	CI_c (KRW/m)	211948.0	236079.4	-11.39%
14	CO_2 (t-CO_2/m)	0.4597	0.5305	-15.40%
15	W_c (kN/m)	13.593	13.339	1.87%
16	$\alpha_{e/h}$	0.153	0.149	2.44%

학습 정확도는 표 7.3.10(a)에 표기

▭ AI 기반의 6개 입력 데이터

▭ 기존 구조계산 기반의 7개 입력 데이터 (*AutoCol*)

[표 7.3.12] 역설계 #2의 설계 시나리오 #2 (이어서)

(b) PTM 기반

역방향 2 설계 시나리오의 설계 집계표 (PTM)				
설계 데이터		**AI 결과**	**검증(*AutoCol*)**	**오차**
1	b (mm)	739.5	739.5	0.00%
2	h (mm)	737.12	737.12	0.00%
3	ρ_s	0.0397	0.0397	0.00%
4	f_c' (MPa)	40	40	0.00%
5	f_y (MPa)	500	500	0.00%
6	P_u (kN)	**500**	**500**	0.00%
7	M_u (kN·m)	**2500**	**2500**	0.00%
8	ϕP_n (kN)	497.3	603.2	-21.30%
9	ϕM_n (kN·m)	2500.6	3016.2	-20.62%
10	SF	1.000	1.206	-20.65%
11	b/h	1.000	1.003	-0.32%
12	ε_s	0.01391	0.00968	30.41%
13	CI_c (KRW/m)	205814.0	230392.2	-11.94%
14	CO_2 (t-CO_2/m)	0.4635	0.5181	-11.79%
15	W_c (kN/m)	13.436	12.843	4.42%
16	$\alpha_{e/h}$	0.145	0.146	-1.01%

학습 정확도는 표 7.3.10(b)에 표기

▭ AI 기반의 6개 입력 데이터

▭ 기존 구조계산 기반의 7개 입력 데이터 (*AutoCol*)

[표 7.3.12] 역설계 #2의 설계 시나리오 #2

(c) CRS 기반

역방향 2 설계 시나리오의 설계 집계표 (CRS)				
설계 데이터		AI 결과	검증(*AutoCol*)	오차
1	b (mm)	730.9	730.9	0.00%
2	h (mm)	730.9	730.9	0.00%
3	ρ_s	0.0330	0.0330	0.00%
4	f_c' (MPa)	40	40	0.00%
5	f_y (MPa)	500	500	0.00%
6	P_u (kN)	**500**	**500**	0.00%
7	M_u (kN·m)	**2500**	**2500**	0.00%
8	ϕP_n (kN)	500.0	502.8	-0.57%
9	ϕM_n (kN·m)	2497.2	2514.2	-0.68%
10	SF	1.000	1.006	-0.57%
11	b/h	1.000	1.000	0.00%
12	ε_s	0.01202	0.01161	3.41%
13	CI_c (KRW/m)	196261.0	196204.4	0.03%
14	CO_2 (t-CO_2/m)	0.4374	0.4373	0.02%
15	W_c (kN/m)	12.587	12.588	0.00%
16	$\alpha_{e/h}$	0.144	0.145	-0.67%

학습 정확도는 표 7.3.10(c)에 표기

CRS 학습 순서: 9→8→16→15→2→1→12→13→14

▭ AI 기반의 6개 입력 데이터

▭ 기존 구조계산 기반의 7개 입력 데이터 (*AutoCol*)

7.3.3.3 철근 변형률(ε_s)의 역지정

표 7.3.1의 역설계 시나리오 #3에서 제시된 대로 철근 변형률(ε_s)을 입력부에 역지정하여 보도록 한다. 역설계 시나리오 #3에서는 3개의 역입력 파라미터(SF, $\frac{b}{h}$, ε_s)를 포함하는 7개의 입력 파라미터(f_c', f_y, P_u, M_u, SF, $\frac{b}{h}$, ε_s; 표 7.3.1의 분홍색 입력 박스 및 표 7.3.13의 붉은색 박스 내에 주어졌음)에 대해서 9개의 출력 파라미터(b, h, ρ_s, ϕP_n, ϕM_n, CI_c, CO_c, W_c, $\alpha_{e/h}$; 표 7.3.1의 노란색 출력 박스)를 CRS 기반으로 학습하였고, 학습 결과가 표 7.3.13에 주어져 있다.

[표 7.3.13] 역설계 시나리오 #3의 CRS 기반 학습 결과

Training table: Reverse #3 - CRS 7 Inputs($f_c', f_y, P_u, M_u, SF, b/h, \varepsilon_s$) - 9 Outputs($b, h, \rho_s, \phi P_n, \phi M_n, CI_c, CO_2, W_c, \alpha_{e/h}$)										
No.	**Data**	**Layers**	**Neurons**	**Suggested Epoch**	**Best Epoch**	**Stopped Epoch**	**MSE Tr.perf**	**MSE V.perf**	**MSE T.perf**	**R at Best Epoch**
7 Inputs ($\boldsymbol{f_c', f_y, P_u, M_u, SF, b/h, \varepsilon_s}$) - 1 Outputs($\boldsymbol{\phi P_n}$)										
1	100,000	5	20	100,000	21,754	22,254	6.1E-09	6.4E-09	2.3E-08	1.000
8 Inputs($\boldsymbol{f_c', f_y, P_u, M_u, SF, b/h, \varepsilon_s, \phi P_n}$[a]) - 1 Outputs($\boldsymbol{\phi M_n}$)										
2	100,000	5	20	100,000	28,287	28,787	1.5E-08	1.6E-08	2.0E-08	1.000
9 Inputs($\boldsymbol{f_c', f_y, P_u, M_u, SF, b/h, \varepsilon_s, \phi P_n, \phi M_n}$[a]) - 1 Outputs($\boldsymbol{\alpha_{e/h}}$)										
3	100,000	5	50	100,000	51,825	52,325	5.9E-05	7.7E-05	6.2E-05	1.000
10 Inputs($\boldsymbol{f_c', f_y, P_u, M_u, SF, b/h, \varepsilon_s, \phi P_n, \phi M_n, \alpha_{e/h}}$[a]) - 1 Outputs($\boldsymbol{b}$)										
4	100,000	5	50	100,000	24,259	24,759	1.8E-05	1.9E-05	3.6E-05	1.000
11 Inputs($\boldsymbol{f_c', f_y, P_u, M_u, SF, b/h, \varepsilon_s, \phi P_n, \phi M_n, \alpha_{e/h}, b}$[a]) - 1 Outputs($\boldsymbol{W_c}$)										
5	100,000	5	50	100,000	31,072	31,572	3.0E-08	3.2E-08	5.4E-08	1.000
12 Inputs($\boldsymbol{f_c', f_y, P_u, M_u, SF, b/h, \varepsilon_s, \phi P_n, \phi M_n, \alpha_{e/h}, b, W_c}$[a]) - 1 Outputs($\boldsymbol{h}$)										
6	100,000	5	20	100,000	28,725	29,225	1.4E-08	1.6E-08	1.4E-08	1.000
13 Inputs($\boldsymbol{f_c', f_y, P_u, M_u, SF, b/h, \varepsilon_s, \phi P_n, \phi M_n, \alpha_{e/h}, b, W_c, h}$[a]) - 1 Outputs($\boldsymbol{CO_2}$)										
7	100,000	5	50	100,000	34,080	34,580	2.8E-05	3.1E-05	3.8E-05	1.000
14 Inputs($\boldsymbol{f_c', f_y, P_u, M_u, SF, b/h, \varepsilon_s, \phi P_n, \phi M_n, \alpha_{e/h}, b, W_c, h, CO_2}$[a]) - 1 Outputs($\boldsymbol{CI_c}$)										
8	100,000	5	20	100,000	15,474	15,974	4.8E-08	5.0E-08	5.4E-08	1.000
15 Inputs($\boldsymbol{f_c', f_y, P_u, M_u, SF, b/h, \varepsilon_s, \phi P_n, \phi M_n, \alpha_{e/h}, b, W_c, h, CO_2, CI_c}$[a]) - 1 Outputs($\boldsymbol{\rho_s}$)										
9	100,000	5	50	100,000	23,005	23,505	2.2E-07	2.6E-07	2.5E-07	1.000

[a] 전 단계에서 학습된 출력 데이터를 다음 파라미터 학습 시 입력 파라미터로 사용하는 CRS 방법

주: 5개의 은닉층과 2종류의 뉴런(20, 50)을 가진 순방향 네트워크의 학습 결과 중 최고의 학습 결과(MSE)를 산출한 역방향 네트워크

표 7.3.14에 보이듯이 $5\varepsilon_{sy} = 0.0125$ 및 $10\varepsilon_{sy} = 0.025$ 등 2개의 변형률에 대해서 역설계를 실시하였다. CRS 기반에서 표 7.3.14의 파라미터를 8→9→16→1→15→2→14→13→3 순서대로 입력부에서 출력부로 이동시켜 학습 정확도를 높였다. 2가지 변형률의 경우 각각 1.59%, 3.2% 오차를 보였고, 현업에서 충분히 적용될 수 있는 정도의 오차라 판단된다. 역설계는 6.3절에 자세하게 설명되어 있는 역대입(BS) 방법으로도 해결이 가능하다.

[표 7.3.14] 역설계 시나리오 #3, 설계 #2의 결과

$$(f_c' = 30\text{MPa}, f_y = 500\text{MPa}, P_u = 500\text{kN}, M_u = 2500\text{kN}\cdot\text{m}, SF = 1, b/h = 1)$$

REVERSE SCENARIO 3 FOR DESIGN 2: CONTROLLING STRAINS OF REBARS							
설계 데이터		Preassigning $\varepsilon_s = 5\varepsilon_{sy} = 0.0125$			Preassigning $\varepsilon_s = 10\varepsilon_{sy} = 0.025$		
		AI 결과	**검증 (*AutoCol*)**	**오차**	**AI 결과**	**검증 (*AutoCol*)**	**오차**
1	b (mm)	765.2	765.2	0.00%	948.9	948.9	0.00%
2	h (mm)	765.1	765.1	0.00%	948.8	948.8	0.00%
3	ρ_s	0.0279	0.0279	0.00%	0.0131	0.0131	0.00%
4	f_c' (MPa)	30	30	0.00%	30	30	0.00%
5	f_y (MPa)	500	500	0.00%	500	500	0.00%
6	P_u (kN)	**500**	**500**	0.00%	**500**	**500**	0.00%
7	M_u (kN·m)	**2500**	**2500**	0.00%	**2500**	**2500**	0.00%
8	ϕP_n (kN)	501.0	502.9	-0.37%	496.5	492.3	0.85%
9	ϕM_n (kN·m)	2498.9	2514.4	-0.62%	2498.8	2461.7	1.49%
10	SF	1.000	1.006	-0.57%	1.000	0.985	1.53%
11	b/h	1.0000	1.0001	-0.01%	1.0000	1.0001	-0.01%
12	ε_s	**0.01250**	**0.01230**	1.59%	**0.02500**	**0.02420**	3.20%
13	CI_c (KRW/m)	185073.7	185190.5	-0.06%	174403.3	174298.0	0.06%
14	CO_2 (t-CO_2/m)	0.42085	0.42076	0.02%	0.3837	0.3839	-0.04%
15	W_c (kN/m)	13.789	13.794	-0.04%	21.208	21.212	-0.02%
16	$\alpha_{e/h}$	0.153	0.152	1.01%	0.1860	0.1875	-0.85%

학습 정확도는 표 A.9에 표기
CRS 학습 순서: 8→9→16→1→15→2→14→13→3
▭ AI 기반의 7개 입력 데이터
▭ 기존 구조계산 기반의 7개 입력 데이터 (*AutoCol*)

7.3.3.4 빅데이터의 생성 범위 확장을 통한 그림 7.3.3의 P-M 상관도 개선

빅데이터를 규준에서 요구하는 기둥 철근비(ρ_s) 범위인 0.08(8%)~0.01(1%)에서 0.1(10%)~0.052(5.2%) 범위로 확장하여 표 7.3.15(a)에 재생성하였다. 표 7.3.15(b)는 정규화된 빅데이터를 보여주고 있다. 표 7.3.7(c)와 유사하게 역설계 시나리오의 학습 결과를 CRS 학습 방법에 기반하여 표 7.3.16에 제시하였다. 표 7.3.8, 그림 7.3.2, 그림 7.3.3과 유사한 과정을 거쳐 그림 7.3.6과 그림 7.3.7을 도출하였다. 그리고 표 7.3.9, 그림 7.3.4, 그림 7.3.5와 유사한 과정을 거쳐 그림 7.3.8과 그림 7.3.9를 도출하였다. 기둥 철근비(ρ_s) 범위가 확장된 빅데이터로 학습된 인공신경망이 도출한 그림 7.3.7의 P−M 상관도가 확장되지 않은 빅데이터에 의해서 학습된 인공신경망이 도출한 그림 7.3.3의 P-M 상관도보다 더 우수한 설계 결과를 제시하였다. 빅데이터 생성 범위의 중요성에 유의하여, 요구되는 범위를 포함하는 보다 충분한 범위의 빅데이터를 선택하는 것이 중요하다.

[표 7.3.15] RC 기둥 빅데이터의 정규화

(a) 비정규화된 빅데이터(Non−normalized)

	구조역학 기반의 7개 입력 데이터 (*AutoCol*)							구조 역학 기반의 9개 출력 데이터 ((*AutoCol*)								
	b	h	ρ_s	f_{ck}	f_y	P_u	M_u	ϕP_n	ϕM_n	SF	b/h	ε_s	CI_c	CO_2	W_c	$\alpha_{e/h}$
	mm	mm		MPa	MPa	kN	kN·m	kN	kN·m				KRW/m	t-CO_2/m	kN/m	
100,000 데이터	1359.8	1093	0.035	37	555	4802.9	19683.5	2315.2	15898.9	4.006	0.851	0.0050	878,208	2.13	3.28	0.184
	1487.0	1242	0.058	25	402	13765.3	17683.1	106333.8	31397.5	3.530	3.811	0.0008	1,674,700	3.41	10.05	1.299
	300.0	608	0.038	66	563	295.8	538.9	3485.0	5359.1	2.920	3.301	0.0074	515,976	1.18	2.64	0.362
	.	.	.	.	.	.	.	.	.	.	.	.	.	.	.	.
	.	.	.	.	.	.	.	.	.	.	.	.	.	.	.	.
	.	.	.	.	.	.	.	.	.	.	.	.	.	.	.	.
	1866.5	1033	0.090	20	336	6995.5	13856.1	7863.5	15575.4	1.124	1.807	0.0030	1,518,784	3.75	4.54	0.481
	1908.4	481	0.066	26	403	3044.0	1045.8	7995.3	2747.0	2.627	3.968	0.0017	562,662	1.35	2.16	0.951
	2533.9	698	0.059	53	424	29369.7	15163.6	21130.9	10909.9	0.719	3.630	0.0024	1,038,387	2.36	4.17	0.934
최대	5973.1	1500	0.100	70	600	1166892	654123	405164	173757	5.000	4.000	0.0944	8,246,309	18.88	21.10	1.571
최소	300.0	300	0.005	20	300	0.0	0.0	0.1	0.2	0.200	0.250	-0.0030	11,465	0.02	0.21	0.000
평균	1913.0	898.58	0.052	45.056	450.24	14078.7	10318.7	21074.6	15599.2	2.605	2.135	0.0061	1,041,962	2.37	4.65	0.782

(b) 정규화된 빅데이터(Normalized)

	구조역학 기반의 7개 입력 데이터 (*AutoCol*)							구조역학 기반의 9개 출력 데이터 (*AutoCol*)								
	b	h	ρ_s	f_{ck}	f_y	P_u	M_u	ϕP_n	ϕM_n	SF	b/h	ε_s	CI_c	CO_2	W_c	$\alpha_{e/h}$
	mm	mm		MPa	MPa	kN	kN·m	kN	kN·m				KRW/m	t-CO_2/m	kN/m	
100,000 데이터	-0.722	0.632	0.351	-1.000	-0.413	-0.999	-0.988	-0.989	-0.817	0.586	-0.679	-0.837	-0.789	-0.776	-0.706	-0.766
	0.316	0.263	-0.431	1.000	0.627	-0.948	-0.973	-0.475	-0.639	0.388	0.899	-0.922	-0.596	-0.641	-0.058	0.654
	-0.427	-0.528	-0.164	-0.200	0.047	-0.998	-0.994	-0.983	-0.938	0.133	0.627	-0.788	-0.877	-0.878	-0.767	-0.539
	.	.	.	.	.	.	.	.	.	.	.	.	.	.	.	.
	.	.	.	.	.	.	.	.	.	.	.	.	.	.	.	.
	.	.	.	.	.	.	.	.	.	.	.	.	.	.	.	.
	-0.448	0.222	0.793	-1.000	-0.760	-0.988	-0.958	-0.961	-0.821	-0.615	-0.170	-0.878	-0.634	-0.605	-0.585	-0.388
	-0.433	-0.698	0.284	-0.760	-0.313	-0.995	-0.997	-0.961	-0.968	0.011	0.983	-0.904	-0.866	-0.859	-0.813	0.210
	-0.212	-0.337	0.142	0.320	-0.173	-0.950	-0.954	-0.896	-0.874	-0.784	0.803	-0.889	-0.751	-0.752	-0.621	0.189
최대	1.000	1.000	1.000	1.000	1.000	1.000	1.000	1.000	1.000	1.000	1.000	1.000	1.000	1.000	1.000	1.000
최소	-1.000	-1.000	-1.000	-1.000	-1.000	-1.000	-1.000	-1.000	-1.000	-1.000	-1.000	-1.000	-1.000	-1.000	-1.000	-1.000
평균	-0.431	-0.002	0.000	0.002	0.002	-0.976	-0.968	-0.896	-0.820	0.002	0.005	-0.814	-0.750	-0.751	-0.575	-0.004

[표 7.3.16] 역설계 시나리오 #1의 학습 결과

CRS 기반 학습

학습 일람표: 역방향 #1 - CRS
7개 입력 데이터($b, f_c', f_y, P_u, M_u, SF, b/h$) -
9개 출력 데이터($h, \rho_s, \phi P_n, \phi M_n, \varepsilon_s, CI_c, CO_2, W_c, \alpha_{e/h}$)

학습 분류	빅 데이터 개수	사용된 은닉층 개수	사용된 뉴론 개수	지정된 Epoch	최적 Epoch	종료된 Epoch	학습 MSE	검증 MSE	테스트 MSE	최적 Epoch 에서의 R
7개 입력 데이터($\boldsymbol{b, f_c', f_y, P_u, M_u, SF, b/h}$) - 1개 출력 데이터($\boldsymbol{W_c}$) – CRS										
1	100,000	2	50	100,000	54,019	54,089	7.1.E-09	8.9.E-09	9.6.E-09	1.0000
8개 입력 데이터($\boldsymbol{b, f_c', f_y, P_u, M_u, SF, b/h, W_c}$[a]) - 1개 출력 데이터($\boldsymbol{h}$) – CRS										
2	100,000	5	20	100,000	24,902	25,402	1.7.E-08	1.9.E-08	2.0.E-08	1.0000
9개 입력 데이터($\boldsymbol{b, f_c', f_y, P_u, M_u, SF, b/h, W_c, h}$[a]) - 1개 출력 데이터($\boldsymbol{\phi M_n}$) - CRS										
3	100,000	5	50	100,000	25,375	25,875	7.2.E-08	1.1.E-07	1.3.E-07	1.0000
10개 입력 데이터($\boldsymbol{b, f_c', f_y, P_u, M_u, SF, b/h, W_c, h, \phi M_n}$[a]) - 1개 출력 데이터($\boldsymbol{\phi P_n}$) - CRS										
4	100,000	5	50	100,000	14,833	15,333	2.6.E-07	3.3.E-07	3.7.E-07	1.0000
11개 입력 데이터($\boldsymbol{b, f_c', f_y, P_u, M_u, SF, b/h, W_c, h, \phi M_n, \phi P_n}$[a]) - 1개 출력 데이터($\boldsymbol{\alpha_{e/h}}$) - CRS										
5	100,000	10	80	100,000	65,742	66,242	8.5.E-07	1.2.E-06	1.0.E-06	1.0000
12개 입력 데이터($\boldsymbol{b, f_c', f_y, P_u, M_u, SF, b/h, W_c, h, \phi M_n, \phi P_n, \alpha_{e/h}}$[a]) - 1개 출력 데이터($\boldsymbol{\varepsilon_s}$) - CRS										
6	100,000	5	80	100,000	37,906	38,406	5.2.E-05	5.3.E-05	5.7.E-05	0.9992
13개 입력 데이터($\boldsymbol{b, f_c', f_y, P_u, M_u, SF, b/h, W_c, h, \phi M_n, \phi P_n, \alpha_{e/h}, \varepsilon_s}$[a]) - 1개 출력 데이터($\boldsymbol{CI_c}$) – CRS										
7	100,000	5	50	100,000	29,746	30,246	2.1.E-05	2.2.E-05	2.6.E-05	0.9998
14개 입력 데이터($\boldsymbol{b, f_c', f_y, P_u, M_u, SF, b/h, W_c, h, \phi M_n, \phi P_n, \alpha_{e/h}, \varepsilon_s, CI_c}$[a]) - 1개 출력 데이터($\boldsymbol{\rho_s}$) – CRS										
8	100,000	5	50	100,000	63,720	64,220	1.4.E-07	2.2.E-07	2.8.E-07	1.0000
15개 입력 데이터($\boldsymbol{b, f_c', f_y, P_u, M_u, SF, b/h, W_c, h, \phi M_n, \phi P_n, \alpha_{e/h}, \varepsilon_s, CI_c, \rho_s}$[a]) - 1개 출력 데이터($\boldsymbol{CO_2}$) - CRS										
9	100,000	2	20	100,000	35,173	35,247	1.4.E-08	1.4.E-08	1.4.E-08	1.0000

[a] 이전 단계에서 학습된 출력 데이터를 다음 파라미터 학습 시 입력 파라미터로 사용 하는 CRS 방법

주: 2개, 5개 및 10개의 은닉층과 3가지의 뉴런(20, 50, 80)을 가진 순방향 네트워크의 학습 결과 중 최고의 학습 결과(MSE)를 산출한 역방향 네트워크

(5개 영역의 역설계 시나리오 #1, 설계 #1); 반복 연산

$(f'_c = 40MPa, f_y = 500MPa, P_u = 6000kN, M_u = 1500kN \cdot m, SF = 1, b/h = 1)$

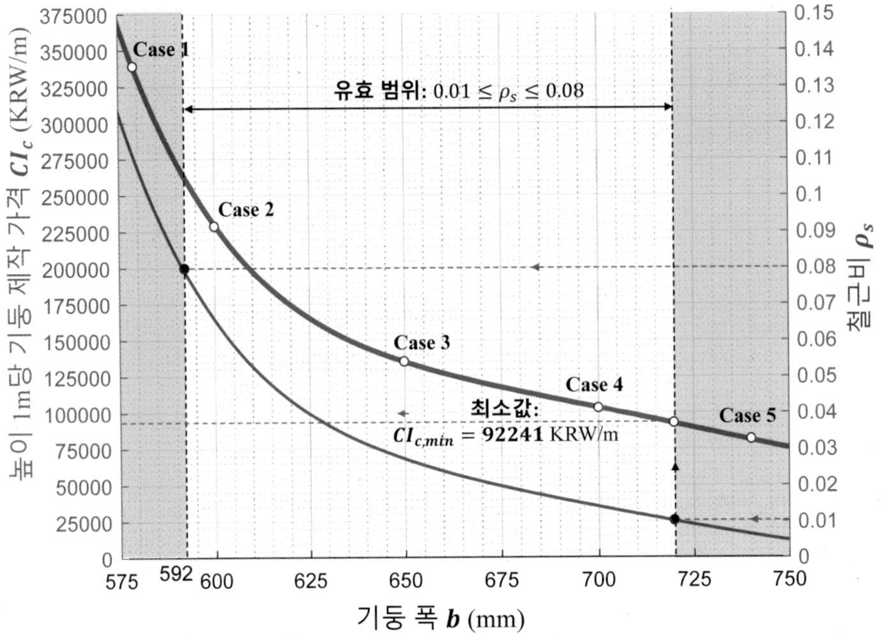

_____ $b - CI_c$ 관계 _____ $b - \rho_s$ 관계

Case 1: $b = 585, \rho = 0.0945$

Case 2: $b = 600, \rho = 0.0656$

Case 3: $b = 650, \rho = 0.0272$

Case 4: $b = 700, \rho = 0.0141$

Case 5: $b = 740, \rho = 0.0065$

최소값: $b = 720, \rho = 0.010$

[그림 7.3.6] 기둥 폭이 기둥 코스트(CI_c) 등 설계 파라미터에 미치는 영향

$(f'_c = 40MPa, f_y = 500MPa, P_u = 6000kN, M_u = 1500kN \cdot m, SF = 1, b/h = 1)$

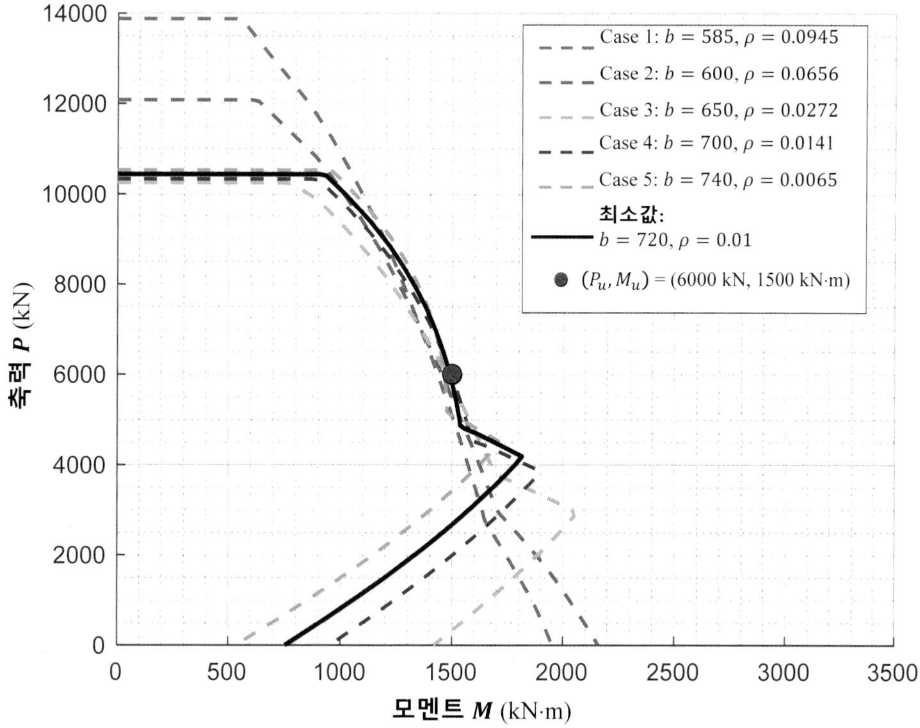

[그림 7.3.7] 5개 영역의 역설계 시나리오 #1, 설계 #1; 코스트가 최적화된 P–M 상관도 비교

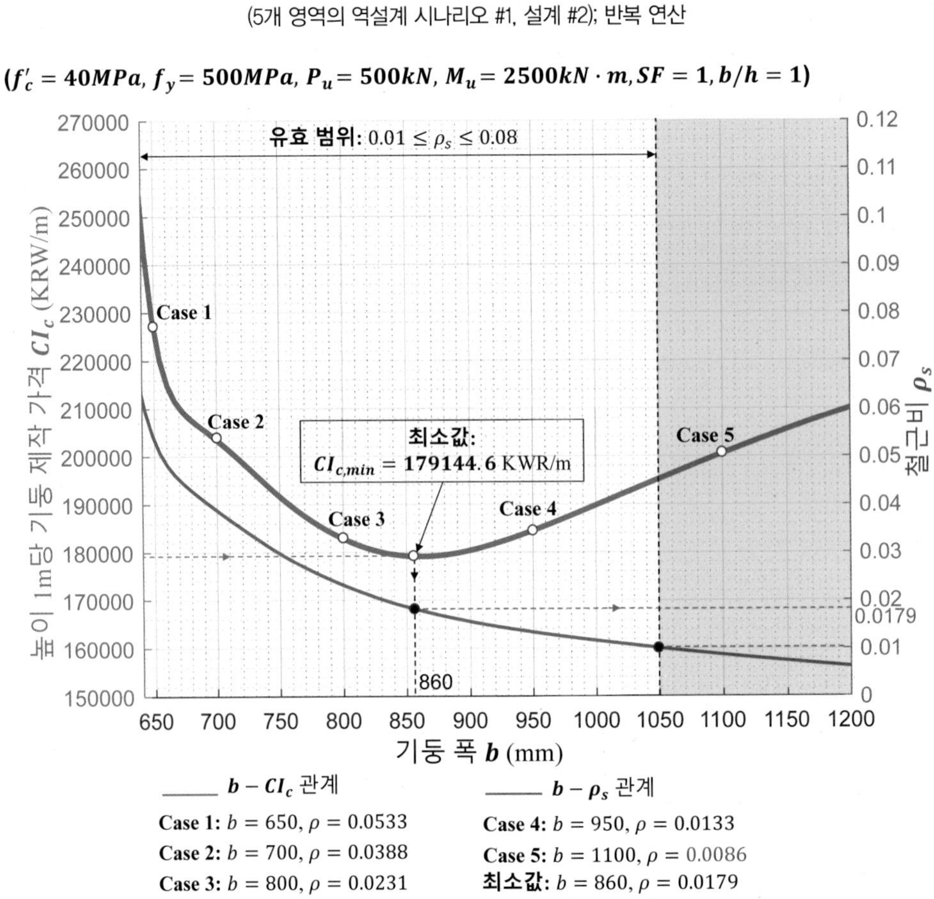
(5개 영역의 역설계 시나리오 #1, 설계 #2); 반복 연산
$(f'_c = 40MPa, f_y = 500MPa, P_u = 500kN, M_u = 2500kN \cdot m, SF = 1, b/h = 1)$
유효 범위: $0.01 \le \rho_s \le 0.08$
Case 1
Case 2
Case 3
Case 4
Case 5
최소값:
$CI_{c,min} = 179144.6$ KWR/m
860
0.0179
높이 1m당 기둥 제작 가격 CI_c (KRW/m)
철근비 ρ_s
기둥 폭 b (mm)
$b - CI_c$ 관계
$b - \rho_s$ 관계
Case 1: $b = 650, \rho = 0.0533$
Case 2: $b = 700, \rho = 0.0388$
Case 3: $b = 800, \rho = 0.0231$
Case 4: $b = 950, \rho = 0.0133$
Case 5: $b = 1100, \rho = 0.0086$
최소값: $b = 860, \rho = 0.0179$

[그림 7.3.8] 기둥 폭이 기둥 코스트(CI_c) 등 설계 파라미터에 미치는 영향

$(f'_c = 40MPa, f_y = 500MPa, P_u = 500kN, M_u = 2500kN \cdot m, SF = 1, b/h = 1)$

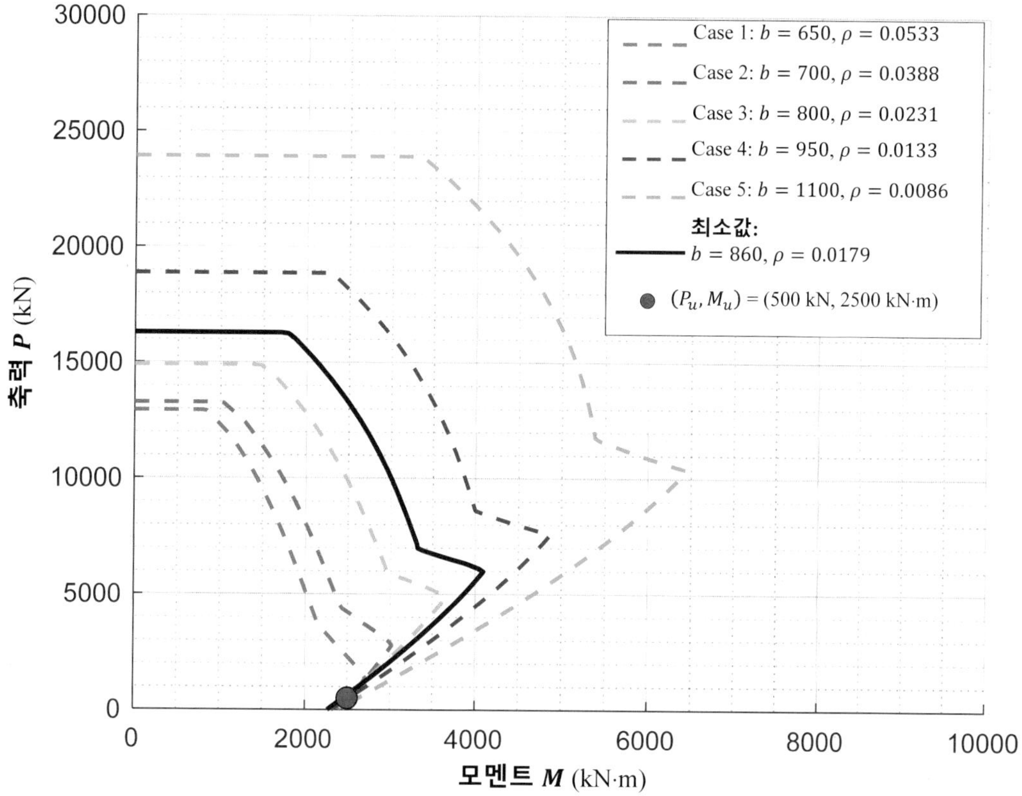

[그림 7.3.9] 5개 영역의 역설계 시나리오 #1, 설계 #2; 코스트가 최적화된 P–M 상관도 비교

7.4 라그랑지 함수로부터 유도된 최적화 결과와의 비교

표 7.3.11(c)의 역설계 시나리오 #2의 설계 #1과 표 7.3.12(c)의 역설계 시나리오 #2의 설계 #2는 최적화 과정을 거치지 않은 상태에서의 CRS 기반에서 기둥의 단면($b \times h$)이 **각각** 630.5 × 630.5와 730.9 × 730.9일 **경우의** 코스트이고, 그림 7.3.2와 그림 7.3.4는 모든 기둥 폭에 대하여 코스트를 반복연산으로 조사**하여** 역설계 시나리오 #2의 설계 #1과 설계 #2에 대해서 **최저 코스트인** 97,217KRW/m와 179,317KRW/m를 **각각 특정한 것이다.**

이와 같이 기둥 폭을 변화시켜서 최적화 과정을 수행하는 방법 이외에도 좀 더 편리한 방법으로 본 절에서는 AI에 기반한 라그랑지Lagrange 방법을 활용하여 간편하게 구한 최소 코스트를 비교하였다. 라그랑지 방법을 활용한 상세한 설명은 다음 저서에 소개할 예정이며, 본 절에서는 결과만을 간단히 제시하였다.

표 7.4.1과 표 7.4.2는 AI 기반 순방향 라그랑지 방법을 이용한 역설계 시나리오 #1의 코스트 최적 설계(CI_c)를 설계 #1과 #2에 대해서 각각 보여주고 있다. 그림 7.4.1과 그림 7.4.2에서는 100만 개의 빅데이터를 이용하여 검증하였다.

표 7.4.3**에 제시된 대로 3가지** 방법에 의해 도출된 역설계 #1의 코스트 최적 설계(CI_c)는 모두 일치하는 것으로 보인다. 즉 (1) 반복연산방법(그림 7.3.2, 그림 7.3.4), (2) AI 기반 순방향 라그랑지 방법(표 7.4.1, 표 7.4.2), (3) 빅데이터를 이용한 코스트 최적 설계(CI_c) 검증(그림 7.4.1, 그림 7.4.2)은 **모두 일치하는 결과를 보였다.**

[표 7.4.1] AI 기반 순방향 라그랑지 방법을 이용한 역설계 시나리오 #1의 설계 #1의 코스트 최적 설계 (CI_c) (그림 7.3.2)

(a) 라그랑지 최적화 결과

	설계 데이터	Case 1	Case 2	Case 3
1	b (mm)	**725.0**	595.4	*N/A*
2	h (mm)	**725.0**	595.4	*N/A*
3	ρ_s	**0.0100**	0.0800	*N/A*
4	f_c' (MPa)	40	40	*N/A*
5	f_y (MPa)	500	500	*N/A*
6	P_u (kN)	**6000**	6000	*N/A*
7	M_u (kN·m)	**1500**	1500	*N/A*
	목적 함수: CI_c (KRW/m)	**93227.7**	268059.2	*N/A*

주: *Case 1* – **부등제약 조건** $v_1(\mathbf{x})$ 이 **활성화**

Case 2 – **부등제약 조건** $v_2(\mathbf{x})$ 이 **활성화**

Case 3 – **모든 부등제약 조건이 비 활성화**

등제약 조건 $\mathbf{c}(\mathbf{x}) = [c_1(\mathbf{x}), c_2(\mathbf{x}), \ldots, c_6(\mathbf{x})]^{\mathrm{T}}$	**부등**제약 조건 $\mathbf{v}(\mathbf{x}) = [v_1(\mathbf{x}), v_2(\mathbf{x})]^{\mathrm{T}}$
$c_1(\mathbf{x}) = b - h = 0$	$v_1(\mathbf{x}) = \rho_s - 0.01 \geq 0$
$c_2(\mathbf{x}) = f_c' - 40 = 0$	$v_2(\mathbf{x}) = -\rho_s + 0.08 \geq 0$
$c_3(\mathbf{x}) = f_y - 500 = 0$	
$c_4(\mathbf{x}) = P_u - 6000 = 0$	
$c_5(\mathbf{x}) = M_u - 1500 = 0$	
$c_6(\mathbf{x}) = SF - 1 = 0$	

학습 정확도는 표7.3.3(b)에 표기

(b) 최적화 정확도

순방향 설계 시나리오의 설계 집계표 (PTM)

	설계 데이터	AI 결과	검증 (*AutoCol*)	오차
1	b (mm)	**725.0**	**725.0**	0.00%
2	h (mm)	**725.0**	**725.0**	0.00%
3	ρ_s	**0.01000**	**0.01000**	0.00%
4	f_c' (MPa)	40	40	0.00%
5	f_y (MPa)	500	500	0.00%
6	P_u (kN)	**6000**	**6000**	0.00%
7	M_u (kN·m)	**1500**	**1500**	0.00%
8	ϕP_n (kN)	6183.4	6068.5	1.86%
9	ϕM_n (kN·m)	1499.9	1517.1	-1.15%
10	SF	1.000	1.011	-1.14%
11	b/h	1.000	1.000	0.00%
12	ε_s	0.00169	0.00168	0.59%
13	CI_c (KRW/m)	**93227.7**	**92928.0**	0.32%
14	CO_2 (t-CO_2/m)	0.1920	0.1918	0.10%
15	W_c (kN/m)	12.384	12.382	0.02%
16	$\alpha_{e/h}$	1.2390	1.2387	0.03%

학습 정확도는 표 7.3.3(b)에 표기

AI 기반의 7개 입력 데이터

기존 구조계산 기반의 7개 입력 데이터 (*AutoCol*)

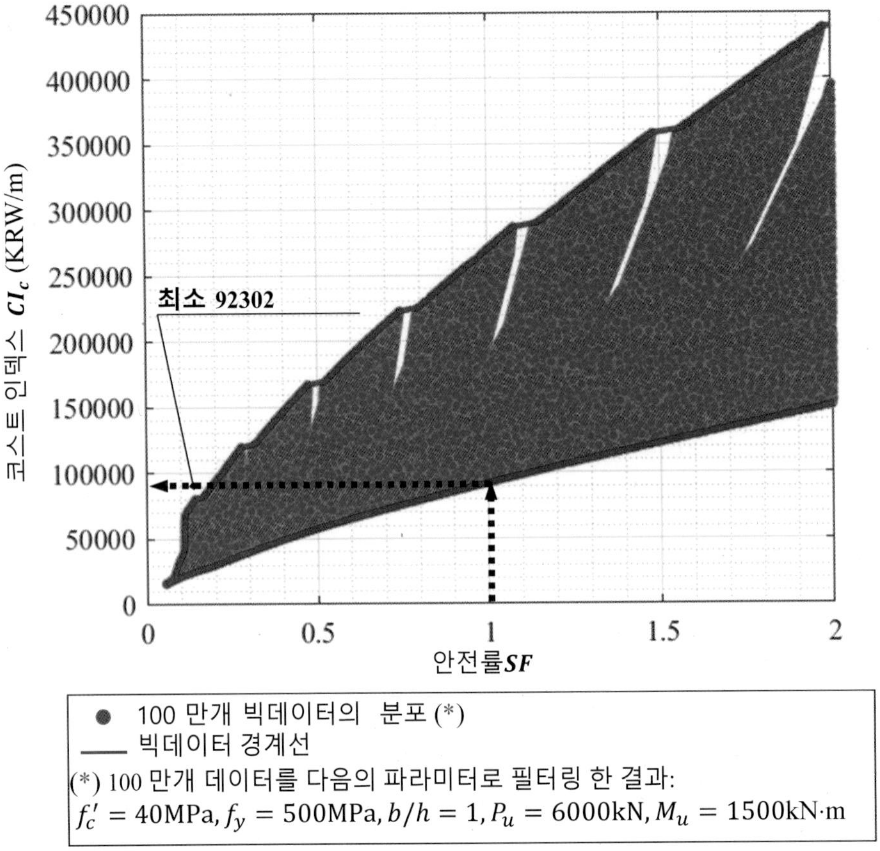

[그림 7.4.1] 빅데이터를 이용한 역설계 시나리오 #1, 설계 #1의 코스트 최적 설계(CI_c) 검증(그림 7.3.2)

[표 7.4.2] AI 기반 순방향 라그랑지 방법을 이용한 역설계 시나리오 #1의 설계 #2의 코스트 최적 설계 (CI_c) (그림 7.3.4)

(a) 라그랑지 최적화 결과

설계 데이터	Case 1	Case 2	Case 3
1 b (mm)	1031.5	629.7	**957.2**
2 h (mm)	1031.5	629.7	**957.2**
3 ρ_s	0.0100	0.0800	**0.0128**
4 f_c' (MPa)	40	40	40
5 f_y (MPa)	500	500	500
6 P_u (kN)	500	500	**500**
7 M_u (kN·m)	2500	2500	**2500**
목적 함수: CI_c (KRW/m)	188660.4	299800.4	**183443.0**

주: *Case 1* – **부등제약 조건 $v_1(\mathbf{x})$ 이 활성화**
Case 2 – **부등제약 조건 $v_2(\mathbf{x})$ 이 활성화**
Case 3 – **모든 부등제약 조건이 비 활성화**

등제약 조건 $\mathbf{c}(\mathbf{x}) = [c_1(\mathbf{x}), c_2(\mathbf{x}),\ldots, c_6(\mathbf{x})]^T$	부등제약 조건 $\mathbf{v}(\mathbf{x}) = [v_1(\mathbf{x}), v_2(\mathbf{x})]^T$
$c_1(\mathbf{x}) = b - h = 0$	$v_1(\mathbf{x}) = \rho_s - 0.01 \geq 0$
$c_2(\mathbf{x}) = f_c' - 40 = 0$	$v_2(\mathbf{x}) = -\rho_s + 0.08 \geq 0$
$c_3(\mathbf{x}) = f_y - 500 = 0$	
$c_4(\mathbf{x}) = P_u - 500 = 0$	
$c_5(\mathbf{x}) = M_u - 2500 = 0$	
$c_6(\mathbf{x}) = SF - 1 = 0$	

학습 정확도는 표 7.3.3(b)에 표기

(b) 최적화 정확도

순방향 설계 시나리오의 설계 집계표 (PTM)

설계 데이터	AI 결과	검증 (*AutoCol*)	오차
1 b (mm)	**957.2**	**957.2**	0.00%
2 h (mm)	**957.2**	**957.2**	0.00%
3 ρ_s	**0.0128**	**0.0128**	0.00%
4 f_c' (MPa)	40	40	0.00%
5 f_y (MPa)	500	500	0.00%
6 P_u (kN)	**500**	**500**	0.00%
7 M_u (kN·m)	**2500**	**2500**	0.00%
8 ϕP_n (kN)	484.7	497.4	-2.63%
9 ϕM_n (kN·m)	2494.4	2487.2	0.29%
10 SF	1.000	0.995	0.51%
11 b/h	1.000	1.000	0.00%
12 ε_s	0.02899	0.02841	2.03%
13 CI_c (KRW/m)	**183443.0**	**183159.9**	0.15%
14 CO_2 (t-CO_2/m)	0.3845	0.3848	-0.07%
15 W_c (kN/m)	21.587	21.587	0.00%
16 $\alpha_{e/h}$	0.1890	0.1892	-0.09%

학습 정확도는 표 7.3.3(b)에 표기

□ AI 기반의 7개 입력 데이터
□ 기존 구조계산 기반의 7개 입력 데이터 (*AutoCol*)

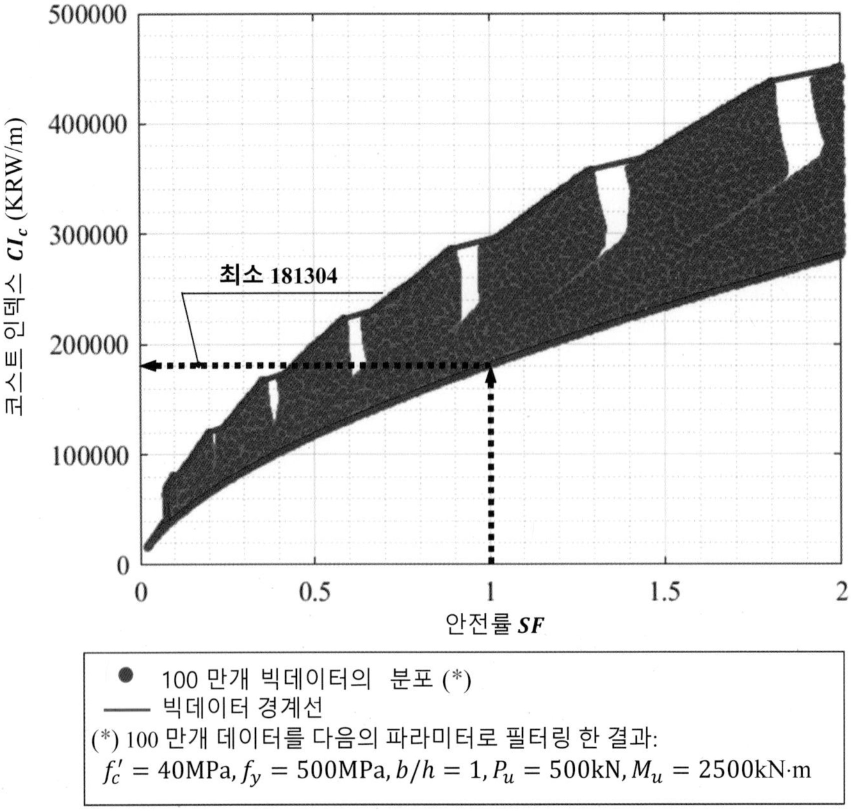

[그림 7.4.2] 빅데이터를 이용한 역설계 시나리오 #1,

설계 #2의 코스트 최적 설계(CI_c) 검증 (그림 7.3.4)

[표 7.4.3] 역설계 시나리오 #1의 코스트 최적 설계 (CI_c) 요약(그림 7.3.2, 그림 7.3.4)

	역설계 #1 (반복연산)	AI 기반 순방향 라그랑지 최적 설계	100만개 빅데이터를 이용한 검증
설계 #1	97,217 KRW/m	93,228 KRW/m	92.302 KRW/m
설계 #2	179,317 KRW/m	183,443 KRW/m	181,304 KRW/m

7.5 결론

7개 순방향 입력 파라미터($b, h, \rho_s, f_c', f_y, P_u, M_u$)로부터 9개의 출력 파라미터($\phi P_n$, $\phi M_n, SF, b/h, \varepsilon_s, CI_c, CO_2, W_c, \alpha_{e/h}$)를 계산하는 AutoCol 프로그램으로부터 기둥 설계를 위한 100,000의 빅데이터를 생성하였다. 16개의 기둥 설계 파라미터는 표 7.1.1과 그림 7.1.1에서 설명되었다. 기둥의 순방향 설계에서는 $L, fy, f'c, d, h$와 같은 기둥의 재료 특성이나 형상과 관련된 정보가 입력 부분에 주어지고, 축 공칭강도(P_n), 모멘트 공칭강도(M_n), 철근 변형률(ε_s)과 같은 설계 결과를 출력 부분에서 순차적으로 구하였다. 그러나 역방향 설계에서는 순방향 설계에서 출력으로 구해지는 축 공칭강도(P_n), 모멘트 공칭강도(M_n), 안전율(SF), 기둥의 폭과 깊이의 비율aspect ratio(b/h) 등과 같은 파라미터들을 입력부에 미리 지정하고 설계를 역방향으로 진행하였다. 이와 같은 계산 순서는 기존의 소프트웨어로는 구현하기 힘들다. 본 장에서는 다양한 하중 조건 하에서 기둥의 $P-M$ 상관도를 계산하였고, 기둥 제작 및 설치 경비를 최소화하는 설계 파라미터를 인공신경망으로부터 구할 수 있었다, 부록에서는 인공신경망 기반의 윈도형 프로그램인 ADORSAI-Based Design of Optimizing RC Structures를 활용하여 본 저서에서 소개된 모든 기둥 설계를 검증하였을 뿐만 아니라, 기둥의 최적 설계를 도출하는 과정을 소개하였다. 독자들도 ADORS를 활용하여 자신들만의 최적화된 기둥을 설계할 수 있을 것이다.

참고문헌

[7.1] MacGregor, J. G., Wight, J. K., Teng, S., & Irawan, P. Reinforced concrete: Mechanics and design, 1997. Vol. 3. Upper Saddle River, NJ: Prentice Hall.

[7.2] Hong, W. K., Nguyen, M. C. under review. Optimized Interaction P-M diagram for Rectangular Reinforced Concrete Column based on Artificial Neural Networks. Journal of Asian Architecture and Building Engineering.

Appendix

부 록

"부록C의 윈도를 실행하는 소프트웨어는 희망 독자에 한하여 별도판매 합니다.
(메일문의: dga1023@hanmail.net)

Appendix
A

매트랩을 이용한 학습

A1 매트랩을 이용한 세 가지 학습 방법

본 절에서는 매트랩을 이용한 학습에 대해서 설명하고자 한다. 매트랩에서 제공하는 학습의 방법으로는 크게 세 가지가 있다.

제일 간단한 방법은 뉴럴 네트워크 툴박스neural-network toolbox를 이용하는 방법이다. 사용하기에 간단한 방법으로 좋은 학습 결과를 도출한다. 그러나 이 방법에는 대부분 학습 파라미터들이 미리 설정되어 있기 때문에 빅데이터의 다양한 학습에는 다소 미진한 점이 있을 수 있다. 하지만 뉴럴 네트워크 툴박스 데이터 매니저neural-network toolbox data manager를 이용하면 다양한 학습을 수행할 수 있다. 이 방법에서는 뉴럴 툴박스에서 미리 설정된 학습 파라미터 값들을 유저들의 상황에 따라서 조정할 수 있어 학습 정확도를 향상시킬 수 있는 장점이 있다. 세 번째 방법은 매트랩 기반의 코드를 작성하는 것으로써 전술한 두 가지 방법에서의 제약을 극복하여 유저들이 제한 없이 자유롭게 빅데이터를 학습할 수 있도록 도와준다. 특히 CPUCentral processing unit 대신 GPUGraphics processing unit를 이용할 경우에는 툴박스를 이용할 수 없고 반드시 코드를 통해야 한다.

A2 매트랩 기반의 빅데이터 학습(training)

A2.1 매트랩 뉴럴 피팅(neural fitting) 툴박스를 활용한 빅데이터 학습(CPU)

A2.1.1 매트랩 R2019a

그림 A2.1은 매트랩 툴박스를 활용한 빅데이터 학습training 과정을 보여주고 있다. 매트랩의 명령창에서 "nnstart"를 타입하고 "Fitting app"를 타입하면 툴박스를 시작할 수 있다. "Fitting app"를 선택한 후 그림 A2.1의 A−E를 따라가면 된다. "Next"를 타입하면 입력 데이터와 관찰 데이터(target 데이터)를 불러올 수 있다(그림 A2.1(b)). "Next"를 다시 타입하면 Validation and testing data의 퍼센트를 지정할 수 있다(그림 A2.1(c)). 검증 및 테스팅 데이터validation and testing data 퍼센트의 지정에 대해서는 1.3절에 자세히 설명되어 있다. 그림 A2.1(d)에서는 학습을 위한 뉴런의 개수(10개가 default)를 선택할 수 있으며, 그림 A2.1(e)에서는 세 가지 학습 알고리즘 중 하나를 선택하여 학습을 시작한다. 본 저서에서 주로 사용하는 알고리즘은 Levenberg Marquardt이지만, 각각의 학습 알고리즘을 선택하여 비교한 후 빅데이터의 특성과 가장 잘 어울리는 알고리즘을 선택할 수 있다. 본 저서가 사용하는 매트랩 툴박스에서는 은닉층의 개수는 선택할 수 없으나 선택할 수 있는 과거 버전의 툴박스들도 있다.

(a)

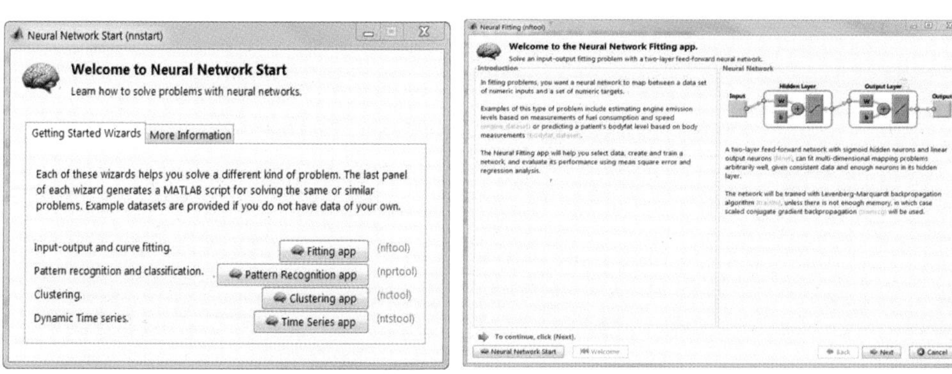

[그림 A2.1] Matlab Neural Fitting을 활용한 빅데이터 학습(R2019a) (이어서)

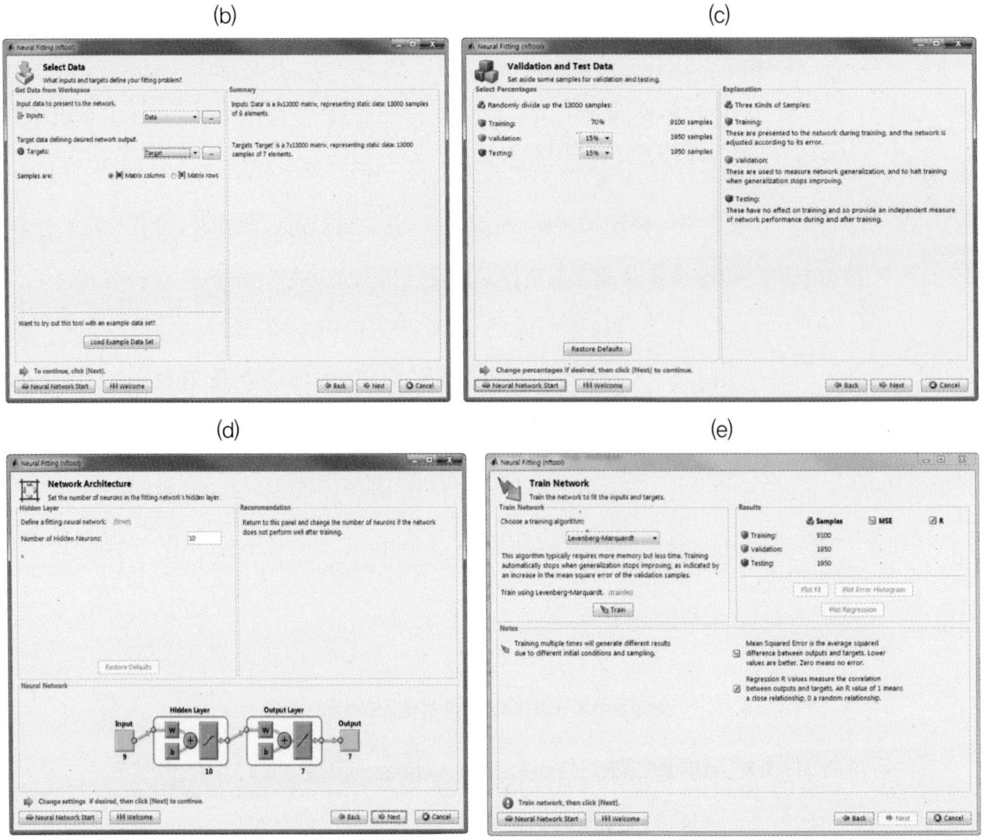

[그림 A2.1] Matlab Neural Fitting을 활용한 빅데이터 학습(R2019a)

A2.1.2 매트랩 R2020b

매트랩의 명령창에서 “nnstart”를 타입하여 Neural Network Start toolbox(그림 A2.2)를 시작한 후 “Fitting app”를 선택하면 그림 A2.3(a) 창이 나타난다. APPS 탭[그림 A2.3(b)]을 선택하면 다양한 툴박스를 선택할 수 있는데 이 창에서 “Neural Net Fitting”을 선택해도 그림 A2.3(a) 창이 나타난다. 그림 A2.3(c)에서처럼 독자들은 매트랩의 명령창에서도 직접 “nftool” 커맨드를 선택하면 그림 A2.3(a) 화면을 띄울 수 있고, 이 창에서 “Next”를 선택한 후 그림 A2.4 화면에서 학습용 빅데이터를 입력할 수 있다.

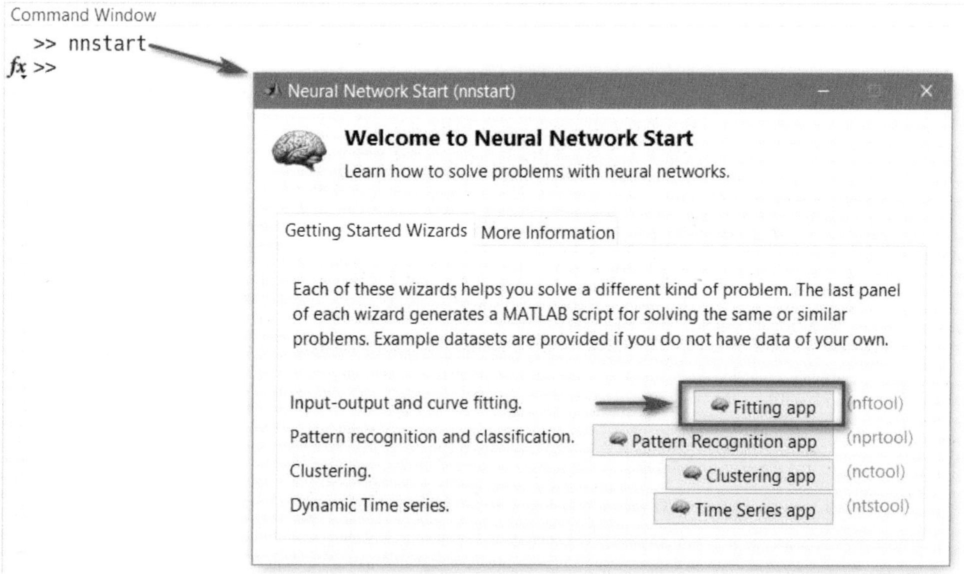

[그림 A2.2] Neural Network 툴박스 시작하기

(a)

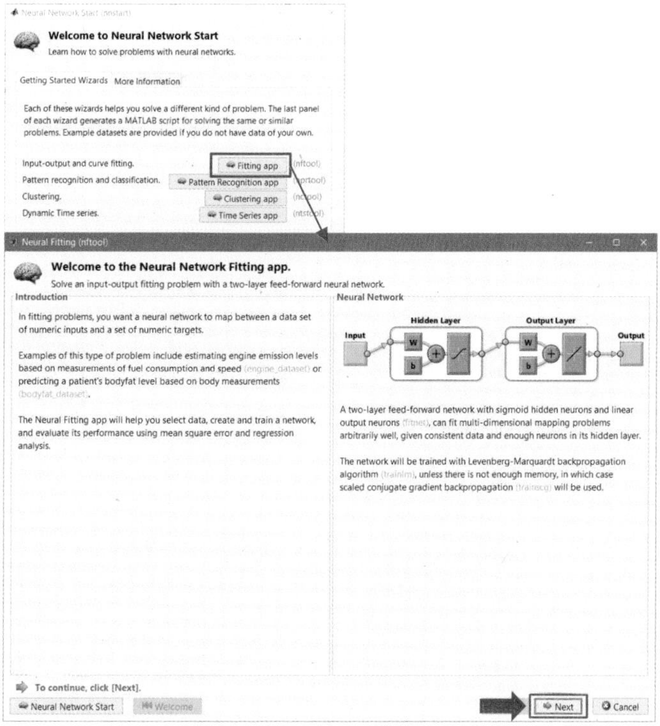

[그림 A2.3] Neural Fitting 툴박스 사용하기 (이어서)

(b)

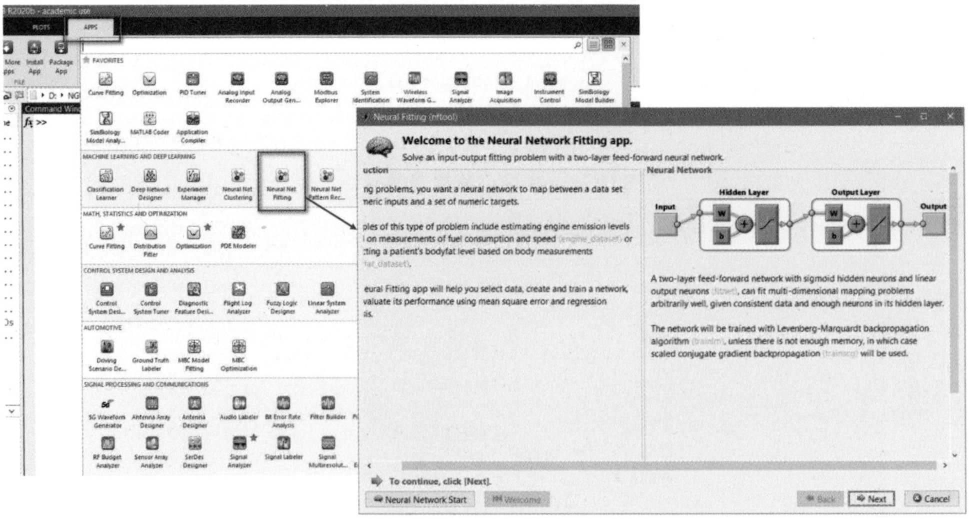

(c)

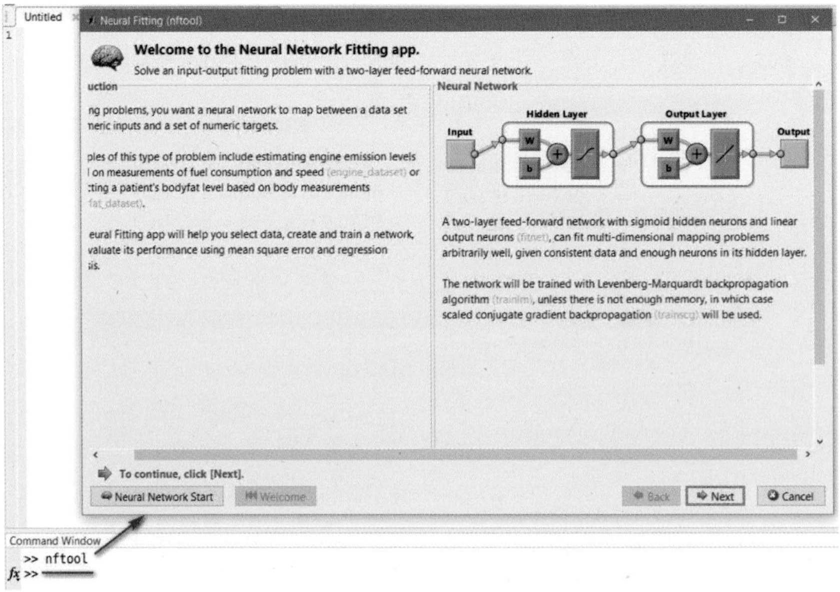

[그림 A2.3] Neural Fitting 툴박스 사용하기

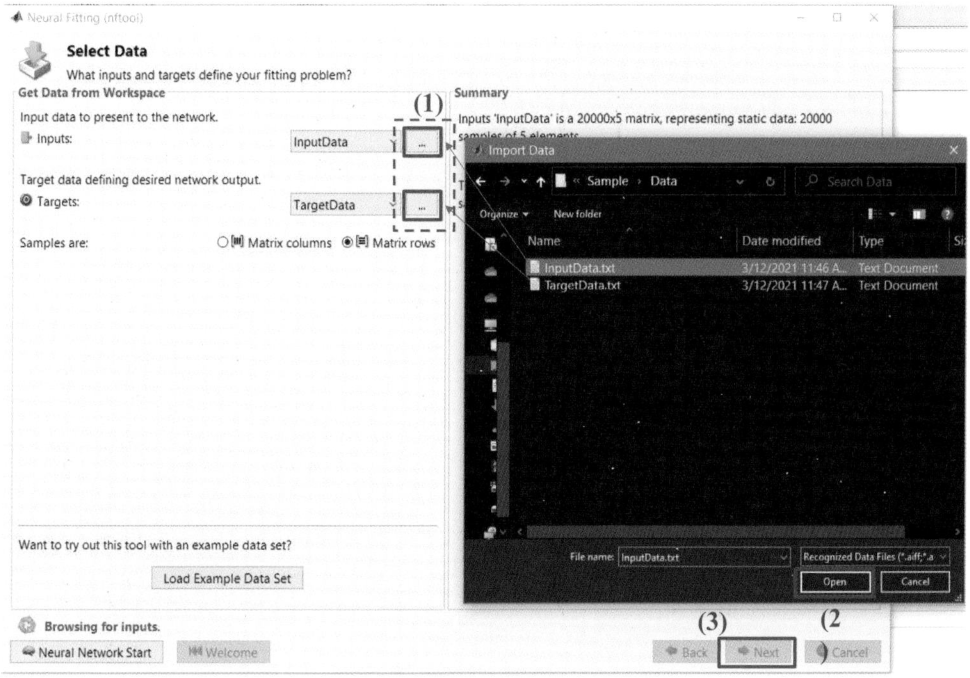

[그림 A2.4] 입력 데이터와 관찰(target) 데이터 입력

그림 A2.5 창에서는 "Open"을 선택한 후 입력 데이터와 관찰target 데이터를 입력한다. 계속해서 "Next"를 선택하여 그림 A2.5 검증 및 테스팅 데이터 비율 선택에 사용될 데이터 분량을 결정하는데, Default로는 각각 15%씩을 할당하고 필요에 따라서 변경할 수도 있다. 인공신경망 학습용 데이터에는 70%가 자동으로 저장되며 툴박스에서는 이 비율을 변경할 수 없다.

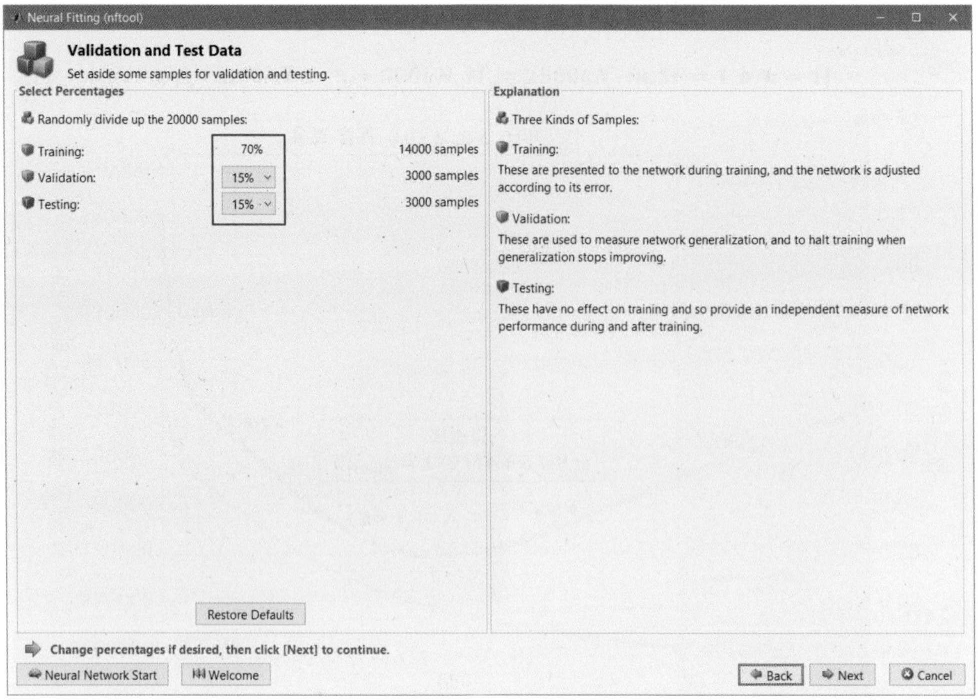

[그림 A2.5] 검증 및 테스팅 데이터 비율 선택

그림 A2.6은 입력 데이터를 target 데이터에 피팅하는 경우, 인공신경망의 학습 방법을 선택할 수 있는 화면을 보여주고 있다. Levenberg-Marquardt, Bayesian Regularization, Scaled Conjugate Gradient 등의 방법이 있다. 이 중에서 Levenberg-Marquardt 알고리즘이 인공신경망의 학습 시 가장 빠르므로 추천되는 방법이나, 다른 종류의 인공신경망 학습방법을 선택할 수도 있다. Bayesian Regularization 알고리즘은 Levenberg-Marquardt 알고리즘보다는 오래 걸리지만 복잡한 입출력 데이터 학습에 사용된다. Scaled Conjugate Gradient 알고리즘은 작은 메모리를 사용하기 때문에 메모리의 저장 공간이 작은 컴퓨터에서 사용될 수 있다.

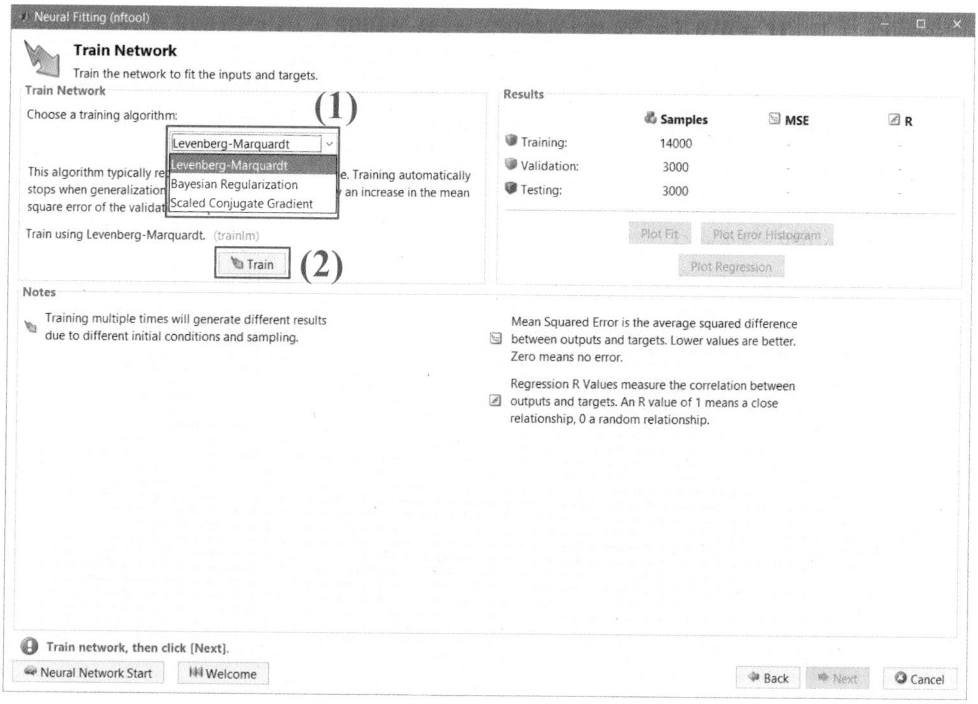

[그림 A2.6] 학습 알고리즘의 선택 및 학습 시작

그림 A2.7 화면에서는 학습 진행 시 MSE[Mean squared error], 리그레션(R) 계수를 볼 수 있다. 학습, 학습 검증, 학습 테스팅 및 epochs 등의 상황을 모니터링할 수 있으며, 특히 MSE[Mean squared error]가 감소하는 경향을 그때의 epoch와 함께 보여주고 있다. MSE[Mean squared error]가 감소하다 다시 증가하게 되면 과학습[over-fitting]이 발생한다는 증거이므로 학습은 종료된다. 오차함수의 Gradient(4.4.2절 참조)가 1E-5 이하가 되면 학습은 종료된다. 이 기준은 "net.trainParam.min_grad"에서 조정 가능하다. 또한 MSE가 6번 epoch 연속해서 감소하지 않으면 학습이 종료된다. 이 기준은 "net.trainParam.max_grad"에서 조정이 가능하다(Training and apply multilayer shallow neural networks - MATLAB & Simulink - MathWorks). 그림 A2.7에는 학습 검증 체크로써 MSE[Mean squared error]가 정체되어 더 이상 감소하지 않는 횟수, 즉 validation performance 체크의 default 값으로 6이 설정되어 있다. 여기에 도달하면 학습은 멈추게 된다. Mu는 Levenberg-Marquardt backpropagation 알고리즘에 사용되는 파라미터이다. 학습 경과시간, 학습 알고리즘, 은닉층과 뉴런의 개수 등은 학습 과정을 점검하는 데 유용한 정보를 제공한다. 더욱 중요한 것은 제공되는 에라 함수의 기울기(gradient, 4.5.1절 참조)로부터 데이터의 피팅이 원활하게 이루어지고 있는가를 확인할 수 있다는 장점이 있다. 또한 인공신경망의 학습의 정확도를 파악하는 데 도움을 주는 다양한 그래프를 생성하고 있다. 그림 A2.7의 neural network 툴박스는 인공신경망을 간단하고 쉽게 학습시킬 수 있도록 도와준다. 하지만 사용자는 학습에 영향을 미치는 일부 학습 파라미터의 설정을 neural network 툴박스로부터 변경할 수 없다. 매트랩에 의해 설정된 default 파라미터는 epoch = 1000, 은닉층의 개수 = 1, validation 체크 = 6 등이다. 학습이 원하는 대로 진행되지 않는다고 판단되면 학습을 중지하여 원인을 수정한 후 재학습할 수 있다.

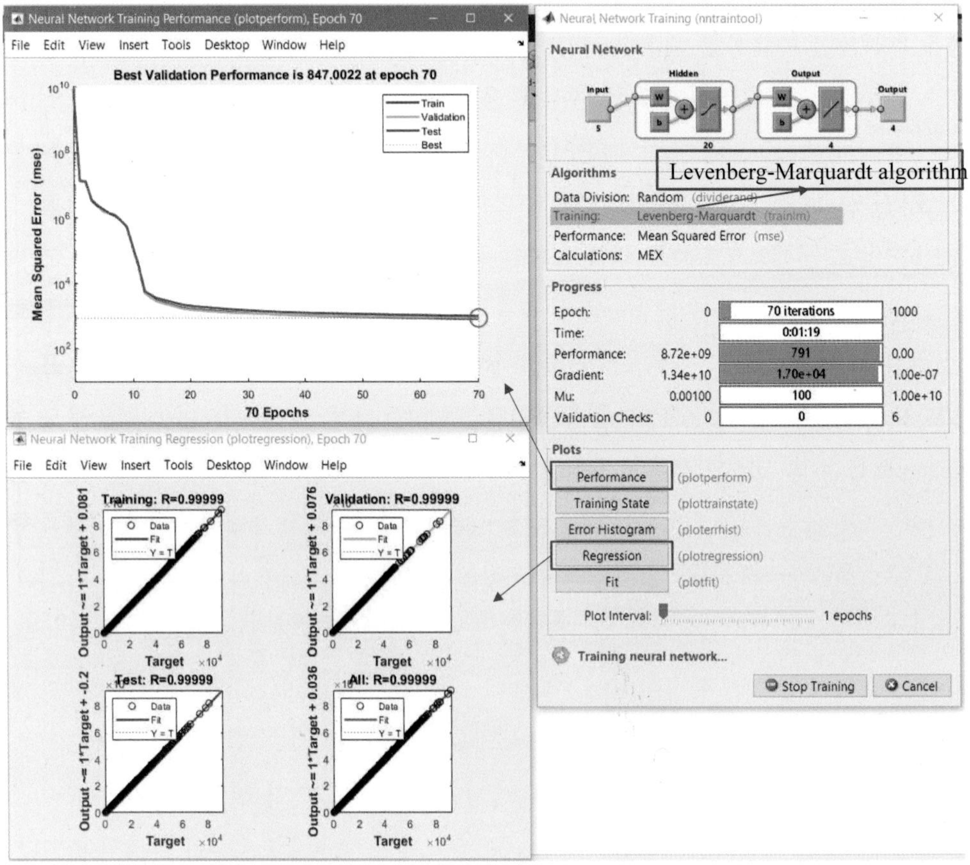

[그림 A2.7] 학습 상황의 모니터링

A2.2 매트랩 뉴럴 네트워크 데이터 메니저(Neural Network/Data Manager) 툴박스를 활용한 빅데이터 학습(CPU)

A2.2.1 매트랩 R2019a

매트랩[19]의 명령창에서 “nntool”을 타입하면 Data Manager가 보이고 툴박스를 시작할 수 있다. 이후 “Data Manager”를 선택[그림 A2.2(a)]하고 그림 A2.8의 (a)−(e)를 따라가면 된다. “Import”를 타입하면 입력 데이터와 관찰 데이터(target 데이터)를 불러올 수 있다(그림 A2.8(a)). “New”를 타입하여 새로운 인공신경망을 시작한 후[그림 A2.8(b)-(1)], 그림 A2.8(b)-(1)~(4)에서처럼 다음과 같은 옵션을 선택할 수 있다. “Network type”, “Training function”, “Performance function”, “Number of hidden layers”, “Number of neurons”. 그리고 윈도를 닫고 새로운 네트워크를 연 후에 “Train” 탭과 “Training Parameters”를 선택하여 필요시 parameters들을 수정한다[그림 A2.8(c)]. 그림 A2.8(d)에서는 “Training Data” 하부에 있는 “Training Info”를 선택하면 입력 데이터와 관찰 데이터(target 데이터)를 불러올 수 있다. “Training Results”에는 출력 파일과 에러 파일의 이름을 입력한다. 모든 준비 절차가 끝나면 “Train Network”를 클릭하여 학습을 시작한다. 모든 인공신경망 파라미터들은 defaults이지만 변경될 수 있다.

(a)

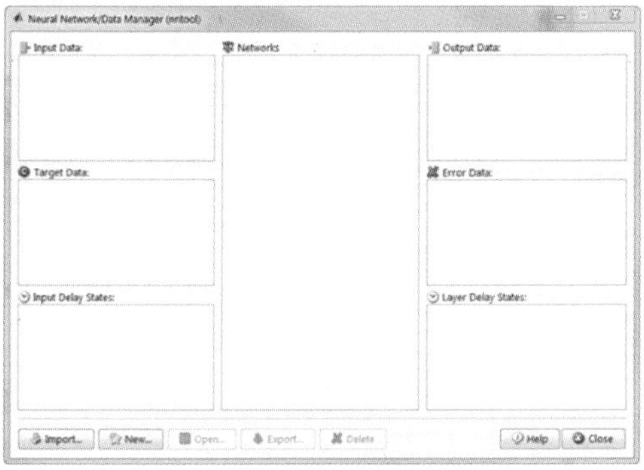

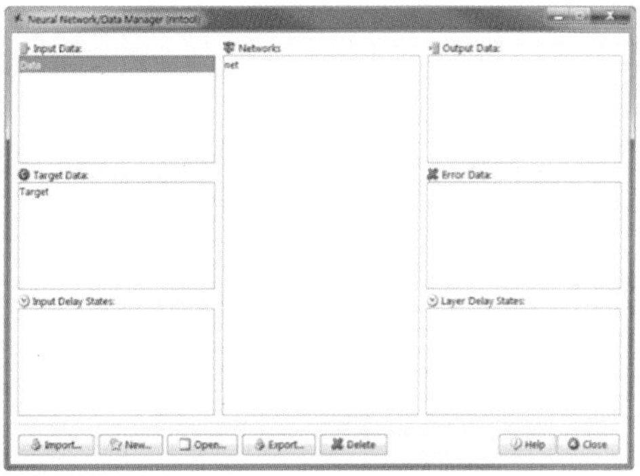

[그림 A2.8] 매트랩 뉴럴 네트워크 데이터 메니저(Neural Network/Data Manager) 툴박스를 활용한 빅데이터 학습(training) (이어서)

(b)

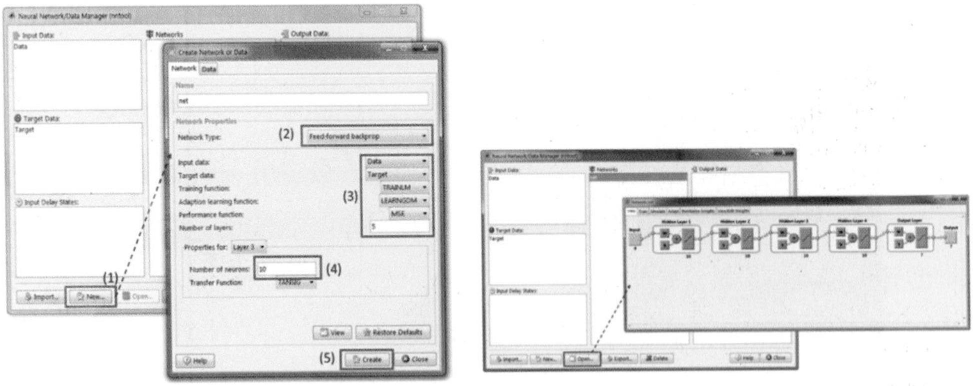

(c)

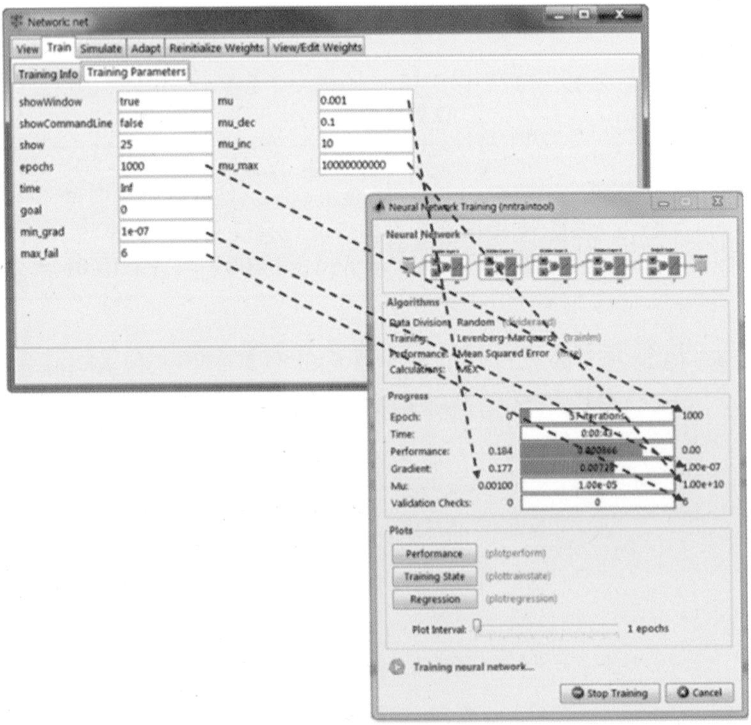

[그림 A2.8] 매트랩 뉴럴 네트워크 데이터 메니저(Neural Network/Data Manager) 툴박스를 활용한 빅데이터 학습(training)

그림 A2.2(e)는 앞 절에서 학습하였던 학습 화면을 보여주고 있다. 학습을 위해 설정한 은닉층과 뉴런의 개수, 학습 알고리즘, 학습 진행 중인 epoch, 학습 시간, Gradient(기울기) 등을 보여주고 있어 학습이 원하는 대로 진행되는지를 판단할 수 있도록 도와준다. 또한 학습 검증 체크(over-fitting 관련 체크)로써, MSE[Mean squared error]가 감소하다 다시 증가하게 되면 과학습[over-fitting]이 발생한다는 증거이므로 학습은 종료된다. MSE[Mean squared error]가 정체되어 더 이상 감소하지 않는 횟수가 지정된 횟수에 도달하면 학습은 멈추게 된다. 학습이 원하는 대로 진행되지 않는다고 판단되면 학습을 중지하여 원인을 수정한 후 재학습할 수 있다.

A2.2.2 매트랩 R2020b

뉴럴 네트워크 데이터 메니저[Neural Network/Data Manager] 툴박스는 Neural Fitting 툴박스보다는 사용하기에 다소 복잡하지만 Neural Fitting 툴박스에서는 허용되지 않았던 다양한 설정이 가능하다. 뉴럴 네트워크 데이터 메니저[Neural Network/Data Manager] 툴박스에서는 epoch와 은닉층의 개수, 학습 검증 체크 등 Neural Fitting 툴박스에서는 변경할 수 없었던 학습 파라미터들의 설정값들을 변경할 수 있다. 매트랩[19]의 명령창에서 "nntool"을 타입하면 뉴럴 네트워크 데이터 메니저[Neural Network/Data Manager] 툴박스가 보이고(그림 A2.9), "Import"를 선택한 후 그림 A2.10의 (1)단계부터 (8)단계에서는 학습에 사용될 입력 데이터와 관찰 데이터(target 데이터)를 가지고 올 수 있다. 특히 (5)단계에서 (8)단계를 통해 원하는 빅데이터들을 불러와 임시 저장할 수 있으며, (17)단계에서 학습할 데이터를 지정한다.

그림 A2.11의 (9)단계부터 (14)단계로는 인공신경망을 구성할 수 있으며, (12)단계부터 (13)단계에서 은닉층과 뉴런의 개수를 임의로 설정할 수 있다. 그림 2.12의 (15)단계에서는 전단계에서 세팅했던 인공신경망을 불러올 수 있고, (16), (17)단계에서는 (5), (6), (7), (8)단계에서 임시 저장된 빅데이터 중에서 학습을 실시할 데이터를 지정한다. (18)단계를 선택하면 그림 A2.13의 화면이 보이고, (19)부터 (20)단계를 통해 학습 파라미터들을 설정할 수 있다. 그림 A2.13의 (21)단계의 Train Network를 선택하여 인공신경망의 학습을 시작한다.

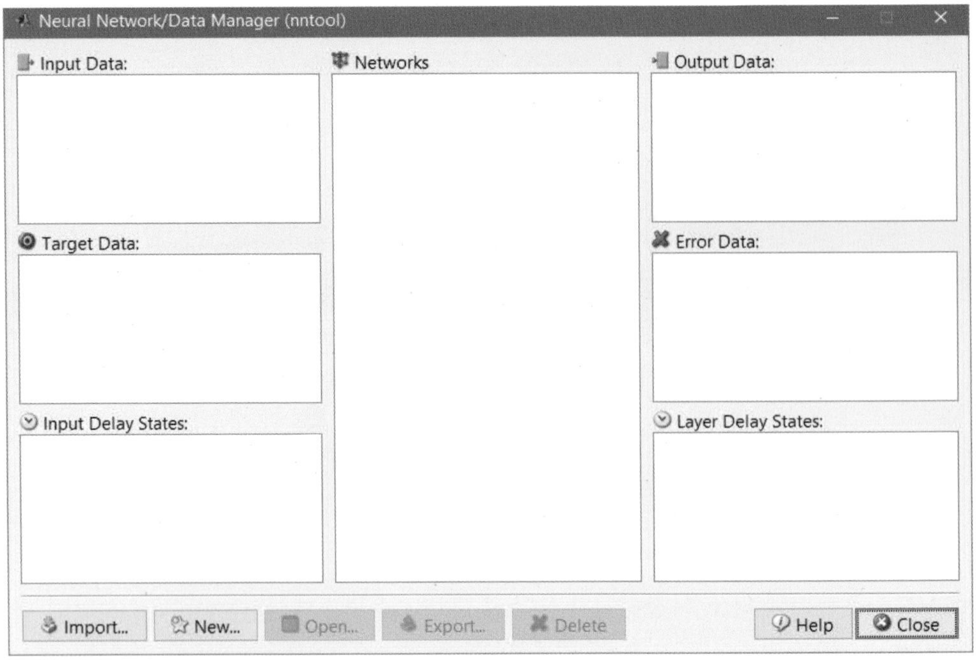

[그림 A2.9] 뉴럴 네트워크 데이터 메니저(Neural Network/Data Manager) 툴박스

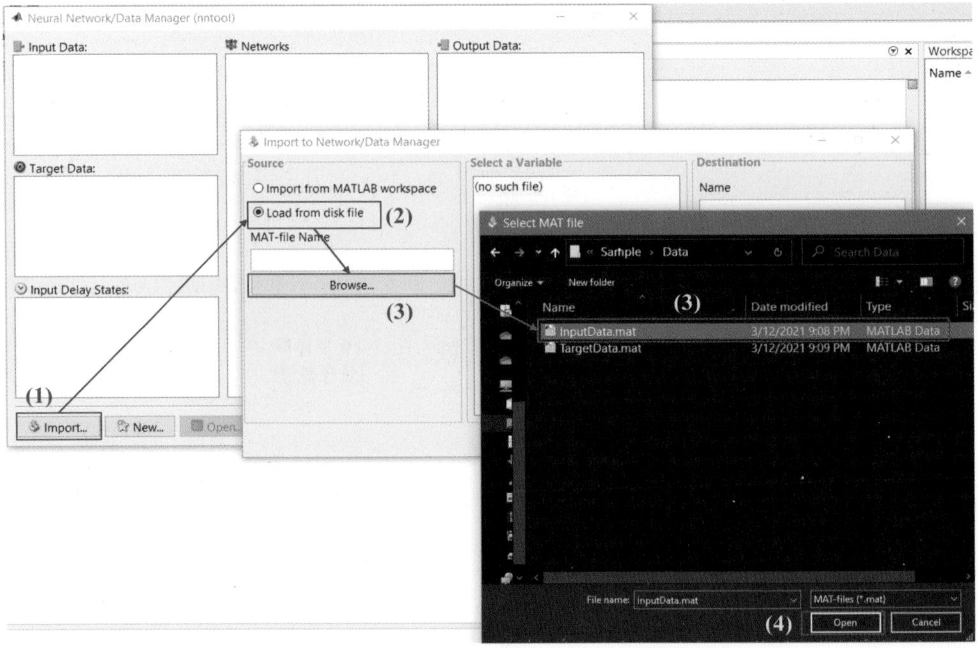

[그림 A2.10] 입력 데이터 불러오기 (이어서)

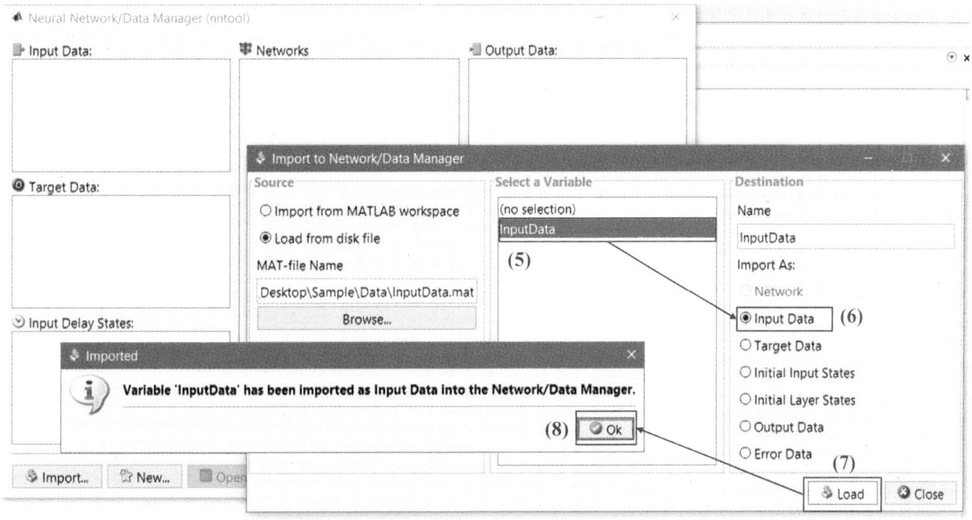

[그림 A2.10] 입력 데이터 불러오기

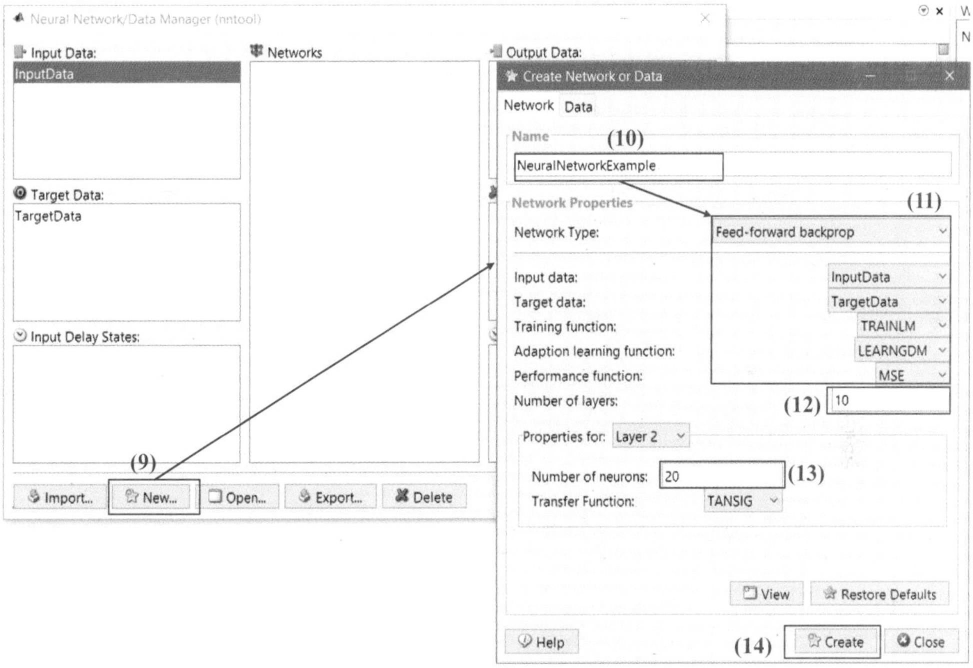

[그림 A2.11] 인공신경망의 설정(은닉층 및 뉴런)

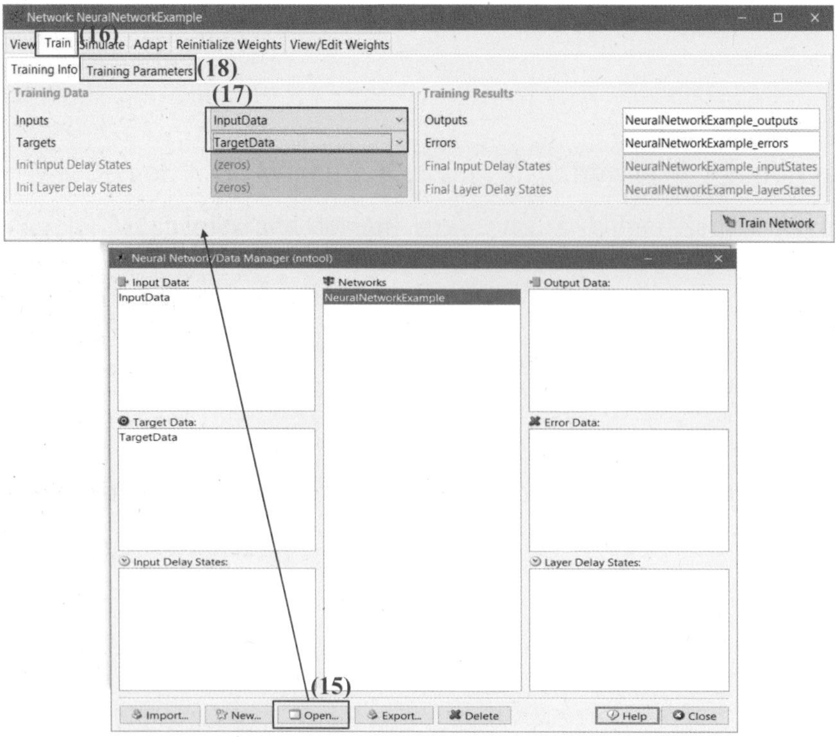

[그림 A2.12] 입력 데이터, target 데이터의 입력

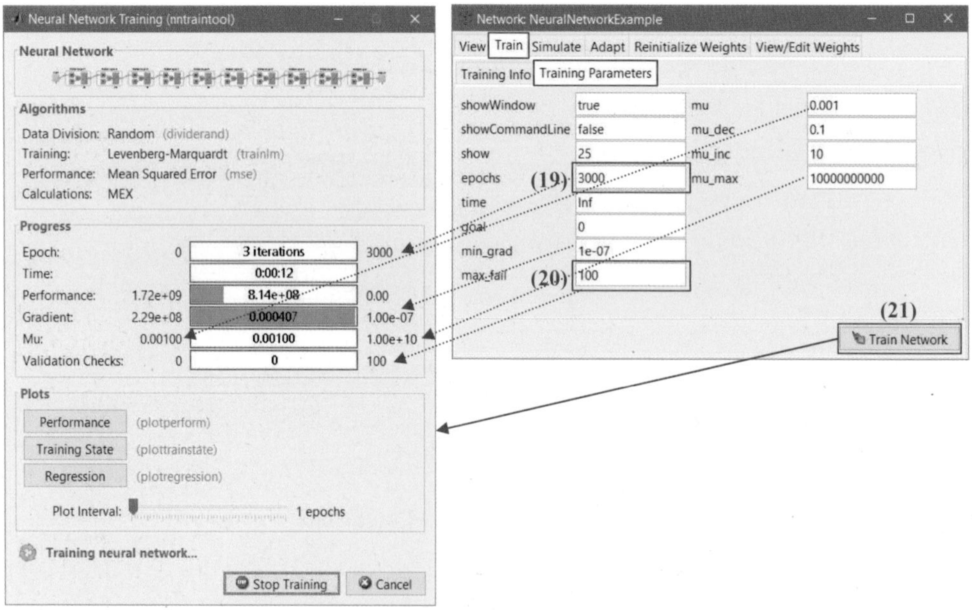

[그림 A2.13] 학습 파라미터 설정과 학습 시작

A2.3 매트랩 코드를 활용(CPU)한 인공신경망의 학습

A2.3.1 매트랩 R2019a

매트랩 코드를 통해서 학습 파라미터(은닉층, 뉴런, epoch, 학습 검증 횟수 등)를 독자의 필요에 따라 다양하게 구성할 수 있다. 표 A2.1(Hybrid Composite Precast Systems 저서의 10.3절,

[표 A2.1] 학습 특징에 맞춤 작성된 메트랩 코드(20 은닉층과 25 뉴런); R2019a

```
% Import data from text file.

Input = importdata('InputData.txt'); % InputData.txt includes 13000 dataset

Target= importdata('Target.txt');
x      = Data;
t      = Target;

% Choose a Training Function

% 'trainlm' is usually fastest.
% 'trainbr' takes longer but may be better for challenging problems.
% 'trainscg' uses less memory. Suitable in low memory situations.

trainFcn      = 'trainlm'; % Levenberg-Marquardt backpropagation.

% Create a Fitting Network
NumNeurons     = 25;        % Number of neurons in one layer
NumLayers      = 20;        % Number of layers
RangeLayer     = zeros(1,NumNeurons);
RangeLayer(:) = hiddenLayerSize;
net = feedforwardnet(RangeLayer);

% Choose Input and Output Pre/Post-Processing Functions
net.input.processFcns = {'removeconstantrows','mapminmax'};
net.output.processFcns = {'removeconstantrows','mapminmax'};

% Setup Division of Data for Training, Validation, Testing
net.divideFcn = 'dividerand'; % Divide data randomly
net.divideMode = 'sample';    % Divide up every sample
net.divideParam.trainRatio = 70/100;
net.divideParam.valRatio   = 15/100;
net.divideParam.testRatio  = 15/100;

% Choose a Performance Function
net.performFcn = 'mse';          % Mean Squared Error
net.trainParam.epochs = 1000 ; % Maximum of epochs, default value is of 1000

net.trainParam.max_fail = 6;  % Maximum of validation (default value is of 6)

% Choose Plot Functions
net.plotFcns = {'plotperform','plottrainstate','ploterrhist', ...
   'plotregression', 'plotfit'};

% Train the Network
[net,tr] = train(net,x,t);

% Test the Network
y = net(x);
e = gsubtract(t,y);
performance = perform(net,t,y)
output = y;

% Recalculate Training, Validation, and Test Performance
trainTargets     = t .* tr.trainMask{1};
valTargets       = t .* tr.valMask{1};
testTargets      = t .* tr.testMask{1};
trainPerformance = perform(net,trainTargets,y)
valPerformance   = perform(net,valTargets,y)
testPerformance  = perform(net,testTargets,y)

% View the Network
view(net)
```

표 10.2.1 참조)에서 보이는 R2019a 버전의 매트랩 코드를 통해 20개의 은닉층과 25개의 뉴런으로 구성된 인공신경망을 구성하였다. 참고문헌을 참조하면 13000의 빅데이터에 대해 학습된 인공신경망의 학습 결과를 자세히 알 수 있다.

A2.3.2 매트랩 R2020b

표 A2.2는 매트랩 R2020b 버전을 사용하여 작성된 인공신경망 학습용 코드를 보여준다. 5개의 은닉층, 15개의 뉴런, 5000번의 epoch, 50번의 학습 검증으로 인공신경망의 학습을 계획하였다.

[표 A2.2] 학습 특징에 맞춤 작성된 매트랩 코드(5 은닉층과 15 뉴런); R2020b

```
% Import data from text file.
Input  = importdata('InputData.txt'); % InputData.txt includes 20000 dataset
Target = importdata('TargetData.txt');
x = Input';
t = Target';

% Create a Fitting Network
NumNeurons = 15; % Number of neurons in one layer
NumLayers  = 5;  % Number of layers

% Choose a Training Function

trainFcn = 'trainlm'; %'trainlm' : Levenberg-Marquardt backpropagation.
                      %'trainbr' : Bayesian Regularization backpropagation.
                      %'trainsgc': Scaled Conjugate Gradient

% Choose Input and Output Pre/Post-Processing Functions
RangeLayer    = zeros(1,NumLayers);
RangeLayer(:) = NumNeurons;
net = feedforwardnet(RangeLayer);

net.input.processFcns = {'removeconstantrows','mapminmax'};
net.output.processFcns = {'removeconstantrows','mapminmax'};
% Setup Division of Data for Training, Validation, Testing
```

```
net.divideFcn = 'dividerand'; % Divide data randomly
net.divideMode = 'sample';    % Divide up every sample
net.divideParam.trainRatio = 70/100;
net.divideParam.valRatio   = 15/100;
net.divideParam.testRatio  = 15/100;

% Choose a Performance Function
net.performFcn = 'mse';           % Mean Squared Error
net.trainParam.epochs    = 5000 ; % Maximum of epochs, default value is of 1000
net.trainParam.max_fail = 50;     % Maximum of validation (default value is of 6)
% Choose Plot Functions
net.plotFcns = {'plotperform','plottrainstate','ploterrhist', ...
'plotregression', 'plotfit'};
net.trainFcn = trainFcn;
% Train the Network
[net,tr] = train(net,x,t); % Using CPU
% Test the Network
y = net(x);
e = gsubtract(t,y);
performance = perform(net,t,y)
output = y;
% Recalculate Training, Validation, and Test Performance
trainTargets = t .* tr.trainMask{1};
valTargets   = t .* tr.valMask{1};
testTargets  = t .* tr.testMask{1};
trainPerformance = perform(net,trainTargets,y)
valPerformance   = perform(net,valTargets,y)
testPerformance  = perform(net,testTargets,y)
% View the Network
view(net)
```

사용자는 해당 위치에서 뉴런의 개수(15), 은닉층의 개수(5), 에폭의 개수(5,000), validation검증(50)을 조정할 수 있다.

```
NumNeurons = 15; % Number of neurons in one layer
NumLayers  = 5;  % Number of layers


net.trainParam.epochs   = 5000 ; % Max. of Epochs, default value is of 1000
net.trainParam.max_fail = 50   ; % Max. of validation (default value is of 6)
```

A2.4 매트랩 코드 활용(CPU)

매트랩 코드를 활용하여 CPU[Central processing unit] 대신 GPU[Graphics processing unit]를 인공신경망의 학습에 이용할 수 있는데, 표 2.1 코드 내의 [net,tr] 부분이 표 2.2 부분처럼 교체되어야 한다. 다음 표는 그 부분만 게시하였다. 단 툴박스를 사용하여서는 GPU를 이용할 수 없다.

```
[net,tr] = train(net,x,t);                    % Using CPU
```

는 다음 코드로 교환된다.

```
[net,tr] = train(net,x,t,'useGPU','yes'); % Using GPU
```

그림 2.14에 보이는 것처럼 GPU를 사용하는 경우 학습 알고리즘은 자동적으로 Scaled Conjugate Gradient 알고리즘으로 교체된다. 매트랩은 GPU가 작동할 때 Levenberg-Marquardt 알고리즘 등을 제공하지 않는다. GPU를 사용할 경우에는 훨씬 많은 Cuda 코어[thousands]를 사용하므로 100 이하의 CPU를 사용하는 경우보다 학습 시간이 대폭 향상된다.

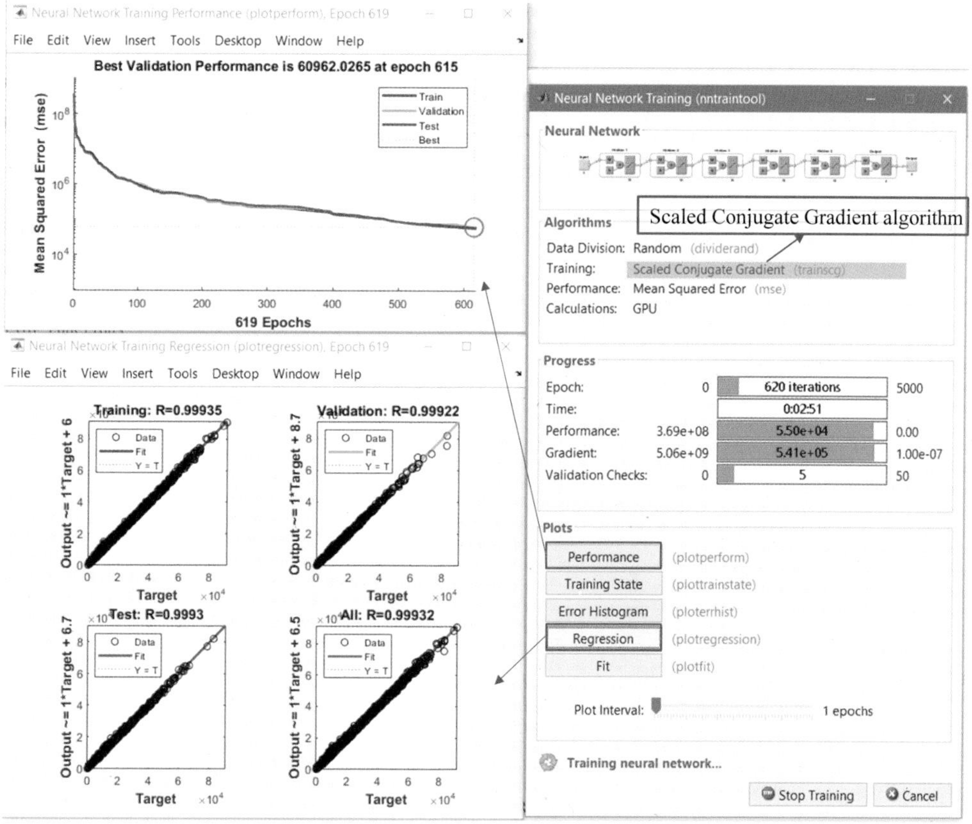

[그림 A2.14] GPU 기반으로 학습 중인 인공신경망

A2.5 출력 벡터 구하기; 매트랩 command (2020b)

표 2.3은 주어진 입력 파라미터 벡터에 대한 출력 벡터의 도출 방법을 기술하고 있다.

[표 A2.3] 입력 파라미터 벡터에 따른 출력 벡터의 도출

(a)

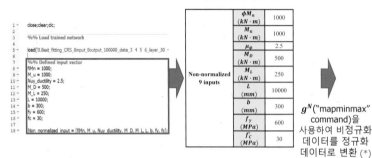

비정규화 상태에서 입력 파라미타 벡터 정의

```
close;clear;clc;

%% Load trained network

load('0.Best_fitting_CRS_8input_8output_100000_data_3 4 5 6_layer_30

%% Defined input vector
fiMn = 1000;
M_u = 1000;
Nuy_ductility = 2.5;
M_D = 500;
M_L = 250;
L = 10000;
b = 300;
fy = 600;
fc = 30;

Non_normalized_input = [fiMn, M_u, Nuy_ductility, M_D, M_L, L, b, fy, fc];
```

Non-normalized 9 inputs	ϕM_n $(kN \cdot m)$	1000
	M_u $(kN \cdot m)$	1000
	μ_ϕ	2.5
	M_D $(kN \cdot m)$	500
	M_L $(kN \cdot m)$	250
	L (mm)	10000
	b (mm)	300
	f_y (MPa)	600
	f'_c (MPa)	30

g^N("mapminmax" command)을 사용하여 비정규화 데이터를 정규화 데이터로 변환 (*)

Normalized 9 inputs	ϕM_n $(kN \cdot m)$	-0.9403
	M_u $(kN \cdot m)$	-0.9390
	μ_ϕ	-0.8679
	M_D $(kN \cdot m)$	-0.9573
	M_L $(kN \cdot m)$	-0.9569
	L (mm)	0.00
	b (mm)	-0.4791
	f_y (MPa)	1.00
	f'_c (MPa)	-1.00

(*) **정규화 명령어**:

```
Number_input = length(Non_normalized_input);
Normalized_input = zeros(Number_input,1);
Input_location= Input_range;
for i = 1 : Number_input
    Normalized_input(i) = mapminmax('apply', Non_normalized_input(i), PS(Input_location(i)));
end
```

(b)

최종 설계 값 도출
학습된 인공신경망에서 "net" 명령어 기반으로 설계 입력 벡터에 대응하는 출력 벡터 도출:
Output value = net(Input value) (*)

Normalized 9 Outputs	h (mm)	-0.1882
	d (mm)	-0.1497
	ρ_{rt}	-0.6041
	ρ_{rc}	-0.6985
	$\varepsilon_{rt\_0.003}$	-0.8416
	$\varepsilon_{rc\_0.003}$	0.7897
	Δ_{imme} (mm)	-0.5677
	Δ_{long} (mm)	-0.5362
	CI_b (KRW/m)	-0.9028

g^D 을 사용하여 정규화 데이터를 비정규화 데이터로 변환 (**)

Non-normalized 9 Outputs	h (mm)	846
	d (mm)	783
	ρ_{rt}	0.012
	ρ_{rc}	0.004
	$\varepsilon_{rt\_0.003}$	0.009
	$\varepsilon_{rc\_0.003}$	0.002
	Δ_{imme} (mm)	4.597
	Δ_{long} (mm)	26.487
	CI_b (KRW/m)	58221.142

(*) **설계 입력 벡터에 대응하는 출력 벡터 도출** :

```
for j = 1: Number_output
    net = Best_case_CRS_diverse(j).CRS_net.net;
    Normalized_output(j) = net(Normalized_input_temp);
    Normalized_input_temp(Number_input+j) =  Normalized_output(j);
end
```

(**) **비정규화 명령어**:

```
Non_normalized_output = zeros(Number_output,1);
for j = 1 : Number_output
    Non_normalized_output(j) = mapminmax('reverse', Normalized_output(j), PS(Output_range(j)));
end
```

표 2.3(a)는 "Normalize: Y = mapminmax('apply',X,PS)" 명령어를 통해 입력 파라미터 벡터를 정규화하는 과정을 보여주고 있다. 2.3.1절에서 설명되었던 "mapminmax" 명령어를 통해서 정규화 시 최대, 최소 범위를 설정하였다.

정규화 상태로 구해진 출력 설계 파라미터들은 다시 "De-normalize: X = mapminmax('reverse',Y,PS)" 명령어를 이용하여 원래의 단위로 환원된다. 표 2.3(b)에는 학습된 인공신경망에 "normalized outputs = net (normalized inputs)" 명령어를 적용하여 정규화된 입력 파라미터에 대응하는 출력 파라미터를 도출하였다. 입력 파라미터에 대하여 설계 결과인 출력 파라미터를 도출하는 과정은 그림 A2.3에 상세히 기술되어 있다. 이 과정을 마지막으로 구조설계 과정을 완료하게 된다. 이때 입력 파라미터 벡터는 인공신경망에 사용되었던 빅데이터와 아무 관계가 없는 설계 파라미터로, 학습과 테스팅에는 전혀 이용되지 않았던 소수의 설계 입력 파라미터이다. 즉 빅데이터 생성시 자동적으로 생성되어 인공신경망 검증용으로 사용되었던 빅데이터의 테스팅 데이터는 엔지니어에 의해 실제 구조설계를 위해 선택된 소수의 구조설계용 파라미터와는 전혀 다른 종류의 파라미터들임을 유의해야 한다.

Appendix B

ADORS 매뉴얼

B1 개요

ADORS(AI–Based Design of Optimizing RC Structures)(AI기반 철근콘크리트 구조설계)는 매트랩(MATLAB R2020b)을 기반으로 개발된 AI 기반 철근콘크리트 구조설계 소프트웨어이다. 매트랩 runtime(R2020b)를 아래 사이트에서 다운받아 그림 B1.1과 같이 설치한다.

https://www.mathworks.com/products/compiler/matlab-runtime.html

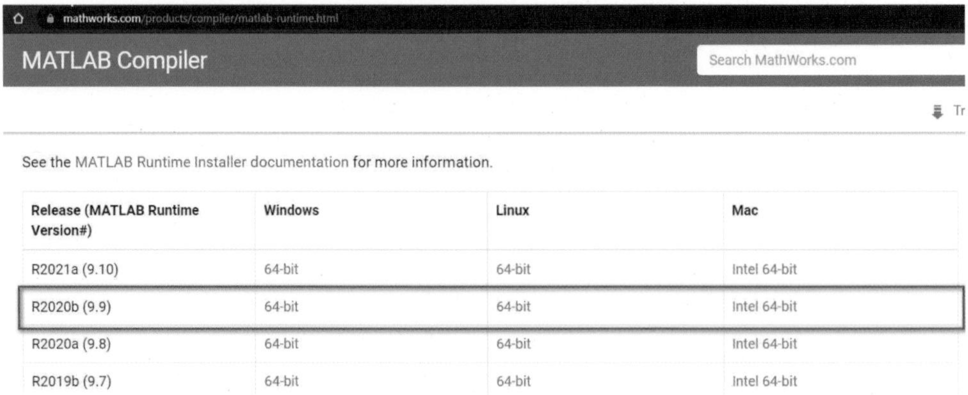
mathworks.com/products/compiler/matlab-runtime.html

MATLAB Compiler

Search MathWorks.com

See the MATLAB Runtime Installer documentation for more information.

Release (MATLAB Runtime Version#)	Windows	Linux	Mac
R2021a (9.10)	64-bit	64-bit	Intel 64-bit
R2020b (9.9)	64-bit	64-bit	Intel 64-bit
R2020a (9.8)	64-bit	64-bit	Intel 64-bit
R2019b (9.7)	64-bit	64-bit	Intel 64-bit

[그림 B1.1] 매트랩(MATLAB) runtime의 설치

ADORS software link:

https://www.dropbox.com/sh/ko0kwsx4u29yt7c/AABo8nQovJuTOZeWWQv0vpJUa?dl=0

매트랩 runtime(R2020b)을 설치한 후, 그림 B1.2와 그림 B1.3에서처럼 ADORS를 시작할 수 있다. 그림 B1.3은 ADORS의 실행 구역을 보여주고 있다. 사용자가 ADORS를 작동 시 구역별로 필요한 명령어를 구동할 수 있다.

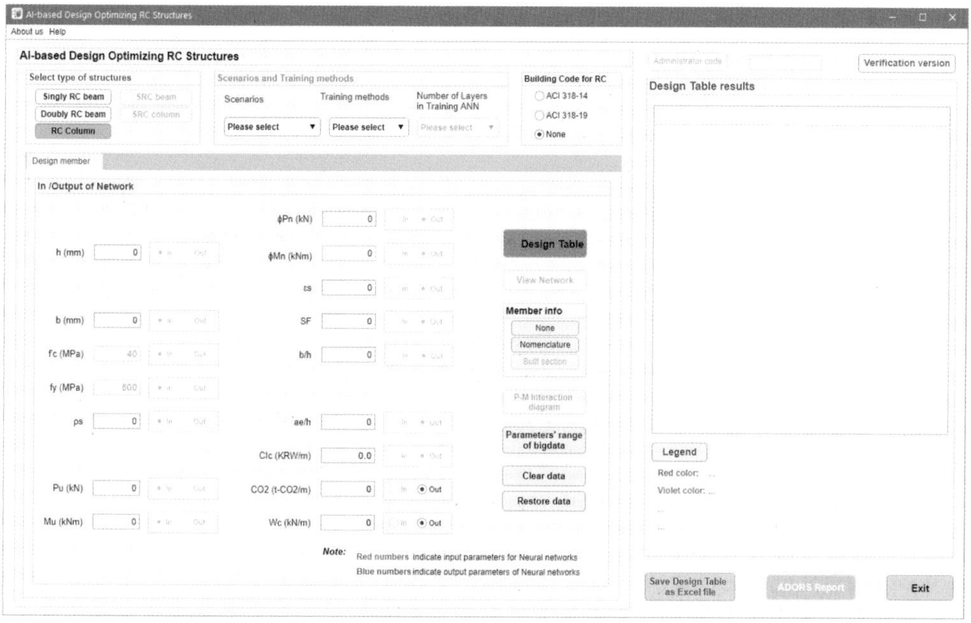

[그림 B1.2] ADORS 시작 화면(Interface of verification version)

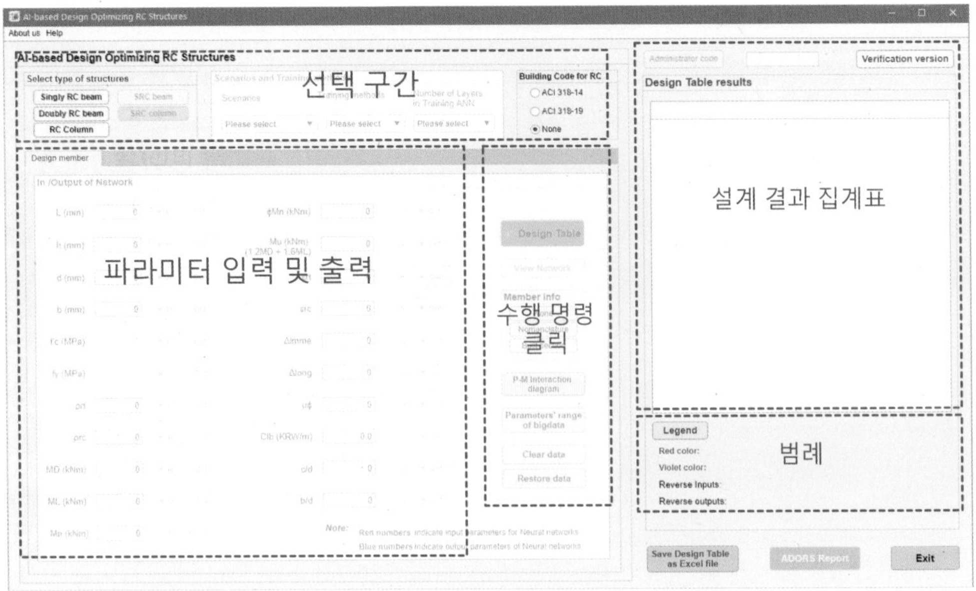

[그림 B1.3] ADORS의 실행 구역

사용자는 그림 B1.4에서와 같이 구조설계를 위해 구조 형태(단철근 콘크리트보, 복철근 콘크리트보, 철근 콘크리트 기둥), 설계 시나리오, 학습 방법을 선택한다. 라그랑지 기반의 최적 설계와 SRC 부재의 설계는 이번 ADORS 버전에는 포함되어 있지 않다. 사용자는 은닉층은 2, 5개, 뉴런은 20, 50, 80개로 입력할 수 있다.

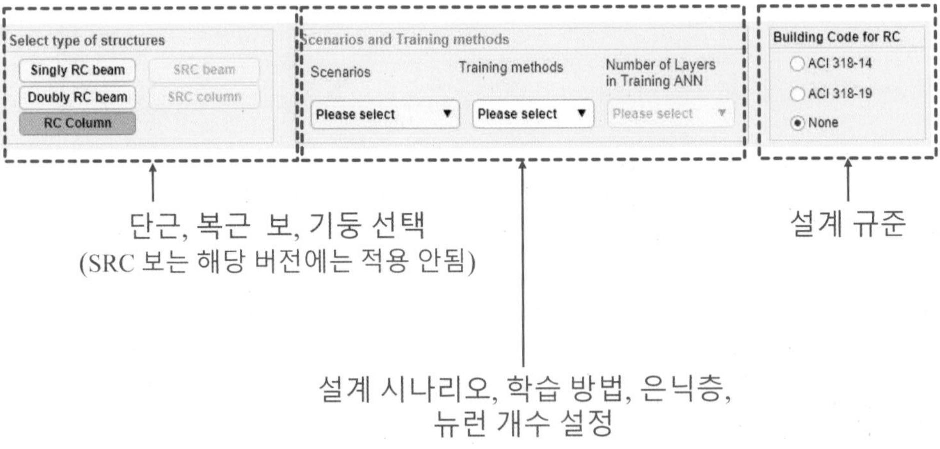

[그림 B1.4] 구조설계를 위한 구조 형태, 설계 시나리오, 학습 방법의 선택

B2.1 설계 예제

ADORS를 이용한 철근 콘크리트 기둥 설계를 수행하여 보자. 그림 B2.1에서처럼 콘크리트 기둥 설계 중 역설계 시나리오 #2로 지정된 설계를 수행하여 보자. 해당 예에서는 TED 방법에 기반하여 학습을 수행하였지만, 저서에 집필된 바와 같이 PTM, CRS, BS 방식으로도 학습이 가능하다. 본 예에서 적용된 설계 파라미터는 다음과 같다;

$$f_c' = 40\text{MPa}, f_y = 500\text{MPa}, P_u = 6000\text{kN}, M_u = 1000\text{kNm}, SF = 1, b/h = 1$$

다음 8단계의 단계를 통해서 ADORS 설계를 수행한다.

단계 1: 철근 콘크리트 기둥을 클릭하여 설계 대상 부재 형태를 선택한다.

단계 2: 역설계 시나리오 #2를 클릭한다.

단계 3: 학습 방법으로 TED를 선택한다.

단계 4: ACI 318-19를 선택한다.

그림 B2.1에서 모든 단계를 확인할 수 있다.

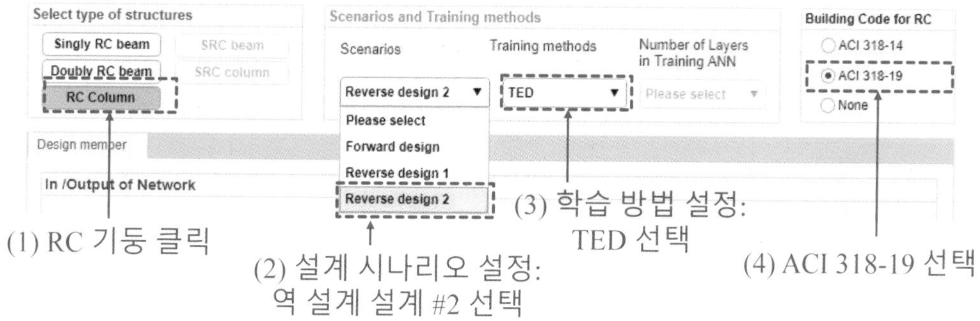

[그림 B2.1] ADORS 설계 수행을 위한 단계별 선택(1~3단계)

모든 설계 파라미터는 그림 B2.2의 단계 4, 5, 6, 7에서 설정되었다. 여기서 파라미터 4, 5, 6, 7에 입력되는 파라미터들은 일반 구조설계에서는 출력부에서 구해지는 출력 파라미터들로써 본 예제에서는 입력부에서 역설정되었다. 자세한 설명은 본문의 그림 4.10.2를 참조하기 바란다.

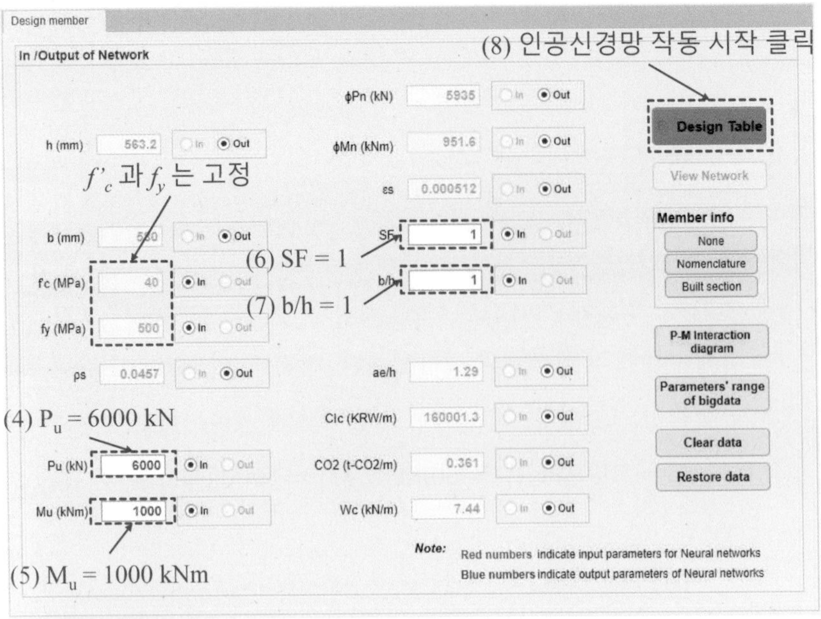

[그림 B2.2] ADORS 설계 수행을 위한 단계별 선택 (4~8 단계)

8단계에서는 기둥 설계를 수행하기 위해서 Design Table을 클릭하게 되면 그림 B2.3의 설계 결과가 표로 출력된다.

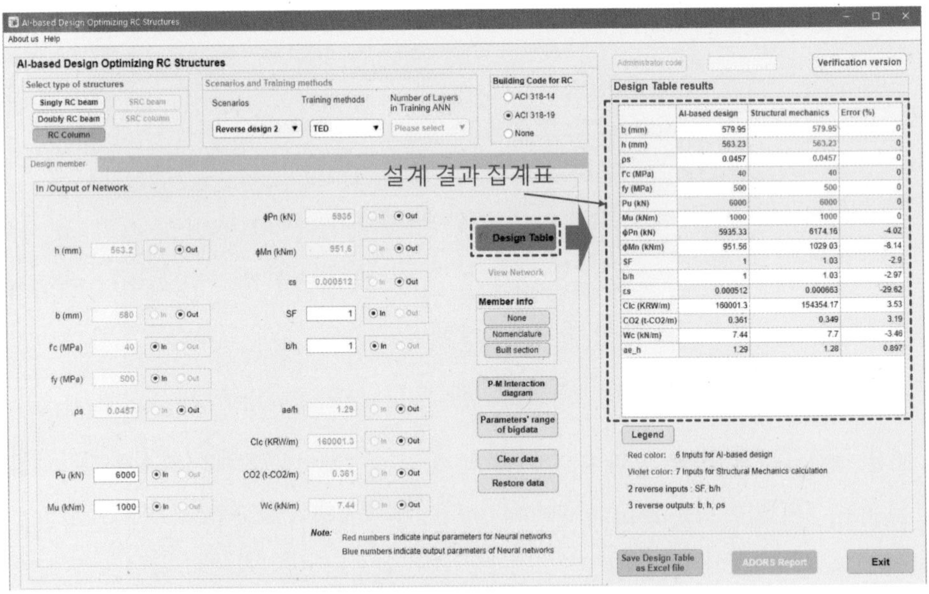

[그림 B2.3] 설계 결과 집계표

단, 본 부록에서는 콘크리트의 압축강도(f_c')와 철근의 인장 강도(f_y)는 각각 40MPa와 500MPa로 고정하였다. 그림 B2.3의 설계 결과 집계표에는 ADORS 설계 결과와 일반구조 구조설계Autocol 결과를 비교하여 오차를 집계하였다. 일반구조 구조설계로는 역설계를 수행할 수 없으므로, ADORS로부터 도출한 설계 파라미터로부터 일반구조 구조설계 입력 파라미터를 추출하여 Autocol의 입력 데이터로 사용하였다.

B2.2 ADORS 에서 유용한 사항들

(1) 설계 파라미터 명칭: 그림 B2.4는 부재 설계 시 각 파라미터의 명칭 및 실행 정의를 알려 준다. P-M 상관도를 구성하는 파라미터의 명칭 또한 제시되어 있다.

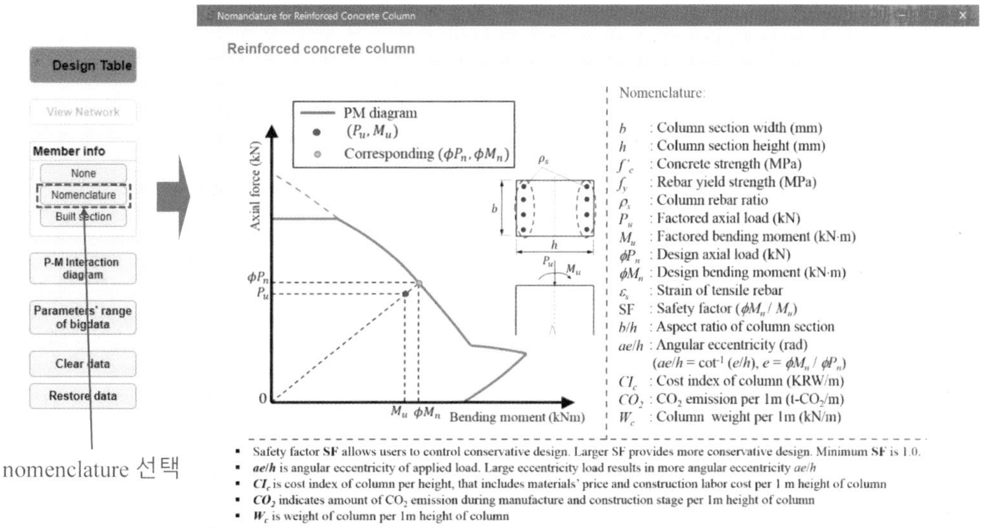

[그림 B2.4] 기둥 설계 시 파라미터 명칭

(2) ADORS의 네트워크 학습을 위해 생성된 설계 파라미터의 범위: 그림 B2.5에서는 설계 파라미터의 최대, 최솟값의 범위 및 출력 파라미터의 종류를 제시하였다. 그림 B2.5로부터 일반 설계에서 입력부에 설정되는 파라미터와 출력부에서 계산되는 파라미터를 구분할 수 있다.

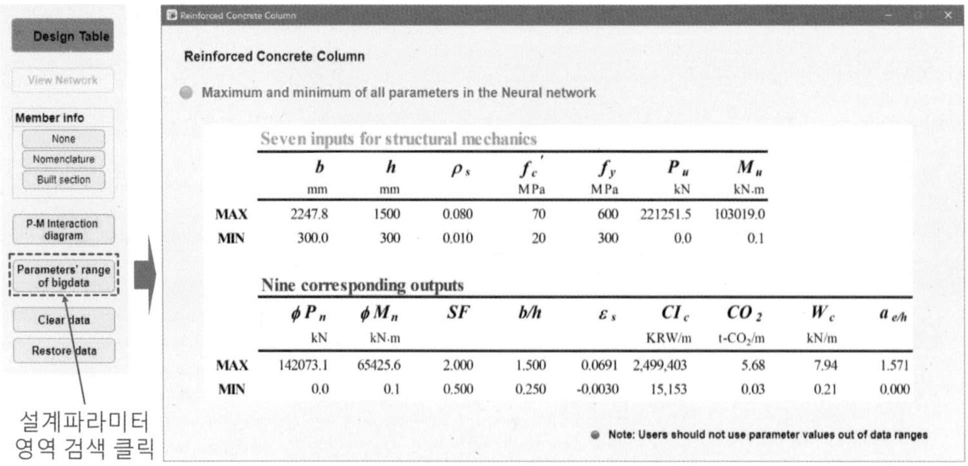

Seven inputs for structural mechanics

	b mm	h mm	ρ_s	f_c' MPa	f_y MPa	P_u kN	M_u kN·m
MAX	2247.8	1500	0.080	70	600	221251.5	103019.0
MIN	300.0	300	0.010	20	300	0.0	0.1

Nine corresponding outputs

	ϕP_n kN	ϕM_n kN·m	SF	b/h	ε_s	CI_c KRW/m	CO_2 t-CO_2/m	W_c kN/m	$a_{e/h}$
MAX	142073.1	65425.6	2.000	1.500	0.0691	2,499,403	5.68	7.94	1.571
MIN	0.0	0.1	0.500	0.250	-0.0030	15,153	0.03	0.21	0.000

[그림 B2.5] 학습 파라미터의 범위 (최대 및 최솟값)

(3) 설계 단면: 그림 B2.6으로부터 자동 설계 완료 후 최적 결정된 기둥의 규격, 철근 량 및 배근상태를 알 수 있다. 철근 배근(층 및 간격)은 설계 규준을 만족하도록 AI 기반에서 학습되어 설계되었다.

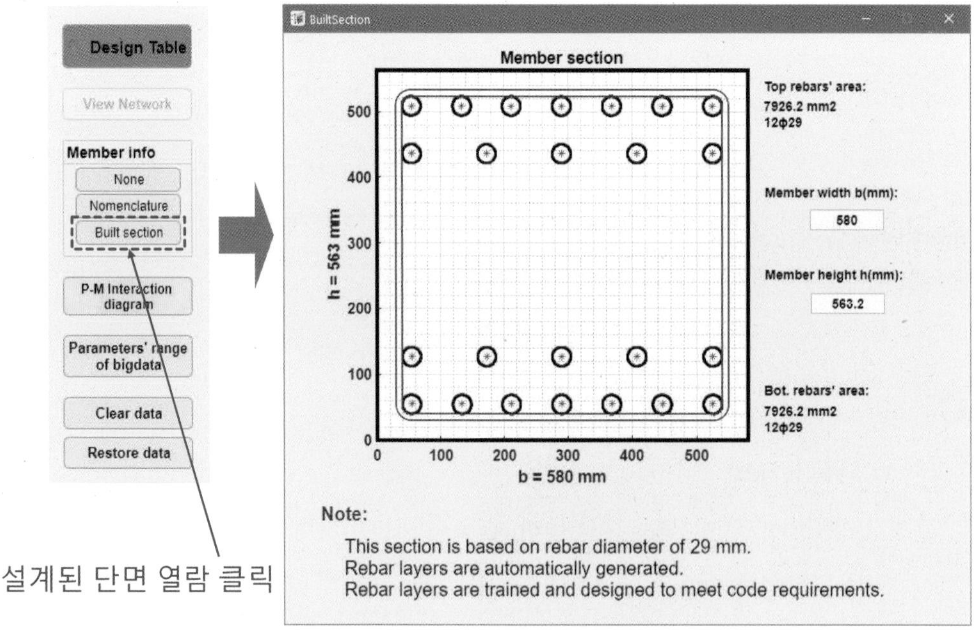

[그림 B2.6] 최적 결정된 기둥의 규격, 철근 량 및 배근도

(4) 기둥 단면의 P-M 상관도: 그림 B2.7은 자동 설계 완료 후 최적 작성된 기둥 단면의 P-M 상관도, 설계 결과표, 설계단면 등을 보여주고 있다. 균열 발생 시, 균형 상태, 인장 지배 지역tension-controlled zone에서의 변형률 적합도를 제시하고 있으며, 해당 중립축을 계산할 수 있다. 설계 결과는 JPEG, PNG, TIFF, PDF 등으로 출력할 수 있다.

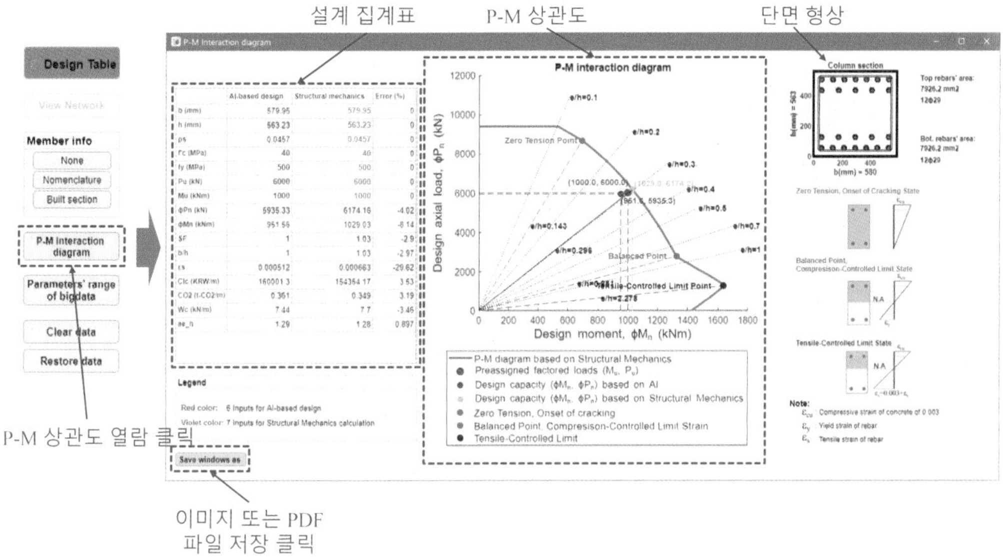

[그림 B2.7] P-M 상관도 및 설계 결과

(5) 데이터 소거: 그림 B2.8은 전체 데이터를 화면에서 소거하는 방법을 제시하고 있다.

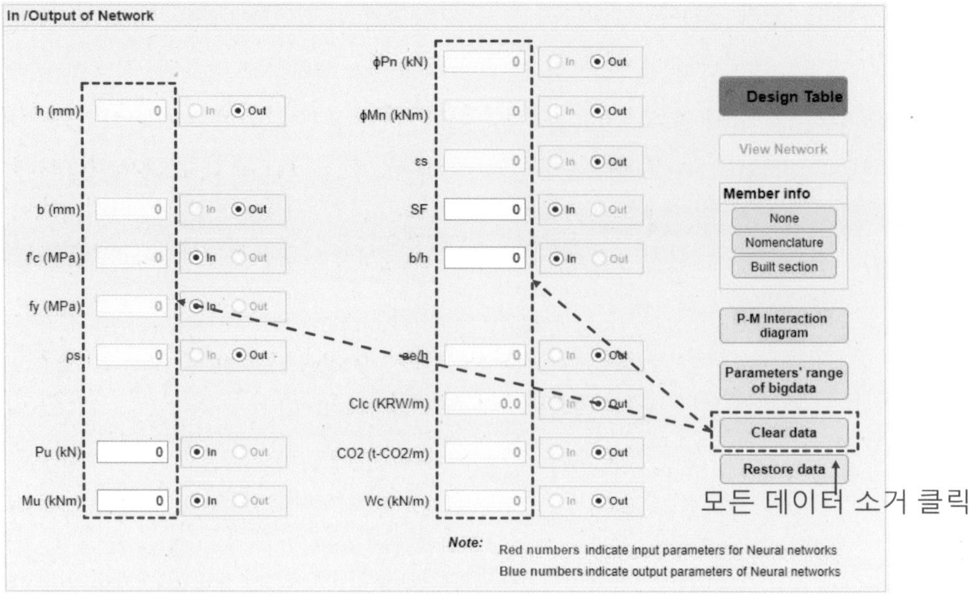

[그림 B2.8] 데이터 제거

(6) 데이터 재생: 그림 B2.9는 그림 B2.8에서 소거된 데이터를 재생하는 방법을 제시하고 있다.

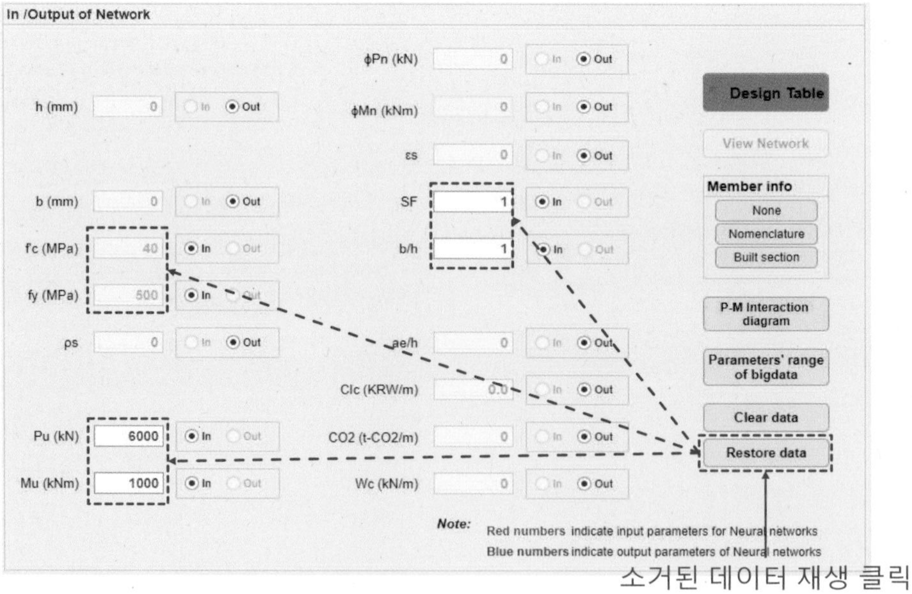

[그림 B2.9] 데이터 재생

(7) 엑셀파일에 설계 결과 저장: 그림 B2.10은 설계 결과를 엑셀 파일에 저장하는 과정을 보여주고 있다. 붉은색 데이터는 ADORS에 의해 설계된 결과이고, 보라색 데이터는 구조 해석Autocol에 의한 설계 결과로써, AI 기반 설계를 검증하고 있다. 두 설계 결과의 오차 역시 제시되고 있다.

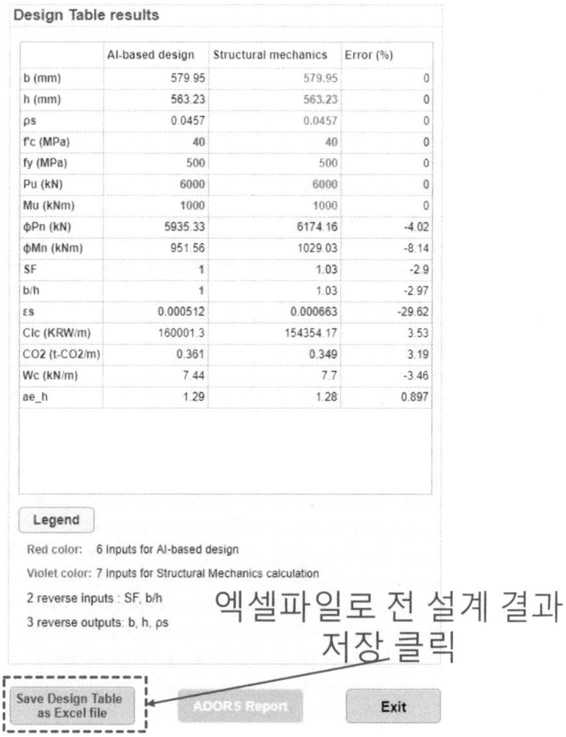

	AI-based design	Structural mechanics	Error (%)
b (mm)	579.95	579.95	0
h (mm)	563.23	563.23	0
ρs	0.0457	0.0457	0
f'c (MPa)	40	40	0
fy (MPa)	500	500	0
Pu (kN)	6000	6000	0
Mu (kNm)	1000	1000	0
ϕPn (kN)	5935.33	6174.16	-4.02
ϕMn (kNm)	951.56	1029.03	-8.14
SF	1	1.03	-2.9
b/h	1	1.03	-2.97
εs	0.000512	0.000663	-29.62
CIc (KRW/m)	160001.3	154354.17	3.53
CO2 (t-CO2/m)	0.361	0.349	3.19
Wc (kN/m)	7.44	7.7	-3.46
ae_h	1.29	1.28	0.897

[그림 B2.10] 설계 결과 저장

Appendix C

5, 6, 7장 설계표를 실행한 ADORS 윈도 화면

C1 단철근 보(Singly reinforced concrete beam)

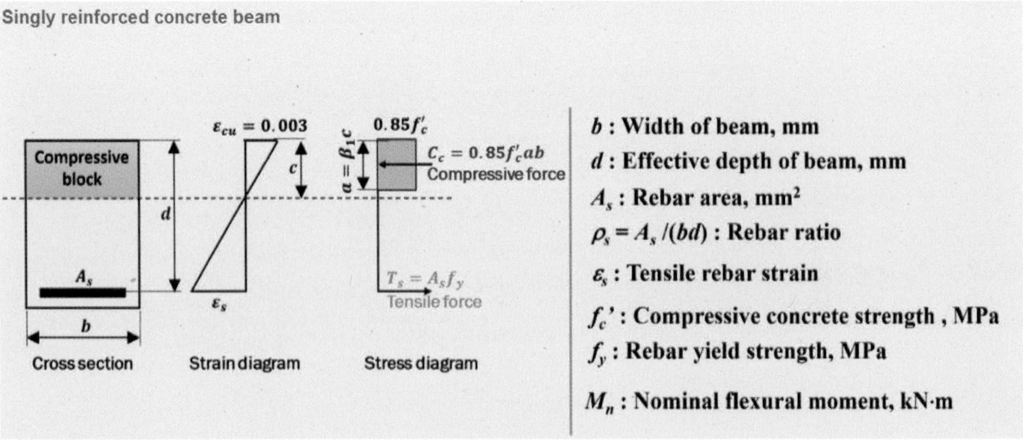

[그림 C1.1] 보 설계변수 정의

Singly Reinforced Concrete Beam

● **Maximum and minimum of all parameters in the Neural network**

Five inputs for structural mechanics

	b (mm)	d (mm)	ρ_s	f_c' (MPa)	f_y (MPa)
Max.	2985.3	1500.0	0.0400	70	600.0
Min.	96.6	300.0	0.0024	20	300.0

Four corresponding outputs

	M_n (kN·m)	ε_s	c/d	b/d
Max.	91377.4	0.0523	0.667	2.00
Min.	19.4	0.0015	0.054	0.30

● **Note: Users should not use parameter values out of data ranges**

[그림 C1.2] 단철근 보 빅데이터의 생성 범위

(a) TED (30 layers – 30 neurons)를 이용한 순방향 설계 (d=500 mm)

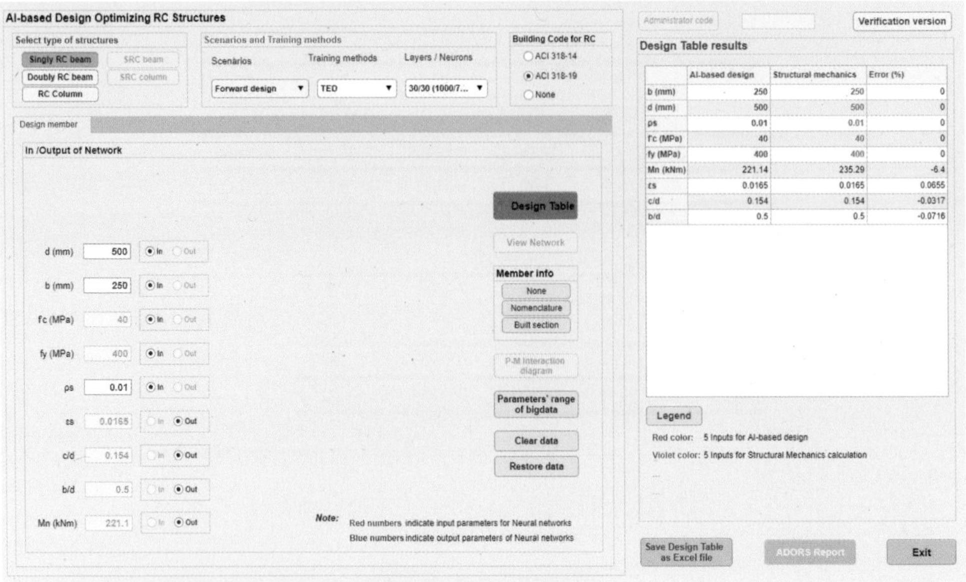

(1) 데이터 입력 화면

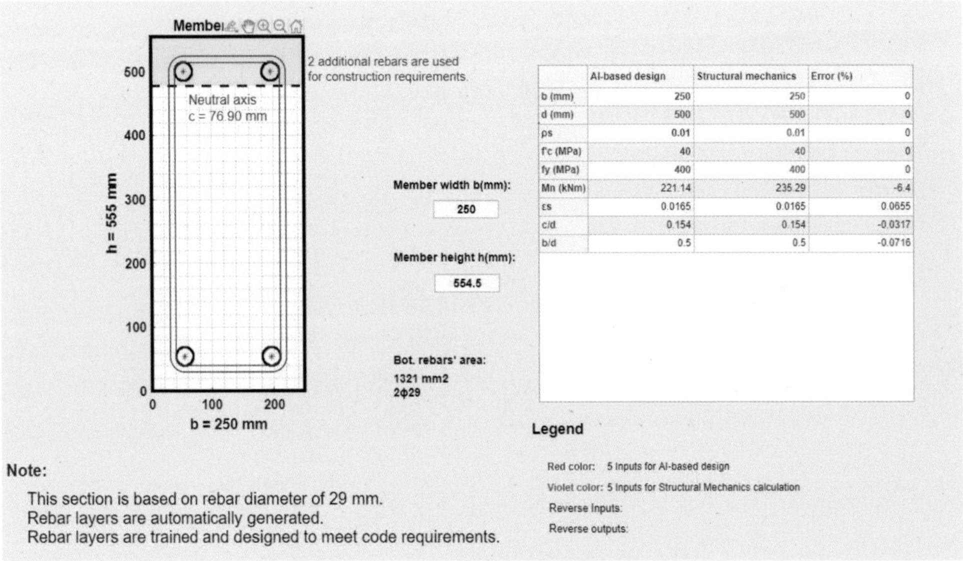

(2) 설계 결과

[그림 C1.3] 표 5.3.3의 설계 화면 (이어서)

(b) TED (30 layers – 30 neurons)를 이용한 순방향 설계 (d=1000 mm)

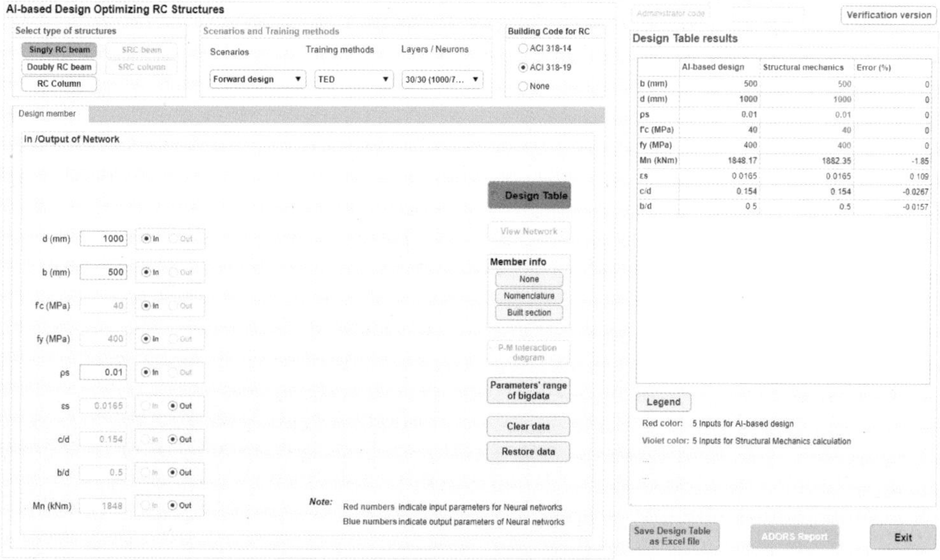

(1) 데이터 입력 화면

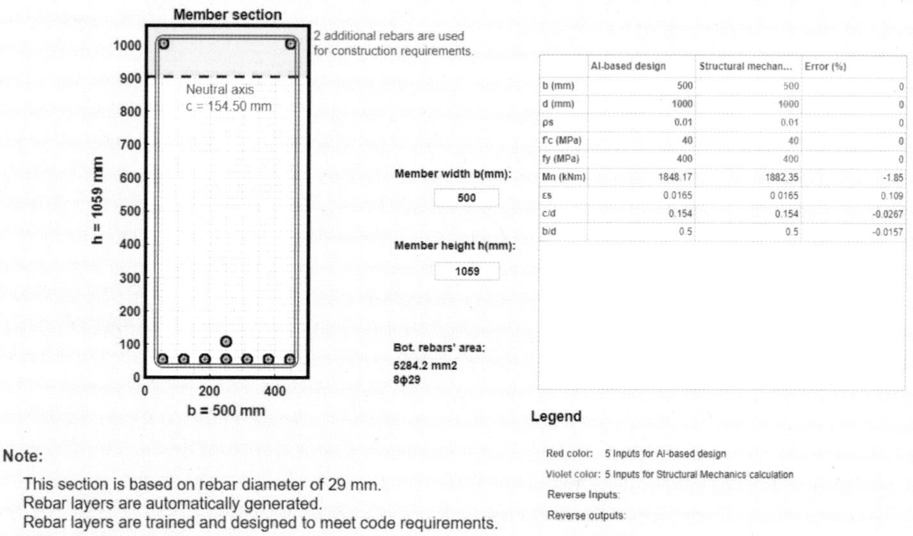

(2) 설계 결과

[그림 C1.3] 표 5.3.3의 설계 화면 (이어서)

(c) TED (30 layers – 30 neurons)를 이용한 순방향 설계
(d=2500 mm – 생성 데이터 외부)

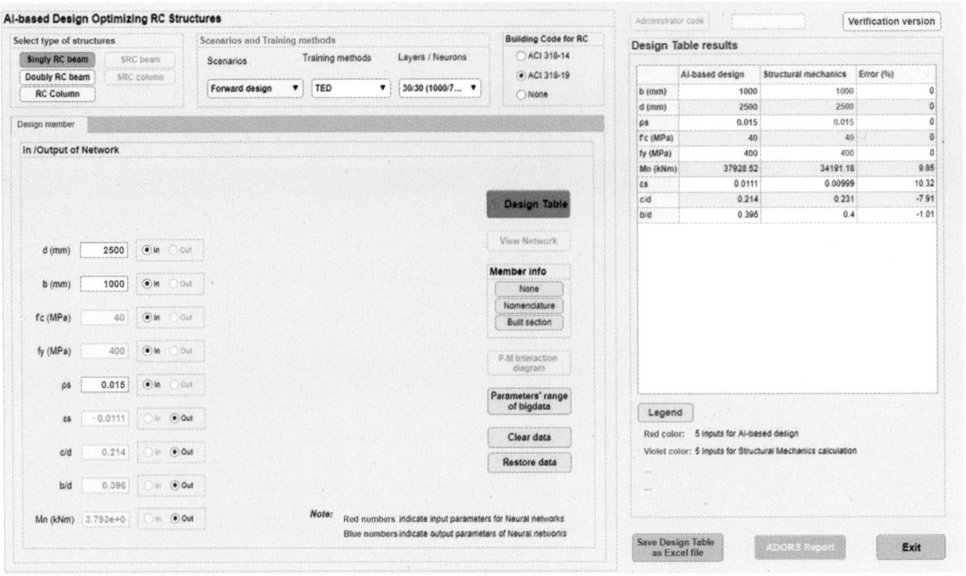

(1) 데이터 입력 화면

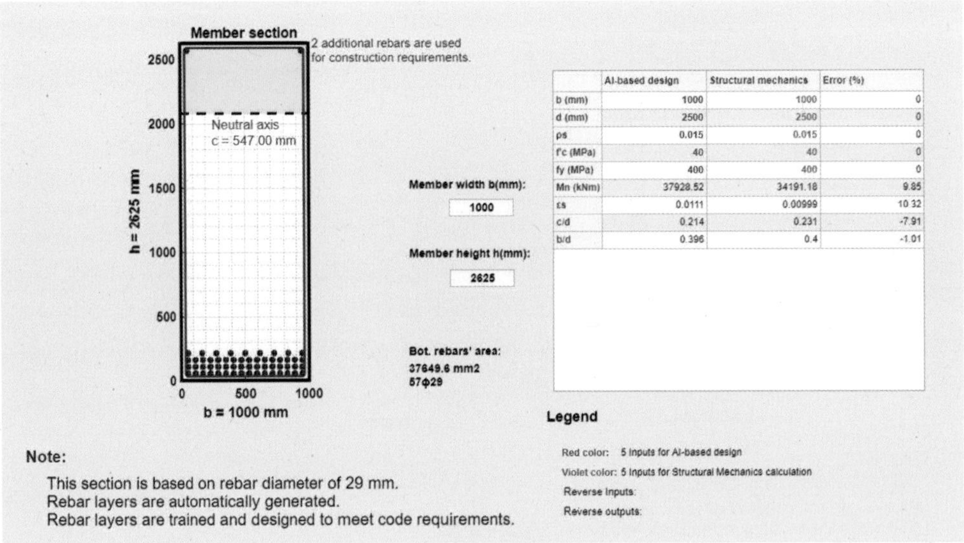

(2) 설계 결과

[그림 C1.3] 표 5.3.3의 설계 화면

(a) TED 기반 역설계 #1 (15 layers – 15 neurons)

(1) M_n=500 kN·m 역설계 입력

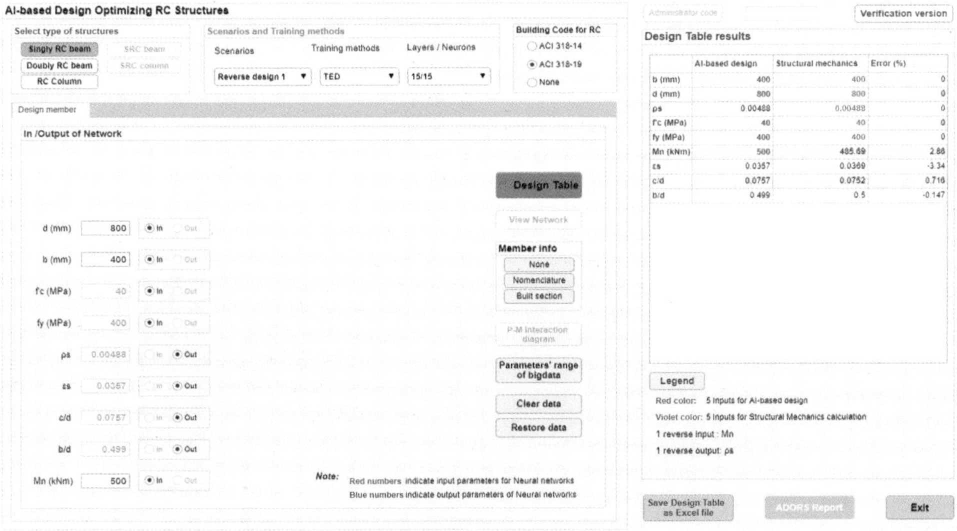

(1-1) 데이터 입력 화면

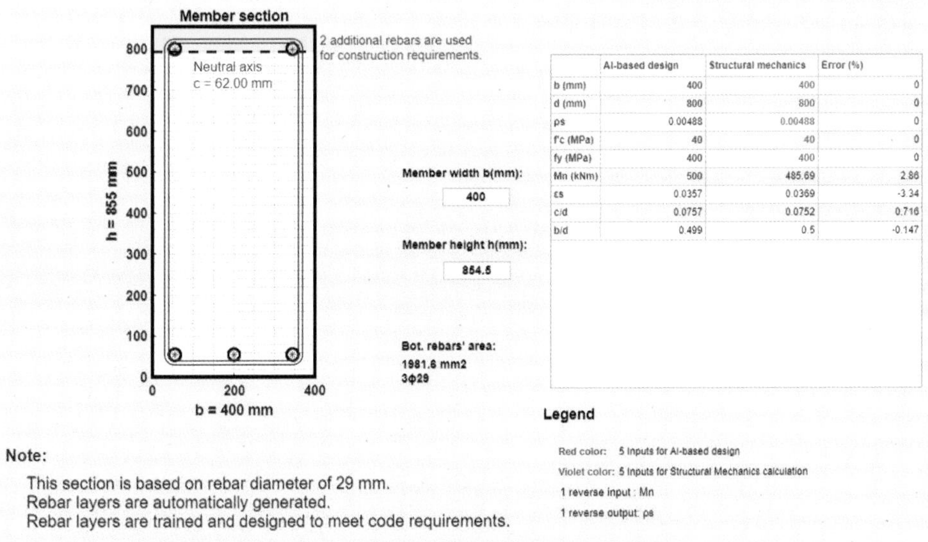

(1-2) 설계 결과

[그림 C1.4] 표 5.3.5의 설계 화면 (이어서)

(2) M_n=1500 kN·m 역설계 입력

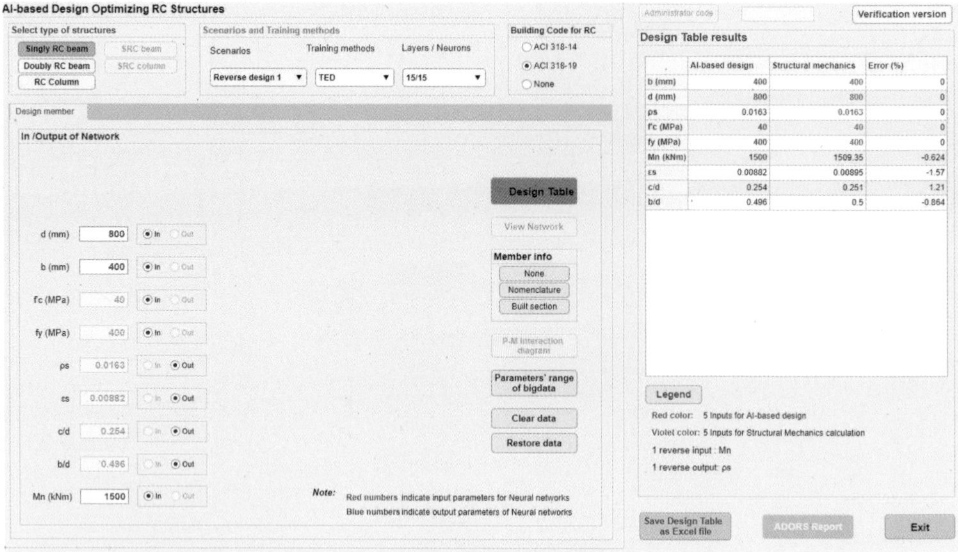

(2-1) 데이터 입력 화면

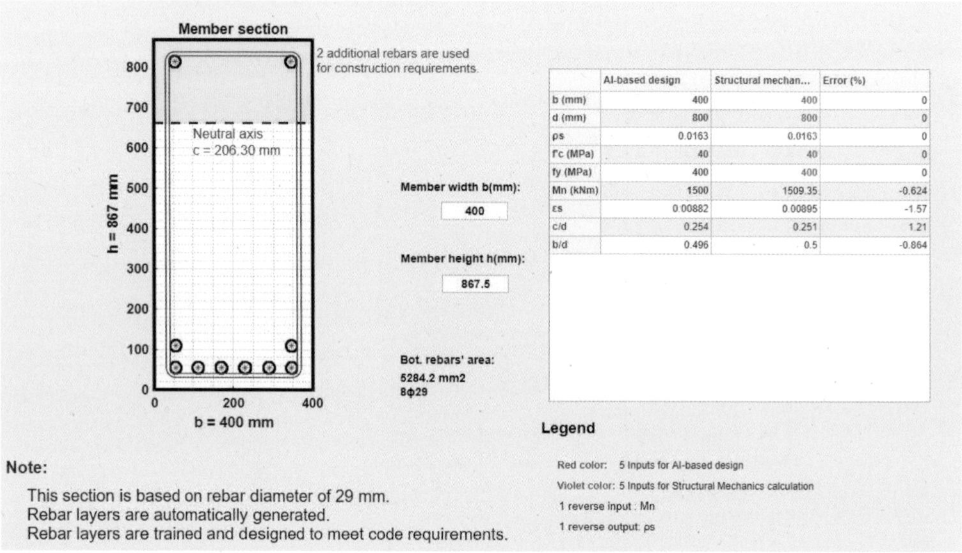

(2-2) 설계 결과

[그림 C1.4] 표 5.3.5의 설계 화면 (이어서)

(3) M_n = 3000 kN·m 역설계 입력

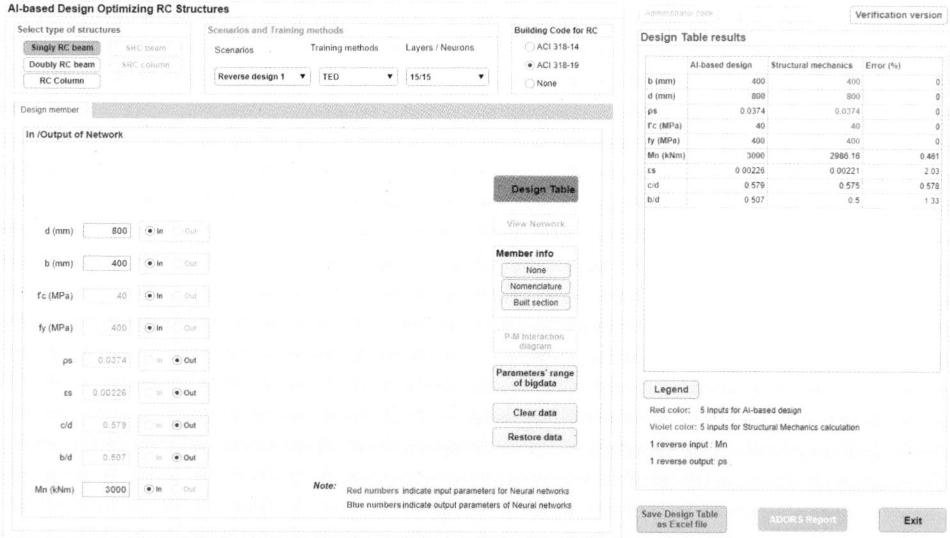

(3-1) 데이터 입력 화면

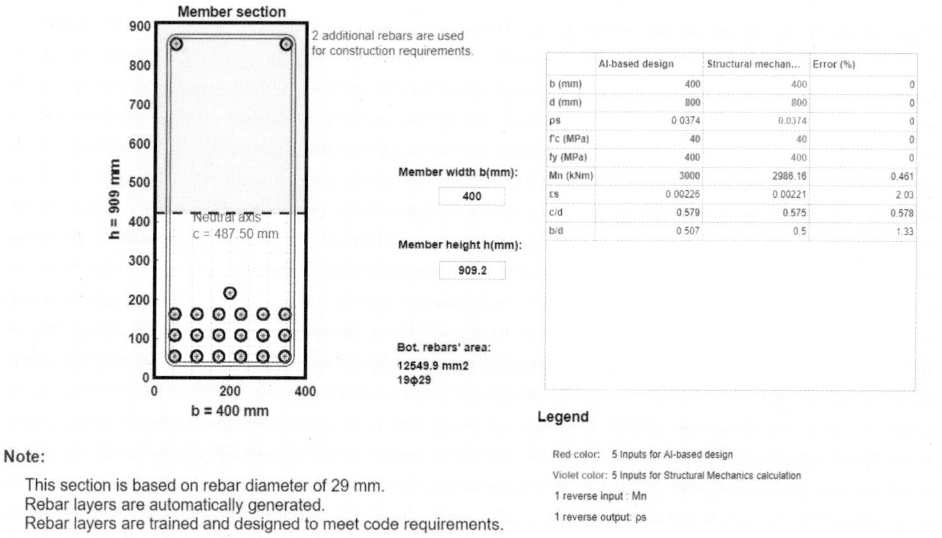

(3-2) 설계 결과

[그림 C1.4] 표 5.3.5의 설계 화면 (이어서)

(b) TED 기반 역설계 #2 (15 layers – 15 neurons)

(1) M_n = 3000 kN·m, ε_s = 0.004 역설계 입력

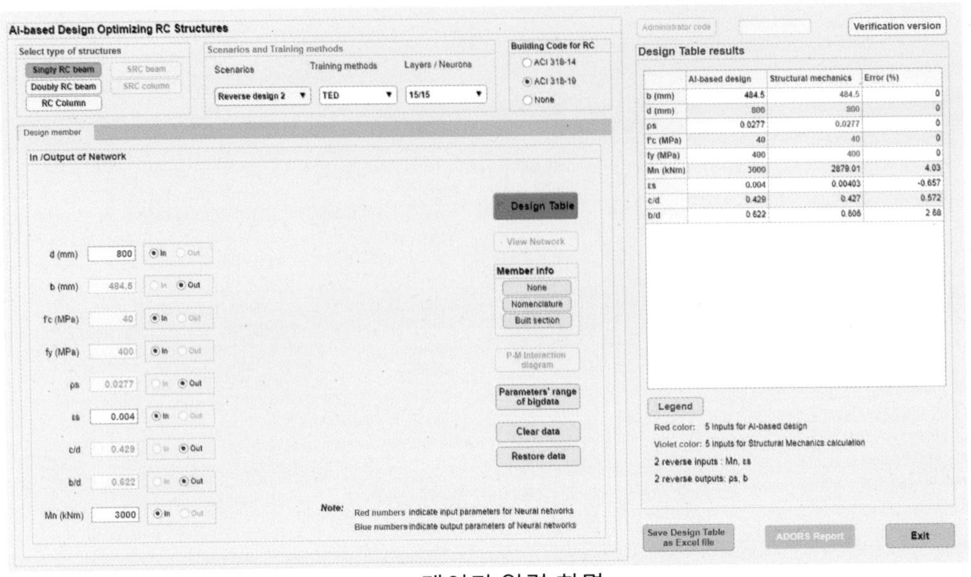

(1-1) 데이터 입력 화면

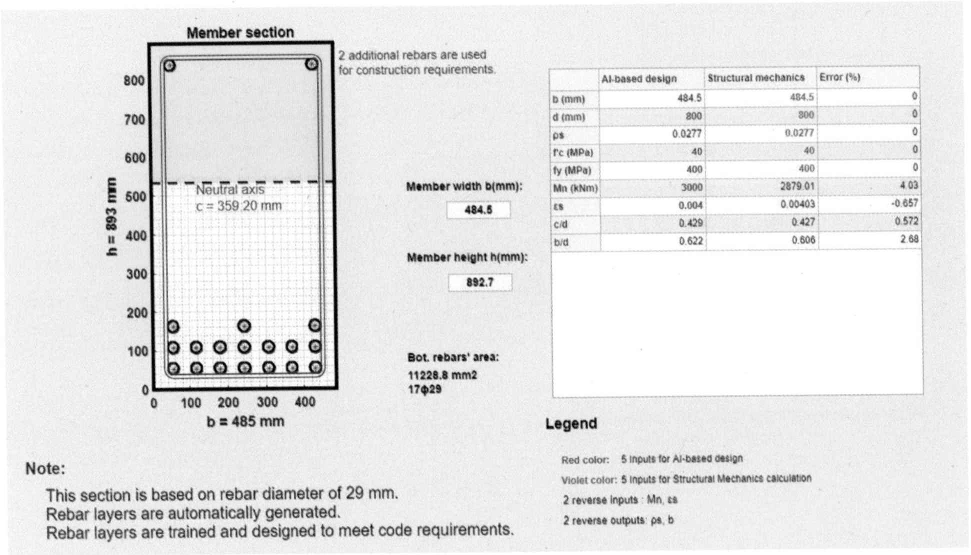

(1-2) 설계 결과

[그림 C1.4] 표 5.3.5의 설계 화면 (이어서)

(2) $M_n = 3000$ kN·m, $\varepsilon_s = 0.01$ 역설계 입력

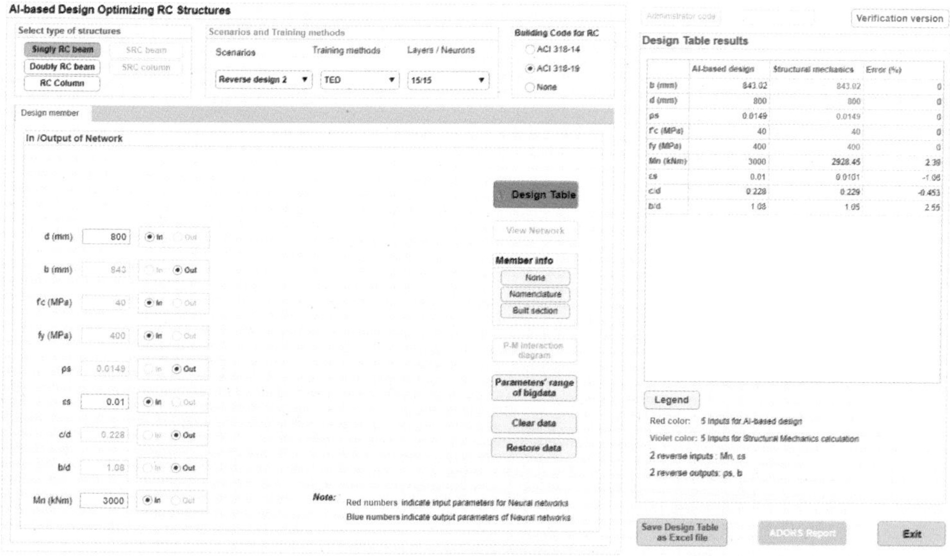

(2-1) 데이터 입력 화면

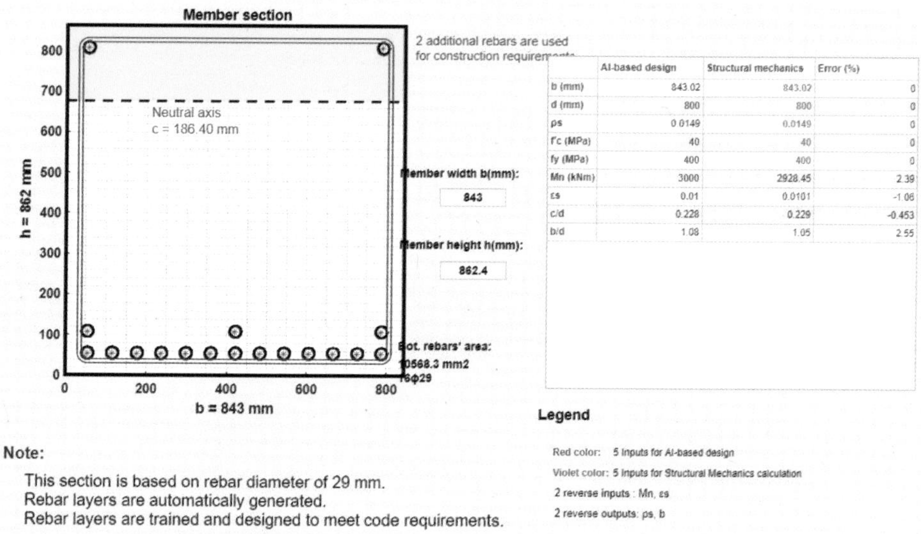

(2-2) 설계 결과

[그림 C1.4] 표 5.3.5의 설계 화면 (이어서)

(3) M_n = 3000 kN·m, ε_s = 0.02 역설계 입력

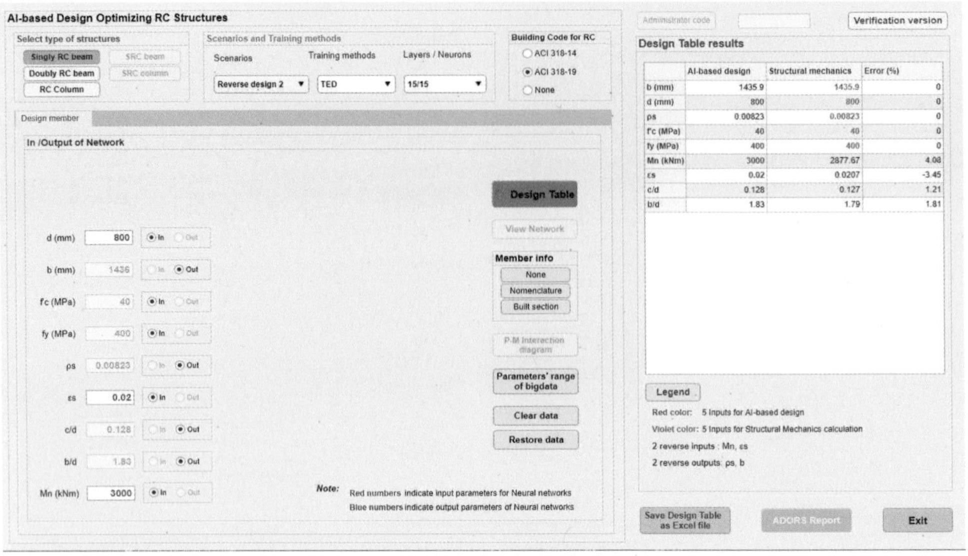

(3-1) 데이터 입력 화면

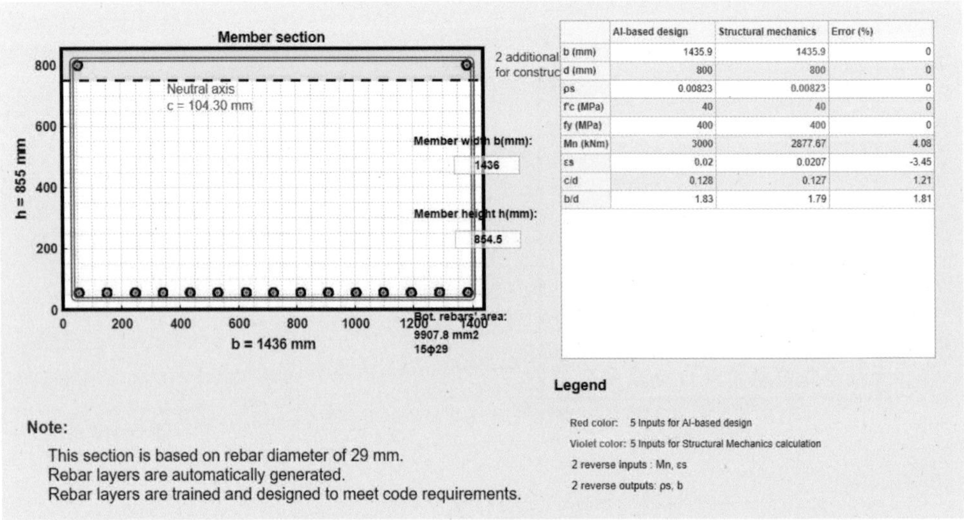

(3-2) 설계 결과

[그림 C1.4] 표 5.3.5의 설계 화면 (이어서)

(c) TED 기반 역설계 #3 (15 layers – 15 neurons)

(1) $M_n = 3000$ kN·m, $\varepsilon_s = 0.02$, $b/d = 0.5$ 역설계 입력

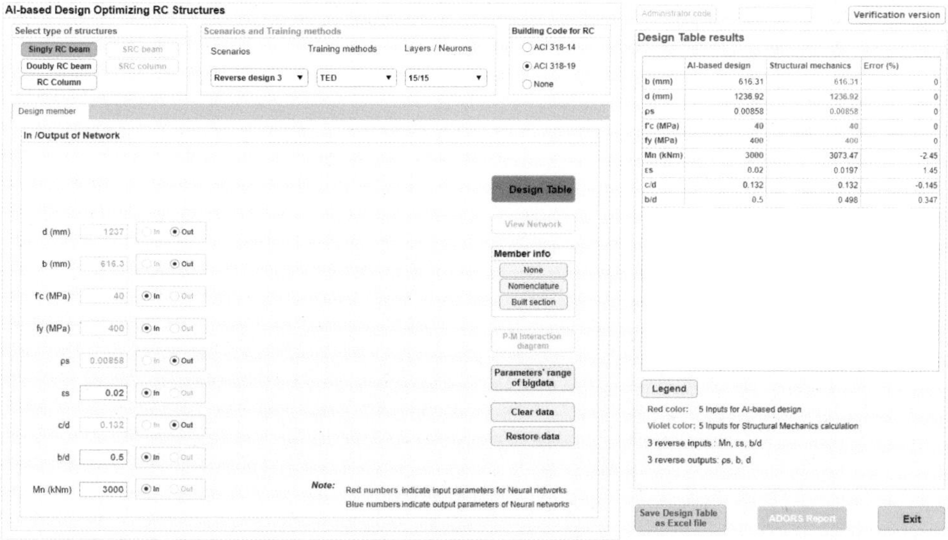

(1-1) 데이터 입력 화면

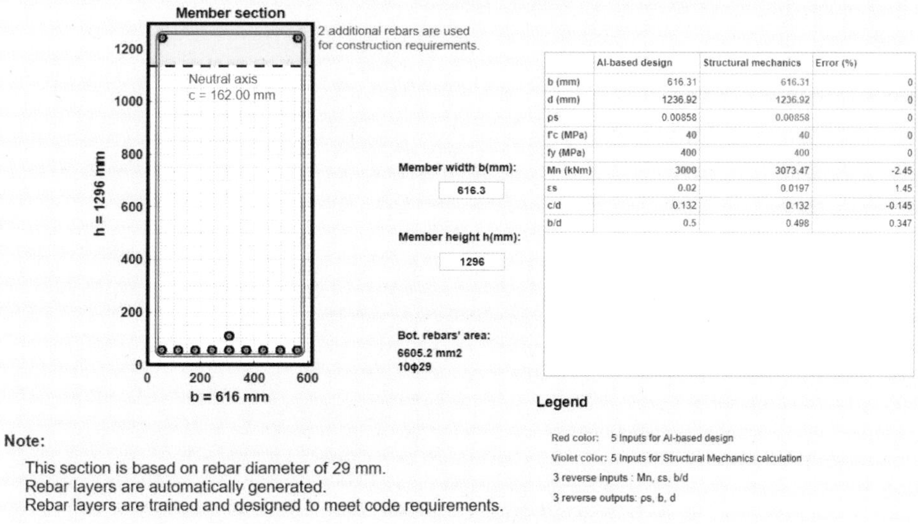

(1-2) 설계 결과

[그림 C1.4] 표 5.3.5의 설계 화면 (이어서)

(2) $M_n = 3000$ kN·m, $\varepsilon_s = 0.01$, $b/d = 0.5$ 역설계 입력

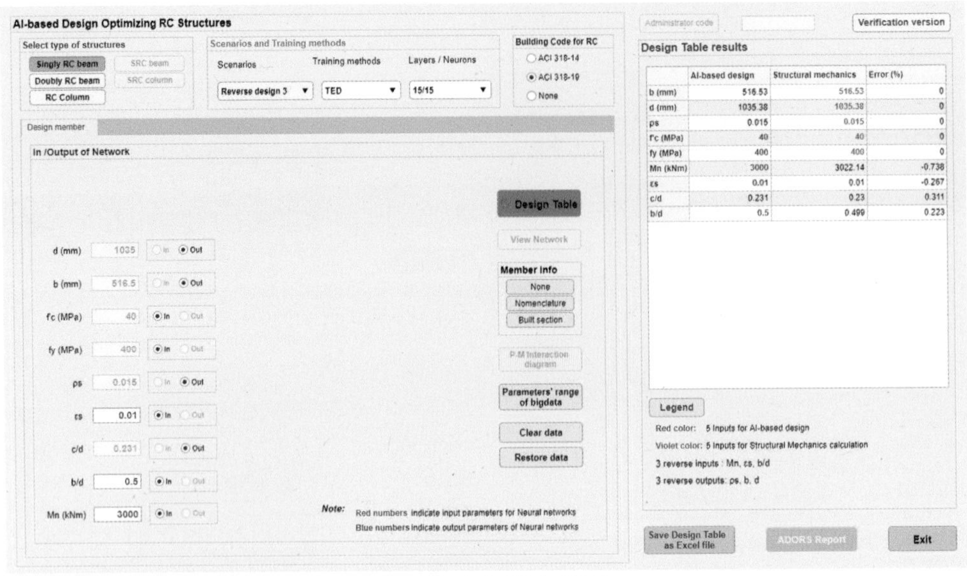

(2-1) 데이터 입력 화면

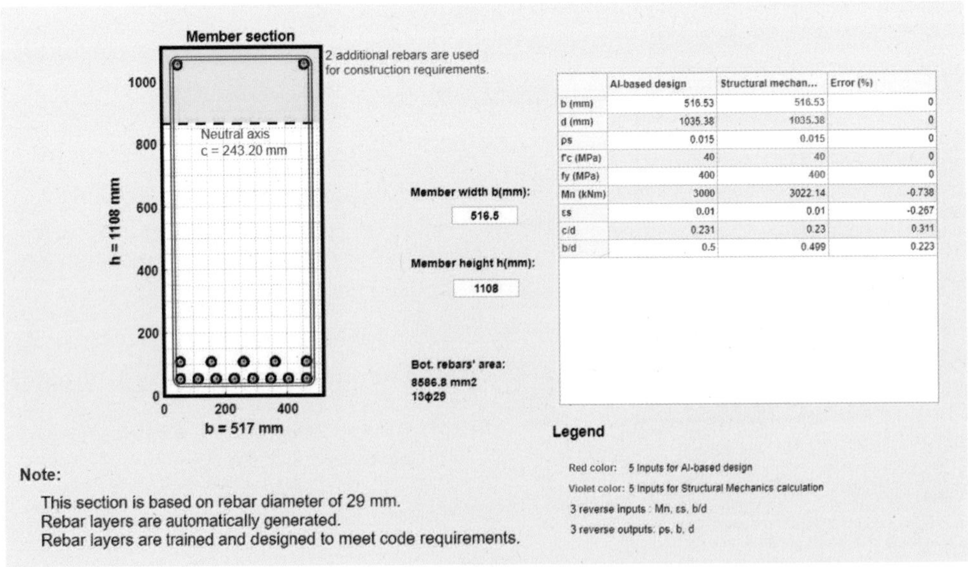

(2-2) 설계 결과

[그림 C1.4] 표 5.3.5의 설계 화면 (이어서)

(3) $M_n = 3000$ kN·m, $\varepsilon_s = 0.004$, $b/d = 0.5$ 역설계 입력

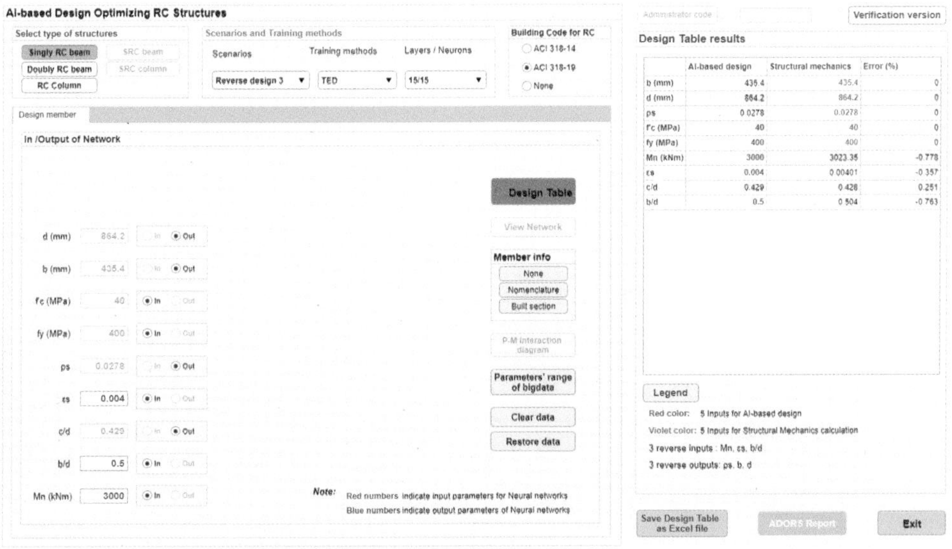

(3-1) 데이터 입력 화면

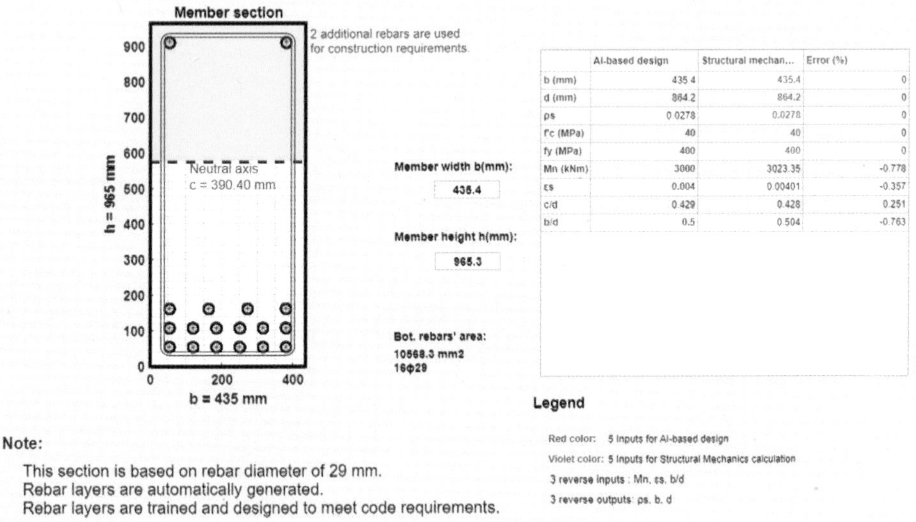

(3-2) 설계 결과

[그림 C1.4] 표 5.3.5의 설계 화면 (이어서)

(d) TED 기반 역설계 #4 (15 layers – 15 neurons)

(1) M_n = 500 kN·m, ρ_s= 0.01, b/d= 0.5 역설계 입력

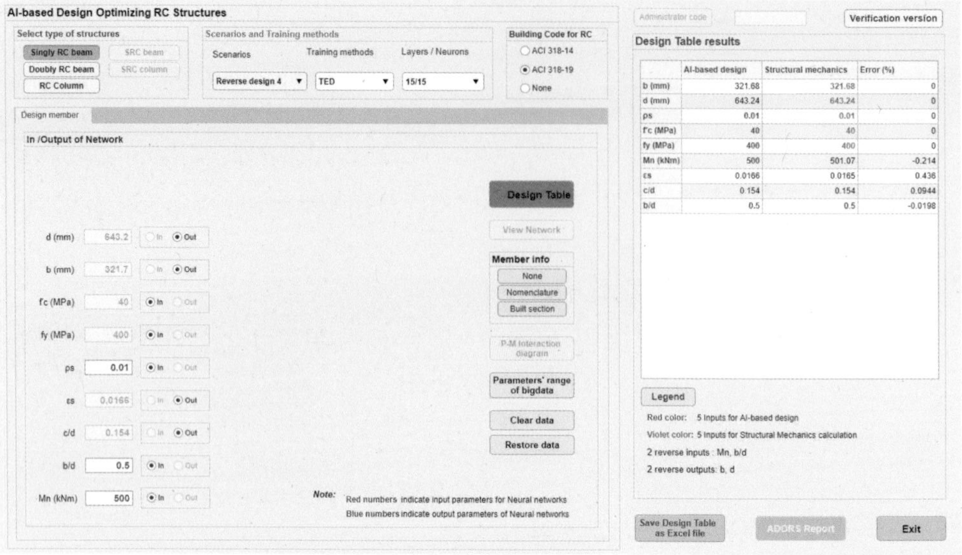

(1-1) 데이터 입력 화면

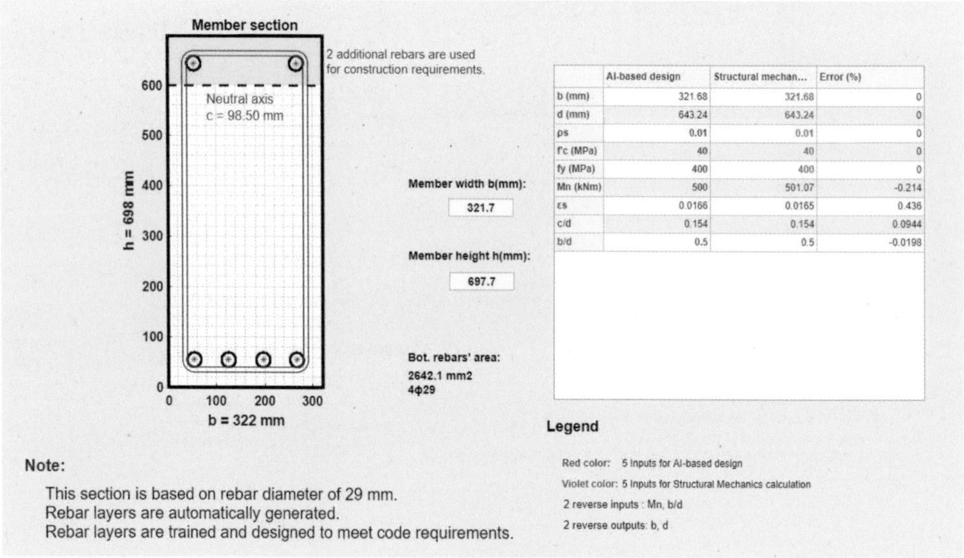

(1-2) 설계 결과

[그림 C1.4] 표 5.3.5의 설계 화면 (이어서)

(2) M_n = 3000 kN·m, ρ_s = 0.01, b/d= 0.5 역설계 입력

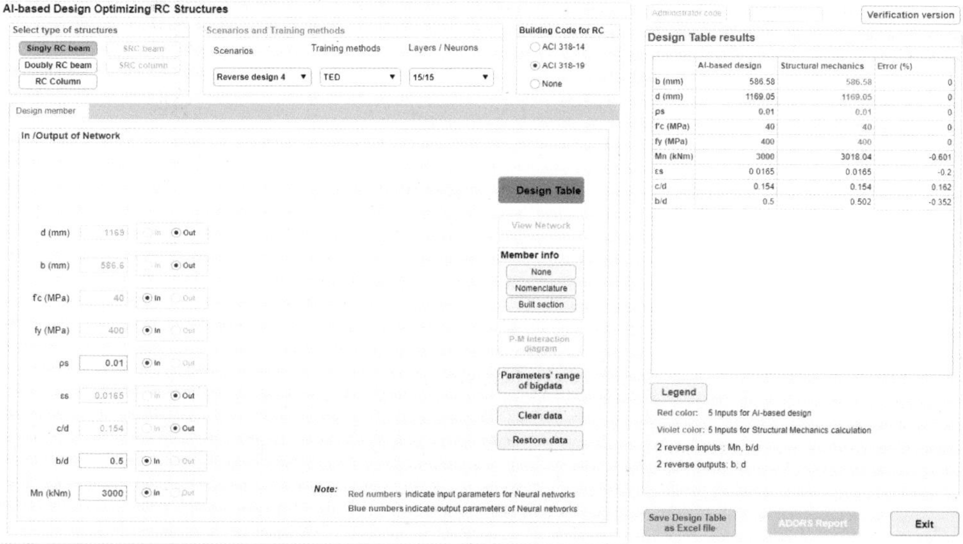

(2-1) 데이터 입력 화면

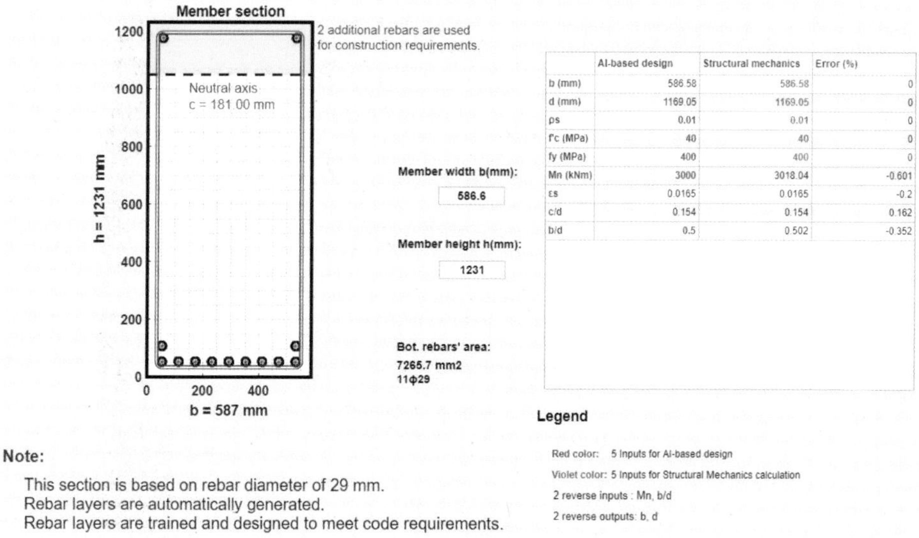

(2-2) 설계 결과

[그림 C1.4] 표 5.3.5의 설계 화면 (이어서)

(3) M_n=10000 kN·m, ρ_s= 0.01, b/d= 0.5 역설계 입력

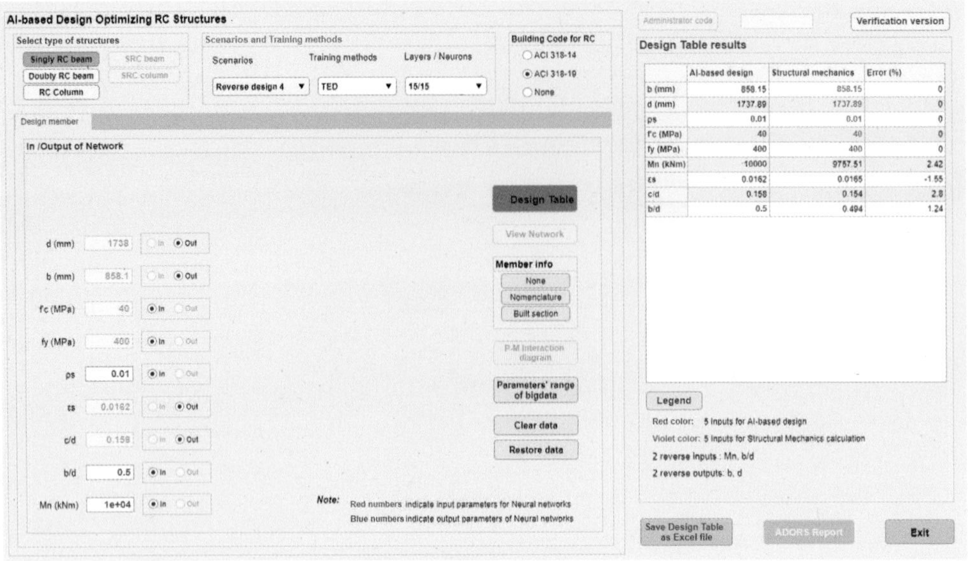

(3-1) 데이터 입력 화면

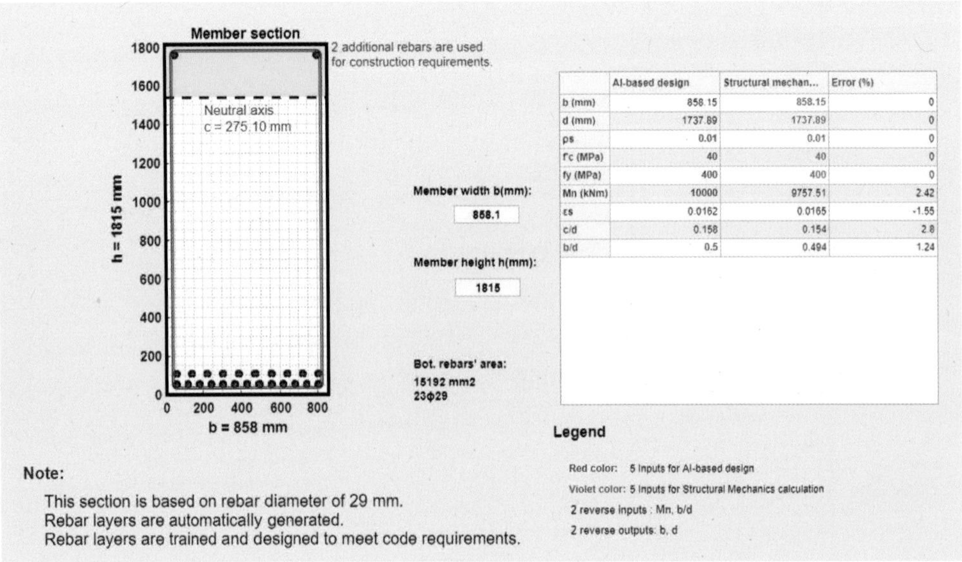

(3-2) 설계 결과

[그림 C1.4] 표 5.3.5의 설계 화면 (이어서)

(e) TED 기반 역설계 #4 (15 layers – 15 neurons)

(1) M_n=1500 kN·m, ρ_s = 0.01 역설계 입력

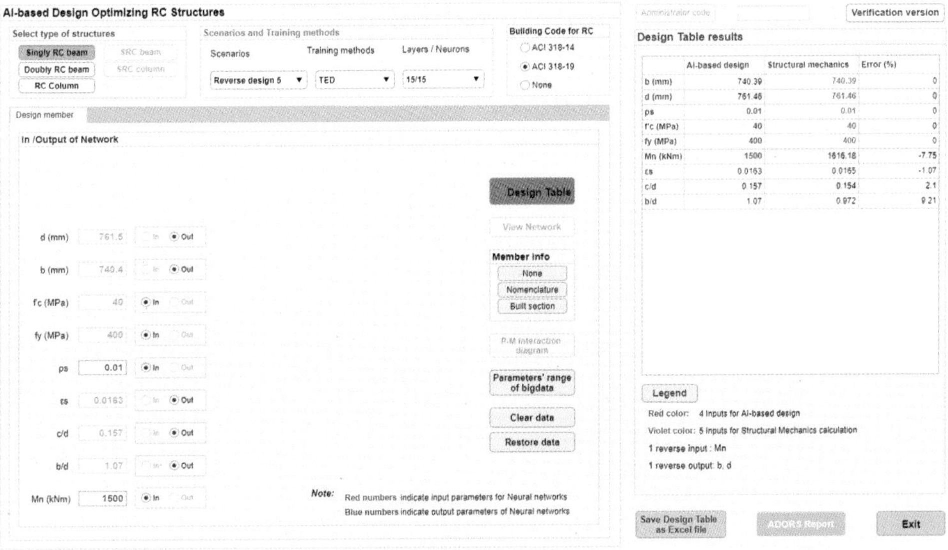

(1-1) 데이터 입력 화면

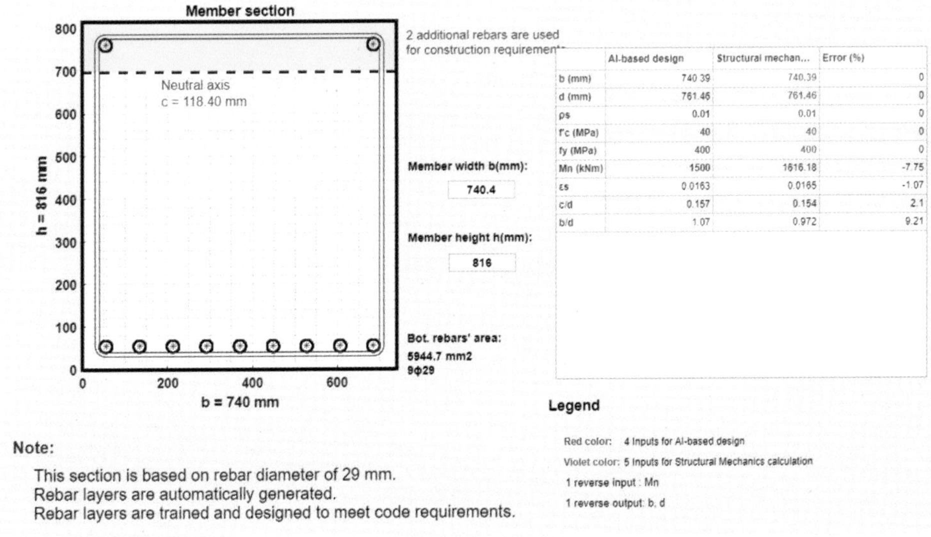

(1-2) 설계 결과

[그림 C1.4] 표 5.3.5의 설계 화면 (이어서)

(2) $M_n = 2000$ kN·m, $\rho_s = 0.01$ 역설계 입력

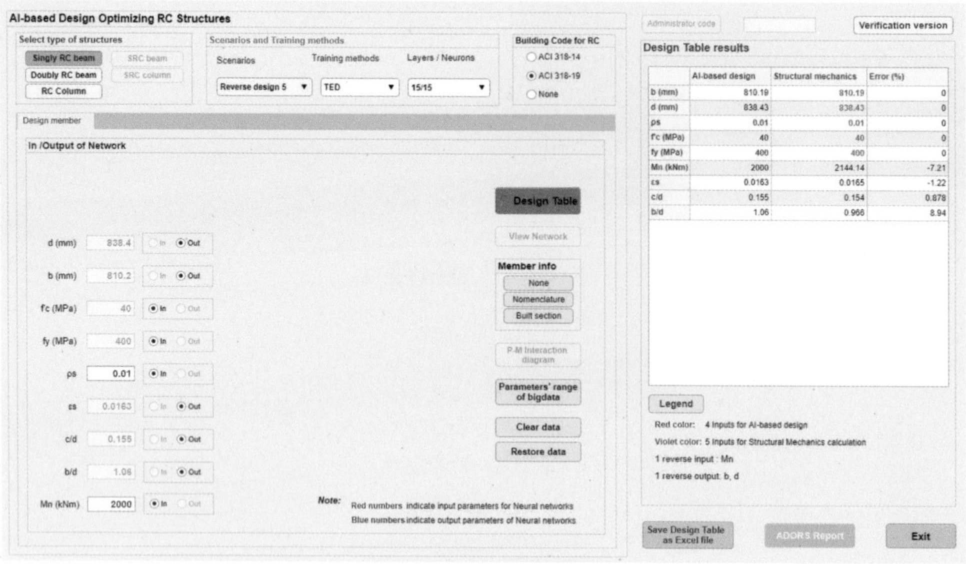

(2-1) 데이터 입력 화면

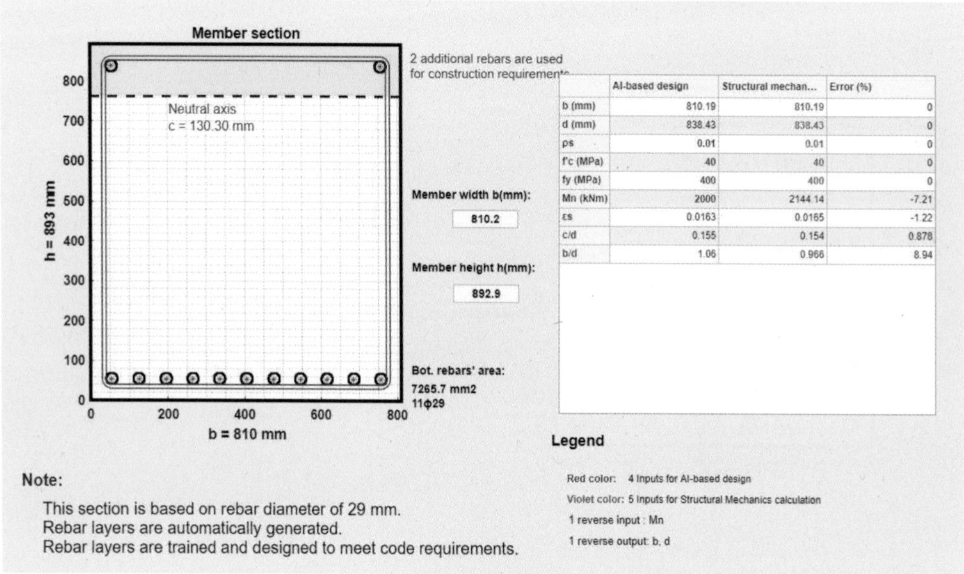

(2-2) 설계 결과

[그림 C1.4] 표 5.3.5의 설계 화면 (이어서)

(3) M_n= 3000 kN·m, ρ_s = 0.01 역설계 입력

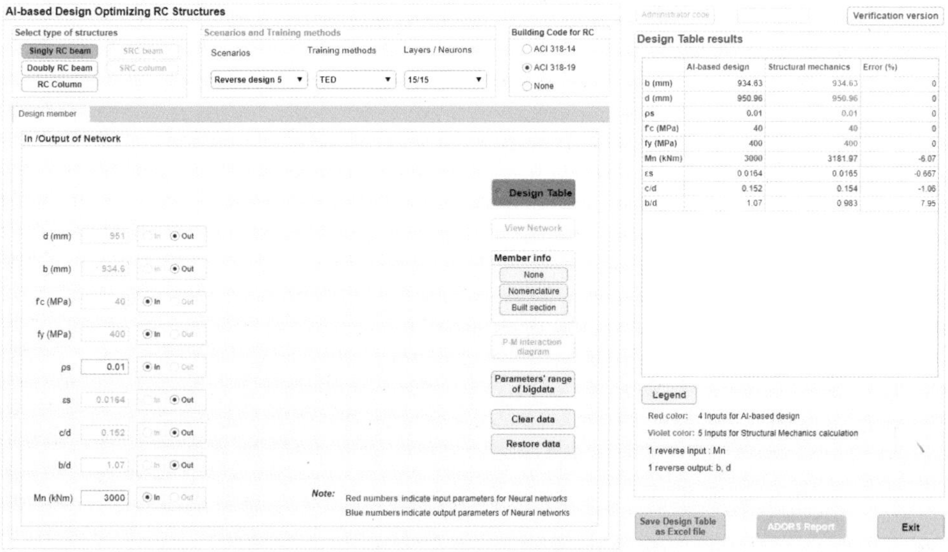

(3-1) 데이터 입력 화면

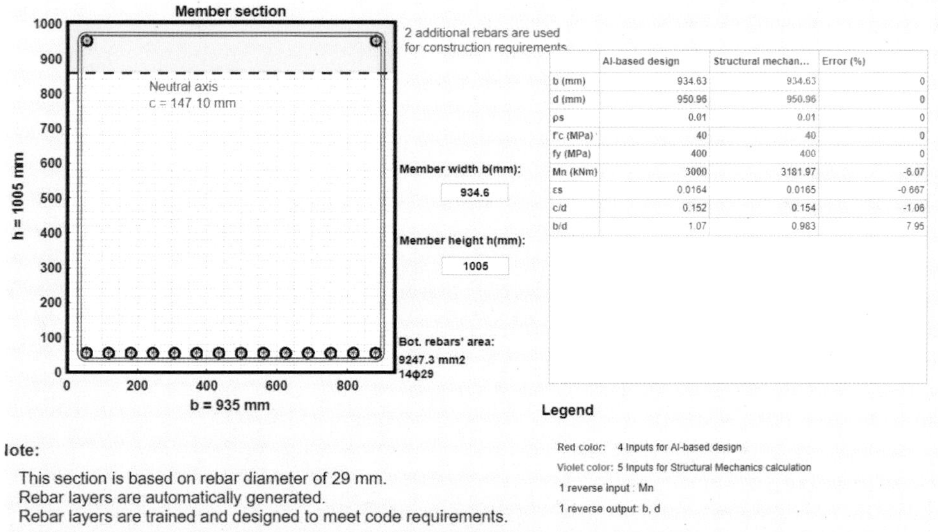

(3-2) 설계 결과

[그림 C1.4] 표 5.3.5의 설계 화면

(a) 역설계 #1: b=500 mm, d=700 mm, M_n=500 kN·m

(1) 직접 학습법 (PTM)

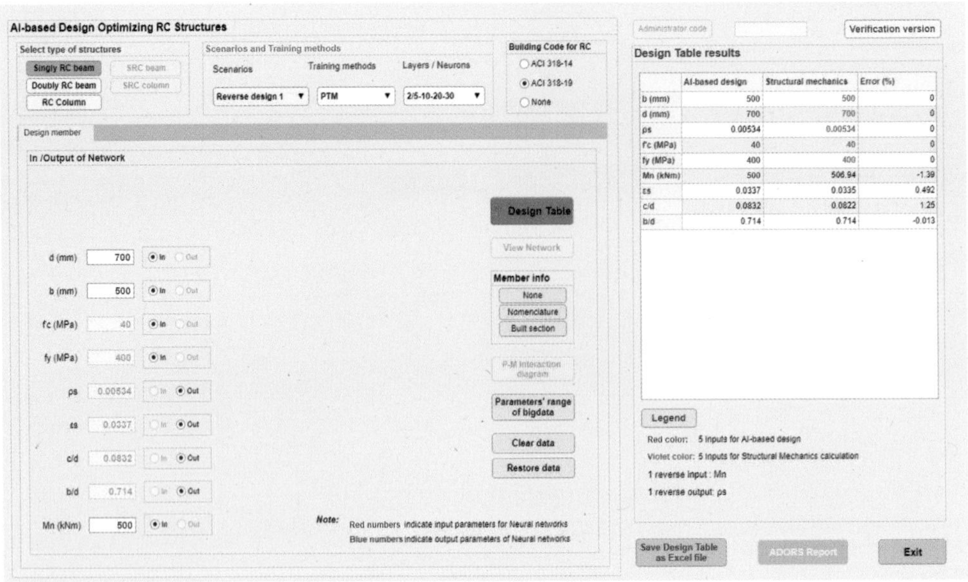

(1-1) 데이터 입력 화면

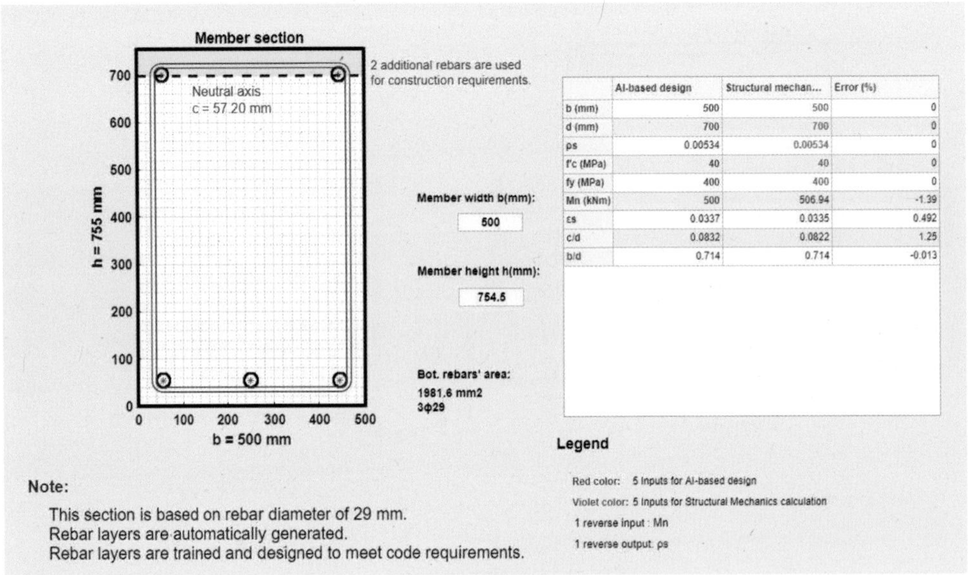

(1-2) 설계 결과

[그림 C1.5] 표 5.4.5의 설계 화면 (이어서)

(2) 직접 학습법 (CRS)

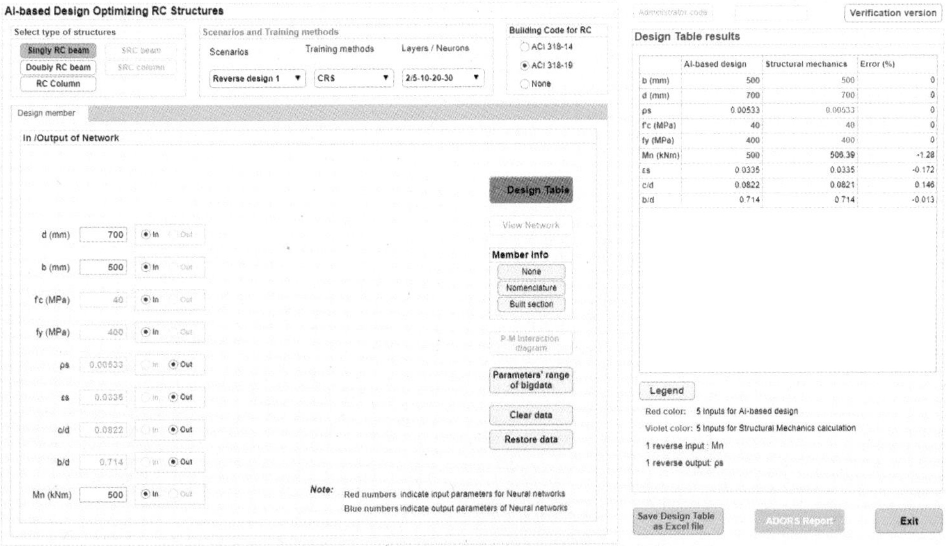

(2-1) 데이터 입력 화면

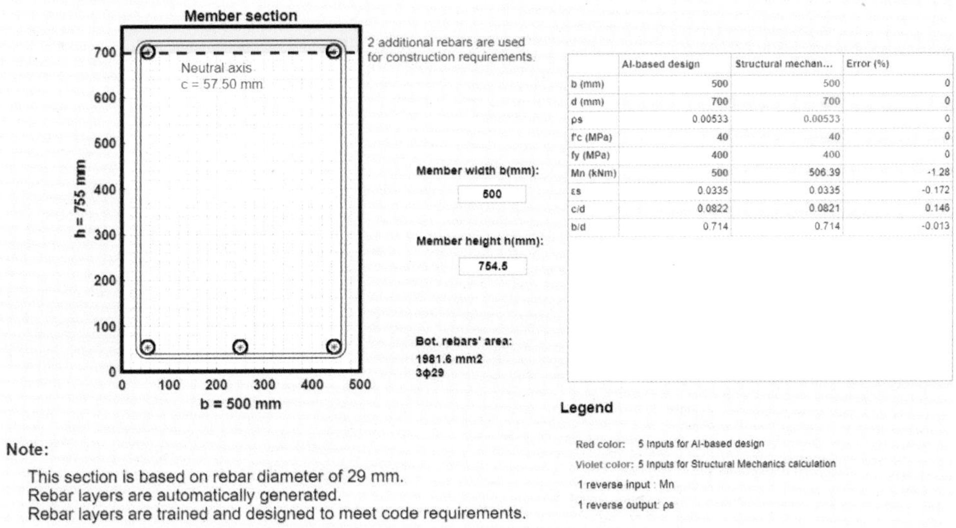

(2-2) 설계 결과

[그림 C1.5] 표 5.4.5의 설계 화면 (이어서)

(3) 간접 학습, 역대입 법 (BS-CRS)

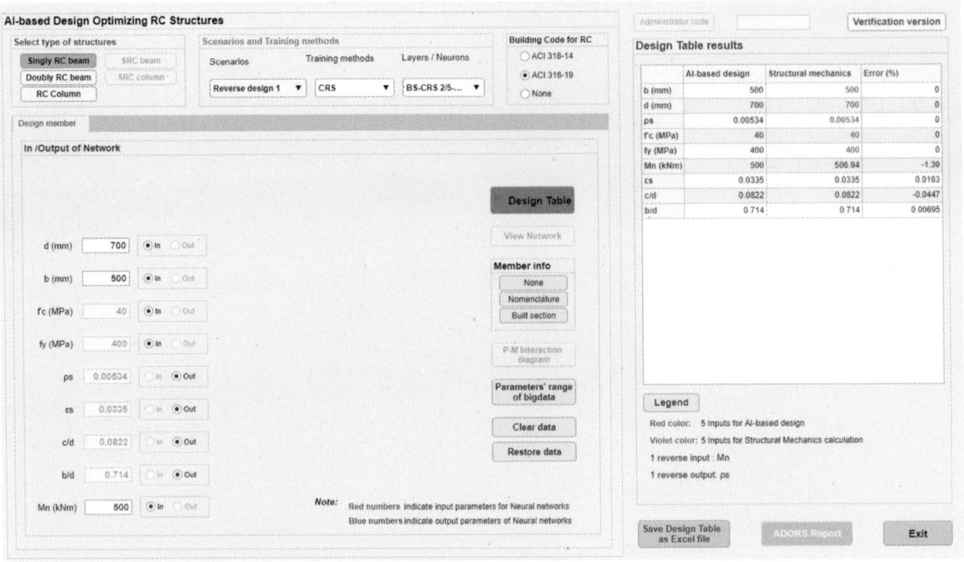

(3-1) 데이터 입력 화면

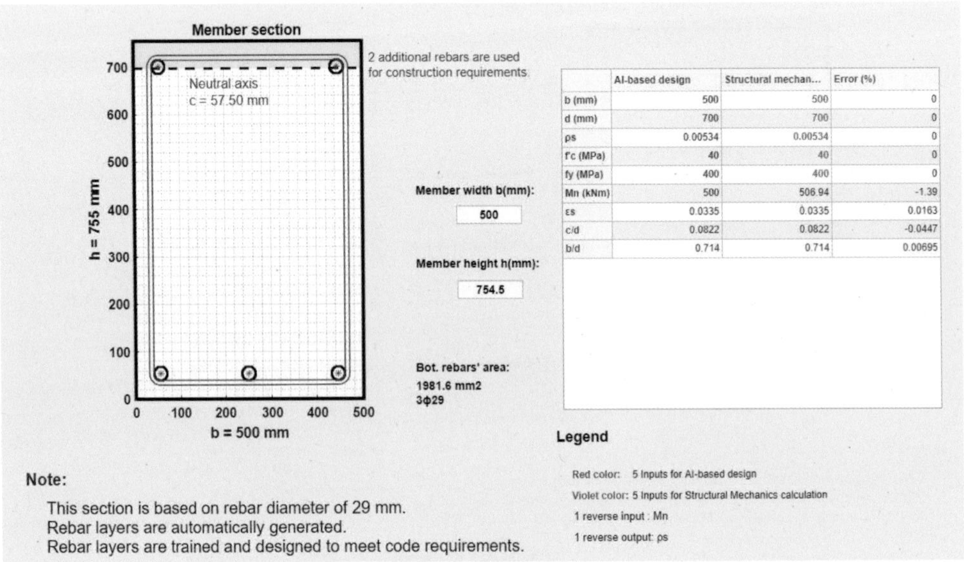

(3-2) 설계 결과

[그림 C1.5] 표 5.4.5의 설계 화면 (이어서)

(b) 역설계 #1: b=500 mm, d=700 mm, M_n=1000 kN·m

(1) 직접 학습법(PTM)

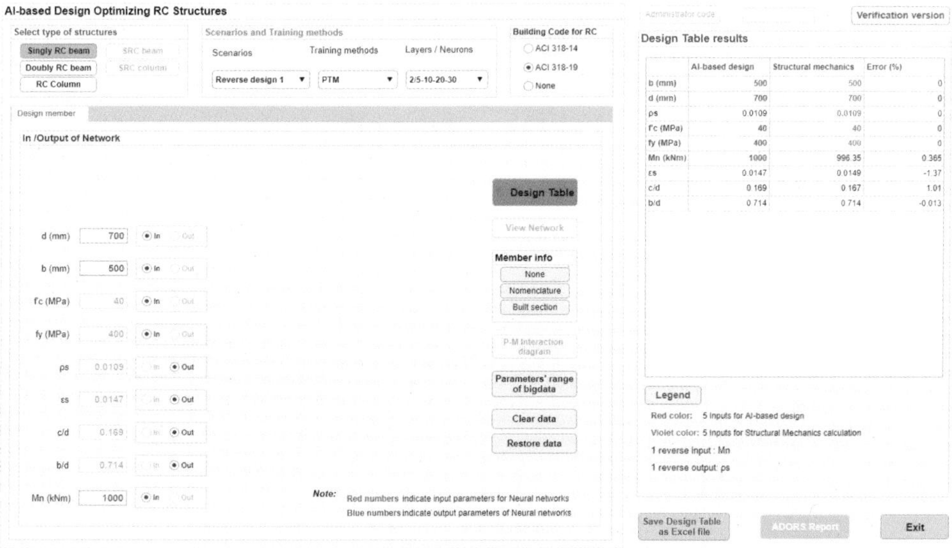

(1-1) 데이터 입력 화면

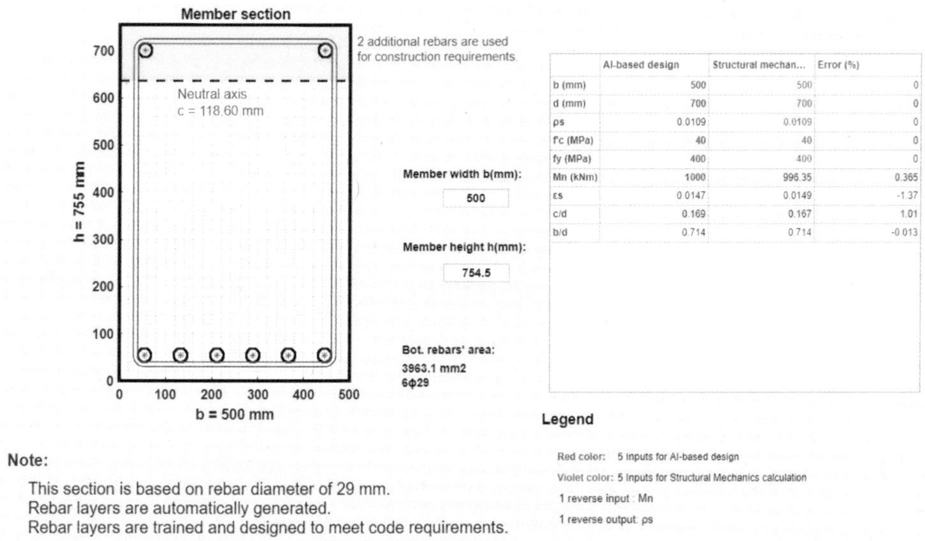

(1-2) 설계 결과

[그림 C1.5] 표 5.4.5의 설계 화면 (이어서)

(2) 직접 학습법 (CRS)

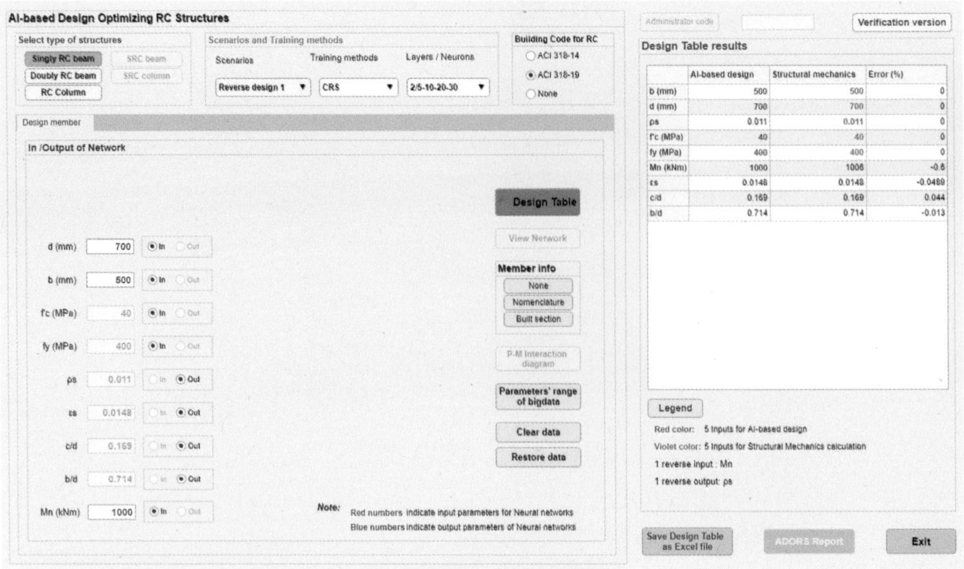

	AI-based design	Structural mechanics	Error (%)
b (mm)	500	500	0
d (mm)	700	700	0
ρs	0.011	0.011	0
f'c (MPa)	40	40	0
fy (MPa)	400	400	0
Mn (kNm)	1000	1006	-0.6
εs	0.0148	0.0148	-0.0489
c/d	0.169	0.169	0.044
b/d	0.714	0.714	-0.013

(2-1) 데이터 입력 화면

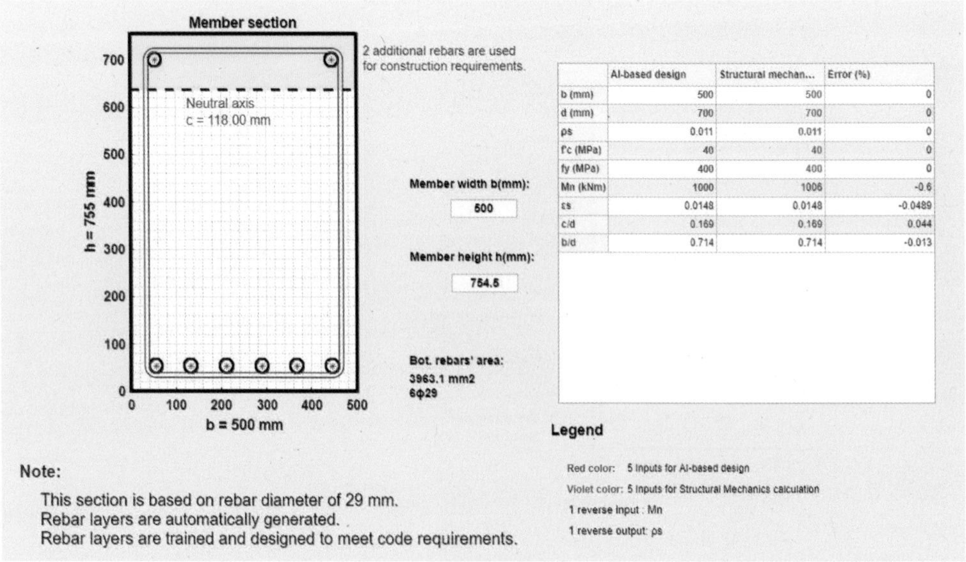

	AI-based design	Structural mechan...	Error (%)
b (mm)	500	500	0
d (mm)	700	700	0
ρs	0.011	0.011	0
f'c (MPa)	40	40	0
fy (MPa)	400	400	0
Mn (kNm)	1000	1006	-0.6
εs	0.0148	0.0148	-0.0489
c/d	0.169	0.169	0.044
b/d	0.714	0.714	-0.013

(2-2) 설계 결과

[그림 C1.5] 표 5.4.5의 설계 화면 (이어서)

(3) 간접 학습, 역대입 법 (BS-CRS)

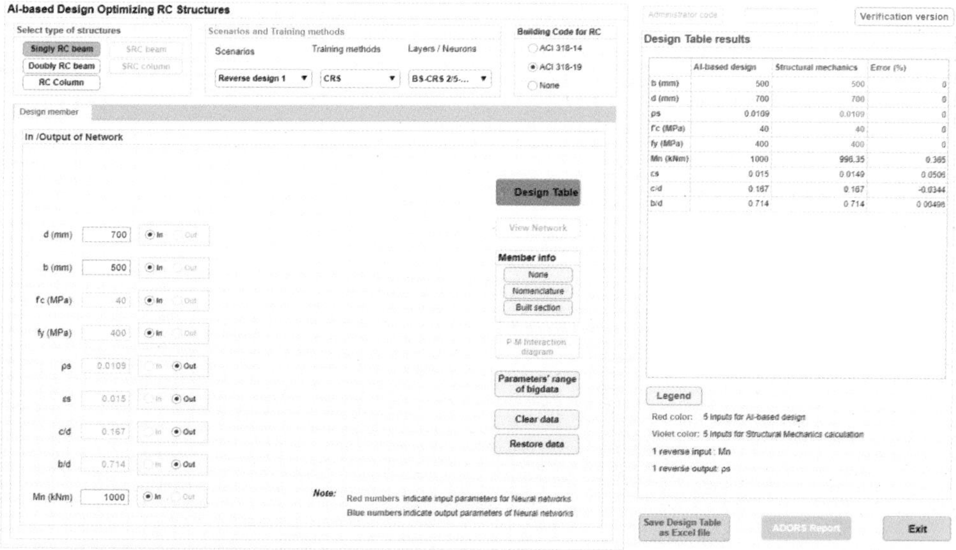

(3-1) 데이터 입력 화면

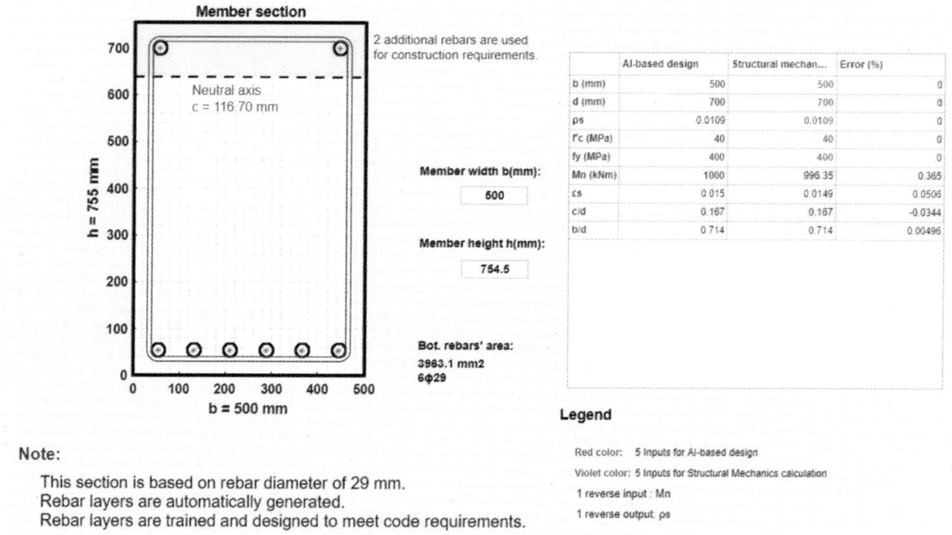

(3-2) 설계 결과

[그림 C1.5] 표 5.4.5의 설계 화면 (이어서)

(c) 역설계 #1: b=500 mm, d=700 mm, M_n=2200 kN·m

(1) 직접 학습법 (PTM)

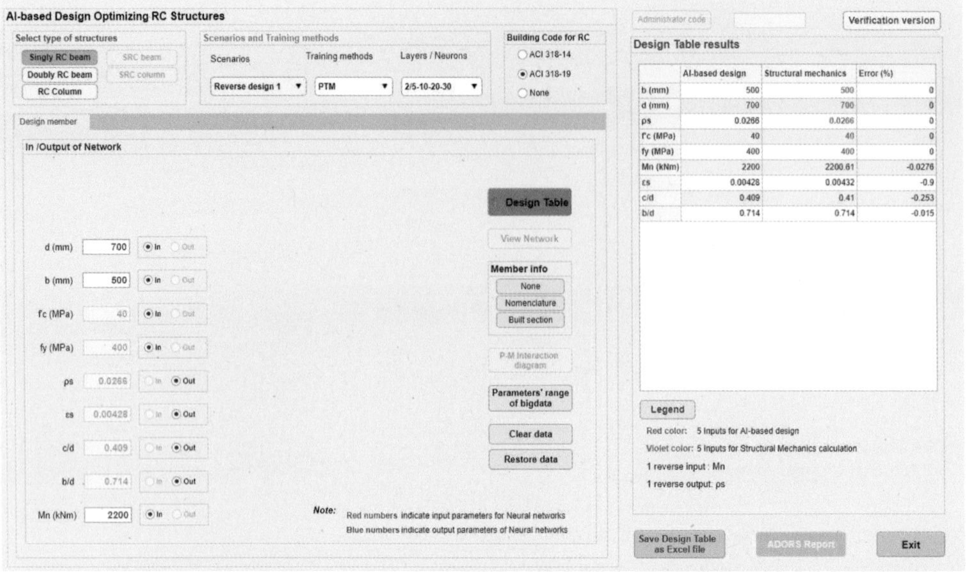

(1-1) 데이터 입력 화면

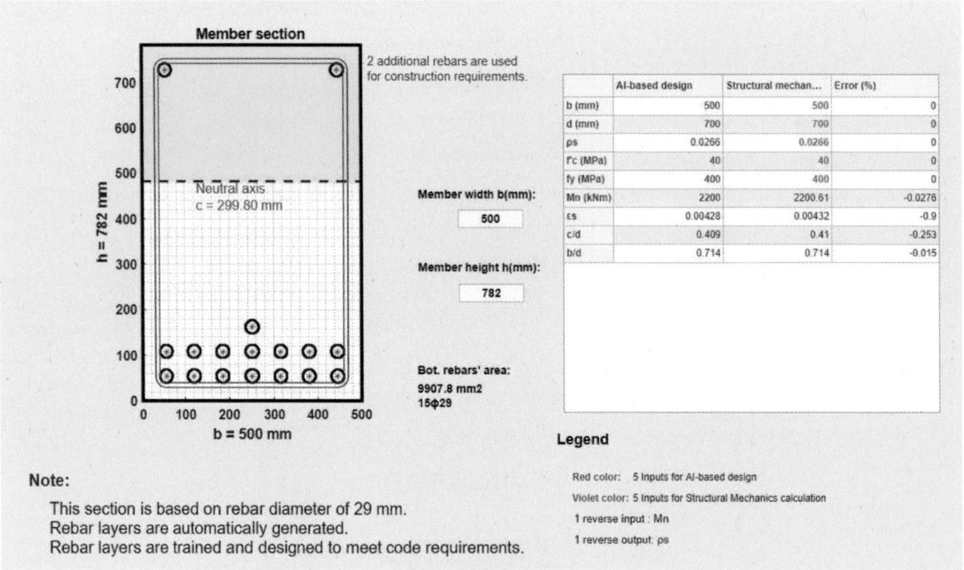

(1-2) 설계 결과

[그림 C1.5] 표 5.4.5의 설계 화면 (이어서)

(2) 직접 학습법 (CRS)

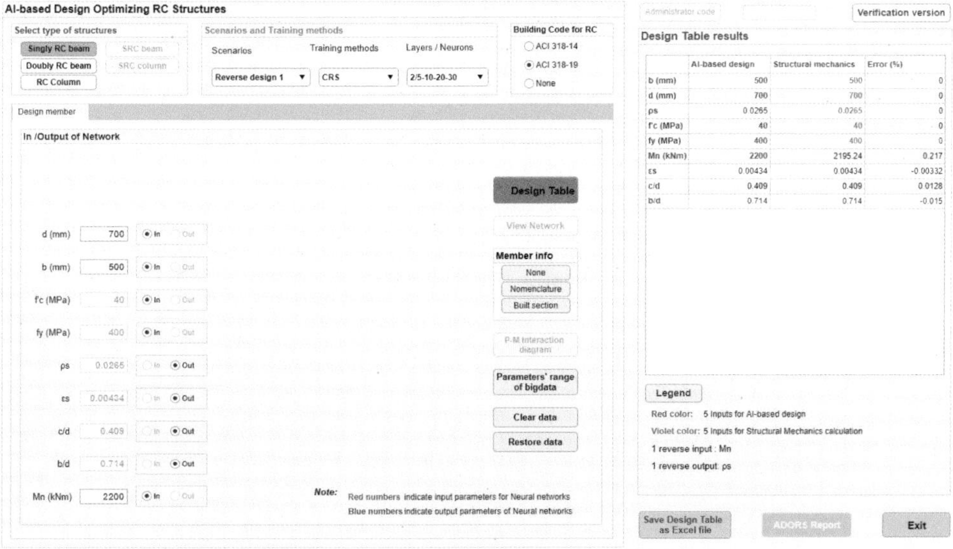

(2-1) 데이터 입력 화면

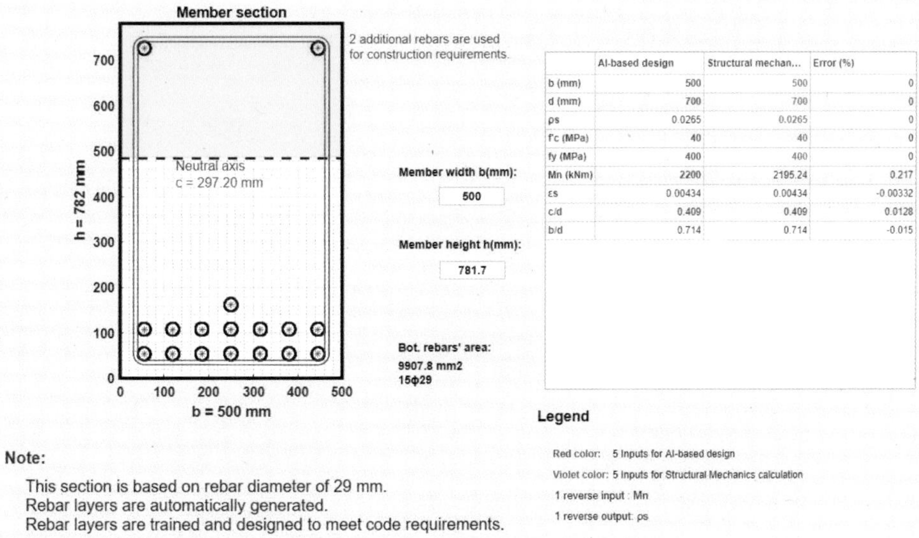

(2-2) 설계 결과

[그림 C1.5] 표 5.4.5의 설계 화면 (이어서)

(3) 간접 학습, 역대입 법 (BS-CRS)

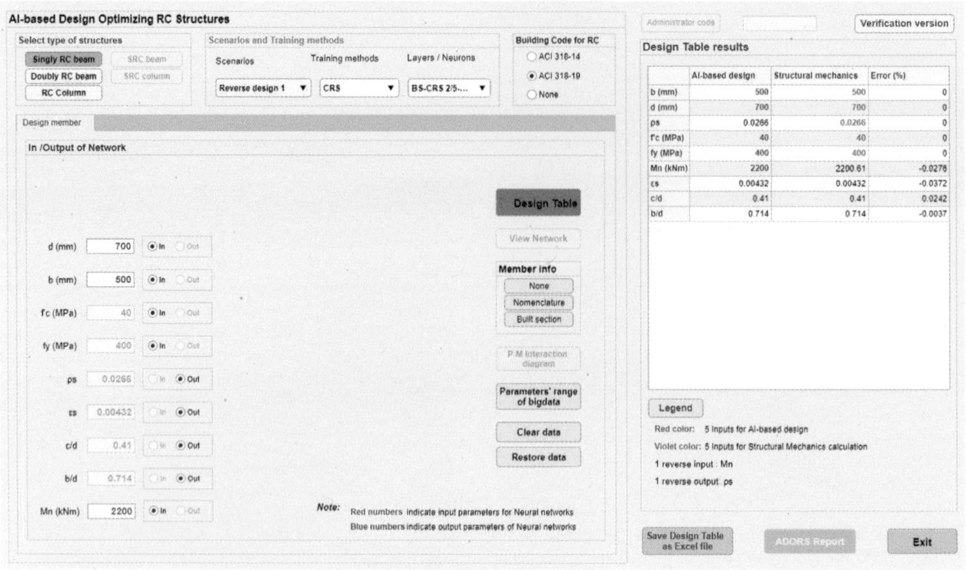

(3-1) 데이터 입력 화면

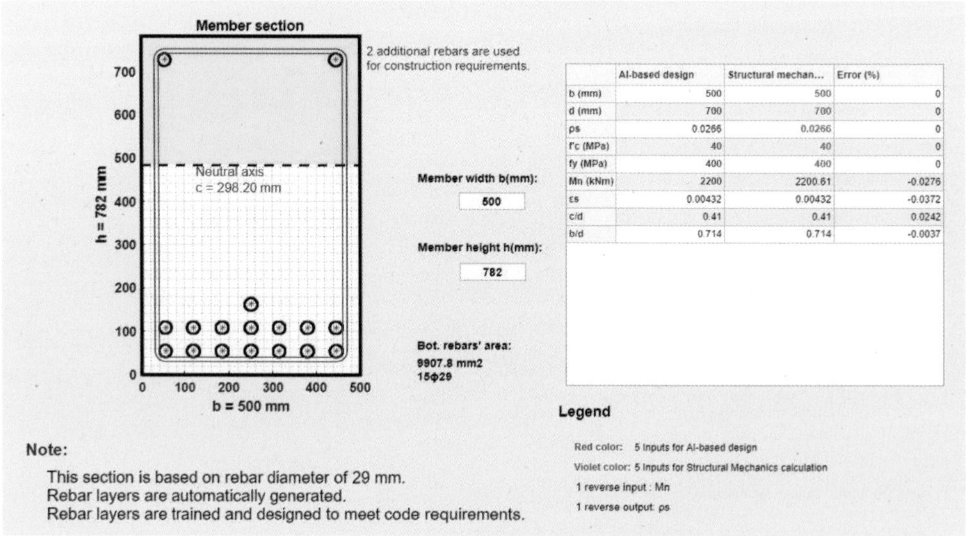

(3-2) 설계 결과

[그림 C1.5] 표 5.4.5의 설계 화면

(a) 역설계 #3: M_n=1000 kN·m, ε_s=0.01, b/d=0.5

(1) 직접 학습법 (PTM)

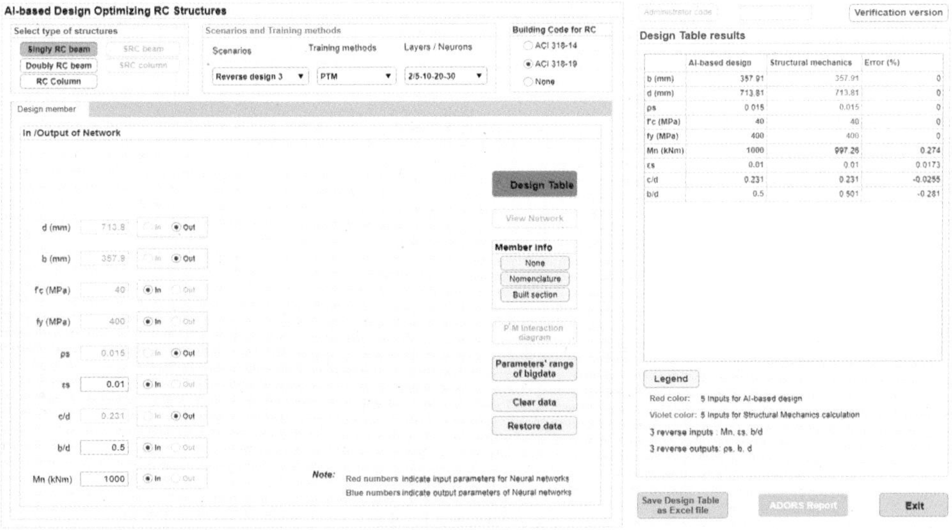

(1-1) 데이터 입력 화면

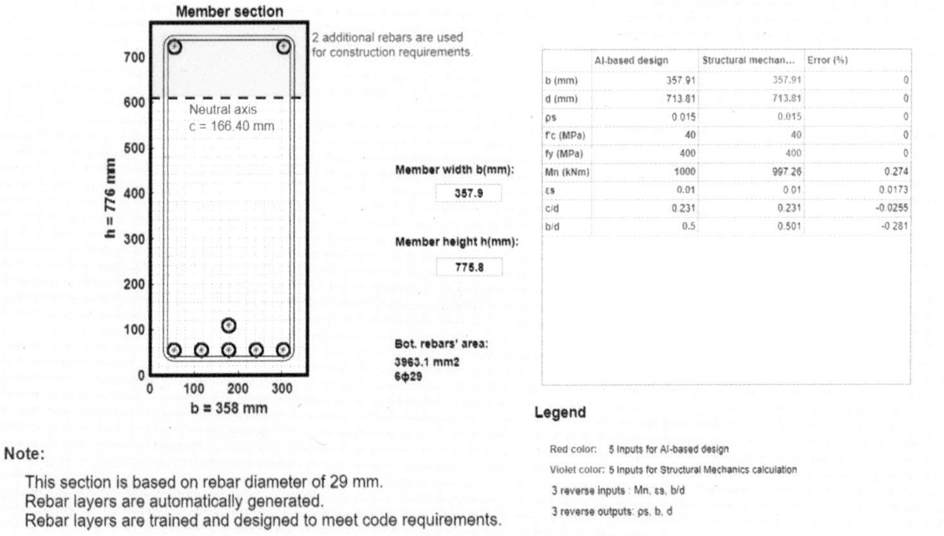

(1-2) 설계 결과

[그림 C1.6] 표 5.4.9의 설계 화면 (이어서)

(2) 직접 학습법 (CRS)

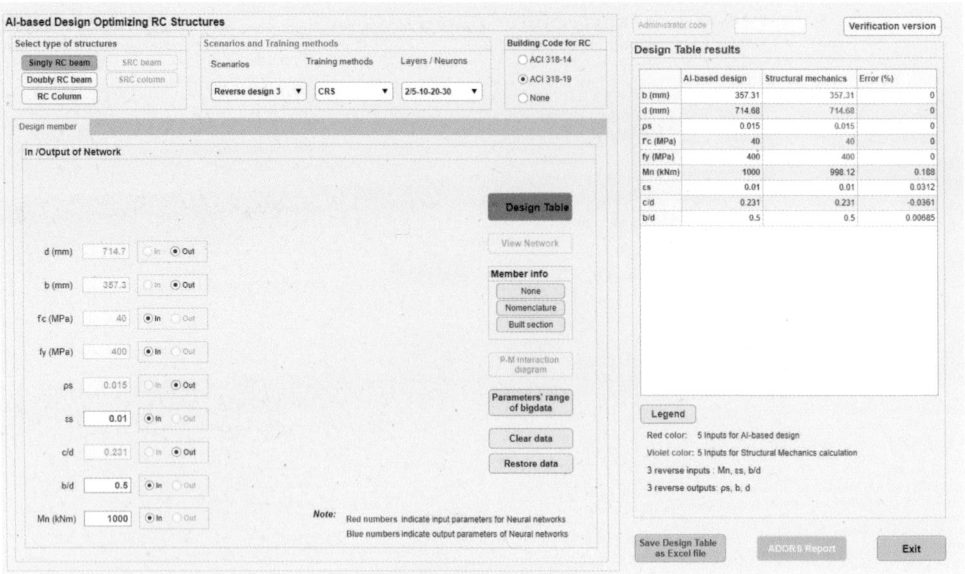

(2-1) 데이터 입력 화면

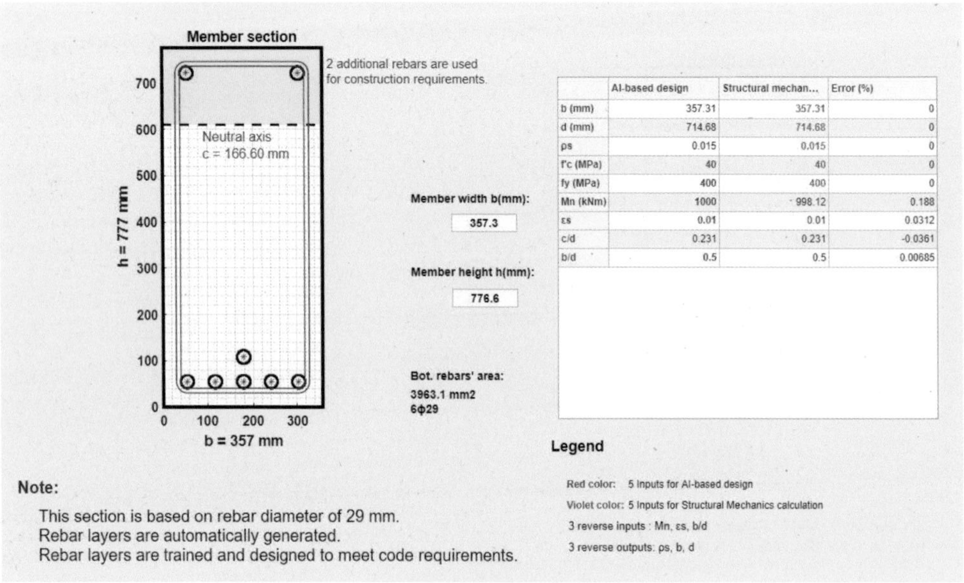

(2-2) 설계 결과

[그림 C1.6] 표 5.4.9의 설계 화면 (이어서)

(3) 간접 학습, 역대입 법 (BS-CRS)

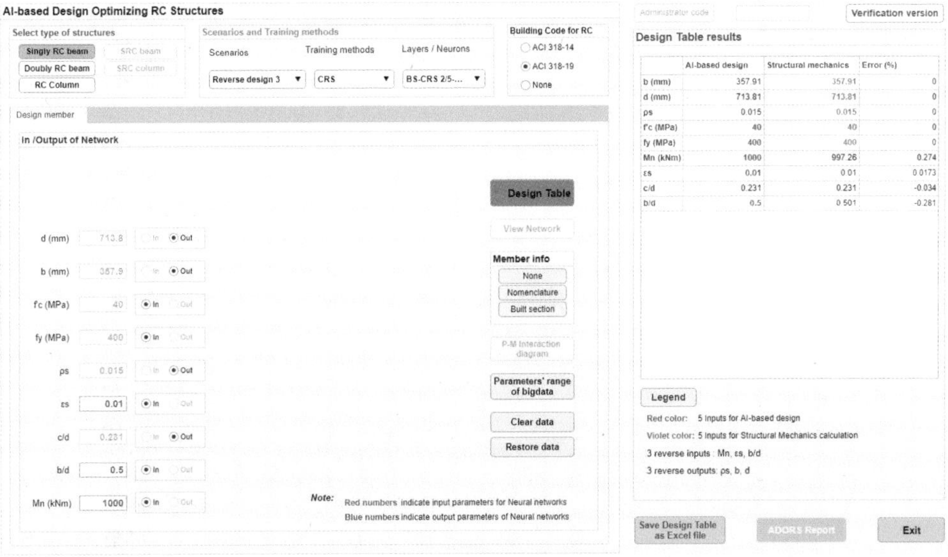

(3-1) 데이터 입력 화면

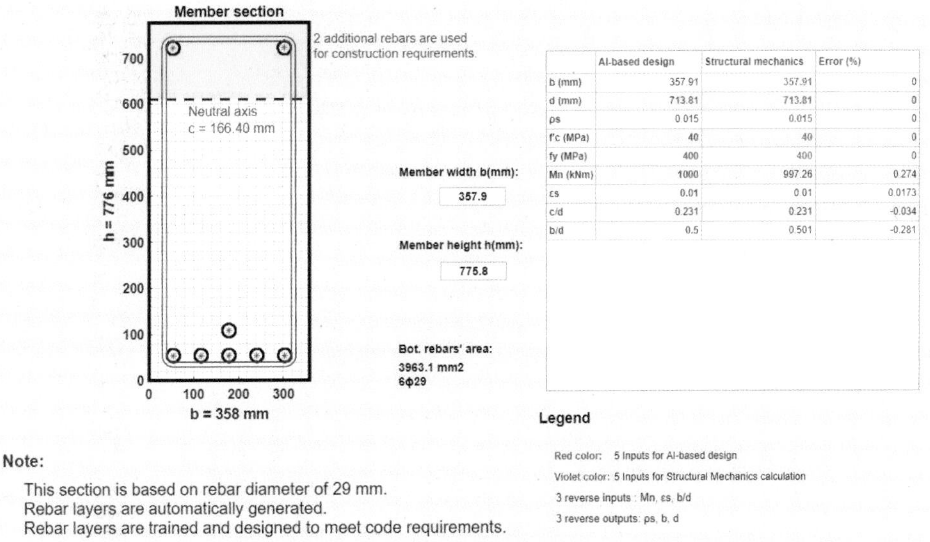

(3-2) 설계 결과

[그림 C1.6] 표 5.4.9의 설계 화면 (이어서)

(b) 역설계 #3: M_n=1000 kN·m, ε_s=0.01, b/d=1

(1) 직접 학습법 (PTM)

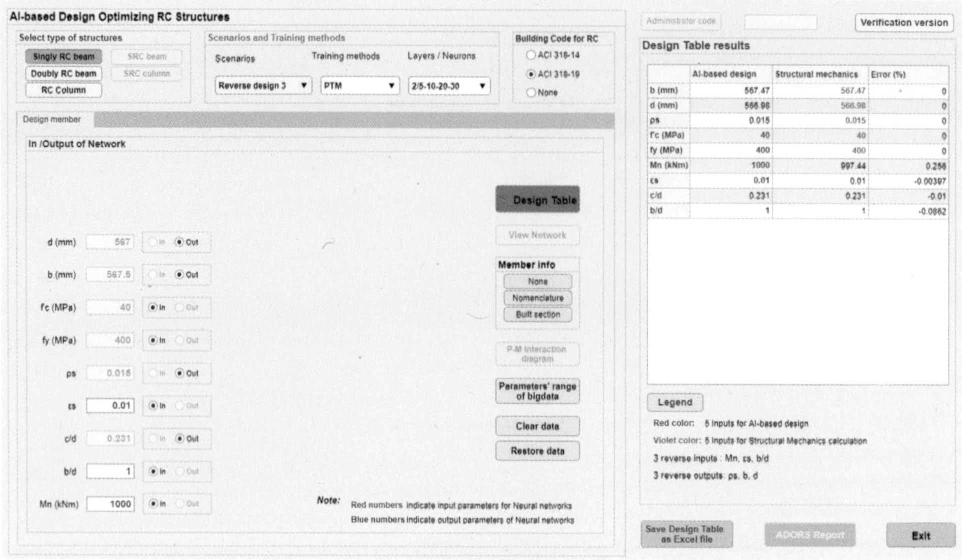

(1-1) 데이터 입력 화면

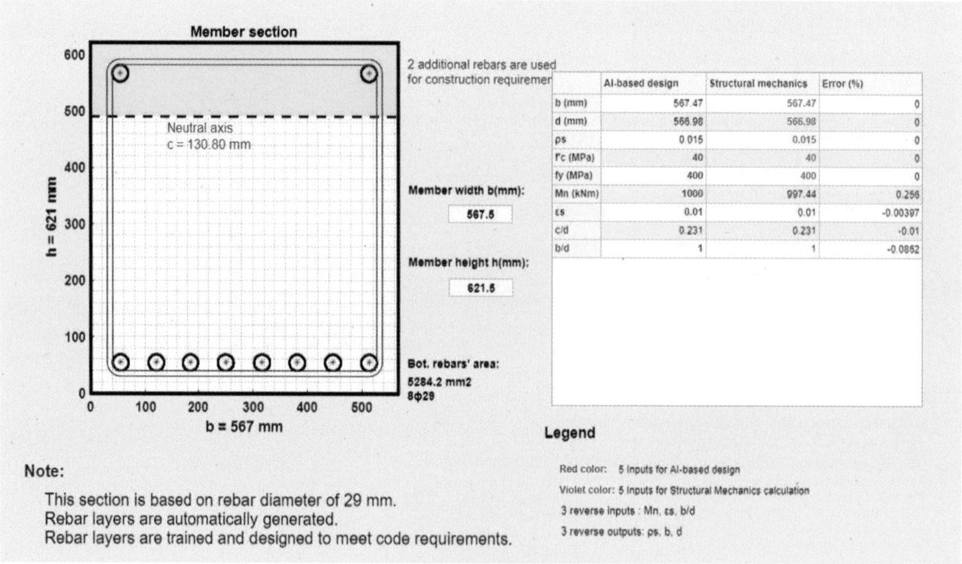

(1-2) 설계 결과

[그림 C1.6] 표 5.4.9의 설계 화면 (이어서)

(2) 직접 학습법 (CRS)

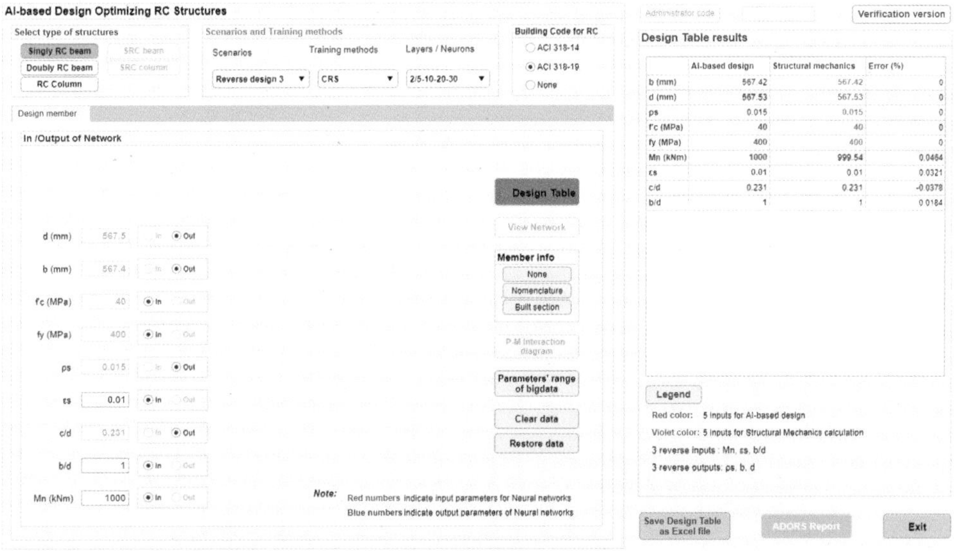

(2-1) 데이터 입력 화면

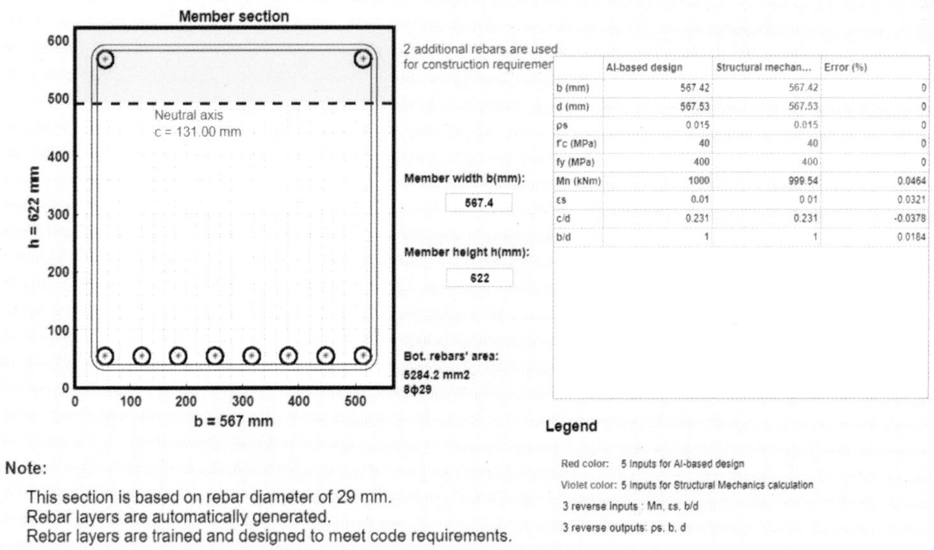

(2-2) 설계 결과

[그림 C1.6] 표 5.4.9의 설계 화면 (이어서)

(3) 간접 학습, 역대입 법 (BS-CRS)

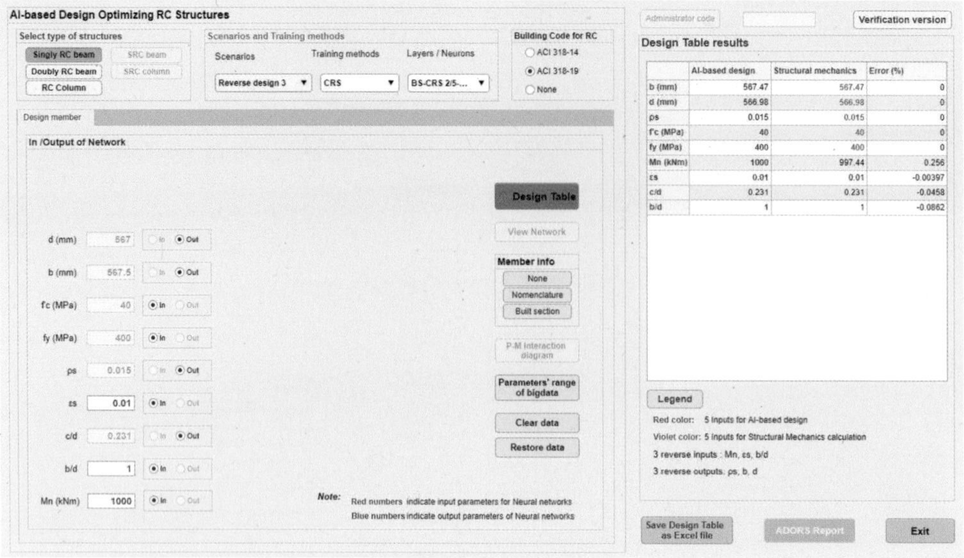

(3-1) 데이터 입력 화면

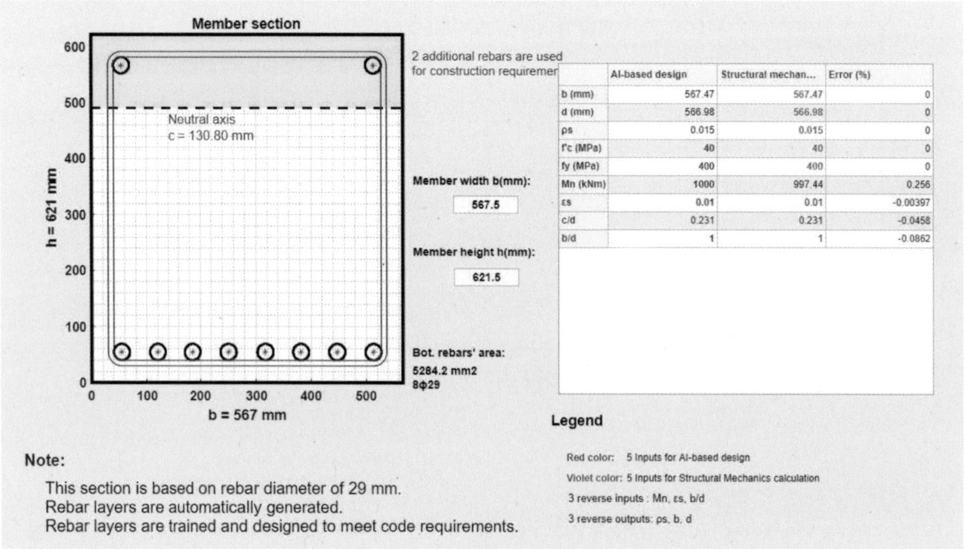

(3-2) 설계 결과

[그림 C1.6] 표 5.4.9의 설계 화면 (이어서)

(c) 역설계 #1: M_n=1000 kN·m, ε_s=0.01, b/d=2

(1) 직접 학습법(PTM)

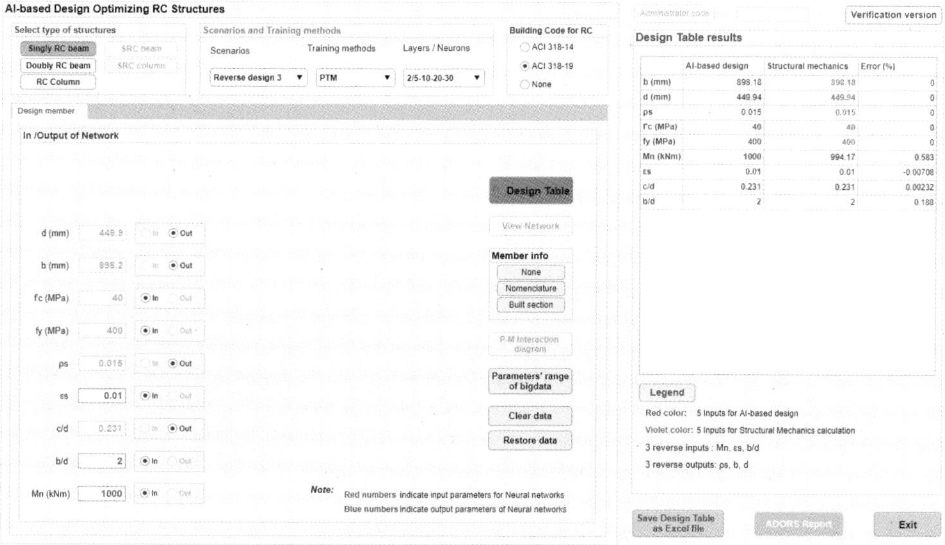

(1-1) 데이터 입력 화면

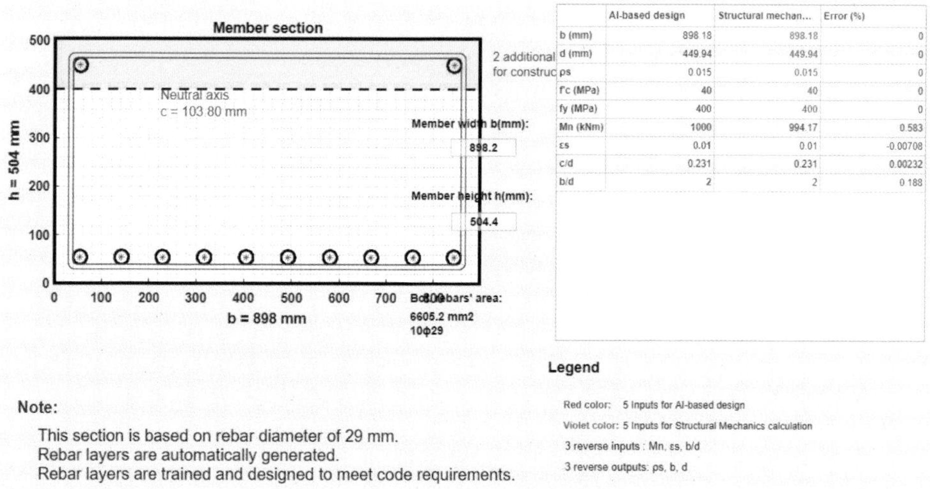

(1-2) 설계 결과

[그림 C1.6] 표 5.4.9의 설계 화면 (이어서)

(2) 직접 학습법 (CRS)

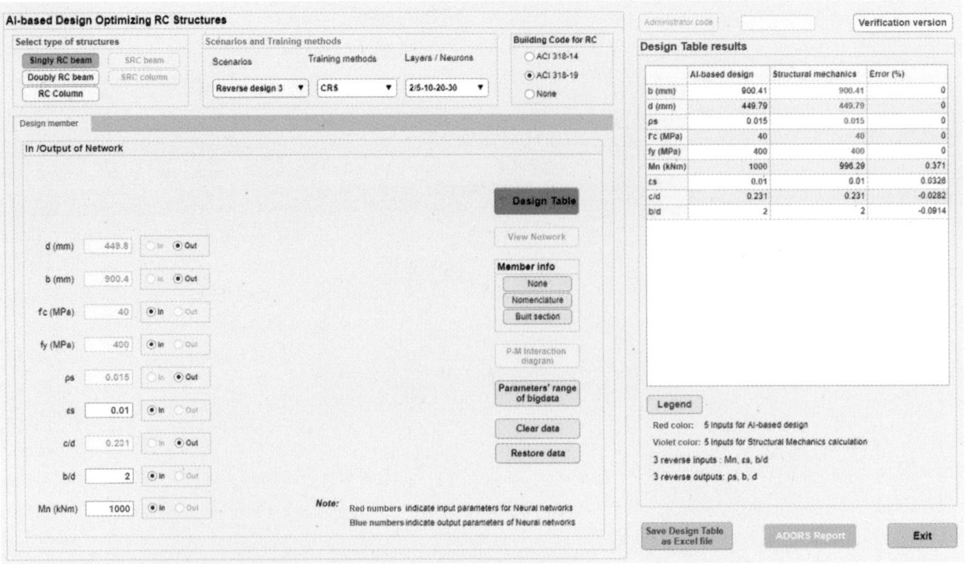

(2-1) 데이터 입력 화면

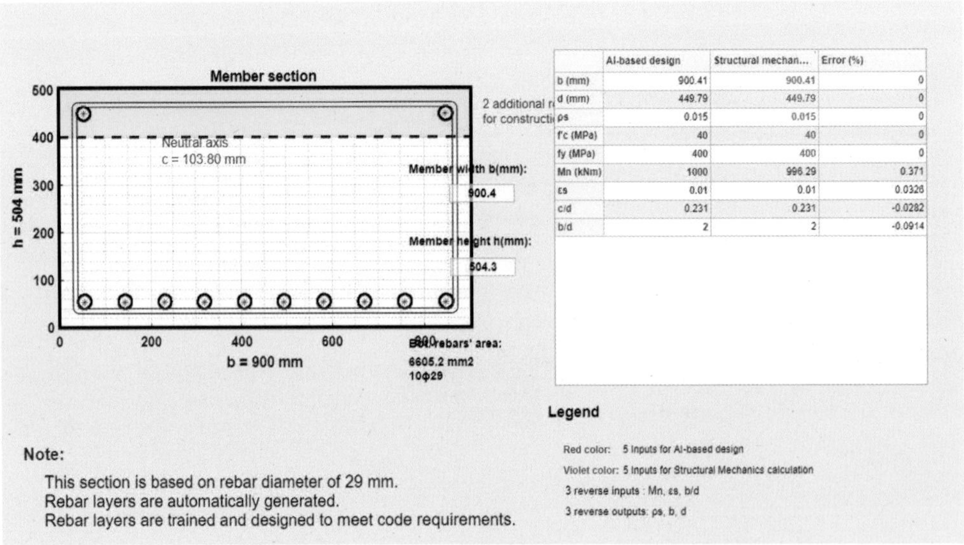

(2-2) 설계 결과

[그림 C1.6] 표 5.4.9의 설계 화면 (이어서)

(3) 간접 학습, 역대입 법 (BS-CRS)

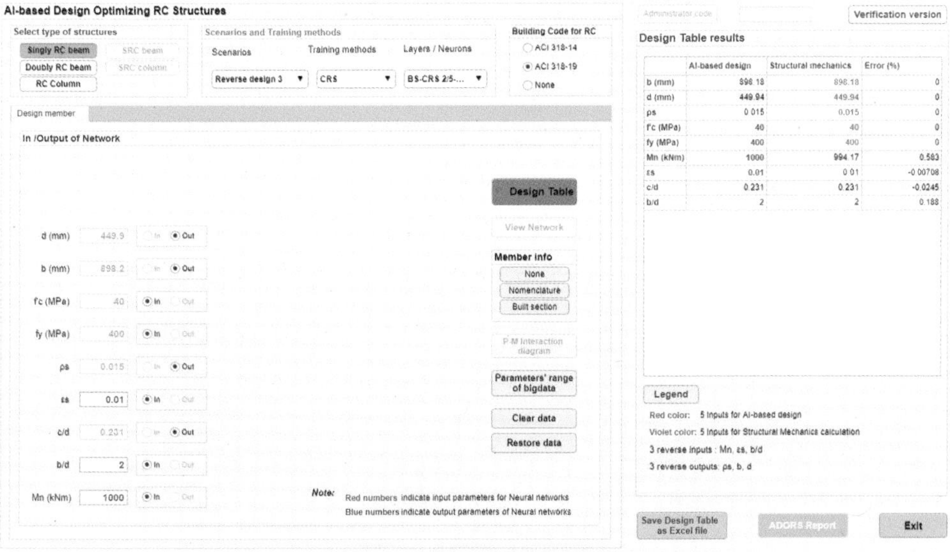

(3-1) 데이터 입력 화면

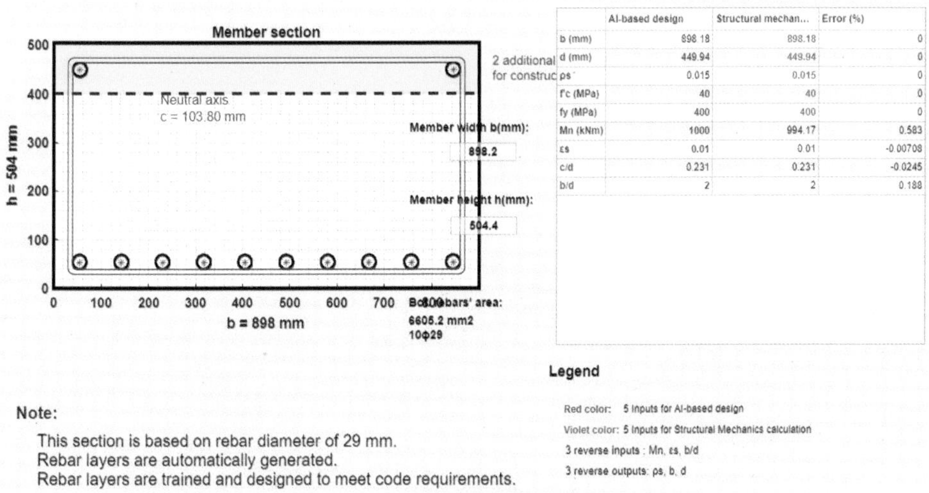

(3-2) 설계 결과

[그림 C1.6] 표 5.4.9의 설계 화면

C2 복철근 보 (Doubly reinforced concrete beam)

Nomanclature for Doubly Beam Section

Doubly reinforced concrete beam with fixed-fixed end

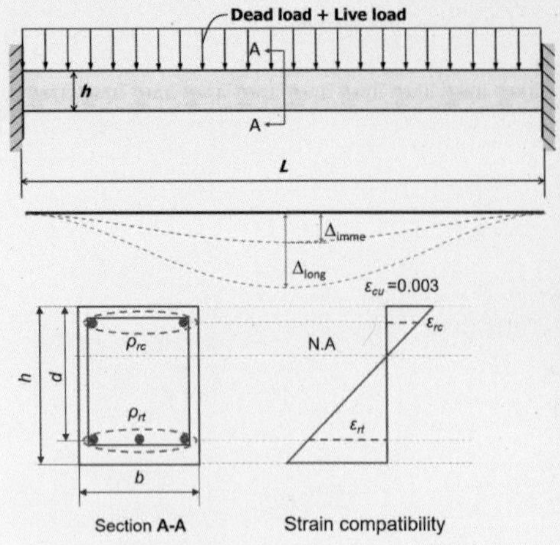

Nomenclature

Forward parameters	
L (mm)	Beam length
h (mm)	Beam height
d (mm)	Effective beam depth
b (mm)	Beam width
f'_c (MPa)	Compressive concrete strength
f_y (MPa)	Yield rebar strength
ρ_{rt}	Tensile rebar ratio
ρ_{rc}	Compressive rebar ratio
M_D (kN·m)	Moment due to dead load
M_L (kN·m)	Moment due to live load
Reverse parameters	
ϕM_n (kN·m)	Design strength excluding moment due to self-weight load
M_s (kN·m)	Moment due to self-weight load
M_u ($1.2M_D$+$1.6M_L$) (kN·m)	Factored moment considering effects of dead load and live load
μ_ϕ	Curvature ductility
$\varepsilon_{rt\_0.003}$	Tensile rebar strain at concrete strain of 0.003
$\varepsilon_{rc\_0.003}$	Compressive rebar strain at concrete strain of 0.003
Δ_{imme} (mm)	Immediate deflection due to live load, M_L
Δ_{long} (mm)	Sum of time-dependent deflection due to sustained loads and immediate deflection due to any additional live load
CI_b (KRW/m)	Cost index of beam

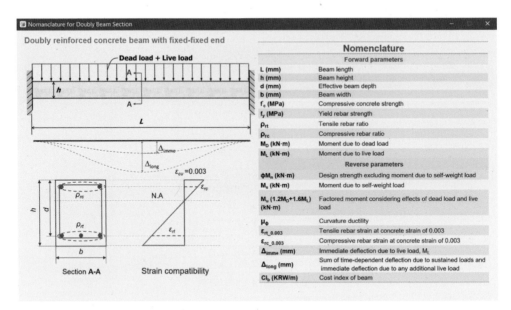

[그림 C2.1] 복철근 보 설계 파라미터의 설계 명칭

Doubly Reinforced Concrete Beam

Maximum and minimum of input parameters in the Neural network

	L (mm)	h (mm)	d (mm)	b (mm)	f_c' (MPa)	f_y (MPa)	ρ_{rt}	ρ_{rc}	M_D (kN·m)	M_L (kN·m)
Maximum	12000	1500	1446	1200	50	600	0.05	0.0245	25070	10286
Minimum	8000	400	292	120	30	500	0.0023	7.1E-6	3	0

Note: Users should not use parameter values out of data ranges

[그림 C2.2] 복철근 보 빅데이터의 생성 범위

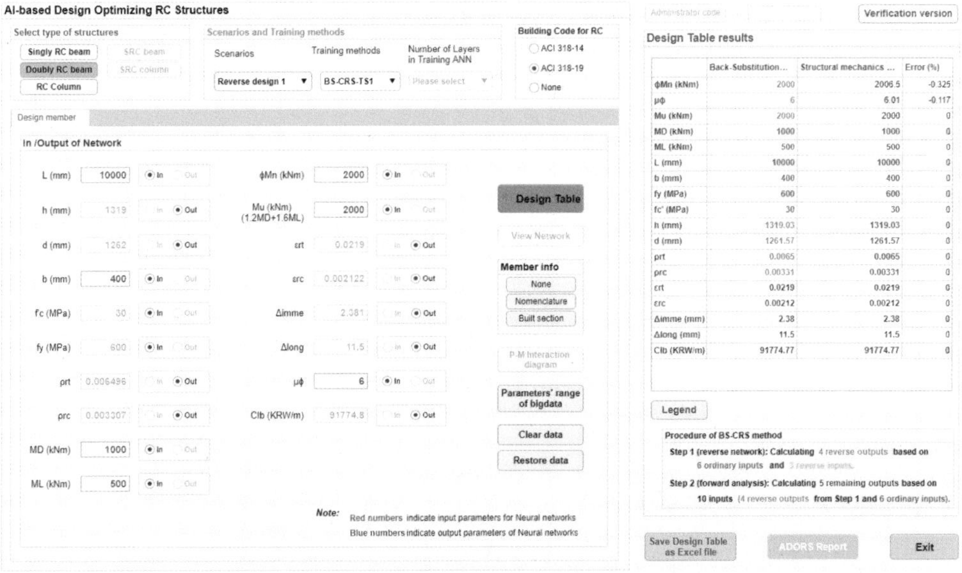

(1) 데이터 입력 화면

(a) 학습 순서 (TS1: $d \Rightarrow h \Rightarrow \rho_{rt} \Rightarrow \rho_{rc}$)

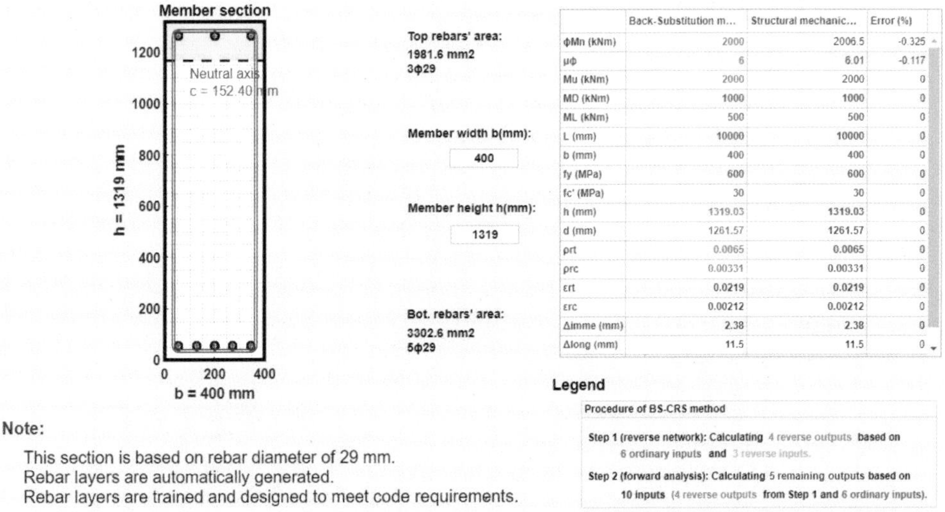

(2) 보 설계 결과

(a) 학습 순서 (TS1: $d \Rightarrow h \Rightarrow \rho_{rt} \Rightarrow \rho_{rc}$)

[그림 C2.3] 표 6.3.2(a)의 설계 화면:

계수 모멘트(M_u), 설계 모멘트 강도(ϕM_n) = 2000kN · m ; 곡률 연성비(μ_ϕ) = 6.0 (이어서)

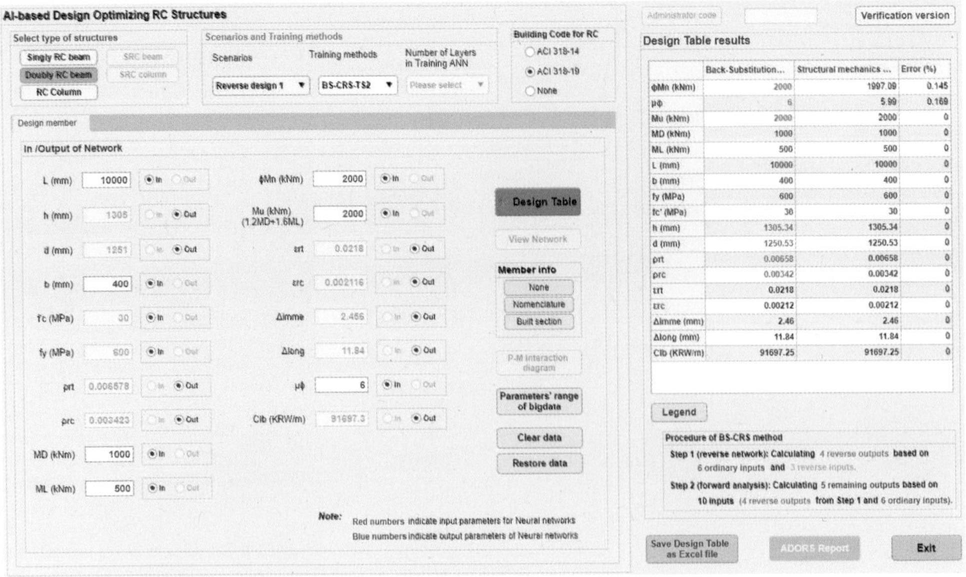
AI-based Design Optimizing RC Structures
Select type of structures
Singly RC beam
SRC beam
Doubly RC beam
SRC column
RC Column
Scenarios and Training methods
Scenarios
Training methods
Number of Layers in Training ANN
Reverse design 1
BS-CRS-TS2
Please select
Building Code for RC
ACI 318-14
ACI 318-19
None
Administrator code
Verification version
Design member
In /Output of Network
L (mm) 10000
h (mm) 1305
d (mm) 1251
b (mm) 400
fc (MPa) 30
fy (MPa) 600
ρrt 0.006578
ρrc 0.003423
MD (kNm) 1000
ML (kNm) 500
ϕMn (kNm) 2000
Mu (kNm) (1.2MD+1.6ML) 2000
εrt 0.0218
εrc 0.002116
Δimme 2.456
Δlong 11.84
μϕ 6
CIb (KRW/m) 91697.3
Design Table
View Network
Member info
None
Nomenclature
Built section
P-M interaction diagram
Parameters' range of bigdata
Clear data
Restore data
Note: Red numbers indicate input parameters for Neural networks
Blue numbers indicate output parameters of Neural networks
Design Table results
Back-Substitution...
Structural mechanics ...
Error (%)
Legend
Procedure of BS-CRS method
Step 1 (reverse network): Calculating 4 reverse outputs based on 6 ordinary inputs and 3 reverse inputs.
Step 2 (forward analysis): Calculating 5 remaining outputs based on 10 inputs (4 reverse outputs from Step 1 and 6 ordinary inputs).
Save Design Table as Excel file
ADORS Report
Exit

(1) 데이터 입력 화면

(b) 학습 순서 (TS2: $\rho_{rc} \Rightarrow \rho_{rt} \Rightarrow h \Rightarrow d$)

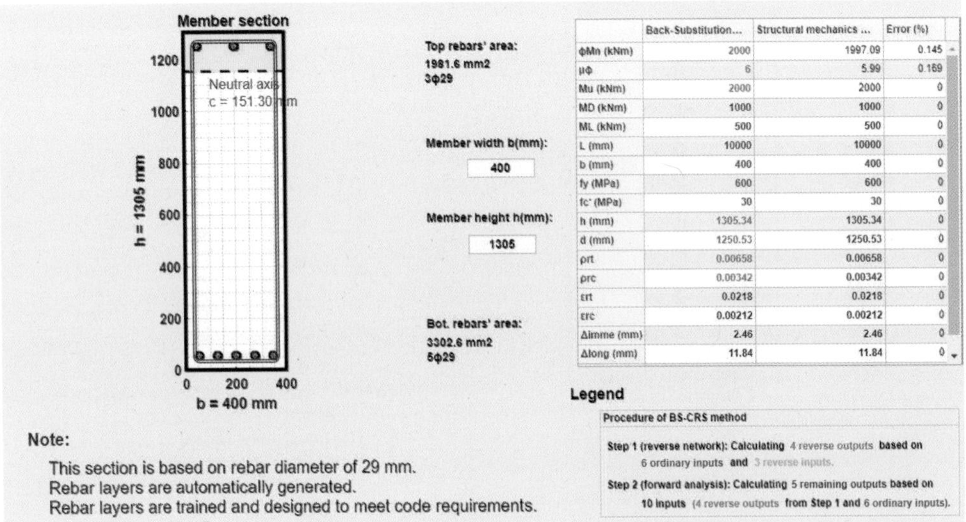
Member section
Neutral axis
c = 151.30 mm
h = 1305 mm
b = 400 mm
Top rebars' area:
1981.6 mm2
3ϕ29
Member width b(mm):
400
Member height h(mm):
1305
Bot. rebars' area:
3302.6 mm2
5ϕ29
Back-Substitution...
Structural mechanics ...
Error (%)
Legend
Procedure of BS-CRS method
Step 1 (reverse network): Calculating 4 reverse outputs based on 6 ordinary inputs and 3 reverse inputs.
Step 2 (forward analysis): Calculating 5 remaining outputs based on 10 inputs (4 reverse outputs from Step 1 and 6 ordinary inputs).
Note:
This section is based on rebar diameter of 29 mm.
Rebar layers are automatically generated.
Rebar layers are trained and designed to meet code requirements.

(2) 보 설계 결과

(b) 학습 순서 (TS2: $\rho_{rc} \Rightarrow \rho_{rt} \Rightarrow h \Rightarrow d$)

[그림 C2.3] 표 6.3.2(a)의 설계 화면:

계수 모멘트(M_u), 설계 모멘트 강도(ϕM_n) = 2000kN · m ; 곡률 연성비(μ_ϕ) = 6.0

(1) 데이터 입력 화면

(a) 학습 순서 (TS1: $d \Rightarrow h \Rightarrow \rho_{rt} \Rightarrow \rho_{rc}$)

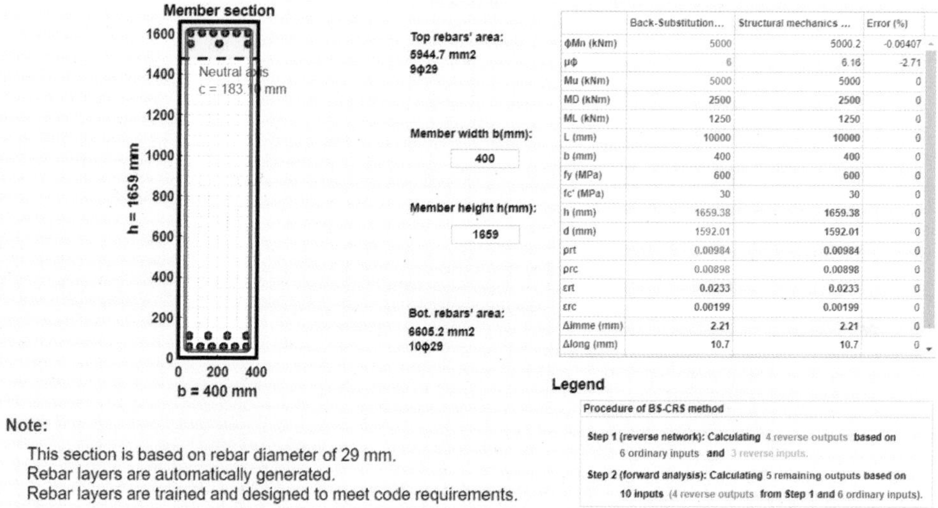

(2) 보 설계 결과

(a) 학습 순서 (TS1: $d \Rightarrow h \Rightarrow \rho_{rt} \Rightarrow \rho_{rc}$)

[그림 C2.4] 표 6.3.2(b)의 설계 화면:

계수 모멘트(M_u), 설계 모멘트 강도(ϕM_n) = 5000kN · m ; 곡률 연성비(μ_ϕ) = 6.0 (이어서)

(1) 데이터 입력 화면

(b) 학습 순서 (TS2: $\rho_{rc} \Rightarrow \rho_{rt} \Rightarrow h \Rightarrow d$)

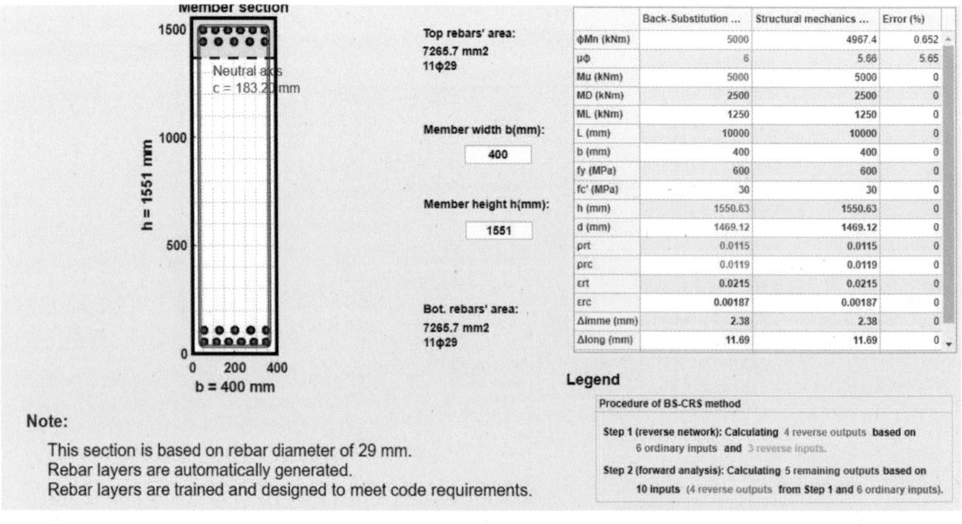

(2) 보 설계 결과

(b) 학습 순서 (TS2: $\rho_{rc} \Rightarrow \rho_{rt} \Rightarrow h \Rightarrow d$)

[그림 C2.4] 표 6.3.2(b)의 설계 화면:

계수 모멘트(M_u), 설계 모멘트 강도(ϕM_n) = 5000kN · m ; 곡률 연성비(μ_ϕ) = 6.0

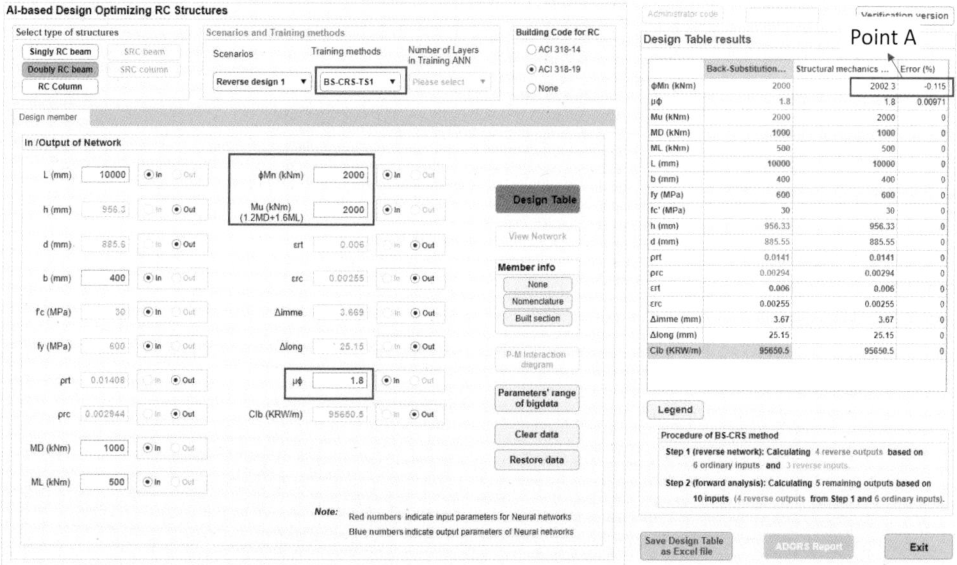

(a-1) 계수 모멘트 (M_u), 설계 모멘트 강도 (ϕM_n) = 2000 kN·m, 곡률연성도 (μ_ϕ) = 1.8, Point A

(a) 역대입 방법; TS1 학습 순서 ($d \Rightarrow h \Rightarrow \rho_{rt} \Rightarrow \rho_{rc}$)

(a-2) 계수 모멘트 (M_u), 설계 모멘트 강도 (ϕM_n) = 2000 kN·m, 곡률연성도 (μ_ϕ) = 2.0, Point B

(a) 역대입 방법; TS1 학습 순서 ($d \Rightarrow h \Rightarrow \rho_{rt} \Rightarrow \rho_{rc}$)

[그림 C2.5] 그림 6.3.3(a)의 설계 화면: 설계 모멘트 강도의 검증(ϕM_n) (이어서)

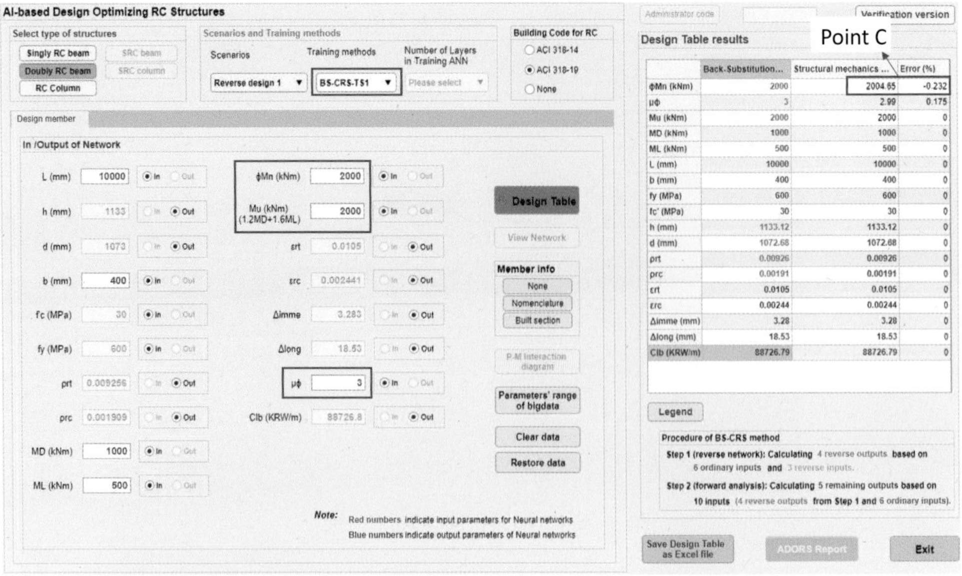

(a-3) 계수 모멘트 (M_u), 설계 모멘트 강도 (ϕM_n) = 2000 kN·m, 곡률연성도 (μ_ϕ) = 3.0, Point C

(a) 역대입 방법; TS1 학습 순서 ($d \Rightarrow h \Rightarrow \rho_{rt} \Rightarrow \rho_{rc}$)

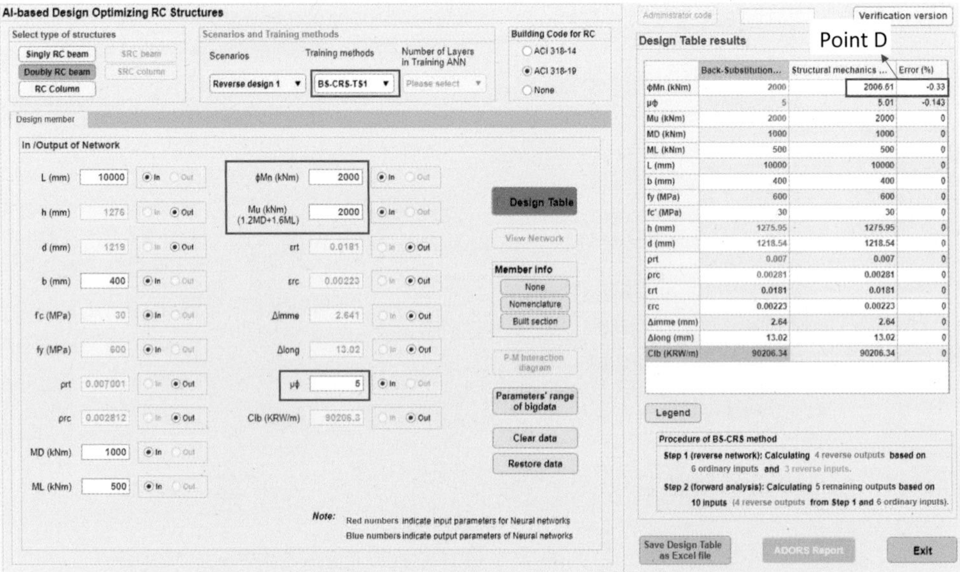

(a-4) 계수 모멘트 (M_u), 설계 모멘트 강도 (ϕM_n) = 2000 kN·m, 곡률연성도 (μ_ϕ) = 5.0, Point D

(a) 역대입 방법; TS1 학습 순서 ($d \Rightarrow h \Rightarrow \rho_{rt} \Rightarrow \rho_{rc}$)

[그림 C2.5] 그림 6.3.3(a)의 설계 화면: 설계 모멘트 강도의 검증(ϕM_n) (이어서)

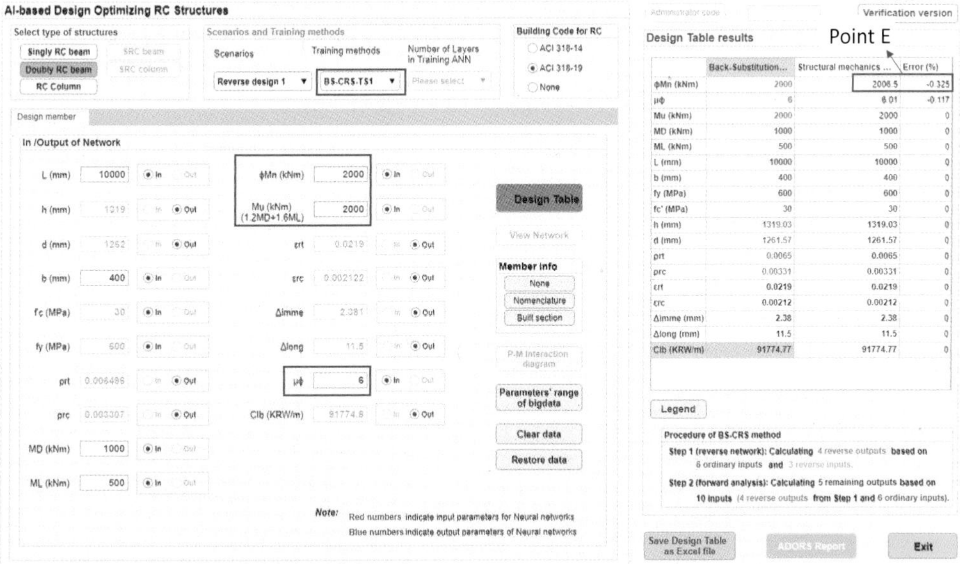

(a-5) 계수 모멘트 (M_u), 설계 모멘트 강도 (ϕM_n) = 2000 kN·m, 곡률연성도 (μ_ϕ) = 6.0, Point E

(a) 역대입 방법; TS1 학습 순서 ($d \Rightarrow h \Rightarrow \rho_{rt} \Rightarrow \rho_{rc}$)

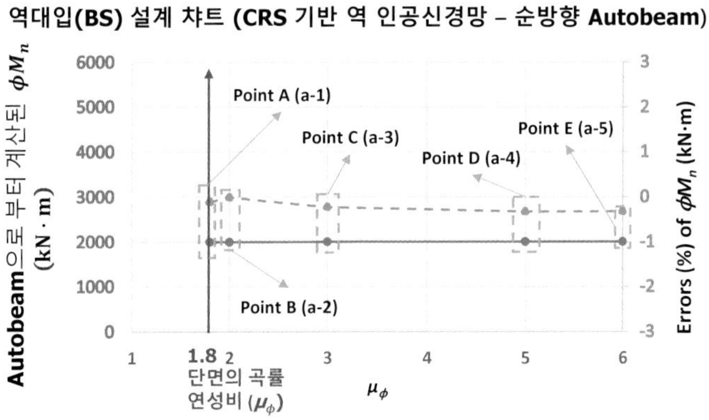

(a-6) A-E 포인트에서의 설계 챠트의 구성

(a) 역대입 방법; TS1 학습 순서 ($d \Rightarrow h \Rightarrow \rho_{rt} \Rightarrow \rho_{rc}$)

[그림 C2.5] 그림 6.3.3(a)의 설계 화면: 설계 모멘트 강도의 검증(ϕM_n) (이어서)

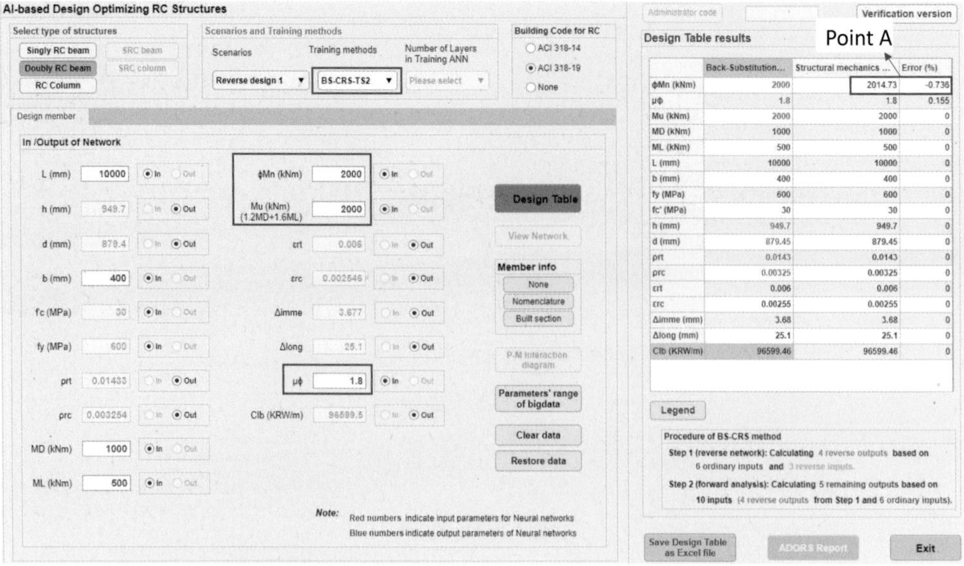

(b-1) 계수 모멘트 (M_u), 설계 모멘트 강도 (ϕM_n) = 2000 kN·m, 곡률연성도 (μ_ϕ) = 1.8, Point A

(b) 역대입 방법; TS2 학습 순서 ($\rho_{rc} \Rightarrow \rho_{rt} \Rightarrow h \Rightarrow d$)

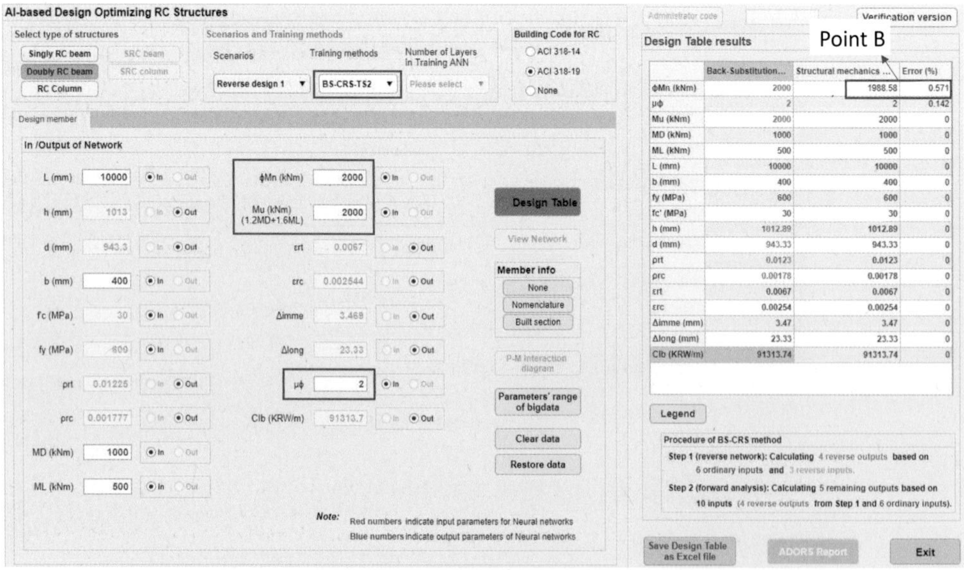

(b-2) 계수 모멘트 (M_u), 설계 모멘트 강도 (ϕM_n) = 2000 kN·m, 곡률연성도 (μ_ϕ) = 2.0, Point B

(b) 역대입 방법; TS2 학습 순서 ($\rho_{rc} \Rightarrow \rho_{rt} \Rightarrow h \Rightarrow d$)

[그림 C2.5] 그림 6.3.3(a)의 설계 화면: 설계 모멘트 강도의 검증(ϕM_n) (이어서)

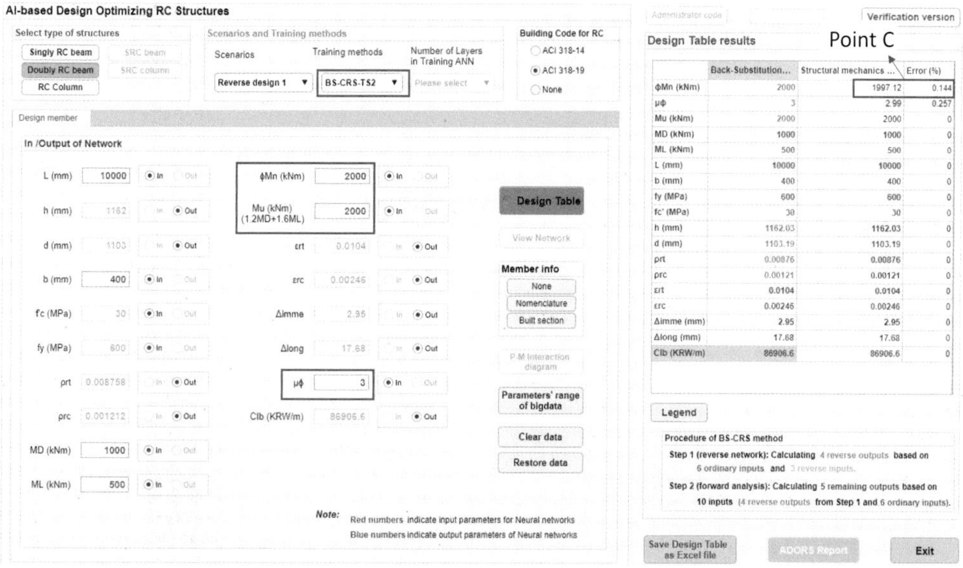

(b-3) 계수 모멘트 (M_u), 설계 모멘트 강도 (ϕM_n) = 2000 kN·m, 곡률연성도 (μ_ϕ) = 3.0, Point C

(b) 역대입 방법; TS2 학습 순서 ($\rho_{rc} \Rightarrow \rho_{rt} \Rightarrow h \Rightarrow d$)

(b-4) 계수 모멘트 (M_u), 설계 모멘트 강도 (ϕM_n) = 2000 kN·m, 곡률연성도 (μ_ϕ) = 5.0, Point D

(b) 역대입 방법; TS2 학습 순서 ($\rho_{rc} \Rightarrow \rho_{rt} \Rightarrow h \Rightarrow d$)

[그림 C2.5] 그림 6.3.3(a)의 설계 화면: 설계 모멘트 강도의 검증(ϕM_n) (이어서)

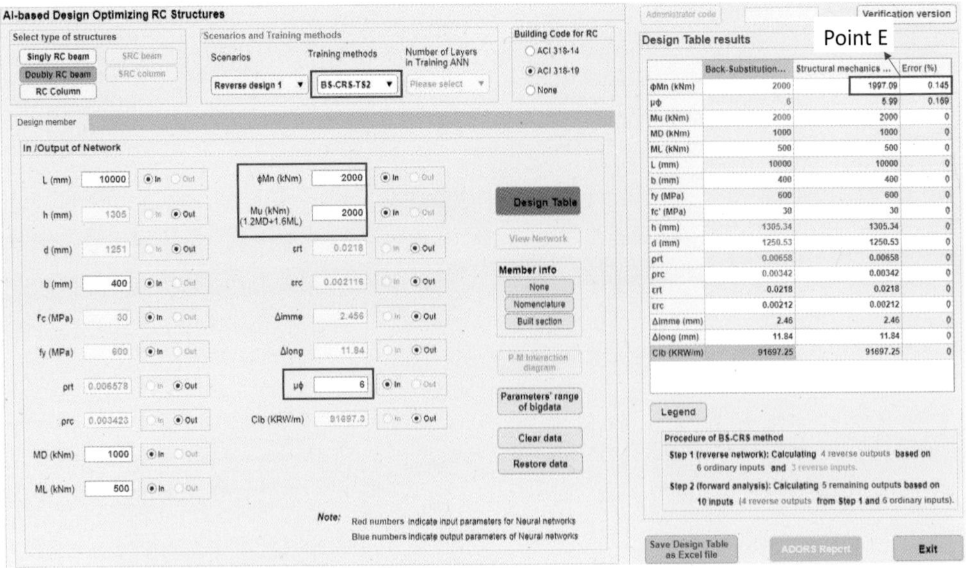

(b-5) 계수 모멘트 (M_u), 설계 모멘트 강도 (ϕM_n) = 2000 kN·m, 곡률연성도 (μ_ϕ) = 6.0, Point E

(b) 역대입 방법; TS2 학습 순서 ($\rho_{rc} \Rightarrow \rho_{rt} \Rightarrow h \Rightarrow d$)

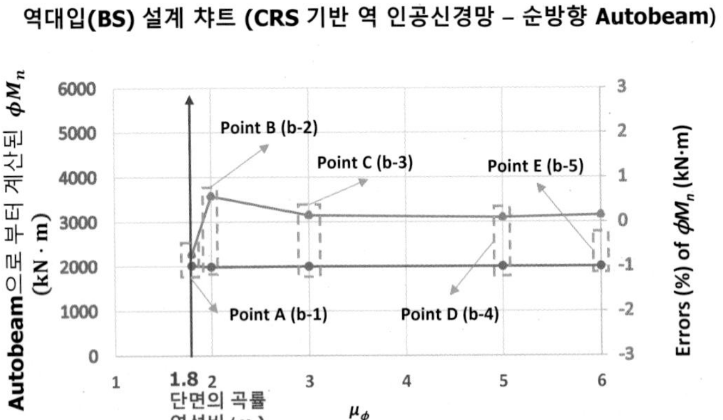

(b-6) A-E 포인트에서의 설계 챠트의 구성

(b) 역대입 방법; TS2 학습 순서 ($\rho_{rc} \Rightarrow \rho_{rt} \Rightarrow h \Rightarrow d$)

[그림 C2.5] 그림 6.3.3(a)의 설계 화면: 설계 모멘트 강도의 검증(ϕM_n)

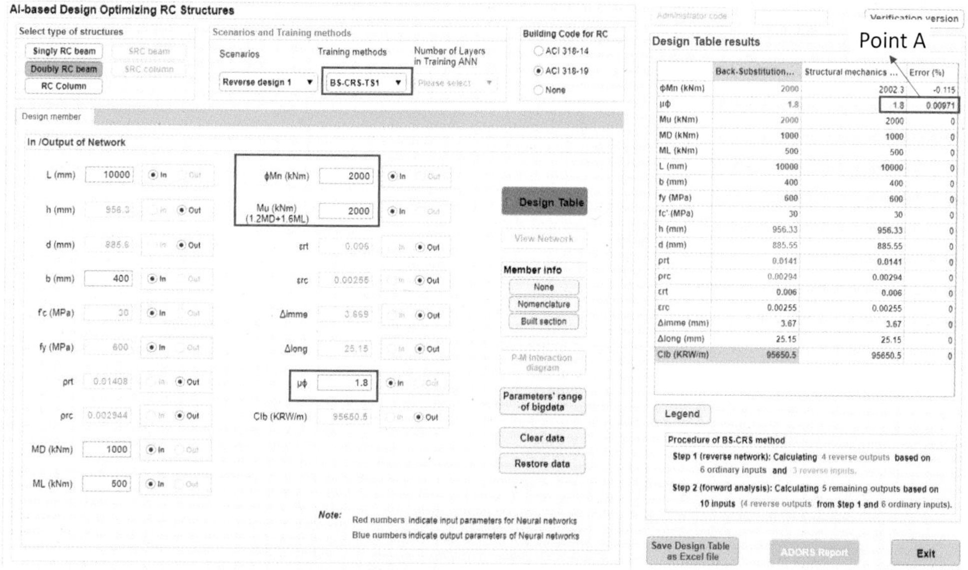

(a-1) 계수 모멘트 (M_u), 설계 모멘트 강도 (ϕM_n) = 2000 kN·m, 곡률연성도 (μ_ϕ) = 1.8, Point A

(a) 역대입 방법; TS1 학습 순서 ($d \Rightarrow h \Rightarrow \rho_{rt} \Rightarrow \rho_{rc}$)

(a-2) 계수 모멘트 (M_u), 설계 모멘트 강도 (ϕM_n) = 2000 kN·m, 곡률연성도 (μ_ϕ) = 2.0, Point B

(a) 역대입 방법; TS1 학습 순서 ($d \Rightarrow h \Rightarrow \rho_{rt} \Rightarrow \rho_{rc}$)

[그림 C2.6] 그림 6.3.3(b)의 설계 화면: 곡률 연성비의 검증(μ_ϕ) (이어서)

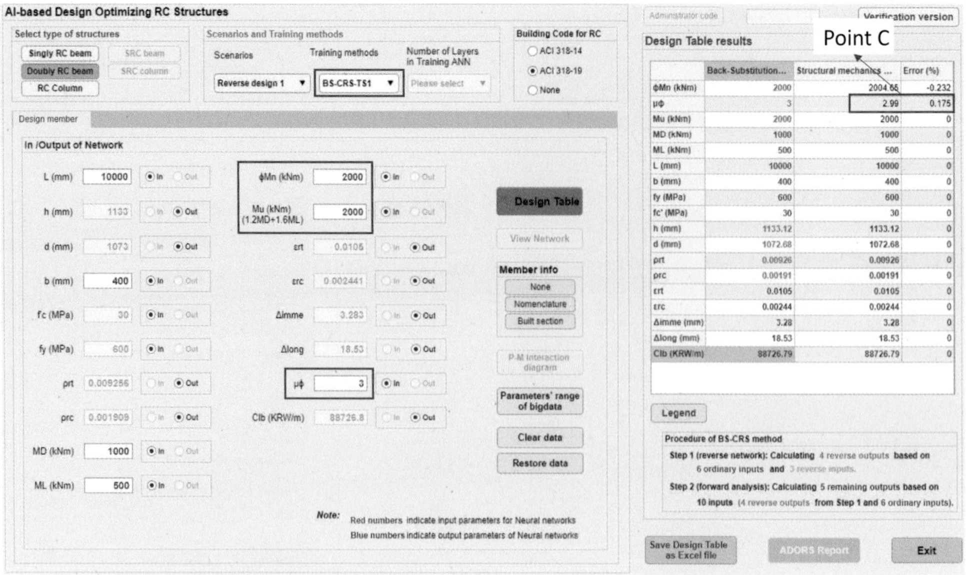

(a-3) 계수 모멘트 (M_u), 설계 모멘트 강도 (ϕM_n) = 2000 kN·m, 곡률연성도 (μ_ϕ) = 3.0, Point C

(a) 역대입 방법; TS1 학습 순서 ($d \Rightarrow h \Rightarrow \rho_{rt} \Rightarrow \rho_{rc}$)

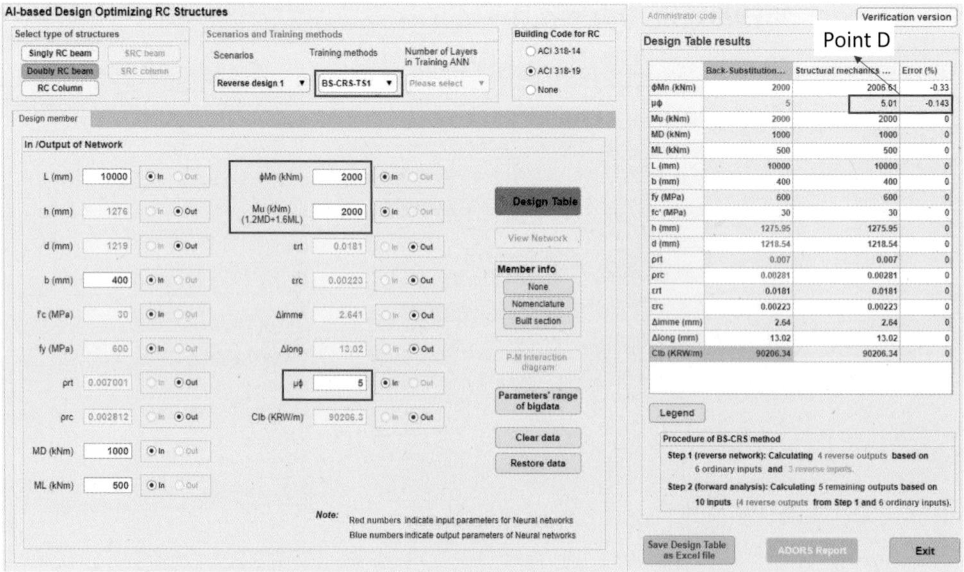

(a-4) 계수 모멘트 (M_u), 설계 모멘트 강도 (ϕM_n) = 2000 kN·m, 곡률연성도 (μ_ϕ) = 5.0, Point D

(a) 역대입 방법; TS1 학습 순서 ($d \Rightarrow h \Rightarrow \rho_{rt} \Rightarrow \rho_{rc}$)

[그림 C2.6] 그림 6.3.3(b)의 설계 화면: 곡률 연성비의 검증(μ_ϕ) (이어서)

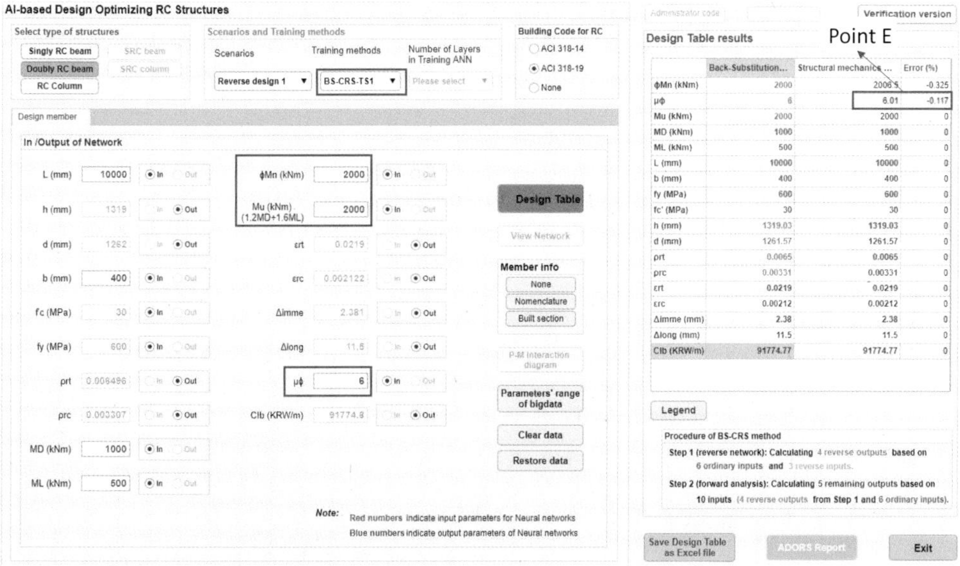

(a-5) 계수 모멘트 (M_u), 설계 모멘트 강도 (ϕM_n) = 2000 kN·m, 곡률연성도 (μ_ϕ) = 6.0, Point E

(a) 역대입 방법; TS1 학습 순서 ($d \Rightarrow h \Rightarrow \rho_{rt} \Rightarrow \rho_{rc}$)

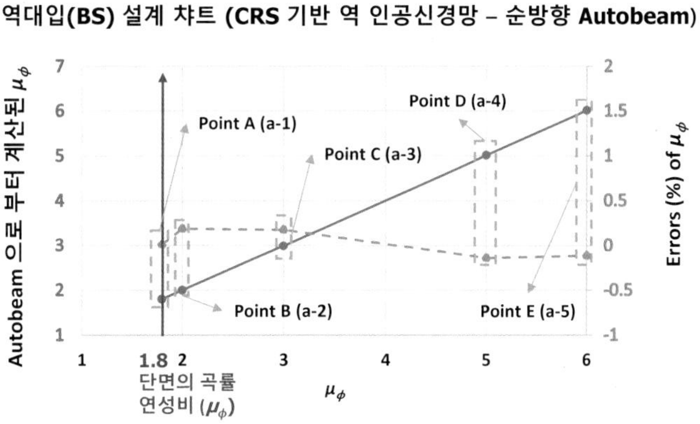

(a-6) A-E 포인트에서의 설계 챠트의 구성

(a) 역대입 방법; TS1 학습 순서 ($d \Rightarrow h \Rightarrow \rho_{rt} \Rightarrow \rho_{rc}$)

[그림 C2.6] 그림 6.3.3(b)의 설계 화면: 곡률 연성비의 검증(μ_ϕ) (이어서)

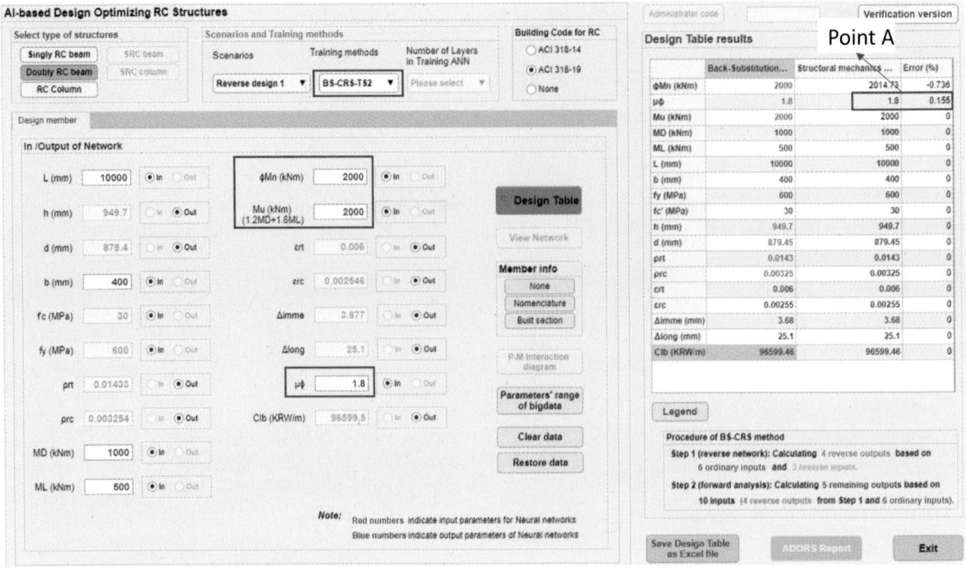

(b-1) 계수 모멘트 (M_u), 설계 모멘트 강도 (ϕM_n) = 2000 kN·m, 곡률연성도 (μ_ϕ) = 1.8, Point A

(b) 역대입 방법; TS2 학습 순서 ($\rho_{rc} \Rightarrow \rho_{rt} \Rightarrow h \Rightarrow d$)

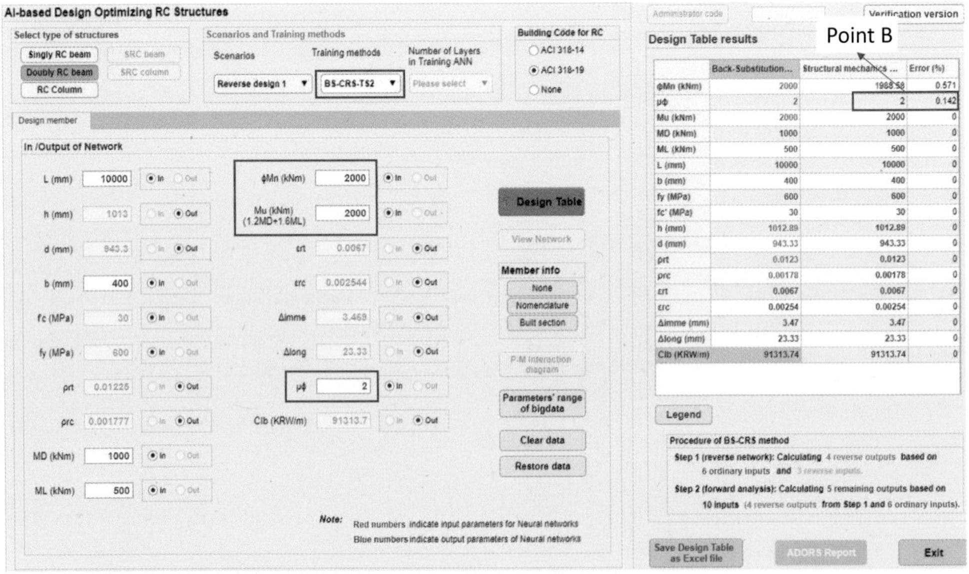

(b-2) 계수 모멘트 (M_u), 설계 모멘트 강도 (ϕM_n) = 2000 kN·m, 곡률연성도 (μ_ϕ) = 2.0, Point B

(b) 역대입 방법; TS2 학습 순서 ($\rho_{rc} \Rightarrow \rho_{rt} \Rightarrow h \Rightarrow d$)

[그림 C2.6] 그림 6.3.3(b)의 설계 화면: 곡률 연성비의 검증(μ_ϕ) (이어서)

(b-3) 계수 모멘트 (M_u), 설계 모멘트 강도 (ϕM_n) = 2000 kN·m, 곡률연성도 (μ_ϕ) = 3.0, Point C

(b) 역대입 방법; TS2 학습 순서 ($\rho_{rc} \Rightarrow \rho_{rt} \Rightarrow h \Rightarrow d$)

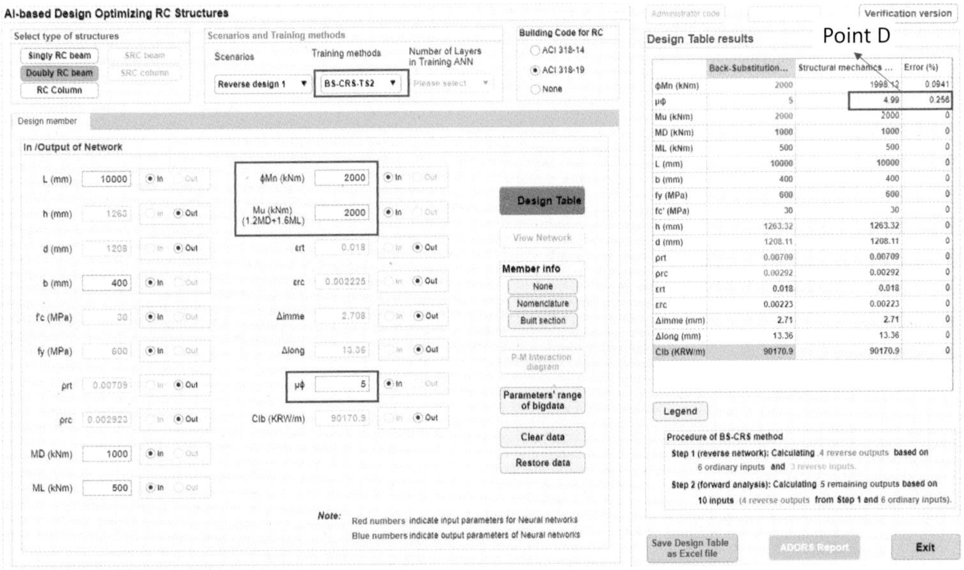

(b-4) 계수 모멘트 (M_u), 설계 모멘트 강도 (ϕM_n) = 2000 kN·m, 곡률연성도 (μ_ϕ) = 5.0, Point D

(b) 역대입 방법; TS2 학습 순서 ($\rho_{rc} \Rightarrow \rho_{rt} \Rightarrow h \Rightarrow d$)

[그림 C2.6] 그림 6.3.3(b)의 설계 화면: 곡률 연성비의 검증(μ_ϕ) (이어서)

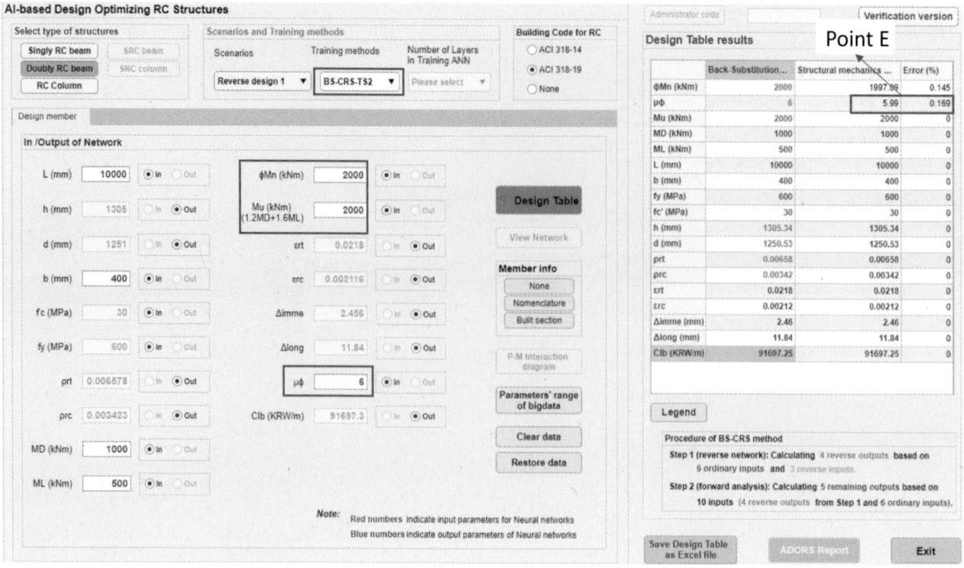

(b-5) 계수 모멘트 (M_u), 설계 모멘트 강도 (ϕM_n) = 2000 kN·m, 곡률연성도 (μ_ϕ) = 6.0, Point E

(b) 역대입 방법; TS2 학습 순서 ($\rho_{rc} \Rightarrow \rho_{rt} \Rightarrow h \Rightarrow d$)

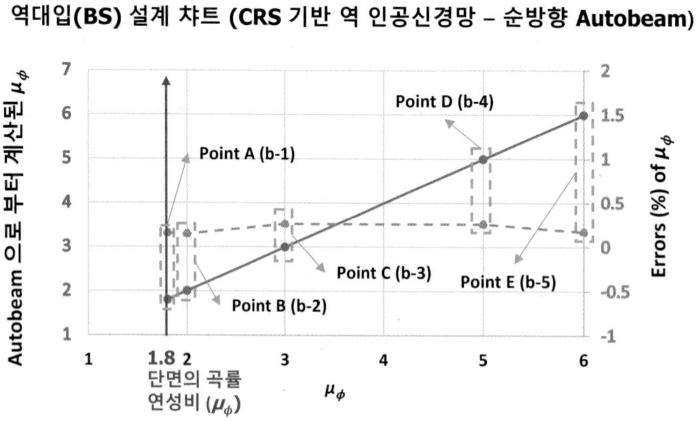

(b-6) A-E 포인트에서의 설계 챠트의 구성

(b) 역대입 방법; TS2 학습 순서 ($\rho_{rc} \Rightarrow \rho_{rt} \Rightarrow h \Rightarrow d$)

[그림 C2.6] 그림 6.3.3(b)의 설계 화면: 곡률 연성비의 검증(μ_ϕ)

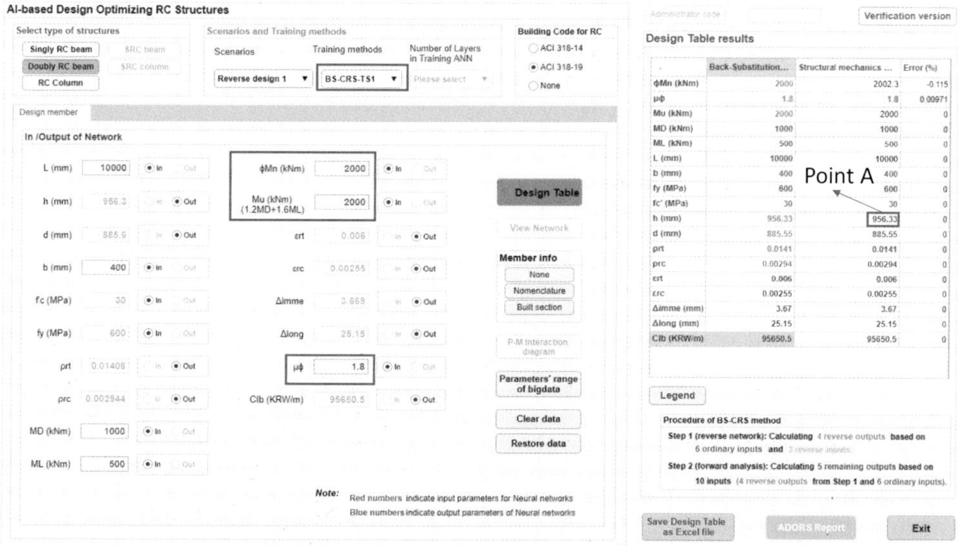

(a-1) 계수 모멘트 (M_u), 설계 모멘트 강도 (ϕM_n) = 2000 kN·m, 곡률연성도 (μ_ϕ) = 1.8, Point A

(a) 곡률 연성비(μ_ϕ) 기반 역설계 챠트; 보 깊이(h) 설계;

TS1 학습 순서 $(d \Rightarrow h \Rightarrow \rho_{rt} \Rightarrow \rho_{rc})$의 역대입 방법

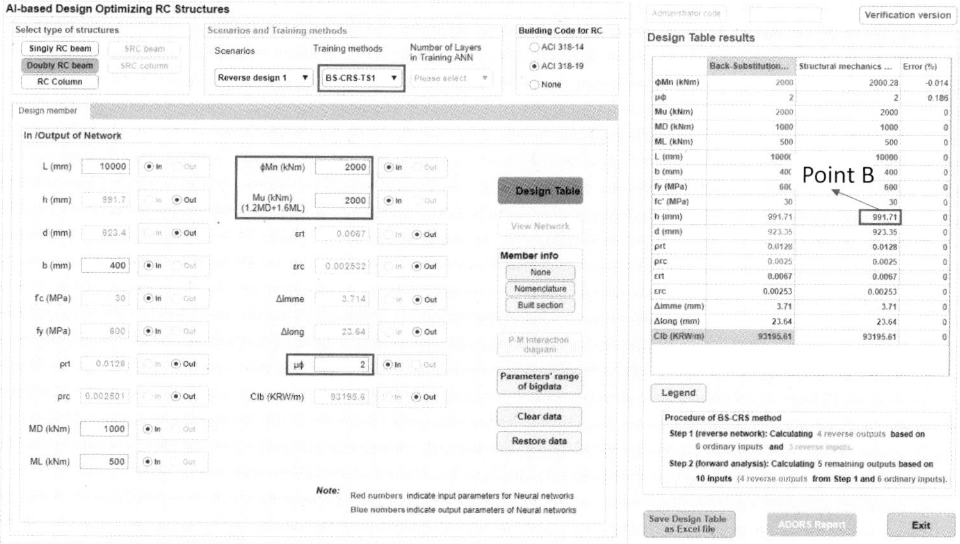

(a-2) 계수 모멘트 (M_u), 설계 모멘트 강도 (ϕM_n) = 2000 kN·m, 곡률연성도 (μ_ϕ) = 2.0, Point B

(a) 곡률 연성비(μ_ϕ) 기반 역설계 챠트; 보 깊이(h) 설계;

TS1 학습 순서 $(d \Rightarrow h \Rightarrow \rho_{rt} \Rightarrow \rho_{rc})$의 역대입 방법

[그림 C2.7] 그림 6.3.4의 설계 화면 (이어서)

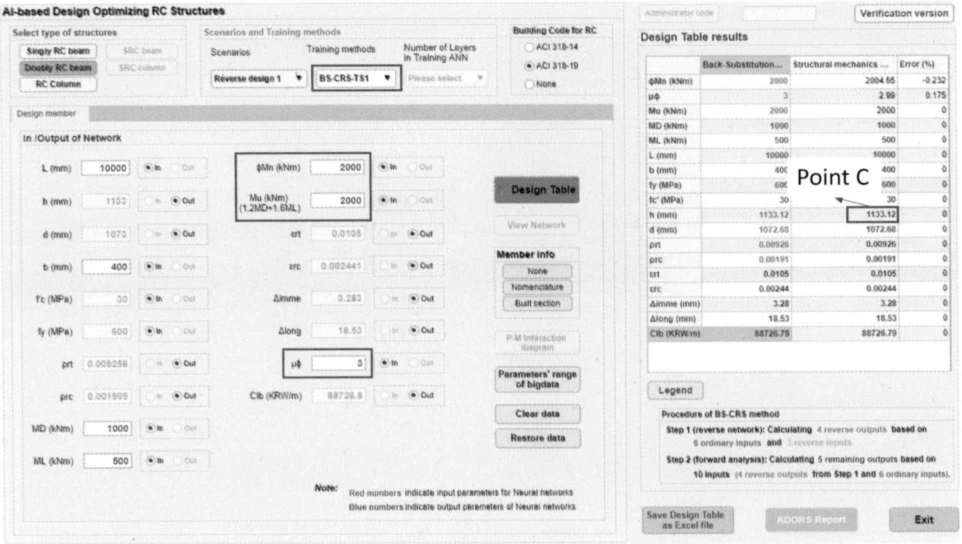

	Back-Substitution...	Structural mechanics ...	Error (%)
ϕMn (kNm)	2000	2004.65	-0.232
μϕ	3	2.99	0.175
Mu (kNm)	2000	2000	0
MD (kNm)	1000	1000	0
ML (kNm)	500	500	0
L (mm)	10000	10000	0
b (mm)	400	400	0
fy (MPa)	600	600	0
fc' (MPa)	30	30	0
h (mm)	1133.12	1133.12	0
d (mm)	1072.68	1072.68	0
ρrt	0.00926	0.00926	0
ρrc	0.00191	0.00191	0
εrt	0.0105	0.0105	0
εrc	0.00244	0.00244	0
Δimme (mm)	3.28	3.28	0
Δlong (mm)	18.53	18.53	0
Clb (KRW/m)	88726.79	88726.79	0

(a-3) 계수 모멘트 (M_u), 설계 모멘트 강도 (ϕM_n) = 2000 kN·m, 곡률연성도 (μ_ϕ) = 3.0, Point C

(a) 곡률 연성비(μ_ϕ) 기반 역설계 챠트; 보 깊이(h) 설계;

TS1 학습 순서 ($d \Rightarrow h \Rightarrow \rho_{rt} \Rightarrow \rho_{rc}$)의 역대입 방법

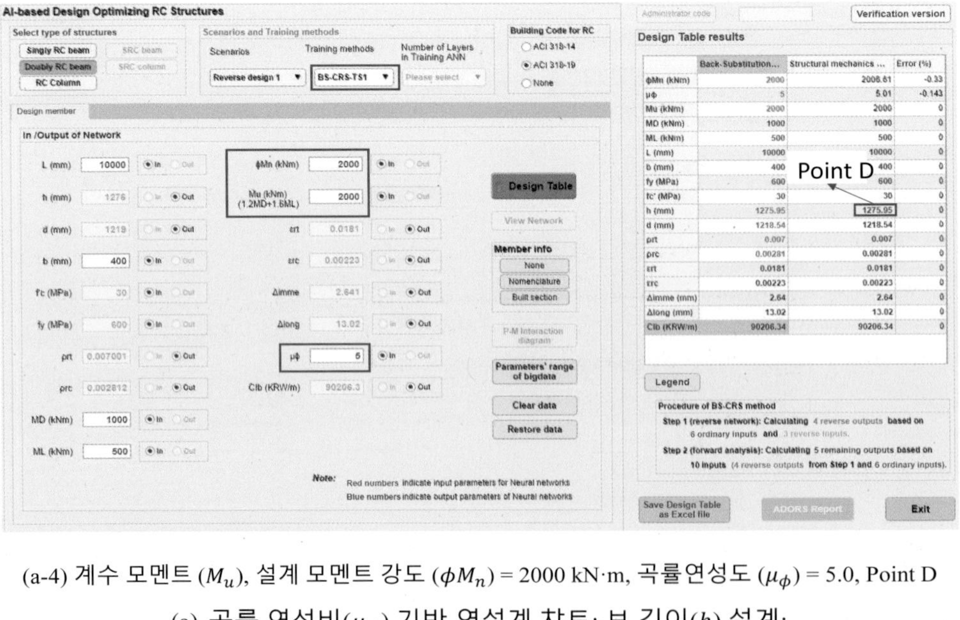

	Back-Substitution...	Structural mechanics ...	Error (%)
ϕMn (kNm)	2000	2006.61	-0.33
μϕ	5	5.01	-0.143
Mu (kNm)	2000	2000	0
MD (kNm)	1000	1000	0
ML (kNm)	500	500	0
L (mm)	10000	10000	0
b (mm)	400	400	0
fy (MPa)	600	600	0
fc' (MPa)	30	30	0
h (mm)	1275.95	1275.95	0
d (mm)	1218.54	1218.54	0
ρrt	0.007	0.007	0
ρrc	0.00281	0.00281	0
εrt	0.0181	0.0181	0
εrc	0.00223	0.00223	0
Δimme (mm)	2.64	2.64	0
Δlong (mm)	13.02	13.02	0
Clb (KRW/m)	90206.34	90206.34	0

(a-4) 계수 모멘트 (M_u), 설계 모멘트 강도 (ϕM_n) = 2000 kN·m, 곡률연성도 (μ_ϕ) = 5.0, Point D

(a) 곡률 연성비(μ_ϕ) 기반 역설계 챠트; 보 깊이(h) 설계;

TS1 학습 순서 ($d \Rightarrow h \Rightarrow \rho_{rt} \Rightarrow \rho_{rc}$)의 역대입 방법

[그림 C2.7] 그림 6.3.4의 설계 화면 (이어서)

	Back-Substitution...	Structural mechanics ...	Error (%)
ϕMn (kNm)	2000	2006.5	-0.325
μϕ	6	6.01	-0.117
Mu (kNm)	2000	2000	0
MD (kNm)	1000	1000	0
ML (kNm)	500	500	0
L (mm)	10000	10000	0
b (mm)	400	400	0
fy (MPa)	600	600	0
fc' (MPa)	30	30	0
h (mm)	1319.03	1319.03	0
d (mm)	1261.57	1261.57	0
ρrt	0.0065	0.0065	0
ρrc	0.00331	0.00331	0
εrt	0.0219	0.0219	0
εrc	0.00212	0.00212	0
Δimme (mm)	2.38	2.38	0
Δlong (mm)	11.5	11.5	0
CIb (KRW/m)	91774.77	91774.77	0

(a-5) 계수 모멘트 (M_u), 설계 모멘트 강도 (ϕM_n) = 2000 kN·m, 곡률연성도 (μ_ϕ) = 6.0, Point E

(a) 곡률 연성비(μ_ϕ) 기반 역설계 챠트; 보 깊이(h) 설계;

TS1 학습 순서 ($d \Rightarrow h \Rightarrow \rho_{rt} \Rightarrow \rho_{rc}$)의 역대입 방법

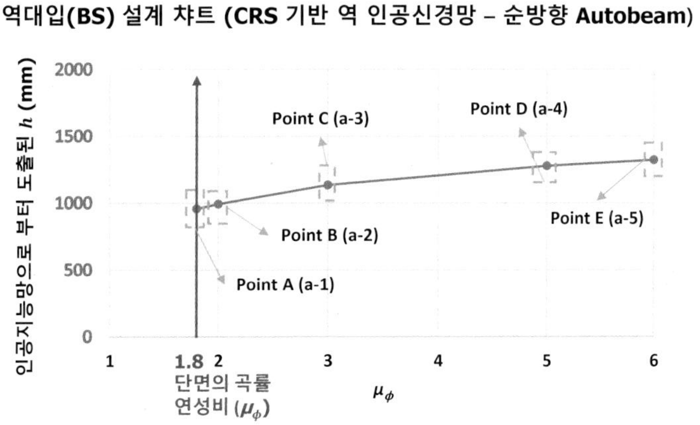

(a-6) A-E 포인트에서의 설계 챠트의 구성

(a) 곡률 연성비(μ_ϕ) 기반 역설계 챠트; 보 깊이(h) 설계;

TS1 학습 순서 ($d \Rightarrow h \Rightarrow \rho_{rt} \Rightarrow \rho_{rc}$)의 역대입 방법

[그림 C2.7] 그림 6.3.4의 설계 화면 (이어서)

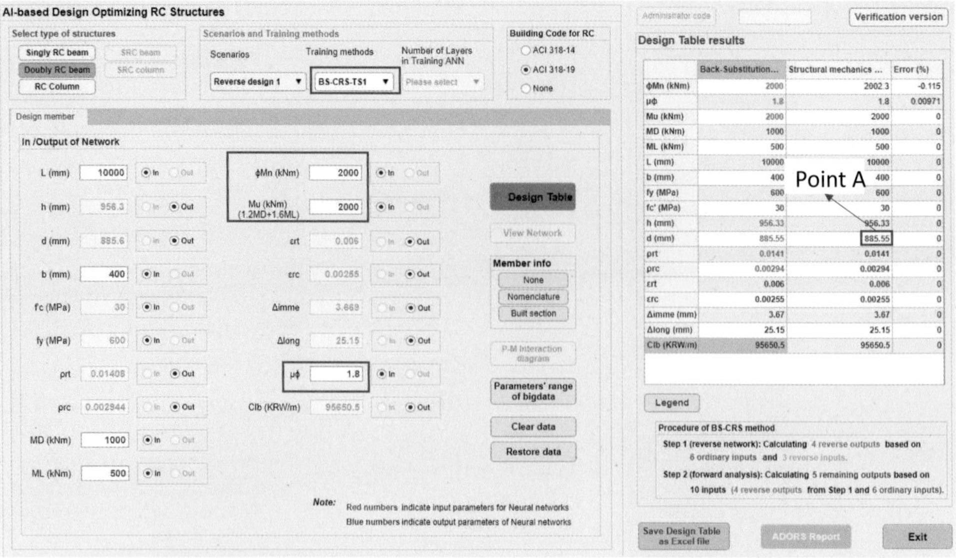

(b-1) 계수 모멘트 (M_u), 설계 모멘트 강도 (ϕM_n) = 2000 kN·m, 곡률연성도 (μ_ϕ) = 1.8, Point A

(b) 곡률 연성비(μ_ϕ) 기반 역설계 챠트; 보 유효 깊이(d) 설계;

TS1 학습 순서 ($d \Rightarrow h \Rightarrow \rho_{rt} \Rightarrow \rho_{rc}$)의 역대입 방법

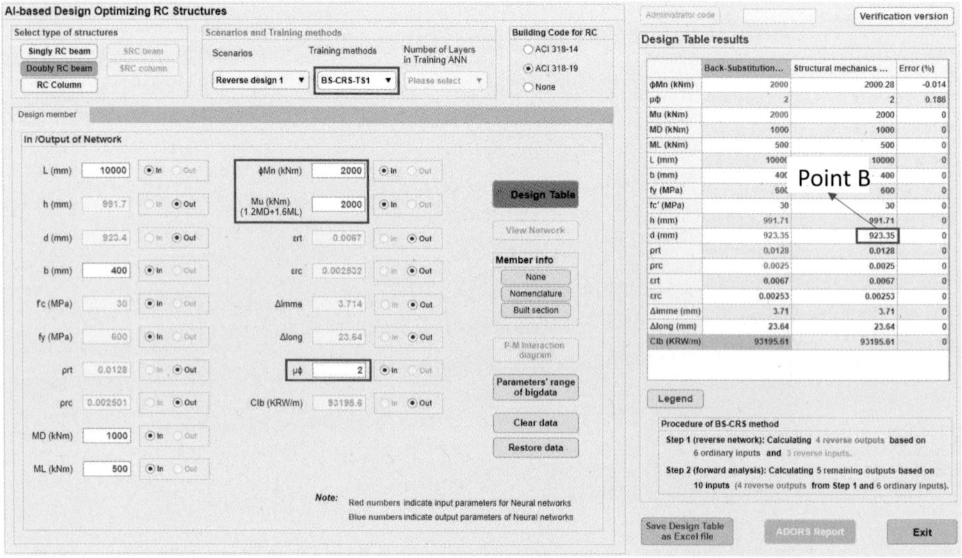

(b-2) 계수 모멘트 (M_u), 설계 모멘트 강도 (ϕM_n) = 2000 kN·m, 곡률연성도 (μ_ϕ) = 2.0, Point B

(b) 곡률 연성비(μ_ϕ) 기반 역설계 챠트; 보 유효 깊이(d) 설계;

TS1 학습 순서 ($d \Rightarrow h \Rightarrow \rho_{rt} \Rightarrow \rho_{rc}$)의 역대입 방법

[그림 C2.7] 그림 6.3.4의 설계 화면 (이어서)

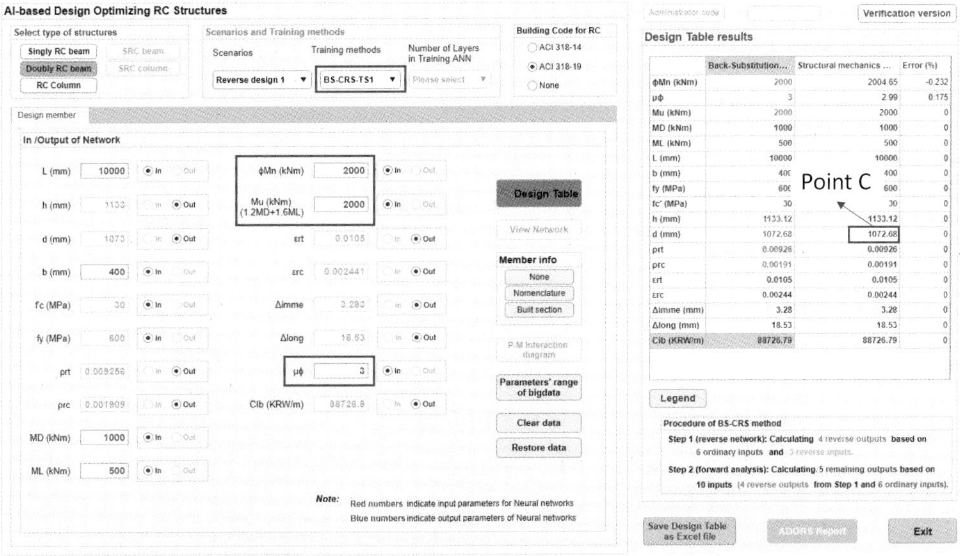
AI-based Design Optimizing RC Structures
Design Table results
Point C
Procedure of BS-CRS method
Step 1 (reverse network): Calculating 4 reverse outputs based on 6 ordinary inputs and 3 reverse inputs.
Step 2 (forward analysis): Calculating 5 remaining outputs based on 10 inputs (4 reverse outputs from Step 1 and 6 ordinary inputs).
Red numbers indicate input parameters for Neural networks
Blue numbers indicate output parameters of Neural networks

(b-3) 계수 모멘트 (M_u), 설계 모멘트 강도 (ϕM_n) = 2000 kN·m, 곡률연성도 (μ_ϕ) = 3.0, Point C

(b) 곡률 연성비(μ_ϕ) 기반 역설계 차트; 보 유효 깊이(d) 설계;

TS1 학습 순서 ($d \Rightarrow h \Rightarrow \rho_{rt} \Rightarrow \rho_{rc}$)의 역대입 방법

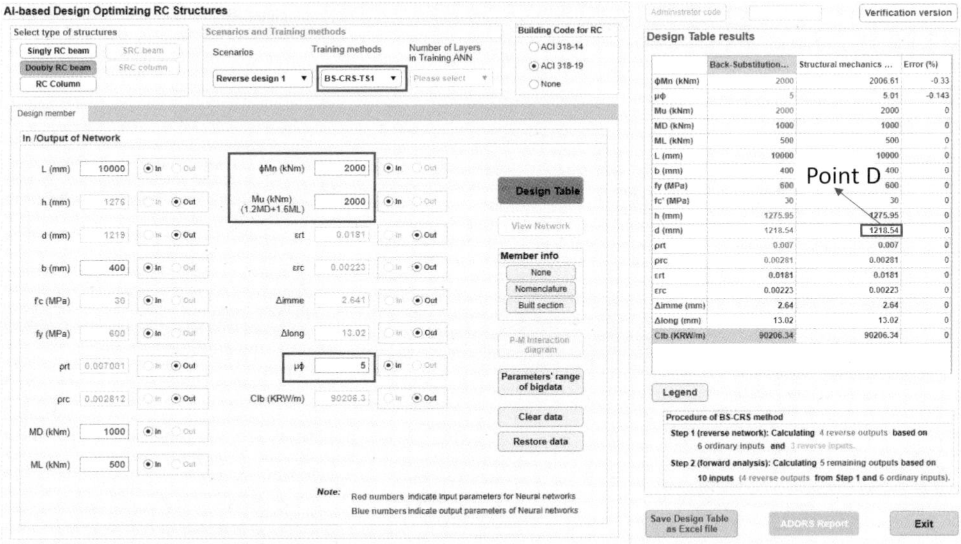
AI-based Design Optimizing RC Structures
Design Table results
Point D
Procedure of BS-CRS method
Step 1 (reverse network): Calculating 4 reverse outputs based on 6 ordinary inputs and 3 reverse inputs.
Step 2 (forward analysis): Calculating 5 remaining outputs based on 10 inputs (4 reverse outputs from Step 1 and 6 ordinary inputs).
Red numbers indicate input parameters for Neural networks
Blue numbers indicate output parameters of Neural networks

(b-4) 계수 모멘트 (M_u), 설계 모멘트 강도 (ϕM_n) = 2000 kN·m, 곡률연성도 (μ_ϕ) = 5.0, Point D

(b) 곡률 연성비(μ_ϕ) 기반 역설계 차트; 보 유효 깊이(d) 설계;

TS1 학습 순서 ($d \Rightarrow h \Rightarrow \rho_{rt} \Rightarrow \rho_{rc}$)의 역대입 방법

[그림 C2.7] 그림 6.3.4의 설계 화면 (이어서)

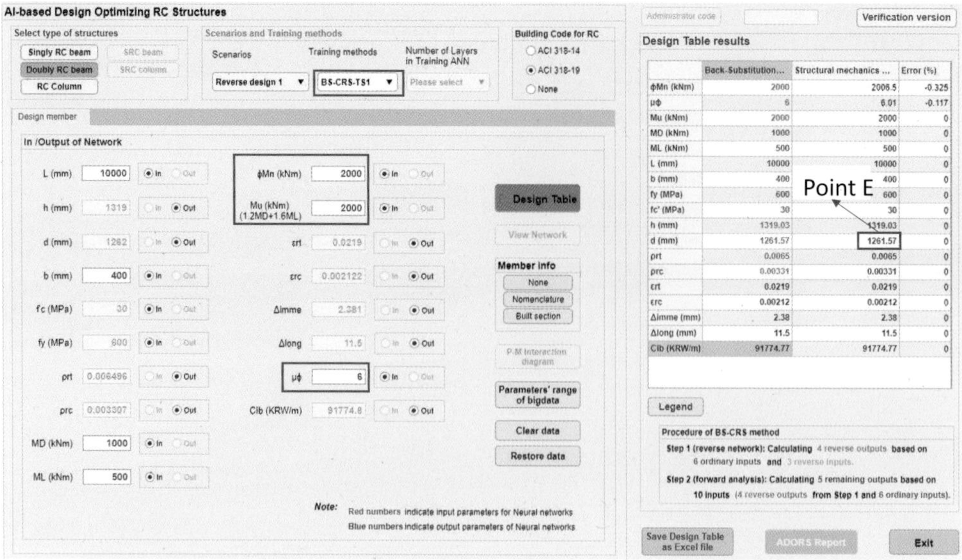

(b-5) 계수 모멘트 (M_u), 설계 모멘트 강도 (ϕM_n) = 2000 kN·m, 곡률연성도 (μ_ϕ) = 6.0, Point E

(b) 곡률 연성비(μ_ϕ) 기반 역설계 챠트; 보 유효 깊이(d) 설계;

TS1 학습 순서 ($d \Rightarrow h \Rightarrow \rho_{rt} \Rightarrow \rho_{rc}$)의 역대입 방법

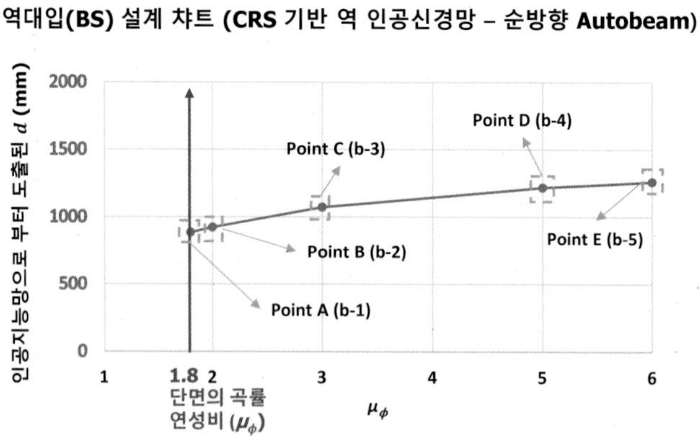

(b-6) A-E 포인트에서의 설계 챠트의 구성

(b) 곡률 연성비(μ_ϕ) 기반 역설계 챠트; 보 유효 깊이(d) 설계;

TS1 학습 순서 ($d \Rightarrow h \Rightarrow \rho_{rt} \Rightarrow \rho_{rc}$)의 역대입 방법

[그림 C2.7] 그림 6.3.4의 설계 화면 (이어서)

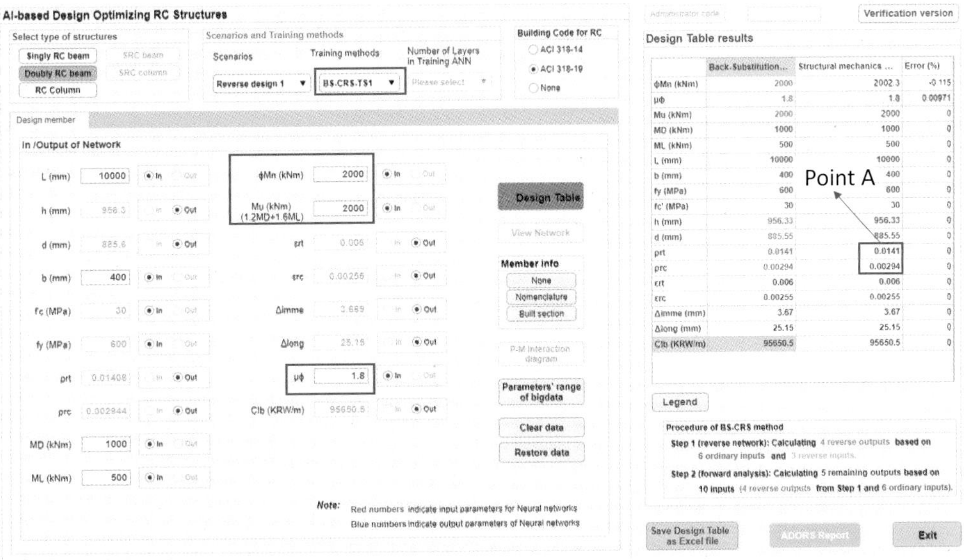

(c-1) 계수 모멘트 (M_u), 설계 모멘트 강도 (ϕM_n) = 2000 kN·m, 곡률연성도 (μ_ϕ) = 1.8, Point A

(c) 곡률 연성비(μ_ϕ) 기반 역설계 챠트; 철근비 (ρ_{rt}, ρ_{rc}) 설계;

TS1 학습 순서 ($d \Rightarrow h \Rightarrow \rho_{rt} \Rightarrow \rho_{rc}$)의 역대입 방법

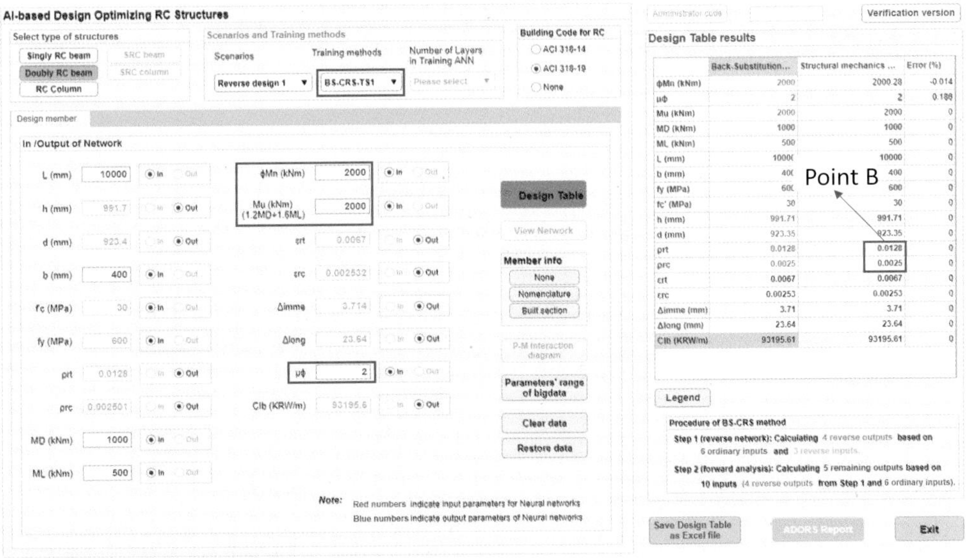

(c-2) 계수 모멘트 (M_u), 설계 모멘트 강도 (ϕM_n) = 2000 kN·m, 곡률연성도 (μ_ϕ) = 2.0, Point B

(c) 곡률 연성비(μ_ϕ) 기반 역설계 챠트; 철근비 (ρ_{rt}, ρ_{rc}) 설계;

TS1 학습 순서 ($d \Rightarrow h \Rightarrow \rho_{rt} \Rightarrow \rho_{rc}$)의 역대입 방법

[그림 C2.7] 그림 6.3.4의 설계 화면 (이어서)

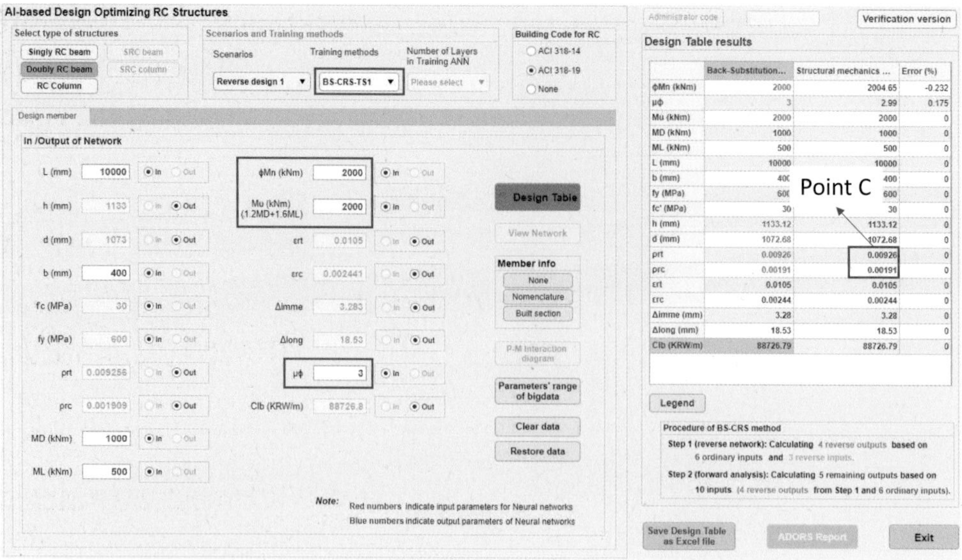

(c-3) 계수 모멘트 (M_u), 설계 모멘트 강도 (ϕM_n) = 2000 kN·m, 곡률연성도 (μ_ϕ) = 3.0, Point C

(c) 곡률 연성비(μ_ϕ) 기반 역설계 챠트; 철근비 (ρ_{rt}, ρ_{rc}) 설계;

TS1 학습 순서 $(d \Rightarrow h \Rightarrow \rho_{rt} \Rightarrow \rho_{rc})$의 역대입 방법

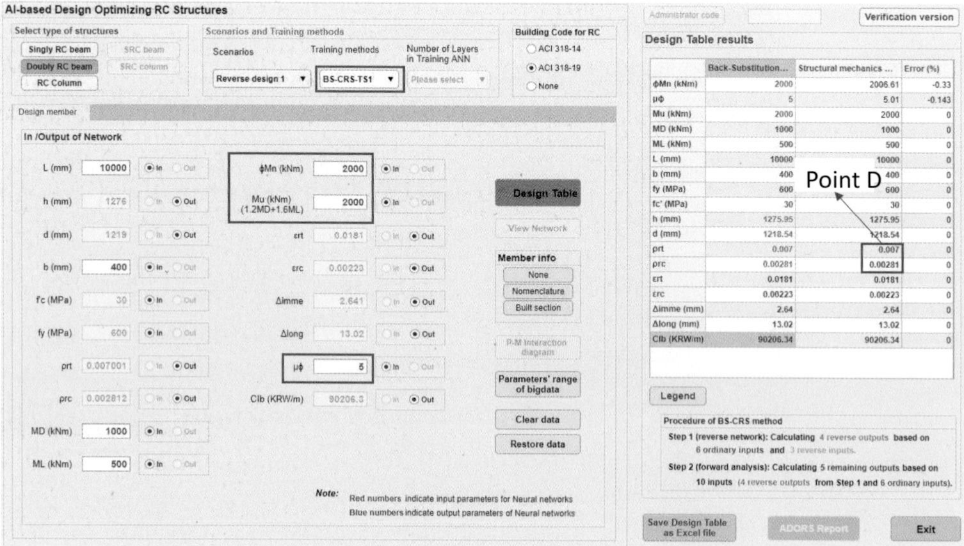

(c-4) 계수 모멘트 (M_u), 설계 모멘트 강도 (ϕM_n) = 2000 kN·m, 곡률연성도 (μ_ϕ) = 5.0, Point D

(c) 곡률 연성비(μ_ϕ) 기반 역설계 챠트; 철근비 (ρ_{rt}, ρ_{rc}) 설계;

TS1 학습 순서 $(d \Rightarrow h \Rightarrow \rho_{rt} \Rightarrow \rho_{rc})$의 역대입 방법

[그림 C2.7] 그림 6.3.4의 설계 화면 (이어서)

(c-5) 계수 모멘트 (M_u), 설계 모멘트 강도 (ϕM_n) = 2000 kN·m, 곡률연성도 (μ_ϕ) = of 6.0, Point E

(c) 곡률 연성비(μ_ϕ) 기반 역설계 챠트; 철근비 (ρ_{rt}, ρ_{rc}) 설계;

TS1 학습 순서 ($d \Rightarrow h \Rightarrow \rho_{rt} \Rightarrow \rho_{rc}$)의 역대입 방법

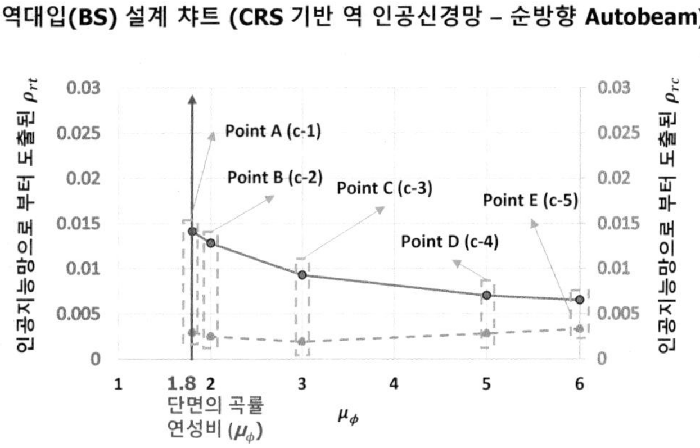

(c-6) A-E 포인트에서의 설계 챠트의 구성

(c) 곡률 연성비(μ_ϕ) 기반 역설계 챠트; 철근비 (ρ_{rt}, ρ_{rc}) 설계;

TS1 학습 순서 ($d \Rightarrow h \Rightarrow \rho_{rt} \Rightarrow \rho_{rc}$)의 역대입 방법

[그림 C2.7] 그림 6.3.4의 설계 화면 (이어서)

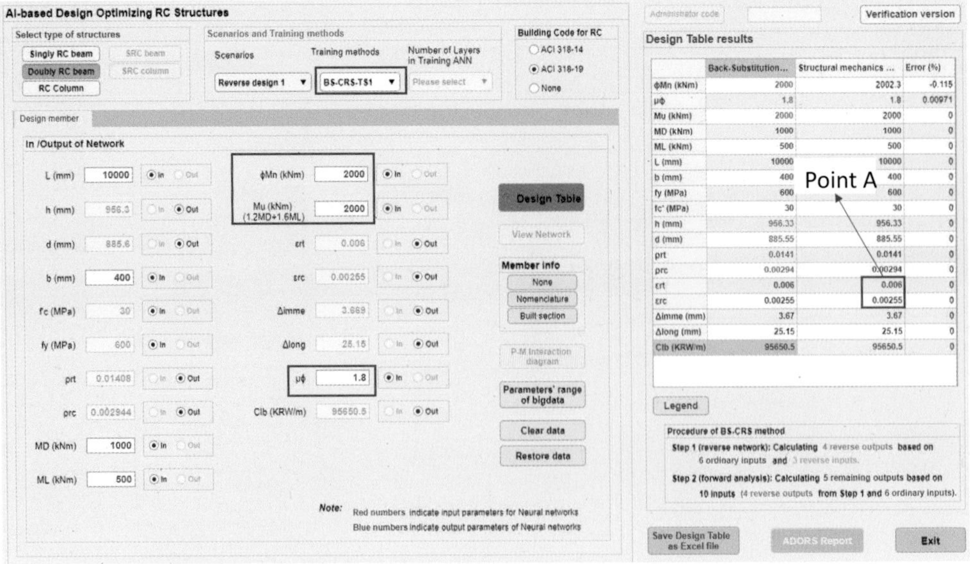

(d-1) 계수 모멘트 (M_u), 설계 모멘트 강도 (ϕM_n) = 2000 kN·m, 곡률연성도 (μ_ϕ) = 1.8, Point A

(d) 곡률 연성비(μ_ϕ) 기반 역설계 챠트; 철근 변형률($\varepsilon_{rt\_0.003}, \varepsilon_{rc\_0.003}$);

TS1 학습 순서 ($d \Rightarrow h \Rightarrow \rho_{rt} \Rightarrow \rho_{rc}$)의 역대입 방법

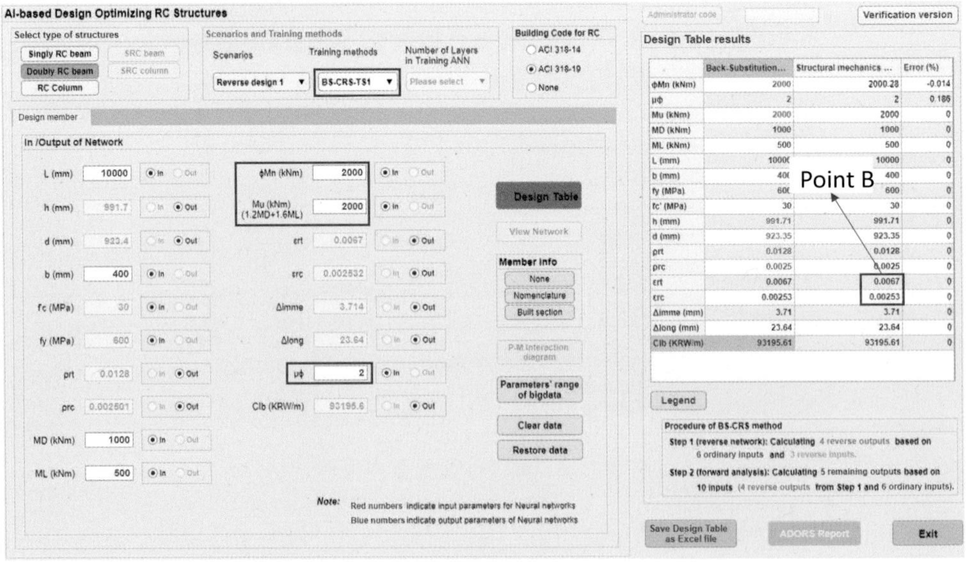

(d-2) 계수 모멘트 (M_u), 설계 모멘트 강도 (ϕM_n) = 2000 kN·m, 곡률연성도 (μ_ϕ) = 2.0, Point B

(d) 곡률 연성비(μ_ϕ) 기반 역설계 챠트; 철근 변형률($\varepsilon_{rt\_0.003}, \varepsilon_{rc\_0.003}$);

TS1 학습 순서 ($d \Rightarrow h \Rightarrow \rho_{rt} \Rightarrow \rho_{rc}$)의 역대입 방법

[그림 C2.7] 그림 6.3.4의 설계 화면 (이어서)

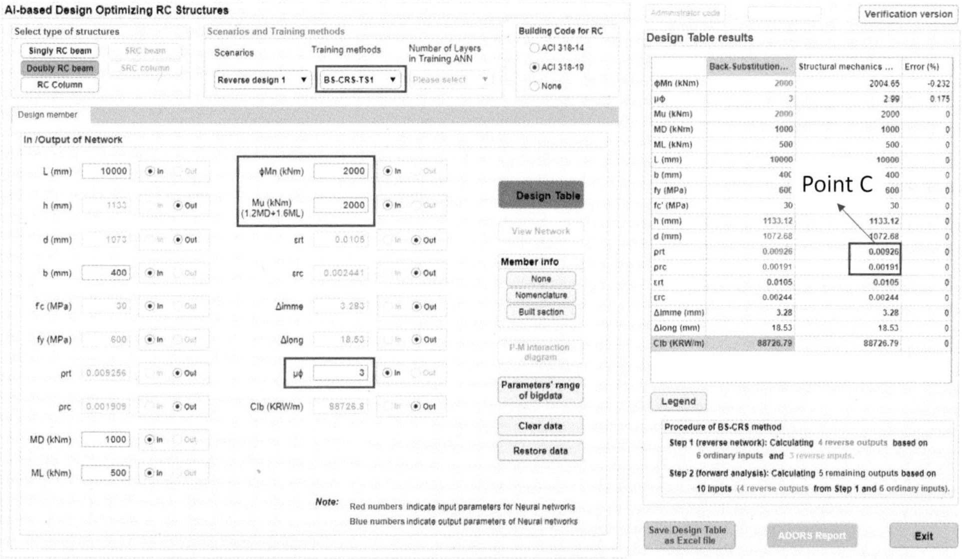

(d-3) 계수 모멘트 (M_u), 설계 모멘트 강도 (ϕM_n) = 2000 kN·m, 곡률연성도 (μ_ϕ) = 3.0, Point C

(d) 곡률 연성비(μ_ϕ) 기반 역설계 챠트; 철근 변형률($\varepsilon_{rt\_0.003}$, $\varepsilon_{rc\_0.003}$);

TS1 학습 순서 ($d \Rightarrow h \Rightarrow \rho_{rt} \Rightarrow \rho_{rc}$)의 역대입 방법

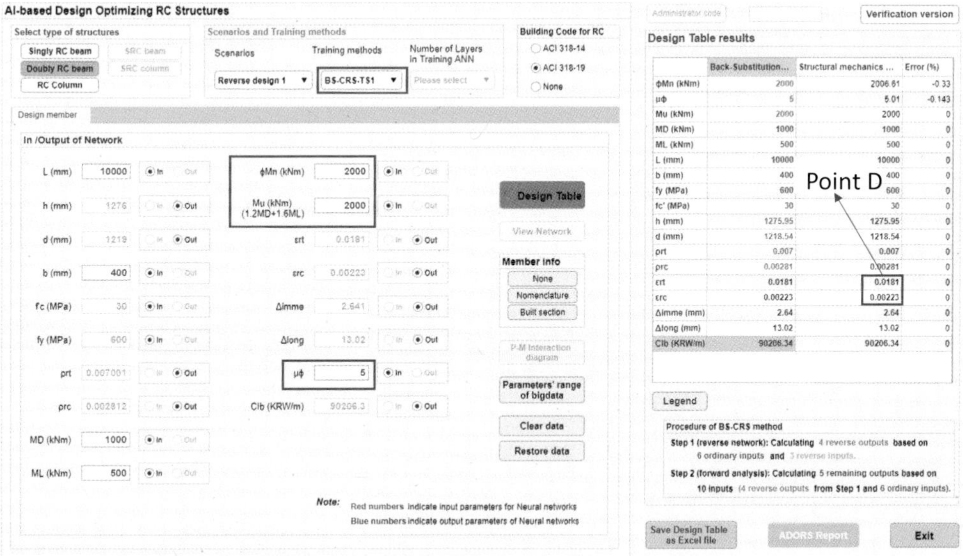

(d-4) 계수 모멘트 (M_u), 설계 모멘트 강도 (ϕM_n) = 2000 kN·m, 곡률연성도 (μ_ϕ) = 5.0, Point D

(d) 곡률 연성비(μ_ϕ) 기반 역설계 챠트; 철근 변형률($\varepsilon_{rt\_0.003}$, $\varepsilon_{rc\_0.003}$);

TS1 학습 순서 ($d \Rightarrow h \Rightarrow \rho_{rt} \Rightarrow \rho_{rc}$)의 역대입 방법

[그림 C2.7] 그림 6.3.4의 설계 화면 (이어서)

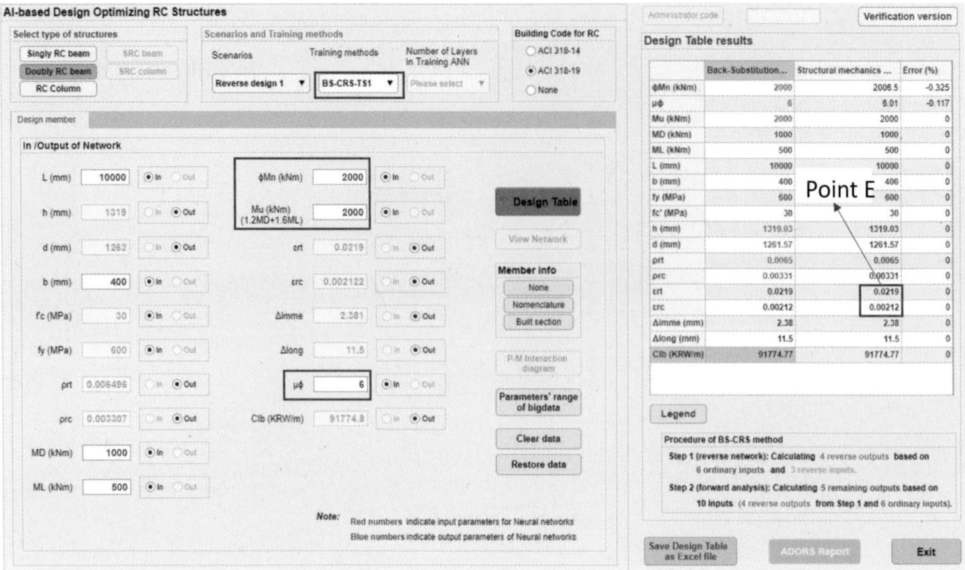

	Back-Substitution...	Structural mechanics ...	Error (%)
ϕMn (kNm)	2000	2006.5	-0.325
μϕ	6	6.01	-0.117
Mu (kNm)	2000	2000	0
MD (kNm)	1000	1000	0
ML (kNm)	500	500	0
L (mm)	10000	10000	0
b (mm)	400	400	0
fy (MPa)	600	600	0
fc' (MPa)	30	30	0
h (mm)	1319.03	1319.03	0
d (mm)	1261.57	1261.57	0
ρrt	0.0065	0.0065	0
ρrc	0.00331	0.00331	0
εrt	0.0219	0.0219	0
εrc	0.00212	0.00212	0
Δimme (mm)	2.38	2.38	0
Δlong (mm)	11.5	11.5	0
CIb (KRW/m)	91774.77	91774.77	0

(d-5) 계수 모멘트 (M_u), 설계 모멘트 강도 (ϕM_n) = 2000 kN·m, 곡률연성도 (μ_ϕ) = 6.0, Point E

(d) 곡률 연성비(μ_ϕ) 기반 역설계 챠트; 철근 변형률($\varepsilon_{rt\_0.003}, \varepsilon_{rc\_0.003}$);

TS1 학습 순서 ($d \Rightarrow h \Rightarrow \rho_{rt} \Rightarrow \rho_{rc}$)의 역대입 방법

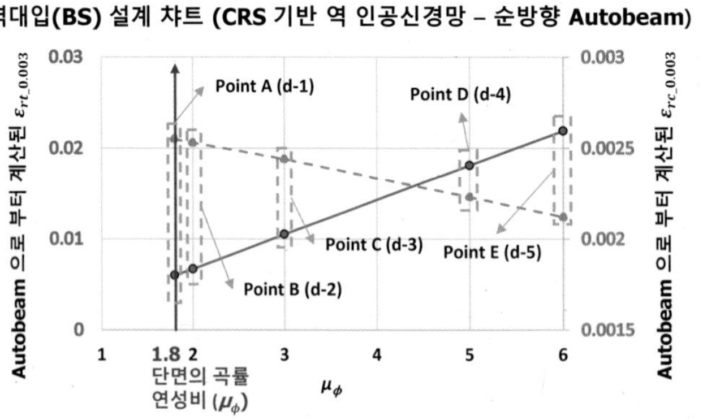

(d-6) A-E 포인트에서의 설계 챠트의 구성

(d) 곡률 연성비(μ_ϕ) 기반 역설계 챠트; 철근 변형률($\varepsilon_{rt\_0.003}, \varepsilon_{rc\_0.003}$) 설계;

TS1 학습 순서 ($d \Rightarrow h \Rightarrow \rho_{rt} \Rightarrow \rho_{rc}$)의 역대입 방법

[그림 C2.7] 그림 6.3.4의 설계 화면 (이어서)

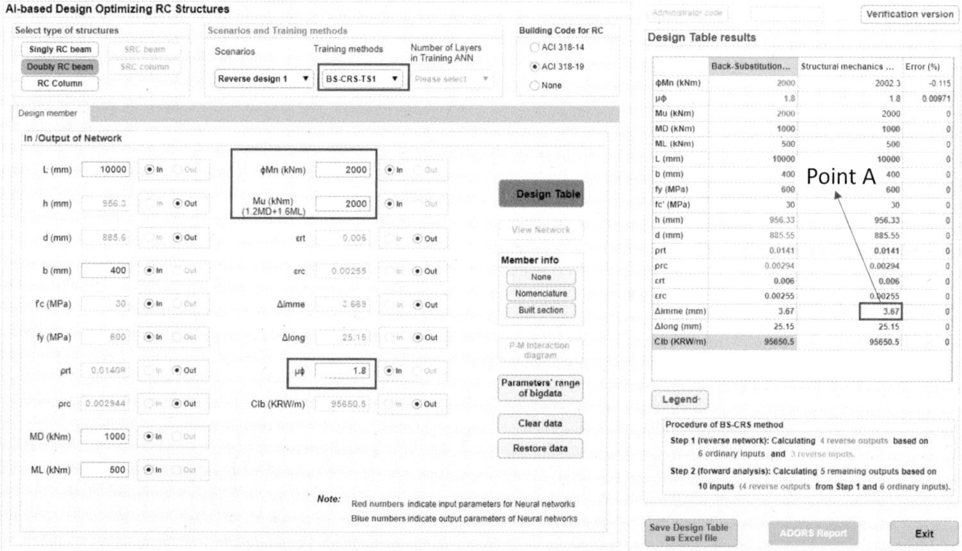

(e-1) 계수 모멘트 (M_u), 설계 모멘트 강도 (ϕM_n) = 2000 kN·m, 곡률연성도 (μ_ϕ) = 1.8, Point A

(e) 곡률 연성비(μ_ϕ) 기반 역설계 챠트; 즉시 처짐(Δ_{imme});

TS1 학습 순서 ($d \Rightarrow h \Rightarrow \rho_{rt} \Rightarrow \rho_{rc}$)의 역대입 방법

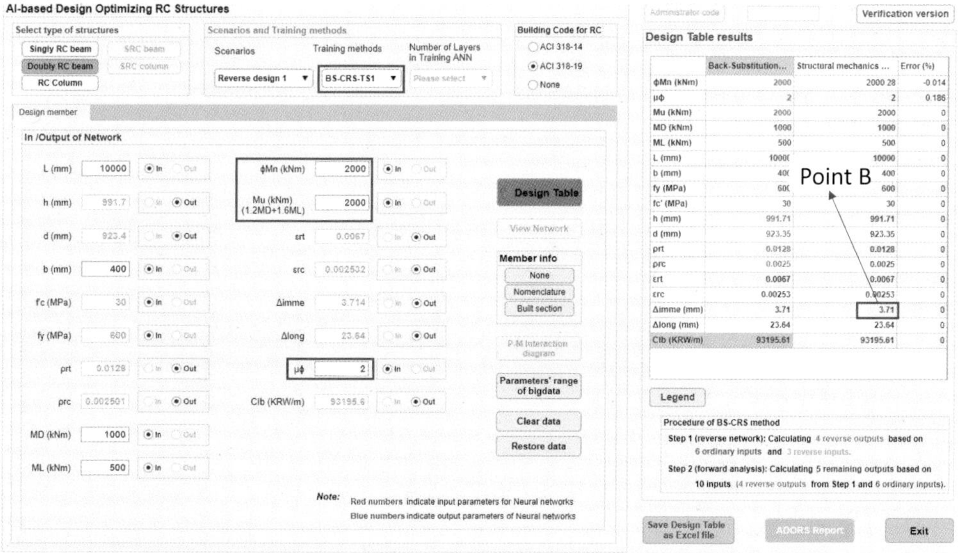

(e-2) 계수 모멘트 (M_u), 설계 모멘트 강도 (ϕM_n) = 2000 kN·m, 곡률연성도 (μ_ϕ) = of 2.0, Point B

(e) 곡률 연성비(μ_ϕ) 기반 역설계 챠트; 즉시 처짐(Δ_{imme});

TS1 학습 순서 ($d \Rightarrow h \Rightarrow \rho_{rt} \Rightarrow \rho_{rc}$)의 역대입 방법

[그림 C2.7] 그림 6.3.4의 설계 화면 (이어서)

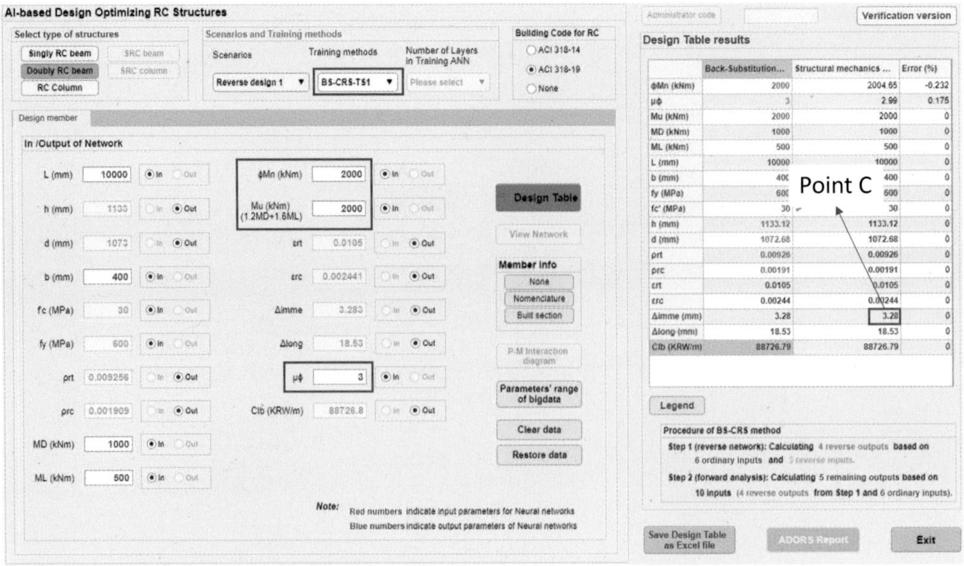

(e-3) 계수 모멘트 (M_u), 설계 모멘트 강도 (ϕM_n) = 2000 kN·m, 곡률연성도 (μ_ϕ) = of 3.0, Point C

(e) 곡률 연성비(μ_ϕ) 기반 역설계 챠트; 즉시 처짐(Δ_{imme});

TS1 학습 순서 ($d \Rightarrow h \Rightarrow \rho_{rt} \Rightarrow \rho_{rc}$)의 역대입 방법

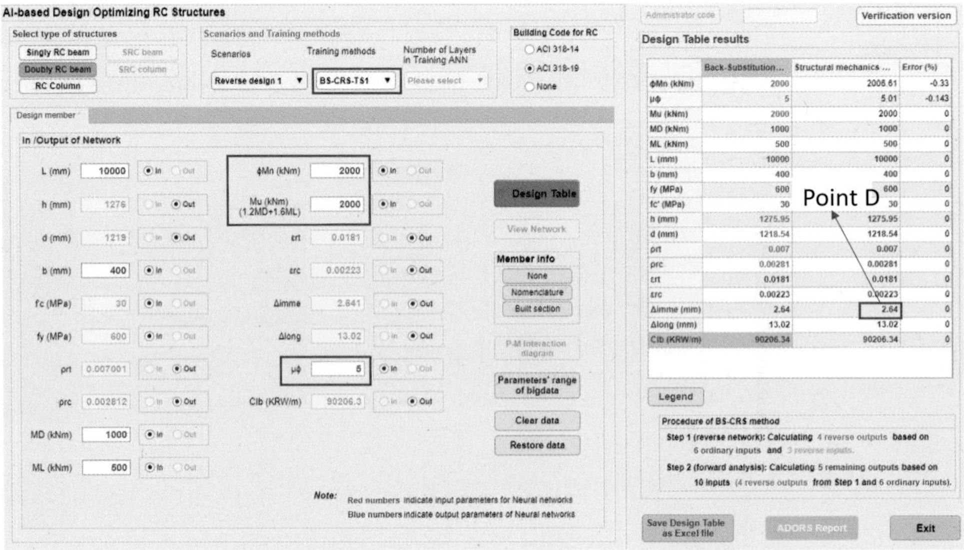

(e-4) 계수 모멘트 (M_u), 설계 모멘트 강도 (ϕM_n) = 2000 kN·m, 곡률연성도 (μ_ϕ) = 5.0, Point D

(e) 곡률 연성비(μ_ϕ) 기반 역설계 챠트; 즉시 처짐(Δ_{imme});

TS1 학습 순서 ($d \Rightarrow h \Rightarrow \rho_{rt} \Rightarrow \rho_{rc}$)의 역대입 방법

[그림 C2.7] 그림 6.3.4의 설계 화면 (이어서)

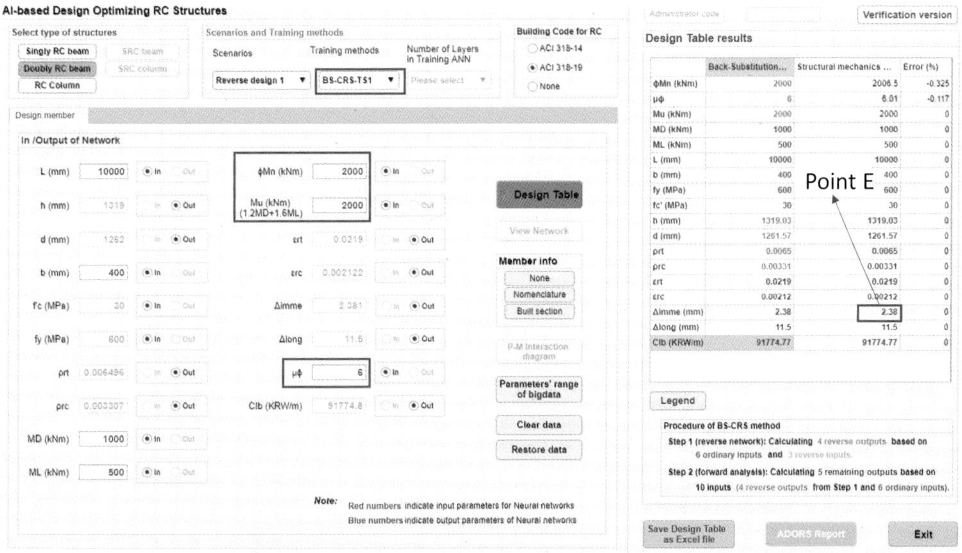

	Back-Substitution...	Structural mechanics ...	Error (%)
ϕMn (kNm)	2000	2006.5	-0.325
μϕ	6	6.01	-0.117
Mu (kNm)	2000	2000	0
MD (kNm)	1000	1000	0
ML (kNm)	500	500	0
L (mm)	10000	10000	0
b (mm)	400	400	0
fy (MPa)	600	600	0
fc' (MPa)	30	30	0
h (mm)	1319.03	1319.03	0
d (mm)	1261.57	1261.57	0
ρrt	0.0065	0.0065	0
ρrc	0.00331	0.00331	0
εrt	0.0219	0.0219	0
εrc	0.00212	0.00212	0
Δimme (mm)	2.38	2.38	0
Δlong (mm)	11.5	11.5	0
Clb (KRW/m)	91774.77	91774.77	0

(e-5) 계수 모멘트 (M_u), 설계 모멘트 강도 (ϕM_n) = 2000 kN·m, 곡률연성도 (μ_ϕ) = 6.0, Point E

(e) 곡률 연성비(μ_ϕ) 기반 역설계 챠트; 즉시 처짐(Δ_{imme});

TS1 학습 순서 ($d \Rightarrow h \Rightarrow \rho_{rt} \Rightarrow \rho_{rc}$)의 역대입 방법

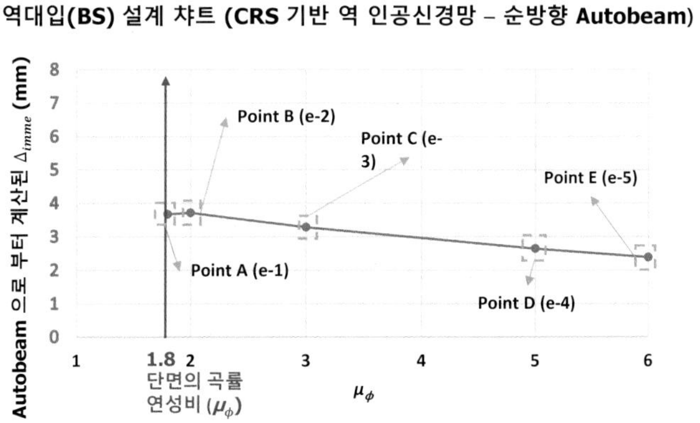

(e-6) A-E 포인트에서의 설계 챠트의 구성

(e) 곡률 연성비(μ_ϕ) 기반 역설계 챠트; 즉시 처짐(Δ_{imme}) 설계;

TS1 학습 순서 ($d \Rightarrow h \Rightarrow \rho_{rt} \Rightarrow \rho_{rc}$)의 역대입 방법

[그림 C2.7] 그림 6.3.4의 설계 화면 (이어서)

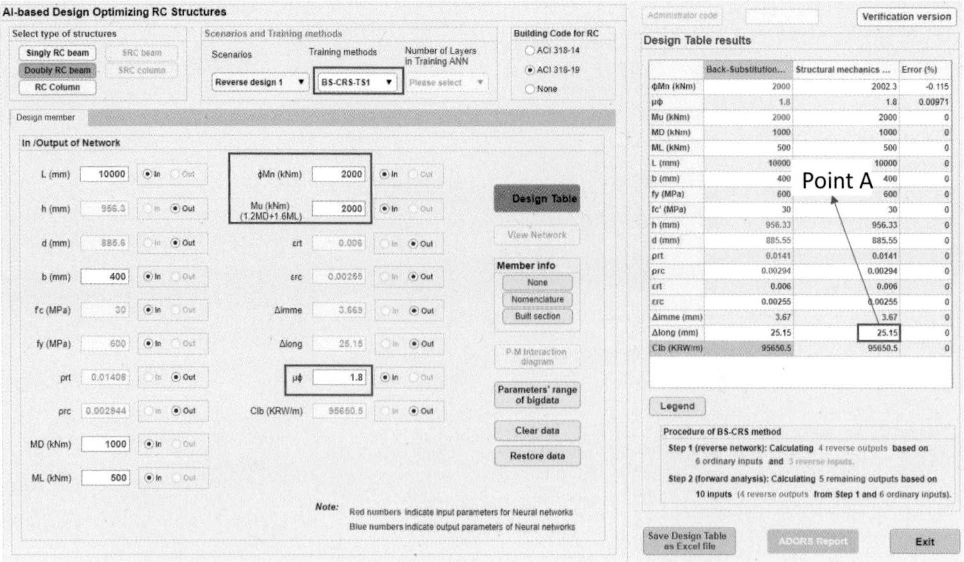

	Back-Substitution...	Structural mechanics ...	Error (%)
ϕMn (kNm)	2000	2002.3	-0.115
μϕ	1.8	1.8	0.00971
Mu (kNm)	2000	2000	0
MD (kNm)	1000	1000	0
ML (kNm)	500	500	0
L (mm)	10000	10000	0
b (mm)	400	400	0
fy (MPa)	600	600	0
fc' (MPa)	30	30	0
h (mm)	956.33	956.33	0
d (mm)	885.55	885.55	0
ρrt	0.0141	0.0141	0
ρrc	0.00294	0.00294	0
εrt	0.006	0.006	0
εrc	0.00255	0.00255	0
Δimme (mm)	3.67	3.67	0
Δlong (mm)	25.15	25.15	0
CIb (KRW/m)	95650.5	95650.5	0

(f-1) 계수 모멘트 (M_u), 설계 모멘트 강도 (ϕM_n) = 2000 kN·m, 곡률연성도 (μ_ϕ) = 1.8, Point A

(f) 곡률 연성비(μ_ϕ) 기반 역설계 챠트; 장기 처짐(Δ_{long});

TS1 학습 순서 ($d \Rightarrow h \Rightarrow \rho_{rt} \Rightarrow \rho_{rc}$)의 역대입 방법

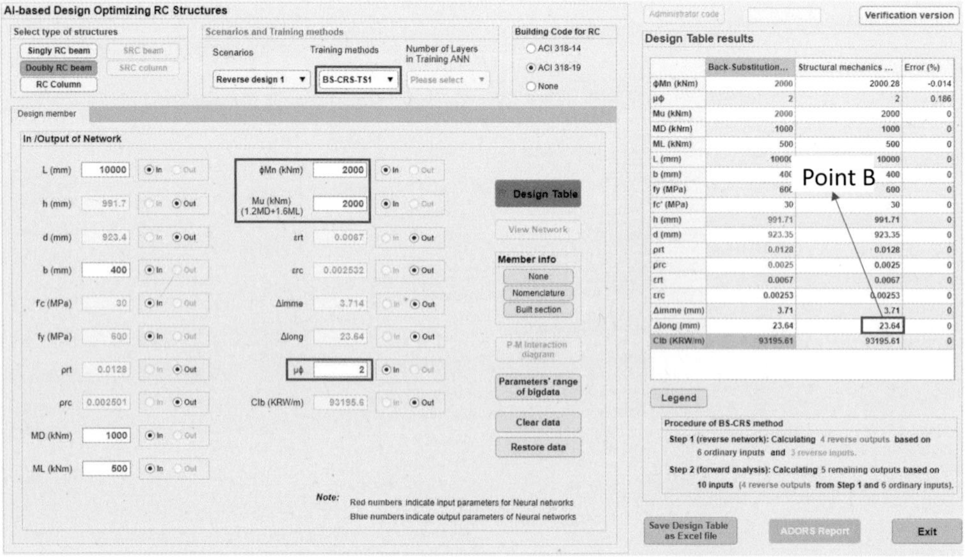

	Back-Substitution...	Structural mechanics ...	Error (%)
ϕMn (kNm)	2000	2000.28	-0.014
μϕ	2	2	0.186
Mu (kNm)	2000	2000	0
MD (kNm)	1000	1000	0
ML (kNm)	500	500	0
L (mm)	10000	10000	0
b (mm)	400	400	0
fy (MPa)	600	600	0
fc' (MPa)	30	30	0
h (mm)	991.71	991.71	0
d (mm)	923.35	923.35	0
ρrt	0.0128	0.0128	0
ρrc	0.0025	0.0025	0
εrt	0.0067	0.0067	0
εrc	0.00253	0.00253	0
Δimme (mm)	3.71	3.71	0
Δlong (mm)	23.64	23.64	0
CIb (KRW/m)	93195.61	93195.61	0

(f-2) 계수 모멘트 (M_u), 설계 모멘트 강도 (ϕM_n) = 2000 kN·m, 곡률연성도 (μ_ϕ) = 2.0, Point B

(f) 곡률 연성비(μ_ϕ) 기반 역설계 챠트; 장기 처짐(Δ_{long});

TS1 학습 순서 ($d \Rightarrow h \Rightarrow \rho_{rt} \Rightarrow \rho_{rc}$)의 역대입 방법

[그림 C2.7] 그림 6.3.4의 설계 화면 (이어서)

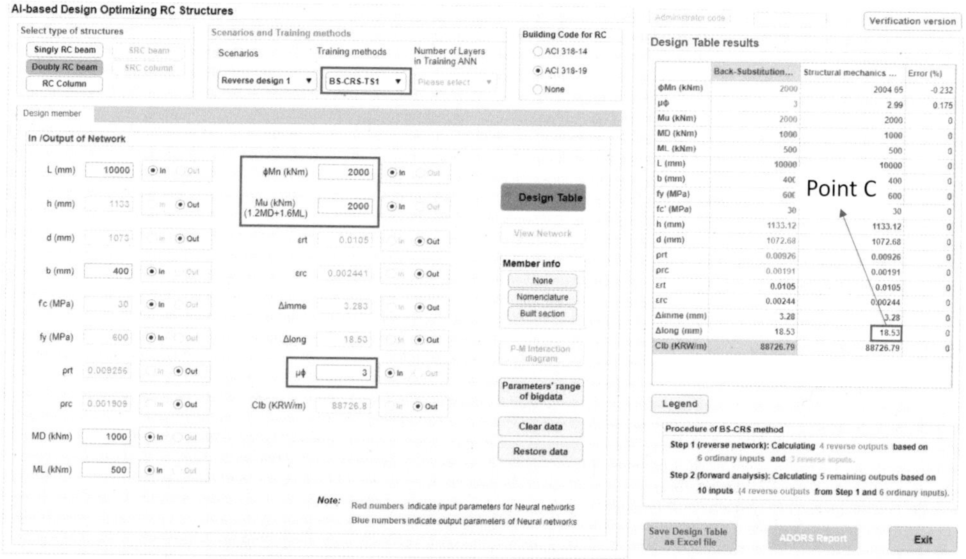

(f-3) 계수 모멘트 (M_u), 설계 모멘트 강도 (ϕM_n) = 2000 kN·m, 곡률연성도 (μ_ϕ) = 3.0, Point C

(f) 곡률 연성비(μ_ϕ) 기반 역설계 챠트; 장기 처짐(Δ_{long});

TS1 학습 순서 ($d \Rightarrow h \Rightarrow \rho_{rt} \Rightarrow \rho_{rc}$)의 역대입 방법

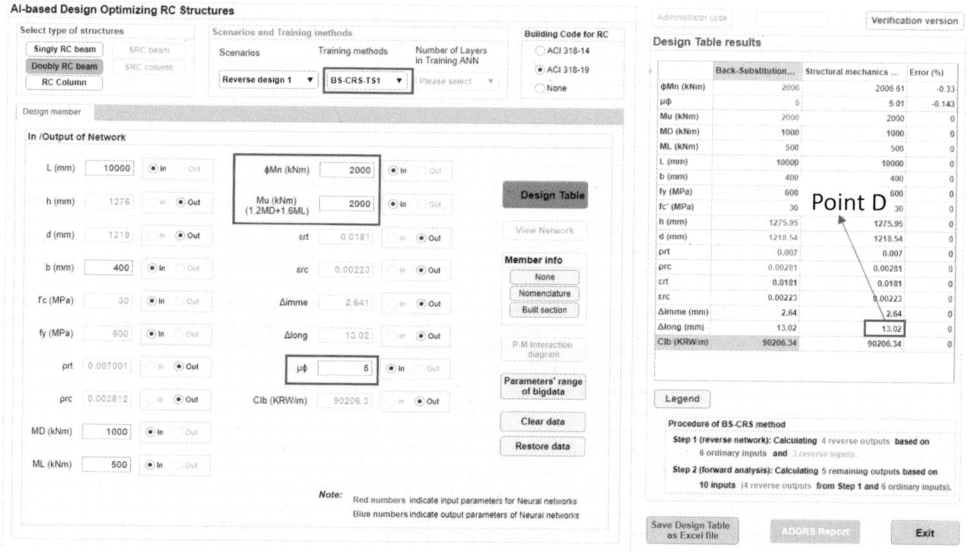

(f-4) 계수 모멘트 (M_u), 설계 모멘트 강도 (ϕM_n) = 2000 kN·m, 곡률연성도 (μ_ϕ) = 5.0, Point D

(f) 곡률 연성비(μ_ϕ) 기반 역설계 챠트; 장기 처짐(Δ_{long});

TS1 학습 순서 ($d \Rightarrow h \Rightarrow \rho_{rt} \Rightarrow \rho_{rc}$)의 역대입 방법

[그림 C2.7] 그림 6.3.4의 설계 화면 (이어서)

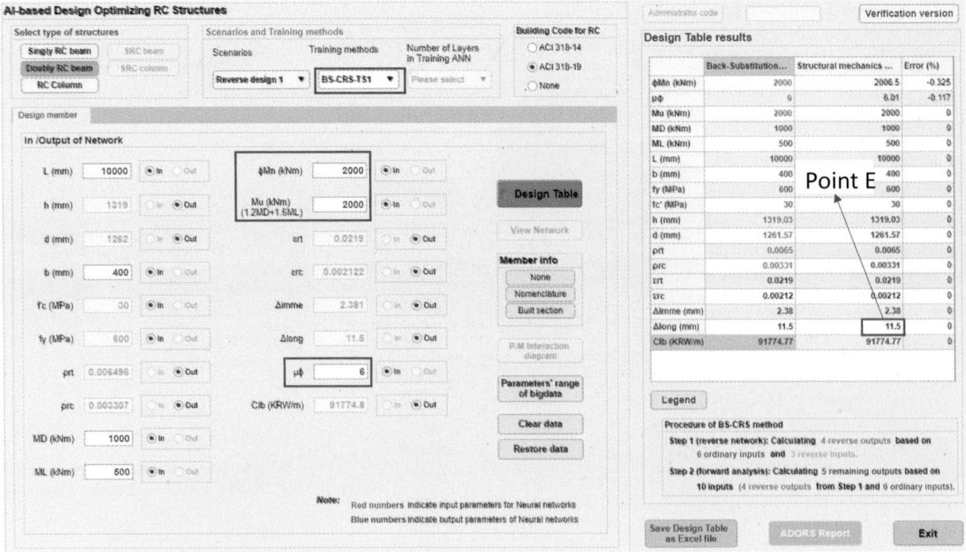

(f-5) 계수 모멘트 (M_u), 설계 모멘트 강도 (ϕM_n) = 2000 kN·m, 곡률연성도 (μ_ϕ) = 6.0, Point E

(f) 곡률 연성비(μ_ϕ) 기반 역설계 챠트; 장기 처짐(Δ_{long});

TS1 학습 순서 ($d \Rightarrow h \Rightarrow \rho_{rt} \Rightarrow \rho_{rc}$)의 역대입 방법

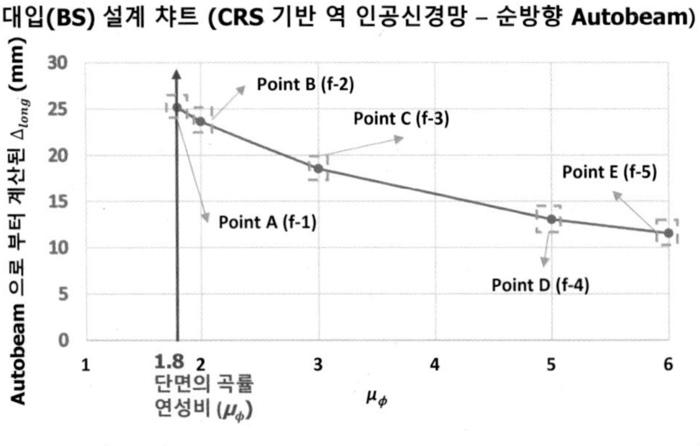

(f-6) A-E 포인트에서의 설계 챠트의 구성

(f) 곡률 연성비(μ_ϕ) 기반 역설계 챠트; 장기 처짐(Δ_{long});

TS1 학습 순서 ($d \Rightarrow h \Rightarrow \rho_{rt} \Rightarrow \rho_{rc}$)의 역대입 방법

[그림 C2.7] 그림 6.3.4의 설계 화면 (이어서)

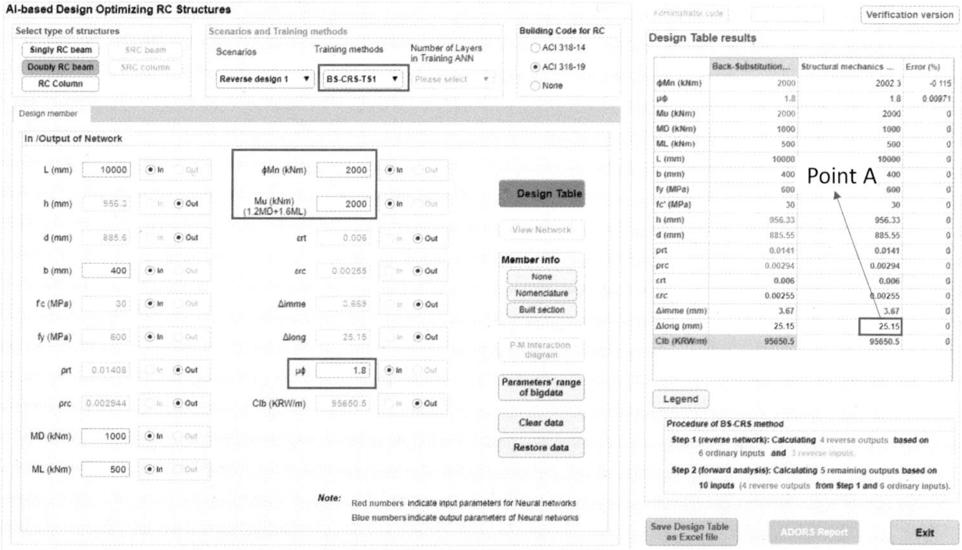

(g-1) 계수 모멘트 (M_u), 설계 모멘트 강도 (ϕM_n) = 2000 kN·m, 곡률연성도 (μ_ϕ) = 1.8, Point A

(g) 곡률 연성비(μ_ϕ) 기반 역설계 챠트; 보 제작, 설치 코스트(CI_b);

TS1 학습 순서 ($d \Rightarrow h \Rightarrow \rho_{rt} \Rightarrow \rho_{rc}$)의 역대입 방법

(g-2) 계수 모멘트 (M_u), 설계 모멘트 강도 (ϕM_n) = 2000 kN·m, 곡률연성도 (μ_ϕ) = 2.0, Point B

(g) 곡률 연성비(μ_ϕ) 기반 역설계 챠트; 보 제작, 설치 코스트(CI_b);

TS1 학습 순서 ($d \Rightarrow h \Rightarrow \rho_{rt} \Rightarrow \rho_{rc}$)의 역대입 방법

[그림 C2.7] 그림 6.3.4의 설계 화면 (이어서)

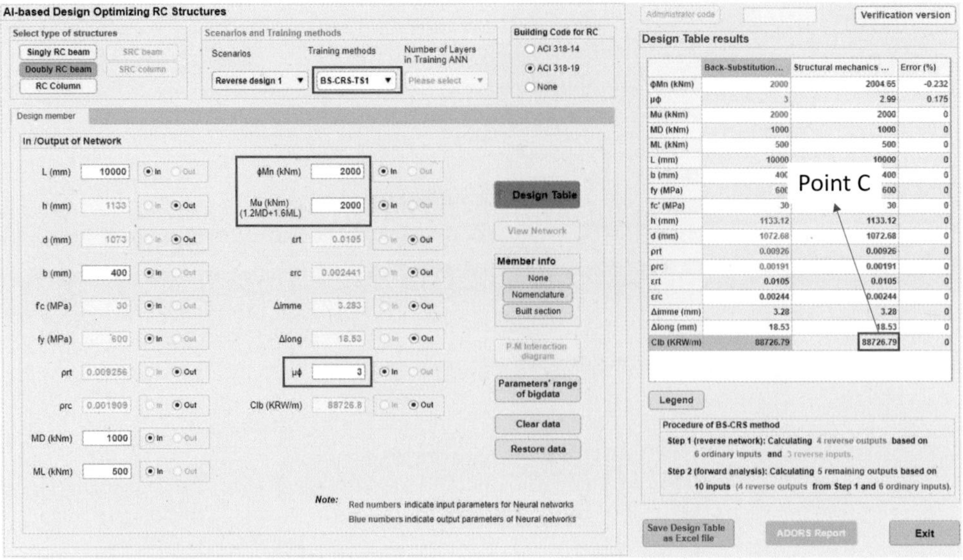

(g-3) 계수 모멘트 (M_u), 설계 모멘트 강도 (ϕM_n) = 2000 kN·m, 곡률연성도 (μ_ϕ) = 3.0, Point C

(g) 곡률 연성비(μ_ϕ) 기반 역설계 챠트; 보 제작, 설치 코스트(CI_b);

TS1 학습 순서 ($d \Rightarrow h \Rightarrow \rho_{rt} \Rightarrow \rho_{rc}$)의 역대입 방법

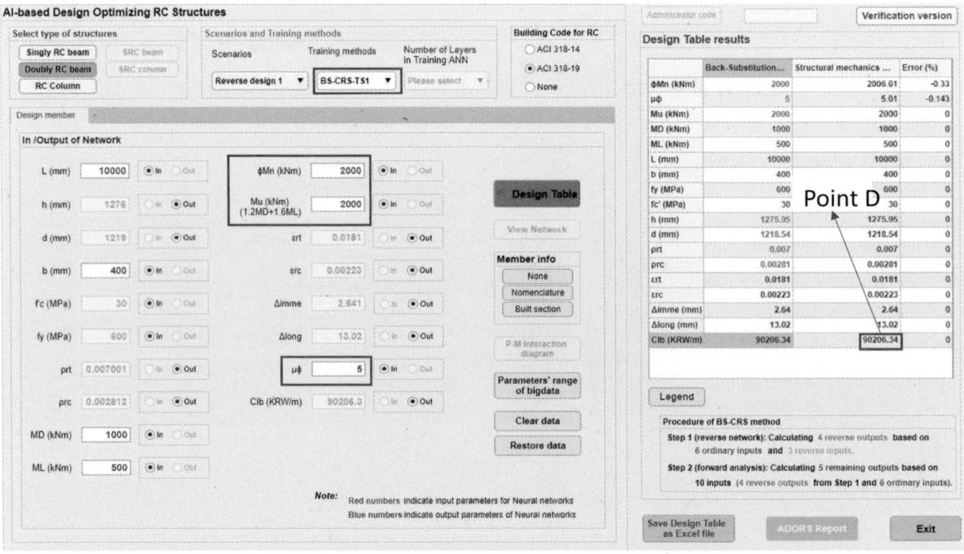

(g-4) 계수 모멘트 (M_u), 설계 모멘트 강도 (ϕM_n) = 2000 kN·m, 곡률연성도 (μ_ϕ) = 5.0, Point D

(g) 곡률 연성비(μ_ϕ) 기반 역설계 챠트; 보 제작, 설치 코스트(CI_b);

TS1 학습 순서 ($d \Rightarrow h \Rightarrow \rho_{rt} \Rightarrow \rho_{rc}$)의 역대입 방법

[그림 C2.7] 그림 6.3.4의 설계 화면 (이어서)

(g-5) 계수 모멘트 (M_u), 설계 모멘트 강도 (ϕM_n) = 2000 kN·m, 곡률연성도 (μ_ϕ) = 6.0, Point E

(g) 곡률 연성비(μ_ϕ) 기반 역설계 챠트; 보 제작, 설치 코스트(CI_b);

TS1 학습 순서 ($d \Rightarrow h \Rightarrow \rho_{rt} \Rightarrow \rho_{rc}$)의 역대입 방법

역대입(BS) 설계 챠트 (CRS 기반 역 인공신경망 – 순방향 Autobeam)

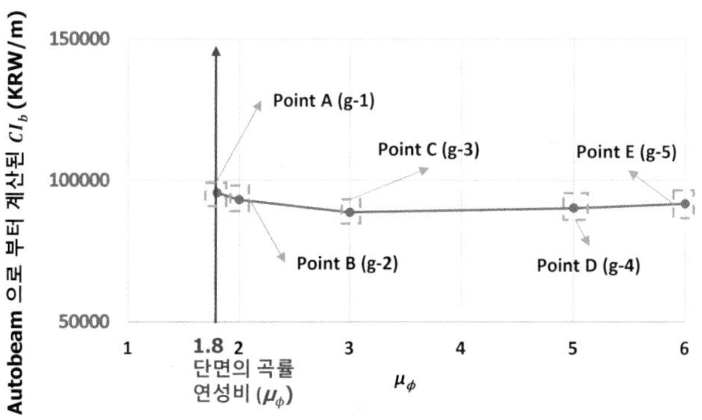

(g-6) A-E 포인트에서의 설계 챠트의 구성

(g) 곡률 연성비(μ_ϕ) 기반 역설계 챠트; 보 제작, 설치 코스트(CI_b);

TS1 학습 순서 ($d \Rightarrow h \Rightarrow \rho_{rt} \Rightarrow \rho_{rc}$)의 역대입 방법

[그림 C2.7] 그림 6.3.4의 설계 화면

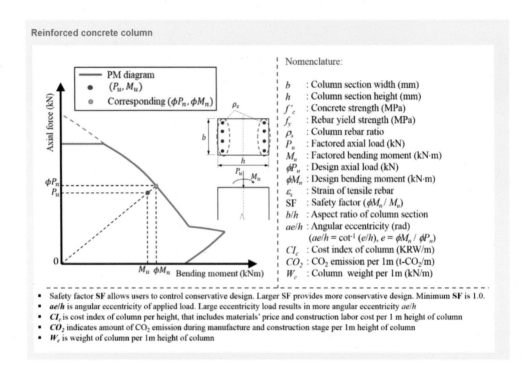

C3 콘크리트 기둥 (Reinforced concrete column)

Reinforced concrete column

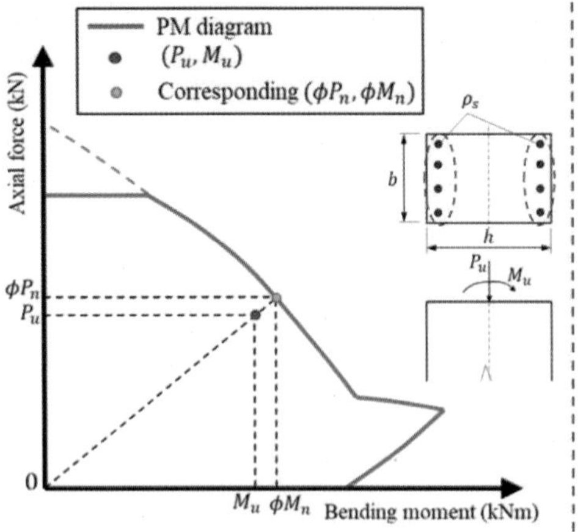

Nomenclature:

- b : Column section width (mm)
- h : Column section height (mm)
- f'_c : Concrete strength (MPa)
- f_y : Rebar yield strength (MPa)
- ρ_s : Column rebar ratio
- P_u : Factored axial load (kN)
- M_u : Factored bending moment (kN·m)
- ϕP_n : Design axial load (kN)
- ϕM_n : Design bending moment (kN·m)
- ε_s : Strain of tensile rebar
- SF : Safety factor ($\phi M_n / M_u$)
- b/h : Aspect ratio of column section
- ae/h : Angular eccentricity (rad) ($ae/h = \cot^{-1}(e/h)$, $e = \phi M_n / \phi P_n$)
- CI_c : Cost index of column (KRW/m)
- CO_2 : CO_2 emission per 1m (t-CO_2/m)
- W_c : Column weight per 1m (kN/m)

- Safety factor **SF** allows users to control conservative design. Larger SF provides more conservative design. Minimum **SF** is 1.0.
- ***ae/h*** is angular eccentricity of applied load. Large eccentricity load results in more angular eccentricity *ae/h*
- ***CI_c*** is cost index of column per height, that includes materials' price and construction labor cost per 1 m height of column
- ***CO_2*** indicates amount of CO_2 emission during manufacture and construction stage per 1m height of column
- ***W_c*** is weight of column per 1m height of column

[그림 C3.1] 기둥 설계 파라미터 정의

Maximum and minimum of all parameters in the Neural network

Seven inputs for structural mechanics

	b	h	ρ_s	f'_c	f_y	P_u	M_u
	mm	mm		MPa	MPa	kN	kN.m
MAX	2248.7	1500	0.080	70	600	204245.8	126487.2
MIN	300.0	300	0.010	20	300	0.0	0.0

Nine corresponding outputs

	ϕP_n	ϕM_n	SF	b/h	ε_s	CI_c	CO_2	W_c	$a_{e/h}$
	kN	kN.m				KRW/m	t-CO_2/m	kN/m	
MAX	142804.8	77547.3	2.000	1.500	0.0689	2,543,906	5.78	7.95	1.571
MIN	0.0	0.1	0.500	0.250	-0.0030	14,989	0.03	0.21	0.000

Note: Users should not use parameter values out of data ranges

[그림 C3.2] 기둥 빅데이터의 생성 범위

	AI-based desi...	Structural mechanics	Error (%)
b (mm)	500	500	0
h (mm)	700	700	0
ρs	0.02	0.02	0
f'c (MPa)	40	40	0
fy (MPa)	500	500	0
Pu (kN)	5000	5000	0
Mu (kNm)	1000	1000	0
ϕPn (kN)	5613.14	5497.22	2.07
ϕMn (kNm)	848.78	1099.44	-29.53
SF	1.1	1.1	0.0958
b/h	0.71	0.714	-0.567
εs	0.000886	0.000792	10.58
Clc (KRW/m)	93409.26	90872.25	2.72
CO2 (t-CO2/m)	0.2	0.197	1.69
Wc (kN/m)	8.27	8.25	0.291
ae_h	1.29	1.29	-0.337

(1-1-1) 데이터 입력 화면

(1-1) TED

(1) $b \times h = 500 \times 700$, $\rho_s = 0.02$, $P_u = 5000$ kN, $M_u = 1000$ kN·m
(a) 2개의 은닉층과 4종류의 뉴런 조합 (10, 20, 30, 40)

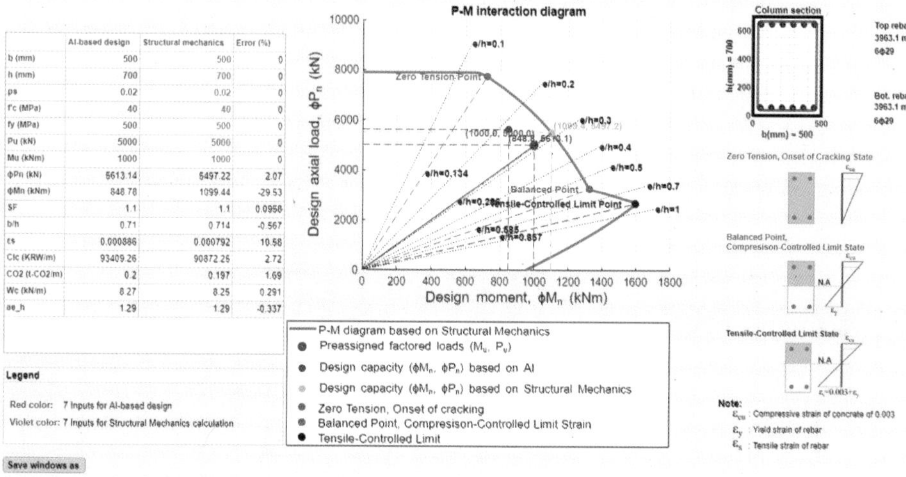

	AI-based design	Structural mechanics	Error (%)
b (mm)	500	500	0
h (mm)	700	700	0
ρs	0.02	0.02	0
f'c (MPa)	40	40	0
fy (MPa)	500	500	0
Pu (kN)	5000	5000	0
Mu (kNm)	1000	1000	0
ϕPn (kN)	5613.14	5497.22	2.07
ϕMn (kNm)	848.78	1099.44	-29.53
SF	1.1	1.1	0.0958
b/h	0.71	0.714	-0.567
εs	0.000886	0.000792	10.58
Clc (KRW/m)	93409.26	90872.25	2.72
CO2 (t-CO2/m)	0.2	0.197	1.69
Wc (kN/m)	8.27	8.25	0.291
ae_h	1.29	1.29	-0.337

(1-1-2) P-M 상관도

(1-1) TED

(1) $b \times h = 500 \times 700$, $\rho_s = 0.02$, $P_u = 5000$ kN, $M_u = 1000$ kN·m

[그림 C3.3] 표 7.3.4, 표 7.3.5의 설계 화면 (이어서)

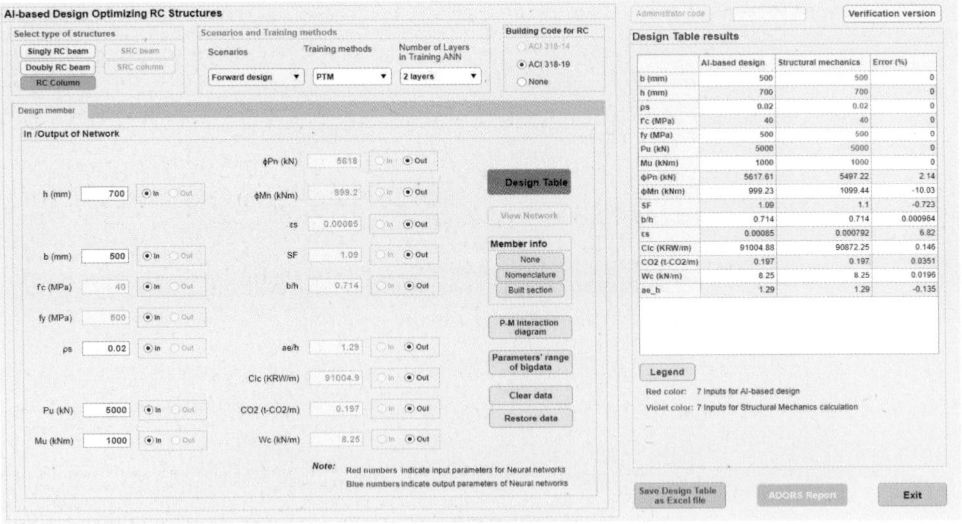

(1-2-1) 데이터 입력 화면

(1-2) PTM

(1) $b \times h = 500 \times 700$, $\rho_s = 0.02$, $P_u = 5000$ kN, $M_u = 1000$ kN·m

(a) 2개의 은닉층과 4종류의 뉴런 조합 (10, 20, 30, 40)

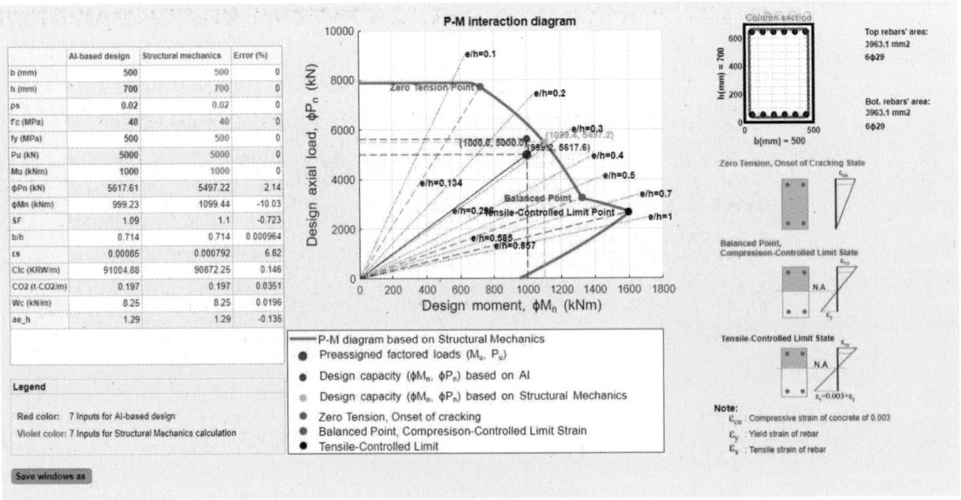

(1-2-2) P-M 상관도

(1-2) PTM

(1) $b \times h = 500 \times 700$, $\rho_s = 0.02$, $P_u = 5000$ kN, $M_u = 1000$ kN·m

(a) 2개의 은닉층과 4종류의 뉴런 조합 (10, 20, 30, 40)

[그림 C3.3] 표 7.3.4, 표 7.3.5의 설계 화면 (이어서)

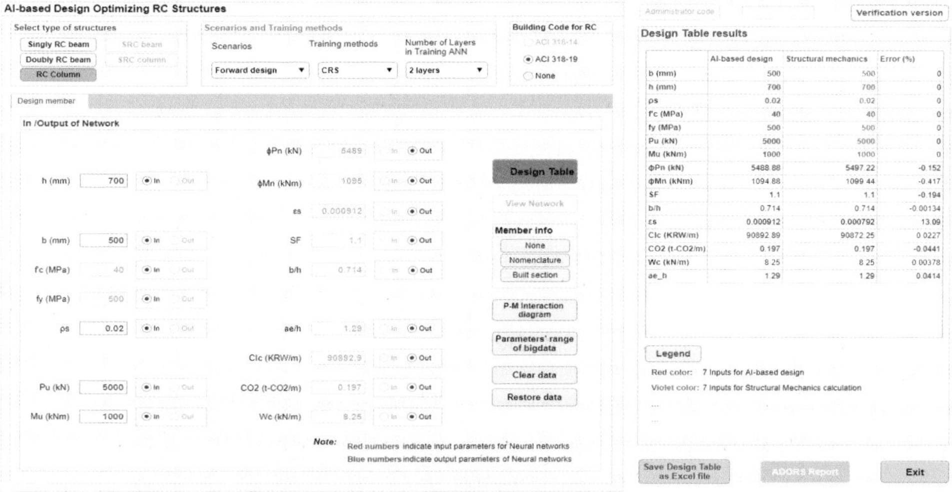

(1-3-1) 데이터 입력 화면

(1-3) CRS

(1) $b \times h = 500 \times 700$, $\rho_s = 0.02$, $P_u = 5000$ kN, $M_u = 1000$ kN·m

(a) 2개의 은닉층과 4종류의 뉴런 조합 (10, 20, 30, 40)

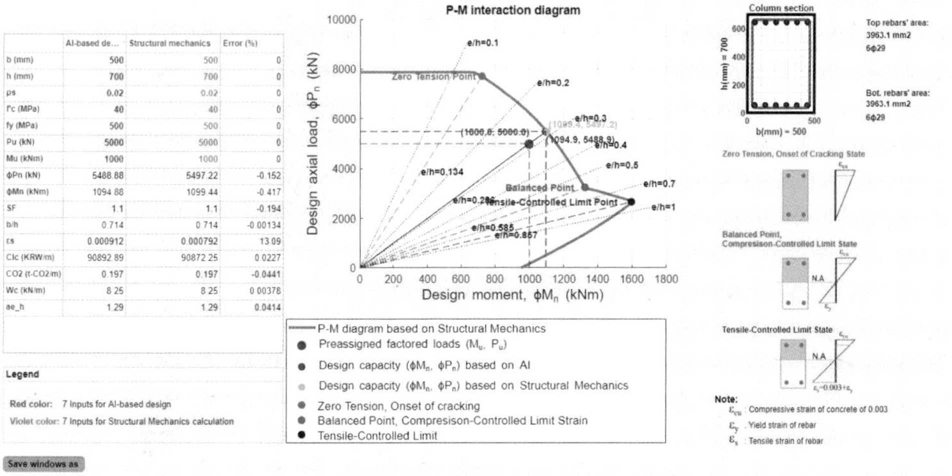

(1-3-2) P-M 상관도

(1-3) CRS

(1) $b \times h = 500 \times 700$, $\rho_s = 0.02$, $P_u = 5000$ kN, $M_u = 1000$ kN·m

(a) 2개의 은닉층과 4종류의 뉴런 조합 (10, 20, 30, 40)

[그림 C3.3] 표 7.3.4, 표 7.3.5의 설계 화면 (이어서)

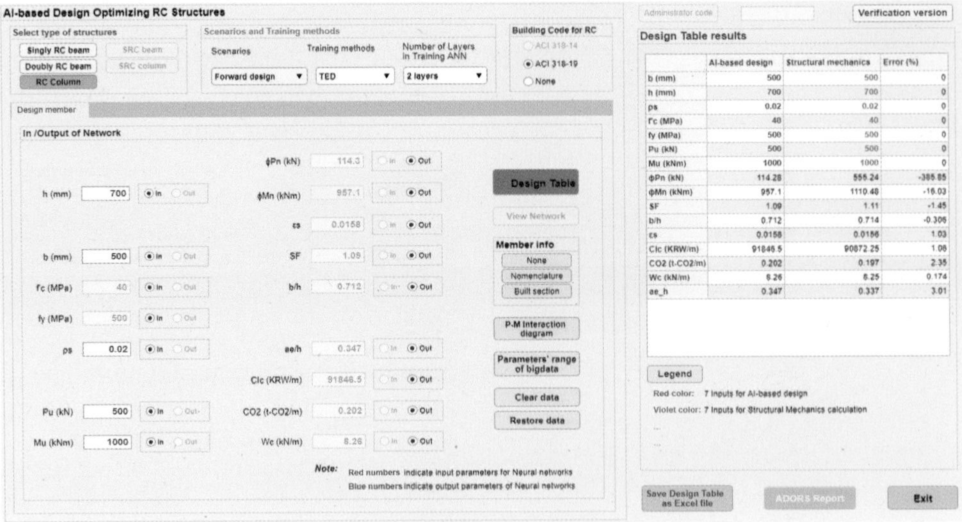

(2-1-1) 데이터 입력 화면

(2-1) TED

(2) $b \times h = 500 \times 700$, $\rho_s = 0.02$, $P_u = 500$ kN, $M_u = 1000$ kN·m

(a) 2개의 은닉층과 4종류의 뉴런 조합 (10, 20, 30, 40)

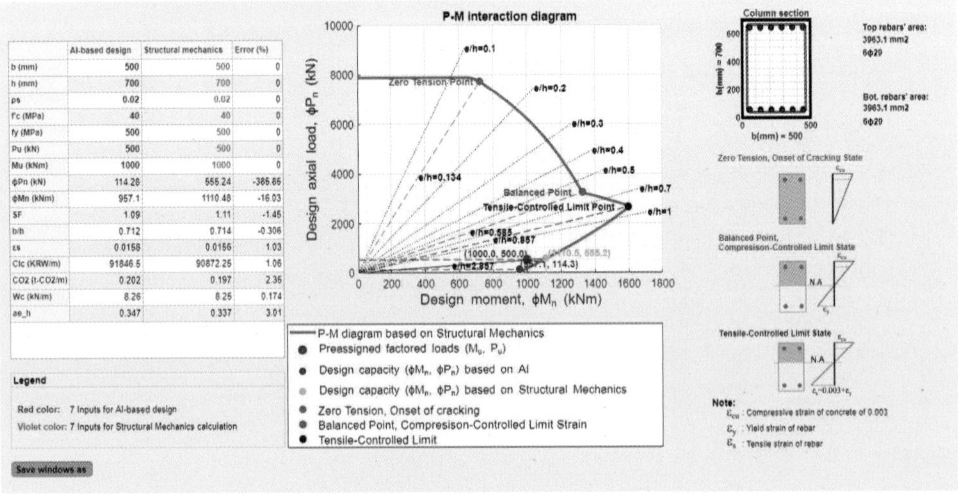

(2-1-2) P-M 상관도

(2-1) TED

(2) $b \times h = 500 \times 700$, $\rho_s = 0.02$, $P_u = 500$ kN, $M_u = 1000$ kN·m

(a) 2개의 은닉층과 4종류의 뉴런 조합 (10, 20, 30, 40)

[그림 C3.3] 표 7.3.4, 표 7.3.5의 설계 화면 (이어서)

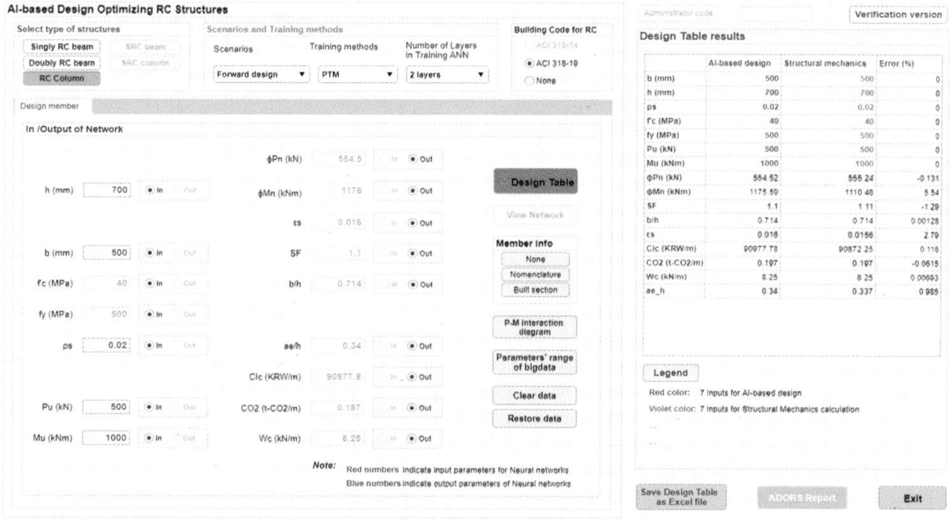

(2-2-1) 데이터 입력 화면

(2-2) PTM

(2) $b \times h = 500 \times 700$, $\rho_s = 0.02$, $P_u = 500$ kN, $M_u = 1000$ kN·m

(a) 2개의 은닉층과 4종류의 뉴런 조합 (10, 20, 30, 40)

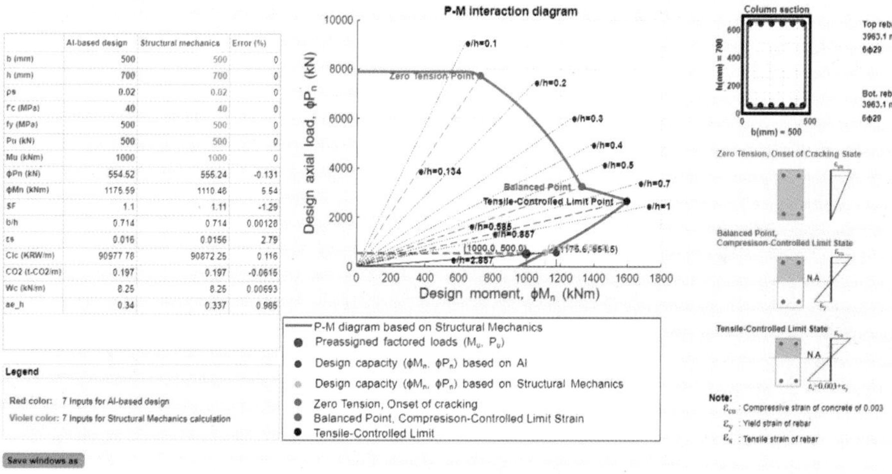

(2-2-2) P-M 상관도

(2-2) PTM

(2) $b \times h = 500 \times 700$, $\rho_s = 0.02$, $P_u = 500$ kN, $M_u = 1000$ kN·m

(a) 2개의 은닉층과 4종류의 뉴런 조합 (10, 20, 30, 40)

[그림 C3.3] 표 7.3.4, 표 7.3.5의 설계 화면 (이어서)

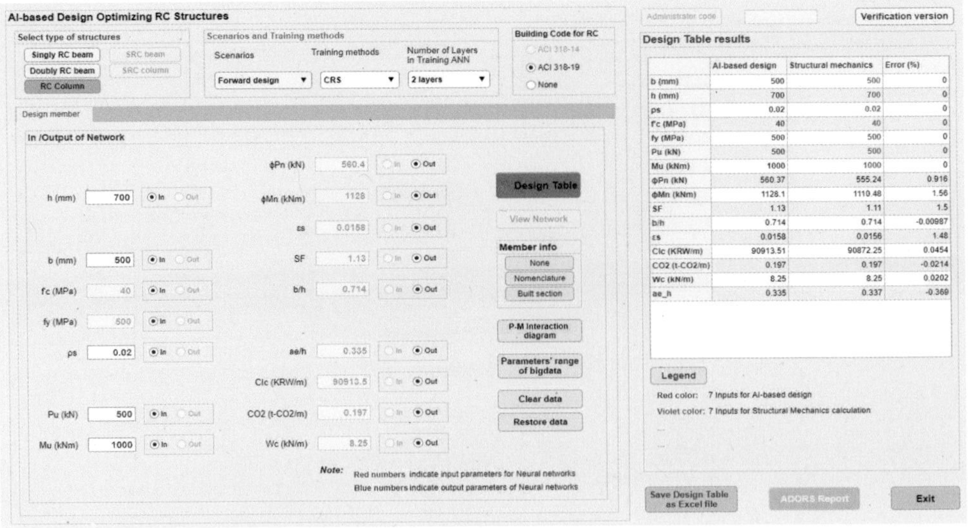

(2-3-1) 데이터 입력 화면

(2-3) CRS

(2) $b \times h = 500 \times 700$, $\rho_s = 0.02$, P_u= 500 kN, M_u = 1000 kN·m

(a) 2개의 은닉층과 4종류의 뉴런 조합 (10, 20, 30, 40)

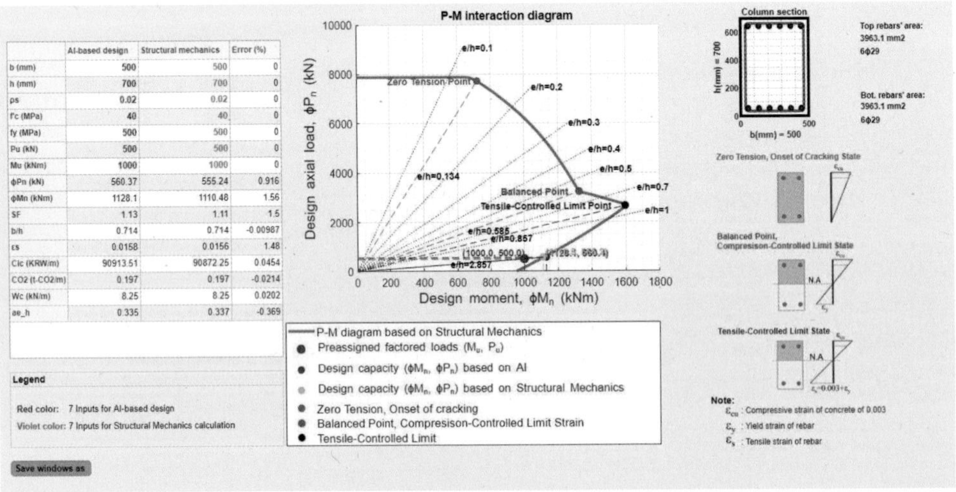

(2-3-2) P-M 상관도

(2-3) CRS

(2) $b \times h = 500 \times 700$, $\rho_s = 0.02$, P_u= 500 kN, M_u = 1000 kN·m

(a) 2개의 은닉층과 4종류의 뉴런 조합 (10, 20, 30, 40)

[그림 C3.3] 표 7.3.4, 표 7.3.5의 설계 화면 (이어서)

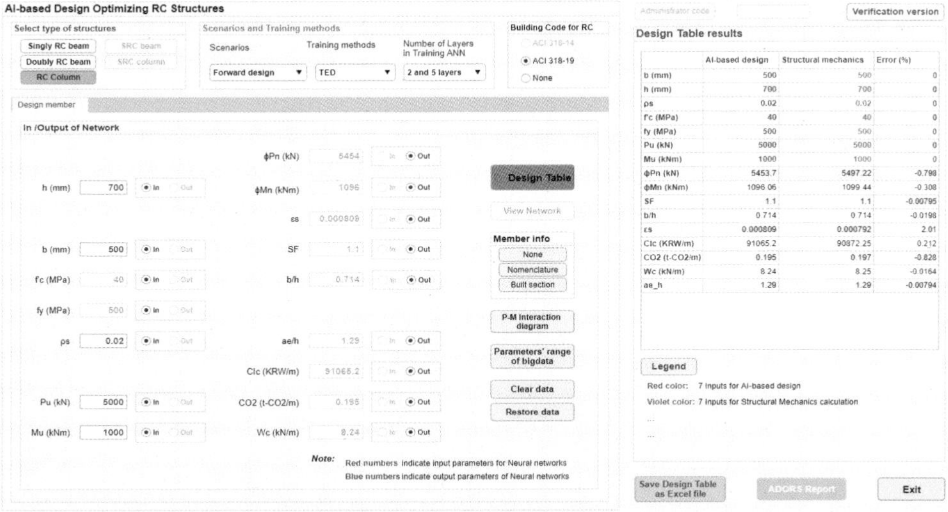

(1-1-1) 데이터 입력 화면

(1-1) TED

(1) $b \times h = 500 \times 700$, $\rho_s = 0.02$, P_u= 5000 kN, M_u = 1000 kN·m

(b) 2, 5개의 은닉층과 3종류의 뉴런 조합 (20, 50, 60)

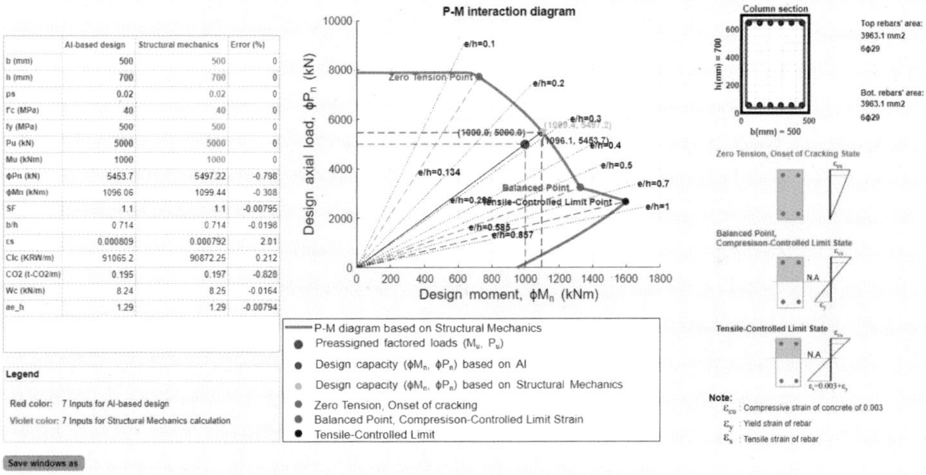

(1-1-2) P-M 상관도

(1-1) TED

(1) $b \times h = 500 \times 700$, $\rho_s = 0.02$, P_u= 5000 kN, M_u = 1000 kN·m

(b) 2, 5개의 은닉층과 3종류의 뉴런 조합 (20, 50, 60)

[그림 C3.3] 표 7.3.4, 표 7.3.5의 설계 화면 (이어서)

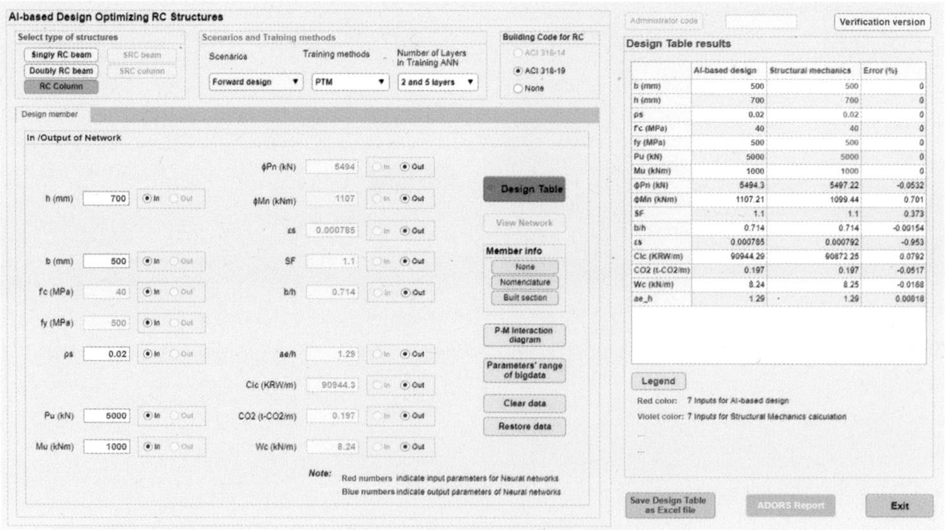

(1-2-1) 데이터 입력 화면

(1-2) PTM

(1) $b \times h = 500 \times 700$, $\rho_s = 0.02$, $P_u = 5000$ kN, $M_u = 1000$ kN·m

(b) 2, 5개의 은닉층과 3종류의 뉴런 조합 (20, 50, 60)

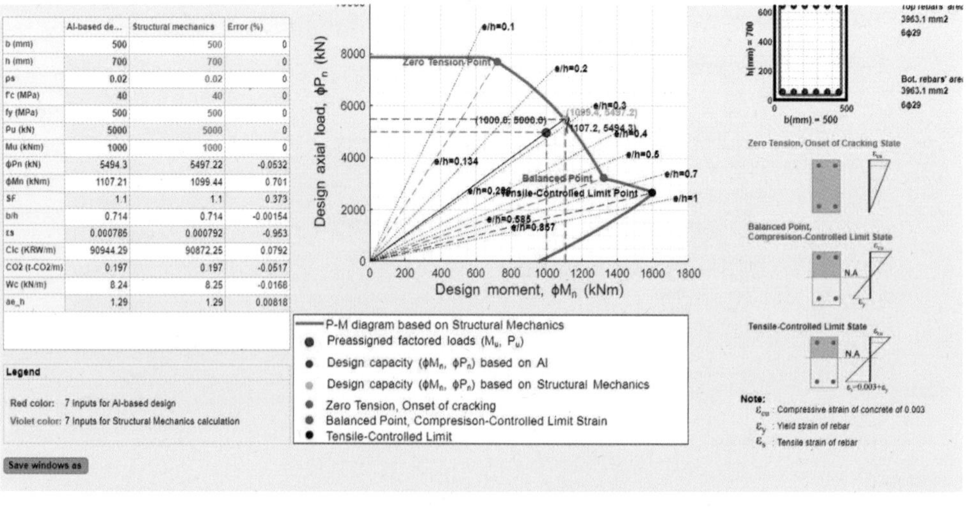

(1-2-2) P-M 상관도

(1-2) PTM

(1) $b \times h = 500 \times 700$, $\rho_s = 0.02$, $P_u = 5000$ kN, $M_u = 1000$ kN·m

(b) 2, 5개의 은닉층과 3종류의 뉴런 조합 (20, 50, 60)

[그림 C3.3] 표 7.3.4, 표 7.3.5의 설계 화면 (이어서)

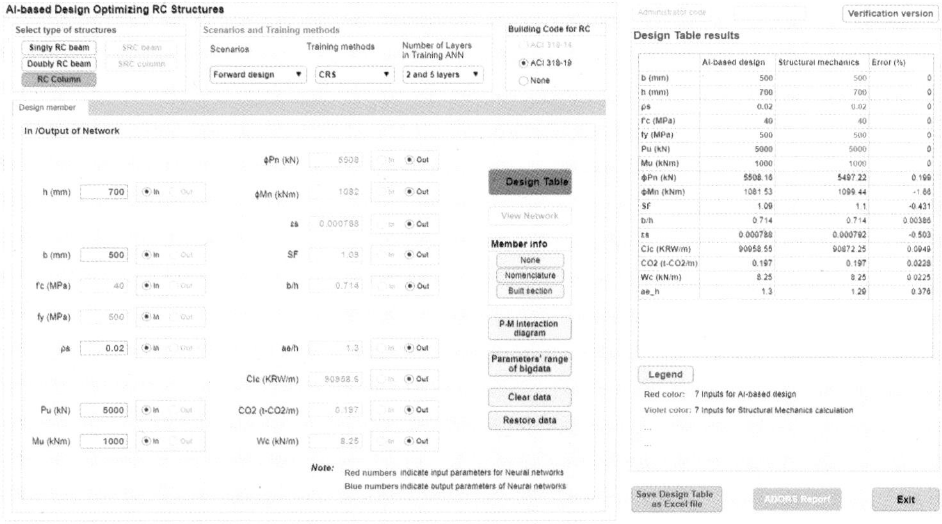

	AI-based design	Structural mechanics	Error (%)
b (mm)	500	500	0
h (mm)	700	700	0
ρs	0.02	0.02	0
f'c (MPa)	40	40	0
fy (MPa)	500	500	0
Pu (kN)	5000	5000	0
Mu (kNm)	1000	1000	0
ϕPn (kN)	5508.16	5497.22	0.199
ϕMn (kNm)	1081.53	1099.44	-1.66
SF	1.09	1.1	-0.431
b/h	0.714	0.714	0.00386
εs	0.000788	0.000792	-0.503
CIc (KRW/m)	90958.55	90872.25	0.0949
CO2 (t-CO2/m)	0.197	0.197	0.0228
Wc (kN/m)	8.25	8.25	0.0225
ae_h	1.3	1.29	0.376

(1-3-1) 데이터 입력 화면

(1-3) CRS

(1) $b \times h = 500 \times 700$, $\rho_s = 0.02$, $P_u = 5000$ kN, $M_u = 1000$ kN·m

(b) 2, 5개의 은닉층과 3종류의 뉴런 조합 (20, 50, 60)

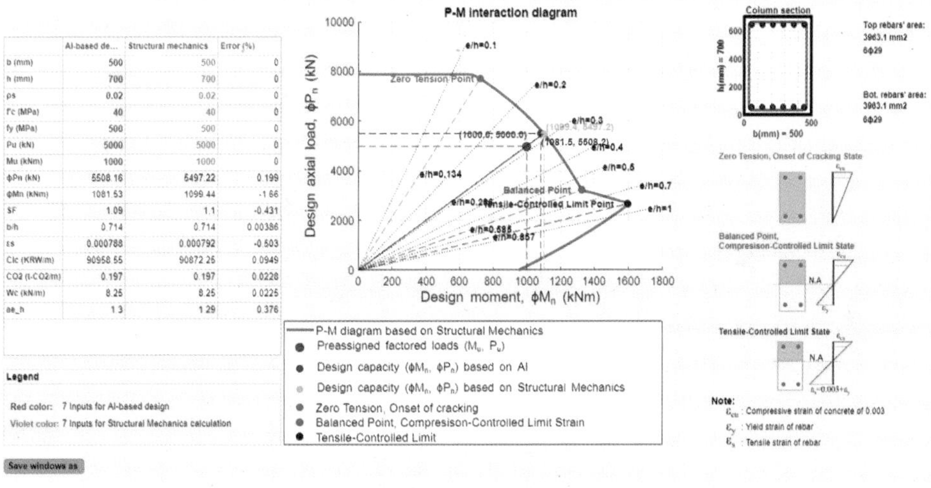

(1-3-2) P-M 상관도

(1-3) CRS

(1) $b \times h = 500 \times 700$, $\rho_s = 0.02$, $P_u = 5000$ kN, $M_u = 1000$ kN·m

(b) 2, 5개의 은닉층과 3종류의 뉴런 조합 (20, 50, 60)

[그림 C3.3] 표 7.3.4, 표 7.3.5의 설계 화면 (이어서)

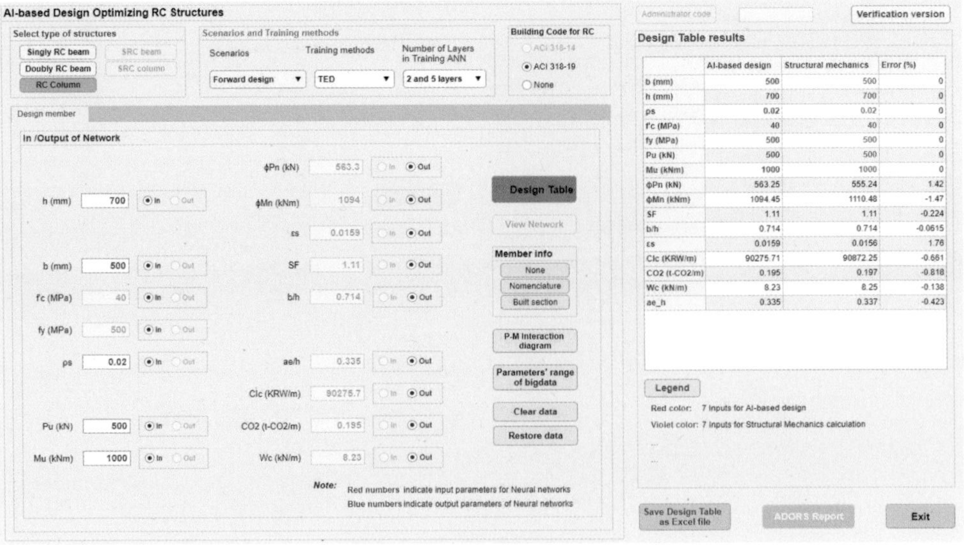

	AI-based design	Structural mechanics	Error (%)
b (mm)	500	500	0
h (mm)	700	700	0
ρs	0.02	0.02	0
f'c (MPa)	40	40	0
fy (MPa)	500	500	0
Pu (kN)	500	500	0
Mu (kNm)	1000	1000	0
ϕPn (kN)	563.25	555.24	1.42
ϕMn (kNm)	1094.45	1110.48	-1.47
SF	1.11	1.11	-0.224
b/h	0.714	0.714	-0.0615
εs	0.0159	0.0156	1.76
Clc (KRW/m)	90275.71	90872.25	-0.661
CO2 (t-CO2/m)	0.195	0.197	-0.818
Wc (kN/m)	8.23	8.25	-0.138
ae_h	0.335	0.337	-0.423

(2-1-1) 데이터 입력 화면

(2-1) TED

(2) $b \times h = 500 \times 700$, $\rho_s = 0.02$, $P_u = 500$ kN, $M_u = 1000$ kN·m

(b) 2, 5개의 은닉층과 3종류의 뉴런 조합 (20, 50, 60)

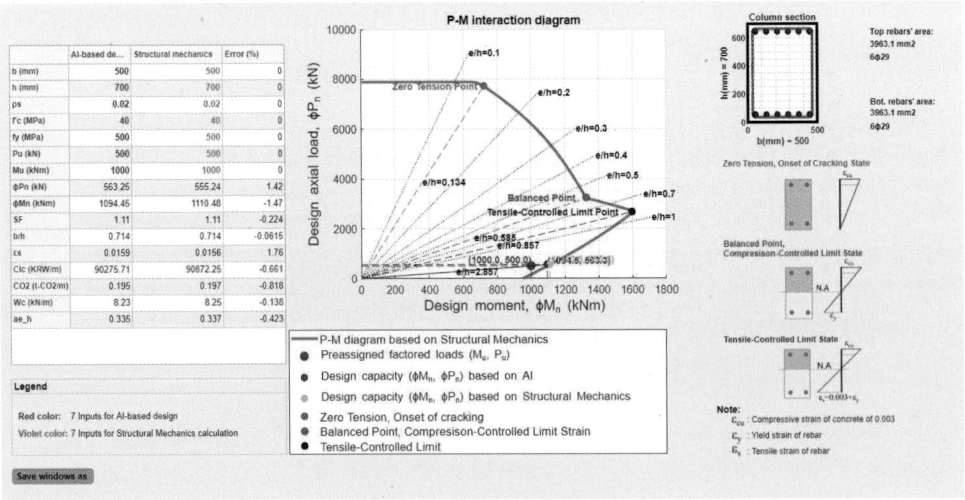

(2-1-2) P-M 상관도

(2-1) TED

(2) $b \times h = 500 \times 700$, $\rho_s = 0.02$, $P_u = 500$ kN, $M_u = 1000$ kN·m

(b) 2, 5개의 은닉층과 3종류의 뉴런 조합 (20, 50, 60)

[그림 C3.3] 표 7.3.4, 표 7.3.5의 설계 화면 (이어서)

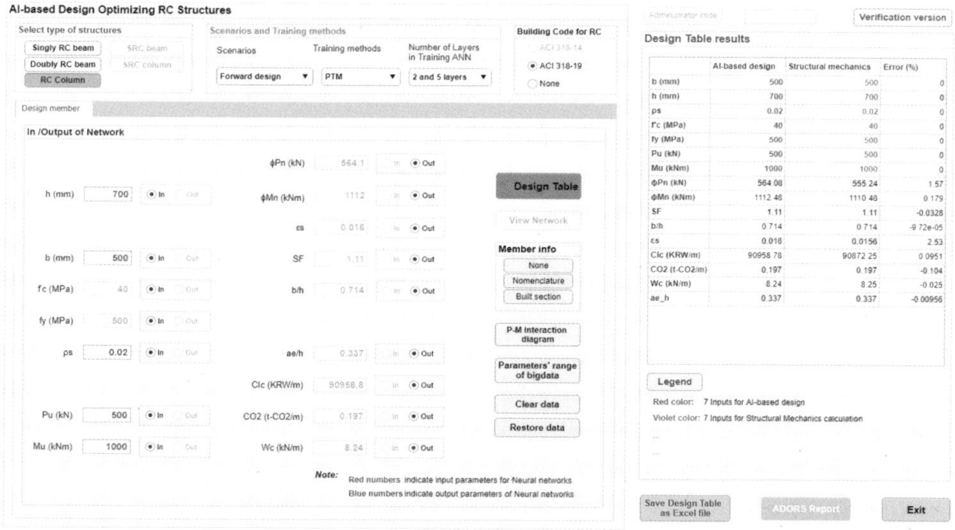

(2-2-1) 데이터 입력 화면

(2-2) PTM.

(2) $b \times h = 500 \times 700$, $\rho_s = 0.02$, $P_u = 500$ kN, $M_u = 1000$ kN·m

(b) 2, 5개의 은닉층과 3종류의 뉴런 조합 (20, 50, 60)

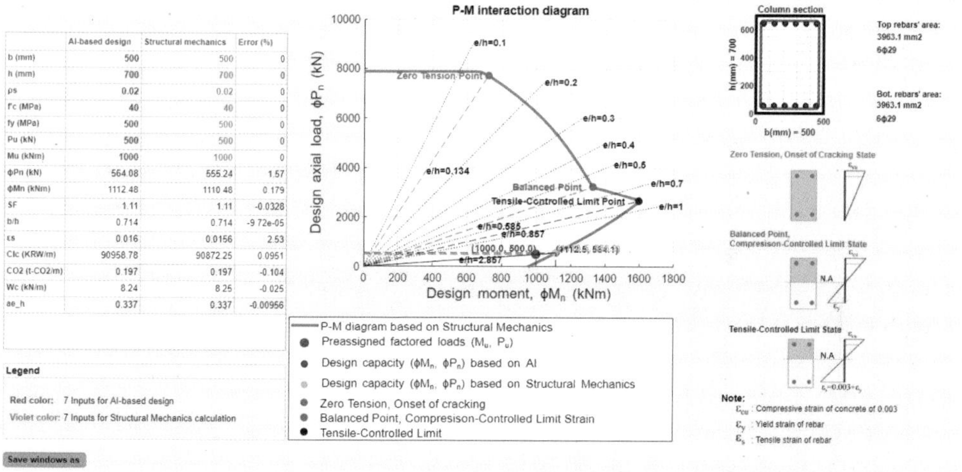

(2-2-2) P-M 상관도

(2-2) PTM

(2) $b \times h = 500 \times 700$, $\rho_s = 0.02$, $P_u = 500$ kN, $M_u = 1000$ kN·m

(b) 2, 5개의 은닉층과 3종류의 뉴런 조합 (20, 50, 60)

[그림 C3.3] 표 7.3.4, 표 7.3.5의 설계 화면 (이어서)

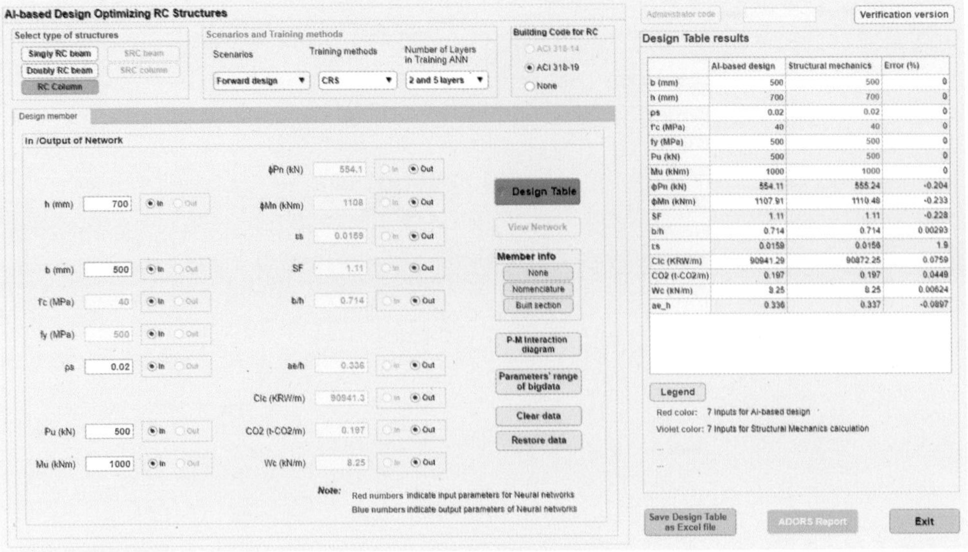

(2-3-1) 데이터 입력 화면

(2-3) CRS

(2) $b \times h = 500 \times 700$, $\rho_s = 0.02$, $P_u = 500$ kN, $M_u = 1000$ kN·m

(b) 2, 5개의 은닉층과 3종류의 뉴런 조합 (20, 50, 60)

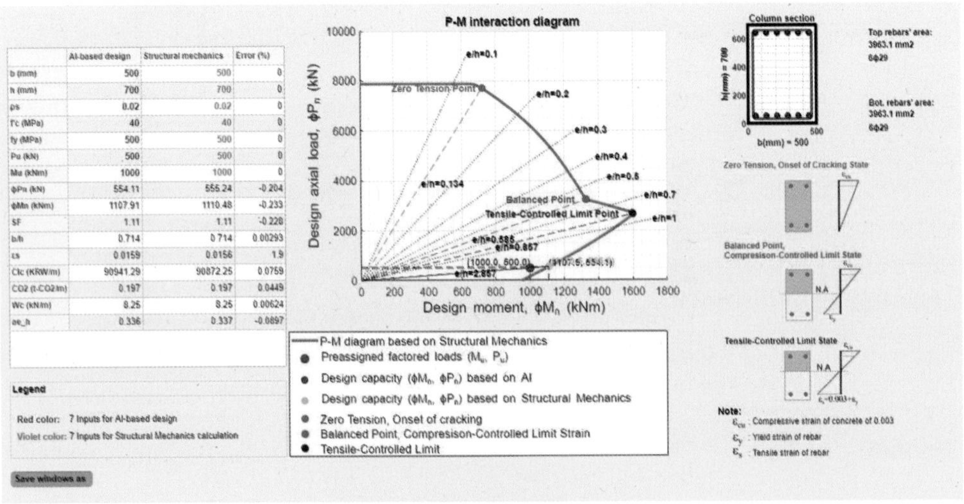

(2-3-2) P-M 상관도

(2-3) CRS

(2) $b \times h = 500 \times 700$, $\rho_s = 0.02$, $P_u = 500$ kN, $M_u = 1000$ kN·m

(b) 2, 5개의 은닉층과 3종류의 뉴런 조합 (20, 50, 60)

[그림 C3.3] 표 7.3.4, 표 7.3.5의 설계 화면

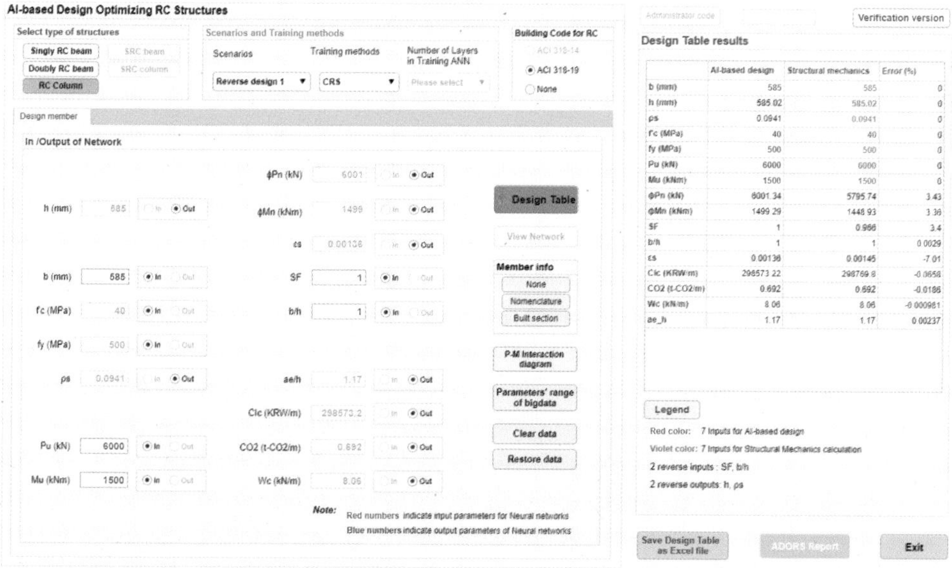

(1) 데이터 입력 화면

(a) CRS; Case 1 (b = *585*)

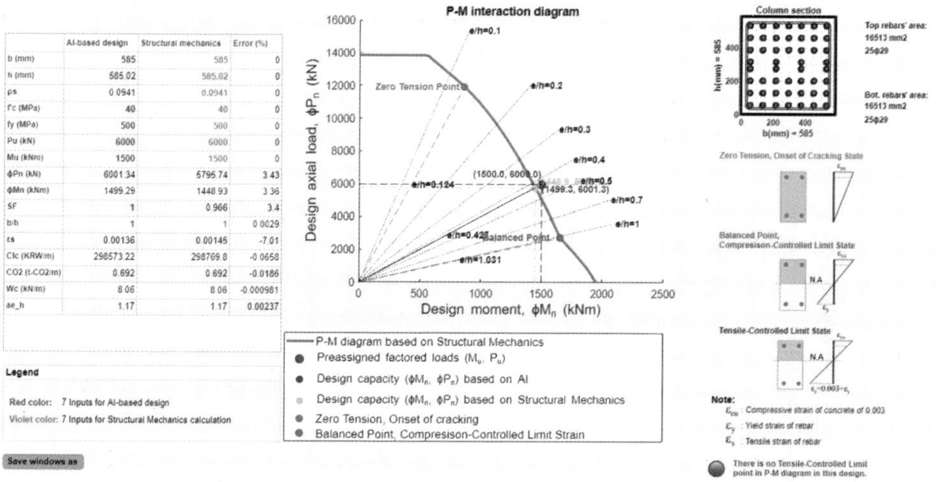

(2) P-M 상관도

(a) CRS; Case 1 (b = *585*); 설계 규준 초과 철근비 (ρ = 0.0941)

–> 빅데이터 생성 외부 학습으로 학습 정확도 저하 요인

[그림 C3.4] 표 7.3.8의 설계 화면 (이어서)

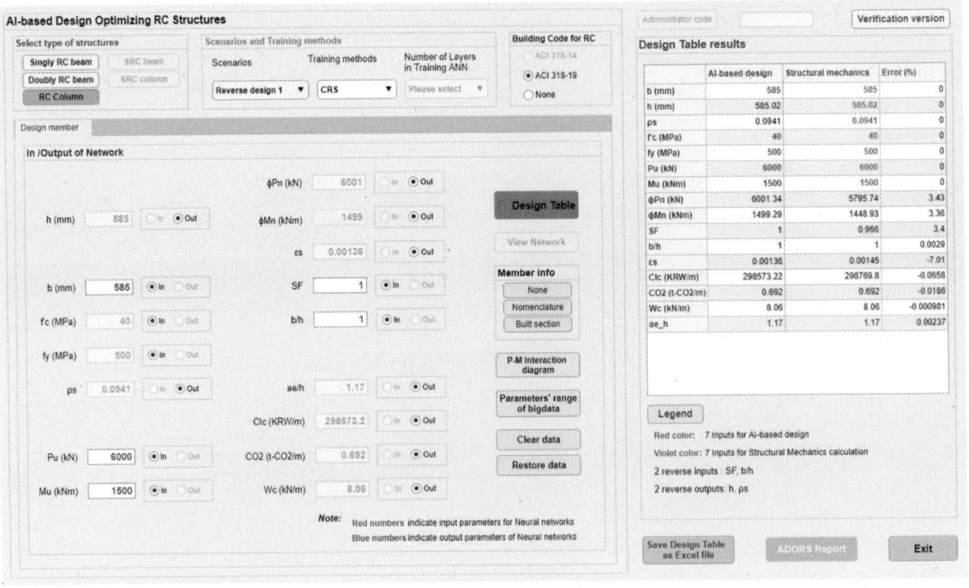

	AI-based design	Structural mechanics	Error (%)
b (mm)	585	585	0
h (mm)	585.02	585.02	0
ρs	0.0941	0.0941	0
f'c (MPa)	40	40	0
fy (MPa)	500	500	0
Pu (kN)	6000	6000	0
Mu (kNm)	1500	1500	0
ϕPn (kN)	6001.34	5795.74	3.43
ϕMn (kNm)	1499.29	1448.93	3.36
SF	1	0.966	3.4
b/h	1	1	0.0029
εs	0.00136	0.00145	-7.01
CIc (KRW/m)	298573.22	298769.8	-0.0658
CO2 (t-CO2/m)	0.692	0.692	-0.0186
Wc (kN/m)	8.06	8.06	-0.000981
ae_h	1.17	1.17	0.00237

(1) 데이터 입력 화면

(a) CRS; Case 1 ($b = 585$)

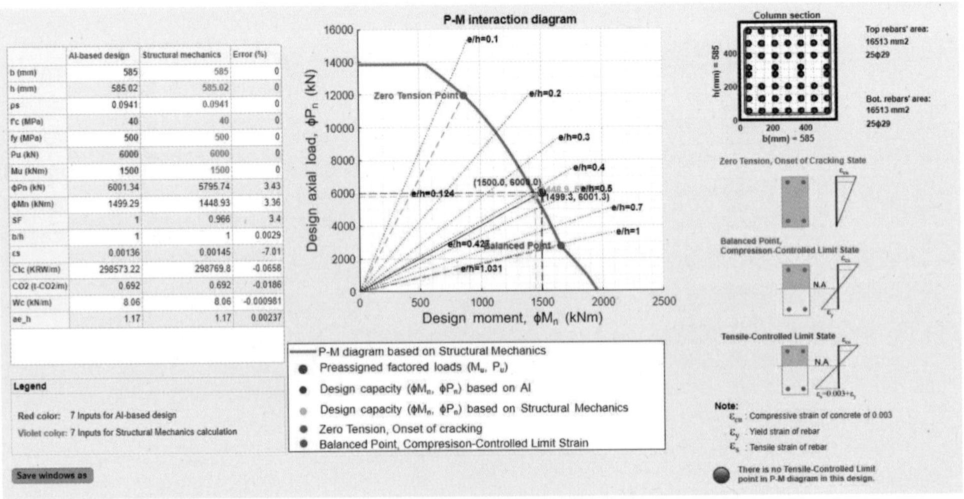

(2) P-M 상관도

(a) CRS; Case 1 ($b = 585$); 설계 규준 초과 철근비 ($\rho = 0.0941$)

=> 빅데이터 생성 외부 학습으로 학습 정확도 저하 요인

[그림 C3.4] 표 7.3.8의 설계 화면 (이어서)

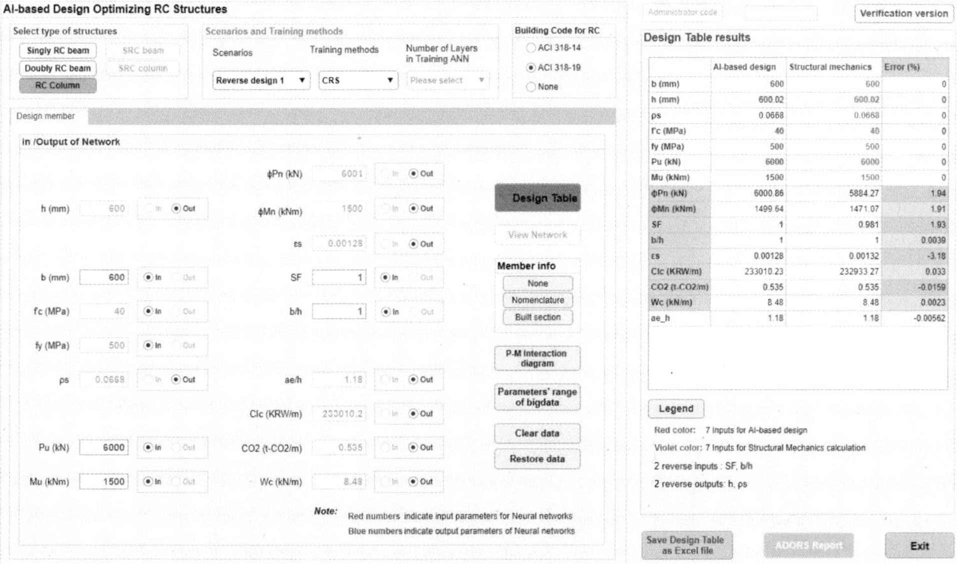

(1) 데이터 입력 화면

(b) CRS; Case 2 (b= *600*)

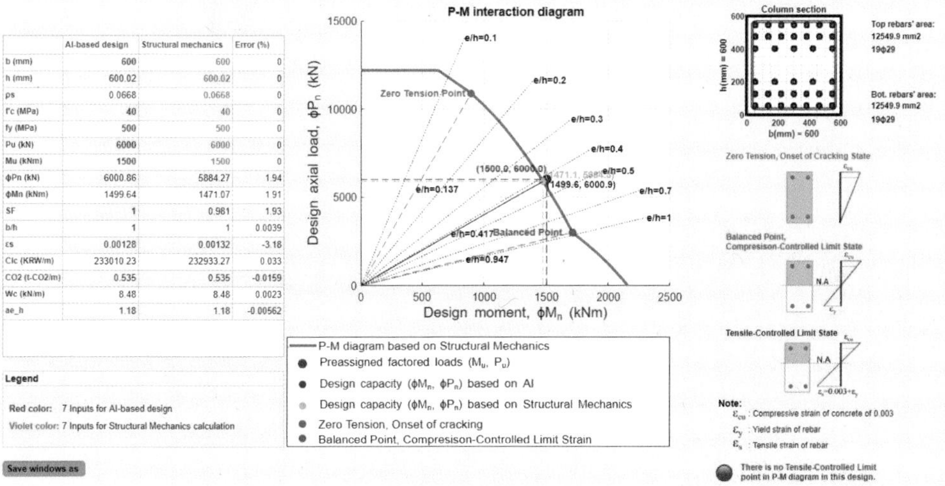

(2) P-M 상관도

(b) CRS; Case 2 (b= *600*)

[그림 C3.4] 표 7.3.8의 설계 화면 (이어서)

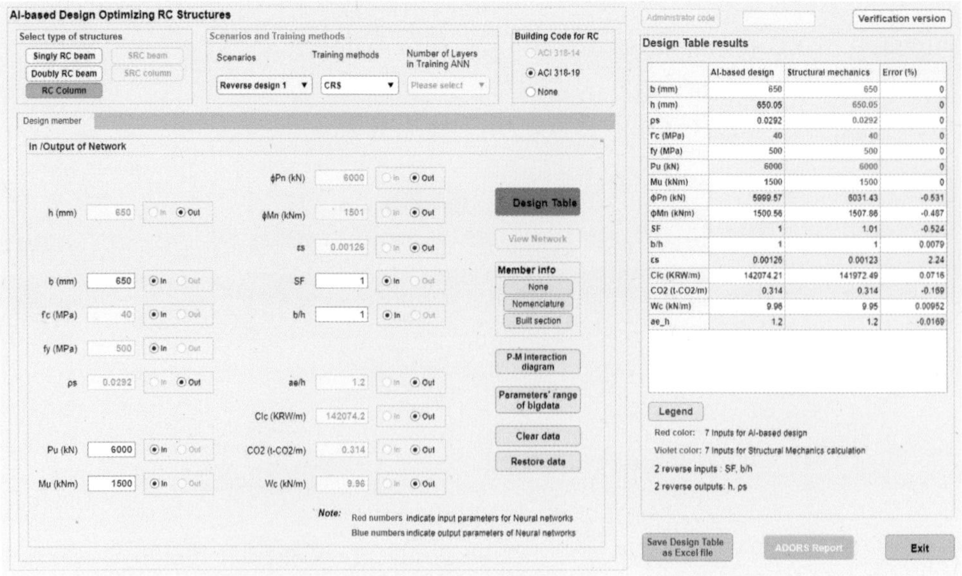

(1) 데이터 입력 화면

(c) CRS; Case 3 ($b = 650$)

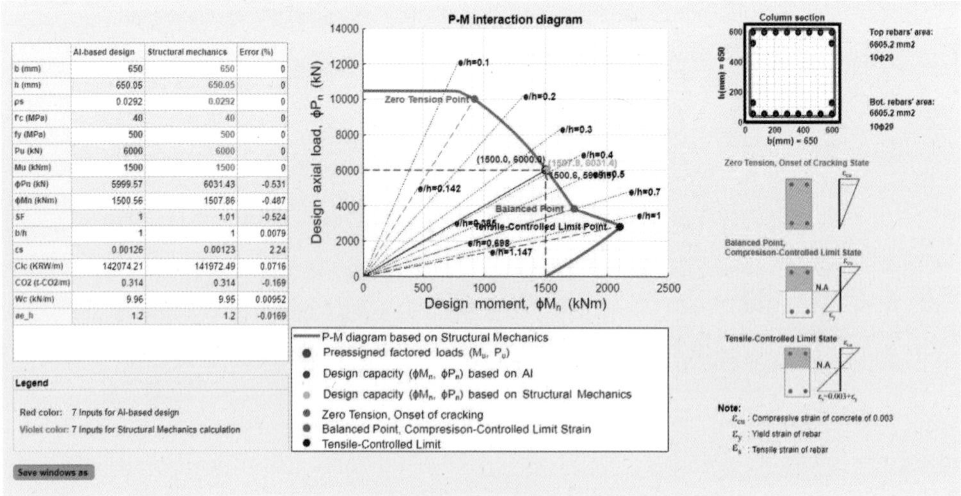

(2) P-M 상관도

(c) CRS; Case 3 ($b = 650$)

[그림 C3.4] 표 7.3.8의 설계 화면 (이어서)

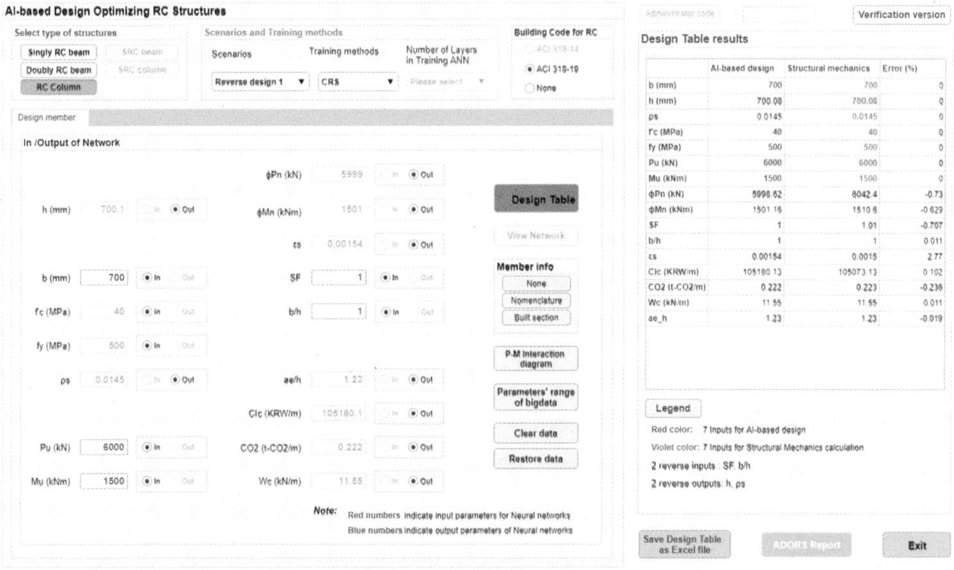

	AI-based design	Structural mechanics	Error (%)
b (mm)	700	700	0
h (mm)	700.08	700.08	0
ρs	0.0145	0.0145	0
f'c (MPa)	40	40	0
fy (MPa)	500	500	0
Pu (kN)	6000	6000	0
Mu (kNm)	1500	1500	0
φPn (kN)	5998.62	6042.4	-0.73
φMn (kNm)	1501.16	1510.6	-0.629
SF	1	1.01	-0.707
b/h	1	1	0.011
εs	0.00154	0.0015	2.77
Clc (KRW/m)	105180.13	105073.13	0.102
CO2 (t-CO2/m)	0.222	0.223	-0.236
Wc (kN/m)	11.55	11.55	0.011
ae_h	1.23	1.23	-0.019

(1) 데이터 입력 화면

(d) CRS; Case 4 ($b = 700$)

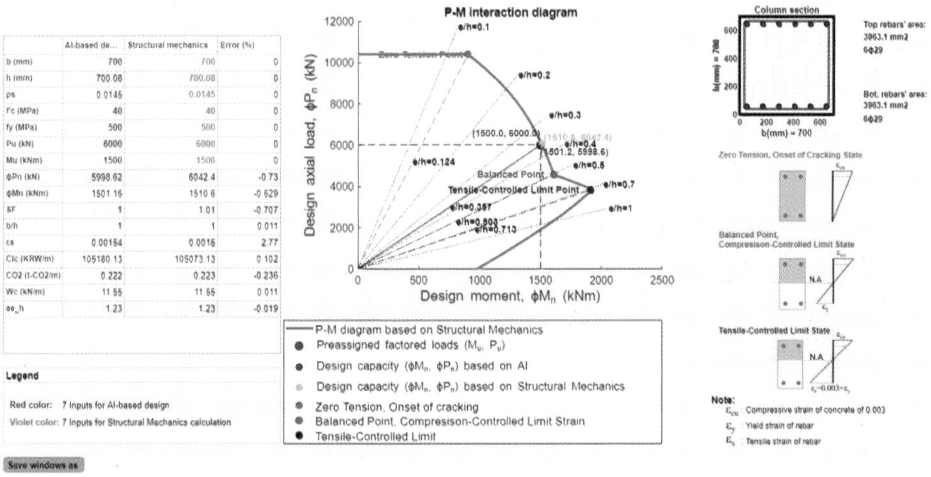

	AI-based de...	Structural mechanics	Error (%)
b (mm)	700	700	0
h (mm)	700.08	700.08	0
ρs	0.0145	0.0145	0
f'c (MPa)	40	40	0
fy (MPa)	500	500	0
Pu (kN)	6000	6000	0
Mu (kNm)	1500	1500	0
φPn (kN)	5998.62	6042.4	-0.73
φMn (kNm)	1501.16	1510.6	-0.629
SF	1	1.01	-0.707
b/h	1	1	0.011
εs	0.00154	0.0015	2.77
Clc (KRW/m)	105180.13	105073.13	0.102
CO2 (t-CO2/m)	0.222	0.223	-0.236
Wc (kN/m)	11.55	11.55	0.011
ae_h	1.23	1.23	-0.019

(2) P-M 상관도

(d) CRS; Case 4 ($b = 700$)

[그림 C3.4] 표 7.3.8의 설계 화면 (이어서)

(1) 데이터 입력 화면

(e) CRS; Case 5 ($b = 740$)

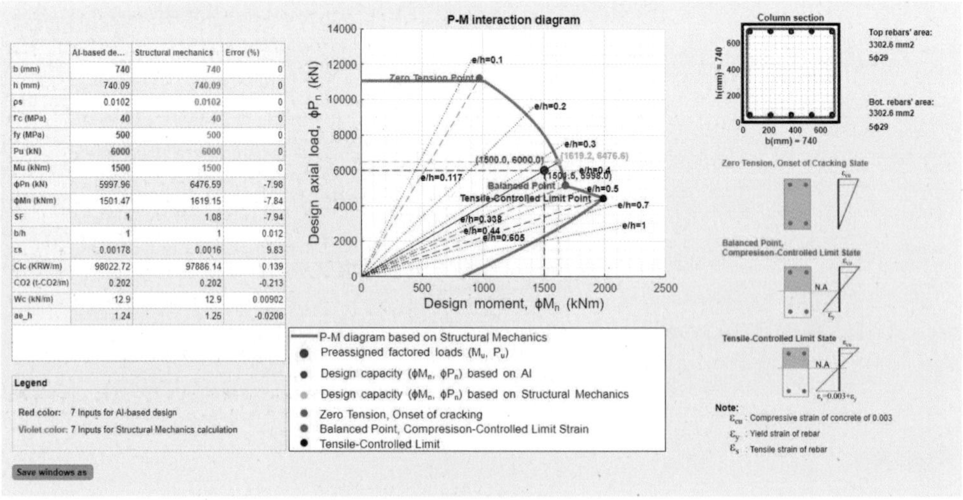

(2) P-M 상관도

(e) CRS; Case 5 ($b = 740$); 설계 규준 미달 철근비 ($\rho = 0.0102$)

=> 빅데이터 생성 외부 학습으로 학습 정확도 저하 요인

[그림 C3.4] 표 7.3.8의 설계 화면 (이어서)

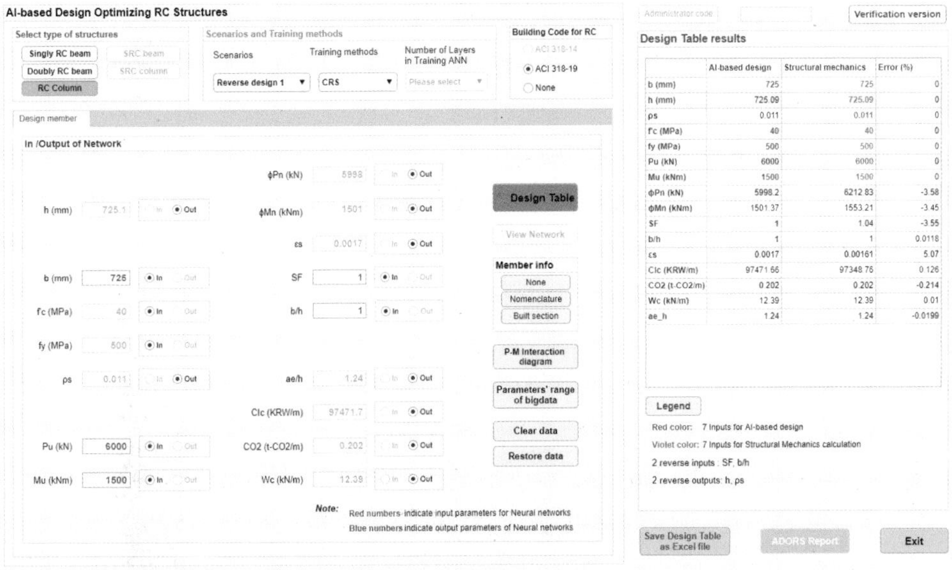

(1) 데이터 입력 화면

(f) CRS; Optimal case ($b = 725$)

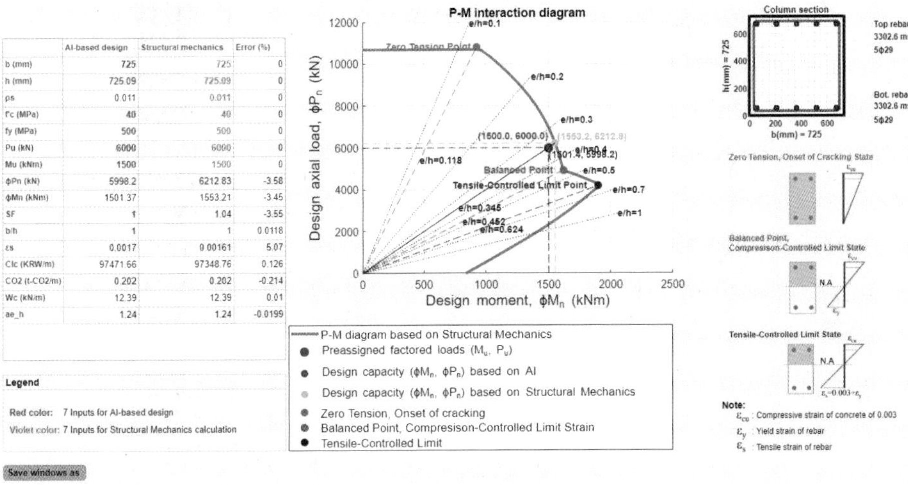

(2) P-M 상관도

(f) CRS; Optimal case ($b = 725$)

[그림 C3.4] 표 7.3.8의 설계 화면

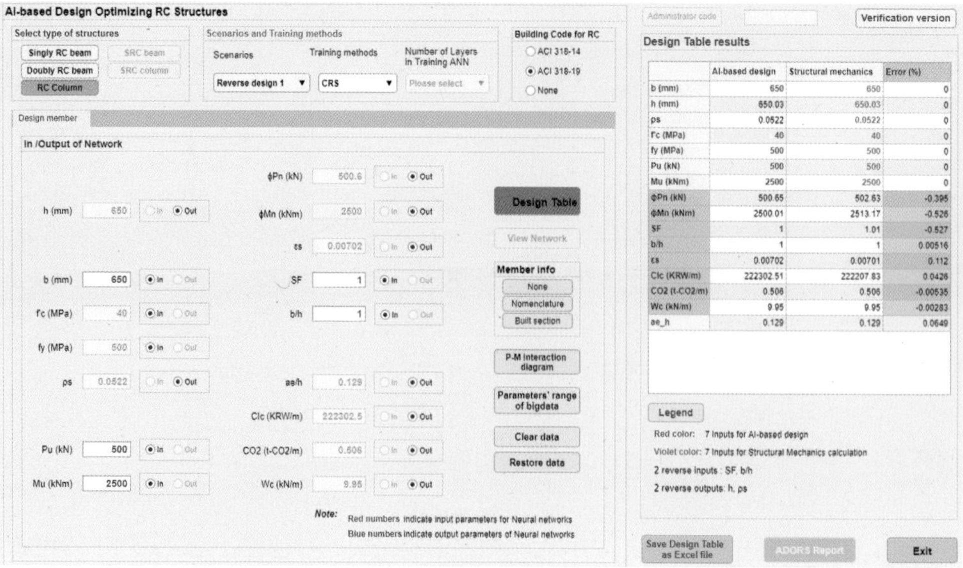

(1) 데이터 입력 화면

(a) CRS; Case 1 ($b = 650$)

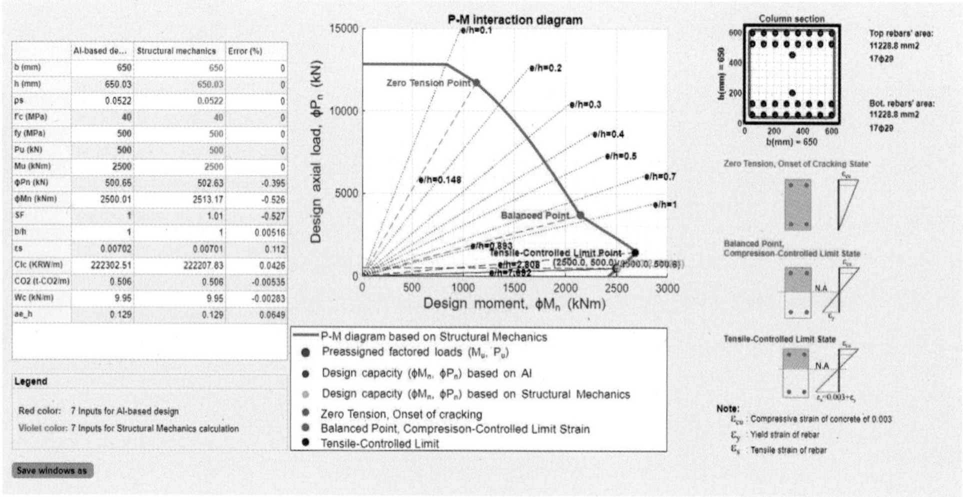

(2) P-M 상관도

(a) CRS; Case 1 ($b = 650$)

[그림 C3.5] 표 7.3.9의 설계 화면 (이어서)

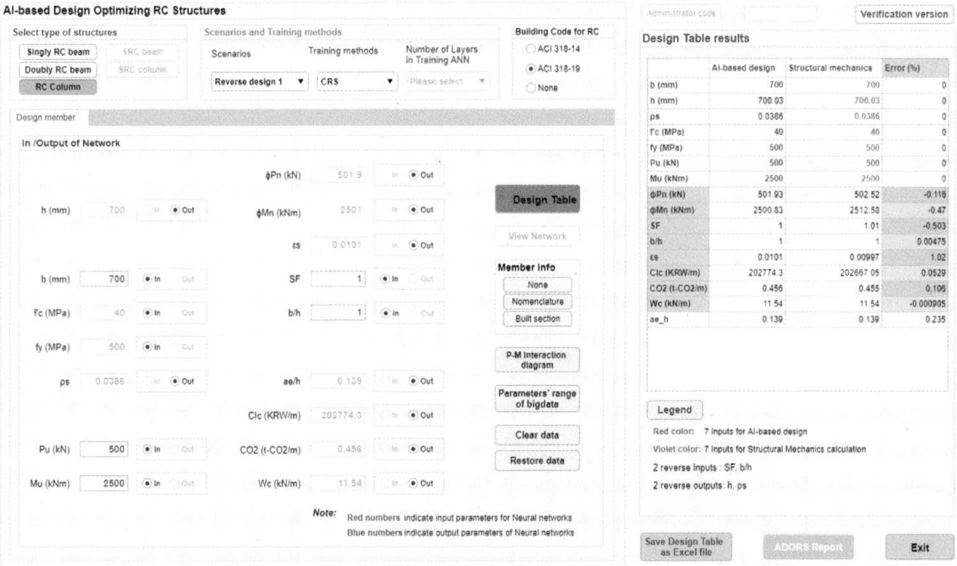

(1) 데이터 입력 화면

(b) CRS; Case 2 (b= *700*)

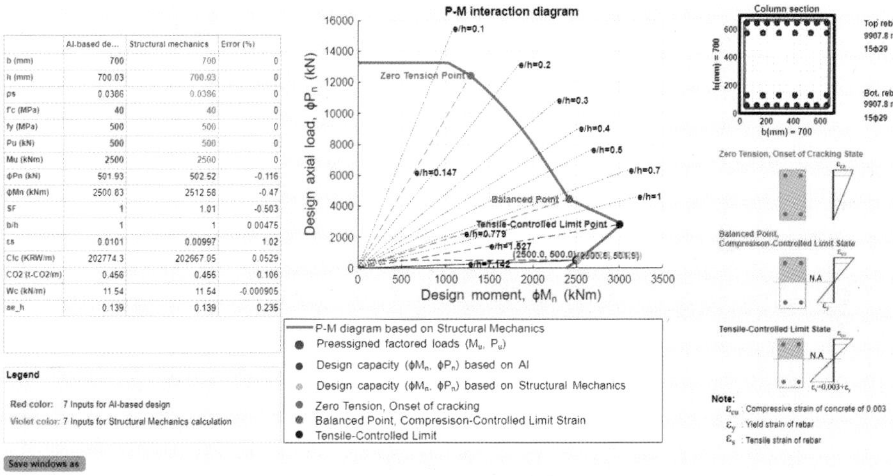

(2) P-M 상관도

(b) CRS; Case 2 (b= *700*)

[그림 C3.5] 표 7.3.9의 설계 화면 (이어서)

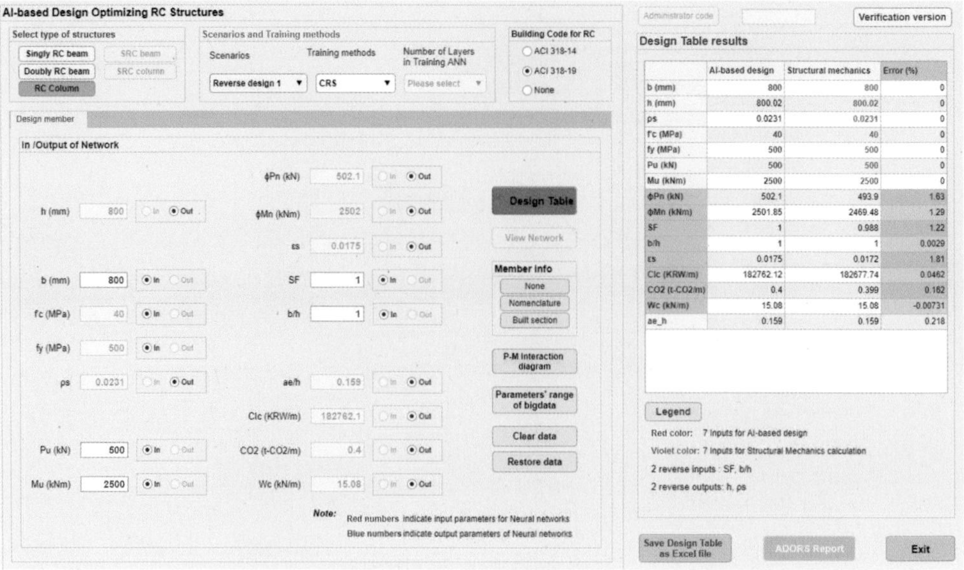

(1) 데이터 입력 화면

(c) CRS; Case 3 ($b = 800$)

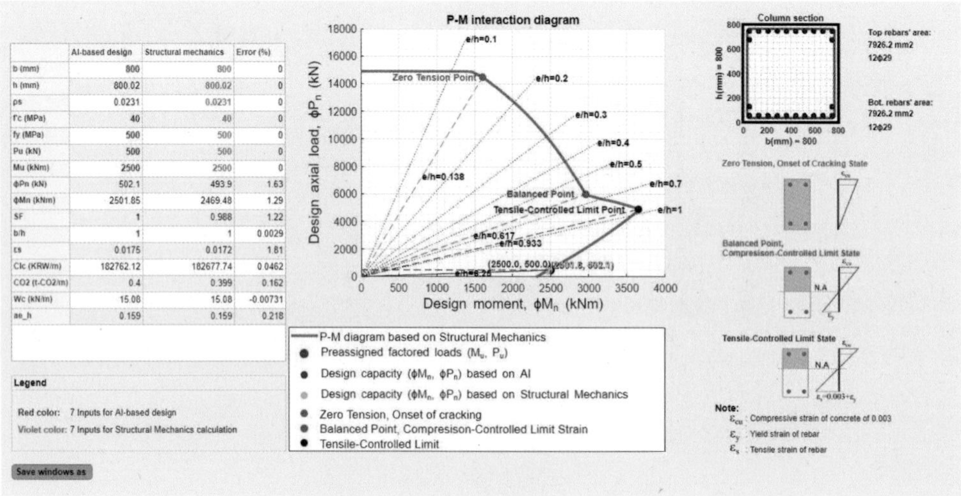

(2) P-M 상관도

(c) CRS; Case 3 ($b = 800$)

[그림 C3.5] 표 7.3.9의 설계 화면 (이어서)

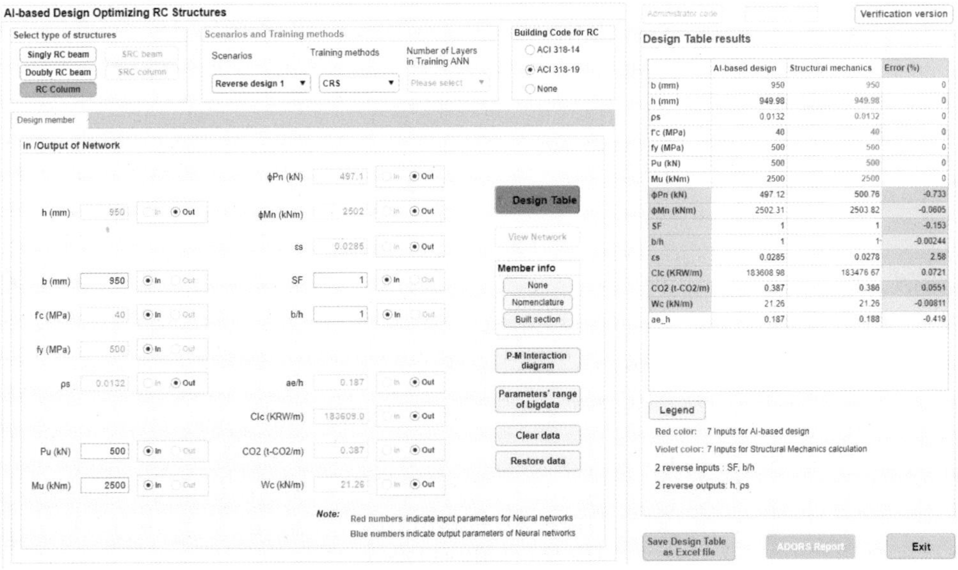

(1) 데이터 입력 화면

(d) CRS; Case 4 ($b = 950$)

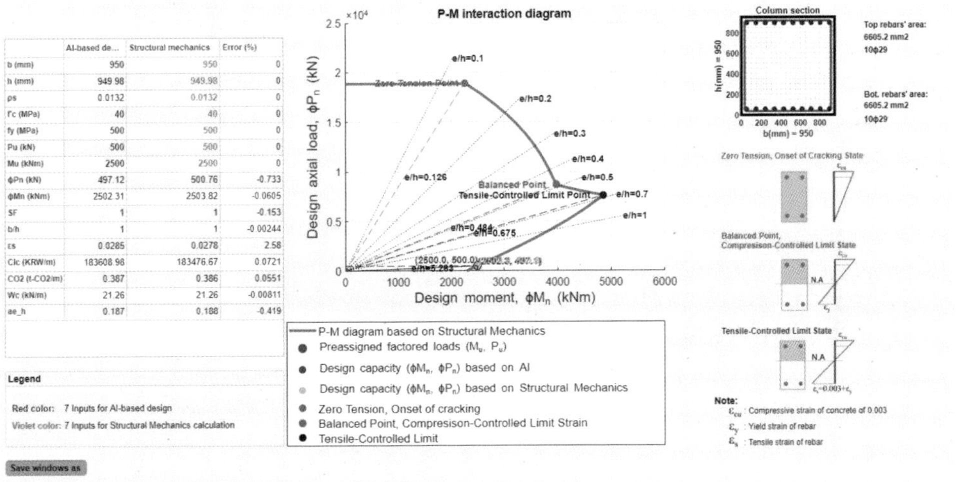

(2) P-M 상관도

(d) CRS; Case 4 ($b = 950$)

[그림 C3.5] 표 7.3.9의 설계 화면 (이어서)

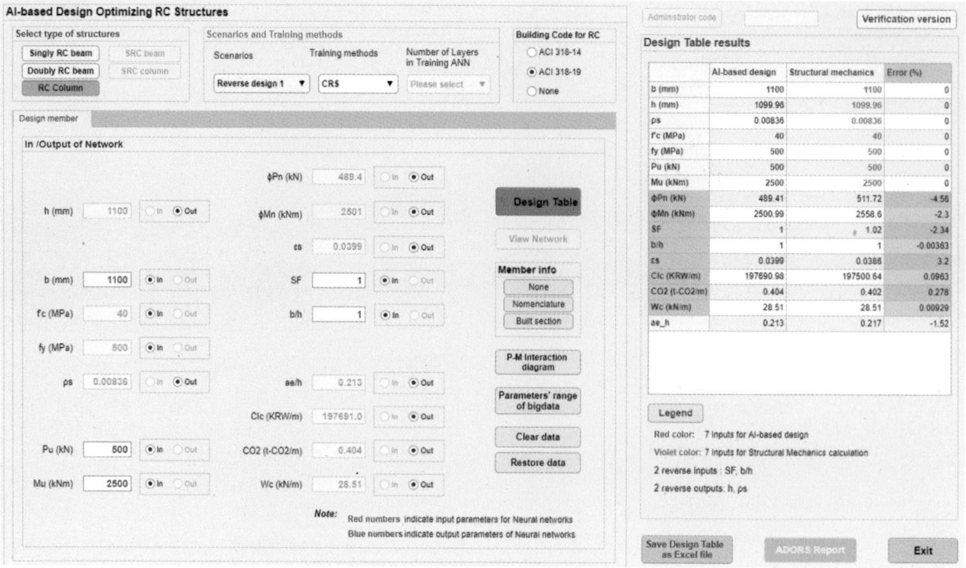

(1) 데이터 입력 화면

(e) CRS; Case 5 ($b = 1100$)

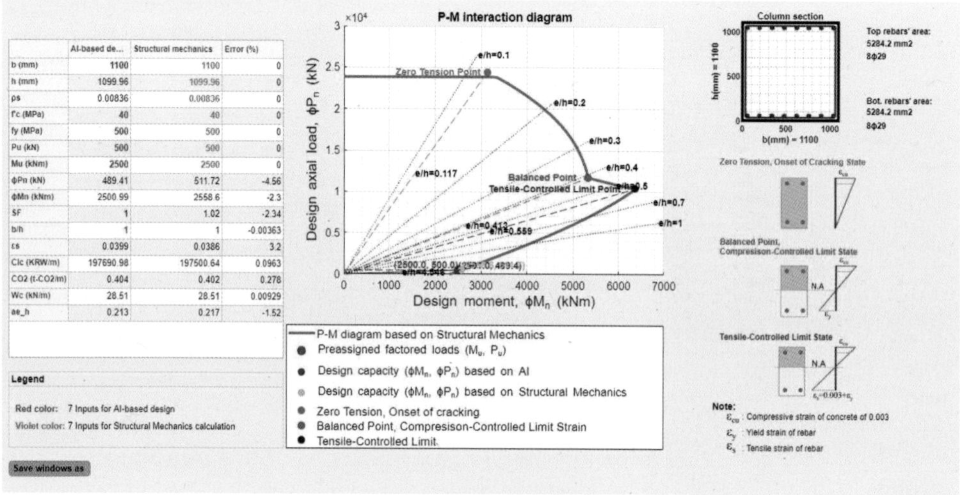

(2) P-M 상관도

(e) CRS; Case 5 ($b = 1100$)

[그림 C3.5] 표 7.3.9의 설계 화면 (이어서)

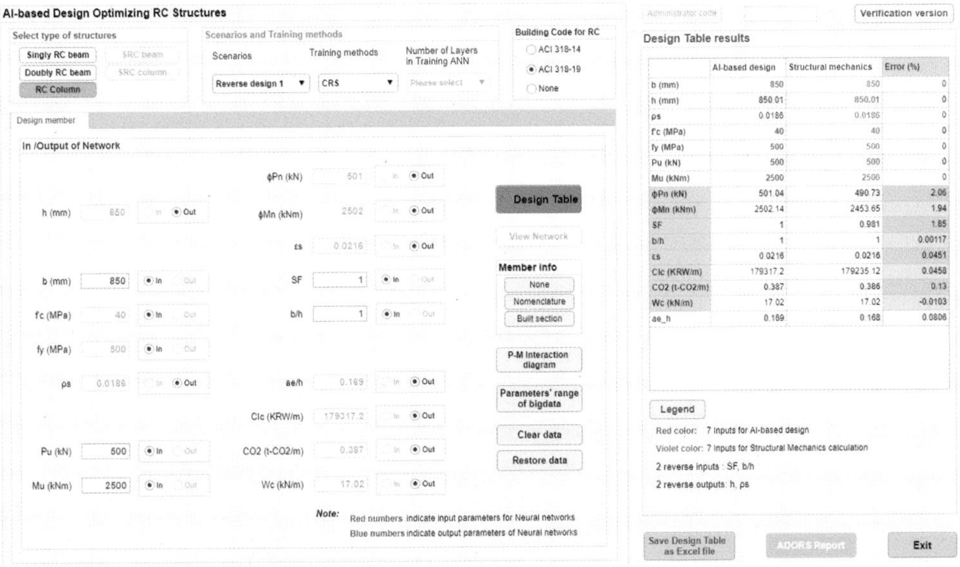

(1) 데이터 입력 화면

(f) CRS; Optimal case ($b = 850$)

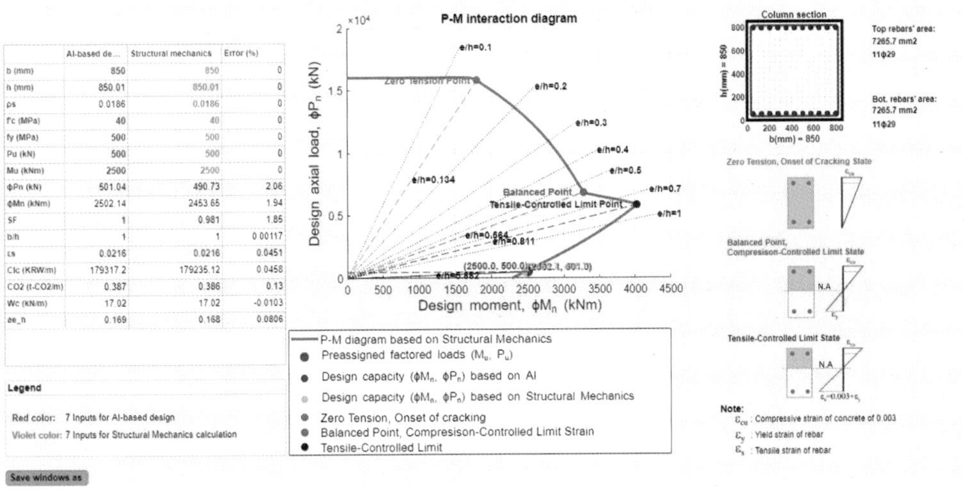

(2) P-M 상관도

(f) CRS; Optimal case ($b = 850$)

[그림 C3.5] 표 7.3.9의 설계 화면

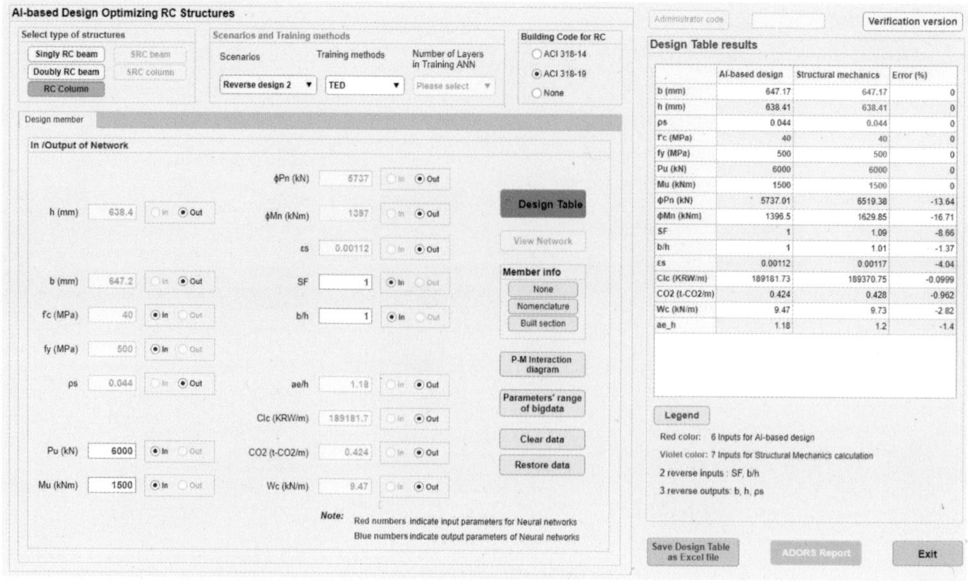

(1) 데이터 입력 화면

(a) TED

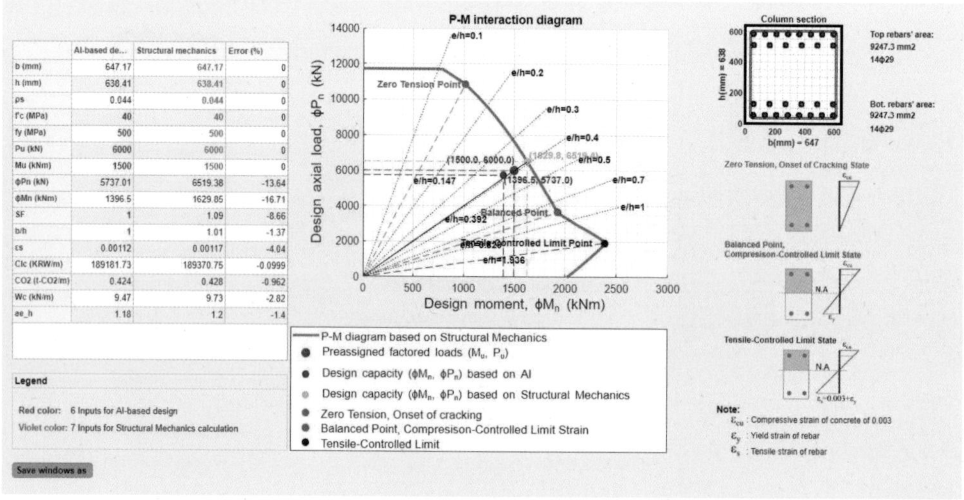

(2) P-M 상관도

(a) TED; 학습 정확도 저하

[그림 C3.6] 표 7.3.11의 설계 화면 (이어서)

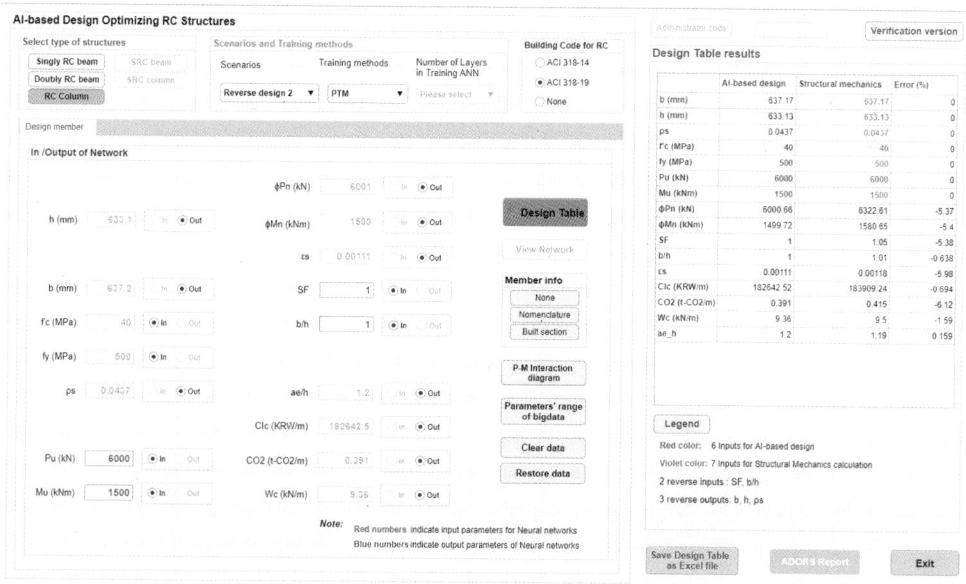

(1) 데이터 입력 화면

(b) PTM

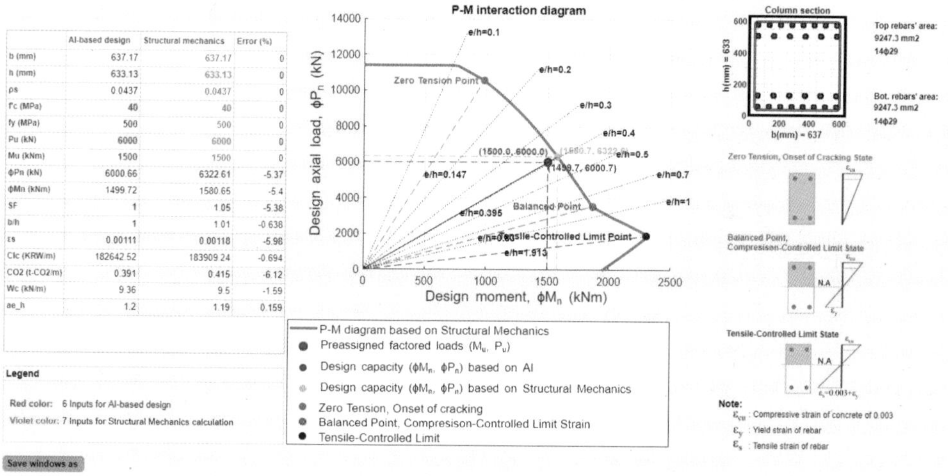

(2) P-M 상관도

(b) PTM; 학습 정확도 저하

[그림 C3.6] 표 7.3.11의 설계 화면 (이어서)

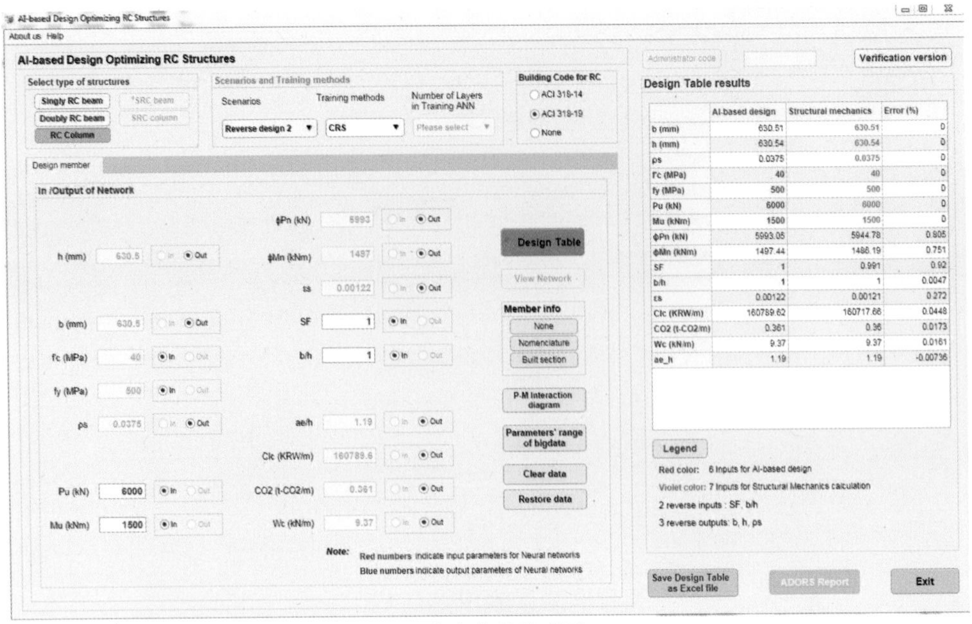

(1) 데이터 입력 화면

(c) CRS

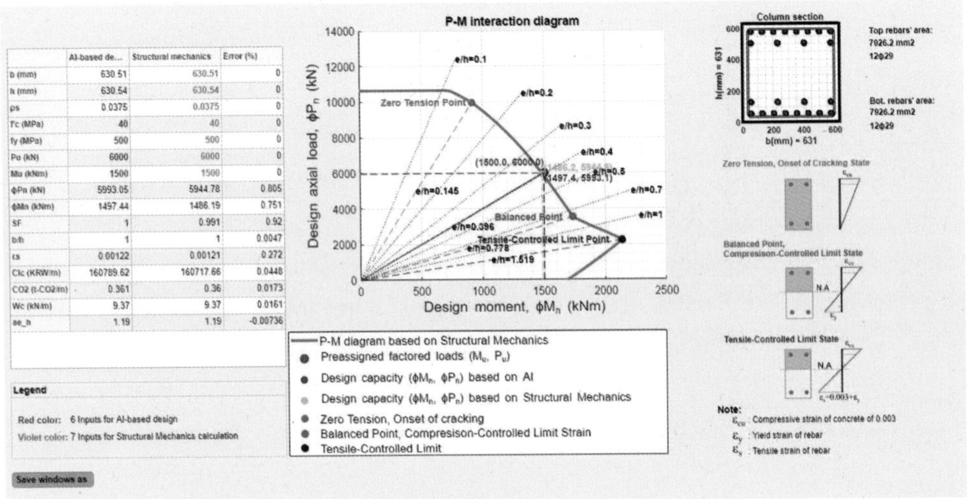

(2) P-M 상관도

(c) CRS; 정확한 학습 효과

[그림 C3.6] 표 7.3.11의 설계 화면

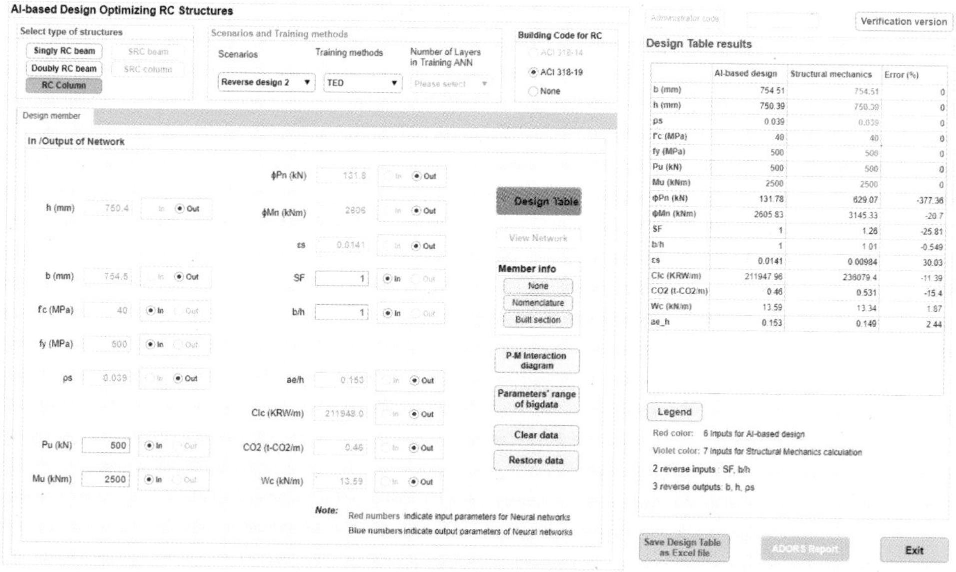

	AI-based design	Structural mechanics	Error (%)
b (mm)	754.51	754.51	0
h (mm)	750.39	750.39	0
ρs	0.039	0.039	0
f'c (MPa)	40	40	0
fy (MPa)	500	500	0
Pu (kN)	500	500	0
Mu (kNm)	2500	2500	0
ϕPn (kN)	131.78	629.07	-377.36
ϕMn (kNm)	2605.83	3145.33	-20.7
SF	1	1.26	-25.81
b/h	1	1.01	-0.549
εs	0.0141	0.00984	30.03
Clc (KRW/m)	211947.96	236079.4	-11.39
CO2 (t-CO2/m)	0.46	0.531	-15.4
Wc (kN/m)	13.59	13.34	1.87
ae_h	0.153	0.149	2.44

(1) 데이터 입력 화면

(a) TED

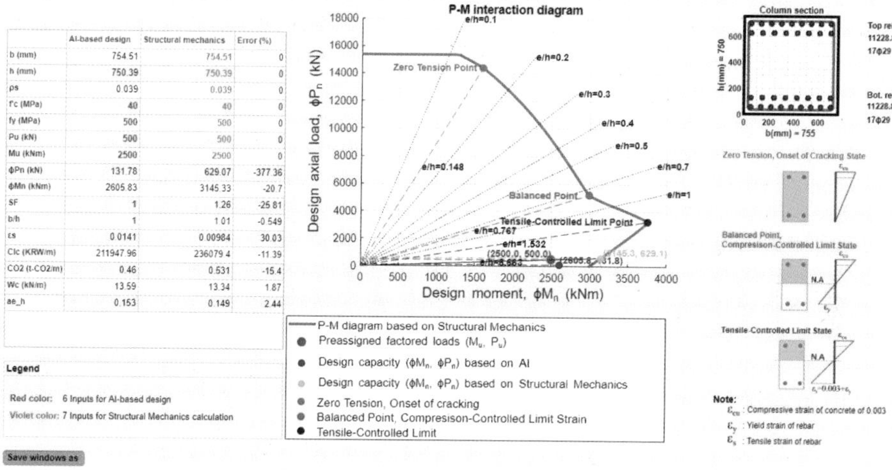

(2) P-M 상관도

(a) TED; 학습 정확도 저하

[그림 C3.7] 표 7.3.12의 설계 화면 (이어서)

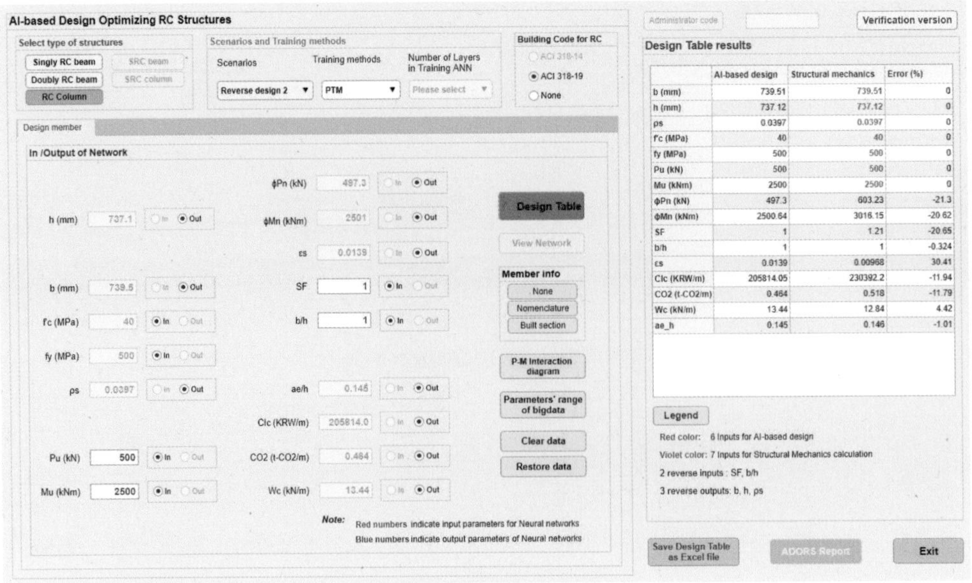

(1) 데이터 입력 화면

(b) PTM

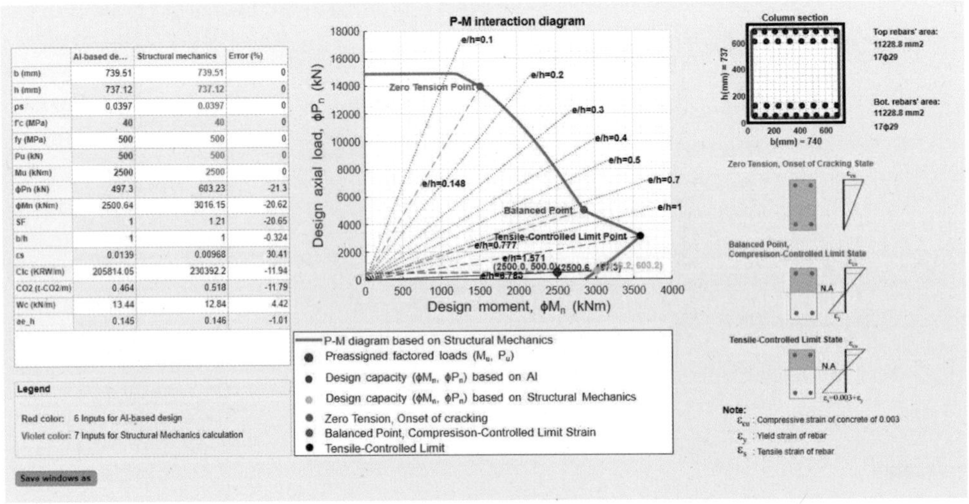

(2) P-M 상관도

(b) PTM; 학습 정확도 저하

[그림 C3.7] 표 7.3.12의 설계 화면 (이어서)

(1) 데이터 입력 화면

(c) CRS

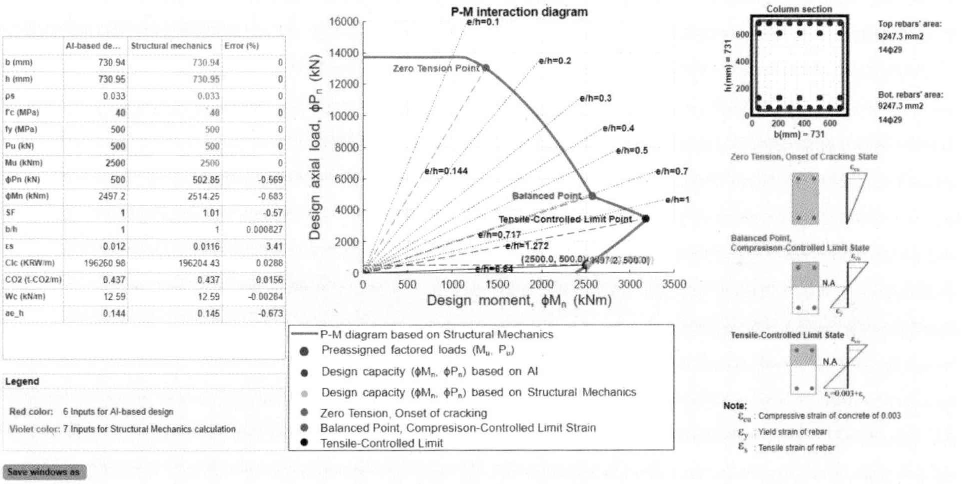

(2) P-M 상관도

(c) CRS; 정확한 학습 효과

[그림 C3.7] 표 7.3.12의 설계 화면

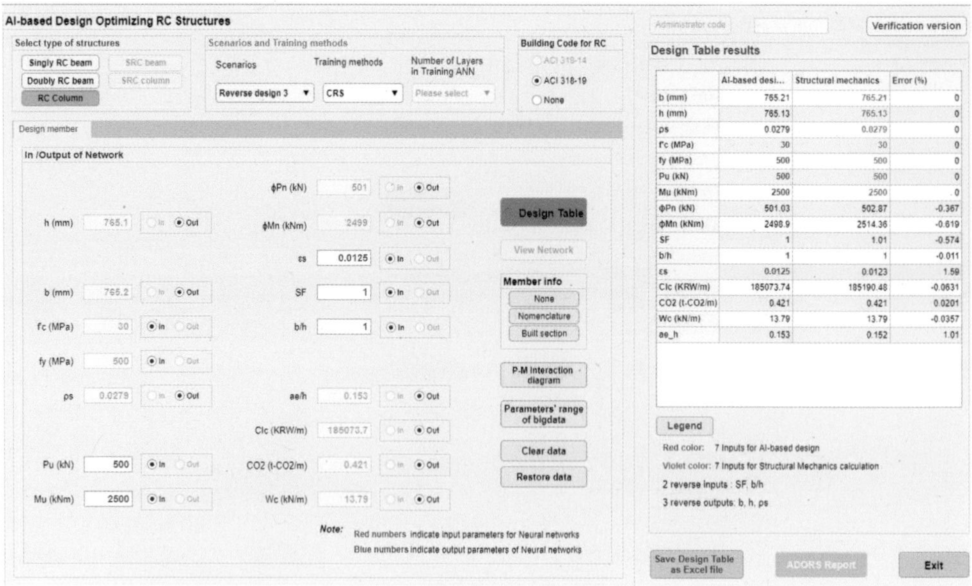

(1) 데이터 입력 화면

(a) $f_c' = 30\text{MPa}, f_y = 500\text{MPa}, P_u = 500\text{kN}, M_u = 2500\text{kN}\cdot\text{m},$

$SF = 1, b/h = 1, \varepsilon_s = 0.0125$

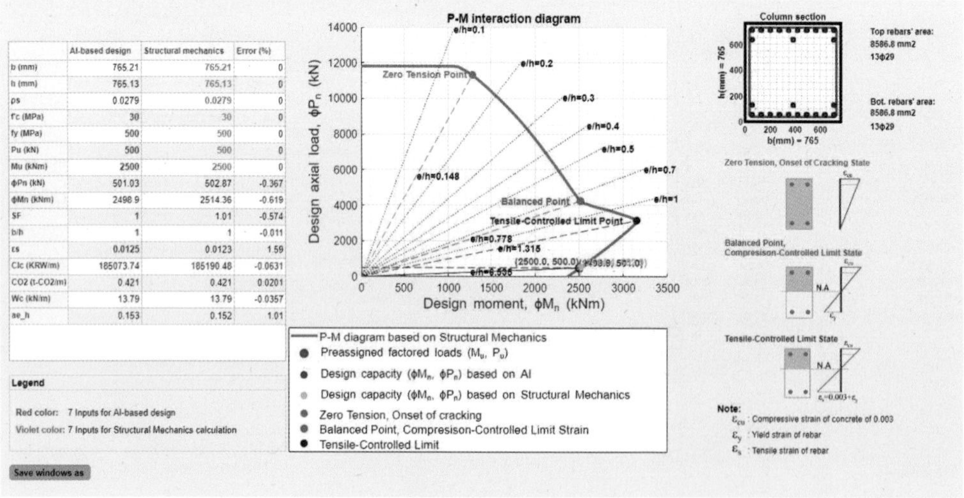

(2) P-M 상관도

(a) $f_c' = 30\text{MPa}, f_y = 500\text{MPa}, P_u = 500\text{kN}, M_u = 2500\text{kN}\cdot\text{m},$

$SF = 1, b/h = 1, \varepsilon_s = 0.0125$

[그림 C3.8] 표 7.3.14의 설계 화면 (이어서)

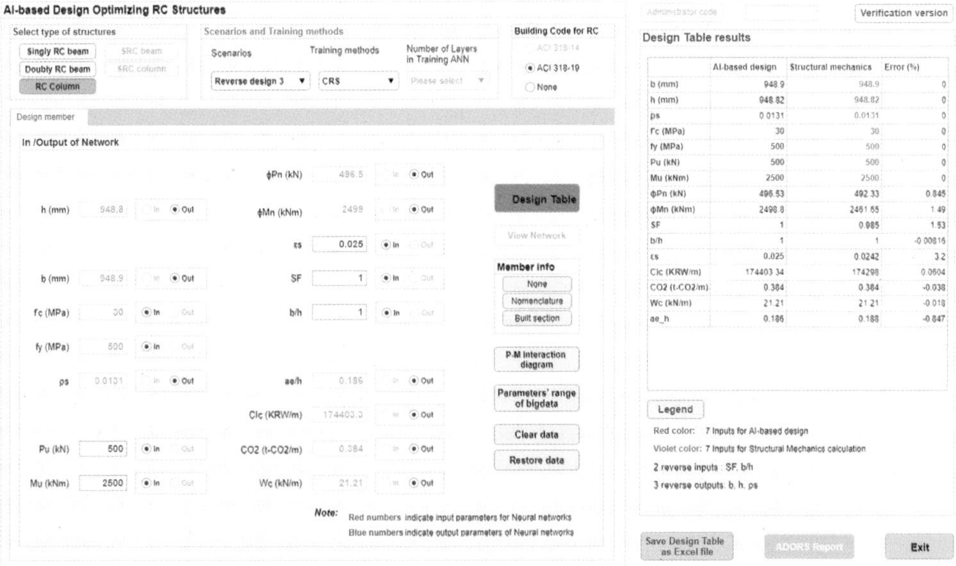

(1) 데이터 입력 화면

(b) $f_c' = 30\text{MPa}, f_y = 500\text{MPa}, P_u = 500\text{kN}, M_u = 2500\text{kN}\cdot\text{m},$

$$SF = 1, b/h = 1, \varepsilon_s = 0.025$$

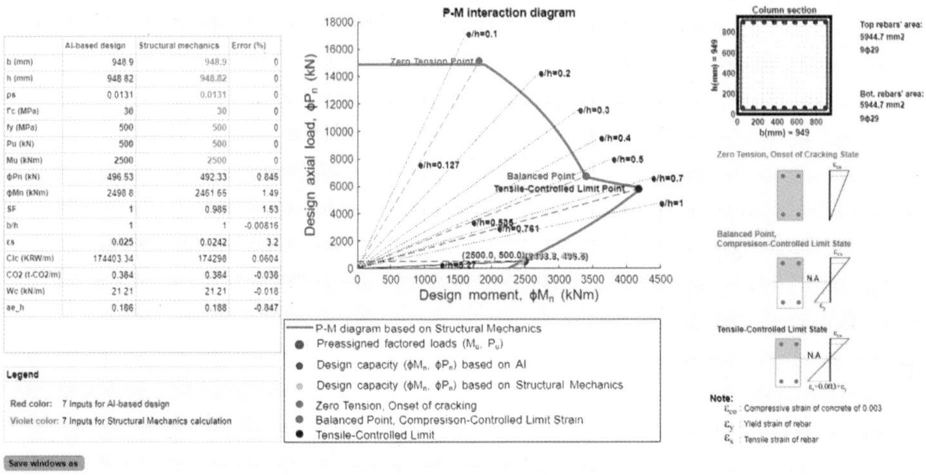

(2) P-M 상관도

(b) $f_c' = 30\text{MPa}, f_y = 500\text{MPa}, P_u = 500\text{kN}, M_u = 2500\text{kN}\cdot\text{m},$

$$SF = 1, b/h = 1, \varepsilon_s = 0.025$$

[그림 C3.8] 표 7.3.14의 설계 화면

인공지능기반
철근콘크리트 구조 설계

초판 1쇄 인쇄 2021년 10월 15일
초판 1쇄 발행 2021년 10월 20일

저 자 홍원기
펴낸이 김호석
펴낸곳 도서출판 대가
편집부 박은주
기획부 곽유찬
경영관리 박미경
마케팅 오중환
관 리 김경혜

주 소 경기도 고양시 일산동구 장항동 776-1 로데오 메탈릭타워 405호
전 화 02) 305-0210 / 306-0210 / 336-0204
팩 스 031) 905-0221
전자우편 dga1023@hanmail.net
홈페이지 www.bookdaega.com

ISBN 978-89-6285-291-2 93530